计 算 机 科 学 丛

原书第5版

C++语言程序设计
（基础篇）

[美] 梁勇（Y. Daniel Liang）著

张 丽 译

Introduction to C++ Programming and Data Structures
Fifth Edition

机械工业出版社
CHINA MACHINE PRESS

Authorized translation from the English language edition, entitled *Introduction to C++ Programming and Data Structures, Fifth Edition*, ISBN: 9780137391448, by Y. Daniel Liang, Copyright © 2022, 2018, 2014 by Pearson Education Inc. or its affiliates.

All rights reserved. No part of this book may be reproduced or transmitted in any form or by any means, electronic or mechanical, including photocopying, recording or by any information storage retrieval system, without permission from Pearson Education, Inc.

Chinese simplified language edition published by China Machine Press, Copyright © 2024.

Authorized for sale and distribution in the Chinese Mainland only (excluding Hong Kong SAR, Macao SAR and Taiwan).

本书中文简体字版由 Pearson Education（培生教育出版集团）授权机械工业出版社在中国大陆地区（不包括香港、澳门特别行政区及台湾地区）独家出版发行。未经出版者书面许可，不得以任何方式抄袭、复制或节录本书中的任何部分。

本书封底贴有 Pearson Education（培生教育出版集团）激光防伪标签，无标签者不得销售。

北京市版权局著作权合同登记　图字：01-2022-2397 号。

图书在版编目（CIP）数据

C++ 语言程序设计 . 基础篇 : 原书第 5 版 /（美）梁勇 (Y. Daniel Liang) 著 ; 张丽译 . -- 北京 : 机械工业出版社 , 2024. 9. --（计算机科学丛书）. -- ISBN 978-7-111-76397-0

I. TP312.8

中国国家版本馆 CIP 数据核字第 2024ST5592 号

机械工业出版社（北京市百万庄大街 22 号　邮政编码 100037）
策划编辑：曲　熠　　　　　　　　责任编辑：曲　熠
责任校对：王小童　马荣华　景　飞　责任印制：任维东
河北鹏盛贤印刷有限公司印刷
2024 年 12 月第 1 版第 1 次印刷
185mm×260mm・42 印张・1072 千字
标准书号：ISBN 978-7-111-76397-0
定价：129.00 元

电话服务　　　　　　　　　　网络服务
客服电话：010-88361066　　　机 工 官 网：www.cmpbook.com
　　　　　010-88379833　　　机 工 官 博：weibo.com/cmp1952
　　　　　010-68326294　　　金 　 书 　 网：www.golden-book.com
封底无防伪标均为盗版　　　　机工教育服务网：www.cmpedu.com

　　C++ 是一种强大且应用广泛的程序设计语言。尽管计算机技术一直在快速发展，但调查表明 C++ 仍然是目前使用最多的语言之一。在当今计算机向各行各业迅速渗入的情况下，C++ 正在重新变得更加重要。

　　C++ 继承了 C 语言运行效率高的优势，而对于面向对象的支持，增强了其代码的可复用性和可维护性，因此适用于构建大型软件项目。C++ 有丰富而强大的库和框架，支持操作系统、嵌入式系统、游戏、图形和计算机视觉、高性能科学计算、桌面应用，以及网络通信和服务器端程序的开发。通过学习 C++ 而掌握的程序设计语言基本概念以及面向过程和面向对象的编程范式，可以让你轻松地切换到其他编程语言，例如 Java、C#、Python 等。

　　本书作者采用"基础优先"的方法，在设计自定义类之前介绍基本的编程概念和技术。选择语句、循环、函数和数组的基本概念及技术是编程的基础。建立这个坚实的基础可为学习面向对象编程和高级 C++ 编程做好准备。本书的程序设计以问题驱动的方式呈现，侧重于解决问题而非语法，并使用了许多不同领域的示例，包括数学、科学、商业、金融、游戏、动画和多媒体，通过实例说明了基本编程概念。

　　《C++ 语言程序设计》中文版分为基础篇和进阶篇。基础篇（前 16 章）介绍基本的 C++ 程序设计，而进阶篇则关注栈、二叉树等数据结构以及排序、查找等经典算法。本书为基础篇。

　　于芷涵、李宇博、刘家炜 3 位学生翻译了本书图表中的文字，并对全书进行了校对，特此表示感谢。

译者
2024 年 3 月

教学特色

- 每章的开头列出学习目标，明确学生应该从这一章中学到什么。这份简洁的列表有助于学生在完成学习后，判断自己是否达到了学习目标。
- 要点提示强调了每节中所涵盖的重要概念。
- CodeAnimation 模拟程序的执行，它引导学生逐行浏览代码、要求学生提供输入并立即展示这些输入对程序产生的影响。
- LiveExample 让学生能够在类似于 IDE 的环境中练习编码。给学生提供填写缺失代码的机会，要求他们编译和运行程序，提交内容后能立即获得反馈。LiveExample 引导学生逐步接近正确答案，帮助他们坚持下去，并保持不断尝试的动力。
- 交互式流程图、算法动画和 UML 图可以用来提升解决问题和逻辑思维能力，有助于理解操作流程，并在学生开始编码之前帮助他们可视化程序中正在发生的事情。

本版新增内容

本版在细节上进行了全面修订，旨在改善清晰度、呈现方式、内容、示例和练习。主要的改进包括：

- 更新 1.2 节，包括云存储和触摸屏的内容。
- 更新 4.8.4 节，讨论基于元组的输入与基于行的输入。
- 在 C++17 中不再支持异常说明符。因此，在第 5 版中删除了第 4 版的 16.8 节。对所有使用异常说明符的代码都进行了修订。
- 18.11 节是全新的。它介绍了三种字符串匹配算法：暴力法、Boyer-Moore 算法和 KMP 算法。
- 21.11 节也是全新的。它介绍了使用霍夫曼编码进行数据压缩的方法。
- 附录 I 是全新的。它给出了大 O、大 Omega 和大 Theta 表示法的精确数学定义。

灵活的章节顺序

可采用灵活的章节顺序阅读本版，如下图所示：

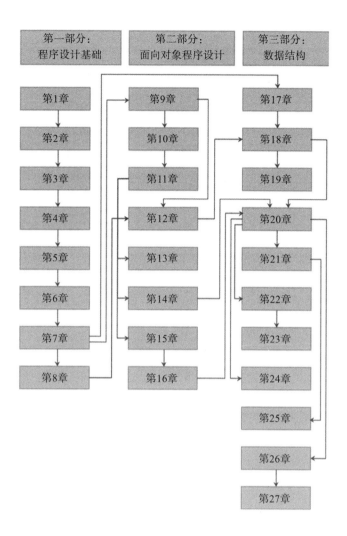

补充说明

由于中文版未获得英文版 Revel 版本（互动式数字教材）的授权，因此大量视频和动画内容无法通过纸质版本有效呈现。我们在书中提供了部分互动内容的访问地址，包括 CodeAnimation、LiveExample 和编程练习等。读者可通过以下二维码获得完整的互动内容链接列表。

梁勇博士于 1991 年在俄克拉何马大学获得计算机科学博士学位，并于 1986 年和 1983 年在复旦大学分别获得计算机科学硕士和学士学位。在加入阿姆斯特朗州立大学（现已与佐治亚南方大学合并）之前，他曾任普渡大学计算机科学系副教授，在那里他曾两次获得卓越研究奖。

梁勇博士目前是佐治亚南方大学计算机科学系教授。他的研究领域是理论计算机科学。他曾在 *SIAM Journal on Computing*、*Discrete Applied Mathematics*、*Acta Informatica* 和 *Information Processing Letters* 等期刊上发表论文。他撰写了三十余本著作，其中广受欢迎的计算机科学教材在世界各地得到广泛使用。

2005 年，梁勇博士被 Sun Microsystems 公司（现为甲骨文公司）评选为 Java Champion。他还曾在多个国家做过关于程序设计的讲座。

计算机、程序和 C++ 概述

学习目标

1. 了解计算机基础知识、程序和操作系统（1.2 ～ 1.4 节）。

2. 阐述 C++ 的历史（1.5 节）。

3. 编写一个简单的控制台输出 C++ 程序（1.6 节）。

4. 了解 C++ 程序开发周期（1.7 节）。

5. 采用良好的程序设计风格和编写正确的程序文档（1.8 节）。

6. 解释语法错误、运行时错误和逻辑错误之间的差异（1.9 节）。

1.1　简介

要点提示：本书的中心主题是学习怎样通过编写程序解决问题。

本书是介绍程序设计的。那么，什么是程序设计呢？**程序设计**就是指创建（或开发）软件，软件也称为**程序**。简而言之，**软件**包含告诉计算机（或计算设备）该做什么的指令。

软件已经浸入我们身边的方方面面，甚至在你认为不需要软件的设备上也有它。你认为在个人计算机上可以找到并使用软件，但实际上在飞机、汽车、手机和烤面包机的运行中软件也在发挥作用。在个人计算机上，你用文字处理器编写文档，用网络浏览器浏览互联网，用电子邮件程序发送消息。这些程序就是软件的例子。软件开发人员借助强大的工具——程序设计语言——创建软件。

本书将教授如何使用 C++ 程序设计语言创建程序。程序设计语言有很多种，其中一些已经有几十年的历史。每种语言都是针对特定目标发明的，例如，有的是在前一种语言的优势上构建的，有的是为程序员提供一套全新的、不一样的工具。当知道有很多程序设计语言可用时，你自然会想哪种语言最好。但事实上，没有"最好"的语言。每种语言都有自己的长处和短处。有经验的程序员知道，一种语言在某些情况下可能工作得很好，而在其他情况下，另一种语言可能更合适。因此，经验丰富的程序员会努力掌握许多不同的程序设计语言，从而能够利用更多的软件开发工具。

如果你学会了使用一种程序设计语言，那学习其他语言就很容易了。关键是学习如何使用程序设计方法去解决问题，这是本书的主旨。

我们即将开始一段激动人心的旅程：学习如何进行程序设计。在开始之前，回顾一下计算机基础知识、程序和操作系统是很有帮助的。如果你已经熟悉 CPU、内存、磁盘、操作系统和程序设计语言等术语，那么可以跳过 1.2 ～ 1.4 节的回顾。

1.2　什么是计算机

要点提示：计算机是存储和处理数据的电子设备。

计算机包括**硬件**和**软件**。一般来说，硬件由计算机可见的物理部分组成，软件是控制硬件并使其执行特定任务的不可见指令。了解计算机硬件并不是学习程序设计语言的必要条件，但它可以帮助你更好地理解程序指令对计算机及其组件的影响。本节介绍计算机硬件组件及其功能。

一台计算机是由以下主要的硬件组件组成的（图 1.1）：

- 中央处理器（CPU）
- 内存（主存）
- 存储设备（如磁盘和光盘）
- 输入设备（如鼠标和键盘）
- 输出设备（如显示器和打印机）
- 通信设备（如调制解调器和网卡）

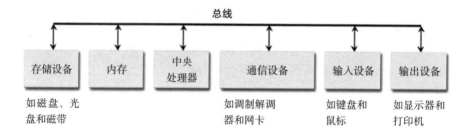

图 1.1   计算机由中央处理器、内存、存储设备、输入设备、输出设备和通信设备组成

计算机的组件通过一个称为**总线**的子系统连接。你可以把总线想象成一个连接计算机各组件的道路系统，数据和电信号沿着总线从计算机的一个部分传输到另外一个部分。在个人计算机中，总线内置在计算机的**主板**中，主板是一个将计算机所有部分连接在一起的电路板。

1.2.1   中央处理器

中央处理器（CPU）是计算机的大脑。它从内存中获取指令并执行。CPU 通常由两部分组件组成：控制单元和算术 / 逻辑单元。控制单元控制和协调其他组件的动作。算术 / 逻辑单元执行数值运算（加法、减法、乘法、除法）和逻辑运算（比较）。

现在的 CPU 是建立在小型硅半导体芯片上的，其中包含了数百万个称为晶体管的微型电路开关，用于处理信息。

每台计算机都有一个内部时钟，它以恒定的速率发射电子脉冲。这些脉冲用于控制和同步操作的速度。时钟速度越快，在给定的时间段内执行的指令就越多。时钟速度的计量单位是赫兹（Hz），1Hz 相当于每秒 1 个脉冲。20 世纪 90 年代，计算机以兆赫（MHz）为单位测量时钟速度。随着 CPU 速度的不断提高，目前计算机的时钟速度通常以千兆赫兹（GHz）为单位。

CPU 最初只有一个内核。内核是处理器中实现指令读取和执行的部分。为了提高 CPU 的处理能力，芯片制造商现在生产有多个内核的 CPU。多核 CPU 是具有两个或多个独立内核的单个组件。现在的消费类计算机通常有两个、三个甚至四个独立的内核。相信在不久的将来，具有几十个甚至数百个内核的 CPU 也将普及。

1.2.2   比特和字节

在讨论内存之前，让我们先看看信息（数据和程序）是如何存储在计算机中的。

计算机实际上就是一系列开关。每个开关存在两种状态：打开和关闭。在计算机中存储信息只需设置一系列开关即可。如果开关打开，其值为 1。如果开关关闭，其值为 0。这些 0 和 1 在二进制系统中被解释为数字，称为**比特**（bit，二进制数字）。

计算机中的最小存储单元是**字节**（byte）。一个字节由 8 个比特组成。一个小的数字，比如 3，可以存储为一个字节。而一个字节存放不下的数字，计算机将用几个字节存储。

各种类型的数据，如数字和字符，被编码为一系列字节。程序员不需要担心数据的编码和解码，计算机系统会根据**编码方案**自动执行这些操作。编码方案是一组规则，用于控制计算机将字符和数字转换为计算机实际可以处理的数据。大多数方案将每个字符转换成预定的比特串。例如，在流行的 ASCII 编码方案中，字符 C 用一个字节表示为 01000011。

计算机的存储容量是以字节和字节的倍数来衡量的，如下所示：

- 一千字节（KB）大约是 1000 字节。
- 一兆字节（MB）大约是 100 万字节。
- 一千兆字节（GB）大约是 10 亿字节。
- 一太字节（TB）大约是 1 万亿字节。

一般的单页 Word 文档可能要占用 20KB。因此，1MB 可以存储 50 页文档，1GB 可以存储 50 000 页文档。一部两小时的高清电影可能要占用 8GB，因此需要 160GB 才能存储 20 部电影。

1.2.3　内存

计算机的**内存**由有序的字节序列组成，用于存储程序以及程序正在处理的数据。你可以把内存看作计算机执行程序的工作区。程序及其数据必须先被放到计算机内存中，才能由 CPU 执行。

内存中的每个字节都有唯一的地址，如图 1.2 所示。地址用于在存储和检索数据时定位到字节。由于内存中的字节可以按任何顺序访问，因此内存也被称为随机存取存储器（RAM）。

现在的个人计算机通常至少有 4GB 的 RAM，但更常见的是安装了 8GB 到 32GB 的 RAM。一般来说，一台计算机具有的 RAM 越多，它的运行速度就越快，但这个简单的经验法则也有上限。

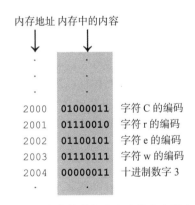

图 1.2　内存将数据和程序指令存储在由唯一地址表示的内存位置

内存中的字节永远不会为空，但它的初始内容可能对程序没有意义。每当内存字节中放入新信息时，它的当前内容就会丢失。

和 CPU 一样，内存也建立在硅半导体芯片上，其表面嵌入了数以百万计的晶体管。与 CPU 芯片相比，内存芯片简单、速度慢且便宜。

1.2.4　存储设备

计算机的内存（RAM）是一种不稳定的数据存储形式：当系统电源关闭时，存储在内存中的信息会丢失。程序和数据被永久地存放在**存储设备**上，在计算机实际使用它们时再移动到内存中，内存的访问速度比永久存储设备要快得多。

存储设备主要有四种类型：

- 磁盘驱动器
- 光盘驱动器（CD 和 DVD）
- USB 闪存驱动器
- 云存储

驱动器是操作磁盘和光盘等介质的设备。物理上存储数据和程序指令的是存储介质。驱动器从介质中读取数据，也将数据写入介质。

磁盘

每台计算机至少有一个硬盘驱动器。硬盘用于永久地存储数据和程序。⊖较新的计算机硬盘可以存储 500 GB 到 1 TB 的数据。硬盘驱动器通常安装在计算机内部，但也有可移动硬盘。

CD 和 DVD

CD 指的是光盘。CD 有三种类型：只读光盘（CD-ROM）、可刻录光盘（CD-R）和可复写光盘（CD-RW）。CD-ROM 是一种预压缩的光盘，它因用于分发软件、音乐和视频而流行。但现在软件、音乐和视频越来越多地在互联网上分发，不再使用 CD 了。CD-R(可刻录光盘)是一种一次性写入的介质。它可以一次写入、多次读取数据。CD-RW（可复写光盘）可以像硬盘一样使用，即可以将数据写入光盘，然后再用新数据覆盖这些数据。一张光盘最多可容纳 700 MB 数据。

DVD 指的是数字多功能光盘或数字视频光盘。DVD 和 CD 看起来很像，都可以用来存储数据。DVD 比 CD 保存的信息多：一张标准 DVD 的存储容量为 4.7GB。与 CD 一样，DVD 也有两种类型：DVD-R（可刻录 DVD）和 DVD-RW（可复写 DVD）。

USB 闪存驱动器

通用串行总线（USB）连接器允许用户将多种外部设备连接到计算机上。可以使用 USB 将打印机、数码相机、鼠标、外部硬盘驱动器以及其他设备连接到计算机上。

USB 闪存驱动器是存储和传输数据的设备。闪存驱动器很小，只有一包口香糖那么大。它就像一个可插入计算机 USB 端口的移动硬盘。目前，USB 闪存驱动器可提供高达 256 GB 的存储容量。

云存储

现在云上存储数据变得越来越流行。许多公司在互联网上提供云服务。例如，可以在 Google Docs 中存储 Microsoft Office 文档。Google Docs 可以通过 Chrome 浏览器在 docs. google.com 访问。这些文档可以很容易地与他人共享。Microsoft OneDrive 免费提供给 Windows 用户用于存储文件。可以从互联网上的任何设备访问存储在云中的数据。

1.2.5 输入和输出设备

输入和输出设备让用户能与计算机进行通信。最常见的输入设备是键盘和鼠标。最常见的输出设备是显示器和打印机。

键盘

键盘是输入信息的设备。

功能键位于键盘顶部，以字母 F 开头。它们的功能取决于当前使用的软件。

修改键是一类特殊的键（如 Shift、Alt 和 Ctrl 键），当同时按下修改键和另一个键时，会

⊖ 现在大多数硬盘还属于磁盘。——译者注

修改另一个键的正常功能。

数字小键盘位于大多数键盘的右侧，是一组独立的按键，样式类似于计算器，用于快速输入数字。

箭头键位于主键盘和数字键盘之间，用来在各种程序中上、下、左、右地移动光标。

插入键、删除键、向上翻页键和向下翻页键分别在文字处理以及另外一些程序中，完成插入文本和对象、删除文本和对象以及向上或向下翻页。

鼠标

鼠标是一种指向设备，用来在屏幕上移动被称为光标的图形指针（通常为箭头形状），或用于单击屏幕上的对象（如按钮）以触发它们执行操作。

显示器

显示器显示信息（文本和图形）。屏幕分辨率和点间距决定了显示的质量。

屏幕分辨率是指显示设备水平和垂直方向上的像素数。**像素**（pixel，picture element 的缩写）是在屏幕上形成图像的小点。例如，17 英寸⊖屏幕的常见分辨率为 1024 像素宽、768 像素高。分辨率可以手动设置。分辨率越高，图像越清晰。

点间距是像素之间的间距，单位为毫米。点间距越小，显示越清晰。

触摸屏

手机、平板计算机、家电、电子投票机以及一些计算机都会使用触摸屏。触摸屏与显示器集成在一起，让用户能够用手指或触笔输入。

1.2.6 通信设备

计算机可以通过通信设备联网，例如拨号调制解调器（调制器 / 解调器）、数字用户线（DSL）或电缆调制解调器、有线网络接口卡或无线适配器。

- **拨号调制解调器**使用电话线拨打电话号码来连接到互联网，并且能以最高 56000 bit/s（比特 / 秒）的速度传输数据。
- **数字用户线**（DSL）连接也使用标准电话线，但传输数据的速度比标准拨号调制解调器快 20 倍。
- **电缆调制解调器**使用有线电视公司维护的有线电视线路传输信息，通常速度比 DSL 快。
- **网络接口卡**（NIC）是一种将计算机连接到局域网（LAN）的设备。局域网通常用于连接有限区域内的计算机，如学校、家庭和办公室。一种被称为 1000BaseT 的高速网络接口卡能够以每秒 10 亿比特的速度传输数据。
- **Wi-Fi** 是一种特殊类型的无线网络，在家庭、企业和学校中比较常见，可以将计算机、手机、平板计算机和打印机连接到互联网，而无须物理有线连接。

1.3 程序设计语言

要点提示：计算机程序，即软件，是告诉计算机该做什么的指令集合。

计算机不理解人类的语言，所以计算机程序必须用计算机可以使用的语言编写。现在有数百种程序设计语言，对人们来说，开发它们是为了让程序设计过程更容易。但所有程序都必须转换成计算机可以执行的指令。

⊖ 1 英寸 = 0.0254 米。——编辑注

1.3.1   机器语言

计算机的原生语言是**机器语言**，即一组内置的基本指令，不同类型计算机的机器语言也不相同。因为这些指令以二进制代码的形式出现，所以，如果你想用计算机的原生语言给一台计算机发布指令，则必须以二进制代码的形式输入指令。例如，要把两个数字相加，你可能要写如下的二进制形式代码：

1101101010011010

1.3.2   汇编语言

用机器语言进行程序设计是一个乏味的过程。而且，用机器语言编写的程序很难阅读和修改。因此，人们在早些时候创造出**汇编语言**，作为机器语言的替代品。汇编语言使用一个简短的描述性单词（称为助记符）来表示机器语言指令。例如，通常用助记符 add 表示加法，sub 表示减法。要得到数字 2 和 3 相加的结果，可以用如下汇编代码指令：

```
add 2, 3, result
```

开发汇编语言是为了简化程序设计。但是，计算机无法执行汇编语言，所以要使用另一个名为**汇编器**的程序将汇编语言指令翻译成机器代码，如图 1.3 所示。

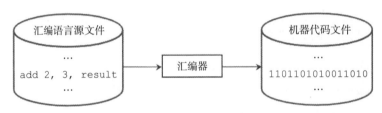

图 1.3   汇编程序将汇编语言指令翻译成机器代码

用汇编语言编写代码比用机器语言更加容易。但用汇编语言编写代码仍然很乏味。汇编语言指令本质上对应于机器代码中的指令。编写汇编代码需要知道 CPU 是如何工作的。汇编语言被认为是**低级语言**，因为汇编语言在本质上接近机器语言，并且依赖于机器。

1.3.3   高级语言

20 世纪 50 年代，出现了新一代程序设计语言，被称为**高级语言**。它们独立于平台，即用高级语言编写的程序可以在不同类型的机器上运行。高级语言与英语很像，易于学习和使用。高级程序设计语言中的指令称为**语句**。例如，这里有一个高级语言语句，用于计算半径为 5 的圆的面积：

```
area = 5 * 5 * 3.14159;
```

有许多种高级程序设计语言，每种语言都是为特定目的而设计的。表 1.1 列出了一些流行的高级程序设计语言。

表 1.1   流行的高级程序设计语言

语言	描述
Ada	以 Ada Lovelace（她研究机械式通用计算机）命名。Ada 是为美国国防部开发的，主要用于国防项目
BASIC	Beginner's All-purpose Symbolic Instruction Code（初学者通用符号指令代码）的缩写，是为了使初学者易学易用而设计的

（续）

语言	描述
C	由贝尔实验室开发。C 语言具有汇编语言的强大功能以及高级语言的易学性和可移植性
C++	基于 C 语言开发，是一种面向对象的程序设计语言
C#	读为 "C Sharp"，是由 Microsoft 公司开发的面向对象程序设计语言
COBOL	是 COmmon Business Oriented Language（面向商业的通用语言）的缩写，是为商业应用而设计的
FORTRAN	是 FORmula TRANslation（公式翻译）的缩写，广泛用于科学和数学应用
Java	由 Sun 公司（现在属于 Oracle 公司）开发，是一种面向对象程序设计语言，广泛用于开发平台独立的互联网应用程序
JavaScript	是由 Netscape 公司开发的 Web 程序设计语言
Pascal	以 Blaise Pascal（他是 17 世纪计算机器的先驱）命名。Pascal 语言是一个简单的、结构化的、通用目的的语言，主要用于教学编程
Python	一种简单的通用目的的脚本语言，适合编写短程序
Visual Basic	由 Microsoft 公司开发，方便编程人员快速开发基于 Windows 的应用

用高级语言编写的程序称为**源程序**或**源代码**。因为计算机不能执行源程序，所以源程序必须翻译成机器代码才能执行。翻译可以使用另一种叫作**解释器**或**编译器**的编程工具来完成。

- 解释器从源代码中读取一条语句，将其翻译成机器代码或虚拟机代码，然后立即执行，如图 1.4a 所示。注意，源代码中的一条语句可能会被翻译成多条机器指令。
- 编译器将整个源代码翻译成机器代码文件，然后执行机器代码文件，如图 1.4b 所示。

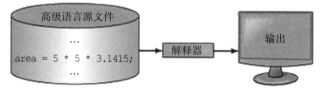

a）解释器一次只翻译和执行一条语句

b）编译器将整个源程序转换为机器语言文件以供执行

图　1.4

1.4　操作系统

要点提示：操作系统是运行在计算机上的最重要的程序。操作系统管理和控制计算机的活动。

用于通用计算机的流行的操作系统有 Microsoft Windows、Mac OS 和 Linux。计算机上必须安装并运行操作系统，否则像 Web 浏览器或文字处理程序等这些应用程序都无法运行。硬件、操作系统、应用程序和用户之间的相互关系如图 1.5 所示。

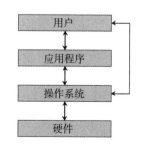

图 1.5　用户和应用程序通过操作系统访问计算机硬件

操作系统的主要任务如下：
- 控制和监视系统活动
- 分配和派发系统资源
- 调度操作

1.4.1　控制和监视系统活动

操作系统执行基本任务，例如，识别来自键盘的输入、向显示器发送输出、跟踪存储设备上的文件和文件夹以及控制外围设备（如磁盘驱动器和打印机）。操作系统还需确保不同程序和用户在同时使用计算机时不会相互干扰。此外，操作系统还负责安全，确保未经授权的用户和程序无权访问系统。

1.4.2　分配和派发系统资源

操作系统负责确定一个程序需要哪些计算机资源（如 CPU、内存空间、磁盘、输入和输出设备），并负责分配和派发这些资源以运行程序。

1.4.3　调度操作

操作系统负责调度程序的活动，以便有效利用系统资源。当今的许多操作系统都支持多道程序设计、多线程和多处理等技术来提高系统性能。

多道程序设计允许多个程序（如 Word、电子邮件和 Web 浏览器）通过共享同一个 CPU 同时运行。CPU 的速度比计算机的其他组件快得多。因此，它大部分时间都处于空闲状态，如等待从磁盘传输数据，或等待其他系统资源响应。多道程序设计操作系统利用这一特点，允许多个程序同时使用 CPU 以避免它处于空闲状态。例如，在用 Web 浏览器下载文件的同时，可以用文字处理程序编辑文件。

多线程允许一个程序同时执行多个任务。例如，文字处理程序允许用户同时编辑文本并将其保存到磁盘。在本例中，编辑和保存是同一程序中的两个不同任务。这两个任务可以并发运行。

多处理与多线程类似。不同之处在于，多线程用于在一个程序内并发运行多个线程，而多处理是使用多个处理器并发运行多个程序。

1.5　C++ 的历史

要点提示：C++ 是一种通用的、面向对象的程序设计语言。

C、C++、Java 和 C# 是有关联的。C++ 由 C 演变而来，Java 是以 C++ 为模型的，而 C# 是 C++ 的一个子集，具有一些类似于 Java 的特性。如果你能够掌握其中一种语言，那么学习其他语言就很容易了。

C 语言是从 B 语言演变而来的，B 语言是从 BCPL（基本组合程序设计语言）演变而来的。Martin Richards 在 20 世纪 60 年代中期开发了 BCPL，用于编写操作系统和编译器。Ken Thompson 在 B 语言中加入了 BCPL 的许多特性，并于 1970 年在贝尔实验室的一台 DEC PDP-7 计算机上用它创建了 UNIX 操作系统的早期版本。BCPL 和 B 都是无类型的，也就是说，每个数据项在内存中占据一个固定长度的"字"或"单元"。如何解释数据项，例如把它看作数字还是字符串，由程序员决定。Dennis Ritchie 在 1971 年通过添加类型和其他特性扩展了 B 语言，以便在 DEC PDP-11 计算机上开发 UNIX 操作系统。如今的 C 语言具有可移植性，且独立于硬件，因此它被广泛用于操作系统的开发。

C++ 是 C 语言的扩展，由贝尔实验室的 Bjarne Stroustrup 于 1983—1985 年间开发。C++ 在 C 语言的基础上进行了特性的增加与改进。最重要的是用类增加了对面向对象程序设计的支持。面向对象程序设计使程序易于重用和维护。C++ 被视为 C 的超集，它支持 C 的特性。而 C 程序可以用 C++ 编译器编译。在学习 C++ 之后，你也能够阅读和理解 C 程序。

国际标准化组织（ISO）于 1998 年创建了一个 C++ 国际标准，被称为 C++98。ISO 标准是为了确保 C++ 的可移植性，也就是说，用某个供应商的编译器所编译的程序，在其他任何平台上用任意供应商的编译器编译也不会出错。由于该标准已经存在了一段时间，因此所有主要供应商现在都支持 ISO 标准。但 C++ 编译器供应商可能会在编译器中添加一些专有特性。因此，某个编译器也许能很好地编译你的程序，但需要修改一些语句才能由另一个编译器编译。

2011 年，国际标准化组织批准了一个名为 C++11 的新标准。C++11 在核心语言和标准库中添加了新特性。这些新特性对于高级 C++ 程序设计非常有用。我们将在数据结构相关章节中介绍一些先进的新特性，如 lambda 表达式。随着 C++ 的不断发展，C++17 已成为最新的标准。但目前大多数编译器都不支持 C++17 中的新特性，仍以 C++11 为标准。本书中的代码可以在支持 C++11 的编译器上运行。

C++ 是一种通用程序设计语言，即可以用 C++ 为任何程序设计任务编写代码。C++ 是一种面向对象程序设计（OOP）语言。面向对象程序设计是开发可重用软件的有力工具。从第 9 章开始，我们将详细介绍 C++ 中的面向对象程序设计。

1.6 一个简单的 C++ 程序

要点提示：C++ 程序是从 main 函数开始执行的。

我们从一个简单的 C++ 程序开始，该程序在控制台上显示消息 "Welcome to C++!"。（**控制台**是一个老的计算机词汇，指的是计算机的文本输入和显示设备。**控制台输入**指的是从键盘上接收输入，**控制台输出**指的是在显示器上显示输出。）程序如 CodeAnimation 1.1 所示。

CodeAnimation 1.1 的互动程序请访问 https://liangcpp.pearsoncmg.com/codeanimation5ecpp/Welcome.html，LiveExample 1.1 的互动程序请访问 https://liangcpp.pearsoncmg.com/LiveRunCpp5e/faces/LiveExample.xhtml?header=off&programName=Welcome&programHeight=190&resultHeight=150⊖。

CodeAnimation 1.1 Welcome.cpp

```
Start Animation
```

```
1   #include <iostream>
2   using namespace std;
```

⊖ CodeAnimation 和 LiveExample 代码一致，在后文中不再给出 CodeAnimation 的截图，有需要的读者可自行访问互动程序网址。——编辑注

```
 3
 4   int main()
 5   {
 6     // Display Welcome to C++ to the console
 7     cout << "Welcome to C++!" << endl;
 8
 9     return 0;
10   }
```

LiveExample 1.1　Welcome.cpp

Source Code Editor:

```
 1   #include <iostream>
 2   using namespace std;
 3
 4   int main()
 5 ▾ {
 6     // Display Welcome to C++ to the console
 7     cout << "Welcome to C++!" << endl;
 8
 9     return 0;
10   }
```

[Automatic Check]　[Compile/Run]　[Reset]　[Answer]　　　　　Choose a Compiler: [VC++ ▾]

Execution Result:

```
command>cl Welcome.cpp
Microsoft C++ Compiler 2019
Compiled successful (cl is the VC++ compile/link command)

command>Welcome
Welcome to C++!

command>
```

　　行号不是程序的一部分，是出于参考目的显示出来的。所以，不要在程序中输入行号。程序第 1 行的

```
#include <iostream>
```

是一个编译器**预处理器指令**。它告诉编译器在这个程序中包含 iostream 库，这是支持控制台输入和输出所必需的。C++ **库**包含开发 C++ 程序的预定义代码。像 iostream 这样的库在 C++ 中被称为**头文件**，因为它通常包含在程序的头部。第 2 行中的语句

```
using namespace std;
```

告诉编译器使用标准命名空间。std 是标准的缩写。**命名空间**是一种避免大型程序中命名冲突的机制。第 7 行中的名称 cout 和 endl 在标准命名空间的 iostream 库中定义。为了让编译器识别这些名字，必须使用第 2 行的语句。目前，你需要做的只是在程序中写上第 2 行，以便能够执行输入和输出操作。

　　每个 C++ 程序都是从 main 函数开始执行的。函数是包含语句的结构。第 4 ～ 10 行定义的 **main 函数**包含两条语句。它们被放在一个**块**中，该块以左花括号 { 开始，以右花括

号 } 结束。C++ 中的每个语句都必须以分号；结尾，称为**语句终止符**。

第 7 行的语句向控制台显示一条消息。cout 代表控制台输出。<< 运算符被称为**流插入运算符**，向控制台发送字符串。字符串必须用引号括起来。第 7 行的语句首先输出字符串 "Welcome to C++!" 到控制台，然后输出 endl。注意，endl 代表行结束，即换行。将 endl 发送到控制台，表示结束一行，并刷新输出缓冲区以确保立即显示输出内容。

第 9 行的语句

```
return 0;
```

放在每个 main 函数的末尾，以退出程序。0 表示程序已终止，退出成功。如果省略此语句，某些编译器可能无法正常工作。因此，为了让程序能与所有 C++ 编译器一起工作，最好始终包含此语句。

第 6 行是一个**注释**，它记录了该程序是干什么的，以及它是如何被构造的。注释有助于程序员交流和理解程序。注释不是程序设计语句，所以编译器编译程序时会把它忽略掉。在 C++ 中，在一行前面加两个斜杠（//）的注释称为**行注释**，加在 /* 和 */ 之间的一行或几行注释称为**块注释**或**段落注释**。当编译器看到 // 时，会忽略同一行 // 之后的所有文本。当编译器看到 /* 时，会扫描下一个 */，并忽略 /* 和 */ 之间的所有文本。

下面是两类注释的示例：

```
// This application program prints Welcome to C++!
/* This application program prints Welcome to C++! */
/* This application program
 prints Welcome to C++! */
```

关键字或**保留字**对编译器有特定的意义，不能在程序中用作其他目的。这个程序中有四个关键字：using、namespace、int 和 return。

警告：预处理器指令不是 C++ 语句。因此，不要在预处理器指令的末尾加分号。这样做可能会导致错误。

警告：如果在 < 和 iostream 之间或 iostream 和 > 之间加上额外的空格，一些编译器将无法编译。额外的空格将成为头文件名的一部分。为了确保你的程序能与所有编译器一起工作，请不要增加额外的空格。

警告：C++ 源程序是区分大小写的。例如，用 Main 替换程序中的 main 会导致出错。

注意：你可能想知道为什么 main 函数要这样声明，为什么 cout << "Welcome to C++!" << endl 可以用于在控制台上显示消息。在现阶段，你只需知道它们就是这么做的就可以了。这些问题将在后面的章节中得到解答。

在程序中，你可能注意到了几个特殊字符（例如，#, //, <<）。在每个程序中几乎都会使用它们。表 1.2 总结了它们的用途。

表 1.2　特殊字符

字符	名称	描述
#	井号	在 #include 中用于表示预处理器指令
<>	左尖括号和右尖括号	与 #include 一起使用时将库名称括起来
( )	左圆括号和右圆括号	和函数一起使用，如 main()
{ }	左花括号和右花括号	表示一个包含语句的块
//	双斜杠	表示后面是一行注释

（续）

字符	名称	描述
<<	流插入运算符	向控制台输出信息
" "	左引号和右引号	包含一个字符串（即一个字符序列）
;	分号	标识一个语句的结束

学习过程中最容易犯语法错误。与其他程序设计语言一样，C++ 有自己的语法，你需要编写遵守语法规则的代码。如果你的程序违反了这些规则，C++ 编译器就会报告语法错误。需要特别注意标点符号，例如重定向符号 << 是两个连续的 <。函数中的每个语句都以分号 ; 结尾。

LiveExample 1.1 中的程序显示一条消息。一旦理解了这个程序，就很容易扩展该程序来显示更多的消息。例如，可以改写该程序来显示三条消息，如 LiveExample 1.2 所示。

CodeAnimation 1.2 的互动程序请访问 https://liangcpp.pearsoncmg.com/codeanimation5ecpp/WelcomeWithThreeMessages.html，LiveExample 1.2 的互动程序请访问 https://liangcpp.pearsoncmg.com/LiveRunCpp5e/faces/LiveExample.xhtml?header=off&programName=WelcomeWithThreeMessages&programHeight=205&resultHeight=190。

LiveExample 1.2　WelcomeWithThreeMessages.cpp

Source Code Editor:

```
1   #include <iostream>
2   using namespace std;
3
4   int main()
5 - {
6     cout << "Programming is fun!" << endl;
7     cout << "Fundamentals First" << endl;
8     cout << "Problem Driven" << endl;  // Display Problem Driven
9
10    return 0;
11  }
```

Automatic Check　Compile/Run　Reset　Answer　　　Choose a Compiler: VC++ ▾

Execution Result:

```
command>cl WelcomeWithThreeMessages.cpp
Microsoft C++ Compiler 2019
Compiled successful (cl is the VC++ compile/link command)

command>WelcomeWithThreeMessages
Programming is fun!
Fundamentals First
Problem Driven

command>
```

你还可以进行数学计算，并将结果显示到控制台上。LiveExample 1.3 给出了一个这样的例子。

CodeAnimation 1.3 的互动程序请访问 https://liangcpp.pearsoncmg.com/codeanimation5ecpp/ComputeExpression.html，LiveExample 1.3 的互动程序请访问 https://liangcpp.pearsoncmg.com/

LiveRunCpp5e/faces/LiveExample.xhtml?header=off&programName=ComputeExpression&programHeight=180&resultHeight=160。

LiveExample 1.3 ComputeExpression.cpp

Source Code Editor:

```
1   #include <iostream>
2   using namespace std;
3
4   int main()
5 ▾ {
6     cout << "(10.5 + 2 * 3) / (45 - 3.5) = ";
7     cout << (10.5 + 2 * 3) / (45 - 3.5) << endl; // Display the result of expression
8
9     return 0;
10  }
```

| Automatic Check | Compile/Run | Reset | Answer | Choose a Compiler: VC++ ⌄

Execution Result:

```
command>cl ComputeExpression.cpp
Microsoft C++ Compiler 2019
Compiled successful (cl is the VC++ compile/link command)

command>ComputeExpression
(10.5 + 2 * 3) / (45 - 3.5) = 0.39759

command>
```

C++ 中的乘法运算符是 *。如你所见,将数学表达式转换为 C++ 表达式是一个简单的过程。我们将在第 2 章进一步讨论 C++ 表达式。

你可以在一条语句中组合多个输出。例如,下面的语句执行与第 6 ～ 7 行相同的功能。

```
cout <<  "(10.5 + 2 * 3) / (45 - 3.5) = "
     << (10.5 + 2 * 3) / (45 - 3.5) << endl;
```

注意:运行此程序可能会得到不同的输出。实数在计算机中是近似表示,不同的编译器和计算机表示的实数可能略有不同。

1.7 C++ 程序开发周期

要点提示:C++ 程序开发过程包括创建 / 修改源代码、编译、链接和执行程序。

在执行程序之前,必须先创建并编译它。这个过程是反复进行的,如图 1.6 所示。如果程序有编译错误,必须修改程序,然后重新编译。如果程序有运行时错误或者没有产生正确的结果,也必须修改它,重新编译,然后再次执行。

C++ 编译器命令按顺序执行三项任务:预处理、编译和链接。确切地说,C++ 编译器包含三个独立的程序:预处理器、编译器和链接器。简单起见,我们将这三个程序统称为 C++ 编译器。

- **预处理器**是在将源文件传递给编译器之前对其进行处理的程序。它处理指令。预处理器指令以符号 # 开头。例如,LiveExample 1.1 第 1 行中的 include 语句是一个预处理器指令,用于告诉编译器包含一个库。预处理器生成一个中间文件。

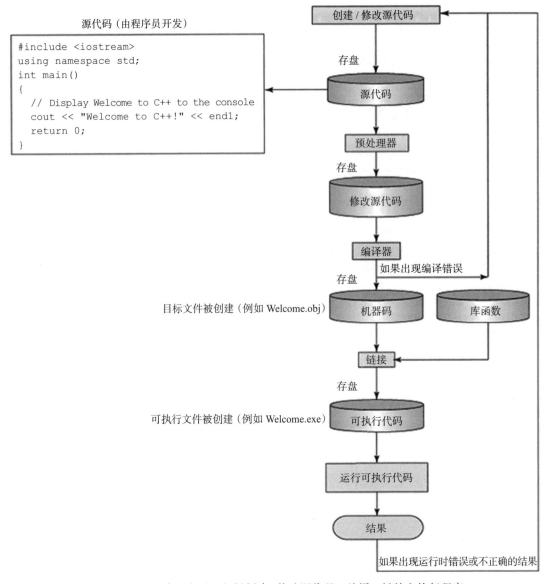

源代码（由程序员开发）

```cpp
#include <iostream>
using namespace std;
int main()
{
  // Display Welcome to C++ to the console
  cout << "Welcome to C++!" << endl;
  return 0;
}
```

创建 / 修改源代码

存盘

源代码

预处理器

存盘

修改源代码

编译器

如果出现编译错误

存盘

目标文件被创建（例如 Welcome.obj）

机器码

库函数

链接

存盘

可执行文件被创建（例如 Welcome.exe）

可执行代码

运行可执行代码

结果

如果出现运行时错误或不正确的结果

图 1.6　C++ 程序开发过程包括创建 / 修改源代码、编译、链接和执行程序

- **编译器**将中间文件转换为机器代码文件。机器代码文件也称为**目标文件**（object）。为了避免与 C++ 对象（object）混淆，我们不会在本书中使用这个术语。
- **链接器**将机器代码文件与支持库文件链接，以形成可执行文件。在 Windows 系统中，机器代码文件带有 .obj 扩展名，可执行文件带有 .exe 扩展名。在 UNIX 系统中，机器代码文件的扩展名为 .o，而可执行文件没有扩展名。

注意： C++ **源文件**通常以扩展名 .cpp 结尾。有些编译器可能接受其他文件扩展名（例如 .c、.cp 或 .c），但大家应该坚持使用 .cpp 扩展名以便与所有 C++ 编译器兼容。

你可以在命令窗口或 IDE（集成开发环境）中开发 C++ 程序。IDE 是为快速开发 C++ 程序所提供的集成开发环境。它将编辑、编译、构建、调试和在线帮助集成在一个图形用户界面中。只需输入源代码或在窗口中打开现有文件，然后单击按钮、菜单项或功能键即可编译并运行程序。流行的 IDE 包括 Microsoft Visual C++、Dev-C++、Eclipse 和 NetBeans。这些 IDE 都可以免费下载。

1.8　程序设计风格和文档

要点提示：良好的程序设计风格和适当的文档使程序易于阅读，并且能帮助程序员避免错误。

程序设计风格决定程序的观感。即使将所有代码写在一行，程序也会被正确编译和运行，但这是个糟糕的程序设计风格，因为程序的可读性很差。文档是与程序有关的解释性附注和注释。程序设计风格和文档的重要性与编码一样。良好的程序设计风格和适当的文档减少了出错的概率，可以提高程序的可读性。到现在为止，你已经看到了一些良好的程序设计风格。本节对它们进行总结，并给出一些指导原则。有关程序设计风格和文档的更多详细指南，请访问 https://liangcpp.pearsoncmg.com/supplement/codingguidelines.html。

1.8.1　适当的注释和注释风格

在程序开始处附上一份摘要，说明该程序的功能、主要特点以及所使用的特殊技术。在较长的程序中，还应该包括介绍每个主要步骤的注释，并对难以阅读的内容加上解释。将注释写得简洁也很重要，不能让注释挤满程序或者难以阅读。

1.8.2　适当的缩进和间距

保持一致的缩进样式会使程序更加清晰，易于阅读、调试和维护。**缩进**用于说明程序组件或语句之间的结构关系。即使所有语句都在一行上，C++ 编译器也可以读取程序，但正确对齐的代码更易于程序员阅读和维护。在嵌套结构中，内层的每个子组件或语句应该比外层缩进至少两个空格。

二元运算符的两侧应各添加一个空格，如下所示。

（a）好的风格：操作数和运算符之间用一个空格隔开

（b）不好的风格：操作数和运算符之间没有隔开

代码段之间应使用一个空行来分隔，以便程序更易于阅读。

1.8.3　块样式

由花括号包围的一组语句称为块。块的风格有两种流行的样式："下一行"样式和"行尾"样式，如下所示。

（a）本书使用"下一行"样式

（b）本书不使用"行尾"样式

"下一行"样式垂直对齐花括号，使程序易于阅读，"行尾"样式则节省空间，有助于避免一些细微的编程错误。两者都是可以采纳的风格。选择哪一个取决于个人或组织的偏好。但应统一使用同一个块样式，不建议混合使用。本书使用"下一行"样式，以与 Microsoft Visual C++ 源代码保持一致。

1.9 程序设计错误

要点提示： 程序设计错误可以分为三种类型：语法错误、运行时错误和逻辑错误。

程序设计错误是不可避免的，即使对有经验的程序员来说也是如此。错误可以分为三种类型：语法错误、运行时错误和逻辑错误。

1.9.1 语法错误

在编译过程中，由编译器检测到的错误称为**语法错误**或**编译错误**。语法错误源于代码构造中的错误，例如：键入错误的关键字、缺少必需的标点符号，或者使用左花括号而没有相应右花括号。这些错误通常很容易检测到，因为编译器会告诉你这些错误在哪里，以及是什么原因导致的。例如，LiveExample 1.4 中的程序有语法错误。

CodeAnimation 1.4 的互动程序请访问 https://liangcpp.pearsoncmg.com/codeanimation5ecpp/ShowSyntaxErrors.html，LiveExample 1.4 的互动程序请访问 https://liangcpp.pearsoncmg.com/LiveRunCpp5e/faces/LiveExample.xhtml?header=off&programName=ShowSyntaxErrors&programHeight=180&resultHeight=170。

LiveExample 1.4　ShowSyntaxErrors.cpp

Source Code Editor:

```
1  #include <iostream>
2  using namespace std
3
4  int main()
5  {
6    cout << "Programming is fun << endl;
```

```
7
8    return 0;
9  }
```

Compile/Run   Reset   Choose a Compiler: VC++ ∨

Execution Result:

```
command>cl ShowSyntaxErrors.cpp
Microsoft C++ Compiler 2019
ShowSyntaxErrors.cpp
ShowSyntaxErrors.cpp(4): error C2144: syntax error: 'int' should be preceded by ';'
ShowSyntaxErrors.cpp(6): error C2001: newline in constant
ShowSyntaxErrors.cpp(8): error C2143: syntax error: missing ';' before 'return'

command>
```

使用 Visual C++ 编译此程序时会显示错误, 如 LiveExample 1.4 中的输出框所示。

一共报告了三个错误, 但程序实际上只有两个错误。

1. 第 2 行的末尾缺失分号。

2. 第 6 行的字符串 Programming is fun 应该用引号结束。

由于一个错误通常会显示多行编译错误, 因此最好是从顶行开始向下处理错误。纠正程序中前面出现的错误, 也可能就改正了程序后面出现的其他错误。

提示：如果你不知道如何纠正错误, 请将你的程序与教材中类似的例子逐一进行仔细比较。在本课程的前几周, 你可能会花费大量时间**纠正语法错误**。但很快你就会熟悉语法, 并能快速纠正语法错误。

1.9.2 运行时错误

运行时错误会导致程序异常终止。运行应用程序时, 如果环境检测到一个无法执行的操作, 就会出现运行时错误。输入错误是典型的运行时错误。当程序等待用户输入值, 但用户输入了程序无法处理的值时, 就会发生输入错误。例如, 如果程序希望读入一个数字, 但用户输入了一个字符串, 则会导致程序出现数据类型错误。

另一个常见的运行时错误是除以零。在整数除法的除数为 0 时发生。例如, LiveExample 1.5 中的程序将导致运行时错误。

CodeAnimation 1.5 的互动程序请访问 https://liangcpp.pearsoncmg.com/codeanimation5ecpp/ShowRuntimeErrors.html, LiveExample 1.5 的互动程序请访问 https://liangcpp.pearsoncmg.com/LiveRunCpp5e/faces/LiveExample.xhtml?header=off&programName=ShowRuntimeErrors&programHeight=200&resultHeight=160。

LiveExample 1.5   ShowRuntimeErrors.cpp

Source Code Editor:

```
1  #include <iostream>
2  using namespace std;
3
4  int main()
5 ▾ {
```

```
6    int i = 4;
7    int j = 0;
8    cout << i / j << endl;
9
10   return 0;
11 }
```

Automatic Check   **Compile/Run**   **Reset**   Choose a Compiler: VC++ ▾

Execution Result:

```
command>cl ShowRuntimeErrors.cpp
Microsoft C++ Compiler 2019
Compiled successful (cl is the VC++ compile/link command)

command>ShowRuntimeErrors
A runtime error occured at line 8 becuase divisor is 0.

command>
```

这里，`i` 和 `j` 被称为变量。我们将在第 2 章中介绍变量。`i` 的值为 4，`j` 的值为 0。第 8 行中的 `i/j` 会产生除以零的运行时错误。

1.9.3   逻辑错误

当程序不能按预期的方式运行时，就出现了**逻辑错误**。这类错误的发生有许多不同的原因。例如，假设你在 LiveExample 1.6 中编写了以下程序，将 35 摄氏度转换为华氏度。

CodeAnimation 1.6 的互动程序请访问 https://liangcpp.pearsoncmg.com/codeanimation5ecpp/ShowLogicErrors.html，LiveExample 1.6 的互动程序请访问 https://liangcpp.pearsoncmg.com/LiveRunCpp5e/faces/LiveExample.xhtml?header=off&programName=ShowLogicErrors&programHeight=193&resultHeight=176。

LiveExample 1.6   ShowLogicErrors.cpp

Source Code Editor:

```
1   #include <iostream>
2   using namespace std;
3
4   int main()
5 ▾ {
6     cout << "Celsius 35 is Fahrenheit degree ";
7     cout << (9 / 5) * 35 + 32 << endl;
8
9     return 0;
10 }
```

Automatic Check   **Compile/Run**   **Reset**   Choose a Compiler: VC++ ▾

Execution Result:

```
command>cl ShowLogicErrors.cpp
Microsoft C++ Compiler 2019
Compiled successful (cl is the VC++ compile/link command)
```

```
command>ShowLogicErrors
Celsius 35 is Fahrenheit degree
67

command>
```

你会得到 67 华氏度，而这是错误的，结果应该是 95。在 C++ 中，整数除法会使商的小数部分被截掉。所以，在 C++ 中 9/5 的结果是 1。为了得到正确的结果，你需要用 9.0/5，这样结果就是 1.8。

一般来说，语法错误很容易被发现，也很容易纠正，因为编译器会指出错误的位置和出错的原因。运行时错误也不难找到，因为当程序中止时，错误的原因和位置会显示在控制台上。而发现逻辑错误可能非常具有挑战性。在接下来的章节中，你将学习跟踪程序和查找逻辑错误的技巧。

1.9.4　常见错误

缺少右花括号、缺少分号、缺少字符串的引号以及名称拼写错误都是初学者经常犯的错误。

常见错误 1：缺少右花括号

花括号用于表示程序中的块。每个左花括号必须与一个右花括号匹配。常见错误是缺少右花括号。为避免此错误，请在键入左花括号时键入右花括号，如下例所示。

```
int main()
{

}  ← 立即输入右花括号以匹配左花括号
```

常见错误 2：缺少分号

每条语句都以一个语句终止符（；）结尾。通常，初学者会忘记在块中的最后一条语句后放置语句终止符，如下例所示。

```
int main()
{
  cout << "Programming is fun!" << endl;
  cout << "Fundamentals First" << endl;
  cout << "Problem Driven" << endl
}                                    ↑
                                  缺少分号
```

常见错误 3：缺少引号

字符串必须放在引号内。通常，初学者会忘记在字符串末尾加引号，如下例所示。

```
cout << "Problem Driven;
                ↑
            缺少引号
```

常见错误 4：拼写错误

C++ 是区分大小写的。拼写错误是初学者经常犯的错误。例如，在以下代码中，单词

main 被错拼为 Main。

```cpp
int Main()
{
  cout << (10.5 + 2 * 3) / (45 - 3.5);
  return 0;
}
```

关键术语

assembler（汇编器）

assembly language（汇编语言）

bit（比特）

block（块）

block comment（块注释）

bus（总线）

byte（字节）

cable modem（电缆调制解调器）

central processing unit（CPU，中央处理器）

comment（注释）

compile error（编译错误）

compiler（编译器）

console（控制台）

console input（控制台输入）

console output（控制台输出）

dial-up modem（拨号调制解调器）

digital subscriber line（DSL，数字用户线）

dot pitch（点间距）

encoding scheme（编码方案）

hardware（硬件）

header file（头文件）

high-level language（高级语言）

Integrated Development Environment（IDE，集成开发环境）

interpreter（解释器）

keyword (reserved word)（关键字（保留字））

library（库）

line comment（行注释）

linker（链接器）

logic error（逻辑错误）

low-level language（低级语言）

machine language（机器语言）

main function（main 函数）

memory（内存）

motherboard（主板）

namespace（命名空间）

network interface card（NIC，网络接口卡）

object file（目标文件）

operating system（OS，操作系统）

paragraph comment（段落注释）

pixel（像素）

preprocessor（预处理器）

program（程序）

programming（程序设计）

runtime error（运行时错误）

screen resolution（屏幕分辨率）

software（软件）

source code（源代码）

source program（源程序）

statement（语句）

statement terminator（语句终止符）

storage device（存储设备）

stream insertion operator（流插入运算符）

syntax error（语法错误）

章节总结

1. 计算机是存储和处理数据的电子设备。

2. 计算机包括硬件和软件两部分。

3. 硬件是计算机中可以触摸到的物理部分。

4. 计算机程序，即软件，是一些不可见的指令，它控制硬件使其执行任务。

5. 计算机程序设计就是给计算机编写执行的指令（即代码）。

6. 中央处理器（CPU）是计算机的大脑，它从内存中检索指令并执行。

7. 计算机使用 0 和 1，因为数字设备有两种稳定状态，按照惯例称为 0 和 1。

8. 一比特（bit）是二进制数字 0 或 1。

9. 一字节（byte）是 8 个比特的序列。

10. 1K 字节约为 1000 字节，1M 字节约为 100 万字节，1G 字节约为 10 亿字节，1TB 约为 1000G 字节。

11. 内存存储 CPU 要执行的数据和程序指令。

12. 内存单元是字节的有序序列。

13. 内存是易失的，因为电源关闭时信息会丢失。

14. 程序和数据永久存储在存储设备上，在计算机真正使用时被移到内存中。

15. 机器语言是每台计算机中内置的一组基本指令。

16. 汇编语言是一种低级程序设计语言，它使用助记符表示每条机器语言指令。

17. 高级语言类似于英语，易于学习和编程。

18. 用高级语言编写的程序称为源程序。

19. 编译器是将源程序转换为机器语言程序的软件程序。

20. 操作系统（OS）是管理和控制计算机活动的程序。

21. C++ 是 C 语言的扩展。C++ 在 C 语言的基础上进行了特性的增加与改进。最重要的是，用类增加了对面向对象程序设计的支持。

22. C++ 源文件以 .cpp 扩展名结尾。

23. #include 是预处理器指令。所有预处理器指令都以符号 # 开头。

24. cout 对象和流插入运算符（<<）可在控制台上显示字符串。

25. 每个 C++ 程序都是从 main 函数开始执行的。函数是一种包含语句的结构。

26. C++ 中的每个语句都必须以分号（;）结尾，称为语句终止符。

27. 在 C++ 中，在一行前面加上两个斜杠（//）的注释称为行注释，在一行或几行上加在 /* 和 */ 之间的注释，称为块注释或段落注释。

28. 关键字或保留字对编译器有特定意义，不能在程序中用作其他目的。关键字的实例有 using、namespace、int 和 return。

29. C++ 源程序是区分大小写的。

30. 可以在命令窗口中或使用 IDE，例如 Visual C++ 或 Dev-C++，开发 C++ 应用程序。

31. 程序设计错误可以分为三种类型：语法错误、运行时错误和逻辑错误。编译器报告的错误称为语法错误或编译错误。运行时错误是导致程序异常终止的错误。当程序没有按预期的方式执行时，就发生了逻辑错误。

编程练习

互动程序请访问 https://liangcpp.pearsoncmg.com/CheckExerciseCpp/faces/CheckExercise5e.xhtml?chapter=1&programName=Exercise01_01。

注意：题目的难度等级分为容易（无星号）、中等（*）、难（**）以及非常难（***）。

1.6 ~ 1.9 节

1.1 （显示 3 条消息）编写程序，显示 Welcome to C++、Welcome to Computer Science 以及 Programming is fun。

```
Sample Run for Exercise01_01.cpp

Execution Result:
command>Exercise01_01
Welcome to C++
Welcome to Computer Science
```

```
Programming is fun
command>
```

1.2 （显示 5 条消息）编写程序，显示五次 `Welcome to C++`。

```
Sample Run for Exercise01_02.cpp
Execution Result:
command>Exercise01_02
Welcome to C++
Welcome to C++
Welcome to C++
Welcome to C++
Welcome to C++

command>
```

*1.3 （显示图案）编写程序，显示以下图案。

```
Sample Run for Exercise01_03.cpp
Execution Result:
command>Exercise01_03
  CCCC      +         +
 C          +         +
C      +++++++  +++++++
 C          +         +
  CCCC      +         +

command>
```

1.4 （打印表格）编写程序，显示下表。

```
Sample Run for Exercise01_04.cpp
Execution Result:
command>Exercise01_04
a      a^2     a^3
1      1       1
2      4       8
3      9       27
4      16      64

command>
```

1.5 （计算表达式）编写程序，显示 $\dfrac{9.5 \times 4.5 - 2.5 \times 3}{45.5 - 3.5}$ 的结果。

1.6 （数列求和）编写程序，显示 $1+2+3+4+5+6+7+8+9$ 的结果。

1.7 （求 π 的近似值）π 可使用以下公式计算：

$$\pi = 4 \times \left(1 - \frac{1}{3} + \frac{1}{5} - \frac{1}{7} + \frac{1}{9} - \frac{1}{11} + \cdots\right)$$

编写程序，显示 $4 \times \left(1 - \frac{1}{3} + \frac{1}{5} - \frac{1}{7} + \frac{1}{9} - \frac{1}{11}\right)$ 和 $4 \times \left(1 - \frac{1}{3} + \frac{1}{5} - \frac{1}{7} + \frac{1}{9} - \frac{1}{11} + \frac{1}{13}\right)$ 的结果。在程序中使用

`1.0` 而不是 `1`。

1.8 （圆的面积和周长）编写程序，使用以下公式显示半径为 5.5 的圆的面积与周长：

周长 = 2 × 半径 × π   面积 = 半径 × 半径 × π

1.9 （矩形的面积和周长）编写程序，使用以下公式显示宽为 4.5、高为 7.9 的矩形的面积与周长：

面积 = 宽 × 高

1.10 （平均速度，单位：英里）假设跑步者在 45 分 30 秒内跑了 14 千米。编写一个程序，以英里 /
小时为单位显示平均速度。（注意，1 英里等于 1.6 千米。）

*1.11 （人口预测）美国人口调查局基于以下假设预测人口：

- 每 7 秒有一个人出生；
- 每 13 秒有一人死亡；
- 每 45 秒有一个新的移民；

编写一个程序，显示未来五年的人口数量。假设当前人口为 312032486，一年有 365 天。提示：
在 C++ 中，如果两个整数相除，结果还是整数，小数部分将被截掉。例如，5/4 是 1（不是
1.25），10/4 是 2（不是 2.5）。如果想获得精确的小数部分结果，那么除法运算中涉及的值
之一必须是带小数点的数字。例如，5.0/4 为 1.25，10/4.0 为 2.5。

1.12 （平均速度，单位：千米）假设跑步者在 1 小时 40 分 35 秒内跑了 24 英里。编写一个程序，以
千米 / 小时为单位显示平均速度。（注意，1 英里等于 1.6 千米。）

程序设计初步

学习目标

1. 编写执行一个简单的 C++ 计算程序（2.2 节）。

2. 从键盘读取输入（2.3 节）。

3. 使用标识符命名像变量和函数这样的元素（2.4 节）。

4. 使用变量存储数据（2.5 节）。

5. 使用赋值语句和赋值表达式进行编程（2.6 节）。

6. 使用 const 关键字命名常量（2.7 节）。

7. 使用数值数据类型声明变量（2.8 节）。

8. 使用整数字面量、浮点字面量和科学计数法形式的字面量（2.8.1 节）。

9. 使用数值运算符 +、-、*、/、和 %（2.8.2 节）。

10. 使用 pow(a，b) 函数执行指数运算（2.8.3 节）。

11. 表达式编写和求值（2.9 节）。

12. 使用 time(0) 获得当前系统时间（2.10 节）。

13. 使用复合赋值运算符（+=，-=，*=，/=，%=）（2.11 节）。

14. 区分后置递减和前置递减以及后置递增和前置递增（2.12 节）。

15. 使用强制转换将数值类型转换为其他类型（2.13 节）。

16. 介绍软件开发过程，并将其应用于开发贷款支付程序（2.14 节）。

17. 编写一个程序，将大额货币转换为较小单位的货币（2.15 节）。

18. 避免初级编程中的常见错误（2.16 节）。

2.1 简介

要点提示：本章重点学习解决问题的基本程序设计技术。

在第 1 章，我们学习了如何创建、编译和运行基础程序。现在，我们将学习如何通过编写程序来解决问题。通过这些问题，你会学到使用基元数据类型、变量、常量、运算符、表达式以及输入和输出的基本程序设计技术。

例如，假设你想申请学生贷款。考虑到贷款金额、贷款期限和年利率，如何编写程序来计算每月付款和总付款？本章介绍如何编写此类程序。在此过程中，你将学习分析问题、设计解决方案以及通过创建程序实现解决方案所涉及的基本步骤。

2.2 编写一个简单程序

要点提示：编写程序时需要设计一种解决问题的策略，然后使用程序设计语言来实现该策略。

首先，考虑一个计算圆面积的简单问题。我们如何编写程序来解决这个问题呢？

编写程序涉及设计算法并将其转换为程序设计指令或代码。**算法**通过列出必须采取的操作及其执行顺序来描述如何解决问题。算法可以帮助程序员在用程序设计语言编写程序之前规划程序。算法可以用自然语言或**伪代码**（自然语言与一些编程代码混合）来描述。计算圆面积的算法可以描述如下：

1. 读入圆的半径。
2. 使用以下公式计算面积：

$$面积 = 半径 \times 半径 \times \pi$$

3. 显示结果。

提示：开始编码之前，以算法的形式概述程序（或其潜在问题）是个好习惯。

当编码时，就是写程序时，我们将算法转换为程序。我们已经知道，每个 C++ 程序都是从 main 函数开始执行的。这里 main 函数的梗概如下所示：

```
int main()
{
  // Step 1: Read in radius
  // Step 2: Compute area
  // Step 3: Display the area
}
```

程序需要从键盘读取用户输入的半径。这引出了两个重要问题：

- 读取半径。
- 在程序中存储半径。

我们先解决第二个问题。为了存储半径，程序需要声明一个称为变量的符号。变量表示存储在计算机内存中的值。

不要使用 x 和 y 作为变量名，而应选择具有描述意义的名称。在本例中，用 radius 表示半径，area 代表面积。要让编译器知道半径和面积是什么，需要指定它们的**数据类型**，即存储在变量中的数据类型是整数、**浮点数**还是其他类型的数据。这被称为**声明变量**。C++ 提供了简单的数据类型，用于表示整数、浮点数（即带小数点的数字）、字符和布尔类型。这些类型称为**基元数据类型**或基元类型。

实数（即带小数点的数字）在计算机中使用一种称为浮点的方法表示。因此，实数也称为浮点数。在 C++ 中，可以使用关键字 double 来声明双精度浮点型变量。将半径和面积声明为 double 类型。该程序可扩展如下：

```
int main()
{
  double radius;
  double area;
  // Step 1: Read in radius
  // Step 2: Compute area
  // Step 3: Display the area
}
```

程序将 radius 和 area 声明为变量。保留字 double 表示 radius 和 area 是存储在计算机中的双精度浮点值。

第一步是提示用户指定圆的 radius。我们将很快了解如何提示用户提供信息。现在要了解变量是如何工作的，可以在写代码时在程序中为 radius 指定一个固定值，稍后修改程序，以提示用户输入此值。

第二步是计算 area，通过将表达式 radius*radius*3.14159 的结果赋值给 area 来实现。

在最后一步中，程序使用 cout<<area 在控制台上显示 area 的值。

完整程序见 LiveExample 2.1。

CodeAnimation 2.1 的互动程序请访问 https://liangcpp.pearsoncmg.com/codeanimation5ecpp/ComputeArea.html，LiveExample 2.1 的互动程序请访问 https://liangcpp.pearsoncmg.com/LiveRunCpp5e/faces/LiveExample.xhtml?header=off&programName=ComputeArea&programHeight=340&resultHeight=160。

LiveExample 2.1   ComputeArea.cpp

Source Code Editor:

```cpp
1  #include <iostream>
2  using namespace std;
3
4  int main()
5  {
6    double radius;
7    double area;
8
9    // Step 1: Read in radius
10   radius = 20;
11
12   // Step 2: Compute area
13   area = radius * radius * 3.14159;
14
15   // Step 3: Display the area
16   cout << "The area is " << area << endl;
17
18   return 0;
19 }
```

| Automatic Check | Compile/Run | Reset | Answer | Choose a Compiler: | VC++ ⌄ |

Execution Result:

```
command>cl ComputeArea.cpp
Microsoft C++ Compiler 2019
Compiled successful (cl is the VC++ compile/link command)

command>ComputeArea
The area is 1256.64

command>
```

像 radius 和 area 这样的变量对应于内存位置。每个变量都有名称、类型、长度和值。第 6 行声明 radius 可以存储一个 double 类型的值。在赋值之前，这个值是没有定义的。第 10 行将 20 赋值给 radius。类似地，第 7 行声明变量 area，第 13 行为 area 赋值。如果注释掉第 10 行，程序能够编译并运行，但结果是不可预测的，因为没有为 radius 指定确定的值。在 Visual C++ 中，引用未初始化的变量将导致运行时错误。下表显示了执行程序时内存中的 area 和 radius 值。表中的每一行都显示了程序中相应行的语句执行后变量的新值。这种检查程序如何工作的方法称为跟踪程序。跟踪程序可以帮助你了解程序的工作方式并查找程序错误。

行号	半径	面积
6	未定义的值	
7		未定义的值
10	20	
13		1256.64

第 16 行向控制台发送字符串 "The area is"。它还将变量 area 中的值发送到控制台。注意，area 周围没有引号。如果有，字符串 "area" 将被发送到控制台。

2.3　从键盘读取输入

要点提示：从键盘读取输入，使程序能够接收用户的输入。

在 LiveExample 2.1 中，半径的值在源代码中是固定的。要使用不同的半径，必须修改源代码并重新编译。显然，这并不方便。可以使用 cin 对象从键盘读取输入，如 Live-Example 2.2 所示：

CodeAnimation 2.2 的互动程序请访问 https://liangcpp.pearsoncmg.com/codeanimation5ecpp/ComputeAreaWithConsoleInput.html，LiveExample 2.2 的互动程序请访问 https://liangcpp.pearsoncmg.com/LiveRunCpp5e/faces/LiveExample.xhtml?header=off&programName=ComputeAreaWithConsoleInput&programHeight=320&resultHeight=180。

LiveExample 2.2　ComputeAreaWithConsoleInput.cpp

Source Code Editor:

```
1  #include <iostream>
2  using namespace std;
3
4  int main()
5  {
6    // Step 1: Read in radius
7    double radius;
8    cout << "Enter a radius: ";
9    cin >> radius;
10
11   // Step 2: Compute area
12   double area = radius * radius * 3.14159;
13
14   // Step 3: Display the area
15   cout << "The area is " << area << endl;
16
17   return 0;
18 }
```

Enter input data for the program (Sample data provided below. You may modify it.)

```
3.85
```

| Automatic Check | Compile/Run | Reset | Answer |

Choose a Compiler: VC++ ∨

Execution Result:

```
command>cl ComputeAreaWithConsoleInput.cpp
Microsoft C++ Compiler 2019
Compiled successful (cl is the VC++ compile/link command)

command>ComputeAreaWithConsoleInput
Enter a radius: 3.85
The area is 46.5662

command>
```

第 8 行在控制台显示一个字符串 "Enter a radius: "。这被称为提示，因为它指示用户输入内容。当需要从键盘输入时，程序应始终告诉用户要输入什么。

第 9 行使用 cin 对象从键盘读取值。

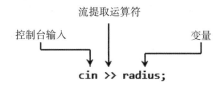

注意，cin 表示控制台输入。>> 符号被称为流提取运算符，用于将输入赋值给变量。如示例运行所示，程序显示提示消息 "Enter a radius: "，然后，用户输入数字 2，赋值给变量 radius。cin 对象让程序等待，直到在键盘上输入数据并按下回车键。C++ 自动将从键盘读取的数据转换为变量的数据类型。

注意：运算符 >> 与运算符 << 相反。>> 表示数据从 cin 流向变量。<< 表示数据从变量或字符串流向 cout。可以将流提取运算符 >> 视为指向变量的箭头，将流插入运算符 << 视为指向 cout 的箭头，如下所示：

```
cin >> variable; // cin → variable;
cout << "Welcome "; // cout ← "Welcome";
```

可以使用一条语句来读取多个输入。例如，以下语句将三个值读取到变量 x1、x2 和 x3 中：

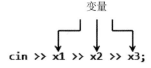

LiveExample 2.3 给出了从键盘读取多个输入的示例。该示例读取三个数字并显示其平均值。

CodeAnimation 2.3 的互动程序请访问 https://liangcpp.pearsoncmg.com/codeanimation5ecpp/ComputeAverage.html，LiveExample 2.3 的互动程序请访问 https://liangcpp.pearsoncmg.com/LiveRunCpp5e/faces/LiveExample.xhtml?header=off&programName=ComputeAverage&programHeight=340&resultHeight=180。

LiveExample 2.3　ComputeAverage.cpp

Source Code Editor:

```
1  #include <iostream>
2  using namespace std;
3
4  int main()
5▾ {
6    // Prompt the user to enter three numbers
7    double number1, number2, number3;
8    cout << "Enter three numbers: ";
9    cin >> number1 >> number2 >> number3;
10
11   // Compute average
12   double average = (number1 + number2 + number3) / 3;
13
14   // Display result
15   cout << "The average of " << number1 << " " << number2
16      << " " << number3 << " is " << average << endl;
17
18   return 0;
19 }
```

Enter input data for the program (Sample data provided below. You may modify it.)

```
1.5 2.3 7.1
```

Automatic Check　Compile/Run　Reset　Answer　　　　　Choose a Compiler: VC++ ˅

Execution Result:

```
command>cl ComputeAverage.cpp
Microsoft C++ Compiler 2019
Compiled successful (cl is the VC++ compile/link command)

command>ComputeAverage
Enter three numbers: 1.5 2.3 7.1
The average of 1.5 2.3 7.1 is 3.63333

command>
```

第 8 行提示用户输入三个数字。数字在第 9 行被读取。如本程序的示例运行所示，可以输入三个由空格分隔的数字，然后按回车键，或者每输入一个数字，然后按回车键。

程序需要三个输入数据。如果用户只输入两个怎么办？在这种情况下，程序将等待输入第三个。如果输入数据的格式错误或包含非数字字符，会发生什么情况？在这种情况下，程序只会接收不正确的输入并继续运行产生不正确的结果。

注意：本书前面章节中的大多数程序都执行三个步骤：输入、处理和输出，称为 IPO。输入是从用户处接收输入，处理是使用输入生成结果，输出是显示结果。

2.4　标识符

要点提示：标识符是标识程序中变量和函数等元素的名称。

正如在 LiveExample 2.3 中看到的，main、number1、number2、number3 等是程序

中出现的事物的名称。在程序设计术语中，这样的名称称为**标识符**。所有标识符必须遵守以下规则：

- 标识符是一个由字母、数字和下划线（_）组成的字符串。
- 标识符必须以字母或下划线开头，不能以数字开头。
- 标识符不能是保留字。（有关保留字的列表，请参阅附录 A。）
- 标识符可以是任何长度，但 C++ 编译器可能会施加限制。建议标识符使用 31 个或更少的字符以确保可移植性。

例如，area 和 radius 是合法标识符，而 2A 和 d+4 是非法标识符，因为它们违反规则。编译器检测非法标识符并报告语法错误。

注意： 由于 C++ **区分大小写**，所以 area、Area 和 AREA 是不同的标识符。

提示： 标识符用于命名程序中的变量、函数和其他内容。描述性标识符使程序易于阅读。应该避免使用缩写作为标识符，使用完整的单词更具描述性。例如，numberOfStudents 优于 numStuds、numOfStuds 或 numOfStudents。本书在完整程序中使用**描述性名称**。但简洁起见，本书偶尔会在代码片段中使用如 i、j、k、x 和 y 这样的变量名，这些名称也是小代码段的通用风格。

2.5 变量

要点提示： 变量用于表示程序中可能更改的值。

正如在前面程序中所看到的，变量用于存储稍后在程序中使用的值。它们被称为**变量**，因为它们的值可以更改。在 LiveExample 2.2 的程序中，area 和 radius 是双精度浮点型变量。你可以为 area 和 radius 指定任何数值，而且还可以给 area 和 radius 重新赋值，例如，在以下代码中，radius 初始时为 1.0（第 2 行），然后更改为 2.0（第 7 行），area 设置为 3.14159（第 3 行），然后重置为 12.56636（第 8 行）。

下图互动程序请访问 https://liangcpp.pearsoncmg.com/codeanimation5ecpp/ComputeAreaSection2_5.html。

Start Animation

```
1  // Compute the first area
2  radius = 1.0;
3  area = radius * radius * 3.14159;
4  cout << "The area is " << area << "for radius " << radius;
5
6  // Compute the second area
7  radius = 2.0;
8  area = radius * radius * 3.14159;
9  cout << "The area is " << area << "for radius " << radius;
```

变量用于表示特定类型的数据。使用变量时，可以通过告诉编译器它的名称以及它可以存储的数据类型来声明它。变量声明告诉编译器根据变量的数据类型为其分配适当的内存空间。声明变量的语法为

```
datatype variableName;
```

下面是一些变量声明的示例：

```
int count;          // Declare count to be an integer variable
double radius;      // Declare radius to be a double variable
double interestRate; // Declare interestRate to be a double variable
```

这些示例使用 int 和 double 数据类型。稍后将介绍其他数据类型，如 short、long、float、char 和 bool。

如果变量的类型相同，则可以将它们一起声明，如下所示：

```
datatype variable1, variable2, …, variablen;
```

变量之间用逗号分隔。例如

```
int i, j, k; // Declare i, j, and k as int variables
```

注意：我们说"**声明**变量"，而不是"**定义**变量"。我们在这里做了细微的区分。定义是指明确所定义的项是什么，但声明通常涉及分配内存来存储所声明项的数据。

注意：按照惯例，**变量名**是小写的，例如，变量 radius 和 area。如果名称由多个单词组成，请将所有单词串联起来，并将每个单词的第一个字母大写，但第一个单词除外，例如，变量 interestRate。这种命名方式被称为**驼峰式**，因为名称中的大写字符类似于驼峰。

变量通常具有**初始值**。可以在一个步骤中声明变量并对其进行初始化。例如，代码

```
int count = 1;
```

相当于下面两条语句：

```
int count;
count = 1;
```

还可以使用简洁方式来同时声明和初始化相同类型的变量。例如

```
int i = 1, j = 2;
```

注意：C++ 允许使用如下所示的另一种语法来声明和初始化变量：

```
int i(1), j(2);
```

相当于

```
int i = 1, j = 2;
```

提示：必须先声明变量，然后才能为其赋值。必须为函数中声明的变量赋值。否则，该变量称为**未初始化**变量，其值不可预测。只要有可能，就在一个步骤中声明变量并指定其初始值。这将使程序易于阅读并避免编程错误。

每个变量都有一个作用域。**变量的作用域**是程序中可以引用变量的区域。定义变量作用域的规则将在本书后面逐步介绍。目前只需知道变量必须先声明和初始化，然后才能使用即可。

2.6 赋值语句和赋值表达式

要点提示：赋值语句为变量指定一个值。赋值语句可以在 C++ 中用作表达式。

声明变量后，可以使用**赋值语句**为其赋值。在 C++ 中，等号（=）用作**赋值运算符**。赋值语句的语法如下：

```
variable = expression;
```

表达式表示涉及值、变量和运算符的计算，这些值、变量和运算符组合在一起，计算出一个值。在赋值语句中，对赋值运算符右侧的表达式求值，然后将值赋给赋值运算符左侧的变量。例如以下代码：

```
int y = 1;                    // Assign 1 to variable y
double radius = 1.0;          // Assign 1.0 to variable radius
int x = 5 * (3 / 2);          // Assign the value of the expression to x
x = y + 1;                    // Assign the addition of y and 1 to x
double area = radius * radius * 3.14159; // Compute area
```

可以在表达式中使用变量，也可以在 = 运算符的两侧使用变量。例如

```
x = x + 1;
```

在此赋值语句中，x+1 的结果被赋值给 x。如果在执行该语句之前 x 是 1，则在执行该语句之后 x 变成 2。

要为变量赋值，必须将变量名称放置在赋值运算符的左侧。因此，以下语句是错误的：

```
1 = x; // Wrong
```

注意：在数学中，x=2*x+1 表示一个方程。但在 C++ 中，x=2*x+1 是一个赋值语句，它计算表达式 2*x+1 的值并将结果赋给 x。

在 C++ 中，赋值语句本质上是一个表达式，其计算结果为赋值运算符左侧要赋给变量的值。因此，赋值语句也称为赋值表达式。例如，以下语句是正确的：

```
cout << x = 1;
```

相当于

```
x = 1;
cout << x;
```

如果将一个值赋给多个变量，则可用如下链式赋值：

```
i = j = k = 1;
```

相当于

```
k = 1;
j = k;
i = j;
```

2.7 命名常量

要点提示：命名常量是表示永久值的标识符。

变量的值在程序执行过程中可能会发生变化，但**命名常量**（或简称**常量**）表示永不改变

的永久数据。在 LiveExample 2.1 所示的程序中，π 是一个常数。如果你经常使用它，但不想一直键入 3.14159，取而代之的是为 π 声明一个常量。以下是声明常量的语法：

```
const datatype CONSTANTNAME = value;
```

常量必须在同一语句中声明和初始化。const 是一个 C++ 关键字，用于声明常量。例如，可以将 π 声明为常量，然后改写 LiveExample 2.2，如 LiveExample 2.4 所示。

CodeAnimation 2.4 的互动程序请访问 https://liangcpp.pearsoncmg.com/codeanimation5ecpp/ ComputeAreaWithConstant.html，LiveExample 2.4 的互动程序请访问 https://liangcpp. pearsoncmg.com/LiveRunCpp5e/faces/LiveExample.xhtml?header=off&programName=Comput eAreaWithConstant&programHeight=370&resultHeight=180。

LiveExample 2.4　ComputeAreaWithConstant.cpp

Source Code Editor:

```cpp
 1  #include <iostream>
 2  using namespace std;
 3
 4  int main()
 5  {
 6      const double PI = 3.14159;
 7
 8      // Step 1: Read in radius
 9      double radius;
10      cout << "Enter a radius: ";
11      cin >> radius;
12
13      // Step 2: Compute area
14      double area = radius * radius * PI;
15
16      // Step 3: Display the area
17      cout << "The area is ";
18      cout << area << endl;
19
20      return 0;
21  }
```

Enter input data for the program (Sample data provided below. You may modify it.)

```
2.5
```

[Automatic Check]　[Compile/Run]　[Reset]　[Answer]　　　　Choose a Compiler: [VC++ ▾]

Execution Result:

```
command>cl ComputeAreaWithConstant.cpp
Microsoft C++ Compiler 2019
Compiled successful (cl is the VC++ compile/link command)

command>ComputeAreaWithConstant
Enter a radius: 2.5
The area is 19.6349

command>
```

警告：按照惯例，常量以大写形式命名为 PI，而不是 pi 或 Pi。

注意：使用常量有三个好处：（1）不必重复键入相同的值；（2）如果必须更改常量值（例如，PI 从 3.14 更改为 3.14159），则只需在源代码中的单个位置进行更改；（3）描述性常量名称使程序易于阅读。

2.8　数值数据类型和操作

要点提示：对于整数和浮点数，C++ 有 9 种数值类型以及运算符 +、-、*、/ 和 %。

每个数据类型都有取值范围。编译器根据每个变量或常量的数据类型为其分配内存空间。C++ 为数值、字符和布尔值提供了基元数据类型。本节介绍数值数据类型和操作。

表 2.1 列出了数值数据类型及其典型范围和存储大小。

表 2.1　数值数据类型

名称	同义词	范围	存储大小
short	short int	$-2^{15} \sim 2^{15}-1(-32,768 \sim 32,767)$	16 位有符号数
unsigned short	unsigned short int	$0 \sim 2^{16}-1(65535)$	16 位无符号数
int	signed int	$-2^{31} \sim 2^{31}-1(-2147483648 \sim 2147483647)$	32 位
unsigned	unsigned int	$0 \sim 2^{32}-1(4294967295)$	32 位无符号数
long	long int	$-2^{31}(-2147483648) \sim 2^{31}-1(2147483647)$	32 位有符号数
unsigned long	unsigned long int	$0 \sim 2^{32}-1(4294967295)$	32 位无符号数
long long	long long int	$-2^{63} \sim 2^{63}-1$	64 位有符号数
unsigned long long	unsigned long long int	$0 \sim 2^{64}-1$	64 位无符号数
float		负数范围： $-3.4028235E+38 \sim -1.4E-45$ 正数范围： $1.4E-45 \sim 3.4028235E+38$	32 位，标准 IEEE 754
double		负数范围： $-1.7976931348623157E+308 \sim -4.9E-324$ 正数范围： $4.9E-324 \sim 1.7976931348623157E+308$	64 位，标准 IEEE 754
long double		负数范围： $-1.18E+4932 \sim -3.37E-4932$ 正数范围： $3.37E-4932 \sim 1.18E+4932$　有效 + 进制数字：19	80 位

C++ 使用三种类型的整数：short、int 和 long。每个整数类型又有两类：**有符号**（signed）和**无符号**（unsigned）。signed int 表示的数有一半是负数，另一半是非负数。由 unsigned int 表示的所有数都是非负的。因为 unsigned int 存储空间长度相同，所以在 unsigned int（变量）中能够存储的最大数是存储在 signed int 中的最大正数的两倍。所以如果知道存储在变量中的值总是非负的，建议将其声明为 unsigned。

注意：short int 与 short 同义。unsigned short int 与 unsigned short 同义。unsigned 与 unsigned int 同义。long int 与 long 同义。unsigned long int 与 unsigned long 同义。long long int 与 long long 同义。unsigned long long int 与 unsigned long long 同义。例如

```
short int i = 2;
```

与以下语句相同:

```
short i = 2;
```

注意: long long int 和 unsigned long long int 是 C++11 中引入的新类型。

C++ 使用三种类型的**浮点数**: float、double 和 long double。double 类型的大小是 float 类型的两倍。因此,double 被称为双精度,而 float 是单精度。long double 比 double 还要大。对于大多数应用程序,希望使用 double 类型。

方便起见,C++ 在 <limits> 头文件中定义常量 INT_MIN、INT_MAX、LONG_MIN、LONG_MAX,并在 <cfloat> 头文件中定义 FLT_MIN、FLT_MAX、DBL_MIN 和 DBL_MAX。这些常量在程序设计中很有用。运行 LiveExample 2.5 的代码,查看编译器定义的常量值。

LiveExample 2.5 的互动程序请访问 https://liangcpp.pearsoncmg.com/LiveRunCpp5e/faces/LiveExample.xhtml?header=off&programName=LimitsDemo&programHeight=320&resultHeight=280。

LiveExample 2.5 LimitsDemo.cpp

Source Code Editor:

```
1  #include <iostream>
2  #include <climits>
3  #include <cfloat>
4  using namespace std;
5
6  int main()
7  {
8    cout << "INT_MIN is " << INT_MIN << endl;
9    cout << "INT_MAX is " << INT_MAX << endl;
10   cout << "LONG_MIN is " << LONG_MIN << endl;
11   cout << "LONG_MAX is " << LONG_MAX << endl;
12   cout << "FLT_MIN is " << FLT_MIN << endl;
13   cout << "FLT_MAX is " << FLT_MAX << endl;
14   cout << "DBL_MIN is " << DBL_MIN << endl;
15   cout << "DBL_MAX is " << DBL_MAX << endl;
16
17   return 0;
18 }
```

Automatic Check | Compile/Run | Reset | Answer   Choose a Compiler: VC++ ∨

Execution Result:

```
command>cl LimitsDemo.cpp
Microsoft C++ Compiler 2019
Compiled successful (cl is the VC++ compile/link command)

command>LimitsDemo
INT_MIN is -2147483648
INT_MAX is 2147483647
LONG_MIN is -2147483648
LONG_MAX is 2147483647
FLT_MIN is 1.17549e-38
FLT_MAX is 3.40282e+38
```

```
DBL_MIN is 2.22507e-308
DBL_MAX is 1.79769e+308

command>
```

注意，一些旧的编译器可能没有定义这些常量。

数据类型的大小可能因使用的编译器和计算机不同而不同。通常，`int` 和 `long` 的大小相同。在某些系统上，`long` 需要 8 个字节。

可以用 `sizeof` 函数查看机器上的类型或变量的大小。LiveExample 2.6 给出了一个示例，显示机器上 `int`、`long` 和 `double`，以及变量 `age` 和 `area` 的大小。

LiveExample 2.6 的 互 动 程 序 请 访 问 https://liangcpp.pearsoncmg.com/LiveRunCpp5e/faces/LiveExample.xhtml?header=off&programName=SizeDemo&programHeight=370&resultHeight=230。

LiveExample 2.6   SizeDemo.cpp

Source Code Editor:

```
 1   #include <iostream>
 2   using namespace std;
 3
 4   int main()
 5   {
 6       cout << "The size of int: " << sizeof(int) << " bytes" << endl;
 7       cout << "The size of long: " << sizeof(long) << " bytes" << endl;
 8       cout << "The size of double: " << sizeof(double)
 9         << " bytes" << endl;
10
11       double area = 5.4;
12       cout << "The size of variable area: " << sizeof(area)
13         << " bytes" << endl;
14
15       int age = 31;
16       cout << "The size of variable age: " << sizeof(age)
17         << " bytes" << endl;
18
19       return 0;
20   }
```

[Automatic Check] [Compile/Run] [Reset] [Answer]   Choose a Compiler: [VC++ ∨]

Execution Result:

```
command>cl SizeDemo.cpp
Microsoft C++ Compiler 2019
Compiled successful (cl is the VC++ compile/link command)

command>SizeDemo
The size of int: 4 bytes
The size of long: 4 bytes
The size of double: 8 bytes
The size of variable area: 8 bytes
The size of variable age: 4 bytes

command>
```

调用 `sizeof(int)`、`sizeof(long)` 和 `sizeof(double)`（第 6 ~ 8 行）分别返回

为 int、long 和 double 类型分配的字节数。调用 sizeof(area) 和 sizeof(age) 分别返回为变量 area 和 age 分配的字节数。

2.8.1　数值字面量

字面量是指直接出现在程序中的常量值。例如，在以下语句中，34 和 0.305 是字面量：

```
int i = 34;
double footToMeters = 0.305;
```

默认情况下，整数字面量是十进制整数。要表示**二进制**整数字面量，要使用前导 0b 或 0B。要表示**八进制**整数字面量，要使用前导 0。要表示**十六进制**整数字面量，要使用前导 0x 或 0X。例如

```
cout << 07777 << endl; // Displays 4095
cout << 0xFFFF << endl; // Displays 65535
```

附录 D 中介绍了十六进制数、二进制数和八进制数。

浮点字面量可以用科学计数法以 $a \times 10^b$ 形式书写。例如，123.456 的科学计数法表示是 1.23456×10^2，0.0123456 的科学计数法表示是 1.23456×10^{-2}。科学计数法表示有一个特殊语法。例如，1.23456×10^2 写为 1.23456E2 或 1.23456E+2，而 1.23456×10^{-2} 写为 1.23456E-2。E（或 e）表示指数，大小写都可以。

注意：float 和 double **类型**用于表示有小数点的数值。为什么它们被称为**浮点数**？这些数值在内部是以科学计数法形式存储的。当一个数值（如 50.534）被转换为科学计数法形式（如 5.0534E+1）时，其小数点会移动（即浮动）到一个新位置。

注意：为了提高可读性，C++ 允许使用单引号作为数值字面位中两个数位之间的数字分隔符。例如，以下字面量是正确的。

```
int amount = 2'245'451;
double creditCardNumber = 2.324'545'291;
```

但是，45' 或 '45 不正确。分隔符必须位于两个数位之间。

2.8.2　数值运算符

数值数据类型的**运算符**包括标准算术运算符：加法（+）、减法（-）、乘法（*）、除法（/）和取余（%），如表 2.2 所示。**操作数**是由运算符操作的值。

表 2.2　数值运算符

运算符	名称	示例	结果
+	加法	34+1	35
-	减法	34.0-0.1	33.9
*	乘法	300*30	9000
/	除法	1.0/2.0	0.5
%	取余	20%3	2

当除法的两个操作数都是整数时，除法的结果是商，并且其小数部分被截掉。例如，5/2 得出 2，而不是 2.5，-5/2 得出 -2，而不是 -2.5。若要执行常规数学除法，其中一个操作数必须是浮点数。例如，5.0/2 得到 2.5。

% 运算符仅适用于整数操作数，在做除法后得出余数。左操作数是被除数，右操作数是除数。因此，7%3 得 1，3%7 得 3，12%4 得 0，26%8 得 2，20%13 得 7。

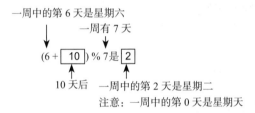

% 运算符通常用于正整数，但也可以用于负整数。涉及负整数 % 运算符的行为取决于编译器。在 C++ 中，% 运算符仅用于整数。

取余运算符 % 在编程中非常有用。例如，偶数 %2 始终为 0，奇数 %2 始终为 1。因此，可以用此属性来确定数字是偶数还是奇数。如果今天是星期六，7 天后又将是星期六。假设你和你的朋友将在 10 天后见面。10 天后是星期几？可以使用以下表达式找到当天是星期二。

```
         一周中的第 6 天是星期六
                  一周有 7 天
             ↓         ↓
     (6 + [ 10 ] ) % 7 是 [ 2 ]
             ↑         ↑
        10 天后    一周中的第 2 天是星期二
           注意：一周中的第 0 天是星期天
```

LiveExample 2.7 中的程序从以秒为单位的时间数量中获得分钟数和剩余秒数。例如，500 秒包含 8 分和 20 秒。

CodeAnimation 2.5 的互动程序请访问 https://liangcpp.pearsoncmg.com/codeanimation5ecpp/DisplayTime.html，LiveExample 2.7 的互动程序请访问 https://liangcpp.pearsoncmg.com/LiveRunCpp5e/faces/LiveExample.xhtml?header=off&programName=DisplayTime&programHeight=290&resultHeight=180。

LiveExample 2.7   DisplayTime.cpp

Source Code Editor:

```cpp
#include <iostream>
using namespace std;

int main()
{
  // Prompt the user for input
  int seconds;
  cout << "Enter an integer for seconds: ";
  cin >> seconds;
  int minutes = seconds / 60;
  int remainingSeconds = seconds % 60;
  cout << seconds << " seconds is " << minutes <<
    " minutes and " << remainingSeconds << " seconds " << endl;

  return 0;
}
```

Enter input data for the program (Sample data provided below. You may modify it.)

```
500
```

`Automatic Check`　`Compile/Run`　`Reset`　`Answer`　　　　　Choose a Compiler: `VC++ ▾`

Execution Result:

```
command>cl DisplayTime.cpp
Microsoft C++ Compiler 2019
Compiled successful (cl is the VC++ compile/link command)

command>DisplayTime
Enter an integer for seconds: 500
500 seconds is 8 minutes and 20 seconds

command>
```

第 9 行读取秒的整数。第 10 行使用 seconds/60 获取分钟数。第 11 行（seconds%60）获取去掉分钟数后的剩余秒数。

运算符 + 和 - 可以是一元运算符，也可以是二元运算符。**一元运算符**只有一个操作数，**二元运算符**有两个操作数。例如，-5 中的 - 运算符是一元运算符，用于对数字 5 求负，而 4-5 中的 - 运算符是二元运算符，用于从 4 中减去 5。

2.8.3　指数运算

函数 pow(a,b) 可用于计算 a^b，pow 是 cmath 库中定义的函数。使用语法 pow(a,b)（例如，pow(2.0,3)）调用函数返回 a^b（2^3）的结果。这里，a 和 b 是 pow 函数的参数，数字 2.0 和 3 是调用函数时的实际值。例如

```
cout << pow(2.0, 3) << endl; // Display 8.0
cout << pow(4.0, 0.5) << endl; // Display 2.0
cout << pow(2.5, 2) << endl; // Display 6.25
cout << pow(2.5, -2) << endl; // Display 0.16
```

注意，一些 C++ 编译器要求 pow(a, b) 中的 a 或 b 为小数。这里我们使用 2.0 而不是 2。

有关函数的更多详细信息将在第 6 章中介绍。现在知道如何调用 pow 函数来执行指数运算就足够了。

2.9　计算表达式和运算符优先级

要点提示：C++ 表达式的计算方式与算术表达式的计算方式相同。

在 C++ 中编写数值表达式涉及直接用 C++ 运算符转换算术表达式。例如，算术表达式

$$\frac{3+4x}{5} - \frac{10(y-5)(a+b+c)}{x} + 9\left(\frac{4}{x} + \frac{9+x}{y}\right)$$

可以转换为如下所示 C++ 表达式：

```
(3 + 4 * x) / 5 - 10 * (y - 5) * (a + b + c) / x +
9 * (4 / x + (9 + x) / y)
```

虽然 C++ 内部有自己**计算表达式**的方法，但 C++ 表达式与其对应的算术表达式的结果是相同的。因此，可以放心地应用算术规则来计算 C++ 表达式。先计算括号中包含的运算符。

括号可以嵌套，在嵌套情况下，先计算内层括号中的表达式。当表达式中使用多个运算符时，将使用以下**运算符优先级规则**来确定求值顺序。

- 括号之后执行乘法、除法和取余运算。如果表达式包含多个乘法、除法和取余运算符，则从左到右应用这些运算符。
- 最后执行加减运算。如果表达式包含多个加减运算符，则从左到右应用它们。

LiveExample 2.8 给出了一个用以下公式将华氏度转换为摄氏度的程序：

$$celsius = \left(\frac{5}{9}\right)(fahrenheit - 32)$$

CodeAnimation 2.6 的互动程序请访问 https://liangcpp.pearsoncmg.com/codeanimation5ecpp/FahrenheitToCelsius.html，LiveExample 2.8 的互动程序请访问 https://liangcpp.pearsoncmg.com/LiveRunCpp5e/faces/LiveExample.xhtml?header=off&programName=FahrenheitToCelsius&programHeight=340&resultHeight=180。

LiveExample 2.8　FahrenheitToCelsius.cpp

Source Code Editor:

```
1   #include <iostream>
2   using namespace std;
3
4   int main()
5   {
6     // Enter a degree in Fahrenheit
7     double fahrenheit;
8     cout << "Enter a degree in Fahrenheit: ";
9     cin >> fahrenheit;
10
11    // Obtain a celsius degree
12    double celsius = (5.0 / 9) * (fahrenheit - 32);
13
14    // Display result
15    cout << "Fahrenheit " << fahrenheit << " is " <<
16      celsius << " in Celsius" << endl;
17
18    return 0;
19  }
```

Enter input data for the program (Sample data provided below. You may modify it.)

```
100.54
```

| Automatic Check | Compile/Run | Reset | Answer | | Choose a Compiler: VC++ ▾ |

Execution Result:

```
command>cl FahrenheitToCelsius.cpp
Microsoft C++ Compiler 2019
Compiled successful (cl is the VC++ compile/link command)

command>FahrenheitToCelsius
Enter a degree in Fahrenheit: 100.54
Fahrenheit 100.54 is 38.0778 in Celsius

command>
```

应用除法时要小心。在 C++ 中，两个整数的除法生成一个整数。在第 12 行中，5/9 要转换为 5.0/9，因为 5/9 在 C++ 中的结果是 0。

2.10 案例研究：显示当前时间

要点提示：可以调用 time(0) 函数来返回当前时间。

我们的问题是要开发一个程序，以 GMT（格林尼治标准时间）为单位，以时：分：秒的格式显示当前时间，例如 13:19:8。

头文件 ctime 中的 time(0) 函数返回自 GMT 1970 年 1 月 1 日 00:00:00 起到当前经过的时间数（以秒为单位），如图 2.1 所示。GMT 1970 年 1 月 1 日 00:00:00 这个时间被称为 UNIX 时间戳。时间戳是指开始的时间点。1970 年是 UNIX 操作系统正式推出的一年。

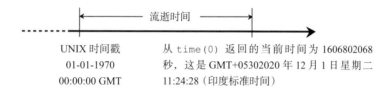

图 2.1 调用 time(0) 返回自 UNIX 时间戳以来的秒数

可以用此函数获取当前时间，然后如下所示计算当前秒、分钟和小时：

1. 调用 time(0) 获取自 1970 年 1 月 1 日午夜以来的总秒数（例如 1203183086 秒），放入 totalSeconds 中。

2. 用 totalSeconds%60 计算当前秒数（例如，1203183086 秒 %60=26，即当前秒数）。

3. 将 totalSeconds 除以 60（例如，1203183086 秒 /60=20053051 分）获得总分钟数 totalMinutes。

4. 用 totalMinutes%60 计算当前分钟数（例如，20053051 分 %60=31，即当前分钟数）。

5. 将 totalMinutes 除以 60（例如，20053051 分 /60=334217 时）获得总小时数 totalHours。

6. 用 totalHours%24 计算当前小时数（例如，334217 时 %24=17，即当前小时数）。

LiveExample 2.9 显示了完整的程序，后面是一个运行示例。

CodeAnimation 2.7 的互动程序请访问 https://liangcpp.pearsoncmg.com/codeanimation5ecpp/ShowCurrentTime.html，LiveExample 2.9 的互动程序请访问 https://liangcpp.pearsoncmg.com/LiveRunCpp5e/faces/LiveExample.xhtml?header=off&programName=ShowCurrentTime&programHeight=530&resultHeight=160。

LiveExample 2.9 ShowCurrentTime.cpp

Source Code Editor:

```
1  #include <iostream>
2  #include <ctime>
3  using namespace std;
4
5  int main()
6  {
7    // Obtain the total seconds since the midnight, Jan 1, 1970
8    int totalSeconds = time(0);
9
```

```
10    // Compute the current second in the minute in the hour
11    int currentSecond = totalSeconds % 60;
12
13    // Obtain the total minutes
14    int totalMinutes = totalSeconds / 60;
15
16    // Compute the current minute in the hour
17    int currentMinute = totalMinutes % 60;
18
19    // Obtain the total hours
20    int totalHours = totalMinutes / 60;
21
22    // Compute the current hour
23    int currentHour = totalHours % 24;
24
25    // Display results
26    cout << "Current time is " << currentHour << ":"
27      << currentMinute << ":" << currentSecond << " GMT" << endl;
28
29    return 0;
30  }
```

Compile/Run   Reset   Answer   Choose a Compiler: VC++ ∨

Execution Result:

```
command>cl ShowCurrentTime.cpp
Microsoft C++ Compiler 2019
Compiled successful (cl is the VC++ compile/link command)

command>ShowCurrentTime
Current time is 12:45:0 GMT

command>
```

调用 time(0)（第 8 行）返回当前格林尼治标准时间和 1970 年 1 月 1 日午夜格林尼治标准时间之间的差值，以秒为单位。

2.11 复合赋值运算符

要点提示：运算符 +、-、*、/、和 % 可以与赋值运算符组合，形成复合运算符。

我们经常会使用或者修改一个变量的当前值，然后将其重新赋值回该变量。例如，以下语句将变量 count 增加 1：

```
count = count + 1;
```

C++ 允许将赋值运算符和加法运算符组合以形成复合赋值运算符。例如，前面的语句可以编写成：

```
count += 1;
```

+= 被称为**加法赋值运算符**。其他复合赋值运算符如表 2.3 所示。

表 2.3 复合赋值运算符

运算符	名称	示例	等价于
+=	加法赋值运算符	i+=8	i=i+8
-=	减法赋值运算符	i-=8	i=i-8

(续)

运算符	名称	示例	等价于
*=	乘法赋值运算符	i*=8	i=i*8
/=	除法赋值运算符	i/=8	i=i/8
%=	取余赋值运算符	i%=8	i=i%8

复合赋值运算符在表达式中的其他运算符求值完成后才执行。例如

```
x /= 4 + 5.5 * 1.5;
```

等价于表达式

```
x = x / (4 + 5.5 * 1.5);
```

警告： 复合赋值运算符中没有空格。例如，+ = 应该是 +=。

注意： 与赋值运算符（=）一样，运算符（+=，-=，*=，/=，%=）可用于形成赋值语句和表达式。例如，在下面代码中，第 1 行的 x+=2 是语句，而它在第 2 行中是表达式。

```
x += 2; // Statement
cout << (x += 2); // Expression
```

2.12　递增和递减运算符

要点提示： 递增（++）和递减（--）运算符将变量递增 1 和递减 1。

++ 和 -- 是两个简写运算符，用于将变量递增 1 和递减 1。这样是为了方便，因为在许多编程任务中，常常需要这样更改变量值。例如，以下代码将 i 递增 1，将 j 递减 1。

```
int i = 3, j = 3;
i++; // i becomes 4
j--; // j becomes 2
```

i++ 读为 "i 加加"，i-- 读为 "i 减减"。这些运算符称为**后置递增**和**后置递减**，因为运算符 ++ 和 -- 放在变量之后。这些运算符也可以放在变量之前。例如

```
int i = 3, j = 3;
++i; // i becomes 4
--j; // j becomes 2
```

++i 将 i 增加 1，--j 将 j 减少 1。这些运算符称为**前置递增**和**前置递减**。

正如所看到的，在前面的示例中，i++ 和 ++i 以及 i-- 和 --i 的效果是相同的。但是，在表达式中使用它们时效果是不同的。表 2.4 描述了它们之间的区别并给出了示例。

表 2.4　递增和递减运算符

运算符	名称	描述	示例 (假设 i=1)
++var	前置递增	将 var 加 1，并在语句中使用新的 var 值	int j = ++i; //j is 2,i is 2
var++	后置递增	将 var 加 1，但在语句中使用原来的 var 值	int j = i++; //j is 1,i is 2
--var	前置递减	将 var 减 1，并在语句中使用新的 var 值	int j = --i; //j is 0,i is 0
var--	后置递减	将 var 减 1，但在语句中使用原来的 var 值	int j = i--; //j is 1,i is 0

下面有另外一些示例，来说明 ++（或 --）的前置形式与 ++（或 --）的后置形式之间的区别。考虑下面的代码：

```
int i = 10;                      效果等价于      int newNum = 10 * i;
int newNum = 10 * i++;          ─────────────►   i = i + 1;

cout << "i is" << i
    << ", newNum is " << newNum;
              │ 输出为
              ▼
     i is 11, newNum is 100
```

```
i is 11, newNum is 100
```

在这种情况下，i 递增 1，然后在乘法中使用 i 的旧值。所以 newNum 变成了 100。如果 i++ 替换为 ++i，如下所示。

```
int i = 10;                      效果等价于      i = i + 1;
int newNum = 10 * (++i);       ─────────────►   int newNum = 10 * i;

cout << "i is" << i
    << ", newNum is " << newNum;
              │ 输出为
              ▼
     i is 11, newNum is 100
```

```
i is 11, newNum is 110
```

i 递增 1，在乘法中使用 i 的新值。因此，newNum 变为 110。

还有一个例子：

```
double x = 1.1;
double y = 5.4;
double z = x-- + (++y);
```

执行完所有三行后，x 变为 0.1，y 变为 6.4，z 变为 7.5。

警告：对于大多数二元运算符，C++ 不指定操作数求值顺序。通常，假设左操作数的求值先于右操作数。但这在 C++ 中是不能保证的。例如，假设 i 为 1，表达式为

```
++i + i
```

如果先计算左操作数（++i），则计算结果为 4（即 2+2）；如果先计算右操作数（i），则计算结果为 3（即 2+1）。

由于 C++ 无法保证操作数的求值顺序，因此不应编写依赖于操作数求值顺序的代码。

2.13 数值类型转换

要点提示：可以使用显式转换将浮点数转换为整数。

能将整数值赋给浮点变量吗？可以。能将浮点值赋给整型变量吗？可以。将浮点值赋给整型变量时，浮点值的小数部分将被截掉（不舍入）。例如：

```
int i = 34.7;      // i becomes 34
double f = i;      // f is now 34
double g = 34.3;   // g becomes 34.3
int j = g;         // j is now 34
```

能对两个不同类型的操作数执行二元运算吗？可以。如果二元运算涉及整数和浮点数，C++ 会自动将整数转换为浮点值。因此，3*4.5 与 3.0*4.5 相同。

C++ 还支持用**强制转换运算符** (static_cast) 将值从一种类型显式地转换为另一种类型。语法为

```
static_cast<type>(value)
```

其中 value 是变量、字面量或表达式，type 是要将 value 转换到的类型。

例如，以下语句

```
cout << static_cast<int>(1.7);
```

显示 1。将 double 值转换为 int 值时，小数部分将被截掉。

以下语句

```
cout << static_cast<double>(1) / 2;
```

显示 0.5，因为先将 1 转换为 1.0，然后将 1.0 除以 2。但语句

```
cout << 1 / 2;
```

显示 0，因为 1 和 2 都是整数，结果值也应该是整数。

注意：静态强制转换也可以使用 (type) 语法完成，即在括号中给出目标类型，后跟变量、字面量或表达式。这被称为 **C 风格转换**（C-style cast）。例如

```
int i = (int)5.4;
```

与下面的语句相同：

```
int i = static_cast<int>(5.4);
```

ISO 标准建议使用 C++ static_cast 运算符，这比 C 风格转换更好。

将范围较小的类型变量转换为范围较大的类型变量称为**宽化类型**。将范围较大的类型变量转换为范围较小的类型变量称为**窄化类型**。窄化类型，例如把一个 double 值赋给 int 变量，可能会导致**精度损失**。信息丢失可能导致结果不准确。窄化类型时，编译器会发出警告，除非使用 static_cast 显式转换。

注意：强制转换不会更改正在转换的变量。例如，在以下代码中，d 在强制转换后不会更改：

```
double d = 4.5;
int i = static_cast<int>(d);  // i becomes 4, but d is unchanged
```

LiveExample 2.10 给出了一个显示增值税的程序，该程序在小数点后保留两位数字。

CodeAnimation 2.8 的互动程序请访问 https://liangcpp.pearsoncmg.com/codeanimation5ecpp/SalesTax.html，LiveExample 2.10 的互动程序请访问 https://liangcpp.pearsoncmg.com/LiveRunCpp5e/faces/LiveExample.xhtml?header=off&programName=SalesTax&programHeight=280&resultHeight=180。

LiveExample 2.10   SalesTax.cpp

Source Code Editor:

```
1   #include <iostream>
2   using namespace std;
3
4   int main()
5   {
6       // Enter purchase amount
7       double purchaseAmount;
8       cout << "Enter purchase amount: ";
9       cin >> purchaseAmount;
10
11      double tax = purchaseAmount * 0.06;
12      cout << "Sales tax is " << static_cast<int>(tax * 100) / 100.0;
13
14      return 0;
15  }
```

Enter input data for the program (Sample data provided below. You may modify it.)

197.55

Automatic Check   Compile/Run   Reset   Answer   Choose a Compiler: VC++ ∨

Execution Result:

```
command>cl SalesTax.cpp
Microsoft C++ Compiler 2019
Compiled successful (cl is the VC++ compile/link command)

command>SalesTax
Enter purchase amount: 197.55
Sales tax is 11.85

command>
```

变量 purchaseAmount 存储用户输入的购买金额（第 7 ～ 9 行）。假设用户输入了 197.55。销售税是购买金额的 6%，因此计算出的 tax 为 11.853（第 11 行）。第 12 行中的语句显示 tax 的值 11.85，小数点后有两位数字。注意

```
tax * 100 是 1185.3
static_cast<int>(tax * 100) 是 1185
static_cast<int>(tax * 100) / 100.0 是 11.85
```

因此，第 12 行中的语句显示 11.85，小数点后有两位数字。请注意，表达式 static_cast<int>(tax*100)/100.0 将 tax 向下舍入到小数点后两位。如果 tax 为 3.456，则 static_cast<int>(tax*100)/100.0 将为 3.45。可以四舍五入到小数点后两位吗？注意，任意 double 值 x 都可以用 static_cast<int>(x+0.5) 四舍五入为整数。因此，可以用 static_cast<int>(tax*100+0.5)/100.0 将 tax 四舍五入到小数点后两位。

2.14 软件开发过程

要点提示：软件开发生命周期是一个多阶段过程，包括需求规约、分析、设计、实现、测试、部署和维护。

开发软件产品是一个工程过程。软件产品无论大小，都具有相同的生命周期：需求规约、分析、设计、实现、测试、部署和维护，如图 2.2 所示。

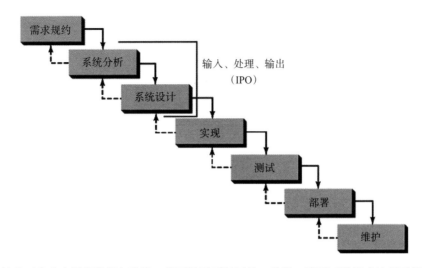

图 2.2　在软件开发生命周期的任何阶段，都可能需要返回前一阶段，以更正错误或处理可能阻止软件按
　　　　预期运行的其他问题

需求规约是一个正式的过程，旨在理解软件将要解决的问题，并详细记录软件系统必须做什么。这个阶段涉及用户和开发人员之间的密切交互。本书中的大多数示例都很简单，它们的要求都已明确说明。但在现实世界中，问题并不总是很明确。开发人员需要与客户（使用软件的个人或组织）密切合作，仔细研究问题，以确定软件必须做什么。

系统分析旨在分析数据流，并确定系统的输入和输出。分析有助于首先确定输出是什么，然后找出生成输出所需的输入数据。

系统设计是从输入中获得输出的过程。该阶段涉及使用多个抽象层次，将问题分解为可管理的组件，并实现每个组件的设计策略。你可以将每个组件视为执行系统特定功能的子系统。系统分析和设计的本质是输入、处理和输出（IPO）。

实现包括将系统设计转换为程序。为每个组件编写单独的程序，然后集成在一起工作。此阶段需要使用程序设计语言，如 C++。实现包括编码、自测试和调试（即在代码中查找错误，代码中的错误称为 bug）。

测试确保代码符合需求规约并消除错误。通常由不参与产品设计和实现的独立软件工程师团队进行此类测试。

部署使软件可供使用。根据软件的类型，软件可以安装在每个用户的机器上，也可以安装在通过 Internet 访问的服务器上。

维护涉及更新和改进产品。软件产品必须在不断发展的环境中继续运行和改进。这需要定期升级产品，以修复新发现的错误并整合更改。

为了实际体验软件开发过程，我们现在将创建一个计算贷款还款的程序。贷款可以是汽车贷款、学生贷款或住房抵押贷款。对于入门级编程课程，我们重点关注需求规约、分析、设计、实现和测试。

第 1 阶段：需求规约

该程序必须满足以下需求：

- 允许用户输入年利率、贷款金额和贷款年限。
- 计算并显示每月还款金额和总还款金额。

第 2 阶段：系统分析

可用以下公式获得每月还款金额和总还款金额的程序输出：

$$每月还款金额 = \frac{贷款金额 \times 月利率}{1 - \dfrac{1}{(1+月利率)^{贷款年限 \times 12}}}$$

$$总还款金额 = 每月还款金额 \times 贷款年限 \times 12$$

因此，该程序需要的输入是月利率、贷款年限和贷款金额。

注意：需求规约指出，用户必须输入年利率、贷款金额和贷款年限。但在分析过程中，你可能会发现缺少某些输入或计算输出时不需要某些值。如果发生这种情况，你可以修改需求规约。

注意：在现实世界中，你将与不同职业的客户合作。你可能为化学家、物理学家、工程师、经济学家和心理学家开发软件。当然，你可能不（或不需要）完全了解所有这些领域。因此，你不必知道公式是如何推导出来的，但给定年利率、贷款金额和贷款年限，你可以在此程序中计算出每月还款金额。但你需要与客户沟通，并了解数学模型是如何为系统工作的。

第 3 阶段：系统设计

在系统设计期间，可以确定程序中的步骤。

第 1 步：提示用户输入年利率、贷款金额和贷款年限。（利率通常表示为一年内本金的百分比，这称为年利率。）

第 2 步：输入的年利率是百分比格式的数字，例如 4.5%。程序需要将其除以 100，从而转换为十进制。要从年利率中获得月利率，要将其除以 12，因为一年有 12 个月。要获取十进制格式的月利率，必须将年利率除以 1200。例如，如果年利率为 4.5%，则月利率为 4.5/1200=0.00375。

第 3 步：使用上述公式计算每月还款金额。

第 4 步：计算总还款金额，即每月还款金额乘以 12，再乘以年限。

第 5 步：显示每月还款金额和总还款金额。

第 4 阶段：实现

实现也称为编码（编写代码）。在公式中，你需要计算 $(1+ 月利率)^{贷款年限 \times 12}$，这可以用 pow(1+MonthlyInterestRate, numberOfYears*12) 得出。LiveExample 2.11 给出了完整的程序。

CodeAnimation 2.9 的互动程序请访问 https://liangcpp.pearsoncmg.com/codeanimation5ecpp/ComputeLoan.html，LiveExample 2.11 的互动程序请访问 https://liangcpp.pearsoncmg.com/LiveRunCpp5e/faces/LiveExample.xhtml?header=off&programName=ComputeLoan&programHeight=650&resultHeight=210。

LiveExample 2.11   ComputeLoan.cpp

Source Code Editor:

```cpp
1    #include <iostream>
2    #include <cmath>
3    using namespace std;
4
5    int main()
```

```
6 ▾ {
7       // Enter yearly interest rate
8       cout << "Enter yearly interest rate, for example 8.25: ";
9       double annualInterestRate;
10      cin >> annualInterestRate;
11
12      // Obtain monthly interest rate
13      double monthlyInterestRate = annualInterestRate / 1200;
14
15      // Enter number of years
16      cout << "Enter number of years as an integer, for example 5: ";
17      int numberOfYears;
18      cin >> numberOfYears;
19
20      // Enter loan amount
21      cout << "Enter loan amount, for example 120000.95: ";
22      double loanAmount;
23      cin >> loanAmount;
24
25      // Calculate payment
26      double monthlyPayment = loanAmount * monthlyInterestRate / (1
27        - 1 / pow(1 + monthlyInterestRate, numberOfYears * 12));
28      double totalPayment = monthlyPayment * numberOfYears * 12;
29
30      monthlyPayment = static_cast<int>(monthlyPayment * 100) / 100.0;
31      totalPayment = static_cast<int>(totalPayment * 100) / 100.0;
32
33      // Display results
34      cout << "The monthly payment is " << monthlyPayment << endl <<
35        "The total payment is " << totalPayment << endl;
36
37      return 0;
38 }
```

Enter input data for the program (Sample data provided below. You may modify it.)

```
5.75 15 25000
```

| Automatic Check | Compile/Run | Reset | Answer |

Choose a Compiler: VC++ ∨

Execution Result:

```
command>cl ComputeLoan.cpp
Microsoft C++ Compiler 2019
Compiled successful (cl is the VC++ compile/link command)

command>ComputeLoan
Enter yearly interest rate, for example 8.25: 5.75
Enter number of years as an integer, for example 5: 15
Enter loan amount, for example 120000.95: 25000
The monthly payment is 207.6
The total payment is 37368.4

command>
```

要使用 pow(a, b) 函数，必须在程序中包含 cmath 库（第 2 行），方法与包含 iostream 库（第 1 行）的方法相同。

程序在第 7 ～ 23 行中提示用户输入 annualInterestRate、numberOfYears 和 loanAmount。如果输入的不是数值，则会发生运行时错误。

要为变量选择最合适的数据类型。例如，numberOfYears 最好声明为 int（第 17 行），尽管它可以声明为 long、float 或 double。注意，对于 numberOfYears，unsigned short 可能是最合适的。但简单起见，本书示例将用 int 表示整数，double 表示浮点值。

计算每月还款金额的公式在第 26 ～ 27 行中转换为 C++ 代码。第 28 行得出总还款金额。第 30 ～ 31 行使用强制转换，获得保留小数点后两位的新的 monthlyPayment 和 totalPayment。

第 5 阶段：测试

程序实现后，用一些样本输入数据对其进行测试，并验证输出是否正确。一些问题可能涉及许多情况，你将在后面章节中看到。对于这些类型的问题，需要设计覆盖所有情况的测试数据。

提示：本例中的系统设计阶段确定了几个步骤。一次添加一个步骤来**增量地编码和测试**这些步骤是一种很好的方法。这种方法使查明问题和调试程序变得容易。

2.15 案例研究：计算货币单位

要点提示：本节介绍一个将大额货币拆分为较小单位货币的程序。

假设你想开发一个程序，将给定数量的货币拆分为小额货币。该程序要求用户输入一个 double 值以表示美元和美分的总金额，然后输出一个结果，是等值的按 1 美元、25 美分、10 美分、5 美分和 1 美分顺序列出的钱币的最大数量，以获得该钱数对应的最小数量的硬币，如示例运行中所示。

以下是开发该程序的步骤：

1. 提示用户以十进制数字的形式输入金额，如 11.56。

2. 将金额（如 11.56）转换为美分数（1156）。

3. 将美分数除以 100，得到美元数。将美分数对 100 取余得到剩余美分数。

4. 将剩余的美分数除以 25，得出 25 美分硬币的数目。将剩余美分数对 25 取余得到剩余美分数。

5. 将剩余的美分数除以 10，得出 10 美分硬币的数目。将剩余美分数对 10 取余得到剩余美分数。

6. 将剩余的美分数除以 5，得出 5 美分硬币的数目。将剩余美分数对 5 取余得到剩余美分数。

7. 剩下的美分数是 1 美分硬币的数目。

8. 显示结果。

完整的程序在 LiveExample 2.12 中给出。

CodeAnimation 2.10 的互动程序请访问 https://liangcpp.pearsoncmg.com/codeanimation5ecpp/ComputeChange.html，LiveExample 2.12 的互动程序请访问 https://liangcpp.pearsoncmg.com/LiveRunCpp5e/faces/LiveExample.xhtml?header=off&programName=ComputeChange&programHeight=697&resultHeight=250。

LiveExample 2.12   ComputeChange.cpp

Source Code Editor:

```
1   #include <iostream>
2   using namespace std;
3
4   int main()
```

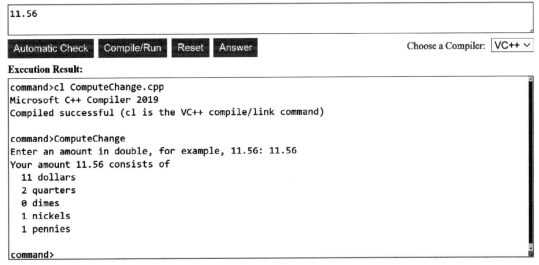

```
 5 ▾ {
 6        // Receive the amount
 7        cout << "Enter an amount in double, for example, 11.56: ";
 8        double amount;
 9        cin >> amount;
10
11        int remainingAmount = static_cast<int>(amount * 100);
12
13        // Find the number of one dollars
14        int numberOfOneDollars = remainingAmount / 100;
15        remainingAmount = remainingAmount % 100;
16
17        // Find the number of quarters in the remaining amount
18        int numberOfQuarters = remainingAmount / 25;
19        remainingAmount = remainingAmount % 25;
20
21        // Find the number of dimes in the remaining amount
22        int numberOfDimes = remainingAmount / 10;
23        remainingAmount = remainingAmount % 10;
24
25        // Find the number of nickels in the remaining amount
26        int numberOfNickels = remainingAmount / 5;
27        remainingAmount = remainingAmount % 5;
28
29        // Find the number of pennies in the remaining amount
30        int numberOfPennies = remainingAmount;
31
32        // Display results
33        cout << "Your amount " << amount << " consists of" << endl <<
34          "  " << numberOfOneDollars << " dollars" << endl <<
35          "  " << numberOfQuarters << " quarters" << endl <<
36          "  " << numberOfDimes << " dimes" << endl <<
37          "  " << numberOfNickels << " nickels" << endl <<
38          "  " << numberOfPennies << " pennies";
39
40        return 0;
41 }
```

Enter input data for the program (Sample data provided below. You may modify it.)

```
11.56
```

[Automatic Check] [Compile/Run] [Reset] [Answer]   Choose a Compiler: [VC++ ∨]

Execution Result:

```
command>cl ComputeChange.cpp
Microsoft C++ Compiler 2019
Compiled successful (cl is the VC++ compile/link command)

command>ComputeChange
Enter an amount in double, for example, 11.56: 11.56
Your amount 11.56 consists of
  11 dollars
  2 quarters
  0 dimes
  1 nickels
  1 pennies

command>
```

变量 amount 存储从键盘输入的金额（第 7 ～ 9 行）。不要更改此变量，因为要在程序结束时使用该量来显示结果。程序引入变量 remainingAmount（第 11 行）来存储更改后的剩余金额。

变量 amount 是一个表示美元和美分的 double 类型的十进制数。它被转换为一个 int 变量 remainingAmount，表示全部的美分。例如，如果 amount 为 11.56，则初始 remainingAmount 为 1156。除法运算符生成除法的整数部分，所以 1156/100 是 11。取余运算符获取除法的余数，因此，1156%100 是 56。

程序从总金额中提取出最大美元数，并在变量 remainingAmount 中获得剩余金额（第 14 ～ 15 行）。然后，它从 remainingAmount 中提取最大的 25 美分硬币数，并获得一个新的 remainingAmount（第 18 ～ 19 行）。继续相同的过程，程序会在剩余的金额中找到最大数量的 10 美分硬币数、5 美分硬币数和 1 美分硬币数。

注意：此示例有一个严重问题，在将 double 值转换为 int 类型的 remainingAmount 时，可能会**损失精度**。这可能会导致不准确的结果。如果尝试输入金额 10.03，则 10.03*100 会变为 1002.9999999999999。你会发现程序显示 10 美元和 2 美分。要解决此问题，要将金额输入为美分表示的整数值（请参见编程练习 2.24）。

2.16 常见错误

要点提示：常见的初级编程错误通常包括未声明的变量、未初始化的变量、整数溢出、舍入误差、意外的整数除法和忘记头文件。

常见错误 1：未声明 / 未初始化的变量和未使用的变量

在使用变量之前，必须用类型声明变量并为其赋值。常见错误是未声明变量或未初始化变量。考虑下面的代码：

```
double interestRate = 0.05;
double interest = interestrate * 45;
```

此代码是错误的，因为给 interestRate 赋值 0.05，但并未声明和初始化 interestrate。C++ 区分大小写，所以它认为 interestRate 和 interestrate 是两个不同的变量。

如果声明了变量，但未在程序中使用，则可能是潜在的程序设计错误。因此，应该从程序中删除未使用的变量。例如，在以下代码中，从未使用 taxRate。因此，应将其从代码中删除。

```
double interestRate = 0.05;
double taxRate = 0.05;
double interest = interestRate * 45;
cout << "Interest is " << interest << endl;
```

常见错误 2：整数溢出

数字是以有限的位数存储的。当给变量赋的值太大（或太小）而无法存储时，就会导致**溢出**。例如，执行以下语句会导致溢出，因为存储在 short 类型变量中的最大值是 32767，32768 太大了。

```
short value = 32767 + 1; // value will actually become -32768
```

同样，执行以下语句会导致溢出，因为存储在 short 类型变量中的最小值是 -32768。值 -32769 太小，无法存储在 short 变量中。

```
short value = -32768 - 1; // value will actually become 32767
```

C++ 不会报告溢出错误。所以使用与给定类型的最大或最小范围接近的数字时一定要小心。

当浮点数太小（即太接近零）而无法存储时，会导致**下溢**。C++ 将其近似为零。所以，通常不需要担心下溢。

常见错误 3：舍入误差

舍入误差也称为取整误差，是数字的计算近似值与其精确数学值之间的差值。例如，如果保留三位小数，则 1/3 约为 0.333；如果保留七位小数，则 1/3 约为 0.3333333。由于变量中可存储的位数有限，舍入误差不可避免。涉及浮点数的计算是近似的，因为这些数字的存储不完全准确。例如

```
float a = 1000.43;
float b = 1000.0;
cout << a - b << endl;
```

显示 0.429993，而不是 0.43。整数是被精确存储的。因此，使用整数进行计算可以得到精确的整数结果。

常见错误 4：意外的整数除法

C++ 使用相同的除法运算符（即 /）执行整数除法和浮点除法。当两个操作数为整数时，/ 运算符执行整数除法。运算的结果是商，小数部分被截掉。要强制两个整数执行浮点除法，要将其中一个整数转换为浮点数。例如，下图（a）中的代码显示平均值为 1，（b）中的代码显示平均值为 1.5。

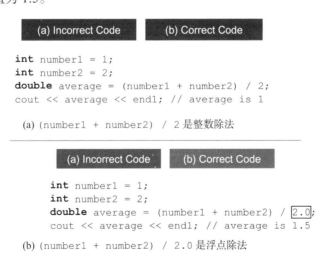

(a) Incorrect Code   (b) Correct Code

```
int number1 = 1;
int number2 = 2;
double average = (number1 + number2) / 2;
cout << average << endl; // average is 1
```

(a) (number1 + number2) / 2 是整数除法

(a) Incorrect Code   (b) Correct Code

```
int number1 = 1;
int number2 = 2;
double average = (number1 + number2) / 2.0;
cout << average << endl; // average is 1.5
```

(b) (number1 + number2) / 2.0 是浮点除法

常见错误 5：忘记头文件

忘记包含适当的头文件是常见的编译错误。pow 函数在头文件 cmath 中定义，time 函数在头文件 ctime 中定义。要在程序中使用 pow 函数，程序需要包含头文件 cmath。要在程序中使用 time 函数，程序需要包含头文件 ctime。对于使用控制台输入和输出的每个程序，都需要包含 iostream 头文件。

关键术语

algorithm（算法）

assignment operator（赋值运算符 =）

assignment statement（赋值语句）

C-style cast（C 风格转换）

casting（强制转换）

const keyword（const 关键字）

constant（常量）

data type（数据类型）

declare variables（声明变量）

decrement operator（递减运算符 --）

double type（双精度类型）

expression（表达式）

float type（浮点类型）

floating-point number（浮点数）

identifier（标识符）

increment operator（递增运算符 ++）

incremental code and test（增量编码和测试）

int type（整型）

IPO（输入、处理、输出）

literal（字面量）

long type（长整型）

narrowing (of types)（（类型的）窄化）

operands（操作数）

operator（运算符）

overflow（溢出）

postdecrement（后置递减）

postincrement（后置递增）

predecrement（前置递减）

preincrement（前置递增）

primitive data type（基元数据类型）

pseudocode（伪代码）

requirements specification（需求规约）

scope of a variable（变量的作用域）

system analysis（系统分析）

system design（系统设计）

章节总结

1. cin 对象和流提取运算符（>>）可用于从控制台读取输入。

2. 标识符是程序中命名元素的名称。标识符是由字母、数字和下划线（_）组成的字符串。标识符必须以字母或下划线开头。它不能以数字开头。标识符不能是保留字。

3. 选择描述性标识符可以使程序易于阅读。

4. 声明变量会告诉编译器变量可以保存什么类型的数据。

5. 在 C++ 中，等号（=）被用作赋值运算符。

6. 必须为函数中声明的变量赋值。否则，该变量称为未初始化的，其值不可预测。

7. 命名常量（或简称常量）表示永不更改的永久数据。

8. 命名常量用关键字 const 声明。

9. 按照惯例，常量以大写字母命名。

10. C++ 提供整型（short、int、long、unsigned short、unsigned int 和 unsigned long）表示各种大小的、有符号和无符号整数。

11. 无符号整数是非负整数。

12. C++ 提供浮点类型（float、double 和 long double）表示各种精度的浮点数。

13. C++ 提供执行数值运算的运算符：+（加法）、-（减法）、*（乘法）、/（除法）和 %（取余）。

14. 整数除法（/）生成整数结果。

15. 在 C++ 中，% 运算符仅用于整数。

16. C++ 表达式中的数值运算符的应用方式与算术表达式中的应用方式相同。

17. 递增运算符（++）和递减运算符（--）将变量递增 1 或递减 1。

18. C++ 提供复合运算符 +=（加法赋值）、-=（减法赋值）、*=（乘法赋值）、/=（除法赋值）和 %=（取余赋值）。

19. 计算带有混合类型值的表达式时，C++ 会自动将操作数强制转换为合适的类型。

20. 可以使用 `<static_cast>`(type) 表示法或传统的 C 风格 (type) 表示法将值从一种类型显式转换为另一种类型。

21. 在计算机科学中，1970 年 1 月 1 日午夜被称为 UNIX 时间戳。

编程练习

互动程序请访问 https://liangcpp.pearsoncmg.com/CheckExerciseCpp/faces/CheckExercise5e.xhtml? chapter=2&programName=Exercise02_01

注意：编译器通常会给出语法错误的原因。如果你不知道如何更正它，请将你的程序与书中类似的示例逐字进行仔细比较。

注意：教师可能会要求你记录所选练习的分析和设计。用你自己的表述来分析问题，包括输入、输出和需要计算的内容，并描述如何用伪代码解决问题。

2.2 ~ 2.12 节

2.1 （将摄氏度转换为华氏度）编写一个程序，从控制台以 `double` 类型的值读取摄氏度，然后将其转换为华氏度，并显示结果。换算公式如下：

```
fahrenheit = (9 / 5) * celsius + 32
```

提示：在 C++ 中，`9/5` 是 `1`，但 `9.0/5` 是 `1.8`。

Sample Run for Exercise02_01.cpp

Enter input data for the program (Sample data provided below. You may modify it.)

```
3.5
```

Show the Sample Output Using the Preceeding Input   Reset

Execution Result:

```
command>Exercise02_01
Enter a degree in Celsius: 3.5
Fahrenheit degree is 38.3

command>
```

2.2 （计算圆柱体的体积）编写一个程序，读取圆柱体的半径和高，并使用以下公式计算面积和体积：

```
area = radius * radius * π
volume = area * length
```

Sample Run for Exercise02_02.cpp

Enter input data for the program (Sample data provided below. You may modify it.)

```
5.5 12.9
```

Show the Sample Output Using the Preceeding Input   Reset

Execution Result:

```
command>Exercise02_02
Enter the radius and length of a cylinder: 5.5 12.9
The area is 95.0331
The volume is 1225.93

command>
```

2.3 （将英尺转换为米）编写一个程序，读取以英尺为单位的数字，将其转换为米，并显示结果。1 英尺等于 0.305 米。

Sample Run for Exercise02_03.cpp

Enter input data for the program (Sample data provided below. You may modify it.)

```
16.5
```

Show the Sample Output Using the Preceeding Input   Reset

Execution Result:

```
command>Exercise02_03
Enter a value for feet: 16.5
The meter is 5.0325

command>
```

2.4 （将磅转换为千克）编写一个程序，将磅转换为千克。程序提示用户输入以磅为单位的数字，将其转换为千克，并显示结果。1 磅等于 0.454 千克。

Sample Run for Exercise02_04.cpp

Enter input data for the program (Sample data provided below. You may modify it.)

```
55.5
```

Show the Sample Output Using the Preceeding Input   Reset

Execution Result:

```
command>Exercise02_04
Enter a number in pounds: 55.5
The kilograms is 25.197

command>
```

*2.5 （金融应用：计算小费）编写一个程序，读取小计和小费率，然后计算小费和总额。例如，如果用户输入 10 作为小计，输入 15% 作为小费率，程序将显示 1.5 美元作为小费，11.5 美元作为总额。

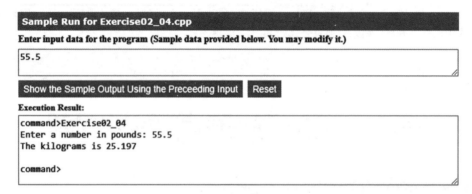

Sample Run for Exercise02_05.cpp

Enter input data for the program (Sample data provided below. You may modify it.)

```
100.57 15
```

Show the Sample Output Using the Preceeding Input   Reset

Execution Result:

```
command>Exercise02_05
Enter the subtotal and a gratuity rate: 100.57 15
The gratuity is 15.0855 and total is 115.655

command>
```

**2.6 （将整数每位上的数字相加）编写一个程序，读取 0 到 1000 之间的整数，并将整数中各位上的所有数字相加。例如，如果整数是 932，则其各位数字之和是 14。提示：用 % 运算符提取数字，用 / 运算符删除提取的数字。例如，932%10=2 和 932/10=93。

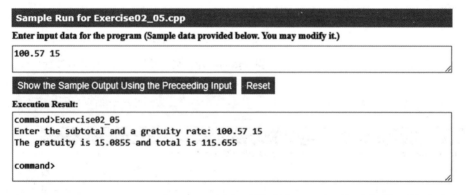

Sample Run for Exercise02_06.cpp

Enter input data for the program (Sample data provided below. You may modify it.)

```
435
```

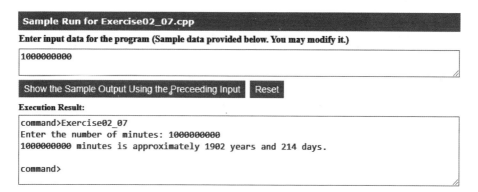

*2.7 (查找年数) 编写一个程序, 提示用户输入分钟数 (例如 10 亿), 并显示分钟数代表的年数和天数。为简单起见, 假设一年有 365 天。以下是运行示例。

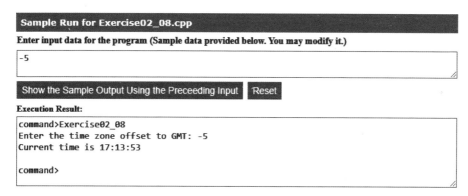

*2.8 (当前时间) LiveExample 2.9 给出了一个以 GMT 显示当前时间的程序。修改该程序, 提示用户输入到 GMT 的时区偏移量, 并显示指定时区中的时间。以下是运行示例。

2.9 (物理: 加速度) 平均加速度定义为速度的变化除以变化所需的时间, 公式如下所示:

$$a = \frac{v_1 - v_0}{t}$$

编写一个程序, 提示用户输入以米 / 秒为单位的起始速度 v_0、以米 / 秒为单位的结束速度 v_1 和以秒为单位的时间跨度 t, 并显示平均加速度。

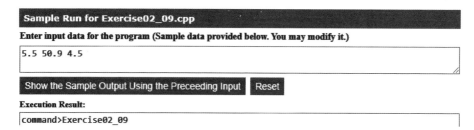

```
Enter v0, v1, and t: 5.5 50.9 4.5
The average acceleration is 10.0889

command>
```

2.10 （科学：计算能量）编写一个程序，计算将水从初始温度加热到最终温度所需的能量。程序提示
用户输入以千克为单位的水量以及水的初始温度和最终温度。计算能量的公式是

```
Q = M * (finalTemperature - initialTemperature) * 4184
```

式中，M 是水的质量，单位为千克，温度的单位为摄氏度，能量 Q 的单位为焦耳。以下是运
行示例。

Sample Run for Exercise02_10.cpp

Enter input data for the program (Sample data provided below. You may modify it.)

```
55.5 3.5 10.5
```

Show the Sample Output Using the Preceeding Input   Reset

Execution Result:

```
command>Exercise02_10
Enter the amount of water in kilograms: 55.5
Enter the initial temperature: 3.5
Enter the final temperature: 10.5
The energy needed is 1.62548e+006

command>
```

2.11 （人口预测）改写编程练习 1.11，提示用户输入年数，并在年数后显示人口。使用编程练习 1.11
中的提示。

Sample Run for Exercise02_11.cpp

Enter input data for the program (Sample data provided below. You may modify it.)

```
5
```

Show the Sample Output Using the Preceeding Input   Reset

Execution Result:

```
command>Exercise02_11
Enter the number of years: 5
The population in 5 years is 325932969

command>
```

2.12 （物理：求跑道长度）给定飞机加速度 a 和起飞速度 v，可以使用以下公式计算飞机起飞所需的
最小跑道长度：

$$长度 = \frac{v^2}{2a}$$

编写一个程序，提示用户以米 / 秒为单位输入 v，以米 / 平方秒为单位输入加速度 a，显示最小
跑道长度。

Sample Run for Exercise02_12.cpp

Enter input data for the program (Sample data provided below. You may modify it.)

```
60.5 3.5
```

```
Show the Sample Output Using the Preceeding Input    Reset
```

Execution Result:

```
command>Exercise02_12
Enter v and a: 60.5 3.5
The minimum runway length for this airplane is 522.893

command>
```

**2.13 （金融应用：复利终值）假设你每月将 100 美元存入一个年利率为 5% 的储蓄账户。因此，月利率为 0.05/12=0.00417。第一个月后，账户中的值变为

```
100 * (1 + 0.00417) = 100.417
```

第二个月后，账户中的值变为

```
(100 + 100.417) * (1 + 0.00417) = 201.252
```

第三个月后，账户中的值变为

```
(100 + 201.252) * (1 + 0.00417) = 302.507
```

以此类推。

编写一个程序，提示用户输入每月储蓄金额，并显示第六个月后的账户值。（在编程练习 5.32 中，你将用循环来简化代码，并显示任意月份的账户值。）

Sample Run for Exercise02_13.cpp

Enter input data for the program (Sample data provided below. You may modify it.)

```
100.0
```

```
Show the Sample Output Using the Preceeding Input    Reset
```

Execution Result:

```
command>Exercise02_13
Enter the monthly saving amount: 100.0
After the first month, the account value is 100.417
After the second month, the account value is 201.252
After the third month, the account value is 302.507
After the sixth month, the account value is 608.811

command>
```

**2.14 （健康应用：BMI）体重指数（BMI）是衡量体重健康的指标。它可以通过体重（以千克为单位）除以身高（以米为单位）的平方来计算。编写一个程序，提示用户输入体重（以磅为单位）和身高（以英寸为单位），并显示 BMI。注意，1 磅等于 0.45359237 千克，1 英寸等于 0.0254 米。

Sample Run for Exercise02_14.cpp

Enter input data for the program (Sample data provided below. You may modify it.)

```
95.5 50.0
```

```
Show the Sample Output Using the Preceeding Input    Reset
```

Execution Result:

```
command>Exercise02_14
Enter weight in pounds: 95.5
Enter height in inches: 50.0
BMI is 26.8573

command>
```

2.15 （几何：两点间的距离）编写一个程序，提示用户输入两点 (x1, y1) 和 (x2, y2)，并显示它们之间的距离。计算距离的公式为 $\sqrt{(x_2-x_1)^2+(y_2-y_1)^2}$。注意，你可以使用 pow(a, 0.5) 来计算 $\sqrt{a}$。

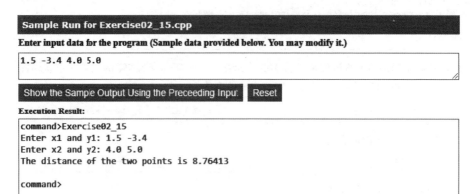

2.16 （几何：六边形的面积）编写一个程序，提示用户输入六边形的边长，并显示其面积。六边形面积的计算公式为

$$面积 = \frac{3\sqrt{3}}{2}s^2$$

其中 s 是边长。

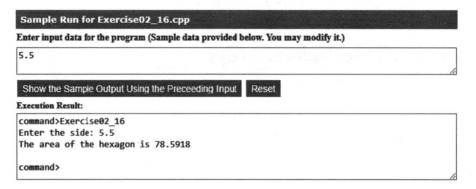

*2.17 （科学：风寒温度）外面有多冷？光是温度还不足以提供答案。其他因素，包括风速、相对湿度和日照，在决定室外寒冷度方面起着重要作用。2001 年，美国国家气象局（NWS）实施了新的风寒温度，利用温度和风速测量寒冷度。公式为

$$t_{wc} = 35.74 + 0.6215t_a - 35.75v^{0.16} + 0.4275t_a v^{0.16}$$

其中，室外温度 t_a 以华氏度为单位，风速 v 以英里 / 小时为单位。t_{wc} 是风寒温度。该公式不能用于风速低于 2mph 或者温度低于 –58°F 或高于 41°F 的情况。

编写一个程序，提示用户输入介于 –58°F 和 41°F 之间的温度和大于或等于 2mph 的风速，并显示风寒温度。使用 pow(a, b) 计算 $v^{0.16}$。

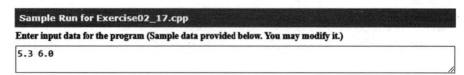

```
Show the Sample Output Using the Preceeding Input    Reset

Execution Result:

command>Exercise02_17
Enter the temperature in Fahrenheit (must be between -58°F and 41°F): 5.3
Enter the wind speed miles per hour (must be greater than or equal to 2) : 6.0
The wind chill index is -5.56707

command>
```

2.18 （打印表格）编写显示下表的程序：

```
Sample Run for Exercise02_18.cpp

Execution Result:

command>Exercise02_18
a        b        pow(a, b)
1        2        1
2        3        8
3        4        81
4        5        1024
5        6        15625

command>
```

*2.19 （几何：三角形的面积）编写一个程序，提示用户输入三角形的三个点 (x1, y1)、(x2, y2)、(x3, y3)，并显示其面积。计算三角形面积的公式为

$$s = (\text{边}1 + \text{边}2 + \text{边}3)/2$$
$$\text{面积} = \sqrt{s(s-\text{边}1)(s-\text{边}2)(s-\text{边}3)}$$

```
Sample Run for Exercise02_19.cpp

Enter input data for the program (Sample data provided below. You may modify it.)

1.5 -3.4 4.6 5.0 9.5 -3.4

Show the Sample Output Using the Preceeding Input    Reset

Execution Result:

command>Exercise02_19
Enter three points for a triangle: 1.5 -3.4 4.6 5.0 9.5 -3.4
The area of the triangle is 33.6

command>
```

*2.20 （直线的斜率）编写一个程序，提示用户输入两点 (x1, y1) 和 (x2, y2) 的坐标，并显示连接两点的直线的斜率。斜率的公式为 $(y_2-y_1)/(x_2-x_1)$。

```
Sample Run for Exercise02_20.cpp

Enter input data for the program (Sample data provided below. You may modify it.)

1000.0 3.5 5.66583e-317 2.22875e-305

Show the Sample Output Using the Preceeding Input    Reset

Execution Result:

command>Exercise02_20
Enter the coordinates for two points: 1000.0 3.5 5.66583e-317 2.22875e-305
The slope for the line that connects two points (1000.0, 3.5) and
(5.66583e-317, 2.22875e-305) is 0.0035

command>
```

*2.21 （驾驶成本）编写一个程序，提示用户输入驾驶距离、以英里/加仑为单位的汽车燃油效率和每加仑价格，并显示行程成本。

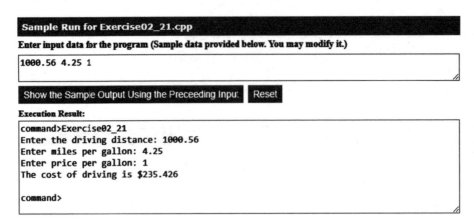

2.13～2.16节

*2.22 （金融应用：计算利息）如果知道余额和年利率百分比，可以用以下公式计算下一个月的利息：

$$利息 = 余额 \times （年利率 / 1200）$$

编写一个程序，读取余额和年利率百分比，显示下个月的利息。

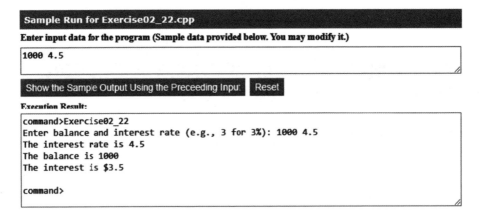

*2.23 （金融应用：未来投资价值）编写一个程序，读取投资金额、年利率和年数，并用以下公式计算未来投资价值：

$$未来投资价值 = 投资金额 \times （1+ 月利率）^{年数 \times 12}$$

例如，如果输入金额 1000、年利率 3.25% 和年数 1，则未来投资价值为 1032.98。注意，monthlyInterestRate 为 3.25/1200。

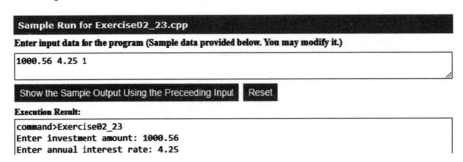

```
Enter number of years: 1Future value is $1043.92

command>
```

*2.24 (金融应用：货币单位) 改写 LiveExample 2.12，解决将 float 值转换为 int 值时可能出现精度损失的问题。输入一个整数，其最后两位数字代表美分。例如，输入 1156 表示 11 美元 56 美分。

Sample Run for Exercise02_24.cpp

Enter input data for the program (Sample data provided below. You may modify it.)

```
1156
```

Show the Sample Output Using the Preceeding Input   Reset

Execution Result:

```
command>Exercise02_24
Enter an amount in integer, for example 1156 cents: 11
Your amount 11 consists of
  0 dollars
  0 quarters
  1 dimes
  0 nickels
  1 pennies

command>
```

*2.25 (物理：一维运动) 一维的意思是物体在直线上运动。五个变量组合在几个方程中以描述此运动：

Eq1: $v_1 = v_0 + a \times t$
Eq2: $d =$ 平均速度 $\times t$，平均速度 $= (v_0 + v_1)/2$
Eq3: $d = v_0 \times t + a \times t^2/2$ (Eq3 源自 Eq1 和 Eq2)
Eq4: $v_1^2 = v_0^2 + 2 \times a \times d$ (Eq4 源自 Eq1 和 Eq2)

其中，
v_1 是以米 / 秒为单位的最终速度，
v_0 是以米 / 秒为单位的初始速度，
t 是以秒为单位的经过时间，
a 是物体的加速度，单位为米 / 平方秒，
d 是以米为单位的移动距离。

假设一个球从建筑物顶部释放，你可以编写一个程序，根据球到达地面的时间，计算出建筑物的高度。注意，重力引起的加速度是常数 9.8 米 / 平方秒。

Sample Run for Exercise02_25.cpp

Enter input data for the program (Sample data provided below. You may modify it.)

```
2.5
```

Show the Sample Output Using the Preceeding Input   Reset

Execution Result:

```
command>Exercise02_25
Enter the ball travel time in seconds: 2.5
The height of the building is 30.625 meters

command>
```

*2.26 （物理：摩擦系数）推拉物体的力与物体的质量、加速度和摩擦系数有关，公式如下：

$$F = u \times m \times g + m \times a$$

其中，

F 是推拉施加在物体上的力，单位为牛顿，

u 是摩擦系数（对于光滑表面 u_k 较小，对于粗糙表面 u_k 较大），

m 是物体的质量，单位为千克，

g 是重力引起的加速度，它是常数 9.8 米 / 平方秒，

a 是物体的加速度，单位为米 / 平方秒。

编写一个程序，提示用户输入 F、m 和 a，并显示摩擦系数。

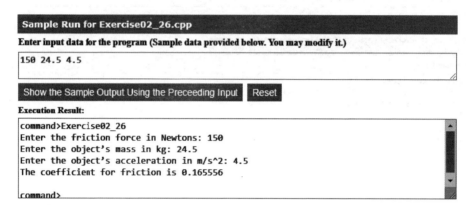

选　　择

学习目标

1. 用关系运算符声明 bool 变量并编写布尔表达式（3.2 节）。

2. 用单分支 if 语句实现选择控制（3.3 节）。

3. 用双分支 if 语句实现选择控制（3.4 节）。

4. 用嵌套的 if 和多分支 if-else 语句实现选择控制（3.5 节）。

5. 避免 if 语句中的常见错误和陷阱（3.6 节）。

6. 用选择语句对各种示例进行编程（BMI、ComputeTax、SubtractionQuiz）（3.7 ~ 3.9 节）。

7. 用 rand 函数生成随机数，并使用 srand 函数设置种子（3.9 节）。

8. 用逻辑运算符（&&、|| 和 !）组合条件（3.10 节）。

9. 用组合条件的选择语句进行编程（LeapYear、Lottery）(3.11 ~ 3.12 节)。

10. 用 switch 语句实现选择控制（3.13 节）。

11. 用条件运算符编写表达式（3.14 节）。

12. 学习控制运算符优先级和运算符结合律的规则（3.15 节）。

13. 调试错误（3.16 节）。

3.1　简介

要点提示：程序可以根据条件决定执行哪些语句。

如果在 LiveExample 2.2 中为 radius 输入负值，程序会显示无效结果。所以，如果半径为负，则不希望程序计算面积。那么该怎么处理这种情况呢？

与所有高级程序设计语言一样，C++ 提供了**选择语句**：这些语句允许在可选过程中进行选择操作。可以用以下选择语句替换 LiveExample 2.2 中的第 12 ~ 15 行：

```cpp
if (radius < 0)
{
  cout << "Incorrect input" << endl;
}
else
{
  area = radius * radius * PI;
  cout << "The area for the circle of radius " << radius
    << " is " << area << endl;
}
```

选择语句使用的条件是布尔表达式。**布尔表达式**是计算结果为**布尔值** true 或 false 的表达式。我们现在介绍布尔类型和关系运算符。

3.2　`bool` 数据类型

要点提示：`bool` 数据类型声明一个值为 `true` 或 `false` 的变量。

如何比较两个值？例如，半径是大于 0、等于 0 还是小于 0 呢？如表 3.1 所示，C++ 提供了六种**关系运算符**，可用于比较两个值（假设表中的半径为 5）。

表 3.1　关系运算符

运算符	数学符号	名称	示例（假设半径是 5）	结果
`<`	<	小于	`radius<0`	`false`
`<=`	≤	小于等于	`radius<=0`	`false`
`>`	>	大于	`radius>0`	`true`
`>=`	≥	大于等于	`radius>=0`	`true`
`==`	=	等于	`radius==0`	`false`
`!=`	≠	不等于	`radius!=0`	`true`

警告：相等测试运算符是两个等号（==），不是一个等号（=）。一个等号用于赋值。

比较的结果是一个布尔值：`true` 或 `false`。保存布尔值的变量称为**布尔变量**。`bool` 数据类型用于声明布尔变量。例如，以下语句将 `true` 赋给变量 `lightsOn`：

```
bool lightsOn = true;
```

`true` 和 `false` 是布尔字面量，就像数字 1 和 0 一样。它们是关键字，不能在程序中用作标识符。

C++ 在内部用 1 表示 `true`，用 0 表示 `false`。如果将一个布尔值显示到控制台，当该值为 `true` 时显示为 1；当该值为 `false` 时显示为 0。例如

```
cout << (4 < 5);
```

显示 1，因为 4<5 为 `true`。

```
cout << (4 > 5);
```

显示 0，因为 4>5 为 `false`。

注意：在 C++ 中，可以将一个数值赋给布尔变量。任何非零值的计算结果为 `true`，零值的计算结果为 `false`。例如，在下列赋值语句之后，b1 和 b3 变为 `true`，b2 变为 `false`。

```
bool b1 = -1.5; // Same as bool b1 = true
bool b2 = 0; // Same as bool b2 = false
bool b3 = 1.5; // Same as bool b3 = true
```

3.3　`if` 语句

要点提示：`if` 语句是一种使程序能够指定可选执行路径的结构。

到目前为止，我们编写的程序都是按顺序执行的。但很多情况下，我们必须提供可选路径。C++ 提供了几种类型的选择语句：单分支 `if` 语句、双分支 `if-else` 语句、嵌套 `if` 语句、`switch` 语句和条件表达式。

当且仅当条件为 `true` 时，单分支 `if` 语句才执行操作。下面是单分支 `if` 语句的语法：

```
if (布尔表达式)
{
  若干语句;
}
```

图 3.1a 中的流程图说明了 C++ 如何执行 if 语句的语法。**流程图**是描述算法或过程的图,它将步骤显示为各种框,并通过用箭头连接这些框来显示它们的顺序。这些框表示过程操作,连接它们的箭头表示控制流。菱形框表示布尔条件,矩形框表示语句。

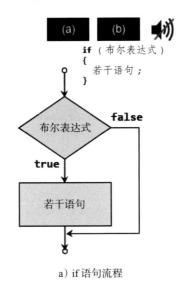

a)if 语句流程

b)if 语句流程图动画

图 3.1 if 布尔表达式的计算结果为 true

如果布尔表达式的计算结果为 true,则执行块中的语句。例如,代码

```
if (radius >= 0)
{
  area = radius * radius * PI;
  cout << "The area for the circle of " <<
    " radius " << radius << " is " << area;
}
```

的流程图如图 3.1b 所示。如果 radius 的值大于或等于 0，则计算 area 并显示结果；否则，将不会执行块中的两条语句。

布尔表达式要用括号括起来。例如，下面（a）中的代码是错误的。更正的版本如（b）所示。

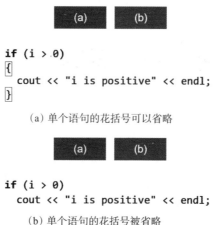

| (a) Wrong Code | (b) Correct Code |

```
if i > 0
{
  cout << "i is positive" << endl;
}
```

（a）缺少 i > 0 周围的括号

| (a) Wrong Code | (b) Correct Code |

```
if (i > 0)
{
  cout << "i is positive" << endl;
}
```

（b）i > 0 必须用括号括起来

如果花括号包含一条语句，则可以省略花括号。例如，以下语句是等效的。

| (a) | (b) |

```
if (i > 0)
{
  cout << "i is positive" << endl;
}
```

（a）单个语句的花括号可以省略

| (a) | (b) |

```
if (i > 0)
  cout << "i is positive" << endl;
```

（b）单个语句的花括号被省略

LiveExample 3.1 给出一个程序，提示用户输入整数。如果数字是 5 的倍数，则显示 HiFive。如果数字为偶数，则显示 HiEven。

CodeAnimation 3.1 的互动程序请访问 https://liangcpp.pearsoncmg.com/codeanimation5ecpp/SimpleIfDemo.html，LiveExample 3.1 的互动程序请访问 https://liangcpp.pearsoncmg.com/LiveRunCpp5e/faces/LiveExample.xhtml?header=off&programName=SimpleIfDemo&programHeight=320&resultHeight=180。

LiveExample 3.1   SimpleIfDemo.cpp

Source Code Editor:

```
1  #include <iostream>
2  using namespace std;
3
```

```
 4  int main()
 5- {
 6    // Prompt the user to enter an integer
 7    int number;
 8    cout << "Enter an integer: ";
 9    cin >> number;
10
11    if (number % 5 == 0)
12      cout << "HiFive" << endl;
13
14    if (number % 2 == 0 )
15      cout << "HiEven" << endl;
16
17    return 0;
18  }
```

Enter input data for the program (Sample data provided below. You may modify it.)

```
4
```

[Automatic Check] [Compile/Run] [Reset] [Answer]   Choose a Compiler: [VC++ ▾]

Execution Result:

```
command>cl SimpleIfDemo.cpp
Microsoft C++ Compiler 2019
Compiled successful (cl is the VC++ compile/link command)

command>SimpleIfDemo
Enter an integer: 4
HiEven

command>
```

程序提示用户输入一个整数 (第 9 行), 如果是 5 的倍数, 则显示 HiFive (第 11 ~ 12 行), 如果是偶数, 则显示 HiEven (第 14 ~ 15 行)。

3.4 双分支 if-else 语句

要点提示: if-else 语句根据条件是 true 还是 false 来决定要执行哪些语句。

如果指定的条件为 true, 则单分支 if 语句执行操作。如果条件为 false, 则单分支 if 语句不会执行任何操作。但是, 如果条件为 false 时要执行可选的操作, 该怎么办? 我们可以使用双分支 if-else 语句。双分支 if-else 语句根据条件是 true 还是 false 指定不同的操作。

下面是双分支 if-else 语句的语法:

```
if (布尔表达式)
{
  true 情况的若干语句 ;
}
else
{
  false 情况的若干语句 ;
}
```

该语句的流程图如图 3.2 所示。

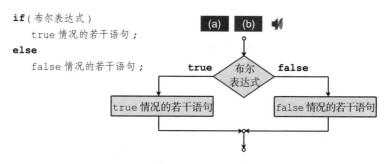

a）双分支 if-else 语句流程图

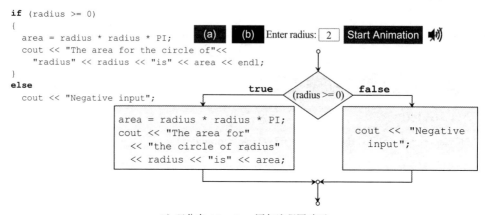

b）双分支 if-else 语句流程图动画

图 3.2   如果布尔表达式的计算结果为 true，则 if-else 语句执行 true 情况下的语句；否则，执行 false 情况下的语句

如果布尔表达式的计算结果为 true，则执行 true 情况下的语句；否则，将执行 false 情况下的语句。例如，考虑以下代码：

```
if (radius >= 0)
{
  area = radius * radius * PI;
  cout << "The area for the circle of radius " <<
    radius << " is " << area;
}
else
{
  cout << "Negative radius";
}
```

如果 radius>=0 为 true，则计算并显示 area；如果为 false，则显示提示 Negative radius。

通常，如果花括号仅包含一条语句，则可以省略花括号。因此，在前面的示例中，可以省略包含 cout<<"Negative radius" 语句的花括号。

下面是 if-else 语句的另一个示例。该示例检查数字是偶数还是奇数，如下所示：

```
if (number % 2 == 0)
  cout << number << " is even.";
else
  cout << number << " is odd.";
```

3.5 嵌套 `if` 和多分支 `if-else` 语句

要点提示: 一个 `if` 语句可以被包含在另一个 `if` 语句中,形成嵌套的 `if` 语句。

`if` 或 `if-else` 中的语句可以是任何合法的 C++ 语句,包括另一个 `if` 或 `if-else` 语句。内层 `if` 语句被称为嵌套在外层 `if` 语句中。内层 `if` 语句可以包含另一个 `if` 语句;嵌套的深度没有限制。例如,以下是嵌套的 `if` 语句:

```
if (i > k)
{
  if (j > k)
    cout << "i and j are greater than k" << endl;
}
else
  cout << "i is less than or equal to k" << endl;
```

`if(j>k)` 语句嵌套在 `if(i>k)` 语句中。

嵌套的 `if` 语句可实现多个可选方案。例如,图 3.3a 中给出的语句根据分数向 `grade` 赋值一个字母等级,有多种不同的选择。

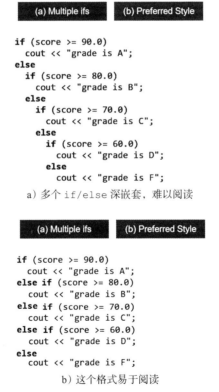

图 3.3　推荐使用如 b 所示的多分支 `if-else` 语句的多个选择格式

该 `if` 语句的执行过程如图 3.4 所示。检测第一个条件(`score>=90.0`)。如果为 `true`,则 grade 为 A。如果为 `false`,则检测第二个条件(`score>=80.0`)。如果第二个条件为 `true`,则 grade 变为 B。如果该条件为 `false`,则检测第三个条件和其余条件(如有必要),直到满足第三个条件或所有条件为 `false`。在后一种情况下,grade 变为 F。注意,只有当该条件之前的所有条件都为假时,才检测该条件。

图 3.3a 中的 if 语句与图 3.3b 中的 if 语句等效。事实上，图 3.3b 是多个可选 if 语句的首选编码格式。这种称为多分支 if-else 语句的格式避免了深度缩进，使程序易于阅读。

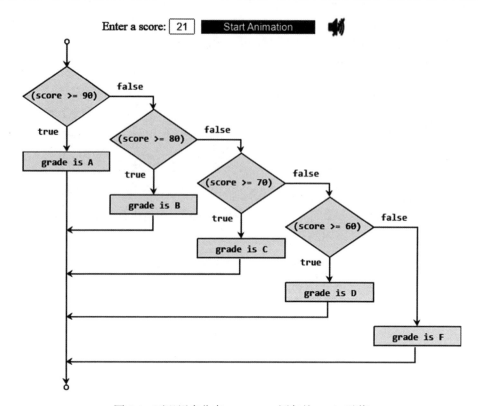

图 3.4　可以用多分支 if-else 语句给 grade 赋值

3.6　常见错误和陷阱

要点提示：在选择语句中常见的错误有：忘记写必要的花括号、在 if 语句中错误地放置分号、将 == 误写为 = 以及悬空的 else 子句出现的歧义等。常见的陷阱有：if-else 语句中的重复语句和 double 值相等测试。

常见错误 1：忘记必要的花括号

如果块包含单个语句，则可以省略花括号。然而，当需要花括号对多个语句进行分组时，忘记花括号是一个常见的编程错误。如果在不带花括号的 if 语句中添加新语句来修改代码，则必须插入花括号。例如，下面（a）中的代码是错误的。应该用花括号将多个语句分组，如（b）所示。

(a) Wrong Code　　(b) Correct Code

```
if (radius >= 0)
  area = radius * radius * PI;
  cout << "The area "
    << " is " << area;
```
（a）包含多个语句的块缺少花括号

(a) Wrong Code　　(b) Correct Code

```
if (radius >= 0)
{
  area = radius * radius * PI;
  cout << "The area "
    << " is " << area;
}
```
（b）包含多个语句的块需要花括号

在上面（a）中，控制台输出语句不是 if 语句的一部分。与以下代码相同：

```
if (radius >= 0)
  area = radius * radius * PI;
```

```
cout << "The area "
  << " is " << area;
```

无论 if 语句中的条件如何，控制台输出语句都会被执行。

常见错误 2：if 行的分号错误

如下面（a）所示，在 if 行的末尾添加分号是常见的错误。

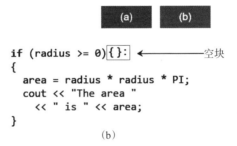

```
if (radius >= 0);    ←——————— 逻辑错误
{
  area = radius * radius * PI;
  cout << "The area "
    << " is " << area;
}
```

(a)

这个错误很难查找，因为它既不是编译错误，也不是运行错误；这是一个逻辑错误。上面（a）中的代码等同于下面（b）中主体为空的代码。

```
if (radius >= 0){ };    ←——————— 空块
{
  area = radius * radius * PI;
  cout << "The area "
    << " is " << area;
}
```

(b)

常见错误 3：错误使用 = 替代 ==

相等测试运算符是两个等号（==）。在 C++ 中，如果错误地用 = 替代 ==，将导致逻辑错误。考虑以下代码：

在（a）中，它始终显示 count is zero，因为 count=3 将 3 赋值给 count，赋值表达式的计算结果为 3。由于 3 是非零值，因此 if 语句将其解释为真条件。回想一下，任何非零值的计算结果都是 true，零值的计算结果都是 false。正确的代码位于（b）。

(a) Wrong | **(b) Correct**

```
if (count = 3)
  cout << "count is zero" << endl;
else
  cout << "count is not zero" << endl;
```

（a）赋值运算符

(a) Wrong | **(b) Correct**

```
if (count == 3)
  cout << "count is zero" << endl;
else
  cout << "count is not zero" << endl;
```

（b）相等测试运算符

常见错误 4：布尔值的冗余测试

为了测试 bool 变量在测试条件中是 true 还是 false，使用相等测试运算符是多余的，如下面（a）中的代码所示：

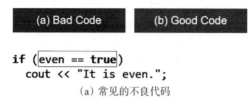

（a）常见的不良代码

相反，最好直接测试 bool 变量，如（b）所示。

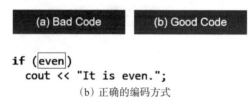

（b）正确的编码方式

这样做的另一个很好的原因是避免难以检测的错误，例如，使用运算符 = 而不是运算符 == 来比较测试条件中的两项是否相等是常见错误。这可能导致以下错误语句：

```
if (even = true)
  cout << "It is even.";
```

此语句将 true 赋给 even，因此 even 始终为 true。所以 if 语句的条件也始终为 true。

常见错误 5：悬空 else 出现的歧义

下面（a）中的代码有两个 if 子句和一个 else 子句。哪个 if 子句与 else 子句匹配呢？缩进表示 else 子句与第一个 if 子句匹配。然而，else 子句实际上与第二个 if 子句匹配。这种情况被称为**悬空 else 歧义**。else 子句始终与同一块中最近的未匹配的 if 子句相匹配。因此，（a）中的语句等价于（b）中的语句。

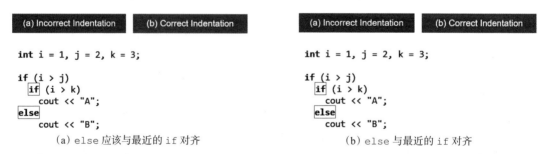

（a）else 应该与最近的 if 对齐   （b）else 与最近的 if 对齐

由于（i>j）为 false，因此（a）和（b）中的语句不会显示任何内容。要强制 else 子句与第一个 if 子句匹配，必须添加一对花括号：

```
int i = 1, j = 2, k = 3;
if (i > j)
{
  if (i > k)
    cout << "A";
}
else
  cout << "B";
```

此语句显示 B。

常见错误 6：两个浮点值的相等测试

如 2.16 节常见错误 3 所述，浮点数的精度有限，涉及浮点数的计算可能会引入舍入误差。因此，两个浮点值的相等测试不可靠。例如，你希望以下代码显示 true，但令人惊讶的是，它显示 false。

```
double x = 1.0 - 0.1 - 0.1 - 0.1 - 0.1 - 0.1;
if (x == 0.5)
    cout << "x is 0.5" << endl;
else
    cout << "x is not 0.5" << endl;
```

这里，x 不是精确的 0.5，而是非常接近 0.5。你无法可靠地测试两个浮点值的相等性。但是，你可以通过测试这两个数字的差值是否小于某个阈值来比较它们是否足够接近。也就是说，对于非常小的值 ε，如果 $|x-y|<\varepsilon$，则两个数字 x 和 y 非常接近。ε 为希腊字母，它的发音为 epsilon，通常用于表示非常小的值。通常，将 ε 设置为 10^{-14} 以比较两个 double 类型的值，将 ε 设置为 10^{-7} 以比较两个 float 类型的值。例如，以下代码

```
const double EPSILON = 1E-14;
double x = 1.0 - 0.1 - 0.1 - 0.1 - 0.1 - 0.1;
if (abs(x - 0.5) < EPSILON)
    cout << "x is approximately 0.5" << endl;
```

会显示

```
x is approximately 0.5
```

cmath 库文件中的 abs(a) 函数可返回 a 的绝对值。

常见陷阱 1：简化布尔变量赋值

通常，新程序员编写的代码会将测试条件赋值给 bool 变量，如（a）中的代码所示：

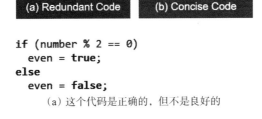

(a) Redundant Code   (b) Concise Code

```
if (number % 2 == 0)
    even = true;
else
    even = false;
```
(a) 这个代码是正确的，但不是良好的

这个代码没有错误，但最好按照（b）所示编写。

(a) Redundant Code   (b) Concise Code

```
bool even = number % 2 == 0;
```
(b) 这个代码是最好的

常见陷阱 2：避免在不同情况下重复代码

新的程序员常常会在不同的情况下编写重复的代码，这些代码应该在一个地方合并。例如，（a）中突出显示的代码是重复的。

（a）if/else 中的相同代码

这不是错误，但最好按（b）中的方式编写。新代码消除了重复并使代码易于维护，因为如果修改输出语句，只需要在一个地方进行更改。

（b）通过删除相同的代码来简化编码

3.7   案例研究：计算体重指数

要点提示：可以使用嵌套的 if 语句编写解释体重指数的程序。

体重指数（BMI）是基于身高和体重的健康指标。可以用体重（千克）除以身高（米）的平方来计算你的 BMI。20 岁或以上人群的体重指数解释如下：

BMI	解释
BMI<18.5	体重不足
$18.5 \leqslant$ BMI<25.0	正常
$25.0 \leqslant$ BMI<30.0	超重
$30.0 \leqslant$ BMI	肥胖

编写一个程序，提示用户输入以磅为单位的体重和以英寸为单位的身高，并显示 BMI。注意，1 磅是 0.45359237 千克，1 英寸是 0.0254 米。LiveExample 3.2 给出了程序。

CodeAnimation 3.2 的互动程序请访问 https://liangcpp.pearsoncmg.com/codeanimation5ecpp/ComputeAndInterpretBMI.html，LiveExample 3.2 的互动程序请访问 https://liangcpp.pearsoncmg.com/LiveRunCpp5e/faces/LiveExample.xhtml?header=off&programName=ComputeAndInterpretBMI&programHeight=640&resultHeight=200。

LiveExample 3.2   ComputeAndInterpretBMI.cpp

Source Code Editor:

```
1  #include <iostream>
2  using namespace std;
3
4  int main()
```

```
 5 ▼ {
 6       // Prompt the user to enter weight in pounds
 7       cout << "Enter weight in pounds: ";
 8       double weight;
 9       cin >> weight;
10
11       // Prompt the user to enter height in inches
12       cout << "Enter height in inches: ";
13       double height;
14       cin >> height;
15
16       const double KILOGRAMS_PER_POUND = 0.45359237; // Constant
17       const double METERS_PER_INCH = 0.0254; // Constant
18
19       // Compute BMI
20       double weightInKilograms = weight * KILOGRAMS_PER_POUND;
21       double heightInMeters = height * METERS_PER_INCH;
22       double bmi = weightInKilograms /
23         (heightInMeters * heightInMeters);
24
25       // Display result
26       cout << "BMI is " << bmi << endl;
27       if (bmi < 18.5)
28         cout << "Underweight" << endl;
29       else if (bmi < 25)
30         cout << "Normal" << endl;
31       else if (bmi < 30)
32         cout << "Overweight" << endl;
33       else
34         cout << "Obese" << endl;
35
36       return 0;
37    }
```

Enter input data for the program (Sample data provided below. You may modify it.)

```
146 70
```

Automatic Check | Compile/Run | Reset | Answer   Choose a Compiler: VC++ ∨

Execution Result:

```
command>cl ComputeAndInterpretBMI.cpp
Microsoft C++ Compiler 2019
Compiled successful (cl is the VC++ compile/link command)

command>ComputeAndInterpretBMI
Enter weight in pounds: 146
Enter height in inches: 70
BMI is 20.9486
Normal

command>
```

第 16 ～ 17 行定义了两个常量 KILOGRAMS_PER_POUND 和 METERS_PER_INCH。这里使用常量会使程序易于阅读。

你应该通过输入 BMI 的所有可能情况来测试程序，以确保程序适用于所有情况。

3.8 案例研究：计算税费

要点提示：*可以使用嵌套的* `if` *语句编写计算税费的程序。*

美国联邦个人所得税根据申报状态和应税收入计算。有四种申报状态：单身申报人、已婚共同申报或寡居人、已婚分开申报人和家庭户主。税率每年都不同。表 3.2 显示了 2009 年的税率。比如，如果申报人是单身，应税收入为 10000 美元，那么前 8350 美元按 10% 的税率征税，其余的 1650 美元按 15% 的税率征税，那么申报人的总税费为 1082.50 美元。

表 3.2 2009 年美国联邦个人税率

边际税率	单身申报人	已婚共同申报或寡居人	已婚分开申报人	家庭户主
10%	$0 ～ $8350	$0 ～ $16700	$0 ～ $8350	$0 ～ $11950
15%	$8351 ～ $33950	$16701 ～ $67900	$8351 ～ $33950	$11951 ～ $45500
25%	$33951 ～ $82250	$67901 ～ $137050	$33951 ～ $68525	$45501 ～ $117450
28%	$82251 ～ $171550	$137051 ～ $208850	$68526 ～ $104425	$117451 ～ $190200
33%	$171551 ～ $372950	$208851 ～ $372950	$104426 ～ $186475	$190201 ～ $372950
35%	$372951+	$372951+	$186476+	$372951+

你要写一个程序来计算个人所得税。程序提示用户输入申报状态和应税收入，并计算税费。输入 0 表示单身申报人，1 表示已婚共同申报或寡居人，2 表示已婚分开申报人，3 表示家庭户主。

程序根据申报状态计算应税收入的税费。可以使用 `if` 语句确定申报状态，框架如下：

```
if (status == 0)
{
  // Compute tax for single filers
}
else if (status == 1)
{
  // Compute tax for married filing jointly or qualifying widow(er)
}
else if (status == 2)
{
  // Compute tax for married filing separately
}
else if (status == 3)
{
  // Compute tax for head of household
}
else
{
  // Display wrong status
}
```

每个申报状态都有六种税率。每种税率适用于一定金额的应税收入。例如，在单身申报人 400000 美元的应税收入中，8350 美元按 10% 征税，（33950-8350）按 15% 征税，（82250-33950）按 25% 征税，（171550-82250）按 28% 征税，（372950-171550）按 33% 征税，（400000-372950）按 35% 征税。

LiveExample 3.3 提供了计算单身申报人税费的解决方案。

CodeAnimation 3.3 的互动程序请访问 https://liangcpp.pearsoncmg.com/codeanimation5ecpp/ComputeTax.html，LiveExample 3.3 的互动程序请访问 https://liangcpp.pearsoncmg.com/LiveRunCpp5e/faces/LiveExample.xhtml?header=off&programName=ComputeTax&programHeight=1140&resultHeight=230。

LiveExample 3.3   ComputeTax.cpp

Source Code Editor:

```cpp
1   #include <iostream>
2   using namespace std;
3
4   int main()
5   {
6       // Prompt the user to enter filing status
7       cout << "(0-single filer, 1-married jointly, "
8            << "or qualifying widow(er)," << endl
9            << "2-married separately, 3-head of household)" << endl
10           << "Enter the filing status: ";
11
12      int status;
13      cin >> status;
14
15      // Prompt the user to enter taxable income
16      cout << "Enter the taxable income: ";
17      double income;
18      cin >> income;
19
20      // Compute tax
21      double tax = 0;
22
23      if (status == 0) // Compute tax for single filers
24      {
25          if (income <= 8350)
26              tax = income * 0.10;
27          else if (income <= 33950)
28              tax = 8350 * 0.10 + (income - 8350) * 0.15;
29          else if (income <= 82250)
30              tax = 8350 * 0.10 + (33950 - 8350) * 0.15 +
31                  (income - 33950) * 0.25;
32          else if (income <= 171550)
33              tax = 8350 * 0.10 + (33950 - 8350) * 0.15 +
34                  (82250 - 33950) * 0.25 + (income - 82250) * 0.28;
35          else if (income <= 372950)
36              tax = 8350 * 0.10 + (33950 - 8350) * 0.15 +
37                  (82250 - 33950) * 0.25 + (171550 - 82250) * 0.28 +
38                  (income - 171550) * 0.33;
39          else
40              tax = 8350 * 0.10 + (33950 - 8350) * 0.15 +
41                  (82250 - 33950) * 0.25 + (171550 - 82250) * 0.28 +
42                  (372950 - 171550) * 0.33 + (income - 372950) * 0.35;
43      }
44      else if (status == 1)   // Compute tax for married file jointly
45      {
46          // Left as exercise
47      }
48      else if (status == 2) // Compute tax for married separately
49      {
50          // Left as exercise
51      }
52      else if (status == 3) // Compute tax for head of household
53      {
54          // Left as exercise
55      }
```

```
56    else
57 -  {
58      cout << "Error: invalid status";
59      return 0;
60    }
61
62    // Display the result
63    cout << "Tax is " << static_cast<int>(tax * 100) / 100.0 << endl;
64
65    return 0;
66  }
```

Enter input data for the program (Sample data provided below. You may modify it.)

0 400

| Automatic Check | Compile/Run | Reset | Answer |

Choose a Compiler: VC++ ∨

Execution Result:

```
command>cl ComputeTax.cpp
Microsoft C++ Compiler 2019
Compiled successful (cl is the VC++ compile/link command)

command>ComputeTax
(0-single filer, 1-married jointly, or qualifying widow(er),
2-married separately, 3-head of household)
Enter the filing status: 0
Enter the taxable income: 400
Tax is 40

command>
```

该程序接收申报状态和应税收入。多分支 if-else 语句（第 23、44、48、52、56 行）检查申报状态并依据其计算税费。

如果申报状态的输入不正确，程序将使用语句 return 0（第 59 行）退出。

要测试程序，应该提供涵盖所有情况的输入。对于该程序，输入应涵盖所有状态（0、1、2、3）。对于每个状态，测试六个范围中每个的税费。因此，总共有 24 种情况。

提示：对所有程序，在添加更多代码之前，应该先编写少量代码并进行测试。这称为**增量开发和测试**。这种方法让错误识别变得更容易，因为错误更可能在这些刚刚添加的新代码中。

3.9　生成随机数

要点提示：可以用 rand() 函数获得随机整数。

假设你想为一年级学生开发一个练习减法的程序。该程序随机生成两个一位数整数，即 number1 和 number2，且 number1>=number2，并向学生显示一个问题，例如"What is 9-2?"。学生输入答案后，程序显示一条消息，指示答案是否正确。

用 cstdlib 头文件中的 rand() 函数生成随机数。此函数返回一个介于 0 和 RAND_MAX 之间的随机整数。RAND_MAX 是个平台相关常量。在 Visual C++ 中，RAND_MAX 为 32767。

rand() 生成的数字是伪随机的。也就是说，每次在同一个系统上执行时，rand() 都会生成相同的数字序列。例如，在作者的机器上，执行这三个函数将始终生成数字 130、10982 和 1090。

```
cout << rand() << endl << rand() << endl << rand() << endl;
```

为什么呢？因为 rand() 函数的算法使用一个称为种子的值来控制如何生成数字。默认情况下，种子值为 1。如果将种子更改为不同的值，则随机数的序列将会不同。要想更改种子，可以用 cstdlib 头文件中的 srand(seed) 函数。为了确保每次运行程序时种子值都不同，可以使用 time(0)。如 2.10 节所述，调用 time(0) 返回自 GMT 1970 年 1 月 1 日 00:00:00 以来到现在经过的时间（以秒为单位）。因此，以下代码将显示一个带有随机种子的随机整数。

```
srand(time(0));
cout << rand() << endl;
```

要获得 0 到 9 之间的随机整数，使用

```
rand() % 10
```

该程序可能按以下方式运行。

第 1 步：生成两个一位数整数 number1 和 number2。

第 2 步：如果 number1<number2，则将 number1 与 number2 交换。

第 3 步：提示学生回答 "What is number1-number2?"

第 4 步：检查学生的答案并显示其是否正确。

完整的程序如 LiveExample 3.4 所示。

CodeAnimation 3.4 的互动程序请访问 https://liangcpp.pearsoncmg.com/codeanimation5ecpp/SubtractionQuiz.html，LiveExample 3.4 的互动程序请访问 https://liangcpp.pearsoncmg.com/LiveRunCpp5e/faces/LiveExample.xhtml?header=off&programName=SubtractionQuiz&programHeight=590&resultHeight=200。

LiveExample 3.4　SubtractionQuiz.cpp

Source Code Editor:

```cpp
1   #include <iostream>
2   #include <ctime> // for time function
3   #include <cstdlib> // for rand and srand functions
4   using namespace std;
5
6   int main()
7   {
8     // 1. Generate two random single-digit integers
9     srand(time(0));
10    int number1 = rand() % 10;
11    int number2 = rand() % 10;
12
13    // 2. If number1 < number2, swap number1 with number2
14    if (number1 < number2)
15    {
16      int temp = number1;
17      number1 = number2;
18      number2 = temp;
```

```
19    }
20
21    // 3. Prompt the student to answer "what is number1 - number2?"
22    cout << "What is " << number1 << " - " << number2 << "? ";
23    int answer;
24    cin >> answer;
25
26    // 4. Grade the answer and display the result
27    if (number1 - number2 == answer)
28      cout << "You are correct!";
29    else
30      cout << "Your answer is wrong." << endl << number1 << " - "
31           << number2 << " should be " << (number1 - number2) << endl;
32
33    return 0;
34  }
```

Enter input data for the program (Sample data provided below. You may modify it.)

```
8
```

`Compile/Run`   `Reset`   `Answer`   Choose a Compiler: `VC++ ∨`

Execution Result:

```
command>cl SubtractionQuiz.cpp
Microsoft C++ Compiler 2019
Compiled successful (cl is the VC++ compile/link command)

command>SubtractionQuiz
What is 5 - 0? 8
Your answer is wrong.
5 - 0 should be 5

command>
```

为了交换 number1 和 number2 两个变量，首先用临时变量 temp（第 16 行）保存 number1 的值。然后将 number2 的值赋给 number1（第 17 行），再将 temp 的值赋给 number2（第 18 行）。

3.10 逻辑运算符

要点提示： *逻辑运算符 !、&& 和 || 可用于创建复合布尔表达式。*

有时需要几个条件的组合决定是否执行语句。这时可以用逻辑运算符组合这些条件。逻辑运算符也称为布尔运算符，对布尔值进行运算以创建新的布尔值。表 3.3 给出了布尔运算符列表。表 3.4 定义了非运算符（!）。非运算符（!）将 true 取反得到 false，将 false 取反得到 true。表 3.5 定义了与运算符（&&）。当且仅当两个布尔操作数均为 true 时，它们的与（&&）为 true。表 3.6 定义了或运算符（||）。如果两个布尔操作数中有一个为 true，则其或（||）为 true。

表 3.3　布尔运算符

运算符	名称	描述
!	非	逻辑非
&&	与	逻辑与
||	或	逻辑或

表 3.4　运算符 ! 的真值表

p	!p	示例（假设 age=24，weight=140）
true	false	!(age>18) 为 false，因为 (age>18) 为 true
false	true	!(weight==150) 为 true，因为 (weight==150) 为 false

表 3.5　运算符 && 的真值表

p1	p2	p1&&p2	示例（假设 age=24，weight=140）
false	false	false	(age>28)&&(weight<140) 为 false，因为 (age>28) 和 (weight<140) 都为 false
false	true	false	(age==18)&&(weight<=140) 为 false，因为 (age==18) 为 false
true	false	false	(age>18)&&(weight<140) 为 false，因为 (weight<140) 为 false
true	true	true	(age>18)&&(weight>=140) 为 true，因为 (age>18) 和 (weight>=140) 都为 true

表 3.6　运算符 || 的真值表

p1	p2	p1||p2	示例（假设 age=24，weight=140）
false	false	false	(age>34)||(weight<140) 为 false，因为 (age>34) 和 (weight<140) 都为 false
false	true	true	
true	false	true	(age>18)||(weight>=150) 为 true，因为 (age>18) 为 true
true	true	true	

　　LiveExample 3.5 给出了一个程序，用于检查一个数字是否可以被 2 和 3、2 或 3，以及 2 或 3 中的一个整除。

　　CodeAnimation 3.5 的互动程序请访问 https://liangcpp.pearsoncmg.com/codeanimation5ecpp/ TestBooleanOperators.html，LiveExample 3.5 的互动程序请访问 https://liangcpp.pearsoncmg. com/LiveRunCpp5e/faces/LiveExample.xhtml?header=off&programName=TestBooleanOperato rs&programHeight=380&resultHeight=200。

LiveExample 3.5　TestBooleanOperators.cpp

Source Code Editor:

```cpp
#include <iostream>
using namespace std;

int main()
{
    int number;
    cout << "Enter an integer: ";
    cin >> number;

    if (number % 2 == 0 && number % 3 == 0)
        cout << number << " is divisible by 2 and 3." << endl;

    if (number % 2 == 0 || number % 3 == 0)
        cout << number << " is divisible by 2 or 3." << endl;

    if ((number % 2 == 0 || number % 3 == 0) &&
        !(number % 2 == 0 && number % 3 == 0))
        cout << number << " divisible by 2 or 3, but not both." << endl;

    return(0);
}
```

Enter input data for the program (Sample data provided below. You may modify it.)

18

```
Automatic Check   Compile/Run   Reset   Answer          Choose a Compiler: VC++ ▾
Execution Result:
command>cl TestBooleanOperators.cpp
Microsoft C++ Compiler 2019
Compiled successful (cl is the VC++ compile/link command)

command>TestBooleanOperators
Enter an integer: 18
18 is divisible by 2 and 3.
18 is divisible by 2 or 3.

command>
```

(number%2==0&&number%3==0)（第 10 行）检查数字是否可被 2 和 3 整除。(number%2==0||number%3==0)（第 13 行）检查数字是否可被 2 或 3 整除。第 16 ～ 17 行中的布尔表达式

```
((number % 2 == 0 || number % 3 == 0) &&
  !(number % 2 == 0 && number % 3 == 0))
```

检查数字是否可以被 2 或 3 整除，但不能同时被 2 和 3 整除。

警告：在数学中，表达式

```
28 <= numberOfDaysInAMonth <= 31
```

是正确的，但在 C++ 中是不正确的，因为 28<=numberOfDaysInAMonth 被求值为 bool 值，然后将 bool 值（1 表示 true，0 表示 false）与 31 进行比较，这将导致逻辑错误。正确的表达式是

```
(28 <= numberOfDaysInAMonth) && (numberOfDaysInAMonth <= 31)
```

注意：德·摩根定律以印度出生的英国数学家和逻辑学家奥古斯都·德·摩根（1806—1871）的名字命名，可用于简化布尔表达式。德·摩根定律规定：

```
!(condition1 && condition2) 与 !condition1 || !condition2 等价
!(condition1 || condition2) 与 !condition1 && !condition2 等价
```

例如：

```
!(number % 2 != 0 && number % 3 != 0)
```

可以使用等效表达式简化为

```
(number % 2 != 0 || number % 3 != 0)
```

另外一个例子如下：

```
!(number % 2 != || number == 3)
```

可以写作

```
number != 2 && number != 3
```

如果 && 运算符的一个操作数为 false，则表达式为 false；如果 || 运算符的一个操作数为 true，则表达式为 true。C++ 使用这些属性来提高这些运算符的性能。当计算

p1&&p2 时，C++ 计算 p1，如果为 `true`，则计算 p2；否则就不计算 p2。当计算 p1||p2 时，C++ 计算 p1，如果为 `false`，则计算 p2；否则不计算 p2。在程序设计语言术语中，`&&` 和 `||` 被称为**短路**或**惰性**运算符。C++ 还提供了按位与（`&`）和按位兼或（`|`）运算符，进阶读者请参考附录 E。

警告：在 C++ 中，布尔值 `true` 被视为 1，`false` 被视为 0。数值可以用作布尔值。尤其是 C++ 将非零值转换为 `true`，将 0 转换为 `false`。布尔值可以用作整数。这可能会导致潜在的逻辑错误。例如，以下（a）中的代码存在逻辑错误。假设 amount 为 40，代码将显示 Amount is more than 50，因为 `!amount` 计算为 0，0<=50 为 `true`。正确的代码应如（b）所示。

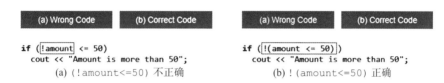

闰年有 366 天。闰年的二月有 29 天。可以用以下布尔表达式检查某年是否为闰年：

3.11 案例研究：确定闰年

要点提示：如果年份可以被 4 整除但不能被 100 整除，或者可以被 400 整除，那么这年就是闰年。

闰年有 366 天。闰年的二月有 29 天。可以用以下布尔表达式检查某年是否为闰年：

```cpp
// A leap year is divisible by 4
bool isLeapYear = (year % 4 == 0);
// A leap year is divisible by 4 but not by 100
isLeapYear = isLeapYear && (year % 100 != 0);
// A leap year is divisible by 4 but not by 100 or divisible by 400
isLeapYear = isLeapYear || (year % 400 == 0);
```

或者，可以将所有这些表达式合并为一个：

```cpp
isLeapYear = (year % 4 == 0 && year % 100 != 0) || (year % 400 == 0);
```

LiveExample 3.6 给出了一个程序，让用户输入年份并检查它是否是闰年。

CodeAnimation 3.6 的互动程序请访问 https://liangcpp.pearsoncmg.com/codeanimation5ecpp/LeapYear.html，LiveExample 3.6 的互动程序请访问 https://liangcpp.pearsoncmg.com/LiveRunCpp5e/faces/LiveExample.xhtml?header=off&programName=LeapYear&programHeight=380&resultHeight=180。

LiveExample 3.6   LeapYear.cpp

Source Code Editor:

```cpp
#include <iostream>
using namespace std;

int main()
{
    cout << "Enter a year: ";
    int year;
    cin >> year;

    // Check if the year is a leap year
    bool isLeapYear =
    (year % 4 == 0 && year % 100 != 0) || (year % 400 == 0);
```

```
14    // Display the result in a message dialog box
15    if (isLeapYear)
16      cout << year << " is a leap year" << endl;
17    else
18      cout << year << " is a not leap year" << endl;
19
20    return 0;
21  }
```

Enter input data for the program (Sample data provided below. You may modify it.)

500

[Automatic Check] [Compile/Run] [Reset] [Answer]   Choose a Compiler: [VC++ ▾]

Execution Result:

```
command>cl LeapYear.cpp
Microsoft C++ Compiler 2019
Compiled successful (cl is the VC++ compile/link command)

command>LeapYear
Enter a year: 500
500 is a not leap year

command>
```

3.12　案例研究：彩票

要点提示：彩票程序涉及生成随机数、比较每一位数字和使用布尔运算符。

假设你要开发一个玩彩票的程序。该程序随机生成一个两位数字的彩票，提示用户输入两位数，并根据以下规则确定用户是否中奖：

1. 如果用户的输入与彩票号码完全匹配，则奖金为 10000 美元。

2. 如果用户输入的所有数字与彩票号码中的所有数字匹配，则奖金为 3000 美元。

3. 如果用户输入的一位数字与彩票号码中的一位数字匹配，则奖金为 1000 美元。

注意，两位数的数字可能为 0。如果一个数字小于 10，我们假设该数字前面有一个 0，形成一个两位数。例如，在程序中，数字 8 被视为 08，数字 0 被视为 00。LiveExample 3.7 给出了完整的程序。

CodeAnimation 3.7 的互动程序请访问 https://liangcpp.pearsoncmg.com/codeanimation5ecpp/Lottery.html，LiveExample 3.7 的互动程序请访问 https://liangcpp.pearsoncmg.com/LiveRunCpp5e/faces/LiveExample.xhtml?header=off&programName=Lottery&programHeight=740&resultHeight=200。

LiveExample 3.7　Lottery.cpp

Source Code Editor:

```
1   #include <iostream>
2   #include <ctime> // for time function
3   #include <cstdlib> // for rand and srand functions
4   using namespace std;
5
6   int main()
7   {
8     // Generate a lottery
9     srand(time(0));
10    int lottery = rand() % 100;
```

```
11
12      // Prompt the user to enter a guess
13      cout << "Enter your lottery pick (two digits): ";
14      int guess;
15      cin >> guess;
16
17      // Get digits from lottery
18      int lotteryDigit1 = lottery / 10;
19      int lotteryDigit2 = lottery % 10;
20
21      // Get digits from guess
22      int guessDigit1 = guess / 10;
23      int guessDigit2 = guess % 10;
24
25      cout << "The lottery number is " << lottery << endl;
26
27      // Check the guess
28      if (guess == lottery)
29        cout << "Exact match: you win $10,000" << endl;
30      else if (guessDigit2 == lotteryDigit1
31          && guessDigit1 == lotteryDigit2)
32        cout << "Match all digits: you win $3,000" << endl;
33      else if (guessDigit1 == lotteryDigit1
34            || guessDigit1 == lotteryDigit2
35            || guessDigit2 == lotteryDigit1
36            || guessDigit2 == lotteryDigit2)
37        cout << "Match one digit: you win $1,000" << endl;
38      else
39        cout << "Sorry, no match" << endl;
40
41      return 0;
42 }
```

Enter input data for the program (Sample data provided below. You may modify it.)

```
15
```

Compile/Run   Reset   Answer   Choose a Compiler: VC++ ⌄

Execution Result:

```
command>cl Lottery.cpp
Microsoft C++ Compiler 2019
Compiled successful (cl is the VC++ compile/link command)

command>Lottery
Enter your lottery pick (two digits): 15
The lottery number is 70
Sorry, no match

command>
```

该程序使用 rand() 函数生成彩票（第 10 行），并提示用户输入猜测数（第 15 行）。注意，因为 guess 是一个两位数，guess%10 从 guess 中获得最后一位数字，guess/10 从 guess 中获得第一位数字（第 22 ～ 23 行）。

程序按以下顺序根据彩票号码检查猜测数：

1. 首先，检查猜测数是否与彩票完全匹配（第 28 行）。

2. 如果不匹配，检查猜测数的逆序是否与彩票匹配（第 30 ～ 31 行）。

3. 如果不匹配，检查是否有一位数字与彩票号码相同（第 33 ～ 36 行）。

4. 如果不匹配，即没有数字匹配，则显示"Sorry, no match"（第 38 ～ 39 行）。

3.13 switch 语句

要点提示：switch 语句根据变量或表达式的值执行语句。

LiveExample 3.3 中的 if 语句，根据单个 true 或 false 条件进行选择。根据 status 值计算税费有四种情况。为了考虑所有情况，使用了嵌套的 if 语句。过多使用嵌套 if 语句会使程序很难阅读。C++ 提供了 switch 语句简化多情况下的编码。可以编写以下 switch 语句来替换 LiveExample 3.3 中的嵌套 if 语句：

```
switch (status) {
  case 0: compute tax for single filers;
          break;
  case 1: compute tax for married jointly or qualifying widow(er);
          break;
  case 2: compute tax for married filing separately;
          break;
  case 3: compute tax for head of household;
          break;
  default: cout << "Error: invalid status" << endl;
}
```

上述 switch 语句的流程图如图 3.5 所示。

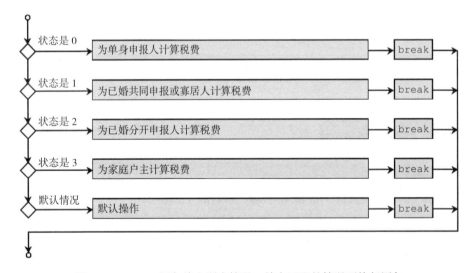

图 3.5 switch 语句检查所有情况，并在匹配的情况下执行语句

此语句按顺序检查 status 是否与值 0、1、2 或 3 匹配。如果存在匹配项，则计算相应的税费；否则，将显示一条消息。以下是 switch 语句的完整语法：

```
switch (switch表达式)
{
  case value1: 若干语句 1;
               break;
```

```
case value2: 若干语句 2;
             break;
...
case valueN: 若干语句 N;
             break;
default: 默认情况的若干语句 ;
}
```

switch 语句遵循以下规则:

- switch 表达式必须产生一个整数值,并始终用括号括起来。
- value1,…,valueN 是整数常量表达式,这意味着它们不能包含变量,例如 1+x。这些值是整数,不能是浮点值。
- 当 case 语句中的值与 switch 表达式的值匹配时,将执行从该 case 开始的语句,直到到达 break 语句或 switch 语句的末尾。
- defaule 情况是可选的,当指定的情况都不匹配 switch 表达式时,可以执行默认情况 (default) 操作。
- 关键字 break 是可选的。break 语句立即结束 switch 语句。

警告: 必要时不要忘记使用 **break 语句**。一旦匹配一个 case,将执行从匹配的 case 开始的语句,直到到达 break 语句或 switch 语句的末尾。这被称为**穿越行为**。例如,以下代码为每周的第 1 天到第 5 天显示 Weekdays,第 0 天和第 6 天显示 Weekends。

```
switch (day)
{
  case 1: // Fall to through to the next case
  case 2: // Fall to through to the next case
  case 3: // Fall to through to the next case
  case 4: // Fall to through to the next case
  case 5: cout << "Weekday"; break;
  case 0: // Fall to through to the next case
  case 6: cout << "Weekend";
}
```

提示: 为了避免编程错误并提高代码的可维护性,如果故意省略 break,最好在 case 子句中添加注释。

现在,让我们写一个程序来确定一个给定年份的中国生肖。中国的生肖以十二年为周期,每年由一种动物代表:鼠 (rat)、牛 (ox)、虎 (tiger)、兔 (rabbit)、龙 (dragon)、蛇 (snake)、马 (horse)、羊 (sheep)、猴 (monkey)、鸡 (rooster)、狗 (dog) 和猪 (pig),如此循环,如图 3.6 所示。

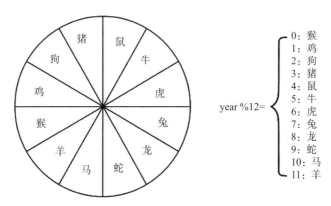

图 3.6 中国的生肖以十二年为周期

注意，`year%12` 决定了该年份的生肖符号。1900 年是鼠年，因为 `1900%12` 是 4。LiveExample 3.8 给出了一个程序，提示用户输入年份并显示该年份的动物。

CodeAnimation 3.8 的互动程序请访问 https://liangcpp.pearsoncmg.com/codeanimation5ecpp/ChineseZodiac.html，LiveExample 3.8 的互动程序请访问 https://liangcpp.pearsoncmg.com/LiveRunCpp5e/faces/LiveExample.xhtml?header=off&programName=ChineseZodiac&programHeight=470&resultHeight=180。

LiveExample 3.8   ChineseZodiac.cpp

Source Code Editor:

```
1   #include <iostream>
2   using namespace std;
3
4   int main()
5   {
6     cout << "Enter a year: ";
7     int year;
8     cin >> year;
9
10    switch (year % 12)
11    {
12      case 0: cout << "monkey" << endl; break;
13      case 1: cout << "rooster" << endl; break;
14      case 2: cout << "dog" << endl; break;
15      case 3: cout << "pig" << endl; break;
16      case 4: cout << "rat" << endl; break;
17      case 5: cout << "ox" << endl; break;
18      case 6: cout << "tiger" << endl; break;
19      case 7: cout << "rabbit" << endl; break;
20      case 8: cout << "dragon" << endl; break;
21      case 9: cout << "snake" << endl; break;
22      case 10: cout << "horse" << endl; break;
23      case 11: cout << "sheep" << endl; break;
24    }
25
26    return 0;
27  }
```

Enter input data for the program (Sample data provided below. You may modify it.)

```
500
```

[Automatic Check] [Compile/Run] [Reset] [Answer]   Choose a Compiler: [VC++ ▾]

Execution Result:

```
command>cl ChineseZodiac.cpp
Microsoft C++ Compiler 2019
Compiled successful (cl is the VC++ compile/link command)

command>ChineseZodiac
Enter a year: 500
dragon

command>
```

3.14 条件运算符

要点提示：条件运算符根据条件计算表达式。

你可能希望为变量指定一个受某些条件限制的值。例如，如果 x 大于 0，则以下语句将 1 赋值给 y；如果 x 小于或等于 0，则将 −1 赋值给 y。

```
if (x > 0)
  y = 1;
else
  y = -1;
```

如下所示，你可以用**条件运算符**来实现相同的结果：

```
y = x > 0 ? 1 : -1;
```

符号 ? 和 : 同时出现称为条件运算符（也称为**三元运算符**），因为它使用三个操作数。它是
C++ 中唯一的三元运算符。条件运算符的风格完全不同，语句中没有显式 if。使用条件运
算符的语法如下：

```
布尔表达式 ? 表达式 1 : 表达式 2;
```

如果布尔表达式为 true，则该表达式的结果为表达式 1；否则，结果为表达式 2。

假定你想将变量 num1 和 num2 之间的较大数字赋值给 max。则只需用条件表达式编写
一条语句：

```
max = num1 > num2 ? num1 : num2;
```

另外一个例子，如果 num 为偶数，则以下语句显示消息"num is even"，否则显示
"num is odd"。

```
cout << (num % 2 == 0 ? "num is even" : "num is odd") << endl;
```

从这些示例中可以看出，条件运算符使你能够编写简短的代码。

条件表达式可以被嵌入。例如，在 n1>n2、n1==n2 或 n1<n2 的几种情况下，以下代
码将 1、0 或 -1 赋值给 status：

```
status = n1 > n2 ? 1 : (n1 == n2 ? 0 : -1);
```

3.15 运算符优先级和结合律

要点提示：运算符优先级和结合律决定了运算符的求值顺序。

2.9 节介绍了涉及算术运算符的**运算符优先级**。本节将更详细地讨论运算符优先级。假
设有以下表达式：

```
3 + 4 * 4 > 5 * (4 + 3) - 1 && (4 - 3 > 5)
```

它的值是多少？运算符的执行顺序是什么？

首先计算括号中的表达式。（括号可以嵌套，在这种情况下，先执行内层括号中的表达
式。）在计算不带括号的表达式时，运算符会应用优先级和结合律规则进行求值。

优先级规则定义运算符的优先级，如表 3.7 所示，其中包含迄今为止学习的运算符。运
算符从上到下按优先级的降序列出。逻辑运算符的优先级低于关系运算符，关系运算符的优
先级低于算术运算符。具有相同优先级的运算符出现在同一组中。（有关 C++ 运算符及其优
先级的完整列表，请参阅附录 C。）

表 3.7 运算符优先级（优先级从高到低）

操作符
var++ 和 var--（后置运算符）
+, -（一元加号和一元减号），++var, --var（前置运算符）
static_cast<type>(v), (type)v（转换）
!（非）
*, /, %（乘法、除法、取余）

(续)

操作符
+, - （二元加法和减法）
<, <=, >, >= （关系运算符）
==, != （相等运算符）
&& （与）
|| （或）
?: （三元条件运算符）
=, +=, -=, *=, /=, %= （赋值和复合运算符）

如果相同优先级的运算符彼此相邻，则它们的**结合律**决定求值顺序。除赋值运算符和复合赋值运算符外，所有二元运算符都是*左结合*的。例如，由于 + 和 - 优先级相同，并且左结合，因此表达式

$$a - b + c - d \quad \text{等价于} \quad ((a - b) + c) - d$$

赋值运算符是*右结合*的。因此，表达式

$$a = b += c = 5 \quad \text{等价于} \quad a = (b += (c = 5))$$

假设 a、b 和 c 在赋值之前为 1；对整个表达式求值后，a 变为 6，b 变为 6，c 变为 5。注意，赋值运算符的左结合没有意义。

提示：可以用括号强制计算顺序，这样可以使程序易于阅读。使用冗余括号不会减慢表达式的执行速度。

3.16　调试

要点提示：调试是发现和修复程序中错误的过程。

正如 1.9.1 节所讨论的，语法错误很容易发现和纠正，因为编译器指出了错误的来源以及错误的原因。运行时错误也不难发现，因为当程序中止时，操作系统会在控制台上显示它们。而发现逻辑错误可能非常具有挑战性。

逻辑错误称为 bug。发现和纠正错误的过程称为**调试**。一种常见的调试方法是使用多种方法的组合将范围缩小到程序中错误所在的部分。可以手动跟踪程序（即通过读程序捕捉错误），也可以插入打印语句显示变量值或程序的执行流。这种方法可能适用于短而简单的程序。对于大型复杂的程序，最有效的调试方法是使用调试器工具。

C++ IDE 工具，如 Visual C++，包括集成的调试器。调试器工具支持跟踪程序的执行。它们因系统而异，但都支持以下大部分有用功能：

- **单步执行语句**：调试器支持一次执行一条语句，以便查看每条语句的效果。
- **跟踪或单步执行跳过函数**：如果正在执行某个函数，则可以要求调试器进入函数，并在函数中每次执行一条语句，也可以要求调试器跳过整个函数。如果知道函数有效，则应跳过整个函数。例如，始终跳过系统提供的函数，例如 pow(a, b)。
- **设置断点**：还可以在特定语句处设置断点。程序在到达断点时暂停，并显示带有断点的行。可以根据需要设置任意多个断点。当知道编程错误的开始位置时，断点特别有用。可以在该行设置一个断点，并让程序执行直到到达该断点。
- **显示变量值**：调试器支持选择多个变量并显示其值。在跟踪程序时，变量的内容会

不断更新。

- **显示调用栈**：调试器支持跟踪所有函数调用并列出所有挂起的函数。当需要查看程序执行流的大图时，此功能非常有用。
- **修改变量**：某些调试器支持在调试时修改变量的值。当想用不同的样本测试程序，但又不想离开调试器时，这很方便。

关键术语

Boolean expression（布尔表达式）
`bool` data type（`bool` 数据类型）
Boolean value（布尔值）
`break` statement（`break` 语句）
conditional operator（条件运算符）
dangling `else` ambiguity（悬空 `else` 歧义）
debugging（调试）
fall-through behavior（穿越行为）

flowchart（流程图）
lazy operator（惰性运算符）
operator associativity（运算符结合律）
operator precedence（运算符优先级）
selection statement（选择语句）
short-circuit operator（短路运算符）
ternary operator（三元运算符）

章节总结

1. `bool` 类型变量可以存储 `true` 或 `false` 值。
2. C++ 在内部用 1 表示 `true`，用 0 表示 `false`。
3. 如果向控制台显示布尔值，如果值为 `true`，则显示 1；如果值为 `false`，则显示 0。
4. 在 C++ 中，可以把一个数值赋给布尔变量。任何非零值被赋值为 `true`，零被赋值为 `false`。
5. 关系运算符（`<`, `<=`, `==`, `!=`, `>`, `>=`）生成布尔值。
6. 相等测试运算符是两个等号（`==`），而不是一个等号（`=`）。后一个符号用于赋值。
7. 选择语句用于在程序多个可选操作中做选择。有几种类型的选择语句：`if` 语句、双分支 `if-else` 语句、嵌套 `if` 语句、多分支 `if-else` 语句、`switch` 语句和条件表达式。
8. 各种 `if` 语句都基于布尔表达式进行控制决策。基于对表达式的计算结果 `true` 或 `false`，这些语句采取两种可能的过程之一。
9. 布尔运算符 `&&`、`||` 和 `!` 对布尔值和布尔变量进行运算。
10. 当计算 p1&&p2 时，C++ 首先计算 p1，如果 p1 为 `true`，则计算 p2；如果 p1 为 `false`，则不计算 p2。当计算 p1||p2 时，C++ 首先计算 p1，如果 p1 为 `false`，则计算 p2；如果 p1 为 `true`，则不计算 p2。因此，`&&` 被称为短路与运算符，`||` 被称为短路或运算符。
11. `switch` 语句根据 `switch` 表达式进行控制决策。
12. 关键字 `break` 在 `switch` 语句中是可选的，但通常在每种情况结束时使用，以跳过 `switch` 语句的其余部分。如果不存在 `break` 语句，则将执行下一个 `case` 语句。
13. 条件运算符可用于简化编码。
14. 表达式中的运算符按括号规则、运算符优先级和运算符结合律确定的顺序求值。
15. 括号可强制按某个顺序进行计算。
16. 优先级较高的运算符会更早地进行求值。对于相同优先级的运算符，其结合律决定了求值顺序。
17. 除赋值运算符外，所有二元运算符都是左结合的，赋值运算符是右结合的。

编程练习

互动程序请访问 https://liangcpp.pearsoncmg.com/CheckExerciseCpp/faces/CheckExercise5e.xhtml?chapter=3&programName=Exercise03_01。

注意：对于每个练习，在编码之前仔细分析问题需求和设计解决问题的策略。

注意：在寻求帮助之前，请阅读并理解该程序，并通过手动或使用 IDE 调试器使用几个有代表性的输入来跟踪它。你可以通过调试错误来学习如何编程。

3.3 ~ 3.8 节

*3.1 （代数：求解二次方程）二次方程 $ax^2+bx+c=0$ 的两个根可以用以下公式获得：

$$r_1 = \frac{-b+\sqrt{b^2-4ac}}{2a}, r_2 = \frac{-b-\sqrt{b^2-4ac}}{2a}$$

b^2-4ac 被称为二次方程的判别式。如果它是正的，则方程有两个实根。如果它为零，则方程有一个根。如果它是负的，则该方程没有实根。

编写一个程序，提示用户输入 a、b 和 c 的值，并根据判别式显示结果。如果判别式为正，则显示两个根。如果判别式为 0，则显示一个根。否则，显示 "The equation has no real roots"。

注意，可以使用 pow(x, 0.5) 来计算 $\sqrt{x}$。

```
Sample Run for Exercise03_01.cpp
Enter input data for the program (Sample data provided below. You may modify it.)

13.5 45.2 12.4

 Show the Sample Output Using the Preceeding Input    Reset
Execution Result:

command>Exercise03_01
Enter a, b, c: 13.545.212.4
The roots are -0.301483 and -3.04666

command>
```

*3.2 （检查数字）编写一个程序，提示用户输入两个整数，并检查第一个数字是否可被第二个数字整除。

```
Sample Run for Exercise03_02.cpp
Enter input data for the program (Sample data provided below. You may modify it.)

2 3

 Show the Sample Output Using the Preceeding Input    Reset
Execution Result:

command>Exercise03_02
Enter two integers: 2 3
2 is not divisible by 3

command>
```

*3.3 （代数：求解 2×2 线性方程组）可以使用 Cramer 法则求解以下 2×2 线性方程组：

$$ax+by=e \atop cx+dy=f, x = \frac{ed-bf}{ad-bc}, y = \frac{af-ec}{ad-bc}$$

编写一个程序，提示用户输入 a、b、c、d、e 和 f，并显示结果。如果 $ad-bc$ 为 0，则报告 "The equation has no solution"。

```
Sample Run for Exercise03_03.cpp
Enter input data for the program (Sample data provided below. You may modify it.)

9    4    3    -5    -6    -21
```

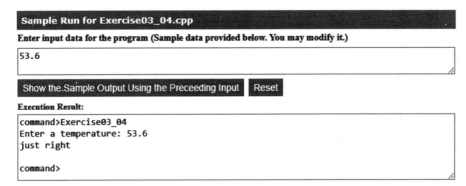

```
command>Exercise03_03
Enter a, b, c, d, e, f: 9 4 3 -5 -6 -21
x is -2 and y is 3

command>
```

**3.4 （检查温度）编写一个程序，提示用户输入温度数字。如果温度低于 30，则显示 too cold；如果温度大于 100，则显示 too hot；否则，显示 just right。

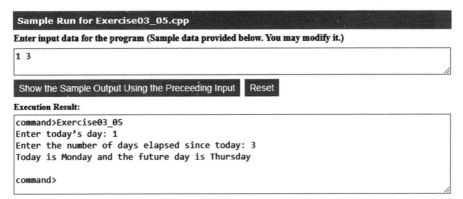

Sample Run for Exercise03_04.cpp

Enter input data for the program (Sample data provided below. You may modify it.)

```
53.6
```

Show the.Sample Output Using the Preceeding Input   Reset

Execution Result:

```
command>Exercise03_04
Enter a temperature: 53.6
just right

command>
```

*3.5 （查找未来日期）编写一个程序，提示用户输入表示今天是周几的整数（周日为 0，周一为 1，……，周六为 6）。再提示用户输入天数，表示未来某天在今天之后多少天，然后显示该天是周几。

Sample Run for Exercise03_05.cpp

Enter input data for the program (Sample data provided below. You may modify it.)

```
1 3
```

Show the Sample Output Using the Preceeding Input   Reset

Execution Result:

```
command>Exercise03_05
Enter today's day: 1
Enter the number of days elapsed since today: 3
Today is Monday and the future day is Thursday

command>
```

*3.6 （健康应用：BMI）修改 LiveExample 3.2，让用户输入体重、英尺和英寸。例如，如果一个人的身高是 5 英尺 10 英寸，则输入 5 表示英尺，输入 10 表示英寸。

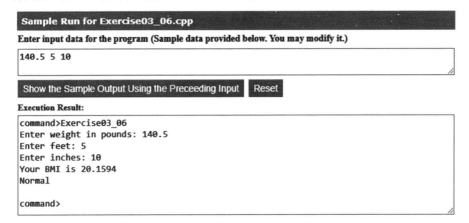

Sample Run for Exercise03_06.cpp

Enter input data for the program (Sample data provided below. You may modify it.)

```
140.5 5 10
```

Show the Sample Output Using the Preceeding Input   Reset

Execution Result:

```
command>Exercise03_06
Enter weight in pounds: 140.5
Enter feet: 5
Enter inches: 10
Your BMI is 20.1594
Normal

command>
```

*3.7 （对三个整数排序）编写一个程序，提示用户输入三个整数，并以非递减顺序显示这些整数。

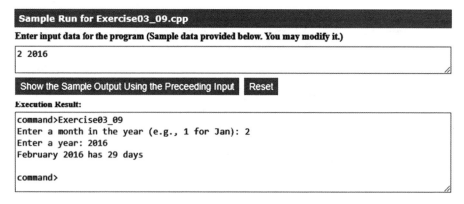

*3.8 （金融应用：货币单位）修改 LiveExample 2.12，使之只显示非零面额，使用单词的单数形式表示单个单位，如 1 dollar（1 美元）和 1 penny（1 美分），使用单词的复数形式表示多个单位，如 2 dollars（2 美元）和 3 pennies（3 美分）。

3.9 ～ 3.16 节

*3.9 （查找一个月的天数）编写一个程序，提示用户输入月份和年份，并显示该月的天数。例如，如果用户输入了 2 月和 2012 年，则程序应显示 "February 2012 has 29 days"（2012 年 2 月有 29 天）。如果用户输入了 3 月和 2015 年，则程序应显示 "March 2015 has 31 days"（2015 年 3 月有 31 天）。

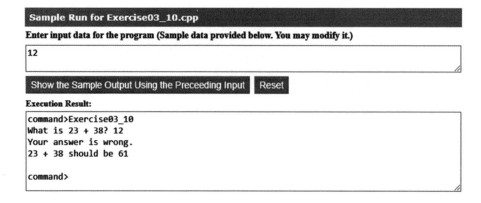

3.10 （游戏：加法测验）LiveExample 3.4 随机生成一道减法题。修改程序，随机生成计算两个小于 100 的整数的加法题。

*3.11 （运输成本）运输公司使用以下函数根据包裹的重量（磅）计算运输成本（美元）。

$$c(w)=\begin{cases}3.5, & 0<w\leqslant1\\5.5, & 1<w\leqslant3\\8.5, & 3<w\leqslant10\\10.5, & 10<w\leqslant20\end{cases}$$

编写一个程序，提示用户输入包裹的重量并显示运费。如果重量大于 20，则显示消息 "the package cannot be shipped"。

Sample Run for Exercise03_11.cpp

Enter input data for the program (Sample data provided below. You may modify it.)

```
2.5
```

[Show the Sample Output Using the Preceeding Input] [Reset]

Execution Result:

```
command>Exercise03_11
Enter package weight: 2.5
The shipping cost is $5.5

command>
```

3.12 （游戏：正面还是反面）编写一个程序，让用户猜测翻转的硬币是正面还是反面。程序随机生成一个整数 0 或 1，分别表示正面或反面。程序提示用户输入猜测值，并报告猜测值是正确的还是不正确的。

Sample Run for Exercise03_12.cpp

Enter input data for the program (Sample data provided below. You may modify it.)

```
1
```

[Show the Sample Output Using the Preceeding Input] [Reset]

Execution Result:

```
command>Exercise03_12
Guess head or tail? Enter 0 for head and 1 for tail: 1
Correct guess

command>
```

*3.13 （金融应用：计算税费）LiveExample 3.3 提供了为单身申报人计算税费的源代码。修改 LiveExample 3.3 以显示以下输出。

Sample Run for Exercise03_13.cpp

Enter input data for the program (Sample data provided below. You may modify it.)

```
0 45657
```

[Show the Sample Output Using the Preceeding Input] [Reset]

Execution Result:

```
command>Exercise03_13
Enter the filing status
(0-single filer, 1-married jointly,
2-married separately, 3-head of household): 0
Enter the taxable income: 45657
Tax is 7601.75

command>
```

**3.14 （游戏：彩票）修改 LiveExample 3.7，生成一个三位数的彩票。程序提示用户输入一个三位数，并根据以下规则确定用户是否获胜：

1. 如果用户的输入与彩票号码完全匹配，则奖金为 10000 美元。

2. 如果用户输入的所有数字都与彩票号码中的所有数字匹配，则奖金为 3000 美元。

3. 如果用户输入中的一位数字与彩票号码中的一位数字匹配，则奖金为 1000 美元。

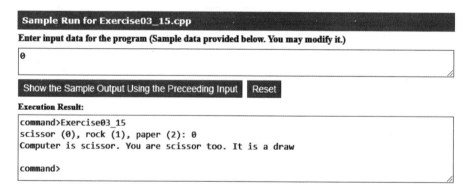

*3.15 （游戏：剪刀、石头、布）编写一个程序，玩流行的剪刀、石头和布游戏。（剪刀可以剪布，石头可以敲击剪刀，布可以包裹石头。）该程序随机生成一个数字 0、1 或 2，分别代表剪刀、石头或布。程序提示用户输入数字 0、1 或 2，并显示一条消息，指示用户赢还是计算机赢，或是平手。

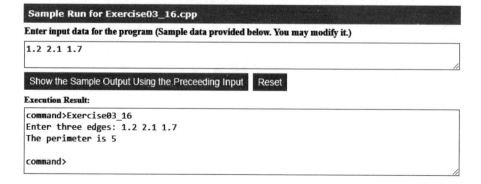

**3.16 （计算三角形的周长）编写一个程序，读取三角形的三条边，并在输入有效的情况下计算周长。否则，显示输入无效。如果每两条边的总和大于第三条边，则输入有效。

Sample Run for Exercise03_16.cpp

Enter input data for the program (Sample data provided below. You may modify it.)

1.2 2.1 1.7

Show the Sample Output Using the Preceeding Input   Reset

Execution Result:

```
command>Exercise03_16
Enter three edges: 1.2 2.1 1.7
The perimeter is 5

command>
```

*3.17 （科学：风寒温度）编程练习 2.17 给出了计算风寒温度的公式。该公式适用于 –58°F 至 41°F 之间的温度且大于或等于 2 的风速。编写一个程序，提示用户输入温度和风速。如果输入有效，程序将显示风寒温度；否则，显示一条消息，指示温度或风速无效。

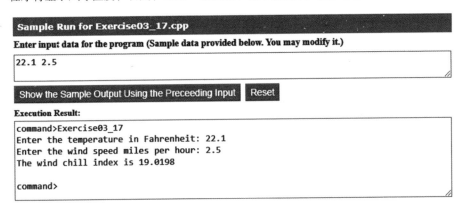

3.18 （游戏：三个数字相加）LiveExample 3.4 随机生成一个减法问题。修改程序，用三个小于 100 的整数随机生成一道加法题。

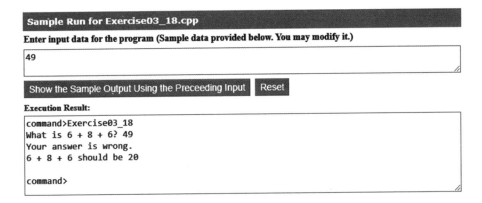

综合题

**3.19 （几何：点在圆中？）编写一个程序，提示用户输入一个点 (x, y)，并检查该点是否在半径为 10 的以 (0, 0) 为圆心的圆内。例如，(4, 5) 在圆内，(9, 9) 在圆外，如图 3.7a 所示。

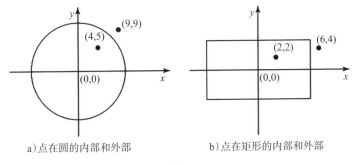

a) 点在圆的内部和外部　　　　　b) 点在矩形的内部和外部

图 3.7

（提示：如果点到 (0, 0) 的距离小于或等于 10，则该点在圆内。计算距离的公式是 $\sqrt{(x_2 - x_1)^2 + (y_2 - y_1)^2}$。测试你的程序以涵盖所有情况。）

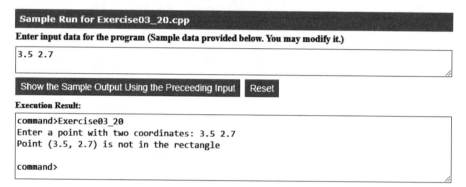

**3.20 （几何：点在矩形中？）编写一个程序，提示用户输入一个点 (x，y)，并检查该点是否在以 (0，0) 为中心、宽度为 10、高度为 5 的矩形内。例如，(2，2) 在矩形内部，(6，4) 在矩形外部，如图 3.7b 所示。(提示：如果点到 (0，0) 的水平距离小于或等于 10/2，并且点到 (0，0) 的垂直距离小于或等于 5/2，则该点位于矩形内。测试你的程序以涵盖所有情况。)

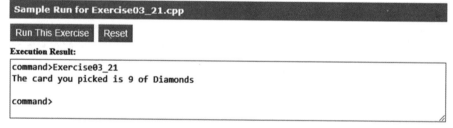

**3.21 （游戏：挑选一张牌）编写一个程序，模拟从一副 52 张牌中挑选一张牌。程序显示该牌的大小（Ace、2、3、4、5、6、7、8、9、10、Jack、Queen、King）和花色（Clubs（梅花）、Diamonds（方片）、Hearts（红桃）、Spades（黑桃））。

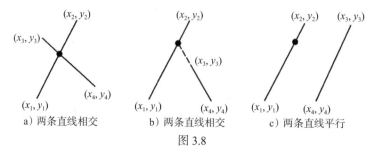

*3.22 （几何：交点）如图 3.8a ~ b 所示，直线 1 上的两个点分别为 (x1，y1) 和 (x2，y2)，直线 2 上的两个点分别为 (x3，y3) 和 (x4，y4)。

a）两条直线相交   b）两条直线相交   c）两条直线平行

图 3.8

两条直线的交点可以通过求解以下线性方程来求得：

$$(y_1-y_2)x-(x_1-x_2)y=(y_1-y_2)x_1-(x_1-x_2)y_1$$
$$(y_3-y_4)x-(x_3-x_4)y=(y_3-y_4)x_3-(x_3-x_4)y_3$$

这个线性方程可以使用 Cramer 法则求解（见编程练习 3.3）。如果方程没有解，两条直线是平行的（图 3.8c）。编写一个程序，提示用户输入四个点，并显示交点。

Sample Run for Exercise03_22.cpp

Enter input data for the program (Sample data provided below. You may modify it.)

```
3.5 2.7 2.2 -3.4 2.1 4.3 -2.3 -4.3
```

Show the Sample Output Using the Preceeding Input   Reset

Execution Result:

```
command>Exercise03_22
Enter x1, y1, x2, y2, x3, y3, x4, y4: 3.5 2.7 2.2 -3.4 2.1 4.3 -2.3 -4.3
The intersecting point is at (5.08391, 10.1322)

command>
```

3.23 (几何：点在三角形中？) 假设一个直角三角形放置在一个平面中，如下所示。直角点位于（0,0）处，其他两点位于（200,0）和（0,100）处。编写一个程序，提示用户输入一个具有 x 和 y 坐标的点，并确定该点是否在三角形内。

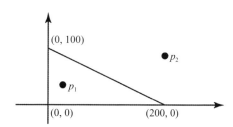

Sample Run for Exercise03_23.cpp

Enter input data for the program (Sample data provided below. You may modify it.)

```
3.5 2.7
```

Show the Sample Output Using the Preceeding Input   Reset

Execution Result:

```
command>Exercise03_23
Enter a point's x- and y-coordinates: 3.5 2.7
The point is in the triangle

command>
```

3.24 （使用 && 和 || 运算符）编写一个程序，提示用户输入一个整数，并确定它是否可被 5 和 6 整除，是否可被 5 或 6 整除，以及是否可被 5 或 6 整除但不能同时被它们整除。

Sample Run for Exercise03_24.cpp

Enter input data for the program (Sample data provided below. You may modify it.)

```
35
```

Show the Sample Output Using the Preceeding Input   Reset

Execution Result:

```
command>Exercise03_24
Enter an integer: 35
Is 35 divisible by 5 and 6? false
Is 35 divisible by 5 or 6? true
Is 35 divisible by 5 or 6, but not both? true

command>
```

**3.25 （几何：两个矩形）编写一个程序，提示用户输入两个矩形中心的 x，y 坐标，两个矩形的宽度和高度，并确定第二个矩形是在第一个矩形内还是与第一个矩形交叠，如图 3.9 所示。测试程序以覆盖所有情况。

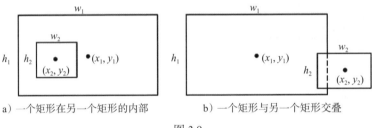

a) 一个矩形在另一个矩形的内部   b) 一个矩形与另一个矩形交叠

图 3.9

Sample Run for Exercise03_25.cpp

Enter input data for the program (Sample data provided below. You may modify it.)

```
3.5 4.5 2.4 2.7
32.1 -3.3 9.3 5.4
```

Show the Sample Output Using the Preceeding Input   Reset

Execution Result:

```
command>Exercise03_25
Enter r1's center x-, y-coordinates, width, and height: 3.5 4.5 2.4 2.7
Enter r2's center x-, y-coordinates, width, and height: 32.1 -3.3 9.3 5.4
r2 does not overlap r1

command>
```

**3.26 （几何：两个圆）编写一个程序，提示用户输入两个圆的中心坐标和半径，并确定第二个圆是在第一个圆内还是与第一个圆交叠，如图 3.10 所示。（提示：如果两个中心之间的距离 ≤ |r1-r2|，则圆 2 在圆 1 内，如果两个中心之间的距离 ≤ r1 + r2，则圆 2 和圆 1 交叠。测试程序以覆盖所有情况。）

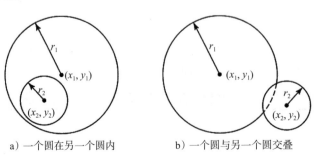

a) 一个圆在另一个圆内   b) 一个圆与另一个圆交叠

图 3.10

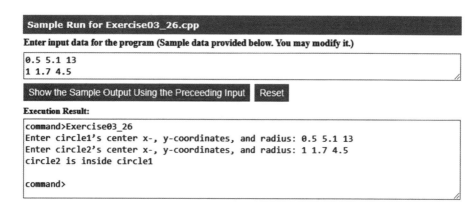

*3.27 （当前时间）修改编程练习 2.8，以 12 小时法表示时间。

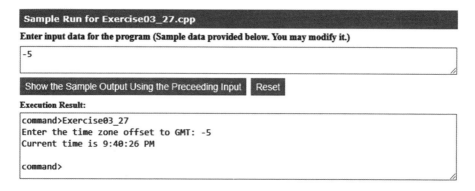

*3.28 （金融：货币兑换）编写一个程序，提示用户输入从美元到人民币的汇率。提示用户输入 0 将美元兑换成人民币，输入 1 将人民币兑换成美元。提示用户输入美元或人民币的金额，分别将其转换为人民币或美元。

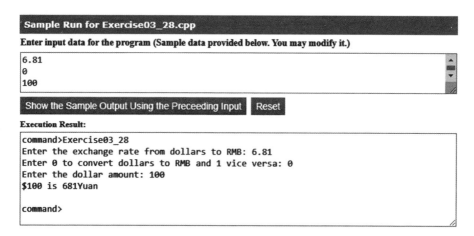

*3.29 （几何：点的位置）给定从点 p0(x0, y0) 到点 p1(x1, y1) 的有向直线，可以使用以下条件来决定点 p2(x2, y2) 是在直线的左边、右边，还是在该直线上（见图 3.11）：

$$(x_1-x_0) \times (y_2-y_0) - (x_2-x_0) \times (y_1-y_0) \begin{cases} > 0, & p_2 \text{ 在直线的左边} \\ = 0, & p_2 \text{ 在直线上} \\ < 0, & p_2 \text{ 在直线的右边} \end{cases}$$

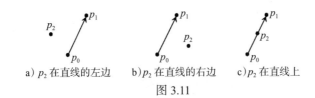

a) p_2 在直线的左边   b) p_2 在直线的右边   c) p_2 在直线上

图 3.11

编写一个程序，提示用户输入 p0、p1、p2 三个点，并显示 p2 位于从 p0 到 p1 的直线的左边、右边，还是位于该直线上。

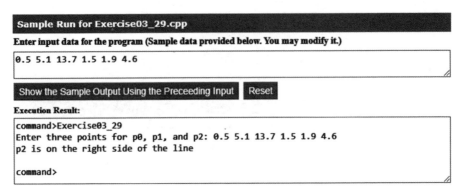

*3.30 （金融：比较成本）假设你购买两包不同的大米。你想写一个程序来比较成本。该程序提示用户输入每包的重量和价格，并显示哪包价格更优惠。

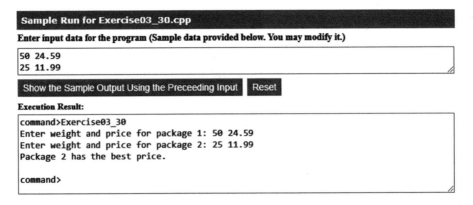

3.31 （几何：线段上的点）编程练习 3.29 展示了如何测试一个点是否在直线上。修改编程练习 3.29，测试一个点是否在线段上。编写一个程序，提示用户输入 p0、p1 和 p2 三个点，并显示 p2 是否在从 p0 到 p1 的线段上。

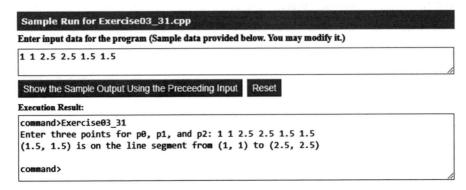

*3.32 （代数：斜截式）编写一个程序，提示用户输入两点 (x_1, y_1) 和 (x_2, y_2) 的坐标，并以斜截式显示直线方程，即 $y = mx + b$。m 和 b 可以用以下公式计算：

$$m = (y_2 - y_1) / (x_2 - x_1)$$
$$b = y_1 - mx_1$$

如果 m 为 1，则不显示 m；如果 b 为 0，则不显示 b。

```
Sample Run for Exercise03_32.cpp
Enter input data for the program (Sample data provided below. You may modify it.)
1 1 0 0

Show the Sample Output Using the Preceeding Input    Reset

Execution Result:
command>Exercise03_32
Enter the coordinates for two points: 1 1 0 0
The line equation for two points (1, 1) and (0, 0) is y = x

command>
```

**3.33 （科学：周几）Zeller 同余是 Christian Zeller 为计算某一天是周几而开发的一种算法。

$$h = \left(q + \frac{26(m+1)}{10} + k + \frac{k}{4} + \frac{j}{4} + 5j \right) \% 7$$

公式中，

- h 是一周中的哪一天（0：周六，1：周日，2：周一，3：周二，4：周三，5：周四，6：周五）。
- q 是一个月中的哪一天。
- m 是月份（3：3 月，4：4 月，……，12：12 月）。1 月和 2 月被计为上一年的第 13 个月和第 14 个月。
- j 是 $\dfrac{年份}{100}$。
- k 是当前世纪的年份（即年份 %100）。

注意，本练习中的所有除法都执行整数除法。编写一个程序，提示用户输入年、月和月中的某一天，并显示某一天是周几。以下是一些运行示例：

```
Sample Run for Exercise03_33.cpp
Enter input data for the program (Sample data provided below. You may modify it.)
2015 4 28

Show the Sample Output Using the Preceeding Input    Reset

Execution Result:
command>Exercise03_33
Enter year: (e.g., 2008): 2015
Enter month: 1-12: 4
Enter the day of the month: 1-31: 28
Day of the week is Tuesday

command>
```

（提示：在公式中，1 月和 2 月分别计为 13 和 14，因此需要将用户输入的 1 转换为 13，2 转换为 14，然后将年份更改为前一年。）

3.34 （随机点）编写一个程序，显示在矩形中的随机点的坐标。矩形以（0,0）为中心，宽度为100，高度为200。

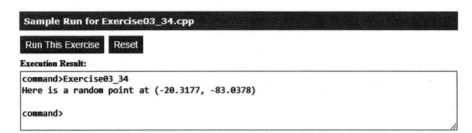

**3.35 （商业：检查 ISBN-10）ISBN-10（国际标准书号）由 10 位数字组成：$d_1d_2d_3d_4d_5d_6d_7d_8d_9d_{10}$。最后一位数字 d_{10} 是校验和，用以下公式从其他 9 位数字计算得出：

$$(d_1 \times 1 + d_2 \times 2 + d_3 \times 3 + d_4 \times 4 + d_5 \times 5 + d_6 \times 6 + d_7 \times 7 + d_8 \times 8 + d_9 \times 9)\ \%11$$

如果校验和是 10，则根据 ISBN-10 惯例，最后一位数字表示为 X。编写一个程序，提示用户输入前 9 位数字，并显示 10 位 ISBN（包括前导零）。程序将输入读取为整数。

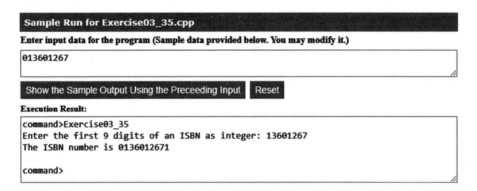

3.36 （回文数）编写一个程序，提示用户输入一个三位数的整数，并确定它是否是回文数。如果一个数字从右到左和从左到右读起来都一样，那么它就是回文。

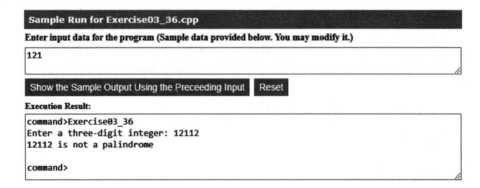

数学函数、字符和字符串

学习目标

1. 用 C++ 中的数学函数解决数学问题（4.2 节）。

2. 用 char 类型表示字符（4.3 节）。

3. 用 ASCII 码对字符进行编码（4.3.1 节）。

4. 从键盘读取字符（4.3.2 节）。

5. 用转义序列表示特殊字符（4.3.3 节）。

6. 将数值转换为字符，以及将字符转换为整数（4.3.4 节）。

7. 比较和检测字符（4.3.5 节）。

8. 用字符编程（DisplayRandomCharacter、GuessBirthday)(4.4 ～ 4.5 节）。

9. 用 C++ 字符函数测试和转换字符（4.6 节）。

10. 将十六进制字符转换为十进制值（HexDigit2Dec)(4.7 节）。

11. 用 string 类型表示字符串，并引入对象和实例函数（4.8 节）。

12. 用下标运算符访问和修改字符串中的字符（4.8.1 节）。

13. 用 + 运算符连接字符串（4.8.2 节）。

14. 用关系运算符比较字符串（4.8.3 节）。

15. 从键盘读取字符串（4.8.4 节）。

16. 用字符串修改彩票程序（LotteryUsingStrings)(4.9 节）。

17. 用流操纵器格式化输出（4.10 节）。

18. 从（向）文件中读取（写入）数据（4.11 节）。

4.1 简介

要点提示：本章的重点是介绍数学函数、字符和字符串对象，并使用它们来开发程序。

前几章介绍了基本的编程技术，以及如何编写简单程序来解决基本问题。本章介绍用于实现常用数学运算的函数。我们将在第 6 章学习如何创建自定义函数。

假设我们需要估计由四个城市包围的区域的面积，如下图所示，给定这些城市的 GPS 位置（纬度和经度）。如何编写一个程序来解决这个问题呢？在学完本章后，我们将能够编写这样的程序。

因为字符串在编程中经常被使用，所以尽早引入它们对于开发有用的程序是有益的。本章还将简要介绍字符串对象，在第 10 章中，你将了解有关对象和字符串的更多知识。

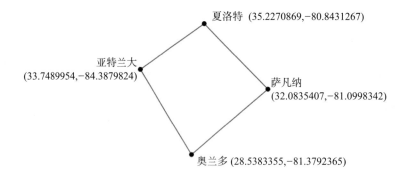

4.2 数学函数

要点提示：C++ 在 cmath 头文件中提供了许多有用的函数，用于计算常见的数学函数。

函数是执行特定任务的一组语句。我们已经在 2.8.3 节中使用了 pow(a, b) 函数来计算 a^b，以及在 3.9 节中使用了 rand() 函数来生成随机数。本节将介绍其他有用的函数。它们分为三角函数、指数函数和服务函数。服务函数包括取整函数、求最小值函数、求最大值函数和绝对值函数。

4.2.1 三角函数

C++ 在 cmath 头文件中提供了如下三角函数，如表 4.1 所示。

表 4.1   cmath 头文件中的三角函数

函数	描述
sin(radians)	返回以弧度为单位的角度的三角正弦函数值
cos(radians)	返回以弧度为单位的角度的三角余弦函数值
tan(radians)	返回以弧度为单位的角度的三角正切函数值
asin(a)	返回以弧度为单位的角度的反三角正弦函数值
acos(a)	返回以弧度为单位的角度的反三角余弦函数值
atan(a)	返回以弧度为单位的角度的反三角正切函数值

sin、cos 和 tan 的参数是以弧度为单位的角度。asin 和 atan 的返回值是弧度范围在 $-\pi/2 \sim \pi/2$ 之间的一个角度值，acos 的返回值在 $0 \sim \pi$ 之间。在弧度制下，$1°$ 等于 $\pi/180$ 弧度，$90°$ 等于 $\pi/2$ 弧度，$30°$ 等于 $\pi/6$ 弧度。

假定 PI 是一个值为 3.14159 的常数，下面是这些函数的使用示例：

sin(0) 返回 0.0

sin(270*PI/180) 返回 -1.0

sin(PI/6) 返回 0.5

sin(PI/2) 返回 1.0

cos(0) 返回 1.0

cos(PI/6) 返回 0.866

cos(PI/2) 返回 0

cos(0) 返回 1.0

asin(0.5) 返回 0.523599（与 π/6 相同）

acos(0.5) 返回 1.0472（与 π/3 相同）

atan(1.0) 返回 0.785398（与 π/4 相同）

4.2.2 指数函数

如表 4.2 所示，cmath 头文件中有五个与指数函数相关的函数。

表 4.2 cmath 头文件中与指数函数相关的函数

函数	描述
exp(x)	返回 e 的 x 次方（e^x）
log(x)	返回 x 的自然对数（$\ln x = \log_e x$）
log10(x)	返回 x 的以 10 为底的对数（$\log_{10} x$）
pow(a, b)	返回 a 的 b 次方（a^b）
sqrt(x)	对于 $x \geqslant 0$ 的数字，返回 x 的平方根（$\sqrt{x}$）

假定 E 是一个值为 2.71828 的常数，下面是这些函数的使用示例：

exp(1.0) 返回 2.71828

log(E) 返回 1.0

log10(10.0) 返回 1.0

pow(2.0, 3) 返回 8.0

sqrt(4.0) 返回 2.0

sqrt(10.5) 返回 3.24

4.2.3 取整函数

cmath 头文件中包含完成取整的函数，如表 4.3 所示。

表 4.3 cmath 头文件中的取整函数

函数	描述
ceil(x)	x 向上取整为它最接近的整数。该整数作为一个 double 值返回
floor(x)	x 向下取整为它最接近的整数。该整数作为一个 double 值返回
round(x)	返回 floor(x+0.5)。这是 C++11 标准中的新函数

例如：

ceil(2.1) 返回 3.0

ceil(2.0) 返回 2.0

ceil(-2.0) 返回 -2.0

ceil(-2.1) 返回 -2.0

floor(2.1) 返回 2.0

floor(2.0) 返回 2.0

floor(-2.0) 返回 -2.0

floor(-2.1) 返回 -3.0

4.2.4 min、max 和 abs 函数

min 和 max 函数返回两个数值（int、long、float 或 double 型）中的最小值和最大值。例如，max(4.4, 5.0) 返回 5.0，min(3, 2) 返回 2。abs 函数返回数值（int、long、float 或 double 型）的绝对值。

例如：

max(2, 3) 返回 3

max(2.5, 3.0) 返回 3.0

min(2.5, 4.6) 返回 2.5

abs(-2) 返回 2

abs(-2.1) 返回 2.1

注意：GNU C++ 中的函数 min、max 和 abs 在 cstdlib 头文件中定义，而 Visual C++ 2013 或更高版本中的 min 和 max 函数在 algorithm 头文件中定义。

4.2.5 案例研究：计算三角形的角度

我们可以用数学函数解决许多计算问题。例如，给定三角形的三条边，可以用以下公式计算角度：

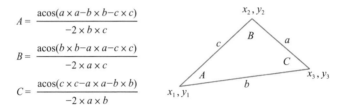

$$A = \frac{\mathrm{acos}(a \times a - b \times b - c \times c)}{-2 \times b \times c}$$

$$B = \frac{\mathrm{acos}(b \times b - a \times a - c \times c)}{-2 \times a \times c}$$

$$C = \frac{\mathrm{acos}(c \times c - a \times a - b \times b)}{-2 \times a \times b}$$

不要对数学公式望而生畏。正如我们在 LiveExample 2.11 中所讨论的，不需要知道数学公式是如何被推导出来的，但依然可以编写一个计算贷款支付的程序。在本例中，给定三条边的长度，可以用此公式编写程序来计算角度，而不需要知道公式是如何推导的。为了计算边长，我们需要知道三个顶点的坐标并计算点之间的距离。

LiveExample 4.1 是一个程序示例，该程序提示用户输入三角形中三个顶点的 x 和 y 坐标，然后显示三角形的角度。

CodeAnimation 4.1 的互动程序请访问 https://liangcpp.pearsoncmg.com/codeanimation5ecpp/ComputeAngles.html，LiveExample 4.1 的互动程序请访问 https://liangcpp.pearsoncmg.com/LiveRunCpp5e/faces/LiveExample.xhtml?header=off&programName=ComputeAngles&programHeight=490&resultHeight=180。

LiveExample 4.1　ComputeAngles.cpp

Source Code Editor:

```cpp
#include <iostream>
#include <cmath>
using namespace std;

int main()
{
  // Prompt the user to enter three points
  cout << "Enter three points: ";
  double x1, y1, x2, y2, x3, y3;
  cin >> x1 >> y1 >> x2 >> y2 >> x3 >> y3;

  // Compute three sides
  double a = sqrt((x2 - x3) * (x2 - x3) + (y2 - y3) * (y2 - y3));
  double b = sqrt((x1 - x3) * (x1 - x3) + (y1 - y3) * (y1 - y3));
  double c = sqrt((x1 - x2) * (x1 - x2) + (y1 - y2) * (y1 - y2));

  // Obtain three angles in degrees
  const double PI = 3.14159;
```

```
19   double A = acos((a * a - b * b - c * c) / (-2 * b * c)) * 180 / PI;
20   double B = acos((b * b - a * a - c * c) / (-2 * a * c)) * 180 / PI;
21   double C = acos((c * c - b * b - a * a) / (-2 * a * b)) * 180 / PI;
22
23   // Display the angles in degress
24   cout << "The three angles are " << round(A * 100) / 100.0 << " "
25     << round(B * 100) / 100.0 << " " << round(C * 100) / 100.0 << endl;
26
27   return 0;
28 }
```

Enter input data for the program (Sample data provided below. You may modify it.)

1 1 6.5 1 6.5 2.5

| Automatic Check | Compile/Run | Reset | Answer | Choose a Compiler: VC++ ⌄ |

Execution Result:

```
command>cl ComputeAngles.cpp
Microsoft C++ Compiler 2019
Compiled successful (cl is the VC++ compile/link command)

command>ComputeAngles
Enter three points: 1 1 6.5 1 6.5 2.5
The three angles are 15.26 90 74.74

command>
```

程序提示用户输入三个点（第 10 行）。此提示消息不是很清晰，应该向用户明确说明如何输入这些点，如下所示：

```
cout << "Enter the coordinates of three points separated "
     << "by spaces like x1 y1 x2 y2 x3 y3: ";
```

注意，两点 (x1, y1) 和 (x2, y2) 之间的距离可以用公式 $\sqrt{(x_2 - x_1)^2 + (y_2 - y_1)^2}$ 计算。程序应用公式计算三条边（第 13 ~ 15 行），然后应用公式计算以弧度为单位的角度（第 18 ~ 21 行）。角度以度为单位显示（第 24 ~ 25 行）。注意，1 弧度是 180/π 度。

4.3 字符数据类型和运算

要点提示：字符数据类型用于表示单个字符。

除了处理数值，C++ 还可以处理字符。字符数据类型 char 用于表示单个字符。字符字面量用单引号括起来。例如以下代码：

```
char letter = 'A';
char numChar = '4';
```

第一条语句将字符 A 赋值给 char 变量 letter。第二条语句将数字字符 4 赋值给 char 变量 numChar。

警告：字符串字面量必须用双引号（" "）括起来。字符字面量是包含在单引号（' '）中的单个字符。因此，"A" 是字符串，而 'A' 是字符。

4.3.1 ASCII 码

计算机内部使用二进制数。字符以 0 和 1 的序列存储在计算机中。将字符映射成其二进制表示形式的过程称为**编码**。字符有很多不同的编码方式。其编码方式由编码方案定义。

大多数计算机使用 **ASCII 码**（美国信息交换标准码）。这是一种 8 位的编码方案，用于表示所有的大小写字母、数字、标点符号和控制字符。表 4.4 给出了一些常用字符的 ASCII

码。附录 B 给出了 ASCII 字符及其十进制和十六进制编码的完整列表。在大多数系统上，`char` 类型的大小为 1 字节。

表 4.4   常用字符的 ASCII 码

字符	ASCII 码
'0' ~ '9'	48 ~ 57
'A' ~ 'Z'	65 ~ 90
'a' ~ 'z'	97 ~ 122

注意：递增和递减运算符也可用于 `char` 变量，以获取下一个或前一个字符的 ASCII 码。例如，以下语句显示字符 b。

```cpp
char ch = 'a';
cout << ++ch;
```

4.3.2   从键盘读取字符

从键盘读取字符，可以用如下语句：

```cpp
cout << "Enter a character: ";
char ch;
cin >> ch; // Read a character
cout << "The character read is" << ch << endl;
```

4.3.3   特殊字符的转义序列

假设你要打印带有引号的消息，能像以下这样写语句吗？

```cpp
cout << "He said "Programming is fun""<< endl;
```

答案是不能。此语句有编译错误。编译器认为第二个引号是字符串的结尾，从而不知道如何处理其余的字符。

为了解决这个问题，C++ 使用一种特殊符号来表示特殊字符，如表 4.5 所示。这种特殊符号称为**转义序列**，由反斜杠（\）后面加上一个字符或一些数字组成。例如，\t 表示 Tab 字符的转义序列。转义序列中的符号作为一个整体而不是单个符号被解释。一个转义序列被视为单个字符。

表 4.5   转义序列

转义序列	名称	十进制值
\b	退格键	8
\t	Tab 键	9
\n	换行符	10
\f	换页符	12
\r	回车符	13
\\	反斜杠	92
\"	双引号	34

因此，现在可以用以下语句打印带引号的消息：

```
cout << "He said \"Programming is fun\"" << endl;
```

它的输出是

```
He said "Programming is fun"
```

注意，符号 \ 和 " 一起代表单个字符。

反斜杠 \ 被称为**转义字符**。这是一个特殊字符。要显示此字符，必须使用转义序列 \\。例如，以下代码

```
cout << "\\t is a tab character" << endl;
```

显示

```
\t is a tab character
```

注意：字符 ' '、'\t'、'\f'、'\r' 和 '\n' 称为**空白字符**。

注意：以下两个语句都显示一个字符串，并将光标移动到下一行：

```
cout << "Welcome to C++\n";
cout << "Welcome to C++" << endl;
```

但使用 endl 可以确保在所有平台上立即显示输出。

4.3.4 char 型数据和数值型数据之间的转换

char 型数据可以转换为任何一种数值类型，反之亦然。将整数转换为 char 型数据时，只使用其较低的 8 位数据，其余部分被忽略。例如：

```
char c = 0XFF41; // The lower 8 bits hex code 41 is assigned to c
cout << c;       // variable c is character A
```

将浮点值转换为 char 型时，首先将浮点值转换为 int 型，然后再转换为 char 型。

```
char c = 65.25;  // 65 is assigned to variable c
cout << c;       // variable c is character A
```

将 char 型转换为数值类型时，字符的 ASCII 码就被转换为指定的数值类型。例如：

```
int i = 'A';     // The ASCII code of character A is assigned to i
cout << i;       // variable i is 65
```

char 型被视为 8 位长度的整型。所有**数值运算符**都可以应用于 char 型操作数。如果另一个操作数是数字或字符，则字符操作数将自动转换为数字。例如，以下语句

```
// The ASCII code for '2' is 50 and for '3' is 51
int i = '2' + '3';
cout << " i is " << i << endl; // i is now 101
int j = 2 + 'a'; // The ASCII code for 'a' is 97
cout << " j is " << j << endl;
cout << j << "  is the ASCII code for character " <<
  static_cast<char>(j) << endl;
```

显示

```
i is 101
j is 99
99 is the ASCII code for character c
```

注意，static_cast<char>(value) 运算符将数值显式地转换为字符。

　　如表 4.4 所示，小写字母的 ASCII 码是连续整数，从 'a'ASCII 码开始，然后是 'b'、'c'、…、'z'。大写字母和数字字符也是同样的道理。此外，'a' 的 ASCII 码大于 'A' 的 ASCII 码。你可以用这些性质将大写字母转换为小写字母，反之亦然。LiveExample 4.2 提供了一个程序，提示用户输入小写字母并查找其对应的大写字母。

　　CodeAnimation 4.2 的互动程序请访问 https://liangcpp.pearsoncmg.com/codeanimation5ecpp/ToUppercase.html，LiveExample 4.2 的互动程序请访问 https://liangcpp.pearsoncmg.com/LiveRunCpp5e/faces/LiveExample.xhtml?header=off&programName=ToUppercase&programHeight=310&resultHeight=180。

　　LiveExample 4.2　ToUppercase.cpp

Source Code Editor:

```
 1   #include <iostream>
 2   using namespace std;
 3
 4   int main()
 5 ▾ {
 6       char lowercaseLetter;
 7       cout << "Enter a lowercase letter: ";
 8       cin >> lowercaseLetter;
 9
10       char uppercaseLetter =
11         static_cast<char>('A' + (lowercaseLetter - 'a'));
12
13       cout << "The corresponding uppercase letter is "
14         << uppercaseLetter << endl;
15
16       return 0;
17   }
```

Enter input data for the program (Sample data provided below. You may modify it.)

```
b
```

| Automatic Check | Compile/Run | Reset | Answer | Choose a Compiler: | VC++ ⌄ |

Execution Result:

```
command>cl ToUppercase.cpp
Microsoft C++ Compiler 2019
Compiled successful (cl is the VC++ compile/link command)

command>ToUppercase
Enter a lowercase letter: b
The corresponding uppercase letter is B

command>
```

　　注意，对于小写字母 ch1 及其对应的大写字母 ch2 来说，ch1-'a' 与 ch2-'A' 相同。因此，ch2='A'+ch1-'a'。lowercase Letter 对应的大写字母是 static_cast<char>('A'+(lowercaseLetter-'a'))（第 11 行）。注意，第 10～11 行可以替换为

```
char uppercaseLetter = 'A' + (lowercaseLetter - 'a');
```

由 于 uppercaseLetter 声 明 为 字 符 类 型 值，C++ 会 自 动 将 int 值（'A'+
(lowercaseLetter-"a")）转换为 char 值。

4.3.5　字符的比较和检测

两个字符可以用关系运算符进行比较，就像比较两个数字一样。这是通过比较两个字符
的 ASCII 码来实现的。例如，'a'<'b' 为 true，因为 'a' 的 ASCII 码（97）小于 'b'
的 ASCII 码（98）。'a'<'A' 为 false，因为 'a' 的 ASCII 码（97）大于 'A' 的 ASCII
码（65）。'1'<'8' 为 true，因为 '1' 的 ASCII 码（49）小于 '8' 的 ASCII 码（56）。

在程序中，常常需要检测一个字符是数字、字母、大写字母，还是小写字母。例如，以
下代码检测字符 ch 是否为大写字母。

```
if (ch >= 'A' && ch <= 'Z')
  cout << ch << "is an uppercase letter" << endl;
else if (ch >= 'a' && ch <= 'z')
  cout << ch << "is a lowercase letter" << endl;
else if (ch >= '0' && ch <= '9')
  cout << ch << "is a numeric character" << endl;
```

4.4　案例研究：生成随机字符

要点提示：字符是用整数进行编码的。生成随机字符本质上就是生成整数。

计算机程序处理数值数据和字符。我们已经看到了许多涉及数值数据的示例。理解字符
以及如何处理字符也很重要。本节给出生成随机字符的示例。

每个字符都有唯一的 ASCII 码，位于 0 ～ 127 之间。生成随机字符就是生成一个
0 ～ 127 之间的随机整数。在 3.9 节中，我们已经学习了如何生成随机数。回想一下，可以
用 srand(seed) 函数设置种子并使用 rand() 函数返回随机整数。可以用它编写一个简
单的表达式，以生成任意范围内的随机数。例如

```
rand() % 10        ⟶  生成一个 0 ～ 9 之间的随机整数

50 + rand() % 50   ⟶  生成一个 50 ～ 99 之间的随机整数
```

一般情况下，

```
a + rand() % b     ⟶  生成一个 a ～ a+b-1 之间的整数
```

所以可以用下面这个表达式来生成一个 0 ～ 127 之间的随机整数：

```
rand() % 128
```

现在，考虑一下如何生成随机的小写字母。小写字母的 ASCII 码是连续整数，从 'a'
的 ASCII 码开始，然后是 'b'、'c'、…、'z'。'a' 的编码是

```
static_cast<int>('a')
```

所以在 static_cast<int>('a') 和 static_cast<int>('z') 之间的随机整数是

```
static_cast<int>('a') + rand() % (static_cast<int>('z') - static_cast<int>
('a') + 1)
```

回想一下，所有数值运算符都可以应用于 char 操作数。如果另一个操作数是数字或字符，则应将字符操作数转换为数字。因此，前面的表达式可以简化如下：

```
'a' + rand() % ('z' - 'a' + 1)
```

随机小写字母是

```
static_cast<char>('a' + rand() % ('z' - 'a' + 1))
```

总而言之，任意两个字符 ch1 和 ch2 之间（ch1<ch2）的随机字符可以通过下式生成：

```
static_cast<char>(ch1 + rand() % (ch2 - ch1 + 1))
```

这是一个简单但有用的发现。LiveExample 4.3 给出了一个程序，提示用户输入两个字符：startChar 和 endChar，其中 startChar<=endChar，然后显示一个在 startChar 和 endChar 之间的随机字符。

CodeAnimation 4.3 的互动程序请访问 https://liangcpp.pearsoncmg.com/codeanimation5ecpp/DisplayRandomCharacter.html，LiveExample 4.3 的互动程序请访问 https://liangcpp.pearsoncmg.com/LiveRunCpp5e/faces/LiveExample.xhtml?header=off&programName=DisplayRandomCharacter&programHeight=440&resultHeight=200。

LiveExample 4.3   DisplayRandomCharacter.cpp

Source Code Editor:

```cpp
1   #include <iostream>
2   #include <cstdlib>
3   #include <ctime>
4   using namespace std;
5
6   int main()
7   {
8       cout << "Enter a starting character: ";
9       char startChar;
10      cin >> startChar;
11
12      cout << "Enter an ending character: ";
13      char endChar;
14      cin >> endChar;
15
16      // Get a random character
17      srand(time(0));
18      char randomChar = static_cast<char>(startChar + rand() %
19         (endChar - startChar + 1));
20
21      cout << "The random character between " << startChar << " and "
22         << endChar << " is " << randomChar << endl;
23
24      return 0;
25  }
```

Enter input data for the program (Sample data provided below. You may modify it.)

a z

Compile/Run Reset Answer   Choose a Compiler: VC++ ▾

Execution Result:

```
command>cl DisplayRandomCharacter.cpp
Microsoft C++ Compiler 2019
Compiled successful (cl is the VC++ compile/link command)

command>DisplayRandomCharacter
Enter a starting character: a
Enter an ending character: z
The random character between a and z is p

command>
```

程序提示用户输入起始字符 startChar（第 10 行）和结束字符 endChar（第 14 行）。在第 18 ～ 19 行中得出了这两个字符之间（可能包括这两个字符）的随机字符。

4.5 案例研究：猜生日

要点提示： 用一个简单的程序猜生日是个有趣的问题。

可以通过询问朋友 5 个问题来确定他的出生日期。每个问题都会询问生日是否在以下 5 组数字中。

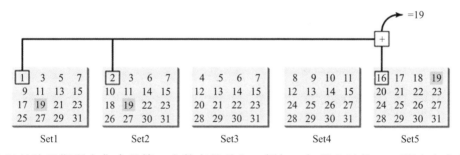

Set1   Set2   Set3   Set4   Set5

生日是该日期所在集合的第一个数字的总和。例如，如果生日是 19，那么它会出现在 Set1、Set2 和 Set5 中。这三个集合中的第一个数字分别是 1、2 和 16，而它们的总和是 19。

LiveExample 4.4 给出了一个程序，提示用户回答该日期是否在 Set1（第 10 ～ 16 行）、Set2（第 22 ～ 28 行）、Set3（第 34 ～ 40 行）、Set4（第 46 ～ 52 行）或 Set5 中（第 58 ～ 64 行）。如果数字在某个集合中，程序将集合中的第一个数字加到 day（第 19、31、43、55、67 行）。

LiveExample 4.4 的互动程序请访问 https://liangcpp.pearsoncmg.com/LiveRunCpp5e/faces/LiveExample.xhtml?header=off&programName=GuessBirthday&programHeight=1220&resultHeight=760。

LiveExample 4.4 GuessBirthday.cpp

Source Code Editor:

```
1  #include <iostream>
2  using namespace std;
```

```
 3
 4   int main()
 5 ▾ {
 6       int day = 0; // Day to be determined
 7       char answer;
 8
 9       // Prompt the user for Set1
10       cout << "Is your birthday in Set1?" << endl;
11       cout << " 1  3  5  7\n" <<
12               " 9 11 13 15\n" <<
13               "17 19 21 23\n" <<
14               "25 27 29 31" << endl;
15       cout << "Enter N/n for No and Y/y for Yes: ";
16       cin >> answer;
17
18       if (answer == 'Y' || answer == 'y')
19           day += 1;
20
21       // Prompt the user for Set2
22       cout << "\nIs your birthday in Set2?" << endl;
23       cout << " 2  3  6  7\n" <<
24               "10 11 14 15\n" <<
25               "18 19 22 23\n" <<
26               "26 27 30 31" << endl;
27       cout << "Enter N/n for No and Y/y for Yes: ";
28       cin >> answer;
29
30       if (answer == 'Y' || answer == 'y')
31           day += 2;
32
33       // Prompt the user for Set3
34       cout << "\nIs your birthday in Set3?" << endl;
35       cout << " 4  5  6  7\n" <<
36               "12 13 14 15\n" <<
37               "20 21 22 23\n" <<
38               "28 29 30 31" << endl;
39       cout << "Enter N/n for No and Y/y for Yes: ";
40       cin >> answer;
41
42       if (answer == 'Y' || answer == 'y')
43           day += 4;
44
45       // Prompt the user for Set4
46       cout << "\nIs your birthday in Set4?" << endl;
47       cout << " 8  9 10 11\n" <<
48               "12 13 14 15\n" <<
49               "24 25 26 27\n" <<
50               "28 29 30 31"  << endl;
51       cout << "Enter N/n for No and Y/y for Yes: ";
52       cin >> answer;
53
54       if (answer == 'Y' || answer == 'y')
55           day += 8;
56
57       // Prompt the user for Set5
58       cout << "\nIs your birthday in Set5?" << endl;
59       cout << "16 17 18 19\n" <<
```

```
60              "20 21 22 23\n" <<
61              "24 25 26 27\n" <<
62              "28 29 30 31" << endl;
63     cout << "Enter N/n for No and Y/y for Yes: ";
64     cin >> answer;
65
66     if (answer == 'Y' || answer == 'y')
67       day += 16;
68
69     cout << "Your birthday is " << day << endl;
70
71     return 0;
72  }
```

Enter input data for the program (Sample data provided below. You may modify it.)

```
Y Y N N Y
```

| Automatic Check | Compile/Run | Reset | Answer |

Choose a Compiler:　VC++ ▾

Execution Result:

```
command>cl GuessBirthday.cpp
Microsoft C++ Compiler 2019
Compiled successful (cl is the VC++ compile/link command)

command>GuessBirthday
Is your birthday in Set1?
 1  3  5  7
 9 11 13 15
17 19 21 23
25 27 29 31
Enter N/n for No and Y/y for Yes: N

Is your birthday in Set2?
 2  3  6  7
10 11 14 15
18 19 22 23
26 27 30 31
Enter N/n for No and Y/y for Yes: N

Is your birthday in Set3?
 4  5  6  7
12 13 14 15
20 21 22 23
28 29 30 31
Enter N/n for No and Y/y for Yes: N

Is your birthday in Set4?
 8  9 10 11
12 13 14 15
24 25 26 27
28 29 30 31
Enter N/n for No and Y/y for Yes: N

Is your birthday in Set5?
16 17 18 19
20 21 22 23
```

```
24 25 26 27
28 29 30 31
Enter N/n for No and Y/y for Yes: N
Your birthday is 0

command>
```

这个游戏很容易编程。你可能想知道这个游戏是如何被创建的。实际上，游戏背后的数学知识很简单。这些数字不是偶然组合在一起的，它们在 5 个集合中的排列方式是经过深思熟虑的。这五个集合的起始数字分别为 1、2、4、8 和 16，分别对应于二进制的 1、10、100、1000 和 10000（二进制数在附录 D 中介绍）。如图 4.1a 所示，从 1 到 31 的十进制数最多用 5 位二进制数就可以表示。假设它为 $b_5b_4b_3b_2b_1$，那么，$b_5b_4b_3b_2b_1$=$b_5$0000+$b_4$000+$b_3$00+$b_2$0+b_1，如图 4.1b 所示。如果 day 的二进制数的 b_k 位为 1，则该数字应显示在 Set$k$ 中。例如，数字 19 的二进制形式是 10011，因此它会出现在 Set1、Set2 和 Set5 中。它就是二进制数 1+10+10000=10011 或十进制数 1+2+16=19。数字 31 的二进制形式为 11111，所以它会出现在 Set1、Set2、Set3、Set4 和 Set5 中，它就是二进制数 1+10+100+1000+10000=11111 或十进制数 1+2+4+8+16=31。

十进制	二进制
1	00001
2	00010
3	00011
…	
19	10011
…	
31	11111

a）1 到 31 之间的数字可以用 5 位二进制数表示

$$
\begin{array}{r}
b_5\ 0\ 0\ 0\ 0 \\
b_4\ 0\ 0\ 0 \\
b_3\ 0\ 0 \\
b_2\ 0 \\
+\quad b_1 \\
\hline
b_5\ b_4\ b_3\ b_2\ b_1
\end{array}
\qquad
\begin{array}{r}
10000 \\
10 \\
+\quad 1 \\
\hline
10011 \\
19
\end{array}
\qquad
\begin{array}{r}
10000 \\
1000 \\
100 \\
10 \\
+\quad 1 \\
\hline
11111 \\
31
\end{array}
$$

b）通过将二进制数 1、10、100、1000 或 10000 相加得到 5 位二进制数

图 4.1

4.6　字符函数

要点提示： C++ 中包含用于测试字符和返回大写或小写字母的函数。

如表 4.6 所示，C++ 在头文件 <cctype> 中提供了几个用于测试和转换字符的函数。测试函数用于测试单个字符并返回 true 或 false。注意，它们实际上返回一个 int 值。非零整数对应 true，零对应 false。C++ 还提供了两个用于转换大小写的函数。

表 4.6　字符函数

函数	描述
isdigit(ch)	如果指定的字符是数字，函数返回 true
isalpha(ch)	如果指定的字符是字母，函数返回 true
isalnum(ch)	如果指定的字符是数字或者字母，函数返回 true
islower(ch)	如果指定的字符是小写字母，函数返回 true
isupper(ch)	如果指定的字符是大写字母，函数返回 true
isspace(ch)	如果指定的字符是标准空白字符，如空格、换行符、水平或垂直制表符，函数返回 true
tolower(ch)	如果指定的字符是大写字符，返回其小写形式
toupper(ch)	如果指定的字符是小写字符，返回其大写形式

Live Example 4.5 是使用了字符函数的程序。

CodeAnimation 4.4 的互动程序请访问 https://liangcpp.pearsoncmg.com/codeanimation5ecpp/ CharacterFunctions.html，LiveExample 4.5 的 互 动 程 序 请 访 问 https://liangcpp.pearsoncmg. com/LiveRunCpp5e/faces/LiveExample.xhtml?header=off&programName=CharacterFunctions &programHeight=540&resultHeight=220。

LiveExample 4.5　CharacterFunctions.cpp

Source Code Editor:

```
1   #include <iostream>
2   #include <cctype>
3   using namespace std;
4
5   int main()
6   {
7     cout << "Enter a character: ";
8     char ch;
9     cin >> ch;
10
11    cout << "You entered " << ch << endl;
12
13    if (islower(ch))
14    {
15      cout << "It is a lowercase letter " << endl;
16      cout << "Its equivalent uppercase letter is " <<
17        static_cast<char>(toupper(ch)) << endl;
18    }
19    else if (isupper(ch))
20    {
21      cout << "It is an uppercase letter " << endl;
22      cout << "Its equivalent lowercase letter is " <<
23        static_cast<char>(tolower(ch)) << endl;
24    }
25    else if (isdigit(ch))
26    {
27      cout << "It is a digit character " << endl;
28    }
29
30    return 0;
31  }
```

Enter input data for the program (Sample data provided below. You may modify it.)

```
a
```

[Automatic Check] [Compile/Run] [Reset] [Answer]　　Choose a Compiler: [VC++ ✔]

Execution Result:

```
command>cl CharacterFunctions.cpp
Microsoft C++ Compiler 2019
Compiled successful (cl is the VC++ compile/link command)

command>CharacterFunctions
Enter a character: a
```

```
You entered a
It is a lowercase letter
Its equivalent uppercase letter is A

command>
```

4.7　案例研究：将十六进制数转换为十进制数

要点提示：本节介绍一个将十六进制数转换为十进制数的程序。

十六进制计数系统有 16 个数字：0 ～ 9、A ～ F。字母 A、B、C、D、E 和 F 对应于十进制数字 10、11、12、13、14 和 15。我们现在编写一个程序，提示用户输入一个十六进制数字，并显示其相应的十进制数，如 LiveExample 4.6 所示。

CodeAnimation 4.5 的互动程序请访问 https://liangcpp.pearsoncmg.com/codeanimation5ecpp/HexDigit2Dec.html，LiveExample 4.6 的互动程序请访问 https://liangcpp.pearsoncmg.com/LiveRunCpp5e/faces/LiveExample.xhtml?header=off&programName=HexDigit2Dec&programHeight=520&resultHeight=190。

LiveExample 4.6　HexDigit2Dec.cpp

Source Code Editor:

```cpp
#include <iostream>
#include <cctype>
using namespace std;

int main()
{
  cout << "Enter a hex digit: ";
  char hexDigit;
  cin >> hexDigit;

  hexDigit = toupper(hexDigit);
  if (hexDigit <= 'F' && hexDigit >= 'A')
  {
    int value = 10 + hexDigit - 'A';
    cout << "The decimal value for hex digit "
      << hexDigit << " is " << value << endl;
  }
  else if (isdigit(hexDigit))
  {
    cout << "The decimal value for hex digit "
      << hexDigit << " is " << hexDigit << endl;
  }
  else
  {
    cout << hexDigit << " is an invalid input" << endl;
  }

  return 0;
}
```

Enter input data for the program (Sample data provided below. You may modify it.)

F

Automatic Check | Compile/Run | Reset | Answer   Choose a Compiler: VC++ ∨

Execution Result:

```
command>cl HexDigit2Dec.cpp
Microsoft C++ Compiler 2019
Compiled successful (cl is the VC++ compile/link command)

command>HexDigit2Dec
Enter a hex digit: F
The decimal value for hex digit F is 15

command>
```

程序从控制台读取一个十六进制数字作为字符（第 9 行），并通过 toupper (hexDigit) 函数获得字符的大写字母（第 11 行）。如果字符介于 'A' 和 'F' 之间（第 12 行），则相应的十进制数为 hexDigit-'A'+10（第 14 行）。请注意，如果 hexDigit 为 'A'，则 hexDigit-'A' 为 0；如果 hexDigit 为 'B'，则 hexDigit-'A' 为 1，以此类推。当两个字符执行数值运算时，将在计算中使用字符的 ASCII 码。

程序调用 isdigit(hexDigit) 函数检查 hexDigit 是否在 '0' ～ '9' 之间（第 18 行）。如果在，则相应的十进制数字与 hexDigit 相同（第 20 ～ 21 行）。如果 hexDigit 既不在 'A' 和 'F' 之间，并且也不是数字字符，程序将显示一个错误消息（第 25 行）。

4.8　string 类型

要点提示：字符串是一个字符序列。string 是 C++ 中的一种对象类型。

char 类型仅表示一个字符。为了表示字符串，可以使用名为 string 的数据类型。例如，以下代码将 message 声明为一个字符串，值为：Programming is fun。

```
string message = "Programming is fun";
```

string 类型不是基元类型。它被称为对象类型。在声明一个对象类型的变量时，该变量实际上代表一个对象。声明一个对象实际是创建了一个对象。这里，message 表示一个包含 Programming is fun 内容的 string 对象。

对象是用类定义的。string 是 <string> 头文件中的预定义类。对象也称为类的实例。第 9 章将详细讨论对象和类。目前，你只需要知道如何去创建 string 对象，以及如何使用 string 类中的简单函数，如表 4.7 所示。

表 4.7　string 对象的简单函数

函数	描述
length()	返回字符串中的字符数
size()	和 length() 函数相同
at(index)	返回字符串中的指定索引处的字符

string 类中的函数只能由特定的 string 实例调用。因此，这些函数被称为**实例函数**或**对象成员函数**。例如，可以用 string 类中的 size() 函数返回 string 对象的大小，并用 at(index) 函数返回指定索引处的字符，如以下代码所示：

```
string message = "ABCD";
cout << message.length() << endl;
cout << message.at(0) << endl;
string s = "Bottom";
cout << s.length() << endl;
cout << s.at(1) << endl;
```

调用 message.length() 返回 4，调用 message.at(0) 返回字符 A。调用 s.length() 返回 6，调用 s.at(1) 返回字符 o。

调用实例函数的语法是 objectName.functionName(arguments)。函数可以有多个参数，也可以没有参数。例如，at(index) 函数有一个参数，但 length() 函数没有参数。

注意：默认情况下，字符串初始化为**空字符串**，即不包含字符的字符串。空字符串字面量可以写为 ""。因此，以下两条语句具有相同的效果：

```
string s;
string s = "";
```

注意：使用字符串类型，需要在程序中包含 <string> 头文件。

4.8.1　字符串索引和下标运算符

s.at(index) 函数可用于检索字符串 s 中的某个特定字符，其中索引的取值介于 0 和 s.length()-1 之间。例如，如图 4.2 所示 message.at(0) 返回字符 W。注意，字符串中第一个字符的索引值为 0。

图 4.2　string 对象中的字符可以使用其索引进行访问

为了方便，C++ 提供了**下标运算符**，使用 stringName[index] 可以访问字符串中指定索引处的字符，以及检索和修改字符串中的字符。例如，下面的代码用 s[0]='P' 在索引 0 处设置一个新字符 P 并显示它。

```
string s = "ABCD";
s[0] = 'P';
cout << s[0] << endl;
```

警告：试图访问字符串中的超出边界的字符是常见的编程错误。为了避免这种情况，请确保使用的索引不超过 s.length()-1。例如，s.at(s.length()) 或 s[s.length()] 将导致错误发生。

4.8.2 连接字符串

C++ 提供了 + 运算符来连接两个字符串。例如，下面所示的语句将字符串 s1 和 s2 连接构成 s3:

```
string s3 = s1 + s2;
```

复合运算符 += 也可用于字符串连接。例如，下面的代码在 message 字符串 "Welcome to C++" 后添加了字符串 "and programming is fun"。

```
message += "and programming is fun";
```

因此，新的 message 是 "Welcome to C++ and programming is fun"。还可以将字符与字符串连接起来。例如

```
string s = "ABC";
s += 'D';
```

因此，新的 s 是 "ABCD"。

警告: 连接两个字符串字面量是非法的。例如，以下代码是错误的:

```
string cites = "London" + "Paris";
```

但是，以下代码是正确的，因为它首先将字符串 s 与 "London" 连接起来，然后将新字符串与 "Paris" 连接起来。

```
string s = "New York";
string cites = s + "London" + "Paris";
```

注意: 长字符串字面量可以拆分为多行。如下例:

```
string text = " This is a long text, but you can break ";
text = text + " it into multiple line like this ... ";
```

4.8.3 比较字符串

可以用关系运算符 ==、!=、<、<=、>、>= 比较两个字符串。这通过从左到右逐个比较它们对应的字符来完成。例如:

```
string s1 = "ABC";
string s2 = "ABE";
cout << (s1 == s2) << endl; // Displays 0 (means false)
cout << (s1 != s2) << endl; // Displays 1 (means true)
cout << (s1 > s2) << endl; // Displays 0 (means false)
cout << (s1 >= s2) << endl; // Displays 0 (means false)
cout << (s1 < s2) << endl; // Displays 1 (means true)
cout << (s1 <= s2) << endl; // Displays 1 (means true)
```

在比较 s1>s2 时，需要对 s1 和 s2 中的第一个字符（A 与 A）进行比较。因为它们相等，所以比较第二个字符（B 和 B）。而它们也是相等的，所以比较第三个字符（C 和 E）。由于字符 C 小于 E，所以比较结果返回 0。

4.8.4 读取字符串

可使用 cin 对象从键盘读取字符串。例如，见以下代码:

```
1    string city;
2    cout << " Enter a city: ";
3    cin >> city; // Read to string city
4    cout << " You entered "<< city << endl;
```

第 3 行读取一个字符串到 city。这种读取字符串的方法很简单，但存在一个问题。它的输入以空白字符结束。如果你想输入 New York，必须使用另一种方法。C++ 在 string 头文件中提供了 getline 函数，该函数使用以下语法从键盘读取字符串：

```
getline(cin, s, delimitCharacter)
```

函数在遇到定界字符 delimitCharacter 时停止读取字符。定界字符已读取，但未存储到字符串中。第三个参数 delimitCharacter 默认值是（'\n'）。

以下代码使用 getline 函数读取字符串。

```
1    string city;
2    cout << " Enter a city: ";
3    getline(cin, city, '\n'); // Same as getline(cin, city)
4    cout << " You entered "<< city << endl;
```

由于 getline 函数中第三个参数的默认值是 '\n'，因此第 3 行可以替换为

```
getline(cin, city); // Read a string
```

LiveExample 4.7 给出了一个程序，提示用户输入两个城市名并按字母顺序显示它们。

CodeAnimation 4.6 的互动程序请访问 https://liangcpp.pearsoncmg.com/codeanimation5ecpp/OrderTwoCities.html，LiveExample 4.7 的互动程序请访问 https://liangcpp.pearsoncmg.com/LiveRunCpp5e/faces/LiveExample.xhtml?header=off&programName=OrderTwoCities&programHeight=360&resultHeight=200。

LiveExample 4.7   OrderTwoCities.cpp

Source Code Editor:

```
1    #include <iostream>
2    #include <string>
3    using namespace std;
4
5    int main()
6    {
7      string city1, city2;
8      cout << "Enter the first city: ";
9      getline(cin, city1);
10     cout << "Enter the second city: ";
11     getline(cin, city2);
12
13     cout << "The cities in alphabetical order are ";
14     if (city1 < city2)
15       cout << city1 << " " << city2 << endl;
16     else
17       cout << city2 << " " << city1 << endl;
18
19     return 0;
20   }
```

Enter input data for the program (Sample data provided below. You may modify it.)

```
New York
Boston
```

Automatic Check   Compile/Run   Reset   Answer   Choose a Compiler: VC++ ▾

Execution Result:

```
command>cl OrderTwoCities.cpp
Microsoft C++ Compiler 2019
Compiled successful (cl is the VC++ compile/link command)

command>OrderTwoCities
Enter the first city: New York
Enter the second city: Boston
The cities in alphabetical order are Boston New York

command>
```

在程序中使用字符串时，应始终包含 string 头文件（第 2 行）。如果第 9 行用 cin>>city1 来替换，则不能为 city1 输入带空格的字符串。由于城市名可能包含多个由空格分隔的单词，所以程序应使用 getline 函数读取字符串（第 9、11 行）。

4.8.4.1 基于元组的输入与基于行的输入

使用 cin 获得的输入称为**基于元组（token）的输入**，因为它读取由空格字符分隔的元素。getline 函数则为**基于行的输入**，因为它读取整行。为避免错误，请勿在基于元组的输入之后使用基于行的输入。例如，以下代码使用 cin 将 age 读取为整数，然后使用 getline 读取 name。

以下 LiveExample 的互动程序请访问 https://liangcpp.pearsoncmg.com/LiveRunCpp5e/faces/LiveExample.xhtml?header=on&programName=TokenVsLineInput&programHeight=315&resultHeight=195。

LiveExample: TokenVsLineInput.cpp

Source Code Editor:

```
1  #include <iostream>
2  #include <string>
3  using namespace std;
4
5  int main()
6  {
7      int age;
8      cout << "Enter age: ";
9      cin >> age;
10     string name;
11     cout << "Enter name: ";
12     getline(cin, name);
13     cout << "age is " << age << endl;
14     cout << "name is " << name << endl;
15
16     return 0;
17 }
```

Enter input data for the program (Sample data provided below. You may modify it.)

```
21
Susan Smith
```

Automatic Check   Compile/Run   Reset   Choose a Compiler: VC++ ▾

Execution Result:

```
command>cl TokenVsLineInput.cpp
Microsoft C++ Compiler 2019
Compiled successful (cl is the VC++ compile/link command)

command>TokenVsLineInput
Enter age: 21
Enter name:
age is 21
name is

command>
```

如输出所示，name 为空。这是什么原因导致的？答案可使用下图说明。

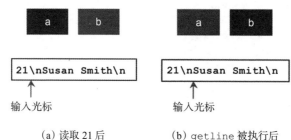

（a）读取 21 后   （b）getline 被执行后

读取 age 后（第 9 行），输入光标在换行符之前停止，如（a）所示。getline 函数读取换行符前的所有内容。而在换行符以后没有其他内容需要读取了。因此读取到的名称为空。在第 12 行中执行 getline 函数之后，输入光标指向换行后的第一个字符，如（b）中所示。

4.9 案例研究：使用字符串修改彩票程序

要点提示：该问题存在许多不同的解决方法。本节使用字符串改写 LiveExample 3.7 中的彩票程序。使用字符串可以简化这个程序。

LiveExample 3.7 中的彩票程序生成一个随机的两位数字，提示用户输入一个两位数字，并根据以下规则确定用户是否中奖：

1. 如果用户的输入与彩票号码完全匹配，则奖金为 10000 美元。

2. 如果用户输入的所有数字都与彩票号码中的所有数字匹配，则奖金为 3000 美元。

3. 如果用户输入的一位数字与彩票号码中的一位数字匹配，则奖金为 1000 美元。

LiveExample 3.7 中的程序使用整数来存储数字。LiveExample 4.8 给出了一个新程序，它生成一个随机的两位字符串来代替数字，并将用户的输入作为一个字符串而不是一个数字来接收。

CodeAnimation 4.7 的互动程序请访问 https://liangcpp.pearsoncmg.com/codeanimation5ecpp/LotteryUsingStrings.html，LiveExample 4.8 的互动程序请访问 https://liangcpp.pearsoncmg.com/LiveRunCpp5e/faces/LiveExample.xhtml?header=off&programName=LotteryUsingStrings&programHeight=620&resultHeight=200。

LiveExample 4.8   LotteryUsingStrings.cpp

Source Code Editor:

```
1  #include <iostream>
2  #include <string> // for using strings
3  #include <ctime> // for time function
```

```cpp
4   #include <cstdlib> // for rand and srand functions
5   using namespace std;
6
7   int main()
8   {
9     string lottery;
10    srand(time(0));
11    int digit = rand() % 10; // Generate first digit
12    lottery += static_cast<char>(digit + '0');
13    digit = rand() % 10; // Generate second digit
14    lottery += static_cast<char>(digit + '0');
15
16    // Prompt the user to enter a guess
17    cout << "Enter your lottery pick (two digits): ";
18    string guess;
19    cin >> guess;
20
21    cout << "The lottery number is " << lottery << endl;
22
23    // Check the guess
24    if (guess == lottery)
25      cout << "Exact match: you win $10,000" << endl;
26    else if (guess[1] == lottery[0] && guess[0] == lottery[1])
27      cout << "Match all digits: you win $3,000" << endl;
28    else if (guess[0] == lottery[0] || guess[0] == lottery[1]
29        || guess[1] == lottery[0] || guess[1] == lottery[1])
30      cout << "Match one digit: you win $1,000" << endl;
31    else
32      cout << "Sorry, no match" << endl;
33
34    return 0;
35  }
```

Enter input data for the program (Sample data provided below. You may modify it.)

```
45
```

[Compile/Run] [Reset] [Answer]   Choose a Compiler: [VC++ ▾]

Execution Result:

```
command>cl LotteryUsingStrings.cpp
Microsoft C++ Compiler 2019
Compiled successful (cl is the VC++ compile/link command)

command>LotteryUsingStrings
Enter your lottery pick (two digits): 45
The lottery number is 76
Sorry, no match

command>
```

程序生成第一个随机数字（第 11 行），将其转换为一个字符，并将该字符连接到字符串 lottery（第 12 行）。然后程序生成第二个随机数字（第 13 行），将其转换为一个字符，并将该字符连接到字符串 lottery（第 14 行）。如此，lottery 包含两个随机数字。

该程序提示用户以两位字符串的形式输入一个猜测值（第 19 行），并按照以下顺序对照彩票号码检查用户输入的猜测值：

1. 首先，检查猜测值是否与彩票号码完全匹配（第 24 行）。
2. 如果不匹配，检查猜测值的逆序是否与彩票号码匹配（第 26 行）。
3. 如果不匹配，则检查是否有一位数字与彩票号码相同（第 28 ～ 29 行）。
4. 如果以上条件都不匹配，则显示"Sorry,no match"（第 31 ～ 32 行）。

4.10　格式化控制台输出

要点提示：可以使用流操纵器在控制台上显示格式化输出。

通常情况下需要以一种特定格式显示数字。例如，以下代码是在给定金额和利率的基础上，计算利息。

以下 LiveExample 的互动程序请访问 https://liangcpp.pearsoncmg.com/LiveRunCpp5e/faces/LiveExample.xhtml?header=on&programName=DisplayInterest&programHeight=220&resultHeight=160。

LiveExample: DisplayInterest.cpp

Source Code Editor:

```
1  #include <iostream>
2  using namespace std;
3
4  int main()
5  {
6    double amount = 12618.98;
7    double interestRate = 0.0013;
8    double interest = amount * interestRate;
9    cout << "Interest is $" << interest << endl;
10
11   return 0;
12 }
```

Automatic Check　Compile/Run　Reset　　　Choose a Compiler: VC++ ∨

Execution Result:

```
command>cl DisplayInterest.cpp
Microsoft C++ Compiler 2019
Compiled successful (cl is the VC++ compile/link command)

command>DisplayInterest
Interest is $16.4047

command>
```

因为利息金额是货币，所以最好只在小数点后显示两位数字。为此，可按如下方式编写代码。

以下 LiveExample 的互动程序请访问 https://liangcpp.pearsoncmg.com/LiveRunCpp5e/faces/LiveExample.xhtml?header=on&programName=DisplayInterestTwoDigitsAfterDecimalPoint&programHeight=240&resultHeight=150。

LiveExample: DisplayInterestTwoDigitsAfterDecimalPoint.cpp

Source Code Editor:

```
 1  #include <iostream>
 2  using namespace std;
 3
 4  int main()
 5  {
 6      double amount = 12618.98;
 7      double interestRate = 0.0013;
 8      double interest = amount * interestRate;
 9      cout << "Interest is $"
10          << static_cast<int>(interest * 100) / 100.0 << endl;
11
12      return 0;
13  }
```

Automatic Check   Compile/Run   Reset   Choose a Compiler: VC++ ✔

Execution Result:

```
command>cl DisplayInterestTwoDigitsAfterDecimalPoint.cpp
Microsoft C++ Compiler 2019
Compiled successful (cl is the VC++ compile/link command)

command>DisplayInterestTwoDigitsAfterDecimalPoint
Interest is $16.4

command>
```

但格式仍然不正确。这里应该在小数点后给出两位数字（即 16.40 而不是 16.4）。可以如下使用格式化函数来纠正这个问题。

以下 LiveExample 的互动程序请访问 https://liangcpp.pearsoncmg.com/LiveRunCpp5e/faces/LiveExample.xhtml?header=on&programName=DisplayInterestUsingFormat&programHeight=270&resultHeight=160。

LiveExample: DisplayInterestUsingFormat.cpp

Source Code Editor:

```
 1  #include <iostream>
 2  #include <iomanip>
 3  using namespace std;
 4
 5  int main()
 6  {
 7      double amount = 12618.98;
 8      double interestRate = 0.0013;
 9      double interest = amount * interestRate;
10      cout << "Interest is $" << fixed << setprecision(2)
11          << interest << endl;
12
13      return 0;
14  }
```

Automatic Check   Compile/Run   Reset   Choose a Compiler: VC++ ✔

Execution Result:

```
command>cl DisplayInterestUsingFormat.cpp
Microsoft C++ Compiler 2019
Compiled successful (cl is the VC++ compile/link command)

command>DisplayInterestUsingFormat
Interest is $16.40

command>
```

我们现在已经知道了如何使用 cout 对象显示控制台输出。C++ 提供了用于格式化值的附加函数。这些函数称为流操纵器，包含在 iomanip 头文件中。表 4.8 总结了几种常用的流操纵器。

表 4.8   在 iomanip 头文件中常用的流操纵器

流操纵器	描述
setprecision(n)	设置浮点数的精度
fixed	使用定点表示法显示浮点数
showpoint	使浮点数以小数点和尾随零的形式显示，即使它没有小数部分
setw(width)	指定打印字段的宽度
left	将输出设置为左对齐
right	将输出设置为右对齐

4.10.1 setprecision(n) 操纵器

操纵器 setprecision(n) 用于指定浮点数显示的总位数，其中 n 是有效位数（即小数点前后的总位数）。如果显示的数字位数超过指定精度，则将对其进行四舍五入操作。如以下代码所示：

```
double number = 12.34567;
cout << setprecision(3) << number << " "
     << setprecision(4) << number << " "
     << setprecision(5) << number << " "
     << setprecision(6) << number << endl;
```

显示

```
12.3□12.35□12.346□12.3457
```

这里方盒 (□) 表示空格。

数字的值分别使用精度 3、4、5 和 6 显示。使用精度 3，将 12.34567 四舍五入为 12.3。使用精度 4，将 12.34567 四舍五入为 12.35。使用精度 5，将 12.34567 四舍五入为 12.346。使用精度 6，将 12.34567 四舍五入为 12.3457。

在更改精度之前，setprecision 操纵器一直有效。所以

```
double number = 12.34567;
cout << setprecision(3) << number << " ";
cout << 9.34567 << " " << 121.3457 << " " << 0.2367 << endl;
```

显示

```
12.3□9.35□121□0.237
```

对于第一个值而言，精度设置为 3，对于接下来的两个值，它仍然有效，因为没有对它进行更改。

对于整数，如果宽度不够，则会忽略 setprecision 操纵器。例如

```
cout << setprecision(3) << 23456 << endl;
```

显示

```
23456
```

4.10.2 fixed 操纵器

有时计算机会自动以科学计数法显示一个较大的浮点数。例如，在 Windows 系统中，语句

```
cout << 232123434.357;
```

显示

```
2.32123e+08
```

当使用 fixed 操纵器强制数字以非科学记数法显示时，小数点后会显示固定位数。例如

```
cout << fixed << 232123434.357;
```

显示

```
232123434.357000
```

默认情况下，小数点后的固定位数为 6。我们可以使用 fixed 操纵器和 setprecision 操纵器对其进行更改。与 fixed 操纵器一起使用时，setprecision 操纵器指定小数点后的位数。例如

```
double monthlyPayment = 345.4567;
double totalPayment = 78676.887234;
cout << fixed << setprecision(2)
     << monthlyPayment << endl
     << totalPayment << endl;
```

显示

```
345.46
78676.89
```

4.10.3 showpoint 操纵器

默认情况下，没有小数部分的浮点数不会显示小数点。而 fixed 操纵器可以强制

使用小数点和小数点后的固定位数显示浮点数。或者，可以将 showpoint 操纵器与 setprecision 操纵器一起使用。例如

```
cout << setprecision(6);
cout << 1.23 << endl;
cout << showpoint << 1.23 << endl;
cout << showpoint << 123.0 << endl;
```

显示

```
1.23
1.23000
123.000
```

setprecision(6) 函数将精度设置为 6。因此，第一个数字 1.23 显示为 1.23。因为 showpoint 操纵器强制浮点数显示为带小数点和尾随零（如果需要，填充位置），所以第二个数字 1.23 显示为带尾随零的 1.23000，第三个数字 123.0 显示为 123.000，带有小数点和尾随零。

4.10.4   setw(width) 操纵器

默认情况下，cout 只用输出所需的位置数。setw(width) 可以指定输出的最小位置数。例如

```
1  cout << setw(8) << "C++" << setw(6) << 101 << endl;
2  cout << setw(8) << "Java" << setw(6) << 101 << endl;
3  cout << setw(8) << "HTML" << setw(6) << 101 << endl;
```

显示

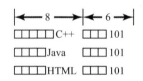

输出在指定空格内右对齐。在第 1 行中，setw(8) 指定"C++"显示在 8 个空格中。因此，在 C++ 之前有 5 个空格。setw(6) 指定 101 显示在 6 个空格中，因此，在 101 之前有 3 个空格。

注意，setw 操纵器仅影响下一个输出。例如

```
cout << setw(8) << "C++" << 101 << endl;
```

显示

```
□□□□□C++101
```

setw(8) 操纵器仅影响下一个输出"C++"，不包括 101。

注意，setw(n) 和 setprecision(n) 的参数 n 可以是整型变量、表达式或常量。

如果某一项需要的空格大于指定的宽度，宽度将自动增加。如以下代码：

```
cout << setw(8) << "Programming" << "#" << setw(2) << 101;
```

显示

```
Programming#101
```

`Programming` 的指定宽度为 8，小于其实际宽度 11。那么宽度会自动增加到 11。`101` 的指定宽度是 2，小于其实际宽度 3。宽度会自动增加到 3。

4.10.5 `left` 和 `right` 操纵器

注意，默认情况下，`setw` 操纵器使用右对齐。可以用 `left` 操纵器对输出进行左对齐，用 `right` 操纵器对输出进行右对齐。例如

```
cout << right;
cout << setw(8) << 1.23 << endl;
cout << setw(8) << 351.34 << endl;
```

显示

```
□□□□1.23
□□351.34
```

代码

```
cout << left;
cout << setw(8) << 1.23;
cout << setw(8) << 351.34 << endl;
```

显示

```
1.23□□□□351.34□□
```

LiveExample 4.9 给出了一个使用操纵器显示表格的程序。

CodeAnimation 4.8 的互动程序请访问 https://liangcpp.pearsoncmg.com/codeanimation5ecpp/FormatDemo.html，LiveExample 4.9 的互动程序请访问 https://liangcpp.pearsoncmg.com/LiveRunCpp5e/faces/LiveExample.xhtml?header=off&programName=FormatDemo&programHeight=520&resultHeight=190。

LiveExample 4.9　FormatDemo.cpp

Source Code Editor:

```
 1  #include <iostream>
 2  #include <cmath>
 3  #include <iomanip>
 4  using namespace std;
 5
 6  int main()
 7  {
 8    // Display the header of the table
 9    cout << left << setw(10) << "Degrees" << setw(10) << "Radians"
10      << setw(10) << "Sine" << setw(10) << "Cosine" << setw(10)
11      << "Tangent" << endl;
12
```

```
13      // Display values for 30 degrees
14      const double PI = 3.14159;
15      double degrees = 30;
16      double radians = degrees * (PI / 180);
17      cout << setw(10) << degrees << setw(10) << fixed
18        << setprecision(4) << radians << setw(10) << sin(radians)
19        << setw(10) << cos(radians) << setw(10) << tan(radians) << endl;
20
21      // Display values for 60 degrees
22      degrees = 60;
23      radians = degrees * (PI / 180);
24      cout << setw(10) << setprecision(0) << degrees << setw(10)
25        << setprecision(4) << radians << setw(10)
26        << sin(radians) << setw(10) << cos(radians) << setw(10)
27        << tan(radians) << endl;
28
29      return 0;
30    }
```

| Automatic Check | Compile/Run | Reset | Answer | Choose a Compiler: VC++ ▼

Execution Result:

```
command>cl FormatDemo.cpp
Microsoft C++ Compiler 2019
Compiled successful (cl is the VC++ compile/link command)

command>FormatDemo
Degrees    Radians    Sine       Cosine     Tangent
30         0.5236     0.5000     0.8660     0.5773
60         1.0472     0.8660     0.5000     1.7320

command>
```

在第 9 行中 left 操纵器指定输出左对齐。设置一次，对所有后续的输出都有效。setw 操纵器指定一个输出的空格数，并且对于每个输出都需要重置。

fixed 操纵器和 setprecision 操纵器一起使用（第 17 ~ 19 行），用来指定小数点后的位数。在设置 fixed 操纵器或 setprecision 操纵器后，它将对所有后续输出保持有效，直到重置为止。setprecision(0)（第 24 行）将精度重置为 0，指定输出显示为整数（不含小数点和小数点后的数字），setprecision(4)（第 25 行）将精度重置为 4，指定输出以小数点后四位数字显示。

4.11 简单文件输入和输出

要点提示：你可以将数据保存到文件中，然后从文件中读取数据。

我们可以用 cin 从键盘读取输入，使用 cout 将输出写入控制台，还可以从文件中读取 / 写入数据。本节将介绍简单的文件输入和输出。第 13 章将详细介绍文件输入和输出。

4.11.1 写入文件

要将数据写入文件，首先需要声明 ofstream 类型的对象：

```
ofstream output;
```

如果需要指定文件，则应使用 `output` 对象调用 `open` 函数，如下所示：

```
output.open("numbers.txt");
```

此语句创建了一个名为 `numbers.txt` 的文件。如果此文件已存在，则删除其中内容并创建一个新文件。调用 `open` 函数是将文件与流相关联。在第 13 章中，我们将学习如何在创建文件之前检查文件是否存在。

我们也可以创建一个文件输出对象，并用一条语句打开该文件，如下所示：

```
ofstream output("numbers.txt");
```

写入数据需要使用流插入运算符（`<<`），方法类似于向 `cout` 对象发送数据。例如：

```
output << 95 << " " << 56 << "  " << 34 << endl;
```

此语句将数字 95、56 和 34 写入文件，并且数字通过空格隔开，如图 4.3 所示。

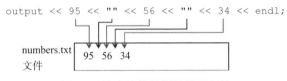

图 4.3 输出流将数据发送到文件

处理完文件后，使用 `output` 调用 `close` 函数，如下所示：

```
output.close();
```

调用 `close` 函数是确保在程序退出之前，已经将数据写入文件。

LiveExample 4.10 给出了将数据写入文件的完整程序。

CodeAnimation 4.9 的互动程序请访问 https://liangcpp.pearsoncmg.com/codeanimation5ecpp/SimpleFileOutput.html，LiveExample 4.10 的互动程序请访问 https://liangcpp.pearsoncmg.com/LiveRunCpp5e/faces/LiveExample.xhtml?header=off&programName=SimpleFileOutput&programHeight=380&resultHeight=160。

LiveExample 4.10 SimpleFileOutput.cpp

Source Code Editor:

```
1  #include <iostream>
2  #include <fstream>
3  using namespace std;
4
5  int main()
6 ▾ {
7     ofstream output;
8
9     // Create a file
10    output.open("numbers.txt");
```

```
11
12        // Write numbers
13        output << 95 << " " << 56 << " " << 34;
14
15        // Close file
16        output.close();
17
18        cout << "Done" << endl;
19
20        return 0;
21   }
```

Compile/Run   Reset   Answer   Choose a Compiler: VC++ ▾

Execution Result:

```
command>cl SimpleFileOutput.cpp
Microsoft C++ Compiler 2019
Compiled successful (cl is the VC++ compile/link command)

command>SimpleFileOutput
Done

command>
```

由于 ofstream 是在 fstream 头文件中定义的，因此第 2 行包括该头文件。

4.11.2   从文件中读取

要从文件中读取数据，首先需要声明 ifstream 类型的对象，如下所示：

```
ifstream input;
```

要指定文件，应使用 input 来调用 open 函数，如下所示：

```
input.open("numbers.txt");
```

此语句打开了一个名为 numbers.txt 的文件用于输入。如果打开的文件不存在，则可能
会出现意料之外的错误。在第 13 章中，我们将学习在打开文件进行输入时检查文件是否
存在。

或者，你可以如下所示创建一个文件输入对象，并在一条语句中打开文件：

```
ifstream input("numbers.txt");
```

要读取数据，可以用类似于从 cin 对象读取数据的方式，使用流提取运算符（>>）。例如：

```
input >> score1;
input >> score2;
input >> score3;
```

或者

```
input >> score1 >> score2 >> score3;
```

这些语句将文件中的 3 个数字分别读入变量 score1、score2 和 score3，如图 4.4 所示。

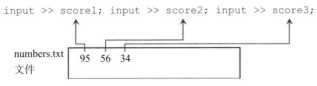

图 4.4 输入流从文件中读取数据

处理完文件后，再通过 input 调用 close 函数，如下所示：

```
input.close();
```

LiveExample 4.11 给出了将数据写入文件的完整程序。

CodeAnimation 4.10 的互动程序请访问 https://liangcpp.pearsoncmg.com/codeanimation5ecpp/ SimpleFileInput.html，LiveExample 4.11 的互动程序请访问 https://liangcpp.pearsoncmg.com/ LiveRunCpp5e/faces/LiveExample.xhtml?header=off&programName=SimpleFileInput&progra mHeight=470&resultHeight=180。

LiveExample 4.11 SimpleFileInput.cpp

Source Code Editor:

```
1   #include <iostream>
2   #include <fstream>
3   using namespace std;
4
5   int main()
6 ▾ {
7       ifstream input;
8
9       // Open a file
10      input.open("numbers.txt");
11
12      int score1, score2, score3;
13
14      // Read data
15      input >> score1;
16      input >> score2;
17      input >> score3;
18
19      cout << "Total score is " << score1 + score2 + score3 << endl;
20
21      // Close file
22      input.close();
23
24      cout << "Done" << endl;
25      return 0; // You can view the code animation from
26  } // https://liangcpp.pearsoncmg.com/codeanimation5ecpp/SimpleFileInput.html
```

Compile/Run Reset Answer   Choose a Compiler: VC++ ⌄

Execution Result:

command>cl SimpleFileInput.cpp

```
Microsoft C++ Compiler 2019
Compiled successful (cl is the VC++ compile/link command)

command>SimpleFileInput
Total score is 185
Done

command>
```

由于 ifstream 是在 fstream 头文件中定义的，因此第 2 行包括该头文件。可以使用以下语句简化第 15～17 行中的语句：

```
input >> score1 >> score2 >> score3;
```

关键术语

ASCII code（ASCII 码，美国信息交换标准码）
char type（char 类型）
empty string（空字符串）
encoding（编码）
escape character（转义字符）

escape sequence（转义序列）
instance function（实例函数）
object member function（对象成员函数）
whitespace character（空白字符）

章节总结

1. C++ 提供了数学函数 sin、cos、tan、asin、acos、atan、exp、log、log10、pow、sqrt、ceil、floor、min、max 和 abs 用于执行数学函数。
2. 字符类型（char）表示单个字符。
3. 字符 \ 称为转义字符，转义序列由转义字符以及其后的字符或数字组成。
4. C++ 支持用转义序列来表示特殊字符，如 '\t' 和 '\n'。
5. 字符 ''、'\t'、'\f'、'\r' 和 '\n' 称为空白字符。
6. C++ 提供了函数 isdigit、isalpha、isalnum、islower、isupper、isspace 用于测试字符是数字、字母、数字或字母、小写字母、大写字母还是空格。它还包含用于返回小写或大写字母的 tolower 和 toupper 函数。
7. 字符串是一个字符序列。字符串的值包含在一对匹配的双引号（"）中。字符的值包含在相匹配的单引号（'）中。
8. 可以使用 string 类型声明字符串对象。从特定对象调用的函数称为实例函数。
9. 可以通过调用字符串的 length() 函数获取字符串的长度，并使用 at(index) 在字符串中指定的索引处检索字符。
10. 可以用下标运算符检索或修改字符串中的字符，可以用 + 运算符连接两个字符串。
11. 可以用关系运算符比较两个字符串。
12. 可以用 iomanip 头文件中定义的流操纵器进行格式化输出。
13. 可以创建 ifstream 对象从文件中读取数据，以及创建 ofstream 对象将数据写入文件。

编程练习

互动程序请访问 https://liangcpp.pearsoncmg.com/CheckExerciseCpp/faces/CheckExercise5e.xhtml?chapter=4&programName=Exercise04_01。

4.2 节

4.1 （几何：五边形面积）编写一个程序，提示用户输入从五边形中心到顶点的距离，并计算五边形的面积，如下图所示。

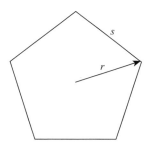

计算五边形面积的公式是：$面积 = \dfrac{5 \times s^2}{4 \times \tan\left(\dfrac{\pi}{5}\right)}$，其中 s 是边长。可以使用公式 $s = 2r\sin\dfrac{\pi}{5}$ 计算边长，其中 r 是从五边形中心到顶点的距离。结果保留小数点后两位数字。

Sample Run for Exercise04_01.cpp

Enter input data for the program (Sample data provided below. You may modify it.)

```
5.5
```

Show the Sample Output Using the Preceeding Input   Reset

Execution Result:

```
command>Exercise04_01
Enter the length from the center to a vertex: 5.5
The area of the pentagon is 71.9236

command>
```

*4.2 （几何：最大圆距离）最大圆距离是指球体表面上两点之间的距离。假设 (x_1, y_1) 和 (x_2, y_2) 为两点的地理纬度和经度。可以使用以下公式计算两点之间的最大圆距离：

$$d = 半径 \times \arccos(\sin(x_1) \times \sin(x_2) + \cos(x_1) \times \cos(x_2) \times \cos(y_1 - y_2))$$

编写一个程序，提示用户以度为单位输入地球上两点的纬度和经度，并显示其最大圆距离。地球的平均半径为 6371.01 千米。公式中的纬度和经度是相对北和西的，使用负数值表示相对南和东的度数。

Sample Run for Exercise04_02.cpp

Enter input data for the program (Sample data provided below. You may modify it.)

```
39.55 -116.25
41.5 87.37
```

Show the Sample Output Using the Preceeding Input   Reset

Execution Result:

```
command>Exercise04_02
Enter point 1 (latitude and longitude) in degrees: 39.55 -116.25
Enter point 2 (latitude and lantitude) in degrees: 41.5 87.37
The distance between the two points is 10691.8 km

command>
```

*4.3 （地理：估算面积）使用 4.1 节图中以下地点的 GPS 位置：佐治亚州的亚特兰大、佛罗里达州的奥

兰多、佐治亚州的萨凡纳以及北卡罗来纳州的夏洛特，计算这四个城市所包围起来的区域面积。（提示：使用编程练习 4.2 中的公式计算两个城市之间的距离。将多边形分成两个三角形，然后使用编程练习 2.19 中的公式来计算三角形的面积。）

4.4 （几何：六边形面积）六边形的面积可以用以下公式计算（*s* 是边长）：

$$面积 = \frac{6 \times s^2}{4 \times \tan\left(\frac{\pi}{6}\right)}$$

编写一个程序，提示用户输入六边形的边长并显示其面积。

Sample Run for Exercise04_04.cpp

Enter input data for the program (Sample data provided below. You may modify it.)

```
5.5
```

Show the Sample Output Using the Preceeding Input　Reset

Execution Result:

```
command>Exercise04_04
Enter the side: 5.5
The area of the hexagon is 78.5919

command>
```

*4.5 （几何：正多边形的面积）正多边形是一个具有 *n* 条边的多边形，它的所有边长都相同，所有角的度数相同（即多边形既等边又等角）。计算正多边形面积的公式为：

$$面积 = \frac{n \times s^2}{4 \times \tan\left(\frac{\pi}{n}\right)}$$

这里，*s* 是边长。编写一个程序，提示用户输入正多边形的边数及其长度，并显示其面积。

Sample Run for Exercise04_05.cpp

Enter input data for the program (Sample data provided below. You may modify it.)

```
5 6.5
```

Show the Sample Output Using the Preceeding Input　Reset

Execution Result:

```
command>Exercise04_05
Enter the number of sides: 5
Enter the length of a side: 6.5
The area of the polygon is 72.6903

command>
```

*4.6 （圆上的随机点）编写一个程序，在以（0，0）为中心的半径为 40 的圆上生成三个随机点，并显示由这三个点组成的三角形中的三个角的度数，如图 4.5a 所示。（提示：生成一个以弧度表示的 0 和 2π 之间的随机角度 α，如图 4.5b 所示，则由该角度确定的点为 $(r \times \cos(\alpha), r \times \sin(\alpha))$。

Sample Run for Exercise04_06.cpp

Run This Exercise　Reset

Execution Result:

```
command>Exercise04_06
Three random points are
(24.0726, 31.9454)
```

```
(-39.9939, -0.69799)
(22.3676, -33.1616)

command>
```

$$x = r \times \cos(\alpha), y = r \times \sin(\alpha)$$
0 点钟位置

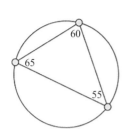

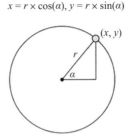

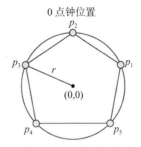

a) 由圆上的三个随机 点组成的三角形   b) 可以用随机角度 α 生成圆上的随机点   c) 以 (0,0) 为中心的五边形, 其中一点位于 0 点钟位置

图 4.5

*4.7 （顶点坐标）假设五边形以（0，0）为中心，其中一点位于 0 点钟位置，如图 4.5c 所示。编写一个程序，提示用户输入五边形的外接圆半径，并按 p_1 到 p_5 的顺序显示五边形上五个顶点的坐标。使用控制台格式显示小数点后的三位数字。

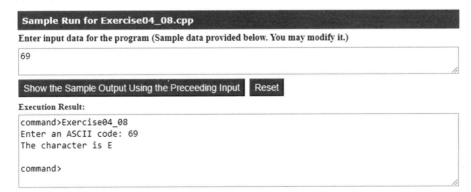

4.3～4.7 节

*4.8 （查找 ASCII 码对应的字符）编写一个程序，接收输入的一个 ASCII 码（0 到 127 之间的整数）并显示其字符。

Sample Run for Exercise04_08.cpp

Enter input data for the program (Sample data provided below. You may modify it.)

```
69
```

Show the Sample Output Using the Preceeding Input   Reset

Execution Result:

```
command>Exercise04_08
Enter an ASCII code: 69
The character is E

command>
```

*4.9 （查找字符的 ASCII 码）编写一个程序，接收字符并显示其 ASCII 码。对于不正确的输入，显示无效输入。

```
Sample Run for Exercise04_09.cpp
Enter input data for the program (Sample data provided below. You may modify it.)

E

Show the Sample Output Using the Preceeding Input    Reset

Execution Result:
command>Exercise04_09
Enter a character: E
The ASCII code for the character is 69

command>
```

*4.10 （元音还是辅音？）字母 A/a、E/e、I/i、O/o 和 U/u 为元音。编写一个程序，提示用户输入字母，并判断字母是元音还是辅音。对于不正确的输入，显示无效输入。

```
Sample Run for Exercise04_10.cpp
Enter input data for the program (Sample data provided below. You may modify it.)

B

Show the Sample Output Using the Preceeding Input    Reset

Execution Result:
command>Exercise04_10
Enter a letter: B
B is a consonant

command>
```

*4.11 （将大写字母转换为小写）编写一个程序，提示用户输入大写字母并将其转换为小写字母。对于不正确的输入，显示无效输入。

```
Sample Run for Exercise04_11.cpp
Enter input data for the program (Sample data provided below. You may modify it.)

T

Show the Sample Output Using the Preceeding Input    Reset

Execution Result:
command>Exercise04_11
Enter an uppercase letter: T
The lowercase letter is t

command>
```

*4.12 （将字母等级转换为数字）编写一个程序，提示用户输入字母等级 A/a、B/b、C/c、D/d 或 F/f，并显示相应的数值 4、3、2、1 或 0。对于不正确的输入，显示无效输入。

```
Sample Run for Exercise04_12.cpp
Enter input data for the program (Sample data provided below. You may modify it.)

B
```

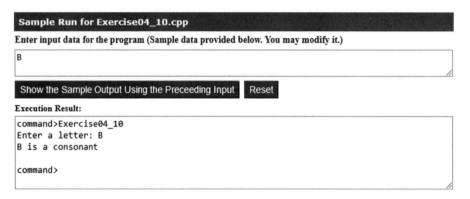

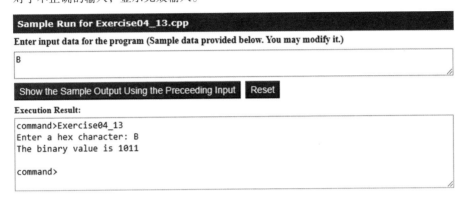

```
command>Exercise04_12
Enter a letter grade: B
The numeric value for grade B is 3

command>
```

4.13 （十六进制转二进制）编写一个程序，提示用户输入十六进制数字，并以四位数字显示相应的二进制数。例如，十六进制数字 7 是二进制数 0111。十六进制数字可以以大写或小写形式输入。对于不正确的输入，显示无效输入。

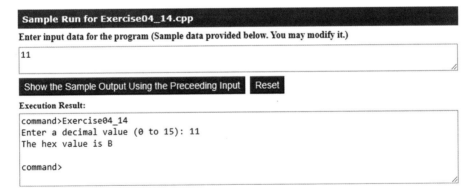

Sample Run for Exercise04_13.cpp

Enter input data for the program (Sample data provided below. You may modify it.)

B

Show the Sample Output Using the Preceeding Input   Reset

Execution Result:

```
command>Exercise04_13
Enter a hex character: B
The binary value is 1011

command>
```

*4.14 （十进制转十六进制）编写一个程序，提示用户输入 0 到 15 之间的整数，并显示其相应的十六进制数。对于不正确的输入，显示无效输入。

Sample Run for Exercise04_14.cpp

Enter input data for the program (Sample data provided below. You may modify it.)

11

Show the Sample Output Using the Preceeding Input   Reset

Execution Result:

```
command>Exercise04_14
Enter a decimal value (0 to 15): 11
The hex value is B

command>
```

*4.15 （电话键盘）电话上的国际标准字母 / 数字映射如下所示：

编写一个程序，提示用户输入字母并显示相应的数字。

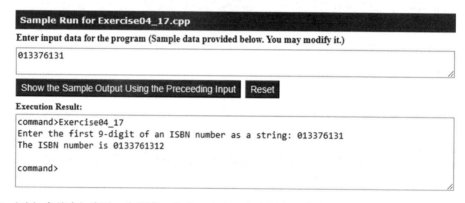

4.8 ~ 4.11 节

4.16 （处理字符串）编写一个程序，提示用户输入字符串并显示其长度和第一个字符。

4.17 （商业：检查 ISBN-10）改写编程练习 3.35 的程序，把 ISBN 编号作为字符串输入。

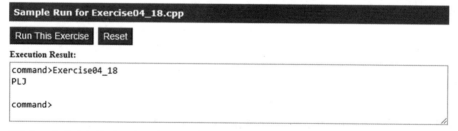

*4.18 （随机字符串）编写一个程序，生成一个有三个大写字母的随机字符串。

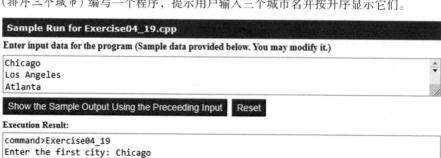

*4.19 （排序三个城市）编写一个程序，提示用户输入三个城市名并按升序显示它们。

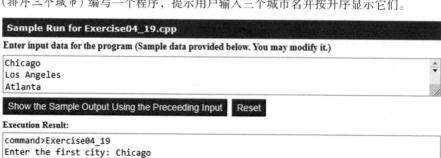

```
The three cities in alphabetical order are Atlanta Chicago Los Angeles

command>
```

*4.20 （某月的天数）编写一个程序，提示用户输入年份，以及月份（英文）名称的前三个字母（第一个字母大写），并显示该月的天数。

Sample Run for Exercise04_20.cpp

Enter input data for the program (Sample data provided below. You may modify it.)

```
2016 Feb
```

Show the Sample Output Using the Preceeding Input   Reset

Execution Result:

```
command>Exercise04_20
Enter a year: 2016
Enter a month (first three letters with the first letter in uppercase): Feb
Feb 2016 has 29 days

command>
```

*4.21 （学生的专业和年级）编写一个程序，提示用户输入两个字符，并显示字符中表示的专业和年级。第一个字符表示专业，第二个字符是数字字符 1、2、3、4，分别表示学生是大一、大二、大三或大四。假设以下字符用于表示专业：

M: 数学（Mathematics）

C: 计算机科学（Computer Science）

I: 信息技术（Information Technology）

Sample Run for Exercise04_21.cpp

Enter input data for the program (Sample data provided below. You may modify it.)

```
M1
```

Show the Sample Output Using the Preceeding Input   Reset

Execution Result:

```
command>Exercise04_21
Enter two characters: M1
Mathematics Freshman

command>
```

*4.22 （金融应用：工资单）编写一个程序，读取以下信息并打印工资单：

- 员工姓名（如 Smith）
- 一周工作小时数（如 10 小时）
- 每小时工资（如 9.75 美元）
- 联邦预扣税率（如 20%）
- 州预扣税率（如 9%）

Sample Run for Exercise04_22.cpp

Enter input data for the program (Sample data provided below. You may modify it.)

```
smith
10
9.75
0.2
```

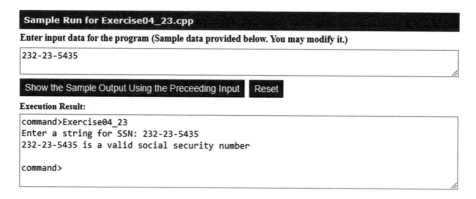

```
0.09
```

Show the Sample Output Using the Preceeding Input   Reset

Execution Result:

```
command>Exercise04_22
Enter employee's name: smith
Enter number of hours worked in a week: 10
Enter hourly pay rate: 9.75
Enter federal tax withholding rate: 0.2
Enter state tax withholding rate: 0.09

Employee Name: smith
Hours Worked: 10
Pay Rate: $9.75
Gross Pay: $97.50
Deductions:
  Federal Withholding (20.00%): $19.50
  State Withholding (9.00%): $8.78
  Total Deduction:  $28.27
Net Pay: $69.22

command>
```

*4.23 （检查 SSN）编写一个程序，提示用户以 `ddd-dd-dddd` 的格式输入社保号码，其中 d 是一个数字。程序检查输入是否有效。

Sample Run for Exercise04_23.cpp

Enter input data for the program (Sample data provided below. You may modify it.)

```
232-23-5435
```

Show the Sample Output Using the Preceeding Input   Reset

Execution Result:

```
command>Exercise04_23
Enter a string for SSN: 232-23-5435
232-23-5435 is a valid social security number

command>
```

*4.24 （生成车牌号）假设车牌号由三个大写字母后跟四个数字组成。编写程序生成车牌号。

循　　环

学习目标

1. 用 while 循环编写重复执行语句的程序（5.2 节）。

2. 编写猜数字问题的循环（5.3 节）。

3. 遵循循环设计策略设计循环（5.4 节）。

4. 使用用户确认或哨兵值控制循环（5.5 节）。

5. 使用输入重定向从文件获取输入而不是通过键盘输入（5.6 节）。

6. 从文件读取所有数据（5.6 节）。

7. 用 do-while 语句编写循环（5.7 节）。

8. 用 for 语句编写循环（5.8 节）。

9. 分析三种循环语句的相似性和差异（5.9 节）。

10. 编写嵌套循环（5.10 节）。

11. 学习最小化数值误差的技术（5.11 节）。

12. 从各种例子（GCD、FutureTuition、Dec2Hex）中学习循环（5.12 节）。

13. 通过 break 和 continue 实施程序控制（5.13 节）。

14. 编写检测回文的程序（5.14 节）。

15. 编写显示质数的程序（5.15 节）。

5.1 简介

要点提示：可以用循环告诉程序重复地执行语句。

假设需要显示一个字符串（例如，"Welcome to C++!"）100 次。将以下语句写 100 遍会很烦琐：

$$100 \ 次 \longrightarrow
\begin{array}{l}
\text{cout << "Welcome to C++!\textbackslash n";} \\
\text{cout <<"Welcome to C++!\textbackslash n";} \\
\text{...} \\
\text{cout << "Welcome to C++!\textbackslash n";}
\end{array}$$

那如何解决这个问题呢？

C++ 提供了一个强大的结构，称为**循环**，它控制一个操作或一个操作序列的连续执行次数。使用循环语句，只需告诉计算机显示字符串 100 次，而不必对打印语句进行 100 次编码，如下所示：

Start Animation　　　You can change value 100 before starting animation

```
int count = 0;
```

```
while (count < 100 )
{
  cout << "Welcome to C++!" << endl;
  count++;
}
```

变量 count 最初为 0。循环检查 (count<100) 是否为 true，如果是，它将执行循环体并显示消息"Welcome to C++!"，并将 count 递增 1。重复执行循环体，直到 (count<100) 变为 false（即 count 达到 100）。此时，循环终止，程序执行循环语句之后的下一条语句。

循环是用来控制语句块重复执行的一种结构。循环的概念是编程的基础。C++ 提供了三种类型的循环语句：while 循环、do-while 循环和 for 循环。

5.2　while 循环

要点提示：while 循环在条件为 true 时重复执行语句。

while 循环的语法为：

```
while (循环继续条件)
{
   // 循环体
   若干语句;
}
```

图 5.1a 显示了 while 循环流程图。循环中包含要重复的语句的部分称为**循环体**。循环体的一次执行称为循环的**迭代**（或重复）。每个循环都包含一个**循环继续条件**，即控制循环体执行的布尔表达式。每次都会对循环条件进行求值，以确定是否执行循环体。如果其求值为 true，则执行循环体；如果其求值为 false，则整个循环终止，程序控制转到 while 循环之后的语句。

上一节中介绍的显示 100 次"Welcome to C++!"的循环是 while 循环的一个示例。其流程图如图 5.1b 所示。循环继续条件为 count<100，循环体包含以下两个语句：

```
int count = 0;              ← 循环继续条件
while (count < 100)
{
                            ← 循环体
    cout << "Welcome to C++!\n";
    cout++;
}
```

在本例中，因为用控制变量 count 计执行次数，所以我们确切知道循环体需要执行多少次。这种循环称为**计数器控制的循环**。

注意：循环继续条件必须始终出现在括号内。仅当循环体包含一条语句或不包含语句时，才可以省略包围循环体的花括号。

下面是另一个帮助理解循环如何工作的示例：

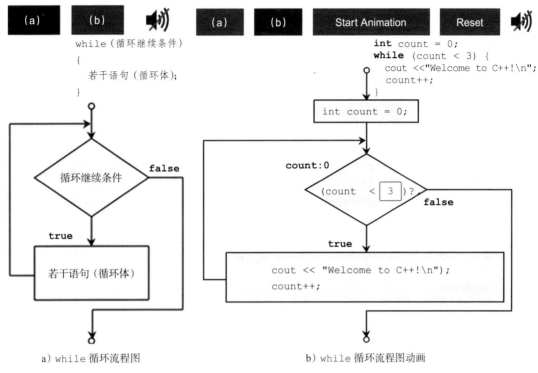

a) while 循环流程图   b) while 循环流程图动画

图 5.1 当循环继续条件求值为 true 时，while 循环重复执行循环体中的语句

```
int sum = 0, i = 1;
while (i < 10)
{
  sum = sum + i;
  i++;
}

cout << "sum is " << sum; // sum is 45
```

如果 i<10 为 true，程序将 i 加到 sum。变量 i 初始值设置为 1，然后递增为 2、3、…、10。当 i 为 10 时，i<10 为 false，因此循环退出。所以，sum 为 1+2+3+…+9=45。

如果循环被错误地写成下面样子，会发生什么？

```
int sum = 0, i = 1;
while (i < 10)
{
  sum = sum + i;
}
```

这个循环是无限的，因为 i 总是 1，i<10 总是 true。

注意：一定要确保循环继续条件最终变为 false，以使循环能够终止。常见的编程错误是**无限循环**（即循环永远执行）。如果程序运行时间非常长，并且没有停止，则它可能存在一个无限循环。如果是在命令窗口运行程序，可以按 Ctrl+C 停止它。

警告：程序员经常犯一个错误，即多执行一次或少执行一次循环。通常把这称为**差一错误**。例如，以下循环显示 101 次 "Welcome to C++!"，而不是 100 次。这是因为在条件中有错误，条件应为 count<100，而不是 count<=100。

```
int count = 0;
while (count <= 100)
{
  cout << "Welcome to C++!\n";
  count++;
}
```

回想一下，LiveExample 3.4 给出了一个程序，提示用户输入减法问题的答案。现在可以使用循环改写程序，让用户重复输入新的答案，直到正确为止，如 LiveExample 5.1 所示。

CodeAnimation 5.1 的互动程序请访问 https://liangcpp.pearsoncmg.com/codeanimation5ecpp/RepeatSubtractionQuiz.html，LiveExample 5.1 的互动程序请访问 https://liangcpp.pearsoncmg.com/LiveRunCpp5e/faces/LiveExample.xhtml?header=off&programName=RepeatSubtractionQuiz&programHeight=640&resultHeight=230。

LiveExample 5.1   RepeatSubtractionQuiz.cpp

Source Code Editor:

```
1   #include <iostream>
2   #include <ctime> // for time function
3   #include <cstdlib> // for rand and srand functions
4   using namespace std;
5
6   int main()
7   {
8     // 1. Generate two random single-digit integers
9     srand(time(0);
10    int number1 = rand() % 10;
11    int number2 = rand() % 10;
12
13    // 2. If number1 < number2, swap number1 with number2
14    if (number1 < number2)
15    {
16      int temp = number1;
17      number1 = number2;
18      number2 = temp;
19    }
20
21    // 3. Prompt the student to answer "What is number1 - number2"
22    cout << "What is " << number1 << " - " << number2 << "? ";
23    int answer;
24    cin >> answer;
25
26    // 4. Repeatedly ask the user the question until it is correct
27    while ( number1 - number2 != answer )
28    {
29      cout << "Wrong answer. Try again. What is "
30        << number1 << " - " << number2 << "? ";
31      cin >> answer;
32    }
33
34    cout << "You got it!" << endl;
35
36    return 0;
37  }
```

Enter input data for the program (Sample data provided below. You may modify it.)

```
0 1 2 3 4 5 6 7 8 9 10 11 12 13 14 15 16 17 18 19
```

Compile/Run　Reset　Answer　　　　　　　　Choose a Compiler: VC++ ∨

Execution Result:

```
command>cl RepeatSubtractionQuiz.cpp
Microsoft C++ Compiler 2019
Compiled successful (cl is the VC++ compile/link command)

command>RepeatSubtractionQuiz
What is 3 - 0? 0
Wrong answer. Try again. What is 3 - 0? 1
Wrong answer. Try again. What is 3 - 0? 2
Wrong answer. Try again. What is 3 - 0? 3
You got it!

command>
```

当 number1-number2!=answer 为 true 时，第 27 ～ 32 行中的循环重复提示用户输入答案。一旦 number1-number2!=answer 为 false，则循环结束。

5.3　案例研究：猜数字

要点提示：本案例研究生成一个随机数，然后让用户反复猜该数字，直到正确为止。

这个问题是猜测计算机的"脑子"里是什么数。我们编写一个程序，随机生成一个介于 0 和 100 之间（包括 0 和 100）的整数。程序会提示用户连续输入数字，直到数字与随机生成的数字相匹配。对用户的每个输入，程序会告诉用户输入值太低还是太高，这样用户可以明智地进行下一个猜测。以下是运行示例：

```
Guess a magic number between 0 and 100
Enter your guess: 50
Your guess is too high
Enter your guess: 25
Your guess is too low
Enter your guess: 42
Your guess is too high
Enter your guess: 39
Yes, the number is 39
```

这个魔术数字介于 0 和 100 之间。要最小化猜测次数，先输入 50。如果提示猜测数太高，则魔术数字在 0 和 49 之间。如果提示猜测数太低，则魔术数字在 51 和 100 之间，这样可以在一次猜测后消除一半的数字。

怎样编写这个程序呢？你是否立即开始写代码了？不要这样。在写代码之前思考是很重要的。想一想，如果不编写程序，你将如何解决这个问题。首先需要生成一个介于 0 和 100 之间（包括 0 和 100）的随机数，然后提示用户输入猜测数，然后将猜测数与随机数进行比较。

一次一步递增地编写代码是一种好做法。对于涉及循环的程序，如果你不知道如何编写循环，可以先编写执行一次循环的代码，然后看看如何在循环中重复执行代码。对于此程序，可以如 LiveExample 5.2 所示创建初始草稿。

CodeAnimation 5.2 的互动程序请访问 https://liangcpp.pearsoncmg.com/codeanimation5ecpp/ GuessNumberOneTime.html，LiveExample 5.2 的互动程序请访问 https://liangcpp.pearsoncmg. com/LiveRunCpp5e/faces/LiveExample.xhtml?header=off&programName=GuessNumberOneTi me&programHeight=475&resultHeight=195。

LiveExample 5.2   GuessNumberOneTime.cpp

Source Code Editor:

```cpp
 1  #include <iostream>
 2  #include <cstdlib>
 3  #include <ctime> // Needed for the time function
 4  using namespace std;
 5
 6  int main()
 7  {
 8    // Generate a random number to be guessed
 9    srand(time(0));
10    int number = rand() % 101;
11
12    cout << "Guess a magic number between 0 and 100";
13
14    // Prompt the user to guess the number
15    cout << "\nEnter your guess: ";
16    int guess;
17    cin >> guess;
18
19    if ( guess == number )
20      cout << "Yes, the number is " << number << endl;
21    else if ( guess > number )
22      cout << "Your guess is too high" << endl;
23    else
24      cout << "Your guess is too low" << endl;
25
26    return 0;
27  }
```

Enter input data for the program (Sample data provided below. You may modify it.)

```
50
```

[Compile/Run] [Reset] [Answer]   Choose a Compiler: [VC++ ∨]

Execution Result:

```
command>cl GuessNumberOneTime.cpp
Microsoft C++ Compiler 2019
Compiled successful (cl is the VC++ compile/link command)

command>GuessNumberOneTime
Guess a magic number between 0 and 100
Enter your guess: 50
Your guess is too high

command>
```

运行此程序时，它会提示用户输入一个猜测数。要让用户重复输入猜测数，可以如下所示将第 15 ～ 24 行的代码放在循环中：

```cpp
while (true)
{
  // Prompt the user to guess the number
  cout << "\nEnter your guess: ";
  cin >> guess;

  if (guess == number)
    cout << "Yes, the number is " << number << endl;
  else if (guess > number)
    cout << "Your guess is too high" << endl;
  else
    cout << "Your guess is too low" << endl;
} // End of loop
```

此循环反复提示用户输入猜测数。但这个循环是不正确的，因为它永远都不会终止。当 guess 与 number 匹配时，循环应该结束。因此，循环可以做如下修改：

```cpp
while (guess != number)
{
  // Prompt the user to guess the number
  cout << "\nEnter your guess: ";
  cin >> guess;

  if (guess == number)
    cout << "Yes, the number is " << number << endl;
  else if (guess > number)
    cout << "Your guess is too high" << endl;
  else
    cout << "Your guess is too low" << endl;
} // End of loop
```

完整的代码在 LiveExample 5.3 中给出。

CodeAnimation 5.3 的互动程序请访问 https://liangcpp.pearsoncmg.com/codeanimation5ecpp/GuessNumber.html，LiveExample 5.3 的互动程序请访问 https://liangcpp.pearsoncmg.com/LiveRunCpp5e/faces/LiveExample.xhtml?header=off&programName=GuessNumber&programHeight=530&resultHeight=300&inputHeight=110。

LiveExample 5.3　GuessNumber.cpp

Source Code Editor:

```cpp
1  #include <iostream>
2  #include <cstdlib>
3  #include <ctime> // Needed for the time function
4  using namespace std;
5
6  int main()
7  {
8    // Generate a random number to be guessed
9    srand(time(0));
10   int number = rand() % 101;
11
12   cout << "Guess a magic number between 0 and 100";
13
14   int guess = -1;
15   while (guess != number )
```

```
16 ▾   {
17       // Prompt the user to guess the number
18       cout << "\nEnter your guess: ";
19       cin >> guess;
20
21       if (guess == number)
22         cout << "Yes, the number is " << number << endl;
23       else if (guess > number)
24         cout << "Your guess is too high" << endl;
25       else
26         cout << "Your guess is too low" << endl;
27    } // End of loop
28
29    return 0;
30  }
```

Enter input data for the program (Sample data provided below. You may modify it.)

```
50 25 38 0 1 2 3 4 5 6 7 8 9 10 11 12 13 14 15 16 17 18 19 20
21 22 23 24 26 27 28 29 30 31 32 33 34 35 36 37 39 40 41 42
43 44 45 46 47 48 49 0 51 52 53 54 55 56 57 58 59 60 61 62 63
64 65 66 67 68 69 70 71 72 73 74 75 76 77 78 79 80 81 82 83 84
85 86 87 88 89 90 91 92 93 94 95 96 97 98 99 100
```

| Compile/Run | Reset | Answer | | Choose a Compiler: | VC++ ⌄ |

Execution Result:

```
command>cl GuessNumber.cpp
Microsoft C++ Compiler 2019
Compiled successful (cl is the VC++ compile/link command)

command>GuessNumber
Guess a magic number between 0 and 100
Enter your guess: 50
Your guess is too high

Enter your guess: 25
Your guess is too low

Enter your guess: 38
Yes, the number is 38

command>
```

　　程序在第 10 行生成魔术数字，并提示用户在循环中重复输入猜测数（第 15 ～ 27 行）。对于每个猜测数，程序都会检查它是否正确、是过高还是过低（第 21 ～ 26 行）。当猜测数正确时，程序退出循环（第 15 行）。注意，guess 被初始化为 -1。将其初始化为 0 到 100 之间的值是错误的，因为它可能是要猜测的数字。

5.4　循环设计策略

　　要点提示：设计循环的关键是识别需要重复的代码，并编写终止循环的条件。

　　对于初学者来说，编写正确的循环不是一件容易的任务。编写循环时要考虑三个步骤。

步骤 1：确定需要重复的语句。

步骤 2：将这些语句包在循环中，如下所示：

```
while (true)
{
  若干语句；
}
```

步骤 3：对循环继续条件进行编码，添加适当的语句来控制循环。

```
while (循环继续条件)
{
  若干语句；
  添加控制循环的其他语句；
}
```

LiveExample 3.4 中的减法测试程序每次运行只生成一个问题。我们可以用循环重复生成问题。如何编写代码来生成五个问题？遵循循环设计策略。首先，确定需要重复的语句。这些语句用于获取两个随机数、提示用户完成一个减法问题、对用户的回答进行评分。然后，将这些语句放在循环中。最后，添加一个循环控制变量和循环继续条件以执行五次循环。

LiveExample 5.4 给出了一个生成五个问题的程序，在学生回答完所有五个问题后，报告正确答案的数量。程序还显示测试所花费的时间，如示例运行中所示。

LiveExample 5.4 的互动程序请访问 https://liangcpp.pearsoncmg.com/LiveRunCpp5e/faces/LiveExample.xhtml?header=off&programName=SubtractionQuizLoop&programHeight=950&resultHeight=440。

LiveExample 5.4　SubtractionQuizLoop.cpp

Source Code Editor:

```
 1  #include <iostream>
 2  #include <ctime> // Needed for time function
 3  #include <cstdlib> // Needed for the srand and rand functions
 4  using namespace std;
 5
 6  int main()
 7  {
 8    int correctCount = 0; // Count the number of correct answers
 9    int count = 0; // Count the number of questions
10    long startTime = time(0);
11    const int NUMBER_OF_QUESTIONS = 5;
12
13    srand(time(0)); // Set a random seed
14
15    while (count < NUMBER_OF_QUESTIONS)
16    {
17      // 1. Generate two random single-digit integers
18      int number1 = rand() % 10;
19      int number2 = rand() % 10;
20
21      // 2. If number1 < number2, swap number1 with number2
22      if (number1 < number2)
23      {
```

```
24          int temp = number1;
25          number1 = number2;
26          number2 = temp;
27        }
28
29        // 3. Prompt the student to answer "what is number1 - number2?"
30        cout << "What is " << number1 << " - " << number2 << "? ";
31        int answer;
32        cin >> answer;
33
34        // 4. Grade the answer and display the result
35        if (number1 - number2 == answer)
36        {
37          cout << "You are correct!\n";
38          correctCount++; // Increase correct count
39        }
40        else
41          cout << "Your answer is wrong.\n" << number1 << " - " <<
42            number2 << " should be " << (number1 - number2) << endl;
43
44        // Increase the count
45        count++;
46      }
47
48      long endTime = time(0);
49      long testTime = endTime - startTime;
50
51      cout << "Correct count is " << correctCount << "\nTest time is "
52          << testTime << " seconds\n";
53
54      return 0;
55    }
```

Enter input data for the program (Sample data provided below. You may modify it.)

```
5 6 7 8 9
```

Compile/Run   Reset   Answer   Choose a Compiler: | VC++ ∨ |

Execution Result:

```
command>cl SubtractionQuizLoop.cpp
Microsoft C++ Compiler 2019
Compiled successful (cl is the VC++ compile/link command)

command>SubtractionQuizLoop
What is 4 - 2? 5
Your answer is wrong.
4 - 2 should be 2
What is 9 - 7? 6
Your answer is wrong.
9 - 7 should be 2
What is 7 - 6? 7
Your answer is wrong.
```

```
7 - 6 should be 1
What is 3 - 0? 8
Your answer is wrong.
3 - 0 should be 3
What is 8 - 0? 9
Your answer is wrong.
8 - 0 should be 8
Correct count is 0
Test time is 0 seconds

command>
```

程序使用控制变量 count 控制循环的执行。count 最初为 0（第 9 行），在每次迭代中增加 1（第 45 行）。每次迭代都会显示和处理减法问题。在第 10 行程序获取测试开始前的时间，在第 48 行获取测试结束后的时间，并在第 49 行计算测试时间。

5.5　使用用户确认或哨兵值控制循环

要点提示：通常使用哨兵值来终止输入。

前面的示例执行了五次循环。如果你希望用户决定循环是否继续，可以提供用户确认。可按如下方式编码程序模板：

```cpp
char continueLoop = 'Y';
while (continueLoop == 'Y')
{
  // Execute the loop body once
  ...

  // Prompt the user for confirmation
  cout << "Enter Y to continue and N to quit: ";
  cin >> continueLoop;
}
```

可以通过用户确认改写 LiveExample 5.4，让用户决定是否继续下一个问题。

控制循环的另一种常见技术是在读取和处理一组值时指定一个特殊值。这个特殊的输入值表示输入结束，称为**哨兵值**。使用哨兵值控制其执行的循环称为哨兵控制循环。

LiveExample 5.5 给出了一个程序，能够读取并计算未指定数量的整数的和。输入 0 表示输入结束。你需要为每个输入值声明一个新变量吗？不需要。只需使用名为 data 的变量（第 8 行）来存储输入值，并使用名为 sum 的变量（12 行）来存储总和即可。读取值时，将其赋值给 data（第 9、20 行），如果它不为 0，则将其加到 sum 中（第 15 行）。

CodeAnimation 5.4 的互动程序请访问 https://liangcpp.pearsoncmg.com/codeanimation5ecpp/SentinelValue.html，LiveExample 5.5 的互动程序请访问 https://liangcpp.pearsoncmg.com/LiveRunCpp5e/faces/LiveExample.xhtml?header=off&programName=SentinelValue&programHeight=470&resultHeight=300。

LiveExample 5.5　SentinelValue.cpp

Source Code Editor:

```cpp
1  #include <iostream>
2  using namespace std;
3
```

```
 4  int main()
 5  {
 6    cout << "Enter an integer (the input ends " <<
 7      "if it is 0): ";
 8    int data;
 9    cin >> data;
10
11    // Keep reading data until the input is 0
12    int sum = 0;
13    while ( data != 0 )
14    {
15      sum += data;
16
17      // Read the next data
18      cout << "Enter an integer (the input ends " <<
19        "if it is 0): ";
20      cin >> data;
21    }
22
23    cout << "The sum is " << sum << endl;
24
25    return 0;
26  }
```

Enter input data for the program (Sample data provided below. You may modify it.)

```
1 2 3 4 5 6 9 0
```

Automatic Check   Compile/Run   Reset   Answer   Choose a Compiler: VC++ ▾

Execution Result:

```
command>cl SentinelValue.cpp
Microsoft C++ Compiler 2019
Compiled successful (cl is the VC++ compile/link command)

command>SentinelValue
Enter an integer (the input ends if it is 0): 1
Enter an integer (the input ends if it is 0): 2
Enter an integer (the input ends if it is 0): 3
Enter an integer (the input ends if it is 0): 4
Enter an integer (the input ends if it is 0): 5
Enter an integer (the input ends if it is 0): 6
Enter an integer (the input ends if it is 0): 9
Enter an integer (the input ends if it is 0): 0
The sum is 30

command>
```

如果 data 不是 0，则将其加到 sum 中（第 15 行），然后读取下一个输入数据（第 18～20 行）。如果 data 为 0，则循环终止。输入值 0 是此循环的哨兵值。注意，如果第一个输入读取为 0，则循环体永远不会执行，并且得到的总和为 0。

警告: 不要在循环控制表达式中使用浮点值进行相等性检查。由于浮点值是某些值的近似值，因此使用它们可能会导致计数器值不精确和结果不准确。

考虑下面计算 $1+0.9+0.8+\cdots+0.1$ 的代码：

```
double item = 1; double sum = 0;
while (item != 0) // No guarantee item will be 0
{
  sum += item;
  item -= 0.1;
}
cout << sum << endl;
```

变量 item 从 1 开始，每次执行循环体时减少 0.1。当 item 变为 0 时，循环应该终止。但是，不能保证 item 正好为 0，因为浮点运算是近似的。这个循环看起来不错，但实际上，它是一个无限循环。

5.6　输入和输出重定向以及从文件中读取所有数据

要点提示：可以将控制台输入和输出重定向到文件。

在前面示例中，如果要输入大量数据，那么从键盘键入数据会很麻烦。可以将以空格分隔的数据存储在文本文件中，例如 input.txt，然后使用以下命令运行程序：

```
SentinelValue.exe < input.txt
```

此命令称为**输入重定向**。程序从文件 input.txt 中获取输入。而不是让用户在运行时从键盘键入数据。假设文件的内容是

```
2 3 4 5 6 7 8 9 12 23 32
23 45 67 89 92 12 34 35 3 1 2 4 0
```

这个程序将报告"The sum is 518"。请注意，SentinelValue.exe 可以使用 Microsoft C++ 命令行编译器获得：

```
cl SentinelValue.cpp
```

要使用 GNU C++ 编译器对其进行编译，使用以下命令：

```
g++ SentinelValue.cpp -o SentinelValue.exe
```

同样，**输出重定向**可以将输出发送到文件，而不是在控制台上显示输出。输出重定向命令如下：

```
SentinelValue.exe > output.txt
```

输入和输出重定向可以在同一命令中使用。例如，以下命令从 input.txt 获取输入并将输出发送到 output.txt：

```
SentinelValue.exe < input.txt > output.txt
```

运行程序看看 output.txt 中是什么内容。

LiveExample 4.11 从数据文件中读取三个数字。如果有很多数字要读取，就必须写一个循环来读取所有的数字。如果不知道文件中有多少数字，并且想把它们全部读取完，怎么知道文件的结尾呢？可以调用输入对象上的 eof() 函数来检测它。LiveExample 5.6 修订了 LiveExample 4.11，以读取文件 numbers.txt 中的所有数字。

LiveExample 5.6 的互动程序请访问 https://liangcpp.pearsoncmg.com/LiveRunCpp5e/ faces/LiveExample.xhtml?header=off&programName=ReadAllData&programHeight=430&resu ltHeight=190。

LiveExample 5.6　ReadAllData.cpp

Source Code Editor:

```
1   #include <iostream>
2   #include <fstream>
3   using namespace std;
4
5   int main()
6 ▾ {
7     // Open a file
8     ifstream input("numbers.txt");
9
10    double sum = 0;
11    double number;
12    while (!input.eof()) // Read data to the end of file
13 ▾  {
14      input >> number; // Read data
15      cout << number << " "; // Display data
16      sum += number;
17    }
18
19    input.close();
20
21    cout << "\nTotal is " << sum << endl;
22
23    return 0;
24  }
```

Compile/Run　Reset　Answer　　　　　　Choose a Compiler: VC++ ▾

Execution Result:

```
command>cl ReadAllData.cpp
Microsoft C++ Compiler 2019
Compiled successful (cl is the VC++ compile/link command)

command>ReadAllData
95 56 34
Total is 185
Done

command>
```

　　程序在循环中读取数据（第 12 ~ 17 行）。循环的每次迭代读取一个数字。当输入到达文件末尾时，循环终止。

　　当没有其他要读取的内容时，eof() 返回 true。为了使此程序正常工作，文件中的最后一个数字后面不应该有任何空白字符。在第 13 章中，我们将讨论如何改进程序，以处理文件中最后一个数字后面有空白字符的异常情况。

　　注意： 请确保文件中最后一个数字后面没有空格字符。我们将在 13.2.4 节中讨论如何处理文件中最后一个数字后面可能有空格字符的文件。

5.7 do-while 循环

要点提示：do-while 循环与 while 循环相同，只是它首先执行循环体，然后检查循环继续条件。

do-while 循环是 while 循环的变体。它的语法如下：

```
do
{
  // 循环体 ;
  若干语句 ;
} while (循环继续条件);
```

它的执行流程图如图 5.2a 所示。

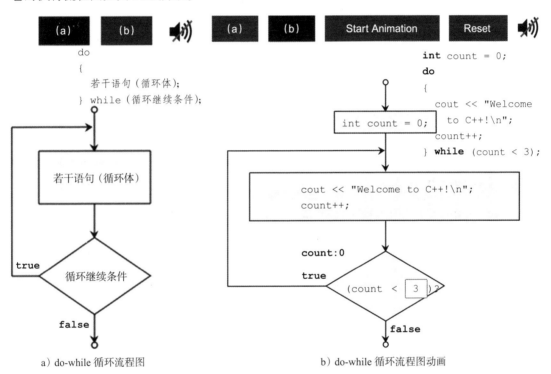

a）do-while 循环流程图　　　　　　b）do-while 循环流程图动画

图 5.2　do-while 循环首先执行循环体，然后检查循环继续条件，以确定是继续还是终止循环

首先执行循环体。然后计算循环继续条件。如果求值为 true，则再次执行循环体；否则 do-while 循环终止。例如，下面的 while 循环语句：

Start Animation　You can change value 100 before starting animation

```
int count = 0;
while (count < 100 )
{
  cout << "Welcome to C++!" << endl;
  count++;
}
```

可以使用 do-while 循环编写，如下所示：

```
┌────────────────────────────────────────────────────────────┐
│ Start Animation    You can change value 100 before starting animation │
├────────────────────────────────────────────────────────────┤
│                                                              │
│  int count = 0;                                              │
│  do                                                          │
│  {                                                           │
│    cout << "Welcome to C++!" << endl;                        │
│    count++;                                                  │
│  } while (count <  [ 100 ] );                                │
│                                                              │
└────────────────────────────────────────────────────────────┘
```

此 do-while 循环的流程图动画如图 5.2b 所示。

while 和 do-while 循环之间的主要区别在于计算循环继续条件和执行循环体的顺序。在 do-while 循环的情况下，循环体至少执行一次。编写循环可以使用 while 循环也可以使用 do-while 循环。有时选择其中一种比另一种更方便。例如，可以使用 do-while 循环重写 LiveExample 5.5 中的 while 循环，如 LiveExample 5.7 所示。

CodeAnimation 5.5 的互动程序请访问 https://liangcpp.pearsoncmg.com/codeanimation5ecpp/TestDoWhile.html，LiveExample 5.7 的互动程序请访问 https://liangcpp.pearsoncmg.com/LiveRunCpp5e/faces/LiveExample.xhtml?header=off&programName=TestDoWhile&programHeight=420&resultHeight=230。

LiveExample 5.7   TestDoWhile.cpp

Source Code Editor:

```cpp
 1  #include <iostream>
 2  using namespace std;
 3
 4  int main()
 5  {
 6    // Initialize data and sum
 7    int data = 0;
 8    int sum = 0;
 9
10    do
11    {
12      sum += data;
13
14      // Read the next data
15      cout << "Enter an integer (the input ends " <<
16        "if it is 0): ";
17      cin >> data; // Keep reading data until the input is 0
18    }
19    while (data != 0);
20
21    cout << "The sum is " << sum << endl;
22
23    return 0;
24  }
```

Enter input data for the program (Sample data provided below. You may modify it.)

```
3 5 6 0
```

Automatic Check　Compile/Run　Reset　Answer　　　　　Choose a Compiler: VC++ ⌄

Execution Result:

```
command>cl TestDoWhile.cpp
Microsoft C++ Compiler 2019
Compiled successful (cl is the VC++ compile/link command)

command>TestDoWhile
Enter an integer (the input ends if it is 0): 3
Enter an integer (the input ends if it is 0): 5
Enter an integer (the input ends if it is 0): 6
Enter an integer (the input ends if it is 0): 0
The sum is 14

command>
```

　　如果 data 和 sum 未初始化为 0，会发生什么情况？它会导致语法错误吗？不。这将导致逻辑错误，因为 data 和 sum 可能初始化为任何值。

　　提示：如果循环中有必须至少执行一次的语句，建议使用 do-while 循环，就像前面的 TestDoWhile 程序中的 do-while 循环一样。如果使用 while 循环，这些语句必须出现在循环之前以及循环内部。

5.8　for 循环

　　要点提示：for 循环具有编写循环的简洁语法。

　　通常我们用以下常见形式编写循环：

```
i = initialValue;  // Initialize loop-control variable
while (i < endValue)
{
  // Loop body
  ...
  i++; // Adjust loop-control variable
}
```

　　这个循环很直观，初学者很容易掌握。但程序员经常忘记调整控制变量，这会导致无限循环。for 循环可避免这个潜在错误，并简化上述循环，如以下面（a）所示。通常，for 循环的语法如下面（b）所示。

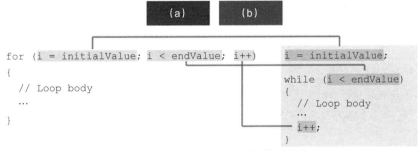

（a）展示了 for 循环与 while 循环的对应关系

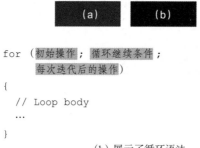

```
for （初始操作 ； 循环继续条件 ；
       每次迭代后的操作)
{
   // Loop body
   ...
}
```

（b）展示了循环语法

for 循环的流程图如图 5.3a 所示。

for 循环语句以关键字 for 开头，后跟一对括号，括号中包含初始操作、循环继续条件和每次迭代后的操作，后跟用花括号括起来的循环体。初始操作、循环继续条件和每次迭代后的操作用分号分隔。

for 循环通常用一个变量控制循环体的执行次数以及循环何时终止。这称为控制变量。初始操作通常初始化控制变量，每次迭代后的操作通常使控制变量递增或递减，循环继续条件测试控制变量是否已达到终止值。例如，下面的 for 循环显示 100 次 Welcome to C++！：

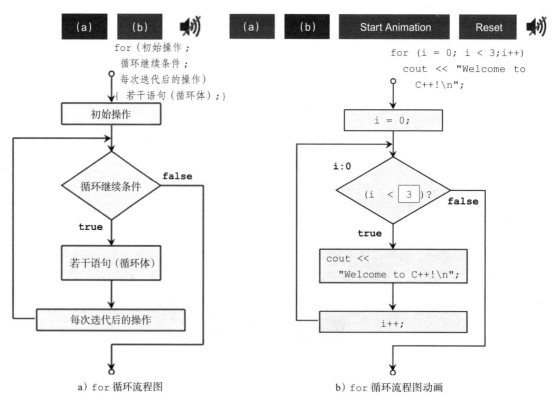

a）for 循环流程图　　　　　　　　　b）for 循环流程图动画

图 5.3　for 循环执行一次初始操作，然后重复执行循环体中的语句，并在循环继续条件计算为 true 时执行每次迭代后的操作

```
int i;
for (i = 0; i < 100; i++)
{
  cout << "Welcome to C++!\n";
}
```

该语句的流程图如图 5.3b 所示。for 循环将 i 初始化为 0，然后在 i 小于 100 时重复执行输出语句并计算 i++。初始操作 i=0 初始化控制变量 i。循环继续条件 i<100 是一个布尔表达式。该表达式在初始化之后和每次迭代开始时进行求值。如果此条件为 true，则执行循环体。如果为 false，则循环终止，且程序控制转到循环后面的行。

每次迭代后的操作 i++ 是调整控制变量的语句。此语句在每次迭代后执行。它使控制变量递增。最后，控制变量的值应该能让循环继续条件变为 false。否则，循环就是无限的了。

循环控制变量可以在 for 循环中声明和初始化。下面是一个示例：

Start Animation　　You can change value 3 before starting animation

```
for (int i = 0; i < | 3 |; i++)
{
  cout << ("Welcome to C++!\n");
}
```

如果循环体中只有一个语句，如本例所示，则**可以省略花括号**，如下所示：

Start Animation　　You can change value 3 before starting animation

```
for (int i = 0; i < | 3 |; i++)
  cout << ("Welcome to C++!\n");
```

提示：**控制变量**必须在循环的控制结构内或循环之前声明。如果循环控制变量仅在循环中使用，而不是在其他地方使用，那么最好的方式是在 for 循环的初始操作中声明它。如果变量在循环控制结构内声明，则不能在循环外引用它。例如，在前面的代码中，不能在 for 循环外引用 i，因为它是在 for 循环内声明的。

注意：for 循环中的初始操作可以是零个或多个以逗号分隔的变量声明语句或赋值表达式。例如：

```
for (int i = 0, j = 0; i + j < 10; i++, j++)
{
  // Do something
}
```

for 循环中每次迭代后的操作可以是零个或多个以逗号分隔的语句。例如：

```
for (int i = 1; i < 100; cout << i << endl, i++);
```

这个例子是正确的，但它是一个糟糕的例子，因为它使代码难以阅读。通常，将声明和初始化控制变量作为初始操作，将递增或递减控制变量作为每次迭代后的操作。

注意：如果省略 for 循环中的循环继续条件，则它隐含为 true。因此，下面（a）中给出的语句是一个无限循环，与（b）中的语句相同。不过，为了避免混淆，最好使用（c）中的等效循环。

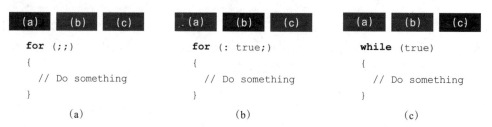

```
for (;;)
{
  // Do something
}
```
（a）

```
for (: true;)
{
  // Do something
}
```
（b）

```
while (true)
{
  // Do something
}
```
（c）

5.9 使用哪个循环

要点提示： 可以使用 for 循环、while 循环或 do-while 循环，以方便的为准。

while 循环和 do-while 循环比 for 循环更容易学习。但经过一些练习，你将很快学会 for 循环。for 循环将控制变量初始化、循环继续条件和每次迭代后的操作放在一起。相比于其他两个循环，它更简洁，使你能够编写错误更少的代码。

while 循环和 for 循环称为**前测循环**，因为在执行循环体之前会检查继续条件。do-while 循环称为**后测循环**，因为在执行循环体后检查条件。while、do-while 和 for 三种形式的循环语句在表达上是等价的：也就是说，可以用这三种形式中的任何一种来编写循环。例如，下面（a）中的 while 循环可以转换为（b）中的 for 循环。

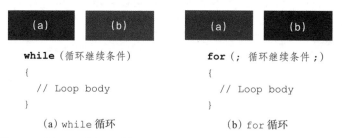

```
while (循环继续条件)
{
  // Loop body
}
```
（a）while 循环

```
for (; 循环继续条件 ;)
{
  // Loop body
}
```
（b）for 循环

下面（a）中的 for 循环通常可以转换为（b）中的 while 循环，但某些特殊情况除外。

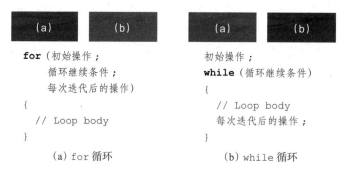

```
for (初始操作 ;
     循环继续条件 ;
     每次迭代后的操作)
{
  // Loop body
}
```
（a）for 循环

```
初始操作 ;
while (循环继续条件)
{
  // Loop body
  每次迭代后的操作 ;
}
```
（b）while 循环

建议使用最直观、最舒适的循环语句。通常，如果预先知道重复次数，则可以使用 for 循环，例如需要显示 100 次消息。如果重复次数不固定，则可以使用 while 循环，例如在读取数字直到输入为 0 的情况。如果在测试继续条件之前必须执行循环体，则可以使用 do-while 循环替换 while 循环。

警告：如下所示，在循环体之前的 for 子句末尾添加分号是一种常见错误。在（a）中，分号导致循环过早结束了。循环体实际上是空的，如（b）所示。

```
for (int i = 0; i < 10; i++);    ←————错误
{
  count << "i is" << i;
}
              (a)
```

```
for (int i = 0 : i < 10; i++) {} ;    ←————空体
{
  cout << "i is" << i;
}
              (b)
```

同样，（c）中的循环也是错误的。（c）等价于（d）。

```
int i = 0;
while (i < 10) ;    ←———— 错误
{
  cout << "i is" << i;
  i++;
}
              (c)
```

```
int i = 0;
while (i < 10) {} ;    ←———— 空体
{
  cout << "i is" << i;
  i++;
}
              (d)
```

在 do-while 循环的情况下，需要分号来结束循环。

```
int i = 0;
do
{
  cout << "i is" << i << end1;
  i++;
}while (i < 10);    ←——————————这是正确的
```

5.10　嵌套循环

要点提示：一个循环可以嵌套在另一个循环中。

嵌套循环由外层循环和一个或多个内层循环组成。每次重复外层循环时，内层循环都会重新进入并重新开始。

LiveExample 5.8 提供了一个使用嵌套 for 循环来显示乘法表的程序。

CodeAnimation 5.6 的互动程序请访问 https://liangcpp.pearsoncmg.com/codeanimation5ecpp/MultiplicationTable.html，LiveExample 5.8 的互动程序请访问 https://liangcpp.pearsoncmg.com/LiveRunCpp5e/faces/LiveExample.xhtml?header=off&programName=MultiplicationTable&programHeight=540&resultHeight=350。

LiveExample 5.8　MultiplicationTable.cpp

Source Code Editor:

```
1   #include <iostream>
2   #include <iomanip>
3   using namespace std;
4
5   int main()
6 ▾ {
7     cout << "        Multiplication Table\n";
```

```
 8
 9    // Display the number title
10    cout << "  | ";
11    for (int j = 1; j <= 9; j++)
12      cout << setw(3) << j;
13    cout << "\n";
14
15    cout << "-----------------------------\n";
16
17    // Display table body
18    for (int i = 1; i <=  9; i++)
19    {
20      cout << i << " | ";
21      for (int j = 1; j <= 9; j++)
22      {
23        // Display the product and align properly
24        cout << setw(3) << i * j;
25      }
26      cout << "\n";
27    }
28
29    return 0;
30  }
```

Automatic Check   **Compile/Run**   **Reset**   **Answer**   Choose a Compiler: `VC++ ∨`

Execution Result:

```
command>cl MultiplicationTable.cpp
Microsoft C++ Compiler 2019
Compiled successful (cl is the VC++ compile/link command)

command>MultiplicationTable
      Multiplication Table
  |  1  2  3  4  5  6  7  8  9
-----------------------------
1 |  1  2  3  4  5  6  7  8  9
2 |  2  4  6  8 10 12 14 16 18
3 |  3  6  9 12 15 18 21 24 27
4 |  4  8 12 16 20 24 28 32 36
5 |  5 10 15 20 25 30 35 40 45
6 |  6 12 18 24 30 36 42 48 54
7 |  7 14 21 28 35 42 49 56 63
8 |  8 16 24 32 40 48 56 64 72
9 |  9 18 27 36 45 54 63 72 81

command>
```

程序在第 1 行显示标题（第 7 行），在第 3 行显示横杠（-）(第 15 行）。

第一个 for 循环（第 11 ~ 12 行）在第 2 行显示数字 1 到 9。下一个循环（第 18 ~ 27 行）是一个嵌套的 for 循环，控制变量 i 在外层循环中，j 在内层循环中。对于每个 i，乘积 i*j 显示在内层循环的一行中，j 是 1,2,3,…,9。setw(3) 操作符（第 24 行）指定要显示的每个数字的宽度。

注意：嵌套循环可能需要运行很长时间。考虑下面的三重循环：

```
for (int i = 0; i < 10000; i++)
  for (int j = 0; j < 10000; j++)
    for (int k = 0; k < 10000; k++)
      执行操作
```

这个操作会执行一万亿次。如果执行一次操作需要 1 微秒，则运行循环的总时间将超过 277 小时。注意，1 微秒是百万分之一秒（10^{-6} 秒）。

5.11 最小化数值误差

要点提示：在循环继续条件中使用浮点数可能会导致数值误差。

涉及浮点数的数值误差是很难避免的。本节讨论如何最小化此类误差。

LiveExample 5.9 给出了一个对从 0.01 到 1.0 的数列求和的示例。数列中的数值以 0.01 递增，即 0.01, 0.02, 0.03，以此类推。

CodeAnimation 5.7 的互动程序请访问 https://liangcpp.pearsoncmg.com/codeanimation5ecpp/TestSum.html，LiveExample 5.9 的互动程序请访问 https://liangcpp.pearsoncmg.com/LiveRunCpp5e/faces/LiveExample.xhtml?header=off&programName=TestSum&programHeight=320&resultHeight=160。

LiveExample 5.9   TestSum.cpp

Source Code Editor:

```
1   #include <iostream>
2   using namespace std;
3
4   int main()
5   {
6     // Initialize sum
7     double sum = 0;
8
9     // Add 0.01, 0.02, ..., 0.99, 1 to sum
10    for (double i = 0.01; i <= 1.0; i = i + 0.01)
11      sum += i;
12
13    // Display result
14    cout << "The sum is " << sum << endl;
15
16    return 0;
17  }
```

Automatic Check   Compile/Run   Reset   Answer   Choose a Compiler: VC++ ⌄

Execution Result:

```
command>cl TestSum.cpp
Microsoft C++ Compiler 2019
Compiled successful (cl is the VC++ compile/link command)

command>TestSum
The sum is 49.5

command>
```

结果是 49.5，但正确的结果应该是 50.5。发生了什么？对于循环中的每个迭代，i 递增 0.01。循环结束时，i 值略大于 1（不是恰好是 1）。这导致最后一个 i 值未加到 sum 中。根本问题是浮点数用近似表示。要解决此问题，需要用整数计数以确保将所有数都加到 sum 里。下面是新循环：

```cpp
double currentValue = 0.01;

for (int count = 0; count < 100; count++)
{
  sum += currentValue;
  currentValue += 0.01;
}
```

循环结束，sum 是 50.5。

5.12 案例研究

要点提示：循环是程序设计的基础。编写循环的能力对于学习程序设计至关重要。

如果你能用循环编写程序，你就知道了如何编程！因此，本节提供三个使用循环解决问题的附加示例。

5.12.1 案例研究：求最大公约数

两个整数 4 和 2 的最大公约数（GCD）是 2。两个整数 16 和 24 的最大公约数是 8。如何确定最大公约数呢？令两个输入整数分别为 n1 和 n2。你知道数字 1 是一个公约数，但它可能不是最大的。因此，你可以检查 k（对于 k=2、3、4 等等）是不是 n1 和 n2 的公约数，直到 k 大于 n1 或 n2。将公约数存储在名为 gcd 的变量中。最初，gcd 为 1。每当发现新的公约数时，它就成为新的 gcd。检查完从 2 到 n1 或 n2 的所有可能公约数后，变量 gcd 中的值就是最大公约数。这个想法可以转化为以下循环：

```cpp
int gcd = 1; // Initial gcd is 1
int k = 2; // Possible gcd

while (k <= n1 && k <= n2)
{
  if (n1 % k == 0 && n2 % k == 0)
    gcd = k; // Update gcd
  k++; // Next possible gcd
}

// After the loop, gcd is the greatest common divisor for n1 and n2
```

LiveExample 5.10 给出了一个程序，该程序提示用户输入两个正整数并求它们的最大公约数。

CodeAnimation 5.8 的互动程序请访问 https://liangcpp.pearsoncmg.com/codeanimation5ecpp/ GreatestCommonDivisor.html，LiveExample 5.10 的互动程序请访问 https://liangcpp.pearson-cmg.com/LiveRunCpp5e/faces/LiveExample.xhtml?header=off&programName=GreatestCommonDivisor&programHeight=500&resultHeight=200。

LiveExample 5.10   GreatestCommonDivisor.cpp

Source Code Editor:

```cpp
1  #include <iostream>
```

```
 2   using namespace std;
 3
 4   int main()
 5 ▾ {
 6     // Prompt the user to enter two integers
 7     cout << "Enter first integer: ";
 8     int n1;
 9     cin >> n1;
10
11     cout << "Enter second integer: ";
12     int n2;
13     cin >> n2;
14
15     int gcd = 1;
16     int k = 2;
17     while (k <= n1 && k <= n2)
18 ▾   {
19       if (n1 % k == 0 && n2 % k == 0)
20         gcd = k;
21       k++;
22     }
23
24     cout << "The greatest common divisor for " << n1 << " and "
25          << n2 << " is " << gcd << endl;
26
27     return 0;
28   }
```

Enter input data for the program (Sample data provided below. You may modify it.)

```
45 75
```

[Automatic Check] [Compile/Run] [Reset] [Answer]　　　　Choose a Compiler: [VC++ ▾]

Execution Result:

```
command>cl GreatestCommonDivisor.cpp
Microsoft C++ Compiler 2019
Compiled successful (cl is the VC++ compile/link command)

command>GreatestCommonDivisor
Enter first integer: 45
Enter second integer: 75
The greatest common divisor for 45 and 75 is 15

command>
```

你会如何编写这个程序？你会立即开始写代码吗？不。在编写代码之前思考是很重要的。思考使你能够在编写代码之前生成问题的逻辑解决方案。有了逻辑解决方案后，再键入代码将解决方案转换为程序。转换不是唯一的。例如，可以使用 for 循环重写代码，如下所示：

```
for (int k = 2; k <= n1 && k <= n2; k++)
{
  if (n1 % k == 0 && n2 % k == 0)
    gcd = k;
}
```

一个问题通常有多个解决方案，最大公约数问题可以通过多种方式解决。编程练习 5.16 给出了另一种解决方案。一个更有效的解决方案是使用经典的欧几里得算法。

你可能认为数字 n1 的除数不能大于 n1/2，所以可以尝试使用以下循环改进程序：

```cpp
for (int k = 2; k <= n1 / 2 && k <= n2 / 2; k++)
{
  if (n1 % k == 0 && n2 % k == 0)
    gcd = k;
}
```

上述修改是错误的。你能找到原因吗？

5.12.2　案例研究：预测未来学费

假设一所大学今年的学费是 10000 美元，学费每年增长 7%。多少年后学费会翻一番？

在你写程序解决这个问题之前，首先考虑如何手动解决它。第二年的学费为第一年的学费乘以 1.07。未来一年的学费是前一年的学费乘以 1.07。因此，每年的学费可计算如下：

```cpp
double tuition = 10000;   int year = 0; // Year 0
tuition = tuition * 1.07; year++;       // Year 1
tuition = tuition * 1.07; year++;       // Year 2
tuition = tuition * 1.07; year++;       // Year 3
...
```

继续计算新的一年的学费，直到学费至少达到 20000 美元。到那时，你就会知道学费需要多少年才能翻一番。现在可以将逻辑转换为以下循环：

```cpp
double tuition = 10000; // Year 0
int year = 0;
while (tuition < 20000)
{
  tuition = tuition * 1.07;
  year++;
}
```

完整的程序如 LiveExample 5.11 所示。

CodeAnimation 5.9 的互动程序请访问 https://liangcpp.pearsoncmg.com/codeanimation5ecpp/FutureTuition.html，LiveExample 5.11 的互动程序请访问 https://liangcpp.pearsoncmg.com/LiveRunCpp5e/faces/LiveExample.xhtml?header=off&programName=FutureTuition&programHeight=380&resultHeight=180。

LiveExample 5.11　FutureTuition.cpp

Source Code Editor:

```cpp
1  #include <iostream>
2  #include <iomanip>
3  using namespace std;
4
5  int main()
6  {
7    double tuition = 10000;   // Year 1
8    int year = 0;
9    while (tuition < 20000)
10   {
11     tuition = tuition * 1.07;
12     year++;
```

```
13      }
14
15      cout << "Tuition will be doubled in " << year << " years" << endl;
16      cout << setprecision(2) << fixed << showpoint <<
17          "Tuition will be $" << tuition << " in "
18          << year << " years" << endl;
19
20      return 0;
21  }
```

Automatic Check | Compile/Run | Reset | Answer   Choose a Compiler: VC++ ✔

Execution Result:

```
command>cl FutureTuition.cpp
Microsoft C++ Compiler 2019
Compiled successful (cl is the VC++ compile/link command)

command>FutureTuition
Tuition will be doubled in 11 years
Tuition will be $21048.52 in 11 years

command>
```

while 循环（第 9 ～ 13 行）用于重复计算新一年的学费。当学费大于或等于 20000 美元时，循环终止。

5.12.3 案例研究：将十进制数转换为十六进制数

计算机系统程序设计常使用十六进制（有关数字系统的介绍，请参见附录 D）。如何将十进制数转换为十六进制数？要将十进制数 d 转换为十六进制数，需要找到满足如下条件的十六进制数 h_n、h_{n-1}、h_{n-2}、$\cdots$、h_2、h_1 和 h_0：

$$d = h_n \times 16^n + h_{n-1} \times 16^{n-1} + h_{n-2} \times 16^{n-2} + \cdots + h_2 \times 16^2 + h_1 \times 16^1 + h_0 \times 16^0$$

这些十六进制数可以通过将 d 连续除以 16 直到商为 0 而得到。余数为 h_0，h_1，h_2，$\cdots$，h_{n-2}，h_{n-1} 和 h_n。十六进制数包括十进制数 0、1、2、3、4、5、6、7、8 和 9，以及 A（即十进制数 10），B（即十进制数 11），C（即 12），D（即 13），E（即 14），F（即 15）。

例如，十进制数 123 在十六进制中是 7B。转换如下所示。将 123 除以 16，余数为 11（十六进制中的 B），商为 7。继续将 7 除以 16，余数为 7，商为 0。因此，7B 是 123 的十六进制数。

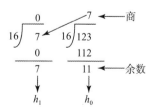

输入一个十进制数：[123] **显示其十六进制值**

十六进制值为 7B（即 $7 \times 16^1 + B \times 16^0$）

LiveExample 5.12 给出一个程序，提示用户输入十进制数，并将其转换为字符串形式的十六进制数。

CodeAnimation 5.10 的互动程序请访问 https://liangcpp.pearsoncmg.com/codeanimation5ecpp/ Dec2Hex.html，LiveExample 5.12 的互动程序请访问 https://liangcpp.pearsoncmg.com/Live-RunCpp5e/faces/LiveExample.xhtml?header=off&programName=Dec2Hex&programHeight=550&resultHeight=180。

LiveExample 5.12   Dec2Hex.cpp

Source Code Editor:

```
1    #include <iostream>
2    #include <string>
3    using namespace std;
4
5    int main()
6    {
7      // Prompt the user to enter a decimal integer
8      cout << "Enter a decimal number: ";
9      int decimal;
10     cin >> decimal;
11
12     // Convert decimal to hex
13     string hex = "";
14
15     while (decimal != 0)
16     {
17       int hexValue = decimal % 16;
18
19       // Convert a decimal value to a hex digit
20       char hexDigit = (hexValue <= 9 && hexValue >= 0) ?
21         static_cast<char>(hexValue + '0') :
22         static_cast<char>(hexValue - 10 + 'A');
23
24       hex = hexDigit + hex;
25       decimal = decimal / 16;
26     }
27
28     cout << "The hex number is " << hex << endl;
29
30     return 0;
31   }
```

Enter input data for the program (Sample data provided below. You may modify it.)

```
1234
```

[Automatic Check] [Compile/Run] [Reset] [Answer]   Choose a Compiler: [VC++ ∨]

Execution Result:

```
command>cl Dec2Hex.cpp
Microsoft C++ Compiler 2019
Compiled successful (cl is the VC++ compile/link command)

command>Dec2Hex
```

```
Enter a decimal number: 1234
The hex number is 4D2

command>
```

程序提示用户输入一个十进制整数（第 10 行），将其转换为字符串形式的十六进制数（第 13 ～ 26 行），并显示结果（第 28 行）。要将十进制数转换为十六进制数，程序使用一个循环将十进制数连续除以 16，并获得其余数（第 17 行）。余数转换为十六进制字符（第 20 ～ 22 行）。然后将该字符附加到十六进制字符串的后面（第 24 行）。十六进制字符串最初为空（第 13 行）。将十进制数除以 16，以从该数中减去一个十六进制数字（第 25 行）。当剩余的十进制数变为 0 时，循环结束。

程序将 0 到 15 之间的 hexValue 转换为十六进制字符。如果 hexValue 介于 0 和 9 之间，它将转换为 static_cast<char>(hexValue+'0')（第 21 行）。回想一下，当字符添加整数时，在计算中使用字符的 ASCII 代码。例如，如果 hexValue 是字符 5，static_cast<char>(hexValue+'0') 将返回 5（第 21 行）。类似地，如果 hexValue 介于 10 和 15 之间，它将转换为 static_cast<char>(hexValue-10+'A')（第 22 行）。例如，如果 hexValue 为 11，static_cast<char>(hexValue-10+'A') 将返回字符 B。

5.13　关键字 break 和 continue

要点提示：break 和 continue 关键字在循环中提供额外控制。

教学笔记：循环语句中可以使用两个关键字 break 和 continue 以提供额外的控制。在某些情况下，使用 break 和 continue 可以简化编程。然而，过度使用或不当使用会使程序难以阅读和调试。（注意：跳过本节不会影响学生对本书其余部分的理解。）

我们在 switch 语句中已经使用过关键字 break，还可以在循环中使用 break 立即终止循环。LiveExample 5.13 给出的程序演示了在循环中使用 break 的效果。

CodeAnimation 5.11 的互动程序请访问 https://liangcpp.pearsoncmg.com/codeanimation5ecpp/TestBreak.html，LiveExample 5.13 的互动程序请访问 https://liangcpp.pearsoncmg.com/LiveRunCpp5e/faces/LiveExample.xhtml?header=off&programName=TestBreak&programHeight=380&resultHeight=180。

LiveExample 5.13　TestBreak.cpp

Source Code Editor:

```
1  #include <iostream>
2  using namespace std;
3
4  int main()
5  {
6      int sum = 0;
7      int number = 0;
8
9      while (number < 20)
10     {
11         number++;
```

```
12      sum += number;
13      if (sum >= 100)
14        break;
15    }
16
17    cout << "The number is " << number << endl;
18    cout << "The sum is " << sum << endl;
19
20    return 0;
21 }
```

Automatic Check　**Compile/Run**　**Reset**　**Answer**　　　　Choose a Compiler: `VC++ ▾`

Execution Result:

```
command>cl TestBreak.cpp
Microsoft C++ Compiler 2019
Compiled successful (cl is the VC++ compile/link command)

command>TestBreak
The number is 14
The sum is 105

command>
```

程序将 1 到 20 的整数按顺序相加，直到 sum 大于或等于 100。如果没有第 13 ～ 14 行，程序将计算 1 到 20 的数字之和。但是，如果有第 13 ～ 14 行，当 sum 大于或等于 100 时，循环终止。如果没有第 13 ～ 14 行，输出将为

```
The number is 20
The sum is 210
```

还可以在循环中使用 continue 关键字。当遇到 continue 时，它将结束当前迭代。程序控制转到循环体的末尾。换句话说，continue 脱离迭代，而 break 关键字脱离循环。LiveExample 5.14 中的程序显示了在循环中使用 continue 的效果。

CodeAnimation 5.12 的互动程序请访问 https://liangcpp.pearsoncmg.com/codeanimation5ecpp/TestContinue.html，LiveExample 5.14 的互动程序请访问 https://liangcpp.pearsoncmg.com/LiveRunCpp5e/faces/LiveExample.xhtml?header=off&programName=TestContinue&programHeight=360&resultHeight=160。

LiveExample 5.14　TestContinue.cpp

Source Code Editor:

```
1  #include <iostream>
2  using namespace std;
3
4  int main()
5  {
6    int sum = 0;
7    int number = 0;
8
9    while (number < 20)
10   {
```

```
11      number++;
12      if (number == 10 || number == 11)
13        continue;
14      sum += number;
15    }
16
17    cout << "The sum is " << sum << endl;
18
19    return 0;
20  }
```

Automatic Check   Compile/Run   Reset   Answer   Choose a Compiler: VC++ ⌄

Execution Result:

```
command>cl TestContinue.cpp
Microsoft C++ Compiler 2019
Compiled successful (cl is the VC++ compile/link command)

command>TestContinue
The sum is 189

command>
```

程序将从 1 到 20（10 和 11 除外）的整数相加。当 number 变为 10 或 11 时，执行 continue 语句。continue 语句结束当前迭代，因此循环体中的其余语句不会被执行；所以当 number 为 10 或 11 时，不将其加到 sum 上。

如果没有第 12 ～ 13 行，输出如下：

```
The sum is 210
```

在这种情况下，所有数字相加，即使 number 是 10 或 11。因此，结果是 210。

注意：continue 语句始终位于循环内。在 while 和 do-while 循环中，循环继续条件在 continue 语句之后立即求值。在 for 循环中，在 continue 语句之后立即执行每次迭代之后的操作，然后计算循环继续条件。

你可以不在循环中使用 break 或 continue 编写程序。一般来说，如果用 break 和 continue 可以简化编码并使程序易于阅读，则使用它们是合适的。

假设需要编写一个程序来查找整数 n 的除 1 以外的最小因子（假设 n>=2）。可以如下所示使用 break 语句编写简单直观的代码：

```
int factor = 2;
while (factor <= n)
{
  if (n % factor == 0)
    break;
  factor++;
}
cout << "The smallest factor other than 1 for "
  << n << " is " << factor << endl;
```

也可以如下所示不用 break 语句重写代码：

```
bool found = false;
int factor = 2;
while (factor <= n && !found)
{
  if (n % factor == 0)
    found = true;
  else
    factor++;
}
cout << "The smallest factor other than 1 for "
  << n << " is " << factor << endl;
```

显然，`break` 语句使这个程序更简单、更容易阅读。但是，应该谨慎地使用 `break` 和 `continue`。过多的 `break` 和 `continue` 语句将产生一个有许多退出点的循环，并使程序难以阅读。

注意：包括 C++ 在内的一些程序设计语言都有 `goto` 语句。`goto` 语句不加区分地将控制转移到程序中的任意语句上并执行它。这使得程序容易出错。C++ 中的 `break` 和 `continue` 语句与 `goto` 语句不同。它们只在循环或 `switch` 语句中操作。`break` 语句脱离循环，`continue` 语句脱离循环中的当前迭代。

注意：编程是一种创造性的努力。编写代码有很多不同的方法。实际上，可以用以下相当简单的代码找到最小因子：

```
int factor = 2;
while (factor <= n && n % factor != 0)
  factor++;
cout << "The smallest factor other than 1 for "
  << n << " is " << factor << endl;
```

5.14 案例研究：检查回文

要点提示：本节介绍一个测试字符串是否为回文的程序。

如果一个字符串向前和向后读的内容相同，那么它就是一个回文。例如，单词 "mom" "dad" 和 "noon" 都是回文。

如何编写程序来检查字符串是否为回文？一种解决方案是检查字符串中的第一个字符是否与最后一个字符相同。如果相同，则检查第二个字符是否与倒数第二个字符相同。此过程继续，直到发现不匹配，或检查完字符串中的所有字符，如果字符串的字符数为奇数，则中间字符不需要检查。

为了实现这个想法，我们使用两个变量，比如 `low` 和 `high`，表示字符串 `s` 中开头和结尾位置的两个字符，如 LiveExample 5.15（第 13、16 行）所示，下图给出解释。

最初，`low` 为 0，`high` 为 `s.length()-1`。如果这些位置的两个字符匹配，则 `low` 递增 1，`high` 递减 1（第 27 ～ 28 行）。此过程将一直持续到 `low>=high`，或发现不匹配为止。

CodeAnimation 5.13 的互动程序请访问 https://liangcpp.pearsoncmg.com/codeanimation5ecpp/ TestPalindrome.html，LiveExample 5.15 的互动程序请访问 https://liangcpp.pearsoncmg.com/

LiveRunCpp5e/faces/LiveExample.xhtml?header=off&programName=TestPalindrome&program
Height=650&resultHeight=180。

LiveExample 5.15 TestPalindrome.cpp

Source Code Editor:

```
 1  #include <iostream>
 2  #include <string>
 3  using namespace std;
 4
 5  int main()
 6▾ {
 7    // Prompt the user to enter a string
 8    cout << "Enter a string: ";
 9    string s;
10    getline(cin, s);
11
12    // The index of the first character in the string
13    int low = 0;
14
15    // The index of the last character in the string
16    int high = s.length() - 1;
17
18    bool isPalindrome = true;
19    while (low < high)
20▾   {
21      if (s[low] != s[high])
22▾     {
23        isPalindrome = false; // Not a palindrome
24        break;
25      }
26
27      low++;
28      high--;
29    }
30
31    if (isPalindrome)
32      cout << s << " is a palindrome" << endl;
33    else
34      cout << s << " is not a palindrome" << endl;
35
36    return 0;
37  }
```

Enter input data for the program (Sample data provided below. You may modify it.)

```
ABCDCBA
```

Automatic Check　**Compile/Run**　**Reset**　**Answer**　　　　　Choose a Compiler: | VC++ ∨ |

Execution Result:

```
command>cl TestPalindrome.cpp
Microsoft C++ Compiler 2019
Compiled successful (cl is the VC++ compile/link command)

command>TestPalindrome
Enter a string: ABCDCBA
ABCDCBA is a palindrome

command>
```

程序声明一个字符串（第 9 行），从控制台读取字符串（第 10 行），并检查字符串是否为回文（第 13 ～ 29 行）。

bool 变量 isPalindrome 最初设置为 true（第 18 行）。在比较字符串两端的两个对应字符时，如果这两个字符不同，isPalindrome 设置为 false（第 23 行）。在这种情况下，用 break 语句退出 while 循环（第 24 行）。

如果循环在 low>=high 时终止，则 isPalindrome 为 true，这表明字符串是回文。

5.15　案例研究：显示质数

要点提示：本节介绍一个程序，它用 5 行显示前 50 个质数，每行包含 10 个数字。

一个大于 1 的整数，除了 1 和它本身以外不再有其他因数，则该整数为质数。例如，2、3、5 和 7 是质数，但 4、6、8 和 9 不是质数。

该程序可以分为以下任务：

- 确定给定的数字是否为质数。
- 对于 number=2，3，4，5，6…，测试它是否为质数。
- 对质数进行计数。
- 显示每个质数，每行显示十个数字。

显然，我们需要编写一个循环，并反复测试一个新 number 是否为质数。如果 number 是质数，则将计数增加 1。count 最初为 0。当它达到 50 时，循环终止。

算法如下：

```
将要输出的质数数量设置为一个常量 NUMBER_OF_PRIMES;
用 count 跟踪质数的数量，并将初始 count 设置为 0;
将初始 number 设置为 2;
while (count < NUMBER_OF_PRIMES)
{
  测试 number 是否质数 ;
  if number 是质数
  {
    显示质数且 count 增加 1;
  }
  将 number 增加 1;
}
```

要检查一个数 number 是否为质数，检查它是否可以被 2、3、4，直到 number/2 整除。如果找到除数，则该数不是质数。算法描述如下：

```
用布尔变量 isPrime 指示 number 是不是质数;
设置 isPrime 初始值为 true;
for (int divisor = 2; divisor <= number / 2; divisor++)
{
  if (number % divisor == 0)
  {
    设置 isPrime 为 false
    退出循环 ;
  }
}
```

LiveExample 5.16 中给出了完整的程序。

CodeAnimation 5.14 的互动程序请访问 https://liangcpp.pearsoncmg.com/codeanimation5ecpp/PrimeNumber.html，LiveExample 5.16 的互动程序请访问 https://liangcpp.pearsoncmg.com/

LiveRunCpp5e/faces/LiveExample.xhtml?header=off&programName=PrimeNumber&program
Height=840&resultHeight=240。

LiveExample 5.16　PrimeNumber.cpp

Source Code Editor:

```
 1  #include <iostream>
 2  #include <iomanip>
 3  using namespace std;
 4
 5  int main()
 6  {
 7    const int NUMBER_OF_PRIMES = 50; // Number of primes to display
 8    const int NUMBER_OF_PRIMES_PER_LINE = 10; // Display 10 per line
 9    int count = 0; // Count the number of prime numbers
10    int number = 2; // A number to be tested for primeness
11
12    cout << "The first 50 prime numbers are \n";
13
14    // Repeatedly find prime numbers
15    while (count < NUMBER_OF_PRIMES)
16    {
17      // Assume the number is prime
18      bool isPrime = true; // Is the current number prime?
19
20      // Test if number is prime
21      for (int divisor = 2; divisor <= number / 2; divisor++)
22      {
23        if (number % divisor == 0)
24        {
25          // If true, the number is not prime
26          isPrime = false: // Set isPrime to false
27          break; // Exit the for loop
28        }
29      }
30
31      // Display the prime number and increase the count
32      if(isPrime)
33      {
34        count++; // Increase the count
35
36        if (count % NUMBER_OF_PRIMES_PER_LINE == 0)
37          // Display the number and advance to the new line
38          cout << setw(4) << number << endl;
39        else
40          cout << setw(4) << number;
41      }
42
43      // Check if the next number is prime
44      number++;
45    }
46
47    return 0;
48  }
```

Automatic Check　Compile/Run　Reset　Answer　　　　Choose a Compiler: VC++ ∨

Execution Result:

```
command>cl PrimeNumber.cpp
Microsoft C++ Compiler 2019
Compiled successful (cl is the VC++ compile/link command)

command>PrimeNumber
The first 50 prime numbers are
    2    3    5    7   11   13   17   19   23   29
   31   37   41   43   47   53   59   61   67   71
   73   79   83   89   97  101  103  107  109  113
  127  131  137  139  149  151  157  163  167  173
  179  181  191  193  197  199  211  223  227  229

command>
```

对于初学者来说，这是一个复杂的程序。为这个问题以及许多其他问题设计程序化解决方案的关键是将问题分解为子问题，并依次为每个子问题设计解决方案。不要试图在第一次尝试中制定完整的解决方案。要先编写代码确定给定的数字是否为质数，然后扩展程序，以测试循环中的其他数字是否为质数。

要确定一个数 number 是否为质数，检查它是否可以被 2 到 number/2 之间的数字整除。如果可以被整除，它不是质数；否则，它是一个质数。若是质数，显示该数。如果计数可以被 10 整除，则进入一个新行。当计数达到 50 时，程序结束。

一旦发现数字是非质数，程序就使用第 27 行中的 break 语句退出 for 循环。你可以如下所示不用 break 语句重写循环（第 21 ~ 29 行）：

```
for (int divisor = 2; divisor <= number / 2 && isPrime;
    divisor++)
{
  // If true, the number is not prime
  if (number % divisor == 0)
  {
    // Set isPrime to false, if the number is not prime
    isPrime = false;
  }
}
```

但这种情况下，如果使用 break 语句可以使程序更简单、更容易阅读。

关键术语

break statement（break 语句）

continue statement（continue 语句）

control-variable（控制变量）

counter-controlled loop（计数器控制循环）

do-while loop（do-while 循环）

for loop（for 循环）

infinite loop（无限循环）

input redirection（输入重定向）

iteration（迭代）

loop（循环）

loop body（循环体）

loop continuation condition（循环继续条件）

nested loop（嵌套循环）

off-by-one error（差一错误）

output redirection（输出重定向）

posttest loop（后测循环）

pretest loop（前测循环）

sentinel value（哨兵值）

while loop（while 循环）

章节总结

1. 有三种类型的重复语句：while 循环、do-while 循环和 for 循环。

2. 循环中包含要重复的语句的部分称为循环体。

3. 循环体的一次执行称为循环的一次迭代。

4. 无限循环是会无限执行的循环语句。

5. 在设计循环时，需要同时考虑循环控制结构和循环体。

6. while 循环首先检查循环继续条件。如果条件为 true，则执行循环体；如果为 false，则循环终止。

7. do-while 循环类似于 while 循环，不同的是 do-while 循环首先执行循环体，然后检查循环继续条件以决定是继续还是终止。

8. 当重复次数不能预先确定时，通常使用 while 循环和 do-while 循环。

9. 哨兵值是表示循环结束的特殊值。

10. for 循环通常用于执行固定次数的循环体。

11. for 循环控制有三个部分。第一部分是初始化控制变量的初始操作。第二部分是循环继续条件，决定是否要执行循环体。第三部分在每次迭代后执行，通常用于调整控制变量。通常，循环控制变量在控制结构中进行初始化和更改。

12. while 循环和 for 循环称为前测循环，因为在执行循环体之前检查继续条件。

13. do-while 循环称为后测循环，因为在执行循环体之后检查继续条件。

14. 在循环中可以使用 break 和 continue 这两个关键字。

15. break 关键字立即结束包含 break 的最内层循环。

16. continue 关键字仅结束当前迭代。

编程练习

互动程序请访问 https://liangcpp.pearsoncmg.com/CheckExerciseCpp/faces/CheckExercise5e.xhtml? chapter=5&programName=Exercise05_01。

5.2 ~ 5.11 节

*5.1 （统计正数和负数，并计算它们的平均值）编写一个程序，读取未指定数量的整数，确定读取了多少正值和负值，并计算输入值的总和和平均值（不计数零）。程序以输入 0 结束。将平均值显示为浮点数。如果整个输入为 0，则显示"No numbers are entered except0"（除 0 外未输入任何数字）。

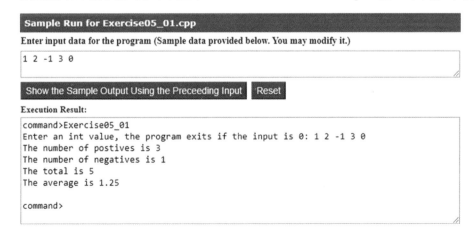

5.2 （重复加法）LiveExample 5.4 生成五道随机减法题。修改程序，为 1 到 15 之间的两个整数生成十道随机加法问题。显示正确答案数量和测试完成的时间。

5.3 (从千克转换为磅) 编写一个显示下表的程序 (注意 1 千克等于 2.2 磅):

千克	磅
1	2.2
3	6.6
...	
197	433.4
199	437.8

5.4 (从英里转换为千米) 编写一个显示下表的程序 (注意 1 英里等于 1.609 千米):

英里	千米
1	1.609
2	3.218
...	
9	14.481
10	16.090

5.5 (在千克和磅之间互换) 编写一个程序, 并列显示以下表格 (注意 1 千克等于 2.2 磅):

千克	磅	|	磅	千克
1	2.2	|	20	9.09
3	6.6	|	25	11.36
...				
197	433.4	|	510	231.02
199	437.8	|	515	234.09

5.6 (在英里和千米之间互换) 编写一个程序, 并列显示以下表格 (注意 1 英里等于 1.609 千米):

英里	千米	|	千米	英里
1	1.609	|	20	12.430
2	3.218	|	25	15.538
9	14.481	|	60	37.290
10	16.090	|	65	40.398

5.7 (使用三角函数) 打印下表以显示 0 到 360 度之间 (每次递增 10 度) 的 sin 值和 cos 值。四舍五入该值, 使其保留小数点后四位数字。

Degree	sin	cos
0	0.0000	1.0000
10	0.1736	0.9848
...		
350	-0.1736	0.39848
360	0.0000	1.0000

5.8 (使用 sqrt 函数) 编写一个程序, 使用 sqrt 函数打印下表:

```
Number        SquareRoot
0             0.0000
2             1.4142
...
18            4.2426
20            4.4721
```

**5.9 （金融应用：计算未来学费）假设一所大学今年的学费为 10000 美元，每年增长 5%。编写一个程序，计算十年后的学费和从第十年开始的四年内学费的总和。

5.10 （查找最高分数）编写一个程序，提示用户输入学生人数、每个学生的姓名和分数，并显示分数最高的学生的姓名与分数。假设学生人数至少为 1 人。

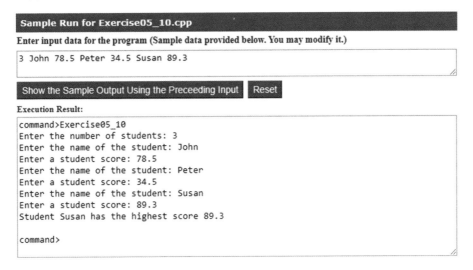

*5.11 （查找两个最高分数）编写一个程序，提示用户输入学生人数以及每个学生的姓名和分数，并显示分数最高的学生和分数第二高的学生的姓名与分数。假设学生人数至少为 2 人。

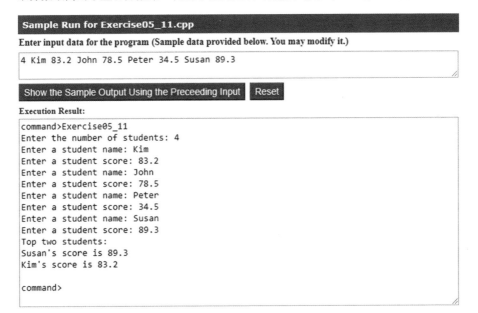

*5.12 （查找可被 5 和 6 整除的数字）编写一个程序，显示 100 到 1000 之间所有可被 5 和 6 整除的数字，每行显示 10 个数字。数字之间只用一个空格分隔。

5.13 （查找可被 5 或 6 整除，但不能被两个同时整除的数字）编写一个程序，显示 100 到 200 之间的、可被 5 或 6 整除但不能同时被二者整除的所有数字，每行显示 10 个数字。数字之间只用一个空格分隔。

5.14 （找到最小的 n，使得 $n^2>12000$）使用 while 循环找到最小的整数 n，满足 n^2 大于 12000。

5.15 （找到最大的 n，使 $n^3<12000$）使用 while 循环查找最大的整数 n，满足 n^3 小于 12000。

5.12 ～ 5.15 节

*5.16 （计算最大公约数）LiveExample 5.10 求两个整数 n1 和 n2 的最大公约数（GCD）的另一个解决方案如下：首先找到 n1 和 n2 的最小值 d，然后按顺序检查 d、d-1、d-2、…、2、1 是否同时是 n1 与 n2 的除数。第一个满足条件的公约数就是 n1 和 n2 的最大公约数。编写一个程序，提示用户输入两个正整数并显示最大公约数。

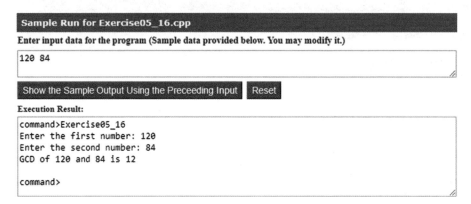

```
Sample Run for Exercise05_16.cpp
Enter input data for the program (Sample data provided below. You may modify it.)
120 84

Show the Sample Output Using the Preceeding Input    Reset

Execution Result:
command>Exercise05_16
Enter the first number: 120
Enter the second number: 84
GCD of 120 and 84 is 12

command>
```

*5.17 （显示 ACSII 字符表）编写一个程序，打印 ASCII 字符表中从 ! 到 ~ 的字符。每行显示 10 个字符。ASCII 表如附录 B 所示。字符之间只用一个空格分隔。

*5.18 （查找整数的因子）编写一个程序，读取一个整数并按递增顺序显示其所有因子。例如，如果输入的整数为 120，则输出应如下所示：2、2、2、3、5。

```
Sample Run for Exercise05_18.cpp
Enter input data for the program (Sample data provided below. You may modify it.)
1278

Show the Sample Output Using the Preceeding Input    Reset

Execution Result:
command>Exercise05_18
Enter a positive integer: 1278
The factors for 1278 is 2 3 3 71

command>
```

**5.19 （显示金字塔）编写一个程序，提示用户输入 1 到 15 之间的整数，并如以下示例运行所示显示金字塔。

```
Sample Run for Exercise05_19.cpp
Enter input data for the program (Sample data provided below. You may modify it.)
6
```

```
Show the Sample Output Using the Preceeding Input   Reset
```

Execution Result:

```
command>Exercise05_19
Enter the number of lines: 6
                  1
               2  1  2
            3  2  1  2  3
         4  3  2  1  2  3  4
      5  4  3  2  1  2  3  4  5
   6  5  4  3  2  1  2  3  4  5  6

command>
```

*5.20 （使用循环显示四种模式）使用嵌套循环，在四个独立程序中按以下模式显示：

Sample Run for Exercise05_20a.cpp

Execution Result:

```
command>Exercise05_20a
 1
 1  2
 1  2  3
 1  2  3  4
 1  2  3  4  5
 1  2  3  4  5  6

command>
```

Sample Run for Exercise05_20b.cpp

Execution Result:

```
command>Exercise05_20b
1 2 3 4 5 6
1 2 3 4 5
1 2 3 4
1 2 3
1 2
1

command>
```

Sample Run for Exercise05_20c.cpp

Execution Result:

```
command>Exercise05_20c
          1
        2 1
      3 2 1
    4 3 2 1
  5 4 3 2 1
6 5 4 3 2 1

command>
```

Sample Run for Exercise05_20d.cpp

Execution Result:

```
command>Exercise05_20d
6 5 4 3 2 1
  5 4 3 2 1
    4 3 2 1
      3 2 1
```

```
        2 1
          1
command>
```

**5.21（以金字塔模式显示数字）编写一个嵌套的 for 循环，打印以下输出：

```
Sample Run for Exercise05_21.cpp
Execution Result:
command>Exercise05_21
                              1
                          1   2   1
                      1   2   4   2   1
                  1   2   4   8   4   2   1
              1   2   4   8  16   8   4   2   1
          1   2   4   8  16  32  16   8   4   2   1
      1   2   4   8  16  32  64  32  16   8   4   2   1
  1   2   4   8  16  32  64 128  64  32  16   8   4   2   1
command>
```

*5.22（显示 2 和 1000 之间的质数）修改 LiveExample 5.16 以显示 2 到 1000 之间（包括 2 和 1000）的所有质数。每行显示 8 个质数。数字之间只用一个空格分隔。

综合题

**5.23（金融应用：比较各种利率的贷款）编写一个程序，让用户输入贷款金额和贷款期限（以年为单位），并显示从 5% 到 8%（每次递增 1%/8）的每种利率的每月付款和总付款。

```
Sample Run for Exercise05_23.cpp
Enter input data for the program (Sample data provided below. You may modify it.)
10000.65 5

[Show the Sample Output Using the Preceeding Input]  [Reset]
Execution Result:
command>Exercise05_23
Enter loan amount, for example 120000.95: 10000.65
Enter number of years as an integer,
for example 5: 5
Interest Rate    Monthly Payment       Total Payment
     5.000%            188.72              11323.48
     5.125%            189.30              11357.87
     5.250%            189.87              11392.33
     5.375%            190.45              11426.85
       ...
       ...
       ...
     7.625%            200.99              12059.22
     7.750%            201.58              12094.96
     7.875%            202.18              12130.76
     8.000%            202.78              12166.63
command>
```

有关计算每月付款的公式，请参阅 LiveExample 2.11。

**5.24（金融应用：贷款摊分计划）给定贷款的月付款包括偿还本金和利息。月利息是将月利率与余额（剩余本金）相乘来计算的。因此，当月偿还的本金是月付款减去月利息。编写一个程序，让用户输入贷款金额、年数和利率（%），并显示贷款的摊分计划。

```
Sample Run for Exercise05_24.cpp
Enter input data for the program (Sample data provided below. You may modify it.)

10000.65 1 4.5

Show the Sample Output Using the Preceeding Input    Reset

Execution Result:

command>Exercise05_24
Enter loan amount, for example 120000.95: 10000.65
Enter number of years as an integer,
for example 5: 1
Enter yearly interest rate, for example 8.25: 4.5
Loan Amount: 10000.65
Number of Years: 1
Interest Rate: 4.5%

Monthly Payment: 853.84
Total Payment: 10246.1

Payment#         Interest         Principal         Balance
1                37.5             816.34            9184.31
2                34.44            819.4             8364.91
3                31.36            822.48            7542.43
4                28.28            825.56            6716.87
5                25.18            828.66            5888.21
6                22.08            831.76            5056.45
7                18.96            834.88            4221.57
8                15.83            838.01            3383.55
9                12.68            841.16            2542.39
10               9.53             844.31            1698.08
11               6.36             847.48            850.59
12               3.18             850.66            -0.06

command>
```

注意：最后一次付款后的余额可能不为零。如果是这样，最后一笔付款应该是正常的月付款加上最终余额。

提示：编写一个循环显示此表格。由于每个月的月付款是相同的，因此应该在循环之前计算它。余额最初为贷款金额。对于循环中的每个迭代，计算利息和本金，并更新余额。循环可能如下所示：

```
for (i = 1; i <= numberOfYears * 12; i++)
{
  interest = monthlyInterestRate * balance;
  principal = monthlyPayment - interest;
  balance = balance - principal;
  cout << i << "\t\t" << interest
    << "\t\t" << principal << "\t\t"  << balance << endl;
}
```

*5.25 （演示抵消错误）当对非常小的数字和非常大的数字进行操作时，会发生抵消错误。较大的数字可能会抵消较小的数字。例如，100000000.0+0.000000001 的结果等于 100000000.0。为了避免抵消错误并获得更准确的结果，要仔细选择计算顺序。例如，在计算以下总和时，从右向左计算，而不是从左向右计算，可以获得更准确的结果：

$$1+\frac{1}{2}+\frac{1}{3}+\cdots+\frac{1}{n}$$

编写一个程序，比较上面序列从左到右和从右到左计算求和的结果，n=50000。

*5.26 （求序列的和）编写一个程序求以下总和：

$$\frac{1}{3}+\frac{3}{5}+\frac{5}{7}+\frac{7}{9}+\frac{9}{11}+\frac{11}{13}+\cdots+\frac{95}{97}+\frac{97}{99}$$

**5.27 （计算 π）可以用以下求和近似计算 π：

$$\pi = 4\left(1-\frac{1}{3}+\frac{1}{5}-\frac{1}{7}+\frac{1}{9}-\frac{1}{11}+\cdots\frac{(-1)^{i+1}}{+2i-1}\right)$$

编写一个程序，显示 i=10000，20000，…，100000 时的 π 值。

**5.28 （计算 e）可以用以下求和近似计算 e：

$$e = 1+\frac{1}{1!}+\frac{1}{2!}+\frac{1}{3!}+\frac{1}{4!}+\cdots+\frac{1}{i!}$$

编写一个程序，显示 i=10000，20000，…，100000 时的 e 值。（提示：因为 $i!=i\times(i-1)\times\cdots\times$ 2×1，则 $\frac{1}{i!}=\frac{1}{i(i-1)!}$。将 e 和 item 初始化为 1，并持续向 e 添加一个新 item。新 item 是上一项除以 i 得到的，i=2，3，4，…）。

格式化数字，使其在小数点后显示 16 位数字。

**5.29 （显示闰年）编写一个程序，显示从 2001 年到 2100 年的所有闰年，每行显示 10 个，以一个空格分隔，并显示闰年总数。

**5.30 （显示每月的第一天是星期几）编写一个程序，提示用户输入年份和该年的第一天是星期几，显示一年中每个月的第一天是星期几。

例如，如果用户输入 2013 年，输入表示 2013 年 1 月 1 日星期二的 2，则程序应显示以下输出：

```
January 1, 2013 is Tuesday
...
December 1, 2013 is Sunday
```

**5.31 （显示日历）编写一个程序，提示用户输入年份和该年的第一天是星期几，并在控制台上显示年份的日历表。例如，如果用户输入 2013 年，输入表示 2013 年 1 月 1 日星期二的 2，则程序应显示该年每个月的日历，如下所示：

January 2013						
Sun	Mon	Tue	Wed	Thu	Fri	Sat
		1	2	3	4	5
6	7	8	9	10	11	12
13	14	15	16	17	18	19
20	21	22	23	24	25	26
27	28	29	30	31		
...						

December 2013						
Sun	Mon	Tue	Wed	Thu	Fri	Sat
1	2	3	4	5	6	7
8	9	10	11	12	13	14
15	16	17	18	19	20	21
22	23	24	25	26	27	28
29	30	31				
...						

*5.32 (金融应用：复利终值) 假设你每月将 100 美元存入一个年利率为 5% 的储蓄账户。因此，月利率为 0.05/12=0.00417。第一个月后，账户中的值变为

```
100 * (1 + 0.00417) = 100.417
```

第二个月后，账户中的值变为

```
(100 + 100.417) * (1 + 0.00417) = 201.252
```

第三个月后，账户中的值变为

```
1 (100 + 201.252) * (1+0.00417) = 302.507
```

以此类推。

编写一个程序，提示用户输入金额（例如 100.56）、年利率（例如 5.25（%））和月数（例如 6），并在给定月份后显示储蓄账户中的金额。

```
Sample Run for Exercise05_32.cpp
Enter input data for the program (Sample data provided below. You may modify it.)
100.56 5.25 6

Show the Sample Output Using the Preceeding Input    Reset

Execution Result:
command>Exercise05_32
Enter the amount to be saved for each month: 100.56
Enter the annual interest rate: 5.25
Enter the number of months: 6
After the 6.00th month, the account value is 612.67

command>
```

*5.33 (金融应用：计算 CD 价值) 假设你用 10000 美元投资一张 CD，年收益率为 5.75%。一个月后，CD 价值为

```
10000 + 10000 * 5.75 / 1200 = 10047.91
```

两个月后，CD 价值为

```
10047.91 + 10047.91 * 5.75 / 1200 = 10096.06
```

三个月后，CD 价值为

```
10096.06 + 10096.06 * 5.75 / 1200 = 10144.43
```

以此类推。

编写一个程序，提示用户输入金额（例如 10000.54）、年收益率（例如 5.75（%））和月数（例如 18），显示示例运行中的表格。

```
Sample Run for Exercise05_33.cpp
Enter input data for the program (Sample data provided below. You may modify it.)
10000.54 5.75 18

Show the Sample Output Using the Preceeding Input    Reset

Execution Result:
command>Exercise05_33
Enter the initial deposit amount: 10000.54
```

```
Enter annual percentage yield: 5.75
Enter maturity period (number of months): 18
Month          CD Value
1              10048.46
2              10096.61
3              10144.99
4              10193.60
5              10242.44
6              10291.52
7              10340.84
8              10390.39
9              10440.17
10             10490.20
11             10540.46
12             10590.97
13             10641.72
14             10692.71
15             10743.95
16             10795.43
17             10847.16
18             10899.13

command>
```

**5.34 （游戏：彩票）修改 LiveExample 3.7，生成一个两位数的彩票。数字中的两个数字不相同。（提示：生成第一个数字，然后用循环重复生成第二个数字直到它与第一个数字不同。）

**5.35 （完全数）如果一个正整数等于其所有正除数（不包括其自身）之和，则称其为完全数。例如，6 是第一个完全数，因为 6=3+2+1，下一个完全数是 28=14+7+4+2+1。一共有四个小于 10000 的完全数。编写一个程序查找这四个数字。

***5.36 （游戏：剪刀、石头、布）编程练习 3.15 给出了一个玩剪刀石头布游戏的程序。修改程序，让用户反复玩这个游戏，直到用户或计算机赢了对手两次以上为止。

*5.37 （求和）编写一个程序计算以下求和。

$$\frac{1}{1+\sqrt{2}} + \frac{1}{\sqrt{2}+\sqrt{3}} + \frac{1}{\sqrt{3}+\sqrt{4}} + \cdots + \frac{1}{\sqrt{624}+\sqrt{625}}$$

**5.38 （商业应用：检查 ISBN）使用循环简化编程练习 3.35。

Sample Run for Exercise05_38.cpp

Enter input data for the program (Sample data provided below. You may modify it.)

343123298

Show the Sample Output Using the Preceeding Input   Reset

Execution Result:

```
command>Exercise05_38
Enter the first 9-digit of an ISBN number as a string: 343123298
The ISBN number is 3431232981

command>
```

*5.39 （金融应用：求销售额）假定你刚刚在一家百货公司开始销售工作。你的工资包括基本工资和佣金。基本工资为 5000 美元。以下所示方案用于确定佣金率：

销售额	佣金率
0.01 ～ 5000 美元	8%
5000.01 ～ 10000 美元	10%
10000.01 美元及以上	12%

注意, 这是一个分级佣金率。前 5000 美元的佣金率为 8%, 接下来 5000 美元为 10%, 其余为 12%。如果销售额为 25000 美元, 佣金为 5000 美元 *8%+5000 美元 *10%+15000 美元 *12%=2700 美元。

你的目标是年薪 30000 美元。编写一个程序, 使用 do-while 循环求你为了赚取 30000 美元而必须完成的最小销售额。

5.40 (模拟: 正面或反面) 编写一个程序, 模拟抛掷硬币 100 万次, 显示正面和反面的数量。

*5.41 (最大数的出现次数) 编写一个程序, 读取整数, 找出其中最大的整数, 并统计其出现次数。假设输入以数字 0 结束。假设输入的是 3 5 2 5 5 5 0; 程序找出最大数为 5, 5 的出现次数为 4。

(提示: 维护两个变量 max 和 count。max 存储当前最大数, count 存储其出现次数。最初, 将第一个数字赋给 max, 将 1 赋给 count。将每个后续数字与 max 进行比较。如果数字大于 max, 则将其指定为 max, 并将 count 重置为 1。如果数字等于 max, 将 count 递增 1。)

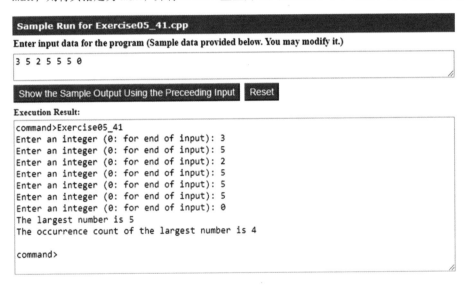

*5.42 (金融应用: 求销售额) 如下所示, 重写编程练习 5.39:
- 使用 for 循环而不是 do-while 循环。
- 让用户输入年薪 COMMISSION_SOUGHT, 而不是将其固定为常量。

*5.43 (数学: 组合) 编写一个程序, 显示从整数 1 到 7 中选取两个数字的所有可能组合。同时显示所有组合的总数。

```
1 2
1 3
...
...
The total number of all combinations is 21
```

*5.44 (计算机架构: 位级操作) short 值以 16 位存储。编写一个程序, 提示用户输入一个 short 整数并显示该整数的 16 位形式。

Sample Run for Exercise05_44.cpp
Enter input data for the program (Sample data provided below. You may modify it.)

5

```
Show the Sample Output Using the Preceeding Input    Reset

Execution Result:
command>Exercise05_44
Enter an integer: 5
The 16 bits are 0000000000000101

command>
```

（提示：需要使用按位右移运算符（>>）和按位与运算符（&），见附录 E。）

**5.45 （统计：计算均值和标准差）在商业应用中，经常被要求计算数据的均值和标准差。均值就是这些数字的平均值。标准差是一个统计量，它说明一组数据中所有不同的数围绕数据均值聚集的紧密程度。例如，一个班级里学生的平均年龄是多少？年龄有多近？如果所有学生年龄相同，则偏差为 0。

编写一个程序，提示用户输入 10 个数字，并使用以下公式显示这些数字的均值和标准差：

$$\text{均值} = \frac{\sum\limits_{i=1}^{n} x_i}{n} = \frac{x_1 + x_2 + \cdots + x_n}{n}, \text{标准差} = \sqrt{\frac{\sum\limits_{i=1}^{n} x_i^2 - \frac{\left(\sum\limits_{i=1}^{n} x_i\right)^2}{n}}{n-1}}$$

下面是一个运行示例：

```
Sample Run for Exercise05_45.cpp
Enter input data for the program (Sample data provided below. You may modify it.)
1 2 3 4.5 5.6 6 7 8 9 10

Show the Sample Output Using the Preceeding Input    Reset

Execution Result:
command>Exercise05_45
Enter ten numbers: 1 2 3 4.5 5.6 6 7 8 9 10
The mean is 5.61
The standard deviation is 2.99794

command>
```

*5.46 （反转字符串）编写一个程序，提示用户输入字符串并以相反顺序显示字符串。

```
Sample Run for Exercise05_46.cpp
Enter input data for the program (Sample data provided below. You may modify it.)
ABCD

Show the Sample Output Using the Preceeding Input    Reset

Execution Result:
command>Exercise05_46
Enter a string: ABCD
The reversed string is DCBA

command>
```

*5.47 （商业：检查 ISBN-13）ISBN-13 是识别书籍的新标准。它使用 13 位数字 $d_1 d_2 d_3 d_4 d_5 d_6 d_7 d_8 d_9 d_{10} d_{11} d_{12} d_{13}$。最后一个数字 d_{13} 是校验和，用以下公式从其他数字中计算得出：

$$10-(d_1+d_2+d_3+d_4+d_5+d_6+d_7+d_8+d_9+d_{10}+d_{11}+d_{12})\%10$$

如果校验和为 10，则将其替换为 0。程序以字符串的形式读取输入。

Sample Run for Exercise05_47.cpp

Enter input data for the program (Sample data provided below. You may modify it.)

```
978013213080
```

Show the Sample Output Using the Preceeding Input　Reset

Execution Result:

```
command>Exercise05_47
Enter the first 12-digit of an ISBN number as a string: 978013213080
The ISBN number is 9780132130808

command>
```

---

*5.48 （处理字符串）编写一个程序，提示用户输入字符串并显示奇数位置的字符。

Sample Run for Exercise05_48.cpp

Enter input data for the program (Sample data provided below. You may modify it.)

```
Beijing Chicago
```

Show the Sample Output Using the Preceeding Input　Reset

Execution Result:

```
command>Exercise05_48
Enter a string: Beijing Chicago
ejn hcg

command>
```

---

*5.49 （统计元音和辅音）字母 A/a、E/e、I/i、O/o 和 U/u 为元音。编写一个程序，提示用户输入一个字符串，显示字符串中元音和辅音的数量。

Sample Run for Exercise05_49.cpp

Enter input data for the program (Sample data provided below. You may modify it.)

```
Programming is fun
```

Show the Sample Output Using the Preceeding Input　Reset

Execution Result:

```
command>Exercise05_49
Enter a string: Programming is fun
The number of vowels is 5
The number of consonants is 11

command>
```

---

*5.50 （统计大写字母）编写一个程序，提示用户输入字符串并显示字符串中大写字母的数量。

Sample Run for Exercise05_50.cpp

Enter input data for the program (Sample data provided below. You may modify it.)

```
Welcome
```

```
Show the Sample Output Using the Preceeding Input    Reset
Execution Result:
command>Exercise05_50
Enter a string: Welcome
The number of uppercase letter in Welcome is 1

command>
```

*5.51 （最长公共前缀）编写一个程序，提示用户输入两个字符串并显示两个字符串的最长公共前缀。

```
Sample Run for Exercise05_51.cpp
Enter input data for the program (Sample data provided below. You may modify it.)
Welcome to Java
Welcome to C++

Show the Sample Output Using the Preceeding Input    Reset
Execution Result:
command>Exercise05_51
Enter s1: Welcome to Java
Enter s2: Welcome to C++
The common prefix is Welcome to

command>
```

**5.52 （统计文件中的字母数）编写一个程序，统计名为 countletters.txt 的文件中的字母数。

**5.53 （检查密码）一些网站对密码规定了某些规则。假设密码规则如下：
- 密码必须至少包含八个字符。
- 密码只能由字母和数字组成。
- 密码必须至少包含两位数字。

编写一个程序，提示用户输入密码，如果遵循规则，则显示 valid password（有效密码），否则显示 invalid password（无效密码）。

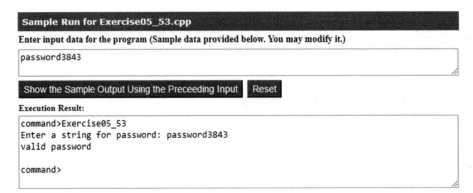

```
Sample Run for Exercise05_53.cpp
Enter input data for the program (Sample data provided below. You may modify it.)
password3843

Show the Sample Output Using the Preceeding Input    Reset
Execution Result:
command>Exercise05_53
Enter a string for password: password3843
valid password

command>
```

*5.54 （是否递增？）编写一个程序，从名为 input.txt 的文件中读取整数。并检查数字是否按递增顺序排列。

函　数

学习目标

1. 用形式参数定义函数（6.2 节）。

2. 定义 / 调用值返回函数（6.3 节）。

3. 定义 / 调用 void 函数（6.4 节）。

4. 通过值传递参数（6.5 节）。

5. 开发模块化、易于阅读、易于调试和易于维护的可重用代码（6.6 节）。

6. 使用函数重载并理解歧义的重载（6.7 节）。

7. 使用函数原型声明函数头（6.8 节）。

8. 用默认参数定义函数（6.9 节）。

9. 使用内联函数提高短函数的运行效率（6.10 节）。

10. 确定局部、局部静态和全局变量的作用域（6.11 节）。

11. 通过引用传递参数，并了解值传递和引用传递之间的差异（6.12 节）。

12. 声明 const 参数以防止它们被意外修改（6.13 节）。

13. 编写将十六进制数转换为十进制数的函数（6.14 节）。

14. 使用逐步细化的方式设计和实现函数（6.15 节）。

6.1　简介

要点提示：函数可以定义可重用代码、组织和简化代码。

假设你需要分别求 1 到 10、20 到 37 和 35 到 49 的整数之和。可以按如下方式编写代码：

```
int sum = 0;
for (int i = 1; i <= 10; i++)
  sum += i;
cout << "Sum from 1 to 10 is " << sum << endl;
sum = 0;
for (int i = 20; i <= 37; i++)
  sum += i;
cout << "Sum from 20 to 37 is " << sum << endl;
sum = 0;
for (int i = 35; i <= 49; i++)
  sum += i;
cout << "Sum from 35 to 49 is " << sum << endl;
```

你可能已经注意到，计算从 1 到 10、从 20 到 37、从 35 到 49 的和非常相似，只是开始和结束的整数不同。如果我们编写通用代码并重用它，不是很好吗？我们可以通过定义并调用函数来实现。

上述代码可以简化如下。

　　CodeAnimation 的互动程序请访问 https://liangcpp.pearsoncmg.com/codeanimation5ecpp/
FunctionDemo.html，LiveExample 的互动程序请访问 https://liangcpp.pearsoncmg.com/
LiveRunCpp5e/faces/LiveExample.xhtml?header=on&programName=FunctionDemo&program
Height=360&resultHeight=190。

LiveExample: FunctionDemo.cpp

Source Code Editor:

```
1   #include <iostream>
2   using namespace std;
3
4   int sum(int i1, int i2)
5   {
6     int sum = 0;
7     for (int i = i1; i <= i2; i++)
8       sum += i;
9
10    return sum;
11  }
12
13  int main()
14  {
15    cout << "Sum from 1 to 10 is " << sum(1, 10) << endl;
16    cout << "Sum from 20 to 37 is " << sum(20, 37) << endl;
17    cout << "Sum from 35 to 49 is " << sum(35, 49) << endl;
18
19    return 0;
20  }
```

| Automatic Check | Compile/Run | Reset | Answer | | Choose a Compiler: VC++ ✔ |

Execution Result:

```
command>cl FunctionDemo.cpp
Microsoft C++ Compiler 2019
Compiled successful (cl is the VC++ compile/link command)

command>FunctionDemo
Sum from 1 to 10 is 55
Sum from 20 to 37 is 513
Sum from 35 to 49 is 630

command>
```

　　第 4 ～ 11 行定义了名为 sum 的函数，带有两个参数 i1 和 i2。main 函数中的语句调用 sum(1, 10) 计算从 1 到 10 的和，sum(20, 37) 计算 20 到 37 的和，而 sum(35, 49) 计算 35 到 49 的和。

　　函数是分组在一起执行某些操作的语句的集合。在前面章节中，我们学习了 pow(a, b)、rand()、srand(seed)、time(0) 和 main() 等函数。例如，当调用 pow(a, b) 函数时，系统会执行函数中的语句并返回结果。在本章中，将学习如何定义和使用函数，以及如何应用函数抽象来解决复杂问题。

6.2 定义函数

要点提示：函数定义由函数名、参数、返回值类型和函数体组成。

定义函数的语法如下：

```
返回值类型 函数名 (参数列表)
{
    // 函数体 ;
}
```

我们来看创建的一个函数，它可以找出两个整数中哪个数更大。这个名为 max 的函数有两个 int 型的参数 num1 和 num2，函数返回其中较大的一个。图 6.1 说明了此函数的结构。

定义函数　　　　　　　　　　　　　　　调用函数

```
int max(int num1, int num2)
{
  int result;

  if (num1 > num2)
    result = num1;
  else
    result = num2;

  return result;
}
```

```
int z = max(x, y);
```

1. 函数名是什么？ `Check`
2. 形式参数是什么？ `Check`
3. 参数列表是什么？ `Check`
4. 函数签名是什么？ `Check`
5. 返回值类型是什么？ `Check`
6. 函数头是什么？ `Check`
7. 函数体是什么？ `Check`
8. 函数在哪儿返回值？ `Check`
9. 实际参数是什么？ `Check`

图 6.1

函数头指定函数的返回值类型、函数名和参数。

函数可以返回值。返回值类型是该值的数据类型。有些函数执行所需的操作并不返回值。在这种情况下，返回值类型是关键字 void。例如，srand 函数中的返回值类型为 void。有返回值的函数称为**值返回函数**，不返回值的函数称为 void 函数。

函数头中声明的变量称为**形式参数**或简单地叫作**形参**。形参就像占位符。调用函数时，将向形参传递一个值。此值称为**实际参数**或**实参**。参数列表指示函数参数的类型、顺序和数量。函数名和参数列表一起构成**函数签名**。参数是可选的，也就是说，函数可以不包含参数。例如，rand() 函数没有参数。

函数体包含定义函数功能的语句集合。max 函数的函数体使用 if 语句确定哪个数字更大，并返回该数字的值。值返回函数需要使用关键字 return 的返回语句来返回结果。函数在执行返回语句时退出。

警告：在函数头中，需要分别声明各个参数。例如，max(int num1, int num2) 是正确的，但 max(int num1, num2) 是错误的。

6.3 调用函数

要点提示：调用函数将执行函数中的代码。

在创建函数时，需要定义它应该做什么。要使用函数，必须调用它。调用该函数的程序称为调用者。根据函数是否返回值，有两种方法调用函数。

如果函数返回一个值，对该函数的调用通常被视为一个值处理。例如

```
int larger = max(3, 4);
```

调用 max(3, 4) 并将函数的结果赋值给 larger 变量。此类调用的另一个示例是

```
cout << max(3, 4);
```

此语句打印函数调用 max(3, 4) 的返回值。

注意：值返回函数也可以作为 C++ 的语句被调用。在这种情况下，调用者忽略返回值。这种情况不经常发生，但如果调用者对返回值不感兴趣，则可以这样做。

当程序调用函数时，程序控制权被转移到被调用的函数。被调用的函数被执行。被调用函数在执行其返回语句或到达函数结束的右花括号时将控制权返回给调用者。

LiveExample 6.1 显示了一个用于测试 max 函数的完整程序。

CodeAnimation 6.1 的互动程序请访问 https://liangcpp.pearsoncmg.com/codeanimation5ecpp/TestMax.html，LiveExample 6.1 的互动程序请访问 https://liangcpp.pearsoncmg.com/Live-RunCpp5e/faces/LiveExample.xhtml?header=off&programName=TestMax&programHeight=460&resultHeight=160。

LiveExample 6.1   TestMax.cpp

Source Code Editor:

```
 1  #include <iostream>
 2  using namespace std;
 3
 4  // Return the max between two numbers
 5  int max(int num1, int num2)
 6  {
 7    int result;
 8
 9    if (num1 > num2)
10      result = num1;
11    else
12      result = num2;
13
14    return result;
15  }
16
```

```
17  int main()
18  {
19    int i = 5;
20    int j = 2;
21    int k = max(i, j);
22    cout << "The maximum between " << i <<
23      " and " << j << " is " << k << endl;
24
25    return 0;
26  }
```

Automatic Check   Compile/Run   Reset   Answer   Choose a Compiler: VC++ ✓

Execution Result:

```
command>cl TestMax.cpp
Microsoft C++ Compiler 2019
Compiled successful (cl is the VC++ compile/link command)

command>TestMax
The maximum between 5 and 2 is 5

command>
```

该程序包含 max 函数和 main 函数。main 函数与任何其他函数一样，只是它由操作系统调用执行。所有其他函数必须由函数调用语句执行。

函数必须在调用之前定义。由于 max 函数是由 main 函数调用的，因此必须在 main 函数之前定义它。

当调用 max 函数时（第 21 行），变量 i 的值 5 被传递给 max 函数中的 num1，变量 j 的值 2 被传递给 num2。控制流转移到 max 函数，max 函数被执行。当执行 max 函数中的 return 语句时，max 函数将控制权返回给其调用者（在本例中，调用者是 main 函数）。该过程如图 6.2 所示。

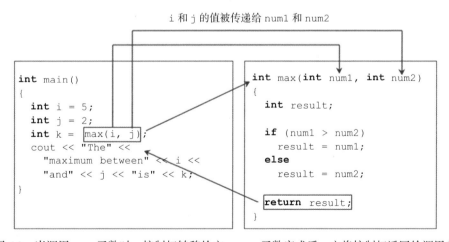

图 6.2 当调用 max 函数时，控制权转移给它。max 函数完成后，它将控制权返回给调用者

每次调用函数时，系统都会创建一个活动记录（也称为活动帧），用于存储函数的参数

和变量，活动记录放在称为调用栈的内存区域中。调用栈也称为执行栈、运行时栈或机器栈，或者通常简称为"栈"。当函数调用另一个函数时，调用者的活动记录保持不变，并为新函数调用创建新的活动记录。当函数完成其工作并将控制权返回给其调用者时，其活动记录将从调用栈中删除。

调用栈以后进先出的方式存储活动记录。最后调用的函数的活动记录首先从栈中删除。假设函数 f1 调用函数 f2，然后 f2 调用 f3。运行时系统将 f1 的活动记录压入栈中，然后是 f2，最后是 f3。f3 完成后，其活动记录从栈中删除。f2 完成后，其活动记录从栈中删除。f1 完成后，其活动记录从栈中删除。

理解调用栈有助于我们理解函数是如何调用的。main 函数中定义的变量是 i、j 和 k。max 函数中定义了变量 num1、num2 和 result。变量 num1 和 num2 在函数签名中定义，是函数的参数。它们的值通过函数调用传递。图 6.3 显示了栈中的活动记录。

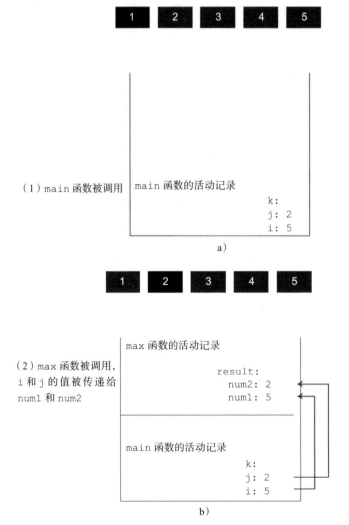

图 6.3   当调用 max 函数时，控制流转移到 max 函数。max 函数完成后，它将控制权返回给调用者

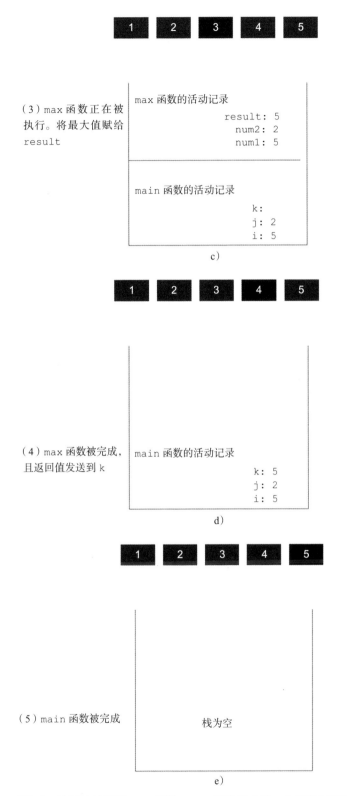

（3）max 函数正在被
执行。将最大值赋给
result

　max 函数的活动记录

　　　　　　result：5
　　　　　　num2：2
　　　　　　num1：5

　main 函数的活动记录

　　　　　　　　k：
　　　　　　　　j：2
　　　　　　　　i：5

c)

（4）max 函数被完成，
且返回值发送到 k

main 函数的活动记录

　　　　　　　k：5
　　　　　　　j：2
　　　　　　　i：5

d)

（5）main 函数被完成

栈为空

e)

图 6.3　当调用 max 函数时，控制流转移到 max 函数。max 函数完成后，它将控制权返回给调用者（续）

6.4 void 函数

要点提示： void 函数不返回值。

上一节给出了一个值返回函数的示例。本节介绍如何定义和调用 void 函数。LiveExample 6.2 给出了一个程序，该程序定义了一个名为 printGrade 的函数，并调用它来打印给定分数的等级。

CodeAnimation 6.2 的互动程序请访问 https://liangcpp.pearsoncmg.com/codeanimation5ecpp/TestVoidFunction.html，LiveExample 6.2 的互动程序请访问 https://liangcpp.pearsoncmg.com/LiveRunCpp5e/faces/LiveExample.xhtml?header=off&programName=TestVoidFunction&programHeight=500&resultHeight=180。

LiveExample 6.2 TestVoidFunction.cpp

Source Code Editor:

```
1  #include <iostream>
2  using namespace std;
3
4  // Print grade for the score
5  void printGrade(double score)
6  {
7    if (score >= 90.0)
8      cout << 'A' << endl;
9    else if (score >= 80.0)
10     cout << 'B' << endl;
11   else if (score >= 70.0)
12     cout << 'C' << endl;
13   else if (score >= 60.0)
14     cout << 'D' << endl;
15   else
16     cout << 'F' << endl;
17 }
18
19 int main()
20 {
21   cout << "Enter a score: ";
22   double score;
23   cin >> score;
24
25   cout << "The grade is ";
26   printGrade(score);
27
28   return 0;
29 }
```

Enter input data for the program (Sample data provided below. You may modify it.)

```
78.5
```

| Automatic Check | Compile/Run | Reset | Answer | Choose a Compiler: VC++ ∨ |

Execution Result:

```
command>cl TestVoidFunction.cpp
Microsoft C++ Compiler 2019
```

```
Compiled successful (cl is the VC++ compile/link command)

command>TestVoidFunction
Enter a score: 78.5
The grade is C

command>
```

printGrade 函数是一个 void 函数，它不返回任何值。对 void 函数的调用必须是语句。因此，它在 main 函数的第 26 行作为语句被调用。与任何 C++ 语句一样，它以分号结尾。

要查看 void 和值返回函数之间的差异，我们重新设计 printGrade 函数以返回值。我们调用返回等级的新函数，如 LiveExample 6.3 中的 getGrade 所示。

CodeAnimation 6.3 的互动程序请访问 https://liangcpp.pearsoncmg.com/codeanimation5ecpp/ TestReturnGradeFunction.html，LiveExample 6.3 的互动程序请访问 https://liangcpp.pearsoncmg. com/LiveRunCpp5e/faces/LiveExample.xhtml?header=off&programName=TestReturnGradeFun ction&programHeight=500&resultHeight=180。

LiveExample 6.3   TestReturnGradeFunction.cpp

Source Code Editor:

```cpp
1    #include <iostream>
2    using namespace std;
3
4    // Return the grade for the score
5    char getGrade(double score)
6  - {
7      if (score >= 90.0)
8        return 'A';
9      else if (score >= 80.0)
10       return 'B';
11     else if (score >= 70.0)
12       return 'C';
13     else if (score >= 60.0)
14       return 'D';
15     else
16       return 'F';
17   }
18
19   int main()
20 - {
21     cout << "Enter a score: ";
22     double score;
23     cin >> score;
24
25     cout << "The grade is ";
26     cout << getGrade(score) << endl;
27
28     return 0;
29   }
```

Enter input data for the program (Sample data provided below. You may modify it.)

```
78.5
```

| Automatic Check | Compile/Run | Reset | Answer | Choose a Compiler: | VC++ ∨ |

Execution Result:

```
command>cl TestReturnGradeFunction.cpp
Microsoft C++ Compiler 2019
Compiled successful (cl is the VC++ compile/link command)

command>TestReturnGradeFunction
Enter a score: 78.5
The grade is C

command>
```

第 5 ~ 17 行中定义的 getGrade 函数根据数字分数值返回字符等级。调用者在第 26 行调用此函数。

调用者可以在任何可能出现字符的地方调用 getGrade 函数。printGrade 函数不返回任何值，它必须作为语句调用。

注意： void 函数不需要 return 语句，但 return 语句可以用来终止函数并将控制权返回给函数的调用者。语法很简单

```
return;
```

这种用法很少见，但有时对于绕过 void 函数中的正常控制流很有用。例如，以下代码有一个 return 语句，用于在分数无效时终止函数。

```cpp
// Print grade for the score
void printGrade(double score)
{
  if (score < 0 || score > 100)
  {
    cout << "Invalid score";
    return;
  }
  if (score >= 90.0)
    cout << 'A';
  else if (score >= 80.0)
    cout << 'B';
  else if (score >= 70.0)
    cout << 'C';
  else if (score >= 60.0)
    cout << 'D';
  else
    cout << 'F';
}
```

注意： 有时，如果出现异常情况，可能需要立即在函数中终止程序。这可以通过调用 cstdlib 头中定义的 exit(int) 函数实现。可以传递任何一个整数调用此函数，以指示程序中的错误。例如，如果传递给函数的分数无效，以下函数将终止程序。

```
// Print grade for the score
void printGrade(double score)
{
  if (score < 0 || score > 100)
  {
    cout << "Invalid score" << endl;
    exit(1);
  }
  if (score >= 90.0)
    cout << 'A';
  else if (score >= 80.0)
    cout << 'B';
  else if (score >= 70.0)
    cout << 'C';
  else if (score >= 60.0)
    cout << 'D';
  else
    cout << 'F';
}
```

6.5　通过值传递参数

要点提示：默认情况下，在调用函数时，实参通过值传递给形参。

函数的威力在于它处理参数的能力。可以用 max 函数查找任意两个 int 值之间的最大值。调用函数时，需要提供实参，这些实参必须与函数签名中各自形参的顺序相同。这称为参数顺序关联。例如，以下函数将字符打印 n 次：

```
void nPrint(char ch, int n)
{
  for (int i = 0; i < n; i++)
    cout << ch;
}
```

可以使用 nPrint('a', 3) 打印 'a' 三次。nPrint('a', 3) 语句将实际的 char 参数 'a' 传递给参数 ch；将 3 传递给 n；打印 'a' 三次。但语句 nPrint(3, 'a') 具有不同的含义。它传递 3 到 ch，传递 'a' 到 n。

6.6　模块化代码

要点提示：模块化使代码易于维护和调试，并使代码能够重用。

函数可减少冗余代码并实现代码重用。函数还可以模块化代码并提高程序质量。

LiveExample 5.10 给出了一个程序，提示用户输入两个整数并显示其最大公约数。你可以使用函数重写程序，如 LiveExample 6.4 所示。

CodeAnimation 6.4 的互动程序请访问 https://liangcpp.pearsoncmg.com/codeanimation5ecpp/GreatestCommonDivisorFunction.html，LiveExample 6.4 的互动程序请访问 https://liangcpp.pearsoncmg.com/LiveRunCpp5e/faces/LiveExample.xhtml?header=off&programName=GreatestCommonDivisorFunction&programHeight=600&resultHeight=200。

LiveExample 6.4　GreatestCommonDivisorFunction.cpp

Source Code Editor:

```
1  #include <iostream>
2  using namespace std;
```

```
 3
 4    // Return the gcd of two integers
 5    int gcd(int n1, int n2)
 6  ▾ {
 7      int gcd = 1; // Initial gcd is 1
 8      int k = 2;   // Possible gcd
 9
10      while (k <= n1 && k <= n2)
11  ▾   {
12        if (n1 % k == 0 && n2 % k == 0)
13          gcd = k; // Update gcd
14        k++;
15      }
16
17      return gcd; // Return gcd
18    }
19
20    int main()
21  ▾ {
22      // Prompt the user to enter two integers
23      cout << "Enter first integer: ";
24      int n1;
25      cin >> n1;
26
27      cout << "Enter second integer: ";
28      int n2;
29      cin >> n2;
30
31      cout << "The greatest common divisor for " << n1 <<
32        " and " << n2 << " is " << gcd(n1, n2) << endl;
33
34      return 0;
35    }
```

Enter input data for the program (Sample data provided below. You may modify it.)

```
45 75
```

[Automatic Check] [Compile/Run] [Reset] [Answer]   Choose a Compiler: [VC++ ▾]

Execution Result:

```
command>cl GreatestCommonDivisorFunction.cpp
Microsoft C++ Compiler 2019
Compiled successful (cl is the VC++ compile/link command)

command>GreatestCommonDivisorFunction
Enter first integer: 45
Enter second integer: 75
The greatest common divisor for 45 and 75 is 15

command>
```

　　将获取最大公约数的代码封装在函数中，该程序具有以下几个优点：

　　（1）它将计算最大公约数的问题与 main 函数中的其余代码隔离开来。因此，逻辑变得清晰，程序更容易阅读。

（2）如果计算最大公约数时出现错误，错误被限制在 gcd 函数中，从而缩小了调试范围。

（3） gcd 函数可以被其他程序重用。

CodeAnimation 6.5 应用代码模块化的概念改进 LiveExample5.16。该程序定义了两个新函数： isPrime 和 printPrimeNumbers。 isPrime 函数检查数字是否为质数， printPrimeNumbers 函数打印质数。

CodeAnimation 6.5 的互动程序请访问 https://liangcpp.pearsoncmg.com/codeanimation5ecpp/ PrimeNumberFunction.html， LiveExample 6.5 的互动程序请访问 https://liangcpp.pearsoncmg. com/LiveRunCpp5e/faces/LiveExample.xhtml?header=off&programName=PrimeNumberFuncti on&programHeight=920&resultHeight=240。

LiveExample 6.5　　PrimeNumberFunction.cpp

Source Code Editor:

```cpp
#include <iostream>
#include <iomanip>
using namespace std;

// Check whether number is prime
bool isPrime(int number)
{
  for (int divisor = 2; divisor <= number / 2; divisor++)
  {
    if (number % divisor == 0)
    {
      // If true, number is not prime
      return false; // number is not a prime
    }
  }

  return true; // number is prime
}

void printPrimeNumbers(int numberOfPrimes)
{
  const int NUMBER_OF_PRIMES_PER_LINE = 10; // Display 10 per line
  int count = 0; // Count the number of prime numbers
  int number = 2; // A number to be tested for primeness

  // Repeatedly find prime numbers
  while (count < numberOfPrimes)
  {
    // Print the prime number and increase the count
    if (isPrime(number))
    {
    count++; // Increase the count

      if (count % NUMBER_OF_PRIMES_PER_LINE == 0)
      {
        // Print the number and advance to the new line
        cout << setw(4) << number << endl;
      }
      else
```

```
40          cout << setw(4) << number;
41        }
42
43        // Check if the next number is prime
44        number++;
45      }
46  }
47
48  int main()
49 ▾ {
50      cout << "The first 50 prime numbers are \n";
51      printPrimeNumbers(50);
52
53      return 0;
54  }
```

| Automatic Check | Compile/Run | Reset | Answer | Choose a Compiler: VC++ ▾ |

Execution Result:

```
command>cl PrimeNumberFunction.cpp
Microsoft C++ Compiler 2019
Compiled successful (cl is the VC++ compile/link command)

command>PrimeNumberFunction
The first 50 prime numbers are
   2    3    5    7   11   13   17   19   23   29
  31   37   41   43   47   53   59   61   67   71
  73   79   83   89   97  101  103  107  109  113
 127  131  137  139  149  151  157  163  167  173
 179  181  191  193  197  199  211  223  227  229

command>
```

　　我们把一个大问题分成两个子问题。因此，新程序更易于阅读和调试。此外，函数 `printPrimeNumbers` 和 `isPrime` 可以被其他程序重用。

6.7　重载函数

　　要点提示：重载函数使你可以定义具有相同名称的函数，只要它们的参数列表不同。

　　前面使用的 max 函数仅适用于 int 数据类型。但是，如果需要确定两个浮点数中哪一个的值较大，该怎么办？解决方案是创建另一个名称相同但参数不同的函数，如以下代码所示：

```
double max(double num1, double num2)
{
  if (num1 > num2)
    return num1;
  else
    return num2;
}
```

　　如果使用 int 参数调用 max，则将调用需要 int 参数的 max 函数；如果使用 double 参数调用 max，则将调用需要 double 参数的 max 函数。这称为**函数重载**；也就是说，两个函数在一个文件中具有相同的名称但具有不同的参数列表。C++ 编译器根据函数签名确定使用哪个函数。

LiveExample 6.6 中的程序创建三个函数。第一个查找最大整数值，第二个查找最大双精度值，第三个查找三个双精度值中的最大值。这三个函数都命名为 max。

CodeAnimation 6.6 的互动程序请访问 https://liangcpp.pearsoncmg.com/codeanimation5ecpp/TestFunctionOverloading.html，LiveExample 6.6 的互动程序请访问 https://liangcpp.pearsoncmg.com/LiveRunCpp5e/faces/LiveExample.xhtml?header=off&programName=TestFunctionOverloading&programHeight=720&resultHeight=200。

LiveExample 6.6　TestFunctionOverloading.cpp

Source Code Editor:

```cpp
#include <iostream>
using namespace std;

// Return the max between two int values
int max(int num1, int num2)
{
  if (num1 > num2)
    return num1;
  else
    return num2;
}

// Find the max between two double values
double max(double num1, double num2)
{
  if (num1 > num2)
    return num1;
  else
    return num2;
}

// Return the max among three double values
double max(double num1, double num2, double num3)
{
  return max(max(num1, num2), num3);
}

int main()
{
  // Invoke the max function with int parameters
  cout << "The maximum between 3 and 4 is " << max(3, 4) << endl;

  // Invoke the max function with the double parameters
  cout << "The maximum between 3.0 and 5.4 is "
    << max(3.0, 5.4) << endl;

  // Invoke the max function with three double parameters
  cout << "The maximum between 3.0, 5.4, and 10.14 is "
    << max(3.0, 5.4, 10.14) << endl;

  return 0;
}
```

| Automatic Check | Compile/Run | Reset | Answer | Choose a Compiler: | VC++ ∨ |

Execution Result:

```
command>cl TestFunctionOverloading.cpp
Microsoft C++ Compiler 2019
Compiled successful (cl is the VC++ compile/link command)

command>TestFunctionOverloading
The maximum between 3 and 4 is 4
The maximum between 3.0 and 5.4 is 5.4
The maximum between 3.0, 5.4, and 10.14 is 10.14

command>
```

当调用 max(3, 4)（第 31 行）时，将调用查找两个整数中最大值的 max 函数。当调用 max(3.0, 5.4)（第 35 行）时，将调用查找两个双精度值中最大值的 max 函数。当调用 max(3.0, 5.4, 10.14)（第 39 行）时，将调用查找三个双精度值中最大值的 max 函数。

你能用一个 int 值和一个 double 值调用 max 函数吗，比如 max(2, 2.5)？如果可以，将调用哪一个 max 函数？第一个问题的答案是肯定的。第二个问题的答案是调用查找两个 double 值中最大值的 max 函数。参数值 2 自动转换为 double 值并传递给此函数。

你可能想知道为什么没有为调用 max(3, 4) 而调用函数 max(double, double)。max(double, double) 和 max(int, int) 都可能与 max(3, 4) 匹配。C++ 编译器为函数调用查找最准确的函数。由于函数 max(int, int) 比 max(double, double) 更准确，因此为 max(3, 4) 调用 max(int, int)。

提示：重载函数可以使程序更加清晰易读。使用不同类型的参数执行相同任务的函数应具有相同的名称。

注意：重载函数必须具有不同的参数列表。不能基于不同的返回类型重载函数。

有时函数调用可能有两个或多个匹配项，编译器无法确定最准确的匹配项。这称为**歧义调用**。歧义调用会导致编译错误。考虑以下代码。

下面 LiveExample 的互动程序请访问 https://liangcpp.pearsoncmg.com/LiveRunCpp5e/faces/LiveExample.xhtml?header=on&programName=AmbiguousOverloading&programHeight=420&resultHeight=200。

LiveExample: AmbiguousOverloading.cpp

Source Code Editor:

```
 1  #include <iostream>
 2  using namespace std;
 3
 4  int maxNumber(int num1, double num2)
 5  {
 6    if (num1 > num2)
 7      return num1;
 8    else
 9      return num2;
10  }
11
12  double maxNumber(double num1, int num2)
```

```
13 ▾ {
14      if (num1 > num2)
15        return num1;
16      else
17        return num2;
18   }
19
20   int main()
21 ▾ {
22      cout << maxNumber(1, 2) << endl;
23      return 0;
24   }
```

Compile/Run   Reset   Choose a Compiler: VC++ ✔

Execution Result:

```
command>cl AmbiguousOverloading.cpp
Microsoft C++ Compiler 2019
AmbiguousOverloading.cpp
AmbiguousOverloading.cpp(22): error C2666: 'maxNumber': 2 overloads have similar
conversions
AmbiguousOverloading.cpp(12): note: could be 'double maxNumber(double,int)'
AmbiguousOverloading.cpp(4): note: or        'int maxNumber(int,double)'
AmbiguousOverloading.cpp(22): note: while trying to match the argument list
'(int, int)'

command>
```

maxNumber(int, double) 和 maxNumber(double, int) 都是 maxNumber(1, 2) 的可能匹配候选项。由于两者都不是最准确的，因此调用存在歧义，会导致编译错误。

如果将 maxNumber(1, 2) 更改为 maxNumber(1, 2.0)，它将匹配第一个 maxNumber 函数。因此，不会出现编译错误。

警告：数学函数在 <cmath> 头文件中重载。例如，sin 有三个重载函数：

```
float sin(float)
double sin(double)
long double sin(long double)
```

6.8 函数原型

要点提示：函数原型声明函数而不必实现它。

在调用函数之前，必须声明其头。确保这一点的一种方法是将定义放在所有函数调用之前。另一种方法是在调用函数之前定义函数原型。函数原型，也称为**函数声明**，是不需要实现的函数头。其实现在之后的程序中给出。

LiveExample 6.7 使用函数原型重写了 LiveExample 6.6。第 5 ~ 7 行定义了三个 max 函数原型。这些函数之后在 main 函数中调用。这些函数在第 27、36 和 45 行中实现。

LiveExample 6.7 的互动程序请访问 https://liangcpp.pearsoncmg.com/LiveRunCpp5e/faces/LiveExample.xhtml?header=off&programName=TestFunctionPrototype&programHeight=830&resultHeight=190。

LiveExample 6.7   TestFunctionPrototype.cpp

Source Code Editor:

```cpp
1   #include <iostream>
2   using namespace std;
3
4   // Function prototype
5   int max(int num1, int num2);
6   double max(double num1, double num2);
7   double max(double num1, double num2, double num3);
8
9   int main()
10 ▾ {
11    // Invoke the max function with int parameters
12    cout << "The maximum between 3 and 4 is " <<
13      max(3, 4) << endl;
14
15    // Invoke the max function with the double parameters
16    cout << "The maximum between 3.0 and 5.4 is "
17      << max(3.0, 5.4) << endl;
18
19    // Invoke the max function with three double parameters
20    cout << "The maximum between 3.0, 5.4, and 10.14 is "
21      << max(3.0, 5.4, 10.14) << endl;
22
23    return 0;
24  }
25
26  // Return the max between two int values
27  int max(int num1, int num2)
28 ▾ {
29    if (num1 > num2)
30      return num1;
31    else
32      return num2;
33  }
34
35  // Find the max between two double values
36  double max(double num1, double num2)
37 ▾ {
38    if (num1 > num2)
39      return num1;
40    else
41      return num2;
42  }
43
44  // Return the max among three double values
45  double max(double num1, double num2, double num3)
46 ▾ {
47    return max(max(num1, num2), num3);
48  }
```

[Automatic Check] [Compile/Run] [Reset] [Answer]   Choose a Compiler: [VC++ ∨]

Execution Result:

```
command>cl TestFunctionPrototype.cpp
Microsoft C++ Compiler 2019
Compiled successful (cl is the VC++ compile/link command)
```

```
command>TestFunctionPrototype
The maximum between 3 and 4 is 4
The maximum between 3.0 and 5.4 is 5.4
The maximum between 3.0, 5.4, and 10.14 is 10.14

command>
```

提示：在原型中，不需要列出参数名，只需要列出参数类型。C++ 编译器忽略参数名。原型告诉编译器函数的名称、返回类型、参数数目和每个参数的类型。因此，第 5 ~ 7 行可以替换为

```
int max(int, int);
double max(double, double);
double max(double, double, double);
```

注意：我们说"定义函数"和"声明函数"。声明函数指定函数是什么，而不实现它。定义函数会给出实现该函数的函数体。

6.9　默认参数

要点提示：可以为函数中的参数定义默认值。

C++ 支持用默认参数值声明函数。在没有参数的情况下调用函数时，会将默认值传递给参数。

LiveExample 6.8 演示了如何用默认参数值声明函数以及如何调用这些函数。

CodeAnimation 6.7 的互动程序请访问 https://liangcpp.pearsoncmg.com/codeanimation5ecpp/ DefaultArgumentDemo.html，LiveExample 6.8 的互动程序请访问 https://liangcpp.pearsoncmg. com/LiveRunCpp5e/faces/LiveExample.xhtml?header=off&programName=DefaultArgumentDemo&programHeight=310&resultHeight=180。

LiveExample 6.8　DefaultArgumentDemo.cpp

Source Code Editor:

```
1  #include <iostream>
2  using namespace std;
3
4  // Display area of a circle
5  void printArea(double radius = 1) // Default radius is 1
6  {
7    double area = radius * radius * 3.14159;
8    cout << "area is " << area << endl;
9  }
10
11 int main()
12 {
13   printArea();
14   printArea(4);
15
16   return 0;
17 }
```

Automatic Check　Compile/Run　Reset　Answer　　Choose a Compiler: VC++ ✔

Execution Result:

```
command>cl DefaultArgumentDemo.cpp
Microsoft C++ Compiler 2019
Compiled successful (cl is the VC++ compile/link command)

command>DefaultArgumentDemo
area is 3.14159
area is 50.2654

command>
```

第 5 行声明带参数 `radius` 的 `printArea` 函数。`radius` 的默认值为 1。第 13 行调用函数时不传递参数。在这种情况下，将默认值 1 赋值给 `radius`。

当函数包含有默认值和无默认值的混合参数时，具有默认值的参数必须最后声明。例如，以下声明是非法的：

```
void t1(int x, int y = 0, int z); // Illegal
void t2(int x = 0, int y = 0, int z); // Illegal
```

但是，以下声明是可以的：

```
void t3(int x, int y = 0, int z = 0); // Legal
void t4(int x = 0, int y = 0, int z = 0); // Legal
```

当一个参数被省略时，它后面的所有参数也必须省略。例如，以下调用是非法的：

```
t3(1, , 20);
t4(, , 20);
```

但以下调用是可以的：

```
t3(1); // 参数 y 和 z 被赋为默认值
t4(1, 2); // 参数 z 被赋为默认值
```

6.10   内联函数

要点提示：C++ 提供内联函数，用于提高短函数的性能。

使用函数实现程序使程序易于阅读和维护，但函数调用涉及运行时开销（将参数和 CPU 寄存器内容压入栈中，以及在函数之间传递控制权）。C++ 提供**内联函数**避免函数调用的开销。内联函数不再通过调用使用，而是由编译器把函数代码逐行复制在每个内联调用点。要指定内联函数，需要在函数声明之前加上 `inline` 关键字，如 LiveExample 6.9 所示。

LiveExample 6.9 的互动程序请访问 https://liangcpp.pearsoncmg.com/LiveRunCpp5e/faces/LiveExample.xhtml?header=off&programName=InlineDemo&programHeight=320&resultHeight=210。

LiveExample 6.9   InlineDemo.cpp

Source Code Editor:

```
1  #include <iostream>
2  using namespace std;
3
```

```
 4  inline void f(int month, int year)
 5▾ {
 6    cout << "month is " << month << endl;
 7    cout << "year is " << year << endl;
 8  }
 9
10  int main()
11▾ {
12    int month = 10, year = 2008;
13    f(month, year);  // Invoke inline function
14    f( 9, 2010 );  // Invoke f with month 9 and year 2010
15
16    return 0;
17  }
```

[Automatic Check] [Compile/Run] [Reset] [Answer]　　　　Choose a Compiler: [VC++ ▾]

Execution Result:

```
command>cl InlineDemo.cpp
Microsoft C++ Compiler 2019
Compiled successful (cl is the VC++ compile/link command)

command>InlineDemo
month is 10
year is 2008
month is 9
year is 2010

command>
```

对编程而言，内联函数与常规函数相同，只是它们前面有 inline 关键字。但在内部，C++ 编译器通过复制内联函数代码将内联函数调用展开。因此，LiveExample 6.9 本质上等同于 LiveExample 6.10。

LiveExample 6.10 的互动程序请访问 https://liangcpp.pearsoncmg.com/LiveRunCpp5e/faces/LiveExample.xhtml?header=off&programName=InlineExpandedDemo&programHeight=240&resultHeight=210。

LiveExample 6.10　InlineExpandedDemo.cpp

Source Code Editor:

```
 1  #include <iostream>
 2  using namespace std;
 3
 4  int main()
 5▾ {
 6    int month = 10, year = 2008;
 7    cout << "month is " << month << endl;
 8    cout << "year is " << year << endl;
 9    cout << "month is " << 9 << endl;
10    cout << "year is " << 2010 << endl;
11
12    return 0;
13  }
```

| Automatic Check | Compile/Run | Reset | Choose a Compiler: VC++ ∨ |

Execution Result:

```
command>cl InlineExpandedDemo.cpp
Microsoft C++ Compiler 2019
Compiled successful (cl is the VC++ compile/link command)

command>InlineExpandedDemo
month is 10
year is 2008
month is 9
year is 2010

command>
```

注意：内联函数适用于短函数，但不适用于在程序中多个位置调用的长函数，因为制作多个副本会显著增加可执行代码的大小。因此，如果函数太长，C++ 允许编译器忽略 inline 关键字。所以，inline 关键字只是一个请求：编译器决定是执行还是忽略它。

6.11 局部、全局和静态局部变量

要点提示：在 C++ 中，变量可以声明为局部变量、全局变量或静态局部变量。

如 2.5 节所述，**变量的作用域**是程序中可以引用变量的区域。函数内定义的变量称为**局部变量**。C++ 还支持使用**全局变量**。它们是在所有函数之外声明的，并且可以被其作用域内的所有函数访问。局部变量没有默认值，但全局变量默认为零。

变量必须先声明，然后才能使用。局部变量的作用域从其声明开始，一直到包含该变量的块的末尾。全局变量的作用域从其声明开始，一直到程序结束。

参数实际上是一个局部变量。函数参数的作用域涵盖整个函数。

LiveExample 6.11 演示了局部和全局变量的作用域。

CodeAnimation 6.8 的互动程序请访问 https://liangcpp.pearsoncmg.com/codeanimation5ecpp/VariableScopeDemo.html，LiveExample 6.11 的互动程序请访问 https://liangcpp.pearsoncmg.com/LiveRunCpp5e/faces/LiveExample.xhtml?header=off&programName=VariableScopeDemo&programHeight=530&resultHeight=200。

LiveExample 6.11   VariableScopeDemo.cpp

Source Code Editor:

```cpp
1  #include <iostream>
2  using namespace std;
3
4  void t1(); // Function prototype
5  void t2(); // Function prototype
6
7  int main()
8  {
9      t1();
10     t2();
11
12     return 0;
13 }
```

```
14
15    int y; // Global int variable y, default to 0
16
17    void t1()
18 ▾  {
19      int x = 1;
20      cout << "x is " << x << endl;
21      cout << "y is " << y << endl;
22      x++;
23      y++;
24    }
25
26    void t2()
27 ▾  {
28      int x = 1;
29      cout << "x is " << x << endl;
30      cout << "y is " << y << endl;
31    }
```

Automatic Check   Compile/Run   Reset   Answer   Choose a Compiler: VC++ ∨

Execution Result:

```
command>cl VariableScopeDemo.cpp
Microsoft C++ Compiler 2019
Compiled successful (cl is the VC++ compile/link command)

command>VariableScopeDemo
x is 1
y is 0
x is 1
y is 1

command>
```

全局变量 y 在第 15 行中声明，默认值为 0。该变量在函数 t1 和 t2 中可以访问，但在 main 函数中不能访问，因为 main 函数是在声明 y 之前声明的。

当 main 函数在第 9 行中调用 t1() 时，全局变量 y 递增（第 23 行），在 t1 中变为 1。当 main 函数在第 10 行中调用 t2() 时，全局变量 y 为 1。

局部变量 x 在第 19 行的 t1 中声明，另一个在第 28 行的 t2 中声明。虽然它们的名称相同，但这两个变量是独立的。因此，在 t1 中 x 递增不会影响 t2 中定义的变量 x。

如果函数具有与全局变量同名的局部变量，则在函数中只能看到局部变量。

警告： 全局声明一个变量一次，然后在所有函数中使用它，这是个很吸引人的想法。但这是一种不好的做法，因为修改全局变量可能会引起难以调试的错误。应该**避免使用全局变量**。支持**使用全局常量**，因为常量永远不会更改。

6.11.1 for 循环中的变量作用域

在 for 循环头的初始操作部分声明的变量的作用域在整个循环中。但在 for 循环体中声明的变量的作用域限制在从其声明到包含该变量的块的末尾的循环体中，如图 6.4 所示。

通常可以接受在函数的不同非嵌套块中声明同名的局部变量，如图 6.5a 所示。但在嵌套块中两次声明局部变量并不是一个好的做法，即使 C++ 允许这样做，如图 6.5b 所示。在这种情况下，i 在函数块和 for 循环中声明。该程序可以编译和运行，但很容易出错。因此，应避免在嵌套块中声明相同的变量。

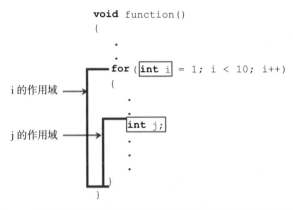

图 6.4   在 for 循环头的初始操作部分声明的变量的作用域在整个循环中

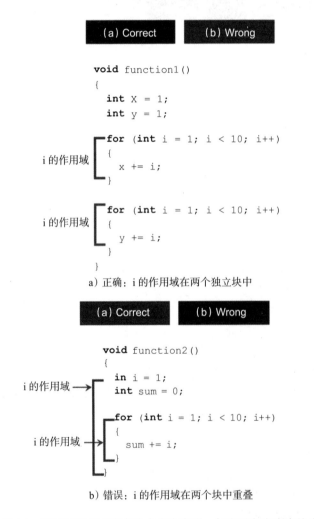

a) 正确：i 的作用域在两个独立块中

b) 错误：i 的作用域在两个块中重叠

图 6.5   变量可以在非嵌套块中多次声明，但应避免在嵌套块中声明

警告：不要在块内声明变量，而尝试在块外使用它。下面是一个常见错误的例子：

```
for (int i = 0; i < 10; i++)
{
}
cout << i << endl;
```

最后一个语句会导致语法错误，因为变量 i 在 for 循环之外没有定义。

6.11.2　静态局部变量

函数执行完，其所有局部变量都会被销毁。这些变量也称为**自动变量**。有时需要保留存储在局部变量中的值，以便在下次调用中使用。C++ 支持声明**静态局部变量**。静态局部变量在程序的生存期内持久地分配在内存中。要声明静态变量，需要用关键字 static。

LiveExample 6.12 演示如何使用静态局部变量。

CodeAnimation 6.9 的互动程序请访问 https://liangcpp.pearsoncmg.com/codeanimation5ecpp/StaticVariableDemo.html，LiveExample 6.12 的互动程序请访问 https://liangcpp.pearsoncmg.com/LiveRunCpp5e/faces/LiveExample.xhtml?header=off&programName=StaticVariableDemo&programHeight=390&resultHeight=210。

LiveExample 6.12　StaticVariableDemo.cpp

Source Code Editor:

```
1   #include <iostream>
2   using namespace std;
3
4   void t1(); // Function prototype
5
6   int main()
7   {
8     t1();
9     t1();
10
11    return 0;
12  }
13
14  void t1()
15  {
16    static int x = 1; // Declare local static variable
17    int y = 1;
18    x++;
19    y++;
20    cout << "x is " << x << endl;
21    cout << "y is " << y << endl;
22  }
```

Automatic Check　Compile/Run　Reset　Answer　　　　　Choose a Compiler: VC++ ▾

Execution Result:

```
command>cl StaticVariableDemo.cpp
Microsoft C++ Compiler 2019
Compiled successful (cl is the VC++ compile/link command)

command>StaticVariableDemo
```

```
x is 2
y is 2
x is 3
y is 2

command>
```

静态局部变量 x 在第 16 行声明，初始值为 1。静态变量的初始化在第一次调用中只发生一次。在第 8 行中首次调用 t1() 时，静态变量 x 被初始化为 1（第 16 行）。x 递增为 2（第 18 行）。因为 x 是一个静态局部变量，所以在这个调用之后，x 会保留在内存中。在第 9 行中再次调用 t1() 时，x 为 2，并递增为 3（第 18 行）。

在第 17 行中声明了一个局部变量 y，初始值为 1。在第 8 行中首次调用 t1() 时，y 将递增为 2（第 19 行）。因为 y 是一个局部变量，所以在这个调用之后它会被销毁。当第 9 行再次调用 t1() 时，y 被初始化为 1，并递增为 2（第 19 行）。

6.12　通过引用传递参数

要点提示：参数可以通过引用传递，这使得形式参数成为实际参数的别名。因此，对函数内形参更改也会对函数的实参产生更改。

如前几节所述，当调用带参函数时，实参的值传递给形式参数，称为**值传递**。如果实参是变量而不是字面量值，则将变量的值传递给形参。无论对函数内的形参进行了什么更改，变量都不会受到影响。如 LiveExample 6.13 所示，在调用 increment 函数时（第 14 行），x（1）的值被传递给参数 n。在函数中（第 6 行），n 递增 1，但无论函数做什么，x 都不会改变。

CodeAnimation 6.10 的互动程序请访问 https://liangcpp.pearsoncmg.com/codeanimation5ecpp/Increment.html，LiveExample 6.13 的互动程序请访问 https://liangcpp.pearsoncmg.com/LiveRunCpp5e/faces/LiveExample.xhtml?header=off&programName=Increment&programHeight=330&resultHeight=180。

LiveExample 6.13　Increment.cpp

Source Code Editor:

```
1   #include <iostream>
2   using namespace std;
3
4   void increment(int n)
5   {
6     n++;
7     cout << "\tn inside the function is " << n << endl;
8   }
9
10  int main()
11  {
12    int x = 1;
13    cout << "Before the call, x is " << x << endl;
14    increment(x);
15    cout << "after the call, x is " << x << endl;
16
17    return 0;
```

```
18    }
```

[Automatic Check] [Compile/Run] [Reset] [Answer]   Choose a Compiler: [VC++ ▾]

Execution Result:

```
command>cl Increment.cpp
Microsoft C++ Compiler 2019
Compiled successful (cl is the VC++ compile/link command)

command>Increment
Before the call, x is 1
        n inside the function is 2
after the call, x is 1

command>
```

值传递有严重的限制。LiveExample 6.14 对此进行了说明。该程序创建了一个交换两个变量的函数。swap 函数通过传递两个实参来调用。但是，在调用函数后，实参的值不会改变。

CodeAnimation 6.11 的互动程序请访问 https://liangcpp.pearsoncmg.com/codeanimation5ecpp/SwapByValue.html，LiveExample 6.14 的互动程序请访问 https://liangcpp.pearsoncmg.com/LiveRunCpp5e/faces/LiveExample.xhtml?header=off&programName=SwapByValue&programHeight=620&resultHeight=230。

LiveExample 6.14   SwapByValue.cpp

Source Code Editor:

```cpp
1    #include <iostream>
2    using namespace std;
3
4    // Attempt to swap two variables does not work!
5    void swap(int n1, int n2)
6    {
7      cout << "\tInside the swap function" << endl;
8      cout << "\tBefore swapping n1 is " << n1 <<
9        " n2 is " << n2 << endl;
10
11     // Swap n1 with n2
12     int temp = n1;
13     n1 = n2;
14     n2 = temp;
15
16     cout << "\tAfter swapping n1 is " << n1 <<
17       " n2 is " << n2 << endl;
18    }
19
20    int main()
21    {
22     // Declare and initialize variables
23     int num1 = 1;
24     int num2 = 2;
25
26     cout << "Before invoking the swap function, num1 is "
```

```
27        << num1 << " and num2 is " << num2 << endl;
28
29     // Invoke the swap function to attempt to swap two variables
30     swap(num1, num2);
31
32     cout << "After invoking the swap function, num1 is " << num1 <<
33        " and num2 is " << num2 << endl;
34
35     return 0;
36 }
```

Automatic Check   Compile/Run   Reset   Choose a Compiler: VC++ ✓

Execution Result:

```
command>cl SwapByValue.cpp
Microsoft C++ Compiler 2019
Compiled successful (cl is the VC++ compile/link command)

command>SwapByValue
Before invoking the swap function, num1 is 1 and num2 is 2
        Inside the swap function
        Before swapping n1 is 1 n2 is 2
        After swapping n1 is 2 n2 is 1
After invoking the swap function, num1 is 1 and num2 is 2

command>
```

在调用 swap 函数（第 30 行）之前，num1 是 1，num2 是 2。在调用 swap 函数之后，num1 仍然是 1，而 num2 仍然是 2。它们的值并没有交换。如图 6.6 所示，实参 num1 和 num2 的值被传递给 n1 和 n2，但 n1 和 n2 有独立于 num1 与 num2 的内存位置。因此，n1 与 n2 的变化不会影响 num1 及 num2 的内容。

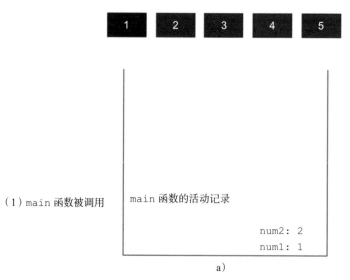

（1）main 函数被调用   main 函数的活动记录

                                            num2: 2
                                            num1: 1

a)

图 6.6　变量的值被传递给函数的参数

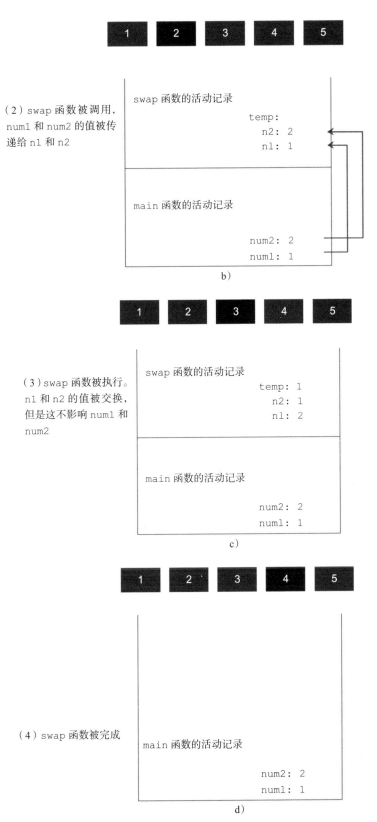

图 6.6 变量的值被传递函数的参数（续）

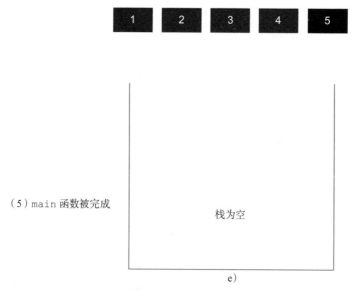

（5）main 函数被完成

栈为空

e)

图 6.6　变量的值被传递给函数的参数（续）

另一个曲解是将 swap 中的形参名 n1 更改为 num1。这有什么影响？这不会发生任何更改，因为实参和形参的名称是否相同不会产生任何区别。形参是函数中具有自己内存空间的变量。变量是在调用函数时分配的，当函数控制权返回给它的调用者时它就会消失。

swap 函数尝试交换两个变量。但调用函数后，变量的值不会被交换，因为变量的值被传递给形参。原始变量和形参是独立的。即使被调用函数中的形参值发生了更改，原始变量中的值也不会更改。

那么，我们可以写一个函数来交换两个变量吗？可以通过对该函数传递变量的引用来完成此操作。C++ 提供了一种特殊类型的变量——**引用变量**，可以用作函数参数来引用原始变量。可以通过某个变量的引用变量访问和修改该变量中存储的原始数据。引用变量是另一个变量的别名。要声明引用变量，将与号（&）放在变量前面或变量的数据类型后面。例如，以下代码声明了一个引用变量 r，它引用变量 count。

```
int &r = count;
```

或者等价地，

```
int& r = count;
```

注意：以下声明引用变量的表示是等效的：

```
dataType &refVar;
dataType & refVar;
dataType& refVar;
```

最后一种表示更直观，它清楚地表明变量 refVar 的类型为 dataType&。因此，本书使用最后一种表示。

LiveExample 6.15 给出了使用引用变量的示例。

CodeAnimation 6.12 的互动程序请访问 https://liangcpp.pearsoncmg.com/codeanimation5ecpp/TestReferenceVariable.html，LiveExample 6.15 的互动程序请访问 https://liangcpp.pearsoncmg.

com/LiveRunCpp5e/faces/LiveExample.xhtml?header=off&programName=TestReferenceVariable&
programHeight=360&resultHeight=240。

LiveExample 6.15　TestReferenceVariable.cpp

Source Code Editor:

```
 1  #include <iostream>
 2  using namespace std;
 3
 4  int main()
 5  {
 6    int count = 1;
 7    int& r = count;
 8    cout << "count is " << count << endl;
 9    cout << "r is " << r << endl;
10
11    r++;
12    cout << "count is " << count << endl;
13    cout << "r is " << r << endl;
14
15    count = 10;
16    cout << "count is " << count << endl;
17    cout << "r is " << r << endl;
18
19    return 0;
20  }
```

Automatic Check　Compile/Run　Reset　　　　　Choose a Compiler: VC++ ✔

Execution Result:

```
command>cl TestReferenceVariable.cpp
Microsoft C++ Compiler 2019
Compiled successful (cl is the VC++ compile/link command)

command>TestReferenceVariable
count is 1
r is 1
count is 2
r is 2
count is 10
r is 10

command>
```

　　第 7 行声明了一个名为 r 的引用变量，它只是 count 的别名。如图 6.7a 所示，r 和 count 引用相同的值。第 11 行使 r 递增，实际上使 count 递增，因为它们共享相同的值，如图 6.7b 所示。

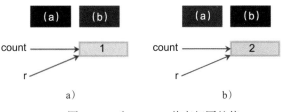

图 6.7　r 和 count 共享相同的值

第 15 行给 count 赋值 10。因为 count 和 r 指的是相同的值，count 和 r 现在都是 10。

可以将引用变量用作函数中的参数，并传递常规变量来调用函数。该参数将成为原始变量的别名。这称为"**引用传递**"。可以通过引用变量访问和修改存储在原始变量中的值。为了演示引用传递的效果，我们重写 LiveExample 6.13 中的 increment 函数，如 LiveExample 6.16 所示。

CodeAnimation 6.13 的互动程序请访问 https://liangcpp.pearsoncmg.com/codeanimation5ecpp/ IncrementWithPassByReference.html，LiveExample 6.16 的互动程序请访问 https://liangcpp. pearsoncmg.com/LiveRunCpp5e/faces/LiveExample.xhtml?header=off&programName=Increme ntWithPassByReference&programHeight=320&resultHeight=190。

LiveExample 6.16   IncrementWithPassByReference.cpp

Source Code Editor:

```
1   #include <iostream>
2   using namespace std;
3
4   void increment(int& n) // Pass by reference
5   {
6     n++;
7     cout << "n inside the function is " << n << endl;
8   }
9
10  int main()
11  {
12    int x = 1;
13    cout << "Before the call, x is " << x << endl;
14    increment(x);
15    cout << "After the call, x is " << x << endl;
16
17    return 0;
18  }
```

Automatic Check   Compile/Run   Reset   Answer   Choose a Compiler: VC++ ⌄

Execution Result:

```
command>cl IncrementWithPassByReference.cpp
Microsoft C++ Compiler 2019
Compiled successful (cl is the VC++ compile/link command)

command>IncrementWithPassByReference
Before the call, x is 1
n inside the function is 2
After the call, x is 2

command>
```

在第 14 行中调用 increment(x) 将变量 x 的引用传递给 increment 函数中的引用变量 n。现在 n 和 x 是相同的，如输出所示。在函数（第 6 行）中递增 n 与递增 x 相同。因此，在调用函数之前，x 是 1，然后 x 变成 2。

值传递和引用传递是将实参传递给函数形参的两种方式。值传递将值传递给独立变量，引用传递共享同一变量。在语义上，引用传递可以描述为共享传递。

现在可以使用引用参数实现正确的 swap 函数，如 LiveExample 6.17 所示。

CodeAnimation 6.14 的互动程序请访问 https://liangcpp.pearsoncmg.com/codeanimation5ecpp/ SwapByReference.html，LiveExample 6.17 的互动程序请访问 https://liangcpp.pearsoncmg. com/LiveRunCpp5e/faces/LiveExample.xhtml?header=off&programName=SwapByReference& programHeight=620&resultHeight=230。

LiveExample 6.17　SwapByReference.cpp

Source Code Editor:

```
1   #include <iostream>
2   using namespace std;
3
4   // Swap two variables
5   void swap(int& n1, int& n2)
6   {
7     cout << "\tInside the swap function" << endl;
8     cout << "\tBefore swapping n1 is " << n1 <<
9       " n2 is " << n2 << endl;
10
11    // Swap n1 with n2
12    int temp = n1;
13    n1 = n2;
14    n2 = temp;
15
16    cout << "\tAfter swapping n1 is " << n1 <<
17      " n2 is " << n2 << endl;
18  }
19
20  int main()
21  {
22    // Declare and initialize variables
23    int num1 = 1;
24    int num2 = 2;
25
26    cout << "Before invoking the swap function, num1 is "
27      << num1 << " and num2 is " << num2 << endl;
28
29    // Invoke the swap function to attempt to swap two variables
30    swap(num1, num2);
31
32    cout << "After invoking the swap function, num1 is " << num1 <<
33      " and num2 is " << num2 << endl;
34
35    return 0;
36  }
```

Automatic Check　Compile/Run　Reset　Answer　　Choose a Compiler: VC++ ∨

Execution Result:

```
command>cl SwapByReference.cpp
Microsoft C++ Compiler 2019
Compiled successful (cl is the VC++ compile/link command)
```

```
command>SwapByReference
Before invoking the swap function, num1 is 1 and num2 is 2
        Inside the swap function
        Before swapping n1 is 1 n2 is 2
        After swapping n1 is 2 n2 is 1
After invoking the swap function, num1 is 2 and num2 is 1

command>
```

在调用 swap 函数（第 30 行）之前，num1 为 1，num2 为 2。在调用 swap 函数之后，num1 变为 2，num2 变为 1。它们的值已经交换。如图 6.8 所示，num1 和 num2 的引用被传递给 n1 和 n2，因此 n1 是 num1 的别名，n2 是 num2 的别名。在 n1 和 n2 之间交换值与在 num1 和 num2 之间交换值相同。

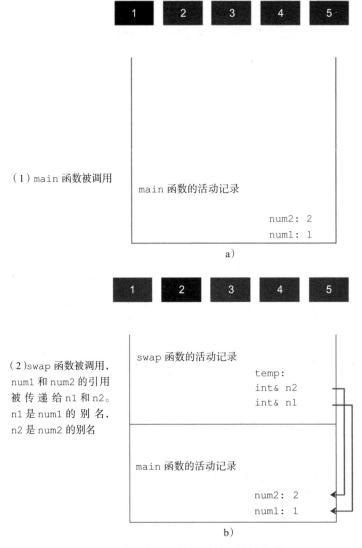

图 6.8 变量的引用被传递给函数的参数

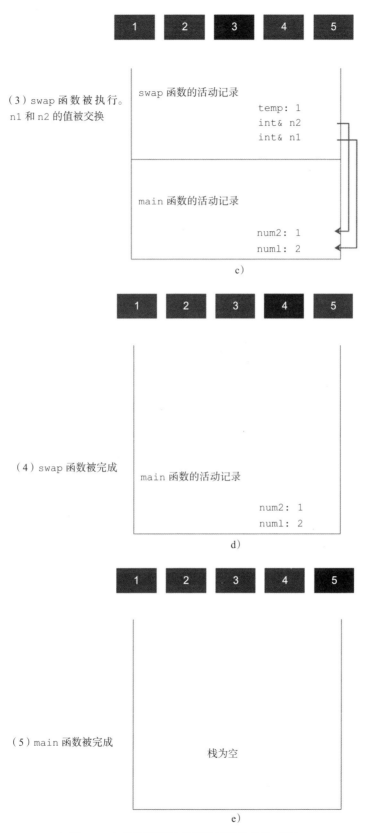

（3）swap 函数被执行。
n1 和 n2 的值被交换

（4）swap 函数被完成

（5）main 函数被完成

图 6.8 变量的引用被传递给函数的参数（续）

通过引用传递参数时，形参和实参必须具有相同的类型。例如，在下面的代码中，变量 x 的引用被传递给函数没有问题。但变量 y 的引用被传递给函数是错误的，因为 y 和 n 的类型不同。

```cpp
#include <iostream>
using namespace std;
void increment(double& n)
{
  n++;
}
int main()
{
  double x = 1;
  int y = 1;
  increment(x);
  increment(y); // Cannot invoke increment(y) with an int argument
  cout << "x is " << x << endl;
  cout << "y is " << y << endl;
  return 0;
}
```

通过引用传递参数时，参数必须是变量。通过值传递参数时，参数可以是字面量、变量、表达式，甚至可以是另一个函数的返回值。

6.13 常量引用参数

要点提示：可以指定常量引用参数，以防止其值被错误更改。

如果程序使用了一个通过引用传递的参数，并且该参数在函数中不会被更改，则应将其标记为常量，以告诉编译器该参数不应被更改。为此，需要将 const 关键字放在函数声明中的参数之前。这种参数称为常量引用参数。例如，在以下函数中，num1 和 num2 被声明为常量引用参数。

```cpp
// Return the max between two numbers
int max(const int& num1, const int& num2)
{
  int result;
  if (num1 > num2)
    result = num1;
  else
    result = num2;
  return result;
}
```

在值传递中，实际参数和形式参数是独立的变量。在引用传递中，实际参数与形式参数引用同一变量。对于对象类型（如字符串），**引用传递比值传递效率更高**，因为对象可能占用大量内存。然而，对于 int 和 double 等基元类型的参数，这种差异可以忽略不计。因此，如果基元数据类型参数不在函数中更改，那么应简单地将其声明为值传递参数。

6.14 案例研究：将十六进制数转换为十进制数

要点提示：本节介绍一个将十六进制数转换为十进制数的程序。

5.12.3 节给出了一个将十进制转化为十六进制的程序。如何将十六进制数转换为十进制数呢？

给定十六进制数 $h_n h_{n-1} h_{n-2} \cdots h_2 h_1 h_0$，等效十进制数为

$$h_n \times 16^n + h_{n-1} \times 16^{n-1} + h_{n-2} \times 16^{n-2} + \cdots + h_2 \times 16^2 + h_1 \times 16^1 + h_0 \times 16^0$$

例如，十六进制数 AB8C 为

| A | B | 8 | C | $= 10 \times 16^3 + 11 \times 16^2 + 8 \times 16^1 + 12 \times 16^0$

$16^3 \quad 16^2 \quad 16^1 \quad 16^0$ $= 43916$

Compute

我们的程序将提示用户以字符串形式输入一个十六进制数，并使用以下函数将其转换为十进制：

```
int hex2Dec(const string& hex)
```

暴力方法是将每个十六进制字符转换为一个十进制数，将 i 位置上的十六进制数乘以 16^i，然后将所有项相加，获得十六进制数的等效十进制数。

注意

$$h_n \times 16^n + h_{n-1} \times 16^{n-1} + h_{n-2} \times 16^{n-2} + \cdots + h_1 \times 16^1 + h_0 \times 16^0$$
$$= (\cdots((h_n \times 16 + h_{n-1}) \times 16 + h_{n-2}) \times 16 + \cdots + h_1) \times 16 + h_0$$

这种被称为 Horner 算法的观察结果产生了以下高效代码，可以将十六进制字符串转换为十进制数：

```cpp
int decimalValue = 0;
for (int i = 0; i < hex.size(); i++)
{
  char hexChar = hex[i];
  decimalValue = decimalValue * 16 + hexCharToDecimal(hexChar);
}
```

以下是十六进制数 AB8C 的算法轨迹：

	i	十六进制字符	hexCharToDecimal(hexChar)	十进制数
在循环之前				0
第一次迭代之后	0	A	10	10
第二次迭代之后	1	B	11	10*16+11
第三次迭代之后	2	8	8	(10*16+11)*16+8
第四次迭代之后	3	C	12	((10*16+11)*16+8)*16+12

LiveExample 6.18 给出了完整的程序。

CodeAnimation 6.15 的互动程序请访问 https://liangcpp.pearsoncmg.com/codeanimation5ecpp/Hex2Dec.html，LiveExample 6.18 的互动程序请访问 https://liangcpp.pearsoncmg.com/LiveRunCpp5e/faces/LiveExample.xhtml?header=off&programName=Hex2Dec&programHeight=700&resultHeight=180。

LiveExample 6.18 Hex2Dec.cpp

Source Code Editor:

```cpp
1  #include <iostream>
2  #include <string>
3  #include <cctype>
4  using namespace std;
5
6  // Converts a hex number as a string to decimal
```

```
 7    int hex2Dec(const string& hex);
 8
 9    // Converts a hex character to a decimal value
10    int hexCharToDecimal(char ch);
11
12    int main()
13  ▾ {
14      // Prompt the user to enter a hex number as a string
15      cout << "Enter a hex number: ";
16      string hex;
17      cin >> hex;
18
19      cout << "The decimal value for hex number " << hex
20        << " is " <<  hex2Dec(hex) << endl;
21
22      return 0;
23    }
24
25    int hex2Dec(const string& hex)
26  ▾ {
27      int decimalValue = 0;
28      for (unsigned i = 0; i < hex.size(); i++)
29        decimalValue = decimalValue * 16 + hexCharToDecimal(hex[i]);
30
31      return decimalValue;
32    }
33
34    int hexCharToDecimal(char ch)
35  ▾ {
36      ch = toupper(ch); // Change it to uppercase
37      if ('A' <= ch && ch <= 'F')
38        return 10 + ch - 'A';
39      else // ch is '0', '1', ..., or '9'
40        return ch - '0';
41    }
```

Enter input data for the program (Sample data provided below. You may modify it.)

```
FFAA
```

[Automatic Check]　[Compile/Run]　[Reset]　[Answer]　　　　Choose a Compiler: [VC++ ▾]

Execution Result:

```
command>cl Hex2Dec.cpp
Microsoft C++ Compiler 2019
Compiled successful (cl is the VC++ compile/link command)

command>Hex2Dec
Enter a hex number: FFAA
The decimal value for hex number FFAA is 65450

command>
```

　　程序从控制台读取字符串（第 17 行），并调用 hex2Dec 函数将十六进制字符串转换为十进制数（第 20 行）。

hex2Dec 函数在第 25 ～ 32 行中定义为返回整数。字符串参数声明为 const 并通过引用传递，因为字符串在函数中没有更改，并且通过将其作为引用传递来节省内存。字符串的长度是通过调用第 28 行中的 hex.size() 来确定的。

hexCharToDecimal 函数在第 34 ～ 41 行中定义，用于返回十六进制字符的十进制数。字符可以是小写或大写，在第 36 行转换为大写。记住，两个字符相减就是对它们的 ASCII 码相减。例如，'5'-'0' 是 5。

6.15　函数抽象和逐步细化

要点提示：开发软件的关键是应用抽象概念。

你将从这本书中学到许多抽象层次。**函数抽象**是通过将函数的使用与其实现分离来实现的。用户可以使用函数而无须知道它是如何实现的。实现的细节封装在函数中，对调用函数的用户隐藏。这称为**信息隐藏**或**封装**。如果要更改实现，只要不更改函数签名，用户程序就不会受到影响。该函数的实现在"黑盒"中对用户隐藏，如图 6.9 所示。

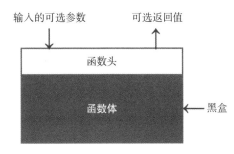

图 6.9　函数体可以看作一个包含函数实现细节的黑盒

我们已经使用过 rand() 函数返回一个随机数，使用 time(0) 函数获得当前时间，使用 max() 函数找到最大值。我们知道如何编写代码在程序中调用这些函数，但作为这些函数的用户，我们不需要知道它们是如何实现的。

函数抽象的概念可以应用于程序的开发过程。在编写大型程序时，可以使用"**分而治之**"策略，也称为**逐步细化**，将其分解为子问题。子问题可以进一步分解为更小、更易于管理的问题。

假设你编写了一个程序，显示一年中某个月的日历。该程序提示用户输入年份和月份，然后显示该月份的整个日历，如图 6.10 所示。

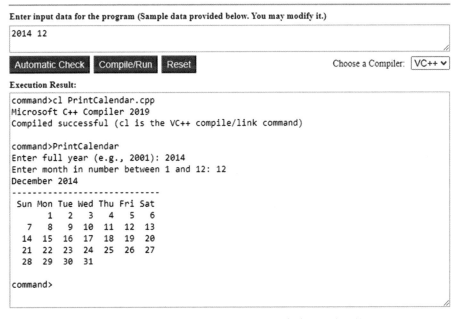

图 6.10　在提示用户输入年份和月份后，程序将显示该月份的日历

让我们用这个例子来演示分而治之的方法。

6.15.1   自顶向下设计

我们如何开始这样一个程序？能马上开始编码吗？初学者通常从尝试解决每个细节开始。虽然细节在最终程序中很重要，但在早期阶段对细节的关注可能会阻碍解决问题的过程。为了使问题的解决流畅，本例首先使用函数抽象将细节与设计隔离开来，细节在后面才会实现。

对于本例，该问题首先分为两个子问题：从用户获取输入，并打印当月的日历。在这个阶段，应该关注子问题将实现什么，而不是关注如何获得输入和打印当月的日历。我们可以绘制一个结构图来帮助可视化问题的分解（见图 6.11a）。

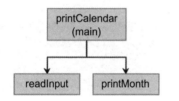
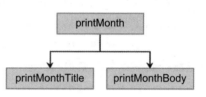

a）结构图显示 printCalendar 问题分为两
个子问题，即 readInput 和 printMonth

b）printMonth 分为两个较小的子问题，
printMonthTitle 和 printMonthBody

图 6.11

可以使用 cin 对象读取年份和月份的输入。打印给定月份日历的问题可以分为两个子问题：打印月份标题和打印月份主体，如图 6.11b 所示。月份标题由三行组成：月和年、虚线和一周七天的星期名称。我们需要从数字月份（例如，1）中获取月份名称（例如，一月）。这在 getMonthName 中完成（见图 6.12a）。

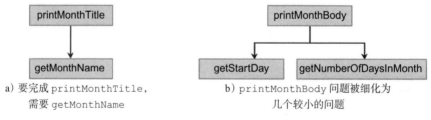

a）要完成 printMonthTitle，
需要 getMonthName

b）printMonthBody 问题被细化为
几个较小的问题

图 6.12

要打印月份主体，需要知道一周中的星期几是这个月的第一天（getStartDay），以及这个月有多少天（getNumberOfDaysInMonth），如图 6.12b 所示。例如，2014 年 12 月有 31 天，这个月的第一天是星期一，如图 6.10 所示。

如何获得一个月的第一天是星期几呢？有几种方法可以实现。假设知道 1800 年 1 月 1 日是星期三（startDay1800=3）。可以计算 1800 年 1 月 1 日到日历月份第一天之间的总天数（totalNumberOfDays）。计算为 (totalNumberOfDays+startDay1800)%7，因为每周有七天。因此，getStartDay 问题可以进一步细化为 getTotalNumberOfDays，如图 6.13a 所示。

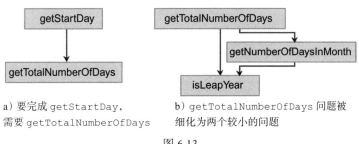

a）要完成 getStartDay，
需要 getTotalNumberOfDays

b）getTotalNumberOfDays 问题被
细化为两个较小的问题

图 6.13

要获得总天数，需要知道该年是否为闰年以及每个月有多少天。因此，getTotal-
NumberOfDays 进一步细化为两个子问题：isLeapYear 和 getNumberOfDaysInMonth，
如图 6.13b 所示。

完整的结构图如图 6.14 所示。

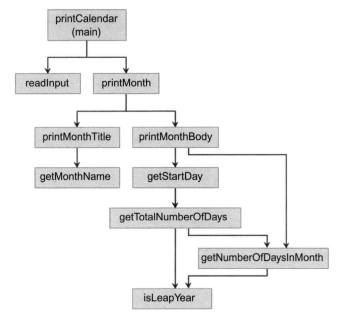

图 6.14　结构图显示了程序中各个子问题的层次关系

6.15.2　自顶向下或自底向上实现

现在我们把注意力转向实现。一般来说，一个子问题对应于实现中的一个函数，然而有
些子问题非常简单，实际上没有必要这样做。我们必须决定将哪些模块实现为函数，以及将
哪些模块合并到其他函数中。这样的决定应该基于你的选择是否会使整个程序更容易阅读。
在这个例子中，子问题 readInput 可以简单地在 main 函数中实现。

可以使用"自顶向下"或"自底向上"实现。自顶向下的方法是在结构图中从上到下一
次实现一个函数。对于等待实现的函数可以使用桩函数（stub）。**桩函数**就是函数的一个简单
但不完整的版本。桩函数通常只显示一条测试消息，表明它被调用，仅此而已。用桩函数使
你能够测试调用者调用了该函数。首先实现 main 函数，然后 printMonth 函数使用桩函
数。例如，让 printMonth 显示桩函数中给出的年份和月份。因此，程序可能会这样开始：

```
#include <iostream>
using namespace std;
void printMonth(int year, int month);
void printMonthTitle(int year, int month);
void printMonthName(int month);
void printMonthBody(int year, int month);
int getStartDay(int year, int month);
int getTotalNumberOfDays(int year, int month);
int getNumberOfDaysInMonth(int year, int month);
bool isLeapYear(int year);
int main()
{
  // Prompt the user to enter year
  cout << "Enter full year (e.g., 2001): ";
  int year;
  cin >> year;

  // Prompt the user to enter month
  cout << "Enter month in number between 1 and 12: ";
  int month;
  cin >> month;
  // Print calendar for the month of the year
  printMonth(year, month);
  return 0;
}
void printMonth(int year, int month)
{
  cout << month << " " << year << endl;
}
```

接下来编译和测试程序并修复错误。然后可以实现 printMonth 函数。对于从 printMonth 函数调用的函数，可以使用桩函数。

自底向上方法是在结构图中从下到上一次实现一个函数。对于实现的每个函数，编写一个称为**驱动程序**的测试程序来测试它。自顶向下和自底向上的方法都很好。两者都以增量方式实现函数，这有助于隔离编程错误，并便于调试。有时它们可以一起使用。

6.15.3　实现细节

可以使用以下代码实现 isLeapYear(int year) 函数：

```
return (year % 400 == 0 || (year % 4 == 0 && year % 100 != 0));
```

使用以下信息实现 getTotalNumberOfDaysInMonth(int year, int month)：
- 一月、三月、五月、七月、八月、十月和十二月有 31 天。
- 四月、六月、九月和十一月有 30 天。
- 二月在正常年份有 28 天，在闰年有 29 天。因此，正常年份有 365 天，闰年有 366 天。

要实现 getTotalNumberOfDays(int year, int month)，需要计算 1800 年 1 月 1 日到日历月份第一天之间的总天数（totalNumberOfDays）。可以求出 1800 年和日历年份之间的总天数，然后计算出该日历年份中日历月份之前的总天数。这两个总数之和为 totalNumberOfDays。

要打印日历主体，先在开始日期之前添加一些空格，然后为每星期打印一行，如 2014 年 12 月所示（见图 6.10）。

完整的程序在 LiveExample 6.19 中给出，互动程序请访问 https://liangcpp.pearsoncmg. com/LiveRunCpp5e/faces/LiveExample.xhtml?header=off&programName=PrintCalendar&prog

ramHeight=2860&resultHeight=320。

LiveExample 6.19　PrintCalendar.cpp

Source Code Editor:

```
1  #include <iostream>
2  #include <iomanip>
3  using namespace std;
4
5  // Function prototypes
6  void printMonth(int year, int month);
7  void printMonthTitle(int year, int month);
8  void printMonthName(int month);
9  void printMonthBody(int year, int month);
10 int getStartDay(int year, int month);
11 int getTotalNumberOfDays(int year, int month);
12 int getNumberOfDaysInMonth(int year, int month);
13 bool isLeapYear(int year);
14
15 int main()
16 {
17   // Prompt the user to enter year
18   cout << "Enter full year (e.g., 2001): ";
19   int year;
20   cin >> year;
21
22   // Prompt the user to enter month
23   cout << "Enter month in number between 1 and 12: ";
24   int month;
25   cin >> month;
26
27   // Print calendar for the month of the year
28   printMonth(year, month);
29
30   return 0;
31 }
32
33 // Print the calendar for a month in a year
34 void printMonth(int year, int month)
35 {
36   // Print the headings of the calendar
37   printMonthTitle(year, month);
38
39   // Print the body of the calendar
40   printMonthBody(year, month);
41 }
42
43 // Print the month title, e.g., May, 1999
44 void printMonthTitle(int year, int month)
45 {
46   printMonthName(month);
47   cout << " " << year << endl;
48   cout << "---------------------------" << endl;
49   cout << " Sun Mon Tue Wed Thu Fri Sat" << endl;
50 }
51
52 // Get the English name for the month
53 void printMonthName(int month)
54 {
55   switch (month)
56   {
57     case 1:
58       cout << "January";
59       break;
```

```
60      case 2:
61        cout << "February";
62        break;
63      case 3:
64        cout << "March";
65        break;
66      case 4:
67        cout << "April";
68        break;
69      case 5:
70        cout << "May";
71        break;
72      case 6:
73        cout << "June";
74        break;
75      case 7:
76        cout << "July";
77        break;
78      case 8:
79        cout << "August";
80        break;
81      case 9:
82        cout << "September";
83        break;
84      case 10:
85        cout << "October";
86        break;
87      case 11:
88        cout << "November";
89        break;
90      case 12:
91        cout << "December";
92    }
93  }
94
95  // Print month body
96  void printMonthBody(int year, int month)
97  {
98    // Get start day of the week for the first date in the month
99    int startDay = getStartDay(year, month);
100
101   // Get number of days in the month
102   int numberOfDaysInMonth = getNumberOfDaysInMonth(year, month);
103
104   // Pad space before the first day of the month
105   int i = 0;
106   for (i = 0; i < startDay; i++)
107     cout << "    ";
108
109   for (i = 1; i <= numberOfDaysInMonth; i++)
110   {
111     cout << setw(4) << i;
112
113     if ((i + startDay) % 7 == 0)
114       cout << endl;
115   }
116 }
117
118 // Get the start day of the first day in a month
119 int getStartDay(int year, int month)
120 {
121   // Get total number of days since 1//1//1800
122   int startDay1800 = 3;
123   int totalNumberOfDays = getTotalNumberOfDays(year, month);
```

```
124
125      // Return the start day
126      return (totalNumberOfDays + startDay1800) % 7;
127  }
128
129  // Get the total number of days since January 1, 1800
130  int getTotalNumberOfDays(int year, int month)
131  {
132    int total = 0;
133
134    // Get the total days from 1800 to year - 1
135    for (int i = 1800; i < year; i++)
136      if (isLeapYear(i))
137        total = total + 366;
138      else
139        total = total + 365;
140
141    // Add days from Jan to the month prior to the calendar month
142    for (int i = 1; i < month; i++)
143      total = total + getNumberOfDaysInMonth(year, i);
144
145    return total;
146  }
147
148  // Get the number of days in a month
149  int getNumberOfDaysInMonth(int year, int month)
150  {
151    if (month == 1 || month == 3 || month == 5 || month == 7 ||
152        month == 8 || month == 10 || month == 12)
153      return 31;
154
155    if (month == 4 || month == 6 || month == 9 || month == 11)
156      return 30;
157
158    if (month == 2) return isLeapYear(year) ? 29 : 28;
159
160    return 0; // If month is incorrect
161  }
162
163  // Determine if it is a leap year
164  bool isLeapYear(int year)
165  {
166    return year % 400 == 0 || (year % 4 == 0 && year % 100 != 0);
167  }
```

Enter input data for the program (Sample data provided below. You may modify it.)

```
2014 12
```

[Automatic Check] [Compile/Run] [Reset] [Answer]   Choose a Compiler: [VC++ ∨]

Execution Result:

```
command>cl PrintCalendar.cpp
Microsoft C++ Compiler 2019
Compiled successful (cl is the VC++ compile/link command)

command>PrintCalendar
Enter full year (e.g., 2001): 2014
Enter month in number between 1 and 12: 12
December 2014
----------------------------
```

```
Sun Mon Tue Wed Thu Fri Sat
          1   2   3   4   5   6
     7   8   9  10  11  12  13
    14  15  16  17  18  19  20
    21  22  23  24  25  26  27
    28  29  30  31

command>
```

程序没有验证用户输入。例如，如果用户输入的月份不在 1 到 12 之间，或年份在 1800 年之前，程序将显示错误的日历。要避免此错误，在打印日历之前添加 if 语句以检查输入。

此程序打印一个月的日历，但可以轻松地修改为打印一年的日历。虽然它只能打印 1800 年 1 月之后的月份，但可以修改为追溯 1800 年之前某月的日期。

6.15.4　逐步细化的好处

逐步细化将大问题分解为更小的可管理子问题。每个子问题都可以使用函数来实现。这种方法使程序更易于编写、重用、调试、测试、修改和维护。

更简单的程序

打印日历的程序很长。与其在一个函数中编写一长串语句，不如逐步细化将其分解为更小的函数。这简化了程序，使整个程序更易于阅读和理解。

重用函数

逐步细化可以促进程序中的代码重用。isLeapYear 函数定义一次，然后从 getTotal-NumberOfDays 和 getNumberOfDaysInMonth 函数中调用。这减少了冗余代码。

更易于开发、调试和测试

由于每个子问题都是在函数中解决的，因此可以单独开发、调试和测试函数。这将隔离错误，并使开发、调试和测试更容易。

在实现大型程序时，要使用自顶向下或自底向上的方法。不要一次编写整个程序。使用这些方法似乎需要更多的开发时间（因为重复编译和运行程序），但实际上它可以节省时间并方便调试。

更好地促进团队合作

因为一个大问题被划分为子程序，所以这些子程序可以分配给其他程序员。这使得程序员更容易在团队中工作。

关键术语

actual parameter（实际参数）

ambiguous invocation（歧义调用）

argument（实参）

automatic variable（自动变量）

bottom-up implementation（自底向上实现）

divide and conquer（分而治之）

formal parameter (i.e., parameter)（形式参数，即形参）

function abstraction（函数抽象）

function declaration（函数声明）

function overloading（函数重载）

function prototype（函数原型）

function signature（函数签名）

global variable（全局变量）

function header（函数头）

information hiding（信息隐藏）

inline function（内联函数）

scope of variable（变量作用域）

local variable（局部变量）

static local variable（静态局部变量）

parameter list（参数列表）

stepwise refinement（逐步细化）

pass-by-reference（引用传递）

stub（桩函数）

pass-by-value（值传递）

top-down implementation（自顶向下实现）

reference variable（引用变量）

章节总结

1. 使程序模块化和可重用是软件工程的目标。函数能开发模块化和可重用的代码。

2. 函数头指定函数的返回值类型、函数名和参数。

3. 函数可以返回值。返回值类型是函数返回的值的数据类型。

4. 如果函数不返回值，则返回值类型是关键字 void。

5. 参数列表指的是函数参数的类型、顺序和数量。

6. 传递给函数的参数应与函数签名中的参数有相同的数量、类型和顺序。

7. 函数名和参数列表一起构成函数签名。

8. 函数参数是可选的；即函数可以不包含参数。

9. 值返回函数必须在函数完成时返回值。

10. 在 void 函数中可以使用 return 语句终止函数，并将控制权返回给函数的调用者。

11. 当程序调用函数时，程序控制权被转移到被调用的函数。

12. 被调用函数在执行其返回语句或到达其函数结束的右花括号时将控制权返回给调用者。

13. 值返回函数也可以作为 C++ 中的语句调用。在这种情况下，调用者只会忽略返回值。

14. 函数可以重载。这意味着两个函数可以具有相同的名称，只要它们的函数参数列表不同。

15. 值传递将实际参数的值传递给形式参数。

16. 引用传递用于传递参数的引用。

17. 如果在函数中更改值传递参数的值，则在函数完成后，实参的值不会被更改。

18. 如果在函数中更改引用传递参数的值，则在函数完成后，实参的值会被更改。

19. 常量引用参数是使用 const 关键字指定的，用于告诉编译器其值在函数中不能被更改。

20. 变量的作用域是程序中可以使用变量的区域。

21. 全局变量在函数外部声明，并且其作用域内的所有函数都可以访问。

22. 局部变量是在函数内部定义的。函数完成执行后，其所有局部变量都将被销毁。

23. 局部变量也称为自动变量。

24. 可以定义静态局部变量，以保留局部变量供下一次函数调用使用。

25. C++ 提供内联函数以避免函数调用快速执行。

26. 编译器不调用内联函数，而是在每个调用点逐行复制函数代码。

27. 要指定内联函数，在函数声明之前使用 inline 关键字。

28. C++ 支持声明带有默认参数值的值传递参数的函数。

29. 在没有参数的情况下调用函数，会将默认值传递给参数。

30. 函数抽象是通过将函数的使用与其实现分离来实现的。

31. 组织成简洁函数集合的程序比其他情况的程序更容易编写、调试、维护和修改。

32. 在实现大型程序时，使用自顶向下或自底向上的编码方法。

33. 不要一次编写整个程序。这种方法似乎需要更多的时间进行编码（因为要反复编译和运行程序），但实际上它可以节省时间并方便调试。

编程练习

互动程序请访问 https://liangcpp.pearsoncmg.com/CheckExerciseCpp/faces/CheckExercise5e.xhtml? chapter=6&programName=Exercise06_01。

注意：本章练习的一个常见错误是，学生没有实现符合要求的方法，即使主程序的输出是正确的。此类错误的示例参见 https://liangcpp.pearsoncmg.com/supplement/CommonFunctionErrorCpp.pdf。

6.2 ~ 6.11 节

6.1　（数学：五角数）五角数定义为 $n(3n-1)/2$，$n=1, 2, \cdots$。因此，前几个数字是 1，5，12，22，…。编写一个具有以下函数头的函数，该函数返回一个五角数：

```
int getPentagonalNumber(int n)
```

例如，getPentagonalNumber(1) 返回 1，getPentagonalNumber(2) 返回 5。编写一个测试程序，使用此函数显示前 100 个五角数，每行有 10 个数字，数字之间用一个空格隔开。

*6.2　（整数各位上的数字求和）编写一个计算整数各位数字之和的函数。使用以下函数头：

```
int sumDigits(long n)
```

例如，sumDigits(234) 返回 9（2+3+4）。（提示：用 % 运算符提取各位数字，用 / 运算符删除提取的数字。例如，要从 234 中提取 4，用 234%10（=4）。要从 234 中删除 4，用 234/10（=23）。使用循环重复提取和删除数字，直到提取出所有数字。编写一个测试程序，提示用户输入一个整数并显示其各位数字的总和。

Sample Run for Exercise06_02.cpp

Enter input data for the program (Sample data provided below. You may modify it.)

```
1231982
```

[Show the Sample Output Using the Preceeding Input] [Reset]

Execution Result:

```
command>Exercise06_02
Enter an integer: 1231982
The sum of digits for 1231982 is 26

command>
```

**6.3　（回文整数）用以下函数头编写函数：

```
// Return the reversal of an integer,
// i.e., reverse(456) returns 654
int reverse(int number)
// Return true if number is a palindrome
bool isPalindrome(int number)
```

使用 reverse 函数实现 isPalindrome。如果一个数字的逆与它本身相同，那么它就是一个回文。编写一个测试程序，提示用户输入一个整数并报告该整数是否为回文。

Sample Run for Exercise06_03.cpp

Enter input data for the program (Sample data provided below. You may modify it.)

```
12321
```

[Show the Sample Output Using the Preceeding Input] [Reset]

Execution Result:

```
command>Exercise06_03
Enter a positive integer: 12321
12321 is a palindrome

command>
```

*6.4 （显示逆序的整数）编写一个具有以下函数头的函数，以逆序显示整数：

```
void reverse(int number)
```

例如，reverse(3456) 显示 6543。编写一个测试程序，提示用户输入整数并显示它的逆。

Sample Run for Exercise06_04.cpp

Enter input data for the program (Sample data provided below. You may modify it.)

```
1231982
```

Show the Sample Output Using the Preceeding Input   Reset

Execution Result:

```
command>Exercise06_04
Enter an integer: 1231982
The revsesal is 2891321

command>
```

*6.5 （对三个数字排序）编写一个具有以下函数头的函数，按递增顺序显示三个数字：

```
void displaySortedNumbers(
    double num1, double num2, double num3)
```

编写一个测试程序，提示用户输入三个数字，并调用函数以递增顺序显示它们。

Sample Run for Exercise06_05.cpp

Enter input data for the program (Sample data provided below. You may modify it.)

```
12.5 31.9 2.5
```

Show the Sample Output Using the Preceeding Input   Reset

Execution Result:

```
command>Exercise06_05
Enter three numbers: 12.5 31.9 2.5
2.5 12.5 31.9

command>
```

*6.6 （显示模式）编写一个函数显示如下所示模式：

```
          1
        2 1
      3 2 1
...
n n-1 ... 3 2 1
```

函数头是

```
void displayPattern(int n)
```

*6.7 （金融应用：计算未来投资价值）编写一个函数，以给定利率计算特定年份的未来投资价值。使用编程练习 2.23 中的公式确定未来投资。

使用下面函数头：

```
double futureInvestmentValue(
    double investmentAmount, double monthlyInterestRate, int years)
```

例如，futureInvestmentValue(10000, 0.05/12, 5) 返回 12833.59。编写一个测试程序，提示用户输入投资金额（例如 12319.82）和年利率（例如 9.5（%）），并打印一个表格，显示从 1 到 30 年的未来价值，如下所示：

```
Sample Run for Exercise06_07.cpp

Enter input data for the program (Sample data provided below. You may modify it.)

12319.82 9.5

Show the Sample Output Using the Preceeding Input    Reset

Execution Result:

command>Exercise06_07
The amount invested: 12319.82
Annual interest rate: 9.5
Years      Future Value
1          13542.53
2          14886.60
3          16364.05
4          17988.15
5          19773.43
6          21735.89
7          23893.13
8          26264.46
9          28871.15
10         31736.54
11         34886.31
12         38348.70
13         42154.71
14         46338.46
15         50937.45
16         55992.86
17         61550.02
18         67658.71
19         74373.67
20         81755.08
21         89869.08
22         98788.37
23         108592.87
24         119370.45
25         131217.68
26         144240.72
27         158556.26
28         174292.59
29         191590.71
30         210605.62

command>
```

6.8 （英尺和米之间的换算）写出以下两个函数：

```
// Convert from feet to meters
double footToMeter(double foot)
// Convert from meters to feet
double meterToFoot(double meter)
```

换算公式为

```
meter = 0.305 * foot
```

编写一个测试程序，调用这些函数以显示以下表格：

```
Sample Run for Exercise06_08.cpp

Execution Result:
command>Exercise06_08
    Feet    Meters      |    Meters      Feet
-------------------------------------------------------
       1     0.305      |    20.000     65.57
    2.00     0.610      |    25.000     81.97
    3.00     0.915      |    30.000     98.36
    4.00     1.220      |    35.000    114.75
    5.00     1.525      |    40.000    131.15
    6.00     1.830      |    45.000    147.54
    7.00     2.135      |    50.000    163.93
    8.00     2.440      |    55.000    180.33
    9.00     2.745      |    60.000    196.72
   10.00     3.050      |    65.000    213.11

command>
```

6.9 （摄氏度和华氏度之间的换算）写出以下函数：

```
// Convert from Celsius to Fahrenheit
double celsiusToFahrenheit(double celsius)
// Convert from Fahrenheit to Celsius
double fahrenheitToCelsius(double fahrenheit)
```

换算公式为

```
fahrenheit = (9.0 / 5) * celsius + 32
celsius = (5.0 / 9) * (fahrenheit - 32)
```

编写一个测试程序，调用这些函数以显示以下表格：

```
Sample Run for Exercise06_09.cpp

Execution Result:
command>Exercise06_09
  Celsius  Fahrenheit      | Fahrenheit   Celsius
-------------------------------------------------------
      40     104.0         |    120.0     48.89
   39.00     102.2         |    110.0     43.33
   38.00     100.4         |    100.0     37.78
   37.00      98.6         |     90.0     32.22
   36.00      96.8         |     80.0     26.67
   35.00      95.0         |     70.0     21.11
   34.00      93.2         |     60.0     15.56
   33.00      91.4         |     50.0     10.00
   32.00      89.6         |     40.0      4.44
   31.00      87.8         |     30.0     -1.11

command>
```

6.10 （金融应用：计算佣金）使用编程练习 5.39 中的方案编写一个计算佣金的函数。函数头为

```
double computeCommission(double salesAmount)
```

编写一个测试程序显示以下表格：

```
    Sales Amount        Commission
      10000                900.0
      15000               1500.0
      ...
      95000              11100.0
     100000              11700.0
```

6.11 （显示字符）使用以下函数头编写打印字符的函数：

```
void printChars(char ch1, char ch2, int numberPerLine)
```

此函数打印 ch1 和 ch2 之间的字符，每行指定字符数。编写一个测试程序，打印从 '1'
到 'z' 的字符，每行打印 10 个字符。字符之间用一个空格隔开。

*6.12 （序列和）编写一个函数来计算以下总和：

$$m(i) = \frac{1}{2} + \frac{2}{3} + \cdots + \frac{i}{i+1}$$

编写一个测试程序显示以下表格：

```
    ii                  m(i)
    1                   0.5000
    2                   1.1667
    ...
    19                 16.4023
    20                 17.3546
```

*6.13 （估算 π）π 可使用以下总和进行计算：

$$m(i) = 4\left(1 - \frac{1}{3} + \frac{1}{5} - \frac{1}{7} + \frac{1}{9} - \frac{1}{11} + \cdots + \frac{(-1)^{i+1}}{2i-1}\right)$$

编写一个针对给定 i 返回 m(i) 的函数，并编写一个显示下表的测试程序：

```
Sample Run for Exercise06_13.cpp

Execution Result:
command>Exercise06_13
i       m(i)
1       4.0000
101     3.1515
201     3.1466
301     3.1449
401     3.1441
501     3.1436
601     3.1433
701     3.1430
801     3.1428
901     3.1427

command>
```

*6.14 （金融应用：打印纳税表）LiveExample 3.3 是一个计算税费的程序。使用以下函数头编写一个计
算税费的函数：

```
double computeTax(int status, double taxableIncome)
```

使用此函数可以编写一个程序，打印所有四种状态的应税收入从 50000 美元到 60000 美元的纳
税表，收入间隔为 50 美元，如下所示：

```
Sample Run for Exercise06_14.cpp

Execution Result:
command>Exercise06_14
Taxable    Single     Married    Married    Head of
Income                Joint      Separate   a House

50000      8688       6665       8688       7352
50050      8700       6672       8700       7365
50100      8712       6680       8712       7378
50150      8725       6688       8725       7390
...
59850      11150      8142       11150      9815
59900      11162      8150       11162      9828
59950      11175      8158       11175      9840
60000      11188      8165       11188      9852

command>
```

*6.15 (一年中的天数) 编写一个函数，使用以下函数头返回一年的天数：

```
int numberOfDaysInAYear(int year)
```

编写一个测试程序，显示 2000 年到 2010 年的天数。

*6.16 (显示 0 和 1 的矩阵) 使用以下函数头编写一个显示 n×n 矩阵的函数：

```
void printMatrix(int n)
```

每个元素都是随机生成的 0 或 1。编写一个测试程序，提示用户输入 n 并显示 n×n 矩阵。

```
Sample Run for Exercise06_16.cpp

Enter input data for the program (Sample data provided below. You may modify it.)

3

Show the Sample Output Using the Preceeding Input    Reset

Execution Result:
command>Exercise06_16
Enter n: 3
0 0 1
1 0 1
1 0 1

command>
```

*6.17 (验证三角形并求面积) 实现以下两个函数：

```
// Returns true if the sum of any two sides is
// greater than the third side.
bool isValid(double side1, double side2, double side3)
// Returns the area of the triangle.
double area(double side1, double side2, double side3)
```

编程练习 2.19 给出了计算面积的公式。编写一个测试程序，读取三角形的三条边长，如果输入有效，则计算面积。否则，显示输入无效。

```
Sample Run for Exercise06_17.cpp

Enter input data for the program (Sample data provided below. You may modify it.)

1.5 1.4 2.1
```

```
Show the Sample Output Using the Preceeding Input    Reset

Execution Result:

command>Exercise06_17
Enter the first edge length (double): 1.5
Enter the second edge length (double): 1.4
Enter the third edge length (double): 2.1
The are of the triangle is 1.04881

command>
```

6.18 (使用 isPrime 函数) LiveExample 6.5 给出了 isPrime(int number) 函数，用来检测一个
数是否为质数。使用此函数查找小于 10000 的质数。

**6.19 (数学：孪生质数) 孪生质数是一对相差 2 的质数。例如，3 和 5，5 和 7，11 和 13 是孪生质数。
编写一个程序，找出所有小于 1000 的孪生质数。输出如下：

```
(3, 5)
(5, 7)
...
```

*6.20 (几何：点位置) 编程练习 3.29 展示了如何测试点是在有向直线的左侧、右侧还是在直线上。编
写以下函数

```
/** Return true if point (x2, y2) is on the left side of the
 * directed line from (x0, y0) to (x1, y1) */
bool leftOfTheLine(double x0, double y0,
  double x1, double y1, double x2, double y2)
/** Return true if point (x2, y2) is on the same
 * line from (x0, y0) to (x1, y1) */
bool onTheSameLine(double x0, double y0,
  double x1, double y1, double x2, double y2)
/** Return true if point (x2, y2) is on the
 * line segment from (x0, y0) to (x1, y1) */
bool onTheLineSegment(double x0, double y0,
  double x1, double y1, double x2, double y2)
```

编写一个程序，提示用户输入 p0、p1 和 p2 三个点，并显示 p2 是在从 p0 到 p1 的有向直线的
左侧、右侧，还是在直线上。

```
Sample Run for Exercise06_20.cpp

Enter input data for the program (Sample data provided below. You may modify it.)

1 1 2 2 1.5 1.5


Show the Sample Output Using the Preceeding Input    Reset

Execution Result:

command>Exercise06_20
Enter three points for p0, p1, and p2: 1 1 2 2 1.5 1.5
(1.5, 1.5) is on the line segment from (1, 1) to (2, 2)

command>
```

**6.21 (数学：回文质数) 回文质数是质数，也是回文。例如，131 是质数，也是回文质数。313 和
757 也是如此。编写一个显示前 100 个回文质数的程序。每行显示 10 个数字并正确对齐数字，
如下所示：

```
    2      3      5      7     11    101    131    151    181    191
  313    353    373    383    727    757    787    797    919    929
    ..
```

**6.22 （游戏：双骰子赌博）掷双骰子是一种在赌场流行的骰子游戏。编写一个程序来玩游戏的变体，如下所示：

掷两个骰子。每个骰子有六个面，分别表示值 1，2，…，6。检查两个骰子的总和。如果总和是 2、3 或 12，你就输了；如果总和是 7 或 11，你赢了；如果总和是其他值（即 4、5、6、8、9 或 10），则建立一个"目标"。游戏继续，直到你掷出 7(你输了)或与"目标"相同的点值(你赢了)。

程序充当一个玩家。

```
Sample Run for Exercise06_22.cpp

Run This Exercise    Reset

Execution Result:
command>Exercise06_22
You rolled 5 + 1 = 6
point is 6
You rolled 5 + 5 = 10
You rolled 4 + 1 = 5
You rolled 4 + 3 = 7
You lose

command>
```

**6.23 （反质数）反质数是一个非回文质数，其逆序也是一个质数。例如，17 是质数，71 是质数。所以 17 和 71 是反质数。编写一个显示前 100 个反质数的程序。每行显示 10 个数字并正确对齐数字，如下所示：

```
13   17   31   37   71   73   79   97  107  113
149  157  167  179  199  311  337  347  359  389
...
```

**6.24 （游戏：双骰子获胜的机会）修改编程练习 6.22，使其运行 10000 次并显示获胜游戏的数量。
**6.25 （梅森质数）如果一个质数可以写成 2^p-1 的形式，p 为某个正整数，它就称为梅森质数。编写一个程序，找出所有 $p \leqslant 31$ 的梅森质数，并如下显示输出：

```
p          2^p - 1
2             3
3             7
5            31
...
```

**6.26 （打印日历）编程练习 3.33 使用 Zeller 公式来计算某天是星期几。简化 LiveExample 6.19，使用 Zeller 算法来获得每月的开始日是星期几。
**6.27 （数学：近似平方根）cmath 库中的 sqrt 函数是如何实现的？有几种实现它的技术。其中一种技术被称为巴比伦方法。它通过使用以下公式重复计算来近似数字 n 的平方根：

```
nextGuess = (lastGuess + (n / lastGuess)) / 2
```

当 nextGuess 和 lastGuess 几乎相同时，nextGuess 是近似平方根。初始猜测值可以是任何正值（例如 1）。此值是 lastGuess 的起始值。如果 nextGuess 和 lastGuess 之间的差值小于一个非常小的数字，例如 0.0001，则可以说 nextGuess 是 n 的近似平方根。如果不小于，nextGuess 变成 lastGuess，近似处理将继续。实现以下函数，返回 n 的平方根：

```
double sqrt(int n)
```

*6.28 （返回位数）编写一个函数，使用以下函数头返回整数中的位数：

```
int getSize(int n)
```

例如，getSize(45) 返回 2，getSize(3434) 返回 4，getSize(4) 返回 1，getSize(0) 返回 1。编写一个测试程序，提示用户输入整数并显示其位数。

*6.29 （奇数位上的数字之和）编写一个函数，使用以下函数头返回整数中奇数位置上的数字总和：

```
int sumOfOddPlaces(int n)
```

例如，sumOfOddPlaces(1345) 返回 8，而 sumOfOddPlaces(13451) 返回 6。编写一个测试程序，提示用户输入一个整数，并显示该整数奇数位置上的数字总和。

6.12 ～ 6.15 节

*6.30 （字符串混洗）编写一个函数，使用以下函数头随机对字符串中的字符进行混洗：

```
void shuffle(string& s)
```

编写一个测试程序，提示用户输入一个字符串，并显示混洗后的字符串。

*6.31 （对三个数字进行排序）编写以下函数，按递增顺序对三个数字进行排序：

```
void sort(double& num1, double& num2, double& num3)
```

编写一个测试程序，提示用户输入三个数字并按顺序显示数字。

Sample Run for Exercise06_31.cpp

Enter input data for the program (Sample data provided below. You may modify it.)

```
2.5 1.2 -4
```

Show the Sample Output Using the Preceeding Input   Reset

Execution Result:

```
command>Exercise06_31
Enter three numbers: 2.5 1.2 -4
The sorted numbers are -4 1.2 2.5

command>
```

*6.32 （代数：求解二次方程）二次方程 $ax^2+bx+c=0$ 的两个根可使用以下公式获得：

$$r_1 = \frac{-b+\sqrt{b^2-4ac}}{2a}, r_2 = \frac{-b-\sqrt{b^2-4ac}}{2a}$$

使用以下函数头编写函数：

```
void solveQuadraticEquation(double a, double b, double c,
    double& discriminant, double& r1, double& r2)
```

b^2-4ac 称为二次方程的判别式。如果判别式小于 0，则方程没有根。在这种情况下，忽略 r1 和 r2 的值。

编写一个测试程序，提示用户输入 a、b 和 c 的值，并根据判别式显示结果。如果判别式大于或等于 0，则显示两个根。否则，显示 "the equation has no roots"。有关示例运行，请参见编程练习 3.1。

```
Sample Run for Exercise06_32.cpp

Enter input data for the program (Sample data provided below. You may modify it.)

34 2.5 -3.4

Show the Sample Output Using the Preceeding Input    Reset

Execution Result:

command>Exercise06_32
Enter a, b, c: 34 2.5 -3.4
Discriminant is 468.65
Two roots are: 0.281593 and -0.355122

command>
```

*6.33 （代数：求解 2×2 线性方程组）可以使用 Cramer 法则求解以下 2×2 线性方程组：

$$ax + by = e \atop cx + dy = f \quad , x = \frac{ed - bf}{ad - bc}, y = \frac{af - ec}{ad - bc}$$

使用以下函数头编写函数：

```
void solveEquation(double a, double b, double c, double d,
    double e, double f, double& x, double& y, bool& isSolvable)
```

如果 $ad-bc$ 为 0，方程没有解，isSolvable 应为假。编写一个程序，提示用户输入 a、b、c、d、e 和 f 并显示结果。如果 $ad-bc$ 为 0，报告 "The equation has no solution"。有关示例运行，请参见编程练习 3.3。

```
Sample Run for Exercise06_33.cpp

Enter input data for the program (Sample data provided below. You may modify it.)

9 4 3 -5 -6 -21

Show the Sample Output Using the Preceeding Input    Reset

Execution Result:

command>Exercise06_33
Enter a, b, c, d, e, f: 9 4 3 -5 -6 -21
x is -2 and y is 3

command>
```

***6.34 （当前日期和时间）调用 time(0) 返回自 1970 年 1 月 1 日午夜以来经过的时间（以毫秒为单位）。编写一个显示日期和时间的程序。

```
Sample Run for Exercise06_34.cpp

Run This Exercise    Reset

Execution Result:

command>Exercise06_34
Current date and time is 3/31/2016 12:56:50 GMT

command>
```

**6.35 （几何：相交）假设两条线段相交。第一条线段的两个端点 (x1，y1) 和 (x2，y2)，第二条线段的端点是 (x3，y3) 和 (x4，y4)。编写以下函数，如果两条线段相交，则返回交点：

```
void intersectPoint(double x1, double y1, double x2, double y2,
    double x3, double y3, double x4, double y4,
    double& x, double& y, bool& isIntersecting)
```

编写一个程序，提示用户输入这四个端点并显示交点。（提示：使用编程练习 6.33 中的函数求解
2×2 线性方程组。）

Sample Run for Exercise06_35.cpp

Enter input data for the program (Sample data provided below. You may modify it.)

```
2 2 0 0
0 2 2 0
```

[Show the Sample Output Using the Preceeding Input] [Reset]

Execution Result:

```
command>Exercise06_35
Enter the endpoints of the first line segment: 2 2 0 0
Enter the endpoints of the second line segment: 0 2 2 0
The intersecting point is: (1, 1)

command>
```

6.36 （设置整数格式）使用以下函数头编写一个函数，以指定宽度设置正整数的格式：

```
string format(int number, int width)
```

该函数返回带有一个或多个前缀 0 的数字字符串。字符串的长度为规定的宽度。例如，
`format(34, 4)` 返回 `0034`，`format(34, 5)` 返回 `00034`。如果数字比宽度长，则函数返
回数字的字符串表示形式。例如，`format(34, 1)` 返回 `34`。

编写一个测试程序，提示用户输入数字及其宽度，并显示调用 `format(int number, int width)` 返回的字符串。

Sample Run for Exercise06_36.cpp

Enter input data for the program (Sample data provided below. You may modify it.)

```
2238 6
```

[Show the Sample Output Using the Preceeding Input] [Reset]

Execution Result:

```
command>Exercise06_36
Enter an integer: 2238
Enter the width: 6
The formatted number is 002238

command>
```

*6.37 （金融：信用卡号验证）信用卡号遵循特定模式。信用卡号必须介于 13 到 16 位之间。数字必须
按以下开头：
- 4，代表 Visa 卡
- 5，代表万事达卡
- 37，代表美国运通卡
- 6，代表 Discover 卡

1954 年，IBM 的 Hans Luhn 提出了一种验证信用卡的算法。该算法有助于确定是否正确输入了
卡号或扫描仪是否正确扫描了卡号。几乎所有的信用卡号都是在这种有效性检查之后生成的，这

通常称为 Luhn 检查或 Mod 10 检查，具体描述如下（例如，考虑卡号 4388576018402626 ）：

1. 从右到左偶数位数字翻倍。如果一个数字的两倍是两位数，那么将这两位上的数字相加得到一个一位数字。

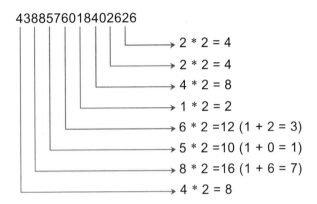

```
4388576018402626
                    2 * 2 = 4
                    2 * 2 = 4
                    4 * 2 = 8
                    1 * 2 = 2
                    6 * 2 =12 (1 + 2 = 3)
                    5 * 2 =10 (1 + 0 = 1)
                    8 * 2 =16 (1 + 6 = 7)
                    4 * 2 = 8
```

2. 将步骤 1 中的所有一位数字相加。

$$4 + 4 + 8 + 2 + 3 + 1 + 7 + 8 = 37$$

3. 把卡号从右到左奇数位上的数字加在一起。

$$6 + 6 + 0 + 8 + 0 + 7 + 8 + 3 = 38$$

4. 将步骤 2 和步骤 3 的结果相加。

$$37 + 38 = 75$$

5. 如果步骤 4 的结果可被 10 整除，则卡号有效；否则无效。例如，号码 4388576018402626 无效，但号码 4388576018410707 有效。

编写一个程序，提示用户以字符串形式输入信用卡号。显示号码是否有效。使用以下函数设计程序：

```cpp
// Return true if the card number is valid
bool isValid(const string& cardNumber)
// Get the result from Step 2
int sumOfDoubleEvenPlace(const string& cardNumber)
// Return this number if it is a single digit, otherwise,
// return the sum of the two digits
int getDigit(int number)
// Return sum of odd-place digits in the card number
int sumOfOddPlace(const string& cardNumber)
// Return true if substr is the prefix for cardNumber
bool startsWith(const string& cardNumber, const string& substr)
```

Sample Run for Exercise06_37.cpp

Enter input data for the program (Sample data provided below. You may modify it.)

```
4040223812641
```

Show the Sample Output Using the Preceeding Input   Reset

Execution Result:

```
command>Exercise06_37
Enter a credit card number as a string: 4040223812641
4040223812641 is invalid

command>
```

*6.38 （二进制数转换为十六进制数）编写一个将二进制数转换成十六进制数的函数。函数头如下：

string bin2Hex(const string& binaryString)

编写一个测试程序，提示用户以字符串形式输入二进制数，并以字符串显示相应的十六进制值。

Sample Run for Exercise06_38.cpp

Enter input data for the program (Sample data provided below. You may modify it.)

23534323433

Show the Sample Output Using the Preceeding Input   Reset

Execution Result:

```
command>Exercise06_38
Enter a binary number: 23534323433
The hex value is 1631

command>
```

*6.39 （二进制数转换为十进制数）编写一个将二进制字符串转换成十进制数的函数。函数头如下：

int bin2Dec(const string& binaryString)

例如，binaryString 10001 是 17（$1 \times 2^4 + 0 \times 2^3 + 0 \times 2 + 1 = 17$）。因此，bin2Dec("10001") 返回 17。编写一个测试程序，提示用户输入字符串形式的二进制数，并显示其等效十进制值。

Sample Run for Exercise06_39.cpp

Enter input data for the program (Sample data provided below. You may modify it.)

1110100110101

Show the Sample Output Using the Preceeding Input   Reset

Execution Result:

```
command>Exercise06_39
Enter a bianry number: 1110100110101
The decimal value is 7477

command>
```

**6.40 （十进制数转换为十六进制数）编写一个函数，将十进制数解析为字符串形式的十六进制数。函数头如下：

string dec2Hex(int value)

请参阅附录 D，了解如何将十进制数转换为十六进制数。编写一个测试程序，提示用户输入十进制数并显示其等效十六进制值。

Sample Run for Exercise06_40.cpp

Enter input data for the program (Sample data provided below. You may modify it.)

2318

Show the Sample Output Using the Preceeding Input   Reset

Execution Result:

```
command>Exercise06_40
```

```
Enter a decimal number: 2318
The hex value is 90E

command>
```

**6.41 (十进制数转换成二进制数) 编写一个函数,将十进制数解析为字符串形式的二进制数。函数头如下:

```
string dec2Bin(int value)
```

请参阅附录 D, 了解如何将十进制数转换为二进制数。编写一个测试程序,提示用户输入十进制数并显示其等效二进制值。

Sample Run for Exercise06_41.cpp

Enter input data for the program (Sample data provided below. You may modify it.)

```
2318
```

Show the Sample Output Using the Preceeding Input   Reset

Execution Result:

```
command>Exercise06_41
Enter a decimal number: 2318
The binary value is 100100001110

command>
```

*6.42 (最长公共前缀) 使用以下函数头编写 prefix 函数,返回两个字符串之间最长的公共前缀:

```
string prefix(const string& s1, const string& s2)
```

编写一个测试程序,提示用户输入两个字符串并显示它们最长的公共前缀。程序的示例运行与编程练习 5.51 中的相同。

Sample Run for Exercise06_42.cpp

Enter input data for the program (Sample data provided below. You may modify it.)

```
Programming is fun
Program logic
```

Show the Sample Output Using the Preceeding Input   Reset

Execution Result:

```
command>Exercise06_42
Enter s1: Programming is fun
Enter s2: Program logic
The common prefix is Program

command>
```

**6.43 (检查子字符串) 编写以下函数,检查字符串 s1 是否是字符串 s2 的子字符串。如果匹配,该函数将返回 s2 中匹配的第一个索引。否则,返回 -1。

```
int indexOf(const string& s1, const string& s2)
```

编写一个测试程序,读取两个字符串并检查第一个字符串是否是第二个字符串的子字符串。

```
Sample Run for Exercise06_43.cpp
Enter input data for the program (Sample data provided below. You may modify it.)
Programming
Programming basics

Show the Sample Output Using the Preceeding Input    Reset

Execution Result:
command>Exercise06_43
Enter the first string: Programming
Enter the second string: Programming basics
indexOf("Programming", "Programming basics") is 0

command>
```

*6.44 （指定字符的出现次数）使用以下函数头编写一个函数，统计字符串中指定字符的出现次数：

```
int count(const string& s, char a)
```

例如，count("Welcome", 'e') 返回 2。编写一个测试程序，读取一个字符串和一个字符，并显示该字符在字符串中的出现次数。

```
Sample Run for Exercise06_44.cpp
Enter input data for the program (Sample data provided below. You may modify it.)
Programming is fun
i

Show the Sample Output Using the Preceeding Input    Reset

Execution Result:
command>Exercise06_44
Enter a string: Programming is fun
Enter a character: i
i appears in Programming is fun 2 times

command>
```

***6.45 （当前年、月和日）编写一个程序，使用 time(0) 函数显示当前年、月和日。

```
Sample Run for Exercise06_45.cpp
Run This Exercise    Reset

Execution Result:
command>Exercise06_45
Current date is April 1, 2016

command>
```

**6.46 （转换大小写）编写以下函数，返回一个新字符串，其中大写字母变为小写，小写字母变为大写。

```
string swapCase(const string& s)
```

编写一个测试程序，提示用户输入字符串并调用此函数，显示函数的返回值。

```
Sample Run for Exercise06_46.cpp
Enter input data for the program (Sample data provided below. You may modify it.)
I'm here
```

```
Show the Sample Output Using the Preceeding Input    Reset
```

Execution Result:

```
command>Exercise06_46
Enter a string: I'm here
The new string is: i'M HERE

command>
```

**6.47 （电话键盘）电话的国际标准字母 / 数字映射如编程练习 4.15 所示。编写一个函数，在给定大写字母的情况下返回一个数字，如下所示：

```
int getNumber(char uppercaseLetter)
```

编写一个测试程序，提示用户以字符串形式输入电话号码。输入的数字可以包含字母。该程序将字母（大写或小写）转换为数字，并保留所有其他字符不变。

Sample Run for Exercise06_47.cpp

Enter input data for the program (Sample data provided below. You may modify it.)

```
1-800-Flowers
```

```
Show the Sample Output Using the Preceeding Input    Reset
```

Execution Result:

```
command>Exercise06_47
Enter a string: 1-800-Flowers
1-800-3569377

command>
```

Introduction to C++ Programming and Data Structures, Fifth Edition

一维数组和 C 字符串

学习目标

1. 描述数组在程序设计中的必要性（7.1 节）。

2. 声明数组（7.2.1 节）。

3. 用索引访问数组元素（7.2.2 节）。

4. 初始化数组（7.2.3 节）。

5. 编写程序设计中常用的数组操作（显示数组、求所有元素的总和、查找最小和最大元素、随机混洗和移动元素）（7.2.4 节）。

6. 用 foreach 循环简化程序设计（7.2.5 节）。

7. 使用数组开发应用程序（AnalyzeNumbers、DeckOfCards）（7.3 ～ 7.4 节）。

8. 用数组参数定义和调用函数（7.5 节）。

9. 定义 const 数组参数以防止其被更改（7.6 节）。

10. 将数组作为参数传递来返回数组（7.7 节）。

11. 统计字符数组中每个字母的出现次数（CountLettersInArray）（7.8 节）。

12. 用线性查找算法（7.9.1 节）或二分查找算法（7.9.2 节）查找数组中的元素。

13. 用选择排序法对数组进行排序（7.10 节）。

14. 用 C 字符串表示字符串，并使用 C 字符串函数（7.11 节）。

15. 使用 C++11 的 to_string 函数将数字转换为字符串（7.12 节）。

7.1 简介

要点提示：单个数组可以存储大量的数据。

在程序执行期间，经常需要存储大量的值。例如，假设需要读取 100 个数字，计算它们的平均值，并确定其中有多少数字高于平均值。首先，程序读取这些数字并计算它们的平均值，然后将每个数字与平均值进行比较，以确定它是否高于平均值。完成这一任务需要将数字全部存储在变量里，且必须声明 100 个变量，并重复编写几乎相同的代码 100 次。以这种方式编写程序是不切实际的。那么该如何解决这个问题呢？

这就需要一种高效并且有组织的方法。C++ 和大多数高级语言一样，提供了一种称为**数组**的数据结构，用于存储元素类型相同、大小固定的有序集合。在本例中，我们可以将所有的 100 个数字存储到一个数组中，并通过单个数组对其进行访问。

本章介绍一维数组，下一章将介绍二维和多维数组。

7.2 数组基础知识

要点提示：数组用于存储同一类型的多个值。可以使用索引对数组中的元素进行访问。

数组用于存储一组数据，但我们通常将数组视为一个存储相同类型变量的集合会更有用。我们不再声明单个变量，如 number0，number1，…，number99，取而代之的是声明一个名称为 numbers 的数组，并使用 numbers[0]，numbers[1]，…，numbers[99] 来表示单个变量。本节介绍如何声明数组和使用索引访问数组元素。

7.2.1　声明数组

声明数组需要使用以下语法指定其元素类型和大小：

```
elementType arrayName[size];
```

elementType 可以是任何数据类型，但数组中的所有元素都应具有相同的数据类型。size（也称为**数组大小声明符**）必须是一个表达式，其计算结果必须为大于零的常量整数。例如，以下语句声明了一个包含 10 个 double 型元素的数组：

```
double myList[10];
```

编译器为数组 myList 分配了 10 个 double 型元素的空间。声明数组时，数组元素可以赋为任意值。数组赋值使用以下语法：

```
arrayName[index] = value;
```

例如，以下代码用于初始化数组：

```
myList[0] = 5.6;
myList[1] = 4.5;
myList[2] = 3.3;
myList[3] = 13.2;
myList[4] = 4.0;
myList[5] = 34.33;
myList[6] = 34.0;
myList[7] = 45.45;
myList[8] = 99.993;
myList[9] = 111.23;
```

数组如图 7.1 所示。

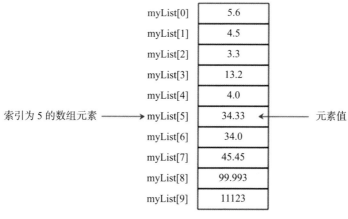

图 7.1

注意： 在标准 C++ 中，声明数组的大小必须使用**常量**表达式。例如，以下代码是错误的：

```
int size = 4;
double myList[size]; // Wrong
```

但如果 SIZE 是一个常量，语句则是正确的，如下所示：

```
const int SIZE = 4;
double myList[SIZE]; // Correct
```

提示： 元素类型相同的多个数组，可以一次性声明，如下所示：

```
elementType arrayName1[size1], arrayName2[size2], …,
  arrayNamen[sizeN];
```

数组要用逗号分隔。例如

```
double list1[10], list2[25];
```

7.2.2　访问数组元素

数组元素可以通过整数索引访问。**数组索引**从 0 开始，也就是说它们的范围是从 0 到 arraySize-1。第一个元素的索引为 0，第二个元素的索引为 1，以此类推。在图 7.1 中的示例中，数组 myList 包含 10 个 double 值，索引为从 0 到 9。

数组中的每个元素都可以用以下语法表示：

```
arrayName[index];
```

例如，myList[9] 表示数组 myList 中的最后一个元素。注意，声明数组时，大小声明符用于指示元素的数量。数组索引用于访问数组中的特定元素。

当通过数组索引访问时，数组中的元素可以用与常规变量相同的方式使用。例如，以下代码将 myList[0] 与 myList[1] 的值相加赋值到 myList[2] 中。

```
myList[2] = myList[0] + myList[1];
```

以下代码将 myList[0] 递增 1：

```
myList[0]++;
```

以下代码调用 max 函数返回 myList[1] 和 myList[2] 二者之中的较大值：

```
cout << max(myList[1], myList[2]) << endl;
```

以下循环将 0 赋值给 myList[0]，1 赋值给 myList[1]，…，9 赋值给 myList[9]：

```
for (int i = 0; i < 10; i++)
{
  myList[i] = i;
}
```

警告：使用超出边界的索引（例如，`myList[-1]` 和 `myList[10]`）访问数组元素会导致越界错误。越界是一个很严重的错误，但 C++ 编译器不会报告它。所以要确保数组索引在范围内。

7.2.3　数组初始化语句

C++ 有一种简写表示，称为**数组初始化语句**，它使用以下语法在单个语句中声明和初始化数组：

```
elementType arrayName[arraySize] = {value0, value1, ..., valuek};
```

例如

```
double myList[4] = {1.9, 2.9, 3.4, 3.5};
```

此语句声明并初始化了包含 4 个元素的数组 `myList`，其等价于下面所示的语句：

```
double myList[4];
myList[0] = 1.9;
myList[1] = 2.9;
myList[2] = 3.4;
myList[3] = 3.5;
```

警告：使用数组初始化语句时，必须将声明和初始化数组放在一条语句中。拆分它会导致语法错误。因此，下面语句是错误的：

```
double myList[4];
myList = {1.9, 2.9, 3.4, 3.5};
```

注意：C++ 允许在初始化数组时省略数组的大小。例如，以下声明也是正确的：

```
double myList[] = {1.9, 2.9, 3.4, 3.5};
```

编译器会自动计算出数组的元素个数。

注意：C++ 允许**初始化部分数组**。例如，下面的语句将值 1.9、2.9 赋值给数组的前两个元素，其他两个元素默认设置为零。

```
double myList[4] = {1.9, 2.9};
```

注意，如果声明一个数组，但没有对其初始化，那么它的所有元素都被设置为零。

7.2.4　处理数组

处理数组元素时，通常会使用 `for` 循环，原因如下：
- 数组中的所有元素都是相同类型的，可以用一个循环以相同的方式处理。
- 因为数组的大小是已知的，所以使用 `for` 循环是很自然的。

假设如下声明数组：

```
const int ARRAY_SIZE = 10;
double myList[ARRAY_SIZE];
```

下面是 10 个处理数组的示例：

1. 用输入值初始化数组：以下循环使用用户输入值初始化 myList 数组：

```cpp
cout << "Enter " << ARRAY_SIZE << " values: ";
for (int i = 0; i < ARRAY_SIZE; i++)
  cin >> myList[i];
```

2. 用随机值初始化数组：以下循环用 0 到 99 之间的随机值初始化 myList 数组：

```cpp
for (int i = 0; i < ARRAY_SIZE; i++)
{
  myList[i] = rand() % 100;
}
```

3. 打印数组：要打印数组，使用如下循环打印其中的所有元素：

```cpp
for (int i = 0; i < ARRAY_SIZE; i++)
{
  cout << myList[i] << " ";
}
```

4. 复制数组：假设有两个数组，list 和 myList。可以用如下语法将 myList 复制到 list 吗？

```cpp
list = myList;
```

这在 C++ 中是不行的。必须如下所示将单个元素从一个数组依次复制到另一个数组：

```cpp
for (int i = 0; i < ARRAY_SIZE; i++)
{
  list[i] = myList[i];
}
```

5. 对所有元素求和：用一个名为 total 的变量来存储总和。total 的初始值为 0。使用如下循环将数组中的每个元素添加到 total 中：

```cpp
double total = 0;
for (int i = 0; i < ARRAY_SIZE; i++)
{
  total += myList[i];
}
```

6. 查找最大元素：用名为 max 的变量存储最大元素。max 初始值是 myList[0]。要查找数组 myList 中的最大元素，需将其中的每个元素与 max 进行比较，如果元素大于 max，则更新 max。

```cpp
double max = myList[0];
for (int i = 1; i < ARRAY_SIZE; i++)
{
  if (myList[i] > max) max = myList[i];
}
```

7. 查找最大元素的最小索引：我们常常要在数组中定位最大元素。如果一个数组有多个具有相同最大值的元素，希望找到该元素的最小索引。假设数组 myList 是 {1, 5, 3, 4, 5, 5}。因此，最大的元素是 5，而 5 的最小索引是 1。用名为 max 的变量存储最大的元素，用名为 indexOfMax 的变量表示最大元素的索引。max 的初始值为 myList[0]，

indexOfMax 的初始值为 0。将 myList 中的每个元素与 max 进行比较。如果元素大于 max，则更新 max 和 indexOfMax。

```
double max = myList[0];
int indexOfMax = 0;
for (int i = 1; i < ARRAY_SIZE; i++)
{
  if (myList[i] > max)
  {
    max = myList[i];
    indexOfMax = i;
  }
}
```

如果将 (myList[i]>max) 替换为 (myList[i]>=max)，结果是什么？

8. 随机混洗：在许多应用中，需要随机重新排列数组中的元素，这叫作混洗。要实现它，对于每个元素 myList[i]，如下所示随机生成一个索引 j，并将 myList[i] 与 myList[j] 交换：

Start Animation

```
srand(time(0));
double myList[] = {1, 2, 3, 4, 5, 6};

for (int i = 0; i < ARRAY_SIZE; i++)
{
  // Generate an index j randomly
  int j = rand() % ARRAY_SIZE;

  // Swap myList[i] with myList[j]
  double temp = myList[i];
  myList[i] = myList[j];
  myList[j] = temp;
}
```

9. 移动元素：有时需要向左或向右移动元素。例如，将元素向左移动一个位置，并用第一个元素填充最后一个元素：

Start Animation

```
double myList[] = {4, 5, 6, 7, 8, 9};
double temp = myList[0]; // Retain the first element

// Shift elements left
for (int i = 1; i < ARRAY_SIZE; i++)
{
  myList[i - 1] = myList[i];
}

// Move the first element to fill in the last position
myList[ARRAY_SIZE - 1] = temp;
```

10. 简化编码：数组可用于简化某些任务的编码。例如，假设你想通过给定月份的数字获得该月份的英文名称。如果月份名称存储在数组中，则可以简单地通过索引访问给定月份的月份名称。以下代码提示用户输入月份数字并显示其月份名称：

```cpp
string months[] = {"January", "February", ..., "December"};
cout << "Enter a month number (1 to 12): ";
int monthNumber;
cin >> monthNumber;
cout << "The month is " << months[monthNumber - 1] << endl;
```

如果没有使用 months 数组，则必须如下所示使用冗长的多分支 if-else 语句确定月份名称：

```cpp
if (monthNumber == 1)
  cout << "The month is January" << endl;
else if (monthNumber == 2)
  cout << "The month is February" << endl;
...
else
  cout << "The month is December" << endl;
```

7.2.5　foreach 循环

C++11 支持一个简单的 for 循环，称为 foreach 循环，它使我们能够在不使用索引变量的情况下按顺序遍历数组。例如，以下代码可以显示数组 myList 中的所有元素：

```cpp
for (double e: myList)
{
  cout << e << endl;
}
```

你可以将代码读为"对于 myList 中的每个元素 e，执行以下操作"。注意，变量 e 必须声明为与 myList 中的元素相同的类型。

通常，foreach 循环的语法是

```cpp
for (elementType element: arrayName)
{
  // Process the element
}
```

如果希望以不同的顺序遍历数组或更改数组中的元素，仍然必须使用索引变量。

警告：程序员经常错误地使用索引 1 引用数组中的第一个元素。这被称为**差一错误**。在应该使用 < 的地方使用 <= 是循环中的常见错误。例如，以下循环是错误的，<= 应替换为 <：

```cpp
for (int i = 0; i <= ARRAY_SIZE; i++)
  cout << list[i] << " ";
```

为避免这种情况，要确保不使用超出范围的索引或者使用 foreach 循环。

提示：由于 C++ 不检查数组的边界，因此应特别注意索引是否在范围内。请检查循环中的第一次和最后一次迭代，查看索引是否在允许的范围内。

7.3　案例研究：分析数字

要点提示：编写一个程序，统计大于所有项平均值的项的数量。

现在，我们可以用数组编写一个程序解决本章开头提出的问题。这个问题是读入 100 个数字，求得这些数字的平均值，然后找到比平均值大的项的数量。LiveExample 7.1 给出了一个解决方案。

CodeAnimation 7.1 的互动程序请访问 https://liangcpp.pearsoncmg.com/codeanimation5ecpp/AnalyzeNumbers.html，LiveExample 7.1 的互动程序请访问 https://liangcpp.pearsoncmg.com/LiveRunCpp5e/faces/LiveExample.xhtml?header=off&programName=AnalyzeNumbers&programHeight=490&resultHeight=230。

LiveExample 7.1　AnalyzeNumbers.cpp

Source Code Editor:

```cpp
#include <iostream>
using namespace std;

int main()
{
  const int NUMBER_OF_ELEMENTS = 3; // For simplicity, use 3 (not 100) for demo
  double numbers[NUMBER_OF_ELEMENTS]; // Create array numbers
  double sum = 0;

  for (int i = 0; i < NUMBER_OF_ELEMENTS; i++)
  {
    cout << "Enter a new number: ";
    cin >> numbers[i];
    sum += numbers[i];
  }

  double average = sum / NUMBER_OF_ELEMENTS;

  int count = 0; // The number of elements above average
  for (int i = 0; i < NUMBER_OF_ELEMENTS; i++)
    if (numbers[i] > average) // Count if numbers[i] is greater than average
      count++;

  cout << "Average is " << average << endl;
  cout << "Number of elements above the average " << count << endl;

  return 0;
}
```

Enter input data for the program (Sample data provided below. You may modify it.)

```
10 3.4 5
```

Automatic Check　Compile/Run　Reset　Answer　　Choose a Compiler: VC++

Execution Result:

```
command>cl AnalyzeNumbers.cpp
Microsoft C++ Compiler 2019
Compiled successful (cl is the VC++ compile/link command)

command>AnalyzeNumbers
Enter a new number: 10
Enter a new number: 3.4
Enter a new number: 5
Average is 6.13333
Number of elements above the average 1

command>
```

该程序在第 7 行声明了一个包含 3 个元素的数组，在第 13 行将数字存储到数组中，在第 14 行将每个数字进行相加，然后在第 17 行获得平均值。之后，它将数组中的每个数字与平均值进行比较，以统计大于平均值的数字的数量（第 19 ～ 22 行）。

7.4 案例研究：一副牌

要点提示：编写一个程序，从 52 张牌中随机选择 4 张牌。

假设你想写一个程序，从 52 张牌中随机挑选 4 张牌。

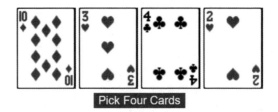

所有的牌都可以如下所示用一个名为 deck 的数组表示，数组中填充了 0 到 51 的初始值：

```
int deck[52];

// Initialize cards
for (int i = 0; i < NUMBER_OF_CARDS; i++)
  deck[i] = i;
```

牌号 0 至 12、13 至 25、26 至 38、39 至 51 分别代表 13 张黑桃、13 张红桃、13 张方片和 13 张梅花，如图 7.2 所示。cardNumber/13 决定牌的花色，cardNumber%13 决定是花色中的哪张牌，如图 7.3 所示。对 deck 数组混洗后，从 deck 中选择前 4 张牌。

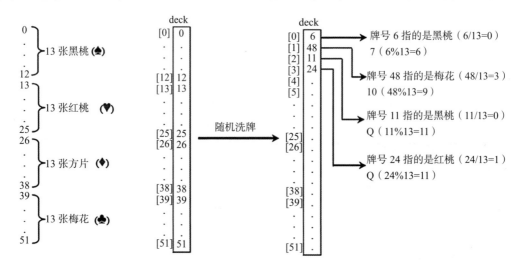

图 7.2 52 张牌存储在一个名为 deck 的数组中

LiveExample 7.2 给出了问题的解决方案。

CodeAnimation 7.2 的互动程序请访问 https://liangcpp.pearsoncmg.com/codeanimation5ecpp/ DeckOfCards.html，LiveExample 7.2 的互动程序请访问 https://liangcpp.pearsoncmg.com/

LiveRunCpp5e/faces/LiveExample.xhtml?header=off&programName=DeckOfCards&programH
eight=695&resultHeight=210。

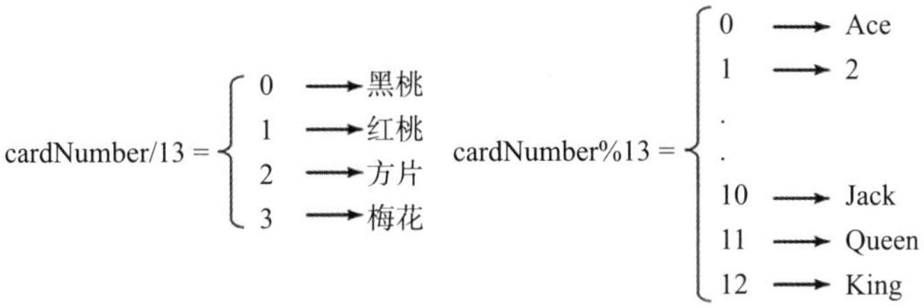

图 7.3 `cardNumber` 用于识别牌

LiveExample 7.2 DeckOfCards.cpp

Source Code Editor:

```cpp
1  #include <iostream>
2  #include <ctime>
3  #include <cstdlib>
4  #include <string>
5  using namespace std;
6
7  int main()
8  {
9    const int NUMBER_OF_CARDS = 52;
10   int deck[NUMBER_OF_CARDS];
11   string suits[] = {"Spades", "Hearts", "Diamonds", "Clubs"};
12   string ranks[] = {"Ace", "2", "3", "4", "5", "6", "7", "8", "9",
13     "10", "Jack", "Queen", "King"};
14
15   // Initialize cards
16   for (int i = 0; i < NUMBER_OF_CARDS; i++)
17     deck[i] = i;
18
19   // Shuffle the cards
20   srand(time(0));
21   for (int i = 0; i < NUMBER_OF_CARDS; i++)
22   {
23     // Generate an index randomly
24     int index = rand() % NUMBER_OF_CARDS;
25     int temp = deck[i];
26     deck[i] = deck[index];
27     deck[index] = temp;
28   }
29
30   // Display the first four cards
31   for (int i = 0; i < 4; i++)
32   {
33     string suit = suits[deck[i] / 13];
34     string rank = ranks[deck[i] % 13];
35     cout << "Card number " << deck[i] << ": "
36       << rank << " of " << suit << endl;
37   }
38
39   return 0;
40 }
```

Compile/Run   Reset   Answer   Choose a Compiler: VC++ ⌄

Execution Result:

```
command>cl DeckOfCards.cpp
Microsoft C++ Compiler 2019
Compiled successful (cl is the VC++ compile/link command)

command>DeckOfCards
Card number 30: 5 of Diamonds
Card number 22: 10 of Hearts
Card number 4: 5 of Spades
Card number 20: 8 of Hearts

command>
```

该程序为 52 张牌定义了一个数组 deck（第 10 行）。第 16 ～ 17 行用值 0 至 51 初始化数组 deck。牌值 0 表示黑桃 A，1 表示黑桃 2，13 表示红桃 A，14 表示红桃 2。第 21 ～ 28 行随机洗牌。洗牌后，deck[i] 包含某个值。deck[i]/13 是 0、1、2 或 3，决定了牌的花色（第 33 行）。deck[i]%13 是一个介于 0 到 12 之间的值，它决定是花色中的哪张牌（第 34 行）。如果不定义 suits 数组，则必须用如下所示的多分支 if-else 语句来确定花色：

```
if (deck[i] / 13 == 0)
  cout << "suit is Spades " << endl;
else if (deck[i] / 13 == 1)
  cout << "suit is Hearts" << endl;
else if (deck[i] / 13 == 2)
  cout << "suit is Diamonds" << endl;
else
  cout << "suit is Clubs" << endl;
```

suits = {"Spades", "Hearts", "Diamonds", "Clubs"} 声明为数组，suits[deck/13] 给出 deck 的花色。使用数组大大简化了此程序的解决方案。

7.5 将数组传递给函数

要点提示：将数组参数传递给函数时，其起始地址将传递给函数中的数组参数。实参和形参引用的是同一数组。

正如可以将单个值传递给函数一样，也可以将整个数组传递给函数。LiveExample 7.3 给出了一个示例，演示如何声明和调用这种类型的函数。

CodeAnimation 7.3 的互动程序请访问 https://liangcpp.pearsoncmg.com/codeanimation5ecpp/PassArrayDemo.html，LiveExample 7.3 的互动程序请访问 https://liangcpp.pearsoncmg.com/LiveRunCpp5e/faces/LiveExample.xhtml?header=off&programName=PassArrayDemo&programHeight=350&resultHeight=160&inputHeight=38。

LiveExample 7.3   PassArrayDemo.cpp

Source Code Editor:

```
1  #include <iostream>
2  using namespace std;
3
```

```
4   void printArray(int list[], int arraySize); // Function prototype
5
6   int main()
7   {
8     int numbers[6] = {1, 4, 3, 6, 8, 9};
9     printArray(numbers, 6); // Invoke the function
10
11    return 0;
12  }
13
14  void printArray(int list[], int arraySize)
15  {
16    for (int i = 0; i < arraySize; i++)
17    {
18      cout << list[i] <<  " ";
19    }
20  }
```

| Automatic Check | Compile/Run | Reset | Answer | Choose a Compiler: | VC++ ∨ |

Execution Result:

```
command>cl PassArrayDemo.cpp
Microsoft C++ Compiler 2019
Compiled successful (cl is the VC++ compile/link command)

command>PassArrayDemo
1 4 3 6 8 9

command>
```

在函数头（第 14 行）中，`int list[]` 指定参数是任意大小的整型数组。因此，可以传递任何整型数组来调用此函数（第 9 行）。注意，函数原型中的参数名称可以省略。因此，函数原型可以在没有参数名称 `list` 和 `arraySize` 的情况下声明，如下所示：

```
void printArray(int [], int); // Function prototype
```

注意：通常，将数组传递给函数时，还应该在另一个参数中传递其大小，以便函数知道数组中元素的个数。否则，必须将它编码到函数中或在全局变量中声明它。这两种方法既不灵活，也不稳健。

C++ 通过值传递的方式给函数传递数组参数。传递基元类型的变量值和传递数组有很大区别。

- 对于基元类型的参数，是传递该参数的值。
- 对于数组类型的参数，参数的值是数组的起始内存地址；该值被传递给函数中的数组参数。在语义上，共享传递是最确切的描述，也就是说，函数中的数组与传递过来的数组是同一个数组。因此，如果在函数中更改数组，则会看到在函数外的数组也被更改了。LiveExample 7.4 给出了一个演示此效果的示例。

CodeAnimation 7.4 的互动程序请访问 https://liangcpp.pearsoncmg.com/codeanimation5ecpp/EffectOfPassArrayDemo.html，LiveExample 7.4 的互动程序请访问 https://liangcpp.pearsoncmg.com/LiveRunCpp5e/faces/LiveExample.xhtml?header=off&programName=EffectOfPassArrayDemo&programHeight=420&resultHeight=180。

LiveExample 7.4   EffectOfPassArrayDemo.cpp

Source Code Editor:

```
1  #include <iostream>
2  using namespace std;
3
4  void m(int, int []);
5
6  int main()
7  {
8    int x = 1; // x represents an int value
9    int y[10] = {0}; // // y is initially all 0s
10
11   m(x, y); // Invoke m with arguments x and y
12
13   cout << "x is " << x << endl;
14   cout << "y[0] is " << y[0] << endl;
15
16   return 0;
17 }
18
19 void m(int number, int numbers[])
20 {
21   number = 1001; // Assign a new value to number
22   numbers[0] = 5555; // Assign a new value to numbers[0]
23 }
```

[Automatic Check]   [Compile/Run]   [Reset]   [Answer]   Choose a Compiler: [VC++ ∨]

Execution Result:

```
command>cl EffectOfPassArrayDemo.cpp
Microsoft C++ Compiler 2019
Compiled successful (cl is the VC++ compile/link command)

command>EffectOfPassArrayDemo
x is 1
y[0] is 5555

command>
```

你将看到，调用函数 m 后，x 仍然为 1，但 y[0] 为 5555。这是因为 x 的值被赋值给 number，而 x 和 number 是独立变量，但 y 和 numbers 引用的是同一数组。numbers 可视为数组 y 的别名。

7.6 防止函数中数组参数的更改

要点提示： 可以在函数中定义 const 数组参数，以防止数组在函数中被更改。

传递数组是传递数组的起始内存地址，不会复制数组元素。这有助于节省内存空间。但是，如果在函数内不小心更改了数组，则可能导致在使用数组参数时发生错误。为防止这种情况，可以将 const 关键字放在数组参数之前，告诉编译器数组不能被更改。如果函数中的代码试图修改数组，编译器将报告错误。

LiveExample 7.5 给出了一个在函数 p（第 4 行）中声明 const 数组参数 list 的示例。

在第 7 行中，该函数尝试修改数组中的第一个元素。此错误被编译器检测到，如示例输出所示。

　　LiveExample 7.5 的互动程序请访问 https://liangcpp.pearsoncmg.com/LiveRunCpp5e/faces/LiveExample.xhtml?header=off&programName=ConstArrayDemo&programHeight=290&resultHeight=130。

　　LiveExample 7.5　ConstArrayDemo.cpp

Source Code Editor:

```
1  #include <iostream>
2  using namespace std;
3
4  void p(const int list[], int arraySize)
5  {
6    // Modify array accidentally
7    list[0] = 100; // Compile error!
8  }
9
10 int main()
11 {
12   int numbers[5] = {1, 4, 3, 6, 8};
13   p(numbers, 5);
14
15   return 0;
16 }
```

Compile/Run　Reset　　　　　　　　　　Choose a Compiler: VC++ ▾

Execution Result:

```
c:\command>cl ConstArrayDemo.cpp
Microsoft C++ Compiler 2017
ConstArrayDemo.cpp
error C3892: 'list': you cannot assign to a variable that is const

c:\command>
```

　　注意：如果在函数 f1 中定义了一个 const 参数，并且该参数被传递给另一个函数 f2，则必须将函数 f2 中的相应参数声明为 const，以确保一致性。考虑以下代码：

```
void f2(int list[], int size)
{
  // Do something
}
void f1(const int list[], int size)
{
  // Do something
  f2(list, size);
}
```

　　编译器报告了一个错误。因为 list 在 f1 中是 const，在被传递给 f2 后，未被声明为 const。所以，f2 处的函数声明应改为

```
void f2(const int list[], int size)
```

7.7 从函数返回数组

要点提示：从函数返回数组时，要将数组作为函数中的参数进行传递。

可以声明一个函数来返回基元类型值或对象。例如

```
// Return the sum of the elements in the list
int sum(const int list[], int size)
```

那有类似的语法能够从函数返回数组吗？例如，如下所示声明一个函数，用该函数返回一个新数组，新数组的元素顺序是原数组元素的逆序：

```
// Return the reversal of list
int[] reverse(const int list[], int size)
```

这在 C++ 中是不支持的。但我们可以通过在函数中传递两个数组参数来绕过此限制：

```
// newList is the reversal of list
void reverse(const int list[], int newList[], int size)
```

该程序在 LiveExample 7.6 中给出。

LiveExample 7.6 的 互 动 程 序 请 访 问 https://liangcpp.pearsoncmg.com/LiveRunCpp5e/faces/LiveExample.xhtml?header=off&programName=ReverseArray&programHeight=630&resultHeight=180。

LiveExample 7.6　ReverseArray.cpp

Source Code Editor:

```
1  #include <iostream>
2  using namespace std;
3
4  // newList is the reversal of list
5  void reverse(const int list[], int newList[], int size)
6  {
7    for (int i = 0, j = size - 1; i < size; i++, j--)
8    {
9      newList[j] = list[i];
10   }
11 }
12
13 void printArray(const int list[], int size)
14 {
15   for (int i = 0; i < size; i++)
16     cout << list[i] << " ";
17 }
18
19 int main()
20 {
21   const int SIZE = 6;
22   int list[] = {1, 2, 3, 4, 5, 6};
23   int newList[SIZE];
24
25   reverse(list, newList, SIZE);
26
27   cout << "The original array: ";
```

```
28      printArray(list, SIZE);
29      cout << endl;
30
31      cout << "The reversed array: ";
32      printArray(newList, SIZE);
33      cout << endl;
34
35      return 0;
36  }
```

Automatic Check Compile/Run Reset Answer   Choose a Compiler: VC++ ✔

Execution Result:

```
command>cl ReverseArray.cpp
Microsoft C++ Compiler 2019
Compiled successful (cl is the VC++ compile/link command)

command>ReverseArray
The original array: 1 2 3 4 5 6
The reversed array: 6 5 4 3 2 1

command>
```

reverse 函数（第 5 ～ 11 行）使用循环将原始数组中的第一个元素、第二个元素、…
复制到新数组中的最后一个元素、倒数第二个元素、…，如下图所示：

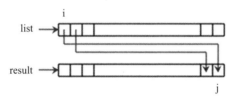

要调用此函数（第 25 行），必须传递三个参数。第一个参数是原始数组，其内容在函数
中未被更改。第二个参数是新数组，其内容在函数中已被更改。第三个参数是数组的大小。

7.8 案例研究：统计每个字母的出现次数

要点提示：本节介绍一个程序，用于统计字符数组中每个字母的出现次数。

该程序执行以下操作：

1. 随机生成 100 个小写字母，并将它们赋值给一个字符数组，如图 7.4a 所示。如 4.4 节
所述，可通过如下语句随机生成小写字母：

```
static_cast<char>('a' + rand() % ('z' - 'a' + 1))
```

2. 对数组中每个字母的出现次数进行计数。为此，需要声明一个数组 counts 来记录
26 个 int 值，每个值表示一个字母的出现次数，如图 7.4b 所示。即 count[0] 计 a 的出
现次数，count[1] 计 b 的出现次数，以此类推。

LiveExample 7.7 给出了完整的程序。

LiveExample 7.7 的互动程序请访问 https://liangcpp.pearsoncmg.com/LiveRunCpp5e/faces/

LiveExample.xhtml?header=off&programName=CountLettersInArray&programHeight=1420&resultHeight=330。

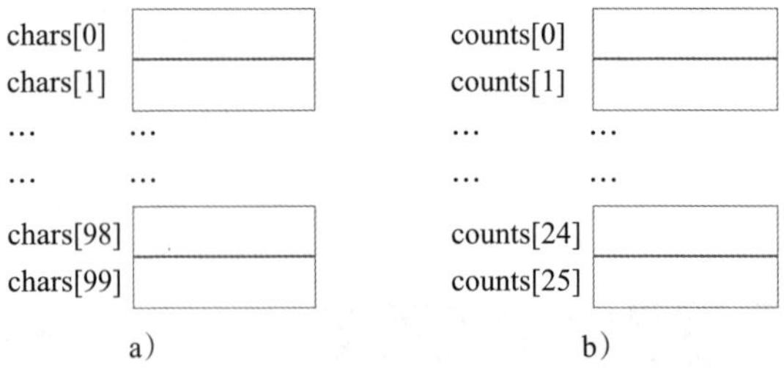

chars[0]	counts[0]
chars[1]	counts[1]
... ...	... ...
... ...	... ...
chars[98]	counts[24]
chars[99]	counts[25]
a)	b)

图 7.4　`chars` 数组存储 100 个字符，`counts` 数组存储 26 个计数，每个计数记录一个字母的出现次数

LiveExample 7.7　CountLettersInArray.cpp

Source Code Editor:

```cpp
1   #include <iostream>
2   #include <ctime>
3   #include <cstdlib>
4   using namespace std;
5
6   const int NUMBER_OF_LETTERS = 26;
7   const int NUMBER_OF_RANDOM_LETTERS = 100;
8   void createArray(char []);
9   void displayArray(const char []);
10  void countLetters(const char [], int []);
11  void displayCounts(const int []);
12
13  int main()
14  {
15    // Declare and create an array
16    char chars[NUMBER_OF_RANDOM_LETTERS];
17
18    // Initialize the array with random lowercase letters
19    createArray(chars);
20
21    // Display the array
22    cout << "The lowercase letters are: " << endl;
23    displayArray(chars);
24
25    // Count the occurrences of each letter
26    int counts[NUMBER_OF_LETTERS];
27
28    // Count the occurrences of each letter
29    countLetters(chars, counts);
30
31    // Display counts
32    cout << "\nThe occurrences of each letter are: " << endl;
33    displayCounts(counts);
34
35    return 0;
36  }
37
38  // Create an array of characters
39  void createArray(char chars[])
```

```cpp
40   {
41     // Create lowercase letters randomly and assign
42     // them to the array
43     srand(time(0));
44     for (int i = 0; i < NUMBER_OF_RANDOM_LETTERS; i++)
45       chars[i] = static_cast<char>('a' + rand() % ('z' - 'a' + 1));
46   }
47
48   // Display the array of characters
49   void displayArray(const char chars[])
50   {
51     // Display the characters in the array 20 on each line
52     for (int i = 0; i < NUMBER_OF_RANDOM_LETTERS; i++)
53     {
54       if ((i + 1) % 20 == 0)
55         cout << chars[i] << " " << endl;
56       else
57         cout << chars[i] << " ";
58     }
59   }
60
61   // Count the occurrences of each letter
62   void countLetters(const char chars[], int counts[])
63   {
64     // Initialize the array
65     for (int i = 0; i < NUMBER_OF_LETTERS; i++)
66       counts[i] = 0;
67
68     // For each lowercase letter in the array, count it
69     for (int i = 0; i < NUMBER_OF_RANDOM_LETTERS; i++)
70       counts[chars[i] - 'a'] ++;
71   }
72
73   // Display counts
74   void displayCounts(const int counts[])
75   {
76     for (int i = 0; i < NUMBER_OF_LETTERS; i++)
77     {
78       if ((i + 1) % 10 == 0)
79         cout << counts[i] << " " << static_cast<char>(i + 'a') << endl;
80       else
81         cout << counts[i] << " " << static_cast<char>(i + 'a') << " ";
82     }
83   }
```

Compile/Run **Reset** **Answer**　　　　　　　　Choose a Compiler: `VC++ ▾`

Execution Result:

```
command>cl CountLettersInArray.cpp
Microsoft C++ Compiler 2019
Compiled successful (cl is the VC++ compile/link command)

command>CountLettersInArray
The lowercase letters are:
b g x i k v f e j b n v m n g i z u m u
v j e x y j n t h b s d t j n a x m h f
l t e b v a j h x j b l e h u v t y u v
```

```
w m c c x u s q d z s x i h a i v p g e
n u y x x m i k z i g i r a d l q m m w

The occurrences of each letter are:
4 a 5 b 2 c 3 d 5 e 2 f 4 g 5 h 7 i 6 j
2 k 3 l 7 m 5 n 0 o 1 p 2 q 1 r 3 s 4 t
6 u 7 v 2 w 8 x 3 y 3 z

command>
```

createArray 函数（第 39 ~ 46 行）生成了 100 个随机小写字母，并把它们赋值给数组 chars。countLetters 函数（第 62 ~ 71 行）对 chars 中的字母的出现次数进行计数，并将计数存储在数组 counts 中。counts 中的每个元素存储一个字母出现的次数。该函数处理数组中的每个字母，并将其计数加一。统计每个字母出现次数的穷举方法可能如下：

```cpp
for (int i = 0; i < NUMBER_OF_RANDOM_LETTERS; i++)
  if (chars[i] == 'a')
    counts[0]++;
  else if (chars[i] == 'b')
    counts[1]++;
  ...
```

但程序的第 69 ~ 70 行给出了更好的解决方案。

```cpp
for (int i = 0; i < NUMBER_OF_RANDOM_LETTERS; i++)
  counts[chars[i] - 'a']++;
```

如果字母（chars[i]）为 'a'，则相应的计数为 counts['a'-'a']（即 counts[0]）。如果字母是 'b'，则相应的计数为 counts['b'-'a']（即 counts[1]），因为 'b' 的 ASCII 码比 'a' 的多 1。如果字母为 'z'，则相应的计数为 counts['z'-'a']（即 counts[25]），因为 'z' 的 ASCII 码比 'a' 的多 25。

7.9 查找数组

要点提示：如果对数组进行排序，则要查找数组中的元素，二分查找比线性查找更有效。

查找是在数组中查找特定元素的过程，例如，判断某个分数是否包含在分数列表中。查找是计算机编程中的一项常见任务。有许多用于查找的算法和数据结构。本节讨论两种常用的方法：**线性查找**和**二分查找**。

7.9.1 线性查找法

线性查找法按顺序将关键字元素 key 与数组中的每个元素进行比较。该函数持续执行直到关键字与数组中的元素匹配成功，或遍历完数组也没找到关键字。如果匹配，线性查找返回数组中与关键字匹配的元素的索引。否则，结果返回 -1。

LiveExample 7.8 中的 linearSearch 函数实现了线性查找。

CodeAnimation 7.5 的互动程序请访问 https://liangcpp.pearsoncmg.com/codeanimation5ecpp/LinearSearch.html，LiveExample 7.8 的 互 动 程 序 请 访 问 https://liangcpp.pearsoncmg.com/LiveRunCpp5e/faces/LiveExample.xhtml?header=off&programName=LinearSearch&programH

eight=400&resultHeight=160。

LiveExample 7.8　LinearSearch.cpp

Source Code Editor:

```
 1  #include <iostream>
 2  using namespace std;
 3
 4  int linearSearch(const int [], int, int);
 5
 6  int main()
 7  {
 8    int list[] = {4, 5, 1, 2, 9, -3};
 9    cout << linearSearch(list, 2, 8) << endl;
10
11    return 0;
12  }
13
14  int linearSearch(const int list[], int key, int arraySize)
15  {
16    for (int i = 0; i < arraySize; i++)
17    {
18      if (key == list[i])
19        return i;
20    }
21
22    return -1;
23  }
```

`Automatic Check`　`Compile/Run`　`Reset`　`Answer`　　　Choose a Compiler: `VC++ ∨`

Execution Result:

```
command>cl LinearSearch.cpp
Microsoft C++ Compiler 2019
Compiled successful (cl is the VC++ compile/link command)

command>LinearSearch
3

command>
```

可以用以下语句跟踪函数：

```
int list[] = {1, 4, 4, 2, 5, -3, 6, 2};
int i = linearSearch(list, 4, 8);  // Returns 1
int j = linearSearch(list, -4, 8); // Returns -1
int k = linearSearch(list, -3, 8); // Returns 5
```

　　线性查找法将关键字与数组中的每个元素进行比较。数组中的元素可以是任意顺序。一般而言，在找到关键字之前（如果关键字元素存在），算法必须与数组中一半的元素进行比较。由于线性查找的执行时间随着数组元素数量的增加而线性增加，因此对于大型数组而言，线性查找的效率很低。

7.9.2　二分查找法

　　二分查找法是另一种常见的值列表查找方法。它要求数组中的元素已经排好序。假设数组按升序排列。二分查找法首先将关键字与数组中间的元素进行比较。考虑以下这些情况：

- 如果关键字小于中间元素，则只需在数组的前半部分继续查找。
- 如果关键字等于中间元素，则匹配成功，查找结束。
- 如果关键字大于中间元素，则只需在数组的后半部分继续查找。

显然，二分查找法在每次比较后都会省略掉至少一半的数组。假设数组有 n 个元素。方便起见，假设 n 是 2 的幂。在第一次比较之后，剩下 n/2 个元素需要进一步查找；在第二次比较之后，剩下 (n/2)/2 个元素用于进一步查找。在第 k 次比较之后，$n/2^k$ 个元素被留作进一步查找。当 k = $\log_2 n$ 时，数组中只剩下 1 个元素，只需要再进行 1 次比较。因此，当使用二分查找法时，最坏情况下只需要进行 $\log_2 n + 1$ 次比较就能找到排序数组中的元素。对于 1024（2^{10}）个元素的数组，在最坏情况下，二分查找只需要进行 11 次比较，而线性查找需要进行 1024 次比较。每次比较后，需要查找的数组缩小一半。用 low 和 high 分别表示子数组的第一个索引和最后一个索引。最初，low 为 0，high 为 listSize-1。用 mid 表示中间元素的索引。所以 mid 是 (low+high)/2。

现在知道了二分查找法的工作原理。下一个任务就是实现它。不要急于给出完整的实现，要逐步实现这个程序。可以从查找的第一次迭代开始，如图 7.5 的版本 1 所示。它将关键字与列表的中间元素进行比较，low 索引为 0，high 索引为 listSize-1。如果 key<list[mid]，则将 high 索引设置为 mid-1；如果 key==list[mid]，则找到匹配项并返回 mid；如果 key>list[mid]，则将 low 索引设置为 mid+1。

接下来，考虑如何通过添加一个循环来实现函数执行重复查找，如图 7.5 的版本 2 所示。如果找到了关键字或当 low>high 时仍未找到关键字，则结束查找。注意，当 low>high 时，关键字不在数组中。

当找不到关键字时，low 则是插入点。在插入点位置插入关键字依然保持列表顺序。返回插入点位置比返回 -1 更有用。函数需要返回负值以表示关键字不在列表中。能简单地返回 -low 吗？不能。如果关键字小于 list[0]，则 low 为 0，-0 也是 0。这表示关键字与 list[0] 匹配。如果关键字不在列表中，最好让函数返回 -low-1。返回 -low-1 不仅表示关键字不在列表中，还给出了关键字要插入列表的位置。

```
Version 1    Version 2

int binarySearch(const int[] list, int key, int listSize)
{
  int low = 0;
  int high = listSize - 1;

  int mid = (low + high) / 2;
  if (key < list[mid])
    high = mid - 1;
  else if (key == list[mid])
    return mid;
  else
    low = mid + 1;
}
```

版本 1 执行一次查找。阴影代码在版本 2 中将被包在循环中。

a）版本 1

图 7.5

Version 1   Version 2

```cpp
int binarySearch(const int[] list, int key, int listSize)
{
    int low = 0;
    int high = listSize - 1;
    while (high >= low)
    {
        int mid = (low + high) / 2;
        if (key < list[mid])
            high = mid - 1;
        else if (key == list[mid])
            return mid;
        else
            low = mid + 1;
    }

    return -1; //Not found
}
```

版本 2 添加了一个循环来重复搜索。添加的代码以阴影突出显示。

b）版本 2

图 7.5（续）

二分查找法在 LiveExample 7.9 中实现。

CodeAnimation 7.6 的互动程序请访问 https://liangcpp.pearsoncmg.com/codeanimation5ecpp/ BinarySearch.html，LiveExample 7.9 的 互 动 程 序 请 访 问 https://liangcpp.pearsoncmg.com/ LiveRunCpp5e/faces/LiveExample.xhtml?header=off&programName=BinarySearch&programH eight=540&resultHeight=160。

LiveExample 7.9   BinarySearch.cpp

Source Code Editor:

```cpp
1  #include <iostream>
2  using namespace std;
3
4  int binarySearch(const int list[], int key, int listSize);
5
6  int main()
7  {
8    int list[] = {-3, 1, 2, 4, 9, 23};
9    cout << binarySearch(list, 2, 6) << endl;
10
11   return 0;
12 }
13
14 int binarySearch(const int list[], int key, int listSize)
15 {
16   int low = 0;
17   int high = listSize - 1;
18
19   while (high >= low)
20   {
```

```
21        int mid = (low + high) / 2;
22        if (key < list[mid])
23          high = mid - 1;
24        else if (key == list[mid])
25          return mid;
26        else
27          low = mid + 1;
28      }
29
30      return -low - 1;
31    }
```

| Automatic Check | Compile/Run | Reset | Answer | Choose a Compiler: | VC++ ∨ |

Execution Result:

```
command>cl BinarySearch.cpp
Microsoft C++ Compiler 2019
Compiled successful (cl is the VC++ compile/link command)

command>BinarySearch
2

command>
```

如果关键字包含在列表中，二分查找法就会返回查找到的关键字的索引（第 25 行）。否则，返回 –low–1（第 30 行）。

如果第 19 行中的 (high>=low) 被 (high>low) 替换，会发生什么？查找或许会遗漏可能的匹配元素。考虑列表只有一个元素的情况，查找就会遗漏这个元素。

如果列表中有重复的元素，该函数仍然有效吗？是的，只要元素在列表中按非降序排序即可。如果某个匹配元素在列表中，则函数返回该元素的索引。

二分查找法的**前置条件**是列表必须按递增顺序排序。**后置条件**是，如果关键字在列表中，则函数返回与该关键字匹配的元素的索引，否则返回一个负整数 k，–k–1 是关键字应该插入的位置。前置条件和后置条件是描述函数属性的常用术语。前置条件在调用函数之前为真，后置条件在函数返回之后为真。

为了更好地理解此函数，请用以下语句跟踪它，并在函数返回时确定 low 和 high。

```
int list[] = {2, 4, 7, 10, 11, 45, 50, 59, 60, 66, 69, 70, 79};
int i = binarySearch(list, 2, 13); // Returns 0
int j = binarySearch(list, 11, 13); // Returns 4
int k = binarySearch(list, 12, 13); // Returns -6
int l = binarySearch(list, 1, 13); // Returns -1
int m = binarySearch(list, 3, 13); // Returns -2
```

下面的表列出了函数退出时的 low 值和 high 值以及调用函数的返回值。

函数	low	high	返回值
binarySearch(list, 2, 13)	0	1	0
binarySearch(list, 11, 13)	3	5	4
binarySearch(list, 12, 13)	5	4	-6
binarySearch(list, 1, 13)	0	-1	-1
binarySearch(list, 3, 13)	1	0	-2

　　注意：线性查找法对于在小数组或未排序数组中查找元素很有用，但对大数组来说效率很低。二分查找法效率更高，但需要对数组进行预排序。

7.10　数组排序

　　要点提示：排序和查找一样，是计算机编程中的一项常见任务。对于排序，已经开发了许多不同的算法。本节介绍一种直观的排序算法：选择排序。

　　假设要按升序对列表进行排序。**选择排序**先在列表中找到最小的数字，并将其与第一个数字进行交换。然后，再找到剩余数字中的最小数字，并将其与第二个数字交换，以此类推，直到只剩下一个数字。

　　知道了选择排序方法的工作原理。现在的任务是用 C++ 语言实现它。对于初学者来说，很难在第一次尝试时就开发出完整的解决方案。可以开始先为第一次迭代编写代码，找到列表中最小的元素，并将其与第一个元素交换，然后观察第二次迭代、第三次迭代等的不同之处。通过编写一个循环，继而最后概括所有迭代。

　　解决方案可描述如下：

```
for (int i = 0; i < listSize - 1; i++)
{
  在 list[i..listSize-1]中选择最小元素;
  如果需要，将最小元素和 list[i]交换;
  // list[i] 现在在其正确的位置。
  // 下一轮迭代应用在 list[i+1..listSize-1]
}
```

LiveExample 7.10 实现了这个方案。

CodeAnimation 7.7 的互动程序请访问 https://liangcpp.pearsoncmg.com/codeanimation5ecpp/SelectionSort.html，LiveExample 7.10 的互动程序请访问 https://liangcpp.pearsoncmg.com/LiveRunCpp5e/faces/LiveExample.xhtml?header=off&programName=SelectionSort&programHeight=750&resultHeight=160。

　　LiveExample 7.10　SelectionSort.cpp

Source Code Editor:

```
1   #include <iostream>
2   using namespace std;
3
4   void selectionSort(double [], int);
5
6   int main()
7   {
8     double list[] = {2, 4.5, 5, 1, 2, -3.3};
9     selectionSort(list, 6);
10
11    for (int i = 0; i < 6; i++)
12    {
13      cout << list[i] << "  ";
14    }
15
16    return 0;
17  }
18
```

```
19  void selectionSort(double list[], int listSize)
20  {
21    for (int i = 0; i < listSize - 1; i++)
22    {
23      // Find the minimum in the list[i..listSize-1]
24      double currentMin = list[i];
25      int currentMinIndex = i;
26
27      for (int j = i + 1; j < listSize; j++)
28      {
29        if (currentMin > list[j])
30        {
31          currentMin = list[j];
32          currentMinIndex = j;
33        }
34      }
35
36      // Swap list[i] with list[currentMinIndex] if necessary;
37      if (currentMinIndex != i)
38      {
39        list[currentMinIndex] = list[i];
40        list[i] = currentMin;
41      }
42    }
43  }
```

[Automatic Check] [Compile/Run] [Reset] [Answer]   Choose a Compiler: [VC++ ∨]

Execution Result:

```
command>cl SelectionSort.cpp
Microsoft C++ Compiler 2019
Compiled successful (cl is the VC++ compile/link command)

command>SelectionSort
-3.3 1 2 2 4.5 5

command>
```

selectionSort(double list[], int listSize) 函数对 double 元素数组进行排序。该函数用嵌套的 for 循环实现。迭代外层循环（使用循环控制变量 i）（第 21 行），在 list[i] 到 list[listSize-1] 中查找列表中最小的元素，并将其与 list[i] 交换。变量 i 最初为 0。在外层循环的每次迭代之后，list[i] 都被放在正确的位置。最终，所有元素都被放在了正确的位置，即完成了对整个列表的排序。为了更好地理解此函数，请使用以下语句对其进行跟踪：

```
double list[] = {1, 9, 4.5, 6.6, 5.7, -4.5};
selectionSort(list, 6);
```

7.11 C 字符串

要点提示：C 字符串是一个以空终止符 '\0' 结尾的字符数组。你可以使用 C++ 库中的 C 字符串函数处理 C 字符串。

教学笔记: C 字符串在 C 语言中很流行, 但在 C++ 中它已被一种更稳健、方便和有用的 string 类型所取代。因此, 本书用第 4 章介绍的 string 类型来处理字符串。本节介绍 C 字符串的目的是给出一些使用数组的其他示例和练习, 同时让你能够使用传统 C 程序。

C 字符串是以表示字符串在内存中的终止位置的**空终止符** ('\0') 结尾的字符数组。回想一下, 在 4.3.3 节中, 以反斜杠符号 (\) 开头的字符是转义序列。符号 \ 和 0 (零) 一起表示一个字符。此字符是 ASCII 表中的第一个字符。每个字符串字面量都是 C 字符串。可以声明一个用字符串字面量初始化的数组。例如, 下面的语句为包含字符 'D'、'a'、'l'、'l'、'a'、's' 和 '\0' 的 C 字符串创建一个数组, 如图 7.6 所示。

```
char city[7] = "Dallas";
```

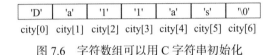

图 7.6 字符数组可以用 C 字符串初始化

注意, 该数组的大小为 7, 且数组中的最后一个字符为 '\0'。C 字符串和字符数组之间有细微的区别。例如, 以下两个语句是不同的:

```
char city1[] = "Dallas"; // C-string
char city2[] = {'D', 'a', 'l', 'l', 'a', 's'}; // Not a C-string
```

第一条语句是 C 字符串, 第二条语句只是一个字符数组。前者有 7 个字符, 包括最后一个空终止符, 后者仅有 6 个字符。

7.11.1 C 字符串的输入和输出

C 字符串的输出很简单。假设 s 是 C 字符串的数组。要将其显示到控制台, 只需使用

```
cout << s;
```

而 C 字符串的读入, 可以从键盘上进行, 就像读入数字一样。例如, 考虑以下代码:

```
1  char city[7];
2  cout << "Enter a city: ";
3  cin >> city; // Read to array city
4  cout << "You entered " << city << endl;
```

将字符串读入数组时, 请确保为空终止符**留出了空间**。由于 city 的大小为 7, 输入不应超过 6 个字符。这种读取字符串的方法很简单, 但存在一个问题。输入以空白字符结束, 所以不能读取包含空格的字符串。假设要输入 New York; 那么必须使用另一种方法。C++ 在头文件 iostream 中提供了 cin.getline 函数, 它将字符串读入数组。函数的语法如下:

```
cin.getline(char array[], int size, char delimitChar)
```

当遇到分隔符字符或读取了 size-1 个字符时, 函数将停止读入。数组中的最后一个字符将为空终止符 ('\0') 保留。虽然函数会读取分隔符, 但不会将它存储在数组中。第三个参数 delimitChar 具有默认值 ('\n')。下面的代码使用 cin.getline 函数读取字

符串：

```
1  char city[30];
2  cout << "Enter a city: "; // i.e., New York
3  cin.getline(city, 30, '\n'); // Read to array city
4  cout << "You entered " << city << endl;
```

因为 cin.getline 函数的第三个参数默认值为 '\n'，所以第 3 行可以替换为

```
cin.getline(city, 30); // Read to array city
```

7.11.2　C 字符串函数

已知 C 字符串以空终止符结尾，C++ 可以利用这一信息有效地处理 C 字符串。将一个 C 字符串传递给一个函数时，不必传递它的长度，因为长度可以通过计算数组中从左到右的所有字符直到空终止符来获得。下面是获取 C 字符串长度的函数：

```
unsigned int strlen(char s[])
{
  int i = 0;
  for ( ; s[i] != '\0'; i++);
  return i;
}
```

C++ 库中提供了 strlen 和其他几个函数来处理 C 字符串，如表 7.1 所示。

表 7.1　字符串函数

size_t strlen(const char s[])	返回字符串的长度，即空终止符之前的字符数
strcpy(char s1[],const char s2[])	将字符串 s2 复制到字符串 s1
strncpy(char s1[],const char s2[],size_t n)	将字符串 s2 的前 n 个字符复制到字符串 s1
strcat(char s1[],const char s2[])	将字符串 s2 追加到 s1 后
strncat(char s1[],const char s2[],size_t n)	将字符串 s2 的前 n 个字符追加到 s1 后
int strcmp(char s1[],const char s2[])	如果根据字符的数字编码，s1 大于、等于或小于 s2，则返回大于 0、0 或小于 0 的值
int strncmp(char s1[],const char s2[],size_t n)	与 strcmp 相同，只是将 s1 中的 n 个字符与 s2 中的相应字符进行比较
int atoi(char s[])	返回字符串的 int 值
double atof(char s[])	返回字符串的 double 值
long atol(char s[])	返回字符串的 long 值
void itoa(int value,char s[],int radix)	根据指定的基数将 int 值转换成字符串

注意：size_t 是 C++ 类型。对于大多数编译器，它与 unsigned int 相同。除了转换函数 atoi、atof、atol 和 itoa 是在 cstdlib 头文件中定义之外，所有这些函数都在 cstring 头文件中定义。在 Visual C++2013 或更高版本中，strcpy、strncpy、strcat 和 strncat 替换为了 strcpy_s、strncpy_s、strcat_s 和 strncat_s，而 itoa 替换为了 _itoa_s。strcpy、strncpy、strcat、strncat 和 itoa 是不安全的。当使用 strcpy/strncpy/strcat/strncat 去复制 / 连接字符串到一个缓冲区时，如果该缓冲区不够大、无法容纳结果，将导致缓冲区溢出。而使用 strcpy_s、strncpy_s 和 strcat_s，strncat_s 和 _itoa_s 更加安全。这些新版本可以选择指定目标缓冲区

的大小，以避免缓冲区溢出。

7.11.3 用 strcpy 和 strncpy 复制字符串

函数 strcpy 可将第二个参数中的源字符串复制到第一个参数的目标字符串中。目标字符串必须分配好足够的内存才能使函数工作。一个常见的错误是使用如下代码复制 C 字符串：

```
char city[30] = "Chicago";
city = "New York"; // Copy New York to city. Wrong!
```

为了把 "New York" 复制到 city 中，必须用

```
strcpy(city, "New York");
```

strncpy 函数的工作方式与 strcpy 类似，不同的是，它需要第三个参数指定要复制的字符数。例如，以下代码将前三个字符 "New" 复制到 city 中。

```
char city[9];
strncpy(city, "New York", 3);
```

这段代码有一个问题。如果指定的字符数小于或等于源字符串的长度，则 strncpy 函数不会将空终止符附加到目标字符串中。如果指定的字符数大于源字符串的长度，则源字符串将被复制到目标字符串，并用空终止符填充，直到目标字符串的结尾。strcpy 和 strncpy 都可能超过数组的边界。为了确保安全复制，请在使用这些函数之前检查边界值。

7.11.4 用 strcat 和 strncat 连接字符串

函数 strcat 可将第二个参数中的字符串追加到第一个参数后。为了使函数可以正常工作，第一个字符串必须已经分配了足够的内存。例如，下面的代码可以很好地将 s2 追加到 s1 后。

```
char s1[7] = "abc";
char s2[4] = "def";
strcat(s1, s2);
cout << s1 << endl; // The printout is abcdef
```

但是，下面的代码无法正常工作，因为没有额外的空间支持将 s2 添加到 s1 中。

```
char s1[4] = "abc";
char s2[4] = "def";
strcat(s1, s2);
```

strncat 函数的工作方式与 strcat 类似，不同的是，它需要第三个参数指定要从源字符串连接目标字符串的字符数。例如，以下代码将前三个字符 "ABC" 连接到 s：

```
char s[9] = "abc";
strncat(s, "ABCDEF", 3);
cout << s << endl; // The printout is abcABC
```

strcat 和 strncat 都可能超出数组的边界。为了确保安全连接，在使用这些函数之前要检查边界值。

7.11.5   比较字符串

函数 strcmp 能比较两个字符串。那么如何比较两个字符串呢？可以根据数字编码比较它们对应的字符。大多数编译器对字符使用 ASCII 码。如果 s1 等于 s2，则函数返回 0；如果 s1 小于 s2，则返回值小于 0；如果 s1 大于 s2，则返回值大于 0。例如，假设 s1 为 "abc"，s2 为 "abg"，strcmp(s1, s2) 将返回负值。函数会先比较 s1 和 s2 的前两个字符（a 与 a）。因为它们相等，所以再对后两个字符（b 与 b）进行比较。它们也是相等的，所以会对第三个字符（c 与 g）进行比较。由于字符 c 比 g 的值小 4，因此比较结果将返回负值。返回的确切值取决于编译器。Visual C++ 和 GNU 编译器返回 -1，但 Borland C++ 编译器返回 -4，因为字符 c 比 g 的值小 4。

下面是使用 strcmp 函数的示例：

```
char s1[] = "Good morning";
char s2[] = "Good afternoon";
if (strcmp(s1, s2) > 0)
  cout << "s1 is greater than s2" << endl;
else if (strcmp(s1, s2) == 0)
  cout << "s1 is equal to s2" << endl;
else
  cout << "s1 is less than s2" << endl;
```

结果显示 s1 is greater than s2。

strncmp 函数的工作方式与 strcmp 类似，不同的是，它需要第三个参数指定要比较的字符数。例如，下面的代码用于比较两个字符串中的前四个字符。

```
char s1[] = "Good morning";
char s2[] = "Good afternoon";
cout << strncmp(s1, s2, 4) << endl;
```

结果显示 0。

7.11.6   字符串与 C 字符串相互转换

我们常常需要将 string 对象转换为 C 字符串，或者反过来。要将字符串对象 s 转换为 C 字符串，只需调用 s.c_str() 函数，它返回 C 字符串。而要将 C 字符串 cstr 转换为字符串对象，则需调用 string(cstr)，它通过 C 字符串创建字符串对象。

7.11.7   将字符串转换为数字

函数 atoi 可将 C 字符串转换为 int 类型的整数，函数 atol 可将 C 字符串转换为 long 类型的整数。例如，以下代码将数字字符串 s1 和 s2 转换为整数：

```
char s1[] = "65";
char s2[] = "4";
cout << atoi(s1) + atoi(s2) << endl;
```

结果显示 69。

函数 atof 将 C 字符串转换为浮点数。例如，以下代码将数字字符串 s1 和 s2 转换为浮点数：

```
char s1[] = "65.5";
char s2[] = "4.4";
cout << atof(s1) + atof(s2) << endl;
```

结果显示 69.9。

注意：如果传递给函数 atoi、atol 或 atof 的字符串不能转换为数字，则该函数的行为在 C++ 中是未被定义的。许多编译器将处理转换，直到遇到无效字符。例如，atoi("31ab") 将转换为 31。

7.12　将数字转换为字符串

要点提示：<string> 头文件中的 to_string 函数可将任何类型的数值转换为字符串。

C++11 提供了一个非常有用的重载函数 to_string，该函数在 <string> 头文件中定义，它可以将任何类型的数字转换为 string 对象。例如，以下代码将三个数字转换为字符串，并将它们组合为一个字符串：

```
int x = 15;
double y = 1.32;
long long int z = 10935;
string s = "Three numbers: " + to_string(x) + ", "
  to_string(y) + ", and " + to_string(z);
cout << s << endl;
```

结果显示

```
Three numbers: 15, 1.320000, and 10935
```

注意，对于转换浮点值，会在结果字符串末尾添加零，因此小数点后有六位数字。为了消除尾随的零，你可以使用 stringstream 类，它在 10.2.11 节中介绍。

<cstring> 头文件中的函数 itoa 可基于指定基数将整数转换为 cstring。例如，以下代码

```
char s1[15];
char s2[15];
char s3[15];
itoa (100, s1, 16);
itoa (100, s2, 2);
itoa (100, s3, 10);
cout << "The hex number for 100 is " << s1 << endl;
cout << "The binary number for 100 is " << s2 << endl;
cout << "s3 is " << s3 << endl;
```

结果显示

```
The hex number for 100 is 64
The binary number for 100 is 1100100
s3 is 100
```

注意，某些 C++ 编译器可能不支持 itoa 函数。

关键术语

array（数组）　　　　　　　　　　　　　　　array size declaratory（数组大小声明符）

array index（数组索引）

array initializer（数组初始化语句）

binary search（二分查找）

const array（常量数组）

C-string（C 字符串）

index（索引）

linear search（线性查找）

null terminator（空终止符 '\0'）

selection sort（选择排序）

章节总结

1. 数组存储相同类型的一列值。

2. 数组可以用如下语法声明

```
elementType arrayName[size]
```

3. 数组中的每个元素都使用语法 `arrayName[index]` 表示。

4. 索引必须是整数或整数表达式。

5. 数组索引始于 0，这意味着第一个元素的索引为 0。

6. 程序员经常错误地引用索引 1 而不是 0 访问数组的第一个元素。这会导致索引差一错误。

7. 使用超出边界的索引访问数组元素会导致越界错误。

8. 越界是一个严重的错误，但 C++ 编译器无法自动检测出来。

9. C++ 有一种简写表示，称为数组初始化语句，它使用以下语法在单个语句中声明和初始化数组：

```
elementType arrayName[] = {value0, value1, ..., valuek};
```

10. 将数组传递给函数时，数组的起始地址将传递给函数中的数组参数。

11. 将数组参数传递给函数时，通常还应该在另一个参数中传递其大小，这样函数就知道数组中元素的个数。

12. 可以指定 `const` 数组参数以防止数组被意外修改。

13. 以空终止符结尾的字符数组称为 C 字符串。

14. 字符串字面量是 C 字符串。

15. C++ 提供了几个处理 C 字符串的函数。

16. 可以使用 `strlen` 函数获得 C 字符串长度。

17. 可以使用 `strcpy` 函数将一个 C 字符串复制到另一个 C 字符串。

18. 可以使用 `strcmp` 函数比较两个 C 字符串的大小。

19. 可以使用 `itoa` 函数将整数转换为 C 字符串，并使用 `atoi` 函数将字符串转换为整数。

编程练习

互动程序请访问 https://liangcpp.pearsoncmg.com/CheckExerciseCpp/faces/CheckExercise5e.xhtml? chapter=7&programName=Exercise07_01。

注意： 除非另有说明，本章练习的最大数组大小假定为 100。

7.2 ~ 7.4 节

*7.1 （分配等级）编写一个程序，读取学生成绩，获得最佳（best）成绩，然后根据以下方案分配成绩等级：

如果得分 >=best–10，则等级为 A；

如果得分 >=best–20，则等级为 B；

如果得分 >=best–30，则等级为 C；

如果得分 >=best–40，则等级为 D；

否则等级为 F。

程序提示用户输入学生总数，然后提示用户输入所有分数，最后显示等级。

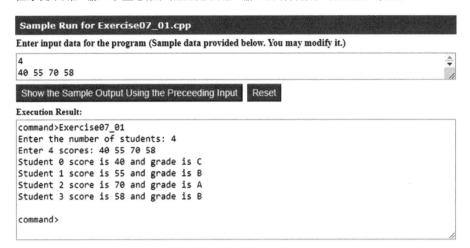

7.2 （使输入的数字逆序）编写一个程序，读取 10 个整数，并按读取顺序的相反顺序显示它们。

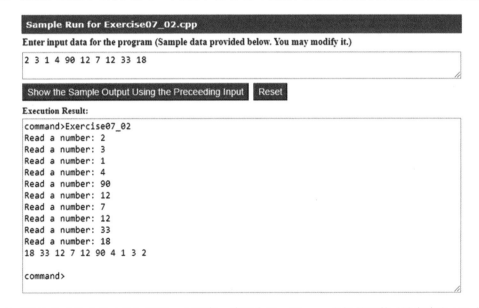

*7.3 （统计数字的出现次数）编写一个程序，读取介于 1 和 100 之间的整数（最多读取 100 个），并对每个数字的出现次数进行计数。假设输入 0 表示结束。

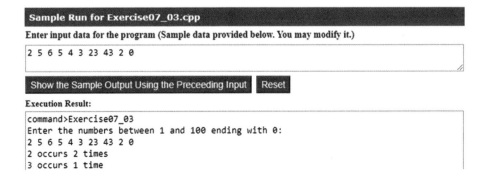

```
4 occurs 1 time
5 occurs 2 times
6 occurs 1 time
23 occurs 1 time
43 occurs 1 time

command>
```

注意，如果一个数字出现次数大于 1 次，则在输出中使用复数单词"times"。数字按递增顺序显示。

7.4 （分析分数）编写一个程序，读取未指定数量的分数，并确定有多少分数高于或等于平均值，有多少分数低于平均值。输入一个负数表示输入结束。假设最高分数为 100。

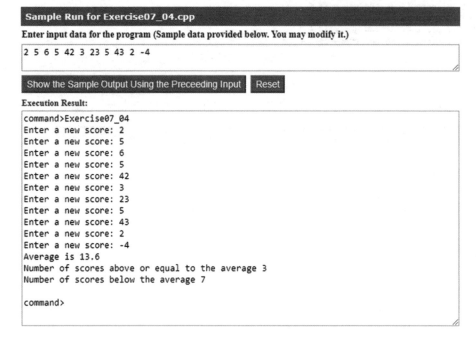

**7.5 （打印不同的数字）编写一个程序，读入 10 个数字，并按输入顺序显示不同的数字，并以一个空格分隔（即，如果一个数字出现多次，也只显示一次）。（提示：读取一个数字，如果它是新数，则将其存储到一个数组中。如果该数字已经在数组中，则丢弃它。输入后，数组包含不同的数字。）

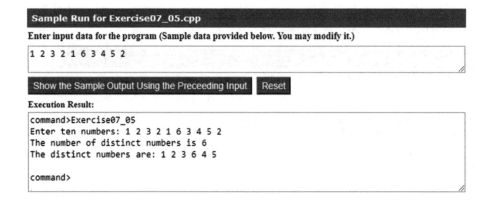

*7.6 （改写 LiveExample 5.16）LiveExample 5.16 通过检查 2，3，4，5，6，…，n/2 是否为除数来确定数字 n 是否为质数。如果找到除数，n 就不是质数。确定 n 是否为质数的一种更有效的方法是检查任何小于或等于 $\sqrt{n}$ 的质数是否可以将 n 整除。如果不可以，则 n 是质数。改写 LiveExample 5.16，使用此方法显示前 50 个质数。需要用数组存储质数，然后用它们检查是否可能是 n 的除数。

*7.7 （统计一位数）编写一个程序，生成 100 个 0 到 9 之间的随机整数，并显示每个数字的出现次数。（提示：使用 rand()%10 生成 0 到 9 之间的随机整数。使用 10 个整数的数组，例如 counts，存储 0，1，…，9 的计数。）

Sample Run for Exercise07_07.cpp

Run This Exercise ｜ Reset

Execution Result:

```
command>Exercise07_07
Count for 0 is 13
Count for 1 is 8
Count for 2 is 8
Count for 3 is 12
Count for 4 is 8
Count for 5 is 11
Count for 6 is 9
Count for 7 is 6
Count for 8 is 7
Count for 9 is 18

command>
```

7.5 ~ 7.7 节

7.8 （求数组平均值）使用以下函数头编写两个重载函数，返回数组的平均值：

```
int average(const int array[], int size);
double average(const double array[], int size);
```

编写一个测试程序，提示用户输入 10 个 double 型值，调用此函数显示平均值。

Sample Run for Exercise07_08.cpp

Enter input data for the program (Sample data provided below. You may modify it.)

```
1.7 89.2 3.5 2.2 1.2 6.3 4.3 21.4 5.1 2.5
```

Show the Sample Output Using the Preceeding Input ｜ Reset

Execution Result:

```
command>Exercise07_08
Enter ten double values: 1.7 89.2 3.5 2.2 1.2 6.3 4.3 21.4 5.1 2.5
Average is 13.74

command>
```

7.9 （查找最小元素）使用以下函数头编写一个函数，在 double 数组中查找最小元素：

```
double min(const double array[], int size)
```

编写一个测试程序，提示用户输入 10 个数字，调用此函数显示最小值。

Sample Run for Exercise07_09.cpp

Enter input data for the program (Sample data provided below. You may modify it.)

```
1.9 2.5 3.7 2 1.5 6 3 4 5 2
```

Show the Sample Output Using the Preceeding Input   Reset

Execution Result:

```
command>Exercise07_09
Enter ten numbers: 1.9 2.5 3.7 2 1.5 6 3 4 5 2
The minimum number is 1.5

command>
```

7.10 （查找最小元素的索引）编写一个函数，返回整数数组中最小元素的索引。如果此类元素多于一个，则返回最小的索引。使用以下函数头：

```
int indexOfSmallestElement(const double array[], int size)
```

编写一个测试程序，提示用户输入 10 个数字，调用此函数返回最小元素的索引，并显示索引。

Sample Run for Exercise07_10.cpp

Enter input data for the program (Sample data provided below. You may modify it.)

```
1.9 2.5 3.7 2 1.5 6 3 4 5 2.5
```

Show the Sample Output Using the Preceeding Input   Reset

Execution Result:

```
command>Exercise07_10
Enter ten numbers: 1.9 2.5 3.7 2 1.5 6 3 4 5 2.5
The index of the min is 4

command>
```

**7.11 （统计：计算标准差）编程练习 5.45 计算数字的标准差。本练习使用一个不同但等效的公式来计算 n 个数的标准差。

$$均值 = \frac{\sum_{i=1}^{n} x_i}{n} = \frac{x_1 + x_2 + \cdots + x_n}{n}, \quad 标准差 = \sqrt{\frac{\sum_{i=1}^{n}(x_i - 均值)^2}{n-1}}$$

要使用此公式计算标准差，必须用数组存储各个数字，以便在获得均值后使用它们。程序包含以下函数：

```
// Compute the mean of an array of double values
double mean(const double x[], int size)
// Compute the deviation of double values
double deviation(const double x[], int size)
```

编写一个测试程序，提示用户输入 10 个数字并显示均值和标准差，如以下示例运行所示：

Sample Run for Exercise07_11.cpp

Enter input data for the program (Sample data provided below. You may modify it.)

```
1.9 2.5 3.7 2 1 6 3 4 5 2
```

Show the Sample Output Using the Preceeding Input   Reset

Execution Result:

```
command>Exercise07_11
Enter ten numbers: 1.9 2.5 3.7 2 1 6 3 4 5 2
The mean is 3.11
The standard deviation is 1.55738

command>
```

7.8 ～ 7.9 节

7.12 （执行时间）编写一个随机生成包含 100000 个整数的数组和一个关键字的程序。计算调用 LiveExample 7.8 中 linearSearch 函数的执行时间。调用 LiveExample 7.9 中 binarySearch 函数对数组进行排序，并计算函数的执行时间，可以使用以下代码模板获取执行时间：

```
long startTime = time(0);
perform the task;
long endTime = time(0);
long executionTime = endTime - startTime;
```

7.13 （金融应用：求销售额）使用二分查找法改写编程练习 5.39。由于销售额介于 1 和 COMMISSION_ SOUGHT/0.08 之间，因此可以使用二分查找法改进解决方案。

**7.14 （冒泡排序）编写一个使用冒泡排序算法的排序函数。该算法对数组进行多次遍历。每次遍历时，对连续相邻的两个数进行比较。如果两个数值按递减顺序排列，则交换其值；否则保持不变。这种技术被称为冒泡排序或下沉排序，因为较小的值会逐渐“冒泡”到顶部，较大的值下沉到底部。算法描述如下：

```
bool changed = true;
do
{
  changed = false;
  for (int j = 0; j < listSize - 1; j++)
    if (list[j] > list[j + 1])
    {
      swap list[j] with list[j + 1];
      changed = true;
    }
} while (changed);
```

显然，当循环结束时，list 的顺序是递增的。很容易看出 do 循环最多执行 listSize-1 次。编写一个测试程序，读取一个由 10 个 double 型数值组成的数组，调用该函数，显示排序后的数字。

Sample Run for Exercise07_14.cpp

Enter input data for the program (Sample data provided below. You may modify it.)

```
1.9 2.5 3.7 2 1 6 3 4 5 2
```

`Show the Sample Output Using the Preceeding Input`　`Reset`

Execution Result:

```
command>Exercise07_14
Enter ten numbers: 1.9 2.5 3.7 2 1 6 3 4 5 2
My list before sort is: 1.9  2.5  3.7  2  1  6  3  4  5  2

My list after sort is:
1  1.9  2  2  2.5  3  3.7  4  5  6

command>
```

*7.15 （游戏：储物柜拼图）一所学校有 100 个储物柜和 100 名学生。开学第一天，所有储物柜都关闭。当学生进入时，第一个学生（表示为 S1）打开所有储物柜。然后，第二个学生（表示为 S2）从第二个储物柜（表示为 L2）开始，每隔一个储物柜关闭。学生 S3 从第三个储物柜开始，每隔三个储物柜转换其状态（如果打开了就关闭，如果关闭了就打开）。学生 S4 从 L4 储物柜开始，每隔四个储物柜转换其状态。学生 S5 从 L5 开始，每隔五个储物柜转换其状态，以此类推，直到学生 S100 转换 L100 的状态。

在所有学生经过教学楼并转换了储物柜状态后，哪些储物柜是打开的？编写一个程序找到答案，并显示所有打开的储物柜号码，用一个空格隔开。（提示：使用一个由 100 个 bool 元素组成的数组，每个元素表示储物柜是打开的（true）还是关闭的（false）。最初所有储物柜都处于关闭状态。）

7.16 （修改选择排序）在 7.10 节中，使用选择排序对数组进行排序。选择排序函数重复查找当前数组中的最小值，并将其与第一个数字进行交换。改写此示例，查找最大值并将其与数组中的最后一个数字进行交换。编写一个测试程序，读取一个由 10 个 double 型数字组成的数组，调用该函数显示排序后的数字。

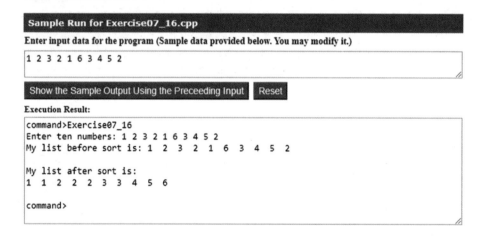

***7.17 （游戏：豆机）豆机，也称为梅花板或高尔顿盒，是一种以英国科学家弗朗西斯·高尔顿爵士命名的统计实验装置。如图 7.7 所示，它由一块直立板和三角形的均匀间隔的钉子（或楔子）组成。

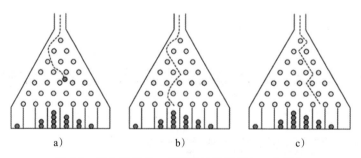

图 7.7 每个球都有一条随机的路径落入一个槽中

球从板子的开口处掉下来。每次球碰到钉子，都有 50% 的概率向左或向右落下。成堆的球堆积在板子底部的插槽中。编写一个模拟豆机的程序。程序应该提示用户输入机器中的球数和插槽数（最多 50 个）。通过打印每个球的路径来模拟其下落。例如，图 7.7b 中的球的路径是 LLRRLLR，图 7.7c 中的球的路径是 RLRRLRR。在直方图中显示插槽中球的最终堆积数。

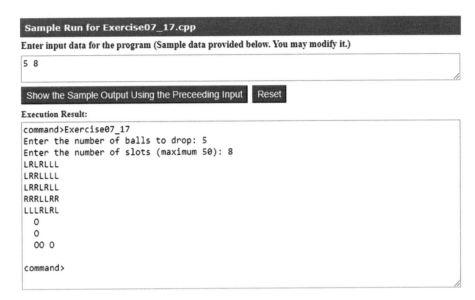

（提示：创建一个名为 `slots` 的数组。`slots` 中的每个元素存储一个插槽中的球数。每个球通过一条路径落入插槽中。路径中 R 的个数是球落入插槽的位置。例如，对于路径 LRLRLRR，球落入 `slots[4]`，对于路径 RRLLLLL，球落入 `slots[2]`。）

***7.18 （游戏：八皇后）经典的八皇后谜题是将八个皇后放在棋盘上，不会有两个皇后互相攻击（即没有两个皇后在同一行、同一列或同一对角线上）。可能的解决方案有许多种。编写一个程序，显示一个解决方案，输出示例如下所示：

***7.19 （游戏：多个八皇后解决方案）编程练习 7.18 为八皇后问题其中的一个解决方案。编写一个程序，找到并显示八皇后问题的所有可能解决方案。

7.20 （完全相同的数组）如果两个数组 `list1` 和 `list2` 具有相同的长度，并且对于每个 i，`list1[i]` 等于 `list2[i]`（即对应元素相同），则它们是完全相同的。使用以下函数头编写一个函数，如果 `list1` 和 `list2` 完全相同，则返回 `true`：

```
bool strictlyEqual(const int list1[], const int list2[], int size)
```

编写一个测试程序，提示用户输入两个整数列表，并显示两者是否完全相同。下面是运行示例。注意，输入的第一个数字表示列表中元素的个数。此数字不在列表中。假设列表大小最大为 20。

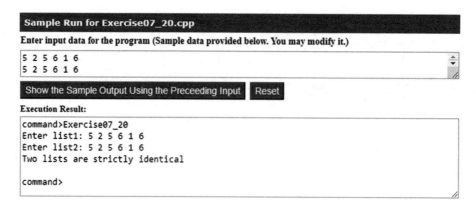

**7.21 （模拟：优惠券收集问题）优惠券收集是一个具有许多实际应用的经典统计问题。问题是从一组对象中重复取对象，并确定所有对象至少取一次所需的次数。问题的一个变体是从 52 张牌的混洗牌中反复挑牌，直到每个花色都挑选出一张牌，计算所需要的次数。假设在挑选下一张牌之前，将挑选的牌放回牌堆。编写一个程序，模拟从一副牌中得到不同花色的四张牌所需的挑选次数，并显示所选的四张牌（一张牌被选两次也是可能的）。

7.22 （数学：组合）编写一个程序，提示用户输入 10 个整数，并显示从这 10 个数中选择两个数的所有组合。

7.23 （相同的数组）如果两个数组 list1 和 list2 具有相同的内容，则它们是相同的。用以下函数头编写一个函数，如果 list1 和 list2 相同，则返回 true：

```
bool isEqual(const int list1[], const int list2[], int size)
```

编写一个测试程序，提示用户输入两个整数列表，并显示两者是否相同。以下是运行示例。注意，输入的第一个数字表示列表中元素的个数。此数字不在列表中。假设列表大小最大为 20。

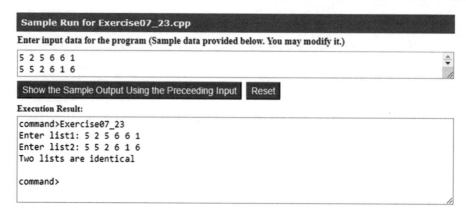

*7.24 （模式识别：连续四个相等的数字）编写以下函数，测试数组是否有四个值连续相同的数字。

```
bool isConsecutiveFour(const int values[], int size)
```

编写一个测试程序，提示用户输入一个整数列表，并显示该数列是否包含四个值连续相同的数字。程序首先提示用户输入大小，即数列中的值的数量。假设值的最大数量为 80。以下是运行示例：

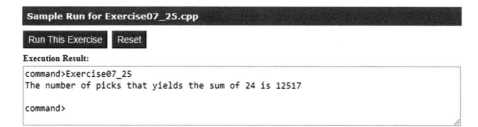

7.25 （游戏：挑选四张牌）编写一个程序，从 52 张牌中挑选四张，并计算四张牌的总和。Ace, King, Queen 和 Jack 分别代表 1、13、12 和 11。程序显示产生总和 24 的挑选次数。

```
Sample Run for Exercise07_25.cpp
Run This Exercise    Reset
Execution Result:
command>Exercise07_25
The number of picks that yields the sum of 24 is 12517

command>
```

**7.26 （合并两个有序的列表）编写以下函数，将两个有序列表合并为一个新的有序列表：

```
void merge(const int list1[], int size1, const int list2[],
    int size2, int list3[])
```

以进行 size1+size2 次比较的方式实现函数。编写一个测试程序，提示用户输入两个有序列表并显示合并后的列表。请注意，输入的第一个数字表示列表中元素的数量。此数字不在列表中。假设最大列表的大小为 80。

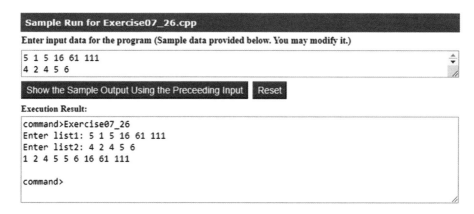

**7.27 （是否排序？）编写以下函数，如果列表已按递增顺序排序，则返回 true：

> **bool isSorted(const int list[], int size)**

编写一个测试程序，提示用户输入列表并显示列表是否已排序。假设最大列表的大小为 80。

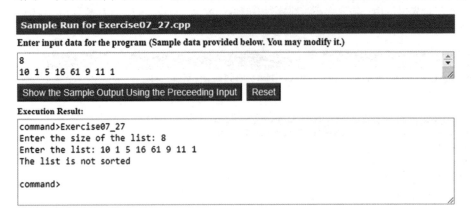

**7.28 （列表分割）编写以下函数，用第一个元素（称为轴）对列表进行分割：

> **int partition(int list[], int size)**

分割之后，列表中的元素将重新排列，轴之前的所有元素都小于或等于轴，轴之后的元素都大于轴。该函数还返回轴在新列表中的索引。例如，假设列表是 {5,2,9,3,6,8}。分割后，列表变为 {3,2,5,9,6,8}。以采用 size 次比较的方式实现该函数。

编写一个测试程序，提示用户输入列表，然后分割并显示列表。注意，输入的第一个数字表示列表中元素的数量。此数字不在列表中。假设最大列表的大小为 80。

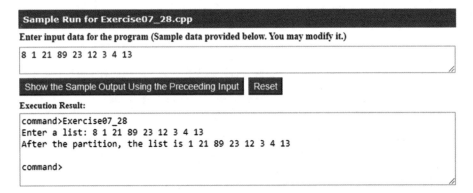

*7.29 （多边形面积）编写一个程序，提示用户输入凸多边形的点并显示其面积。假设多边形有六个端点，且这些点是按顺时针输入的。提示：多边形的总面积是各小三角形的面积之和，如图 7.8 所示。

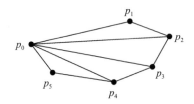

图 7.8 一个凸多边形可以被分成若干个不重叠的小三角形

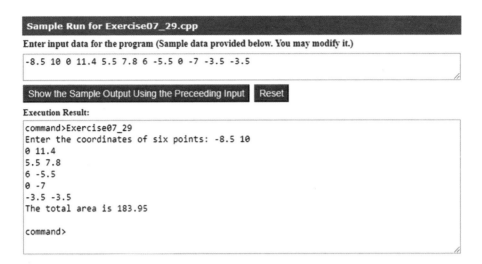

*7.30 （文化：十二生肖）用一个字符串数组存储动物名称以简化 LiveExample 3.8。

**7.31 （公共元素）编写一个程序，提示用户输入包含 10 个整数的两个数组，并显示两个数组中出现的公共元素。如果一个公共元素的出现次数大于 1，则只显示一次。按第二个列表中显示的顺序显示公共元素。

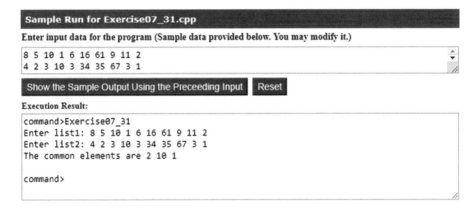

7.11 节

*7.32 （最长公共前缀）改写编程练习 6.42 中的 prefix 函数，使用 C 字符串以及以下函数头查找两个字符串最长的公共前缀：

```
void prefix(const char s1[], const char s2[],
    char commonPrefix[])
```

编写一个测试程序，提示用户输入两个 C 字符串并显示它们的公共前缀。示例运行与编程练习 5.51 中的相同。

Sample Run for Exercise07_32.cpp

Enter input data for the program (Sample data provided below. You may modify it.)

```
Programming is fun
Program logic
```

Show the Sample Output Using the Preceeding Input   Reset

Execution Result:

```
command>Exercise07_32
```

```
Enter a string s1: Programming is fun
Enter a string s2: Program logic
The common prefix is Program

command>
```

*7.33 （检查子字符串）改写编程练习 6.43 中的 indexOf 函数，检查 C 字符串 s1 是否是 C 字符串 s2 的子字符串。如果匹配，函数将返回 s2 中的第一个索引。否则，返回 -1。

```
int indexOf(const char s1[], const char s2[])
```

编写一个测试程序，读取两个 C 字符串，并判断第一个字符串是否是第二个字符串的子字符串。示例运行与编程练习 6.43 中的相同。

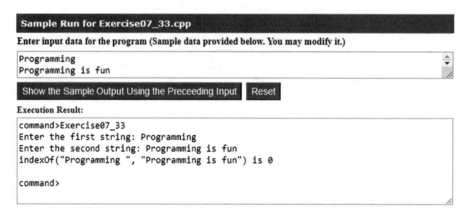

*7.34 （指定字符的出现次数）改写编程练习 6.44 中的 count 函数，使用以下函数头统计 C 字符串中指定字符的出现次数：

```
int count(const char s[], char a)
```

编写一个测试程序，读取一个字符串和一个字符，并显示字符串中该字符的出现次数。示例运行与编程练习 6.44 中的相同。

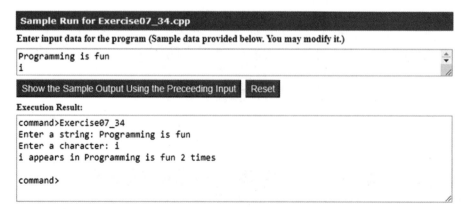

*7.35 （统计字符串中的字母个数）编写一个函数，使用以下函数头统计 C 字符串中的字母个数：

```
int countLetters(const char s[])
```

编写一个测试程序，读取 C 字符串并显示字符串中的字母个数。下面是该程序的运行示例：

```
Sample Run for Exercise07_35.cpp
Enter input data for the program (Sample data provided below. You may modify it.)

Programming 101


Show the Sample Output Using the Preceeding Input    Reset

Execution Result:

command>Exercise07_35
Enter a string: Programming 101
The number of letters in Programming 101 is 11

command>
```

**7.36 （转换大小写）改写编程练习 6.46 中的 swapCase 函数，使用以下函数头，将 s1 中的大写字母改为小写，小写字母改为大写，获得新的字符串 s2。

```
void swapCase(const char s1[], char s2[])
```

编写一个测试程序，提示用户输入字符串并调用此函数显示新字符串。示例运行与编程练习 6.46 中的相同。

```
Sample Run for Exercise07_36.cpp
Enter input data for the program (Sample data provided below. You may modify it.)

Programming is fun


Show the Sample Output Using the Preceeding Input    Reset

Execution Result:

command>Exercise07_36
Enter a string: Programming is fun
The new string is: pROGRAMMING IS FUN

command>
```

*7.37 （统计字符串中每个字母的出现次数）用以下函数头编写一个函数，统计字符串中各个字母的出现次数：

```
void count(const char s[], int counts[])
```

其中 counts 是一个包含 26 个整数的数组。counts[0]，counts[1]，…，counts[25] 分别对 a，b，…，z 的出现次数进行计数。字母不区分大小写，即字母 A 和 a 都记作 a 的计数。编写一个测试程序，读取一个字符串，调用 count 函数，显示非零计数，如以下示例运行所示。（注意，c:1 time 由一个空格隔开。）

```
Sample Run for Exercise07_37.cpp
Enter input data for the program (Sample data provided below. You may modify it.)

Welcome to New York!


Show the Sample Output Using the Preceeding Input    Reset

Execution Result:

command>Exercise07_37
Enter a string: Welcome to New York!
c: 1 time
e: 3 times
```

```
k: 1 time
l: 1 time
m: 1 time
n: 1 time
o: 3 times
r: 1 time
t: 1 time
w: 2 times
y: 1 time

command>
```

*7.38（将浮点数转换为字符串）编写一个函数，使用以下函数头将浮点数转换为 C 字符串：

```
void ftoa(double f, char s[])
```

编写一个测试程序，提示用户输入一个浮点数，显示用空格分隔的每位数字和小数点。下面是一个运行示例：

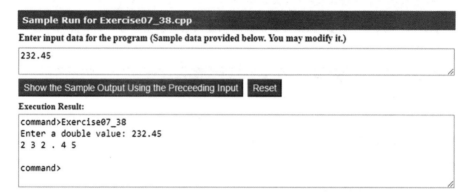

```
Sample Run for Exercise07_38.cpp
```
Enter input data for the program (Sample data provided below. You may modify it.)

```
232.45
```

```
Show the Sample Output Using the Preceeding Input    Reset
```
Execution Result:

```
command>Exercise07_38
Enter a double value: 232.45
2 3 2 . 4 5

command>
```

*7.39（商业：检查 ISBN-13）改写编程练习 5.47，使用 C 字符串而不是字符串存储 ISBN 编号。编写以下函数，从前 12 位数字中获得校验和：

```
int getChecksum(const char s[])
```

程序将输入读取为 C 字符串。

```
Sample Run for Exercise07_39.cpp
```
Enter input data for the program (Sample data provided below. You may modify it.)

```
978013376131
```

```
Show the Sample Output Using the Preceeding Input    Reset
```
Execution Result:

```
command>Exercise07_39
Enter the first 12 digits of an ISBN as a string: 978013376131
The ISBN-13 number is 9780133761313

command>
```

*7.40（二进制转换为十六进制）改写编程练习 6.38 中的 bin2Hex 函数，使用 C 字符串将二进制数转换为十六进制数，使用以下函数头：

```
void bin2Hex(const char binaryString[], char hexString[])
```

编写一个测试程序，提示用户以字符串形式输入二进制数，并将相应的十六进制值显示为字符串。

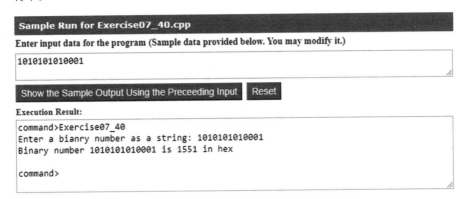

*7.41 （二进制转换为十进制）改写编程练习 6.39 中的 bin2Dec 函数，将二进制字符串转换为十进制数，函数头如下：

```
int bin2Dec(const char binaryString[])
```

编写一个测试程序，提示用户以字符串形式输入二进制数，并显示其十进制的等效值。

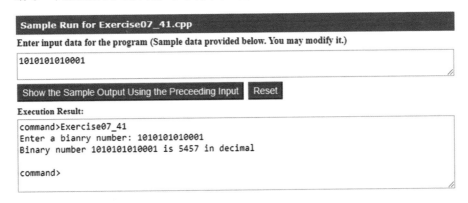

**7.42 （十进制转换成十六进制）改写编程练习 6.40 中的 dec2Hex 函数，将十进制数转换为字符串形式的十六进制数，使用以下函数头：

```
void dec2Hex(int value, char hexString[])
```

编写一个测试程序，提示用户输入十进制数并显示其等效的十六进制值。

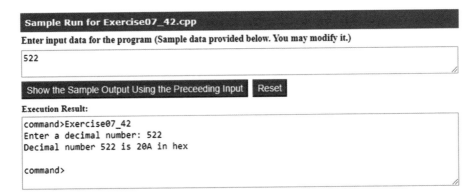

**7.43 （十进制转换成二进制）改写编程练习 6.41 中的 dec2Bin 函数，将十进制数转换为作为字符串的二进制数，使用以下函数头：

```
void dec2Bin(int value, char binaryString[])
```

编写一个测试程序，提示用户输入十进制数并显示其等效的二进制值。不要在这个练习中使用 itoa 或 _itoa_s。

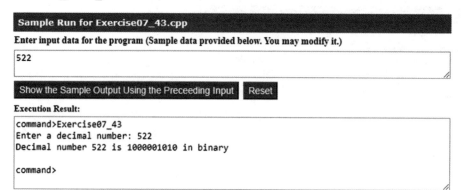

多维数组

学习目标

1. 给出使用二维数组表示数据的示例（8.1 节）。
2. 声明二维数组并用行和列索引访问二维数组中的元素（8.2 节）。
3. 编写二维数组的常用操作（显示数组、求所有元素的和、求最小和最大元素以及随机混洗）（8.3 节）。
4. 将二维数组传递给函数（8.4 节）。
5. 编写用二维数组对选择题测验进行评分的程序（8.5 节）。
6. 用二维数组解决最近点对问题（8.6 节）。
7. 用二维数组检验数独解决方案是否正确（8.7 节）。
8. 声明和使用多维数组（8.8 节）。

8.1 简介

要点提示：表格或矩阵中的数据可以用二维数组表示。

第 7 章介绍了如何使用一维数组存储元素的线性集合。我们可以使用二维数组存储矩阵或表格。例如，下表描述了城市之间的距离，它可以用名为 distances 的二维数组存储。

距离表　　　　　　　　　　　　　　　　　　　　　　　　（单位：英里）

	芝加哥	波士顿	纽约	亚特兰大	迈阿密	达拉斯	休斯敦
芝加哥	0	983	787	714	1375	967	1087
波士顿	983	0	214	1102	1763	1723	1842
纽约	787	214	0	888	1549	1548	1627
亚特兰大	714	1102	888	0	661	781	810
迈阿密	1375	1763	1549	661	0	1426	1187
达拉斯	967	1723	1548	781	1426	0	239
休斯敦	1087	1842	1627	810	1187	239	0

```
double distances[8][8] = {
    {0, 983, 787, 714, 1375, 967, 1087},
    {983, 0, 214, 1102, 1763, 1723, 1842},
    {787, 214, 0, 888, 1549, 1548, 1627},
    {714, 1102, 888, 0, 661, 781, 810},
    {1375, 1763, 1549, 661, 0, 1426, 1187},
    {967, 1723, 1548, 781, 1426, 0, 239},
    {1087, 1842, 1627, 810, 1187, 239, 0}
};
```

8.2 声明二维数组

要点提示：通过行和列索引访问二维数组中的元素。

声明二维数组的语法为

```
elementType arrayName[ROW_SIZE][COLUMN_SIZE];
```

例如，下面给出如何声明 int 值的二维数组 matrix：

```
int matrix[5][5];
```

二维数组使用两个下标，一个用于行，另一个用于列。这两个下标称为**行索引**和**列索引**。与一维数组一样，每个下标的索引都是 int 类型，且从 0 开始，如图 8.1a 所示。

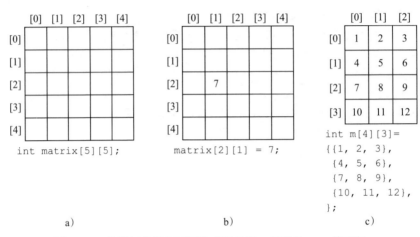

图 8.1   二维数组的每个下标的索引是从 0 开始的 int 值语句

要将值 7 赋给第 2 行和第 1 列的指定元素，如图 8.1b 所示，可以用以下命令语句

```
matrix[2][1] = 7;
```

警告：使用 matrix[2,1] 访问第 2 行和第 1 列的元素是一个常见的错误。在 C++ 中，每个下标必须用一对方括号括起来。

我们还可以用数组初始化语句来声明和初始化二维数组。例如，下面（a）中的代码声明了一个具有指定初始值的数组，如图 8.1c 所示。这相当于（b）中的代码。

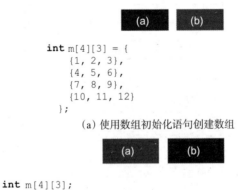

```
int m[4][3] = {
    {1, 2, 3},
    {4, 5, 6},
    {7, 8, 9},
    {10, 11, 12}
};
```

（a）使用数组初始化语句创建数组

```
int m[4][3];
array[0][0] = 1; array[0][1] = 2; array[0][2] = 3;
array[1][0] = 4; array[1][1] = 5; array[1][2] = 6;
array[2][0] = 7; array[2][1] = 8; array[2][2] = 9;
array[3][0] = 10; array[3][1] = 11; array[3][2] = 12;
```

（b）创建数组并赋值

8.3　处理二维数组

要点提示：通常用嵌套 for 循环处理二维数组。

假设数组 matrix 声明如下：

```
const int ROW_SIZE = 10;
const int COLUMN_SIZE = 10;
int matrix[ROW_SIZE][COLUMN_SIZE];
```

以下是处理二维数组的一些示例：

1.（用输入值初始化数组）以下循环用输入值初始化数组：

```
cout << "Enter " << ROW_SIZE << " rows and "
  << COLUMN_SIZE << " columns: " << endl;
for (int i = 0; i < ROW_SIZE; i++)
  for (int j = 0; j < COLUMN_SIZE; j++)
    cin >> matrix[i][j];
```

2.（用随机值初始化数组）以下循环用 0 到 99 之间的随机值初始化数组：

```
for (int row = 0; row < ROW_SIZE; row++)
{
  for (int column = 0; column < COLUMN_SIZE; column++)
  {
    matrix[row][column] = rand() % 100;
  }
}
```

3.（显示数组）要显示二维数组，用如下循环显示数组中的每个元素：

```
for (int row = 0; row < ROW_SIZE; row++)
{
  for (int column = 0; column < COLUMN_SIZE; column++)
  {
    cout << matrix[row][column] << " ";
  }
  cout << endl;
}
```

4.（将所有元素求和）用名为 total 的变量存储总和。最初 total 为 0。用如下循环将数组中的每个元素添加到 total：

```
int total = 0;
for (int row = 0; row < ROW_SIZE; row++)
{
  for (int column = 0; column < COLUMN_SIZE; column++)
  {
    total += matrix[row][column];
  }
}
```

5.（按列对元素求和）对于每一列，用名为 total 的变量存储其和。用如下循环将列中的每个元素添加到 total：

```
for (int column = 0; column < COLUMN_SIZE; column++)
{
  int total = 0;
  for (int row = 0; row < ROW_SIZE; row++)
    total += matrix[row][column];
  cout << "Sum for column " << column << " is " << total << endl;
}
```

6.（哪一行的总和最大？）用变量 maxRow 和 indexOfMaxRow 记录行的最大和数及行索引。对于每一行，计算其总和，如果新的总和较大，则更新 maxRow 和 indexOfMaxRow。

```cpp
int maxRow = 0;
int indexOfMaxRow = 0;
// Get sum of the first row in maxRow
for (int column = 0; column < COLUMN_SIZE; column++)
  maxRow += matrix[0][column];
for (int row = 1; row < ROW_SIZE; row++)
{
  int totalOfThisRow = 0;
  for (int column = 0; column < COLUMN_ SIZE; column++)
    totalOfThisRow += matrix[row][column];
  if (totalOfThisRow > maxRow)
  {
    maxRow = totalOfThisRow;
    indexOfMaxRow = row;
  }
}
cout << "Row " << indexOfMaxRow
   << " has the maximum sum of " << maxRow << endl;
```

7.（随机洗牌）在 7.2.4 节中介绍了怎样对一维数组中的元素进行混洗。如何对二维数组中的所有元素进行混洗？对于每个元素 matrix[i][j]，如下所示随机生成索引 i1 和 j1，并将 matrix[i][j] 与 matrix[i1][j1] 交换：

```cpp
srand(time(0));
for (int i = 0; i < ROW_SIZE; i++)
{
  for (int j = 0; j < COLUMN_SIZE; j++)
  {
    int i1 = rand() % ROW_SIZE;
    int j1 = rand() % COLUMN_SIZE;
    // Swap matrix[i][j] with matrix[i1][j1]
    double temp = matrix[i][j];
    matrix[i][j] = matrix[i1][j1];
    matrix[i1][j1] = temp;
  }
}
```

8.4   将二维数组传递给函数

要点提示： 向函数传递二维数组时，C++ 要求在函数参数类型声明中指定列大小。

LiveExample 8.1 给出了一个函数的示例，该函数返回矩阵中所有元素的总和。

CodeAnimation 8.1 的互动程序请访问 https://liangcpp.pearsoncmg.com/codeanimation5ecpp/PassTwoDimensionalArray.html，LiveExample 8.1 的互动程序请访问 https://liangcpp.pearsoncmg.com/LiveRunCpp5e/faces/LiveExample.xhtml?header=off&programName=PassTwoDimensionalArray&programHeight=580&resultHeight=250。

LiveExample 8.1   PassTwoDimensionalArray.cpp

Source Code Editor:

```cpp
1  #include <iostream>
2  using namespace std;
3
```

```
 4   const int COLUMN_SIZE = 4;
 5
 6   int sum(const int a[][COLUMN_SIZE], int rowSize)
 7 ▾ {
 8     int total = 0;
 9     for (int row = 0; row < rowSize; row++)
10 ▾   {
11       for (int column = 0; column < COLUMN_SIZE; column++)
12 ▾     {
13         total += a[row][column];
14       }
15     }
16
17     return total;
18   }
19
20   int main()
21 ▾ {
22     const int ROW_SIZE = 3;
23     int m[ROW_SIZE][COLUMN_SIZE];
24     cout << "Enter " << ROW_SIZE << " rows and "
25       << COLUMN_SIZE << " columns: " << endl;
26     for (int i = 0; i < ROW_SIZE; i++)
27       for (int j = 0; j < COLUMN_SIZE; j++)
28         cin >> m[i][j];
29
30     cout << "\nSum of all elements is " << sum(m, ROW_SIZE) << endl;
31
32     return 0;
33   }
```

Enter input data for the program (Sample data provided below. You may modify it.)

```
1 2 3 4 5 6 7 8 9 10 11 12
```

| Automatic Check | Compile/Run | Reset | Answer | Choose a Compiler: VC++ ⌄

Execution Result:

```
command>cl PassTwoDimensionalArray.cpp
Microsoft C++ Compiler 2019
Compiled successful (cl is the VC++ compile/link command)

command>PassTwoDimensionalArray
Enter 3 rows and 4 columns:
1 2 3 4
5 6 7 8
9 10 11 12

Sum of all elements is 78

command>
```

　　函数 sum（第 6 行）有两个参数。第一个参数指定具有固定列大小的二维数组。第二个参数指定二维数组的行大小。

8.5 案例研究：对选择题测验评分

要点提示：编写一个程序，对选择题测验进行评分。

假设有 8 名学生和 10 个问题，答题数据存储在二维数组中。数组每行记录学生对问题的回答。例如，下面的数组存储一个测验数据。

```
                           学生对问题的回答：
               0  1  2  3  4  5  6  7  8  9
  Student 0    A  B  A  C  C  D  E  E  A  D
  Student 1    D  B  A  B  C  A  E  E  A  D
  Student 2    E  D  D  A  C  B  E  E  A  D
  Student 3    C  B  A  E  D  C  E  E  A  D
  Student 4    A  B  D  C  C  D  E  E  A  D
  Student 5    B  B  E  C  C  D  E  E  A  D
  Student 6    B  B  A  C  C  D  E  E  A  D
  Student 7    E  B  E  C  C  D  E  E  A  D
```

答案如下所示存储在一维数组中：

```
                    问题的答案：
        0  1  2  3  4  5  6  7  8  9
  答案  D  B  D  C  C  D  A  E  A  D
```

你的程序对测验数据进行评分并显示结果。该程序将每个学生的回答与答案比较，统计正确答案的数量，并显示出来。LiveExample 8.2 给出了该程序。

LiveExample 8.2 的互动程序请访问 https://liangcpp.pearsoncmg.com/LiveRunCpp5e/faces/LiveExample.xhtml?header=off&programName=GradeExam&programHeight=710&resultHeight=280。

LiveExample 8.2　GradeExam.cpp

Source Code Editor:

```cpp
#include <iostream>
using namespace std;

int main()
{
  const int NUMBER_OF_STUDENTS = 8;
  const int NUMBER_OF_QUESTIONS = 10;

  // Students' answers to the questions
  char answers[NUMBER_OF_STUDENTS][NUMBER_OF_QUESTIONS] =
  {
    {'A', 'B', 'A', 'C', 'C', 'D', 'E', 'E', 'A', 'D'},
    {'D', 'B', 'A', 'B', 'C', 'A', 'E', 'E', 'A', 'D'},
    {'E', 'D', 'D', 'A', 'C', 'B', 'E', 'E', 'A', 'D'},
    {'C', 'B', 'A', 'E', 'D', 'C', 'E', 'E', 'A', 'D'},
    {'A', 'B', 'D', 'C', 'C', 'D', 'E', 'E', 'A', 'D'},
    {'B', 'B', 'E', 'C', 'C', 'D', 'E', 'E', 'A', 'D'},
    {'B', 'B', 'A', 'C', 'C', 'D', 'E', 'E', 'A', 'D'},
```

```
19      {'E', 'B', 'E', 'C', 'C', 'D', 'E', 'E', 'A', 'D'}
20    };
21
22    // Key to the questions
23    char keys[] = {'D', 'B', 'D', 'C', 'C', 'D', 'A', 'E', 'A', 'D'};
24
25    // Grade all answers
26    for (int i = 0; i < NUMBER_OF_STUDENTS; i++)
27    {
28      // Grade one student
29      int correctCount = 0;
30      for (int j = 0; j < NUMBER_OF_QUESTIONS; j++)
31      {
32        if (answers[i][j] == keys[j])
33          correctCount++;
34      }
35
36      cout << "Student " << i << "'s correct count is " <<
37        correctCount << endl;
38    }
39
40    return 0;
41  }
```

Automatic Check Compile/Run Reset Answer   Choose a Compiler: VC++ ▾

Execution Result:

```
command>cl GradeExam.cpp
Microsoft C++ Compiler 2019
Compiled successful (cl is the VC++ compile/link command)

command>GradeExam
Student 0's correct count is 7
Student 1's correct count is 6
Student 2's correct count is 5
Student 3's correct count is 4
Student 4's correct count is 8
Student 5's correct count is 7
Student 6's correct count is 7
Student 7's correct count is 7

command>
```

第 10 ~ 20 行中的语句声明并初始化一个二维字符数组。第 23 行中的语句声明并初始化一个 char 值数组。数组 answers 中的每一行存储一个学生的回答，通过将其与数组 keys 中的答案比较来对其进行评分。评分后，立即显示该学生的成绩。

8.6 案例研究：寻找最近点对

要点提示： 本节介绍一个几何问题，用于寻找最近点对。

给定一组点，最近点对问题是找到彼此最近的两个点。例如，在图 8.2 中，点 (1, 1) 和 (2, 0.5) 彼此最近。有几种方法可以解决这个问题。直观的方法是计算所有点对之间的距离，找到距离最小的点对，如 LiveExample 8.3 中所实现的。

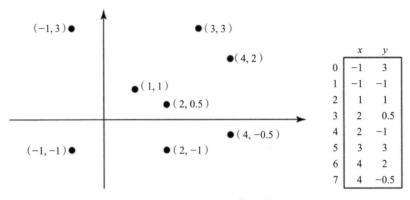

图 8.2　点可以用二维数组表示

LiveExample 8.3 的 互 动 程 序 请 访 问 https://liangcpp.pearsoncmg.com/LiveRunCpp5e/ faces/LiveExample.xhtml?header=off&programName=FindNearestPoints&programHeight=860 &resultHeight=180。

LiveExample 8.3　FindNearestPoints.cpp

Source Code Editor:

```cpp
#include <iostream>
#include <cmath>
using namespace std;

// Compute the distance between two points (x1, y1) and (x2, y2)
double getDistance(double x1, double y1, double x2, double y2)
{
  return sqrt((x2 - x1) * (x2 - x1) + (y2 - y1) * (y2 - y1));
}

int main()
{
  const int NUMBER_OF_POINTS = 8;

  // Each row in points represents a point
  double points[NUMBER_OF_POINTS][2];

  cout << "Enter " << NUMBER_OF_POINTS << " points: ";
  for (int i = 0; i < NUMBER_OF_POINTS; i++)
    cin >> points[i][0] >> points[i][1];

  // p1 and p2 are the indices in the points array
  int p1 = 0, p2 = 1; // Initial two points
  double shortestDistance = getDistance(points[p1][0], points[p1][1],
    points[p2][0], points[p2][1]); // Initialize shortestDistance

  // Compute distance for every two points
  for (int i = 0; i < NUMBER_OF_POINTS; i++)
  {
    for (int j = i + 1; j < NUMBER_OF_POINTS; j++)
    {
      double distance = getDistance(points[i][0], points[i][1],
        points[j][0], points[j][1]); // Find distance

```

```
35        if (shortestDistance > distance)
36 ▾      {
37          p1 = i; // Update p1
38          p2 = j; // Update p2
39          shortestDistance = distance; // Update shortestDistance
40        }
41      }
42    }
43
44    // Display result
45    cout << "The closest two points are " <<
46      "(" << points[p1][0] << ", " << points[p1][1] << ") and (" <<
47      points[p2][0] << ", " << points[p2][1] << ")" << endl;
48
49    return 0;
50  }
```

Enter input data for the program (Sample data provided below. You may modify it.)

```
8 -1 3  -1 -1  1 1  2 0.5  2 -1  3 3  4 2 4
```

Automatic Check | Compile/Run | Reset | Answer   Choose a Compiler: VC++ ⌄

Execution Result:

```
command>cl FindNearestPoints.cpp
Microsoft C++ Compiler 2019
Compiled successful (cl is the VC++ compile/link command)

command>FindNearestPoints
Enter 8 points: 8 -1 3 -1 -1 1 1 2 0.5 2 -1 3 3 4 2 4
The closest two points are (1, 2) and (0.5, 2)

command>
```

这些点从控制台读取，存储在名为 points 的二维数组中（第 19 ～ 20 行）。程序用变量 shortestDistance（第 24 行）存储两个最近点之间的距离，这两个点在 points 数组中的索引存储在 p1 和 p2 中（第 23 行）。

对于每个索引 i 处的点，程序计算所有 j>i 的 points[i] 和 points[j] 之间的距离（第 28 ～ 42 行）。只要发现更短的距离，就会更新变量 shortestDistance、p1 和 p2（第 37 ～ 39 行）。

在函数 getDistance 中，用公式 $\sqrt{(x_2 - x_1)^2 + (y_2 - y_1)^2}$ 计算两点 (x1, y1) 和 (x2, y2) 之间的距离（第 6 ～ 9 行）。

程序假定平面上至少有两个点。如果平面上有一个点或没有点，可以很容易修改程序处理这种情况。

注意，可能有多个最近点对具有相同的最小距离。程序会找到这样的一对点。可以在编程练习 8.10 中修改程序以查找所有最近点对。

提示： 从键盘输入所有点很麻烦。可以将输入存储在文件中，如 FindNearestPoints.txt，用以下命令编译和运行程序：

```
g++ FindNearestPoints.cpp -o FindNearestPoints.exe
FindNearestPoints.exe < FindNearestPoints.txt
```

8.7 案例研究：数独

要点提示：要解决的问题是检查给定的数独答案是否正确。

本书用各种各样不同难度的问题教你如何编程。我们用简单、简短、有吸引力的例子介绍编程和解决问题的技巧，用有趣和富有挑战性的例子激发学生兴趣。本节介绍一个每天都会出现在报纸上的有趣问题。这是一种数字放置游戏，俗称数独。它是个极具挑战性的问题。为了让初学者能够完成，本节介绍一个简化版本数独问题的程序，其检验数独答案是否正确。

数独是一个 9×9 的网格，分为较小的 3×3 个框（也称为区域或块），如图 8.3a 所示。一些单元格（称为固定单元格）用从 1 到 9 的数字填充。目标是用数字 1 到 9 填充空单元格（也称为自由单元格），以使每行、每列和每 3×3 框都包含数字 1 至 9，如图 8.3b 所示。

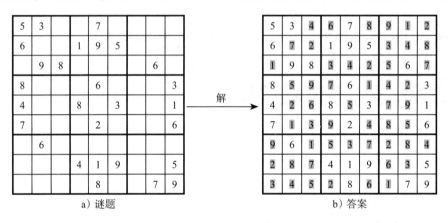

图 8.3   b 是 a 中数独谜题的答案

方便起见，我们用值 0 表示空格，如图 8.4a 所示。自然而然地用二维数组表示网格，如图 8.4b 所示。

5	3	0	0	7	0	0	0	0
6	0	0	1	9	5	0	0	0
0	9	8	0	0	0	0	6	0
8	0	0	0	6	0	0	0	3
4	0	0	8	0	3	0	0	1
7	0	0	0	2	0	0	0	6
0	6	0	0	0	0	2	8	0
0	0	0	4	1	9	0	0	5
0	0	0	0	8	0	0	7	9

a)

```
int grid[9][9] =
  {{5, 3, 0, 0, 7, 0, 0, 0, 0},
   {6, 0, 0, 1, 9, 5, 0, 0, 0},
   {0, 9, 8, 0, 0, 0, 0, 6, 0},
   {8, 0, 0, 0, 6, 0, 0, 0, 3},
   {4, 0, 0, 8, 0, 3, 0, 0, 1},
   {7, 0, 0, 0, 2, 0, 0, 0, 6},
   {0, 6, 0, 0, 0, 0, 2, 8, 0},
   {0, 0, 0, 4, 1, 9, 0, 0, 5},
   {0, 0, 0, 0, 8, 0, 0, 7, 9}
  };
```

b)

图 8.4   网格可以用二维数组表示

要找到谜题的答案，将网格中的 0 替换为 1 到 9 之间的适当数字。对于图 8.3b 中的答案而言，网格应如图 8.5 所示。

假设找到了一个数独谜题的答案，如何检查答案是否正确？这里有两种方法：

- 一种方法是查看每一行是否有从 1 到 9 的数字，每一列是否有从 1 到 9 的数字，每个小方框是否有从 1 到 9 的数字。
- 另一种方法是检查每个单元格。每个单元格必须是从 1 到 9 的数字，并且单元格在每一行、每一列和每一个小框中都是唯一的。

LiveExample 8.4 给出了一个程序，该程序提示用户输入答案，如果答案合理，则程序报告为 `true`。我们在程序中用第二种方法检查答案是否正确。

LiveExample 8.4 的互动程序请访问 https://liangcpp. pearsoncmg.com/LiveRunCpp5e/faces/LiveExample.xhtml? header=off&programName=CheckSudokuSolution&progra mHeight=1030&inputHeight=188&resultHeight=340。

```
答案网格为
{{5, 3, 4, 6, 7, 8, 9, 1, 2},
 {6, 7, 2, 1, 9, 5, 3, 4, 8},
 {1, 9, 8, 3, 4, 2, 5, 6, 7},
 {8, 5, 9, 7, 6, 1, 4, 2, 3},
 {4, 2, 6, 8, 5, 3, 7, 9, 1},
 {7, 1, 3, 9, 2, 4, 8, 5, 6},
 {9, 6, 1, 5, 3, 7, 2, 8, 4},
 {2, 8, 7, 4, 1, 9, 6, 3, 5},
 {3, 4, 5, 2, 8, 6, 1, 7, 9}
};
```

图 8.5 答案存储在 grid 中

LiveExample 8.4 CheckSudokuSolution.cpp

Source Code Editor:

```cpp
#include <iostream>
using namespace std;

void readASolution(int grid[][9]);
bool isValid(const int grid[][9]);
bool isValid(int i, int j, const int grid[][9]);

int main()
{
  // Read a Sudoku puzzle
  int grid[9][9];
  readASolution(grid);

  cout << (isValid(grid) ? "Valid solution" : "Invalid solution");

  return 0;
}

/** Read a Sudoku puzzle from the keyboard */
void readASolution(int grid[][9])
{
  cout << "Enter a Sudoku puzzle solution:" << endl;
  for (int i = 0; i < 9; i++)
    for (int j = 0; j < 9; j++)
      cin >> grid[i][j];
}

// Check whether the fixed cells are valid in the grid
bool isValid(const int grid[][9])
{
  for (int i = 0; i < 9; i++)
    for (int j = 0; j < 9; j++)
      if (grid[i][j] < 1 || grid[i][j] > 9 ||
          !isValid(i, j, grid))
        return false;

  return true; // The fixed cells are valid
}
```

```
39
40    // Check whether grid[i][j] is valid in the grid
41    bool isValid(int i, int j, const int grid[][9])
42  ▾ {
43      // Check whether grid[i][j] is valid at the i's row
44      for (int column = 0; column < 9; column++)
45        if (column != j && grid[i][column] == grid[i][j])
46          return false;
47
48      // Check whether grid[i][j] is valid at the j's column
49      for (int row = 0; row < 9; row++)
50        if (row != i && grid[row][j] == grid[i][j])
51          return false;
52
53      // Check whether grid[i][j] is valid in the 3-by-3 box
54      for (int row = (i / 3) * 3; row < (i / 3) * 3 + 3; row++)
55        for (int col = (j / 3) * 3; col < (j / 3) * 3 + 3; col++)
56          if (row != i && col != j && grid[row][col] == grid[i][j])
57            return false;
58
59      return true; // The current value at grid[i][j] is valid
60    }
```

Enter input data for the program (Sample data provided below. You may modify it.)

```
9 6 3 1 7 4 2 5 8
1 7 8 3 2 5 6 4 9
2 5 4 6 8 9 7 3 1
8 2 1 4 3 7 5 9 6
4 9 6 8 5 2 3 1 7
7 3 5 9 6 1 8 2 4
5 8 9 7 1 3 4 6 2
3 1 7 2 4 6 9 8 5
6 4 2 5 9 8 1 7 3
```

[Automatic Check] [Compile/Run] [Reset] [Answer]   Choose a Compiler: [VC++ ▾]

Execution Result:

```
command>cl CheckSudokuSolution.cpp
Microsoft C++ Compiler 2019
Compiled successful (cl is the VC++ compile/link command)

command>CheckSudokuSolution
Enter a Sudoku puzzle solution:
9 6 3 1 7 4 2 5 8
1 7 8 3 2 5 6 4 9
2 5 4 6 8 9 7 3 1
8 2 1 4 3 7 5 9 6
4 9 6 8 5 2 3 1 7
7 3 5 9 6 1 8 2 4
5 8 9 7 1 3 4 6 2
3 1 7 2 4 6 9 8 5
6 4 2 5 9 8 1 7 3
Valid solution

command>
```

程序调用 readASolution(grid) 函数（第 12 行）将数独答案读入表示数独网格的二维数组。isValid(grid) 函数检查网格中的值是否合理。它检查每个值是否在 1 和 9 之间，以及每个值在网格中是否合理（第 31 ~ 35 行）。

isValid(i, j, grid) 函数检查 grid[i][j] 处的值是否合理。它检查 grid[i][j] 是否在第 i 行（第 44 ~ 46 行）、第 j 列（第 49 ~ 51 行），以及 3×3 框中多次出现（第 54 ~ 57 行）。

如何定位同一框中的所有单元格？对于任意一个 grid[i][j]，包含它的 3×3 框的起始单元格是 grid[(i/3)*3][(j/3)*3]，如图 8.6 所示。

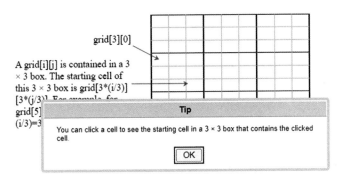

图 8.6 3×3 框中第一个单元格的位置决定了框中其他单元格的位置

通过此观察，可以轻松识别框中的所有单元格。假设 grid[r][c] 是一个 3×3 框的起始单元格，框中的单元格可以如下所示在嵌套循环中遍历：

```
// Get all cells in a 3 by 3 box starting at grid[r][c]
for (int row = r; row < r + 3; row++)
  for (int col = c; col < c + 3; col++)
    // grid[row][col] is in the box
```

从键盘输入 81 个数字很麻烦。可以将输入存储在文件中，如 CheckSudokuSolution.txt （参见 https://liveexample.pearsoncmg.com/data/CheckSudokuSolution.txt），并用以下命令编译和运行程序：

```
g++ CheckSudokuSolution.cpp -o CheckSudokuSolution.exe
CheckSudokuSolution.exe < CheckSudokuSolution.txt
```

8.8 多维数组

要点提示：可以在 C++ 中创建任意维度的数组。

在前面小节中，我们用二维数组表示矩阵或表格。有时我们也需要表示 *n* 维数据结构。在 C++ 中，可以为任意整数 *n* 创建 *n* **维数组**。

二维数组的声明可以泛化为 *n*>=3 的 *n* 维数组的声明。例如，可以用三维数组存储由六名学生组成的班级的考试成绩，其中有五次考试，每次考试有两部分（选择题和作文）。以下语法声明三维数组变量 scores。

```
double scores[6][5][2];
```

还可以如下所示用简写符号创建和初始化数组：

```
double scores[6][5][2] = {
  {{7.5, 20.5}, {9.0, 22.5}, {15, 33.5}, {13, 21.5}, {15, 2.5}},
  {{4.5, 21.5}, {9.0, 22.5}, {15, 34.5}, {12, 20.5}, {14, 9.5}},
  {{6.5, 30.5}, {9.4, 10.5}, {11, 33.5}, {11, 23.5}, {10, 2.5}},
  {{6.5, 23.5}, {9.4, 32.5}, {13, 34.5}, {11, 20.5}, {16, 7.5}},
  {{8.5, 26.5}, {9.4, 52.5}, {13, 36.5}, {13, 24.5}, {16, 2.5}},
  {{9.5, 20.5}, {9.4, 42.5}, {13, 31.5}, {12, 20.5}, {16, 6.5}}};
```

scores[0][1][0] 指 的 是 第 一 个 学 生 第 二 次 考 试 的 选 择 题 分 数，为 9.0。
scores[0][1][1] 指的是该学生第二次考试的作文分数，为 22.5。如下图所示：

8.8.1 案例研究：每日温度和湿度

假设气象站记录每天每小时的温度和湿度，并将过去 10 天的数据存储在名为 Weather.
txt 的文本文件中（参见 https://liveexample.pearsoncmg.com/data/Weather.txt）。文件的每一行
由四个数字组成，分别表示日期、小时、温度和湿度。文件内容可如（a）所示：

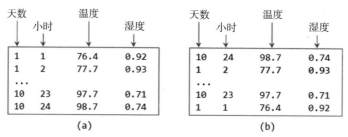

注意，文件中的行不需要按顺序排列。例如，文件可能如（b）所示。

你的任务是编写一个程序，计算 10 天的平均日温度和湿度。可以用输入重定向从文件
中读取数据，并将其存储在三维数组中，命名为 data。data 的范围从 0 到 9 的第一个索
引代表 10 天，从 0 到 23 的第二个索引代表 24 小时，从 0 到 1 的第三个索引分别代表温
度和湿度。注意，文件中的天数从 1 到 10，小时从 1 到 24。由于数组索引从 0 开始，数
据 [0][0][0] 存储第 1 天第 1 个小时的温度，数据 [9][23][1] 存储第 10 天第 24 个小
时的湿度。

该程序在 LiveExample 8.5 中给出。

LiveExample 8.5 的 互 动 程 序 请 访 问 https://liangcpp.pearsoncmg.com/LiveRunCpp5e/
faces/LiveExample.xhtml?header=off&programName=Weather&programHeight=660&resultHei
ght=150。

LiveExample 8.5   Weather.cpp

Source Code Editor:

```
1  #include <iostream>
2  using namespace std;
3
4  int main()
5  {
6    const int NUMBER_OF_DAYS = 10;
```

```
7      const int NUMBER_OF_HOURS = 24;
8      double data[NUMBER_OF_DAYS][NUMBER_OF_HOURS][2];
9
10     // Read input using input redirection from a file
11     int day, hour;
12     double temperature, humidity;
13     for (int k = 0; k < NUMBER_OF_DAYS * NUMBER_OF_HOURS; k++)
14     {
15       cin >> day >> hour >> temperature >> humidity;
16       data[day - 1][hour - 1][0] = temperature;
17       data[day - 1][hour - 1][1] = humidity;
18     }
19
20     // Find the average daily temperature and humidity
21     for (int i = 0; i < NUMBER_OF_DAYS; i++)
22     {
23       double dailyTemperatureTotal = 0, dailyHumidityTotal = 0;
24       for (int j = 0; j < NUMBER_OF_HOURS; j++)
25       {
26         dailyTemperatureTotal += data[i][j][0];
27         dailyHumidityTotal += data[i][j][1];
28       }
29
30       // Display result
31       cout << "Day " << i + 1 << "'s average temperature is "
32         << dailyTemperatureTotal / NUMBER_OF_HOURS << endl;
33       cout << "Day " << i + 1 << "'s average humidity is "
34         << dailyHumidityTotal / NUMBER_OF_HOURS << endl;
35     }
36
37     return 0;
38 }
```

Enter input data for the program (Sample data provided below. You may modify it.)

```
1 1 76.4 0.92
1 2 77.7 0.93
```

Automatic Check Compile/Run Reset Answer   Choose a Compiler: VC++ ✓

Execution Result:

```
command>cl Weather.cpp
Microsoft C++ Compiler 2019
Compiled successful (cl is the VC++ compile/link command)

command>Weather
Day 1's average temperature is 77.7708
Day 1's average humidity is 0.929583
Day 2's average temperature is 77.3125
Day 2's average humidity is 0.929583
Day 3's average temperature is 77.6458
Day 3's average humidity is 0.929583
Day 4's average temperature is 77.6458
Day 4's average humidity is 0.929583
Day 5's average temperature is 77.6458
Day 5's average humidity is 0.929583
Day 6's average temperature is 77.6458
Day 6's average humidity is 0.929583
Day 7's average temperature is 77.6458
```

```
Day 7's average humidity is 0.929583
Day 8's average temperature is 77.6875
Day 8's average humidity is 0.929583
Day 9's average temperature is 77.6458
Day 9's average humidity is 0.929583
Day 10's average temperature is 79.3542
Day 10's average humidity is 0.9125

command>
```

可以用以下命令编译程序：

```
g++ Weather.cpp -o Weather
```

用以下命令运行程序：

```
Weather.exe < Weather.txt
```

第 8 行声明了三维数组 data。第 13～18 行的循环读取数组的输入。可以从键盘输入数据，但这很麻烦。方便起见，我们将数据存储在文件中，并用输入重定向从文件中读取数据。第 24～28 行中的循环将一天中每小时的所有温度加到 dailyTemperatureTotal，并将每小时的全部湿度加到 dailyHumidityTotal。日平均温度和湿度在第 31～34 行显示。

8.8.2　案例研究：猜测生日

LiveExample 4.4 给出了一个猜测生日的程序。该程序可以如下简化，将数字存储在三维数组中的五个集合中，并用循环提示用户输入答案，如 LiveExample 8.6 所示。

LiveExample 8.6 的 互 动 程 序 请 访 问 https://liangcpp.pearsoncmg.com/LiveRunCpp5e/faces/LiveExample.xhtml?header=off&programName=GuessBirthdayUsingArray&programHeight=860&resultHeight=760。

LiveExample 8.6　GuessBirthdayUsingArray.cpp

Source Code Editor:

```cpp
 1  #include <iostream>
 2  #include <iomanip>
 3  using namespace std;
 4
 5  int main()
 6  {
 7      int day = 0; // Day to be determined
 8      char answer;
 9
10      int dates[5][4][4] = {
11        {{ 1,  3,  5,  7},
12         { 9, 11, 13, 15},
13         {17, 19, 21, 23},
14         {25, 27, 29, 31}},
15        {{ 2,  3,  6,  7},
16         {10, 11, 14, 15},
17         {18, 19, 22, 23},
18         {26, 27, 30, 31}},
19        {{ 4,  5,  6,  7},
20         {12, 13, 14, 15},
```

```
21          {20, 21, 22, 23},
22          {28, 29, 30, 31}},
23         {{ 8,  9, 10, 11},
24          {12, 13, 14, 15},
25          {24, 25, 26, 27},
26          {28, 29, 30, 31}},
27         {{16, 17, 18, 19},
28          {20, 21, 22, 23},
29          {24, 25, 26, 27},
30          {28, 29, 30, 31}}};
31
32     for (int i = 0; i < 5; i++)
33     {
34       cout << "Is your birthday in Set" << (i + 1) << "?" << endl;
35       for (int j = 0; j < 4; j++)
36       {
37         for (int k = 0; k < 4; k++)
38           cout << setw(3) << dates[i][j][k]<< " ";
39         cout << endl;
40       }
41       cout << "\nEnter N/n for No and Y/y for Yes: ";
42       cin >> answer;
43       if (answer == 'Y' || answer == 'y')
44         day += dates[i][0][0];
45     }
46
47     cout << "Your birthday is " << day << endl;
48
49     return 0;
50 }
```

Enter input data for the program (Sample data provided below. You may modify it.)

```
Y Y Y Y Y
```

Automatic Check　Compile/Run　Reset　Answer　　Choose a Compiler: `VC++ ∨`

Execution Result:

```
command>cl GuessBirthdayUsingArray.cpp
Microsoft C++ Compiler 2019
Compiled successful (cl is the VC++ compile/link command)

command>GuessBirthdayUsingArray
Is your birthday in Set1?
  1   3   5   7
  9  11  13  15
 17  19  21  23
 25  27  29  31

Enter N/n for No and Y/y for Yes: Y
Is your birthday in Set2?
  2   3   6   7
 10  11  14  15
 18  19  22  23
 26  27  30  31

Enter N/n for No and Y/y for Yes: Y
Is your birthday in Set3?
  4   5   6   7
```

```
 12  13  14  15
 24  25  26  27
 28  29  30  31

Enter N/n for No and Y/y for Yes: Y
Is your birthday in Set5?
 16  17  18  19
 20  21  22  23
 24  25  26  27
 28  29  30  31

Enter N/n for No and Y/y for Yes: Y
Your birthday is 31

command>
```

第 10 ～ 30 行创建了一个三维数组 dates。该数组存储五个数字集合。每个集合为 4 × 4 二维数组。

从第 32 行开始的循环显示每个集合中的数字，并提示用户来回答当天是否在集合中（第 37 ～ 38 行）。如果在，则将集合中的第一个数字（dates[i][0][0]）加到变量 day（第 44 行）。

关键术语

column index（列索引）   row index（行索引）
n-dimensional array（*n* 维数组）   two-dimensional array（二维数组）

章节总结

1. 二维数组可用于存储表格。
2. 可以用以下语法创建二维数组：

```
elementType arrayName[ROW_SIZE][COLUMN_SIZE]
```

3. 二维数组中的每个元素用以下语法表示：

```
arrayName[rowIndex][columnIndex]
```

4. 可以用数组初始化语句创建和初始化二维数组，语法为：

```
elementType arrayName[][COLUMN_SIZE]={{row values},…,{row values}}
```

5. 可以将二维数组传递给函数；但 C++ 要求在函数声明中指定列大小。
6. 可以用数组的数组构成多维数组。例如，可以用以下语法将三维数组声明为数组的数组：

```
elementType arrayName[size1][size2][size3]
```

编程练习

互动程序请访问 https://liangcpp.pearsoncmg.com/CheckExerciseCpp/faces/CheckExercise5e.xhtml?chapter=1&programName=Exercise08_01。

8.2 ～ 8.5 节

*8.1（每列元素总和）用以下函数头编写一个函数，返回矩阵中指定列所有元素的总和：

```
const int SIZE = 4;
double sumColumn(const double m[][SIZE], int rowSize,
  int columnIndex);
```

编写一个测试程序，读取一个 3×4 矩阵，并显示每列的总和。

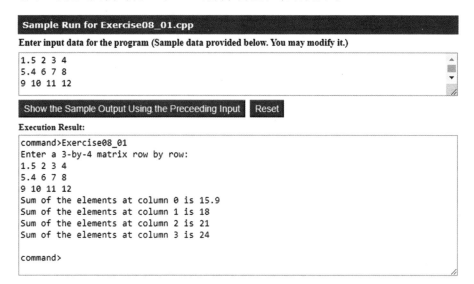

*8.2 （矩阵主对角线求和）用以下函数头编写一个函数，对 n×n double 值矩阵主对角线上的所有 double 值求和：

```
const int SIZE = 4;
double sumMajorDiagonal(const double m[][SIZE]);
```

编写一个测试程序，读取一个 4×4 矩阵，显示其主对角线上所有元素的总和。

*8.3 （按成绩对学生进行排序）重写 LiveExample 8.2，以正确答案数量的递增顺序显示学生。

*8.4 （计算每个员工的每周工作小时数）假定所有员工的每周工作时间存储在二维数组中。每行用七列记录员工七天的工作时间。例如，以下数组存储八名员工的工作时间。编写一个程序，以总小时数的递减顺序显示员工及其总小时数。

	Su	M	T	W	Th	F	Sa
Employee 0	2	4	3	4	5	8	8
Employee 1	7	3	4	3	3	4	4
Employee 2	3	3	4	3	3	2	2
Employee 3	9	3	4	7	3	4	1
Employee 4	3	5	4	3	6	3	8
Employee 5	3	4	4	6	3	4	4
Employee 6	3	7	4	8	3	8	4
Employee 7	6	3	5	9	2	7	9

8.5 （代数：矩阵相加）编写一个函数，将两个矩阵 a 和 b 相加，并将结果保存在 c 中。

$$\begin{pmatrix} a_{11} & a_{12} & a_{13} \\ a_{21} & a_{22} & a_{23} \\ a_{31} & a_{32} & a_{33} \end{pmatrix} + \begin{pmatrix} b_{11} & b_{12} & b_{13} \\ b_{21} & b_{22} & b_{23} \\ b_{31} & b_{32} & b_{33} \end{pmatrix} = \begin{pmatrix} a_{11}+b_{11} & a_{12}+b_{12} & a_{13}+b_{13} \\ a_{21}+b_{21} & a_{22}+b_{22} & a_{23}+b_{23} \\ a_{31}+b_{31} & a_{32}+b_{32} & a_{33}+b_{33} \end{pmatrix}$$

函数头为

```
const int N = 3;
void addMatrix(const double a[][N],
  const double b[][N], double c[][N]) ;
```

每个元素 C_{ij} 为 $a_{ij}+b_{ij}$。编写一个测试程序，提示用户输入两个 3×3 矩阵并显示它们的和。

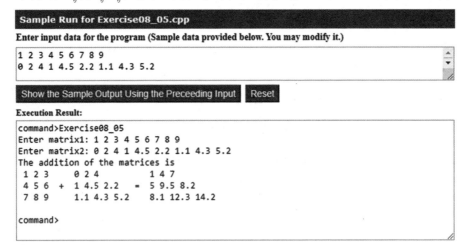

*8.6 （金融应用：计算税费）用数组重写 LiveExample 3.3。对每个申报状态，有六种税率。每种税率适用于一定数额的应税收入。例如，在单身申报人 400000 美元的应税收入中，8350 美元的税率为 10%，（33950−8350）部分为 15%，（82250−33950）部分为 25%，（171550−82550）部分为 28%，（372950−171550）部分为 33%，（400000−372950）部分为 35%。对于所有申报状态这六种税率相同，可在以下数组中表示：

```
double rates[] = {0.10, 0.15, 0.25, 0.28, 0.33, 0.35};
```

所有申报状态的每个税率的括号可以用二维数组表示，如下所示：

```
int brackets[4][5] =
{
  {8350, 33950, 82250, 171550, 372950},  // Single filer
  {16700, 67900, 137050, 20885, 372950}, // Married jointly
                                          // or qualifying widow(er)
  {8350, 33950, 68525, 104425, 186475},  // Married separately
  {11950, 45500, 117450, 190200, 372950} // Head of household
};
```

假定单身申报人的应税收入为 400000 美元。税费可按如下方式计算：

```
tax = brackets[0][0] * rates[0] +
   (brackets[0][1] - brackets[0][0]) * rates[1] +
   (brackets[0][2] - brackets[0][1]) * rates[2] +
   (brackets[0][3] - brackets[0][2]) * rates[3] +
   (brackets[0][4] - brackets[0][3]) * rates[4] +
   (400000 - brackets[0][4]) * rates[5]
```

Sample Run for Exercise08_06.cpp

Enter input data for the program (Sample data provided below. You may modify it.)

1 329304

Show the Sample Output Using the Preceeding Input   Reset

Execution Result:

```
command>Exercise08_06
(0-single filer, 1-married jointly,
2-married separately, 3-head of household)
Enter the filing status: 1
Enter the taxable income: 329304
Tax is 97870.544000

command>
```

**8.7 (探索矩阵）编写一个程序，将 0 和 1 随机填入一个 4×4 的方阵中，打印矩阵，并找到全 0 或全 1 的行、列和对角线。

Sample Run for Exercise08_07.cpp

Run This Exercise   Reset

Execution Result:

```
command>Exercise08_07
1000
0111
0101
1001
No same numbers on the same row
No same numbers on the same column
No same numbers on the same diagonal
No same numbers on the same subdiagonal

command>
```

***8.8 (行混洗）编写一个函数，用以下函数头混洗二维 int 数组中的行：

  void shuffle(int m[][2], **int** rowSize);

编写一个测试程序，对以下矩阵进行混洗：

  int m[][2] = {{1, 2}, {3, 4}, {5, 6}, {7, 8}, {9, 10}};

**8.9 (代数：两个矩阵相乘）编写一个函数，将 a 和 b 两个矩阵相乘，并将结果保存在 c 中。

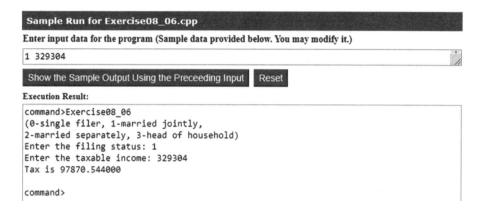

$$\begin{pmatrix} a_{11} & a_{12} & a_{13} \\ a_{21} & a_{22} & a_{23} \\ a_{31} & a_{32} & a_{33} \end{pmatrix} \times \begin{pmatrix} b_{11} & b_{12} & b_{13} \\ b_{21} & b_{22} & b_{23} \\ b_{31} & b_{32} & b_{33} \end{pmatrix} = \begin{pmatrix} c_{11} & c_{12} & c_{13} \\ c_{21} & c_{22} & c_{23} \\ c_{31} & c_{32} & c_{33} \end{pmatrix}$$

函数头为

```
const int N = 3;
void multiplyMatrix(const double a[][N],
    const double b[][N], double c[][N]) ;
```

每个元素 C_{ij} 为 $a_{i1} \times b_{1j} + a_{i2} \times b_{2j} + a_{i3} \times b_{3j}$。编写一个测试程序，提示用户输入两个 3×3 矩阵并显示其结果。

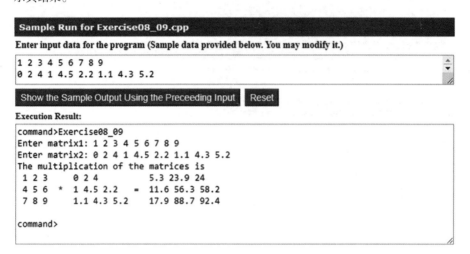

8.6 节

**8.10 （所有最近点对）修改寻找最近点对的程序 LiveExample 8.3，显示具有相同最小距离的所有最近点对。

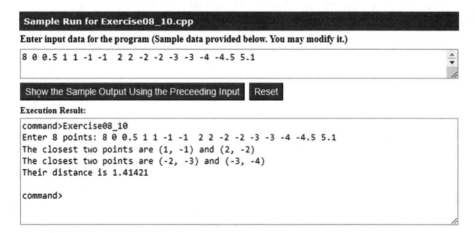

**8.11 （游戏：九个正反面）九枚硬币放置在一个 3×3 的矩阵中，有些正面朝上，有些正面朝下。可以用 3×3 矩阵表示硬币的状态，矩阵值为 0（正面）和 1（反面）。

```
0 0 0    1 0 1    1 1 0    1 0 1    1 0 0
0 1 0    0 0 1    1 0 0    1 1 0    1 1 1
0 0 0    1 0 0    0 0 1    1 0 0    1 1 0
```

每个状态也可以用二进制数表示。例如，前面的矩阵对应于数字

```
000010000 101001100 110100001 101110100 100111110
```

可能性的总数是 512。因此，可以用十进制数 0，1，2，3，…，511 表示矩阵的所有状态。编写一个程序，提示用户输入一个介于 0 和 511 之间的数字，并用字符 H（正面）和 T（反面）

显示相应的矩阵。

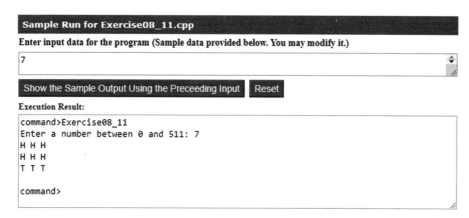

用户输入了 7，对应于 000000111。由于 0 代表 H，1 代表 T，因此输出正确。

*8.12 （彼此最近的点）LiveExample 8.3 是一个在二维空间中查找最近两点的程序。修改程序，使它在三维空间找到两个最近的点。用二维数组表示点。用以下几个点测试程序：

```
double points[][3] = {{-1, 0, 3}, {-1, -1, -1}, {4, 1, 1},
    {2, 0.5, 9}, {3.5, 2, -1}, {3, 1.5, 3}, {-1.5, 4, 2},
    {5.5, 4, -0.5}};
```

计算 (x1, y1, z1) 和 (x2, y2, z2) 两点之间距离的公式为：

$$\sqrt{(x_2 - x_1)^2 + (y_2 - y_1)^2 + (z_2 - z_1)^2}$$

*8.13 （排序二维数组）编写一个函数，用以下函数头对二维数组进行排序：

```
void sort(int m[][2], int numberOfRows)
```

该函数先对所有行的第一个元素进行排序，如果第一个元素相等，则对所有行的第二个元素进行排序。例如，数组 {{4, 2},{1, 7},{4, 5},{1, 2},{1, 1},{4, 1}} 将被排序为 {{1, 1},{1, 2},{1, 7},{4, 1},{4, 2},{4, 5}}。编写一个测试程序，提示用户输入 10 个点，调用此函数显示排序的点。

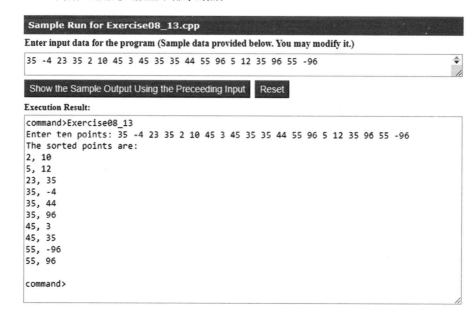

*8.14 （最大行和列）编写一个程序，将 0 和 1 随机填充到 4 × 4 矩阵中，打印矩阵，并找到 1 最多的第
一行和第一列。

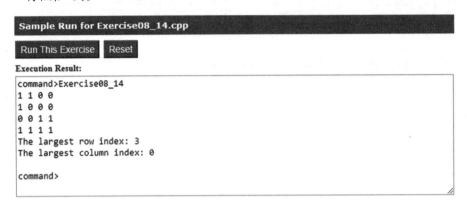

**8.15 （猜首府）编写一个程序，反复提示用户输入某个州的首府。用户输入后，程序判断回答是否正
确。假设 50 个州及其首府存储在二维数组中，如图 8.7 所示。程序提示用户回答所有州的首
府，并显示正确数。用户的回答不区分大小写。

Alabama	Montgomery
Alaska	Juneau
Arizona	Phoenix
...	...

图 8.7　二维数组存储州及其首府

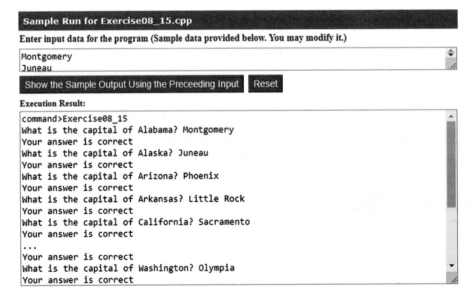

*8.16 （几何：同一条线？）编程练习 6.20 给出了一个测试三个点是否在同一条线上的函数。编写以下
函数，测试 points 数组中的所有点是否在同一条线上。

```cpp
const int SIZE = 2;
bool sameLine(const double points[][SIZE], int numberOfPoints)
```

编写一个程序，提示用户输入五个点，显示它们是否在同一条线上。

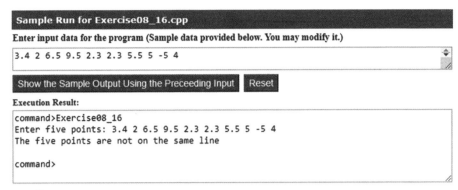

8.7 ～ 8.8 节

***8.17 （查找最大元素）编写以下函数，找到二维数组中最大元素的位置。

```
void locateLargest(const double a[][4], int location[])
```

该位置存储在包含两个元素的一维数组 location 中。这两个元素分别表示二维数组最大元素的行和列索引。编写一个测试程序，提示用户输入一个 3×4 的二维数组，并显示数组中最大元素的位置。

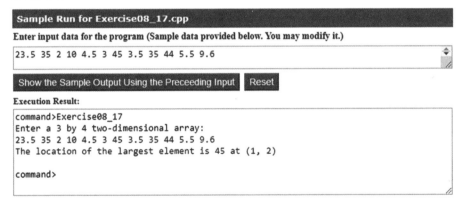

*8.18 （奇偶校验）编写一个程序，生成一个由 0 和 1 填充的 6×6 矩阵，显示矩阵，并检查每一行和每一列是否有偶数个 1。

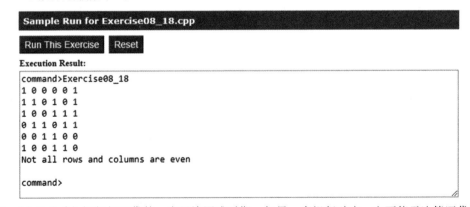

***8.19 （金融海啸）银行相互贷款。在经济困难时期，如果一家银行破产，它可能无法偿还贷款。一家银行的总资产是其当前余额加上对其他银行的贷款。图 8.8 显示了五个银行（单位：百万美元）。这些银行的当前余额分别为 2500 万美元、12500 万美元、17500 万美元、7500 万美元和 18100 万美元。从节点 1 到节点 2 的有向边表示银行 1 贷款给银行 4000 万美元。

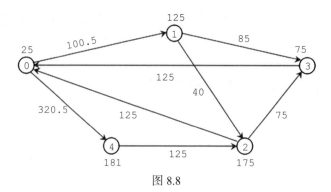

图 8.8

如果一家银行的总资产低于一定的限额，那么这家银行就不安全了。如果一家银行不安全，它所借的钱就不能退还给贷款人，贷款人也不能将贷款计入其总资产。因此，如果贷款人的总资产低于限额，那么贷款人也可能是不安全的。编写一个程序查找所有不安全的银行。程序按如下方式读取输入。它首先读取两个整数 n 和 limit，其中 n 表示银行数量，limit 是保持银行安全的最小资产。然后，它读取 n 行，这 n 行描述 id 从 0 到 n-1 的 n 家银行的信息。行中的第一个数字是银行的余额，第二个数字表示从该银行借款的银行数量，后面是若干数字对。每对描述一个借款人。数字对中的第一个数字是借款人的 id，第二个数字是借款金额。假设银行的最大数量为 100。例如，图 8.8 中五家银行的输入如下（limit 为 201）：

```
5 201
25 2 1 100.5 4 320.5
125 2 2 40 3 85
175 2 0 125 3 75
75 1 0 125
181 1 2 125
```

银行 3（从 0 开始编号）的总资产为 75+125，低于 201。因此银行 3 是不安全的。银行 3 变得不安全后，银行 1 的总资产变为 125+40。因此银行 1 也不安全。程序的输出应该是

```
Unsafe banks are 3 1
```

（提示：用二维数组 borrowers 表示贷款。loan[i][j] 表示银行 i 贷款给银行 j 的金额。一旦银行 j 变得不安全，loan[i][j] 应该设置为 0。）

Sample Run for Exercise08_19.cpp

Enter input data for the program (Sample data provided below. You may modify it.)

```
5 201
25 2 1 100.5 4 320.5
125 2 2 40 3 85
175 2 0 125 3 75
75 1 0 125
181 1 2 125
```

[Show the Sample Output Using the Preceeding Input]   [Reset]

Execution Result:

```
command>Exercise08_19
5 201
25 2 1 100.5 4 320.5
125 2 2 40 3 85
175 2 0 125 3 75
75 1 0 125
181 1 2 125
Unsafe banks: 3 1

command>
```

***8.20　（TicTacToe 游戏）在 TicTacToe 游戏中，两名玩家轮流用各自的令牌（X 或 O）标记 3×3 网格中的可用单元格。当一名玩家在网格上的水平、垂直或对角线上放置了三个令牌时，游戏结束，该玩家获胜。当网格上的所有单元格都放满了令牌，且两名玩家都没有获胜时，就出现平局（无赢家）。创建一个玩 TicTacToe 的程序。程序提示第一个玩家输入 X 令牌，然后提示第二个玩家输入 O 令牌。每当输入令牌时，程序会在控制台上重新显示棋盘，并确定游戏的状态（获胜、平局或未完成）。

```
Sample Run for Exercise08_20.cpp
Enter input data for the program (Sample data provided below. You may modify it.)

1 1 1 2 1 0 1 1 0 1

[Show the Sample Output Using the Preceeding Input]  [Reset]

Execution Result:

command>Exercise08_20

-------------
|   |   |   |
-------------
|   |   |   |
-------------
|   |   |   |
-------------
Enter a row (0, 1, 2) for player X: 1
Enter a column (0, 1, 2) for player X: 1

-------------
|   |   |   |
-------------
|   | X |   |
-------------
|   |   |   |
-------------
Enter a row (0, 1, 2) for player O: 1
Enter a column (0, 1, 2) for player O: 2

-------------
|   |   |   |
-------------
|   | X | O |
-------------
|   |   |   |
-------------
Enter a row (0, 1, 2) for player X: 1
Enter a column (0, 1, 2) for player X: 0

-------------
|   |   |   |
-------------
| X | X | O |
-------------
|   |   |   |
-------------
Enter a row (0, 1, 2) for player O: 1
Enter a column (0, 1, 2) for player O: 1
This cell is already occupied. Try a different cell
Enter a row (0, 1, 2) for player O: 0
Enter a column (0, 1, 2) for player O: 1

-------------
|   | O |   |
-------------
| X | X | O |
-------------
|   |   |   |
-------------
```

```
Enter a row (0, 1, 2) for player X: 3
Enter a column (0, 1, 2) for player X: 16848592

command>
```

*8.21　（模式识别：连续四个相等的数字）编写以下函数，测试二维数组是否具有水平、垂直或对角线上的四个连续相同的数字。

```
bool isConsecutiveFour(int values[][7])
```

编写一个测试程序，提示用户输入二维数组的行数和列数，然后输入数组中的值，如果数组包含四个连续相同的数字，则显示 true。否则，显示 false。以下是一些真实案例：

```
0 1 0 3 1 6 1      0 1 0 3 1 6 1      0 1 0 3 1 6 1      0 1 0 3 1 6 1
0 1 6 8 6 0 1      0 1 6 8 6 0 1      0 1 6 8 6 0 1      0 1 6 8 6 0 1
5 6 2 1 8 2 9      5 5 2 1 8 2 9      5 6 2 1 6 2 9      9 6 2 1 8 2 9
6 5 6 1 1 9 1      6 5 6 1 1 9 1      6 5 6 6 1 9 1      6 9 6 1 1 9 1
1 3 6 1 4 0 7      1 5 6 1 4 0 7      1 3 6 1 4 0 7      1 3 9 1 4 0 7
3 3 3 3 4 0 7      3 5 3 3 4 0 7      3 6 3 3 4 0 7      3 3 3 9 4 0 7
```

***8.22　（游戏：四子棋）四子棋是一个双人棋盘游戏，玩家交替将彩色圆盘放入七列六行垂直悬挂的网格中。

游戏的目标是在对手之前，将四个相同颜色的圆盘连接成一行、一列或一对角线。该程序提示两名玩家交替放下一张红色或黄色圆盘。每次落子时，程序在控制台上重新显示棋盘并确定游戏状态（获胜、平局或继续）。

Sample Run for Exercise08_22.cpp

Enter input data for the program (Sample data provided below. You may modify it.)

```
0 3 2 3 1 3 4 3
```

[Show the Sample Output Using the Preceeding Input] [Reset]

Execution Result:

```
command>Exercise08_22
| | | | | | | |
| | | | | | | |
| | | | | | | |
| | | | | | | |
| | | | | | | |
| | | | | | | |
---------------
Drop a red disk at column (0-6): 0
| | | | | | | |
| | | | | | | |
| | | | | | | |
| | | | | | | |
| | | | | | | |
|R| | | | | | |
---------------
Drop a yellow disk at column (0-6): 3
| | | | | | | |
| | | | | | | |
| | | | | | | |
| | | | | | | |
```

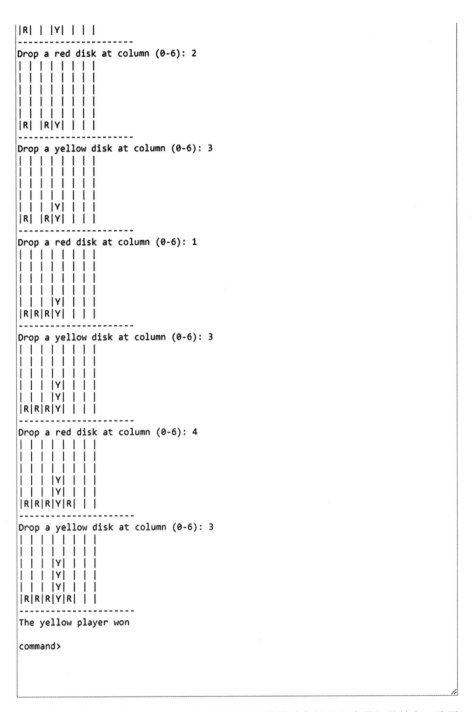

```
|R| | |Y| | | |
----------------------
Drop a red disk at column (0-6): 2
| | | | | | | |
| | | | | | | |
| | | | | | | |
| | | | | | | |
| | | | | | | |
|R| |R|Y| | | |
----------------------
Drop a yellow disk at column (0-6): 3
| | | | | | | |
| | | | | | | |
| | | | | | | |
| | | | | | | |
| | | |Y| | | |
|R| |R|Y| | | |
----------------------
Drop a red disk at column (0-6): 1
| | | | | | | |
| | | | | | | |
| | | | | | | |
| | | | | | | |
| | | |Y| | | |
|R|R|R|Y| | | |
----------------------
Drop a yellow disk at column (0-6): 3
| | | | | | | |
| | | | | | | |
| | | | | | | |
| | | |Y| | | |
| | | |Y| | | |
|R|R|R|Y| | | |
----------------------
Drop a red disk at column (0-6): 4
| | | | | | | |
| | | | | | | |
| | | | | | | |
| | | |Y| | | |
| | | |Y| | | |
|R|R|R|Y|R| | |
----------------------
Drop a yellow disk at column (0-6): 3
| | | | | | | |
| | | | | | | |
| | | |Y| | | |
| | | |Y| | | |
| | | |Y| | | |
|R|R|R|Y|R| | |
----------------------
The yellow player won

command>
```

*8.23 (中心城市) 给定一组城市, 中心城市是到所有其他城市的总距离最短的城市。编写一个程序, 提示用户输入城市数量和城市位置 (坐标), 并找到中心城市及其与所有其他城市的总距离。设最大城市数为 20。

Sample Run for Exercise08_23.cpp

Enter input data for the program (Sample data provided below. You may modify it.)

```
5
2.5 5 5.1 3 1 9 5.4 54 5.5 2.1
```

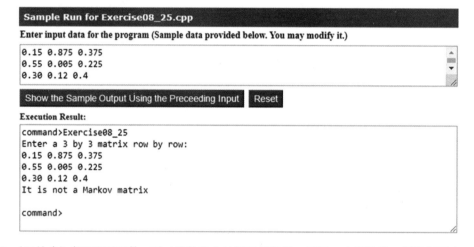

*8.24 (检查数独答案) LiveExample 8.4 通过检查框中的每个数字是否合理来检查答案是否合理。重写程序，检查每一行、每一列和每一个小方框是否都有数字 1 到 9。

*8.25 (马尔可夫矩阵) 一个 $n \times n$ 矩阵，如果每一个元素都是正的，并且每一列中的元素之和为 1，则称为正马尔可夫矩阵。编写以下函数，检查矩阵是否为马尔可夫矩阵：

```cpp
const int SIZE = 3;
bool isMarkovMatrix(const double m[][SIZE]);
```

编写一个测试程序，提示用户输入一个 3×3 的 double 值矩阵，并测试它是否是马尔可夫矩阵。

Sample Run for Exercise08_25.cpp

Enter input data for the program (Sample data provided below. You may modify it.)

```
0.15 0.875 0.375
0.55 0.005 0.225
0.30 0.12 0.4
```

Show the Sample Output Using the Preceeding Input   Reset

Execution Result:

```
command>Exercise08_25
Enter a 3 by 3 matrix row by row:
0.15 0.875 0.375
0.55 0.005 0.225
0.30 0.12 0.4
It is not a Markov matrix

command>
```

*8.26 (行排序) 实现以下函数，对二维数组中的行进行排序。返回一个新数组，原数组不变。

```cpp
const int  SIZE = 3;
void sortRows(const double m[][SIZE], double result[][SIZE]);
```

编写一个测试程序，提示用户输入一个 3×3 的 double 值矩阵，并显示一个新的行排序矩阵。

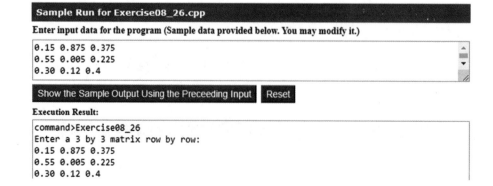

```
Sorted rows are:
0.15 0.375 0.875
0.005 0.225 0.55
0.12 0.3 0.4

command>
```

*8.27 （列排序）实现以下函数，对二维数组中的列进行排序。返回一个新数组，原数组不变。

```
const int SIZE = 3;
void sortColumns(const double m[][SIZE], double result[][SIZE]);
```

编写一个测试程序，提示用户输入一个 3×3 的 double 值矩阵，并显示一个新的列排序矩阵。

Sample Run for Exercise08_27.cpp

Enter input data for the program (Sample data provided below. You may modify it.)

```
0.15 0.875 0.375
0.55 0.005 0.225
```

Show the Sample Output Using the Preceeding Input   Reset

Execution Result:

```
command>Exercise08_27
Enter a 3 by 3 matrix row by row:
0.15 0.875 0.375
0.55 0.005 0.225
0.30 0.12 0.4
Sorted columns are:
0.15 0.005 0.225
0.3 0.12 0.375
0.55 0.875 0.4

command>
```

8.28 （严格相同的数组）如果两个二维数组 m1 和 m2 的对应元素相等，则称它们严格相同。用以下函数头编写一个函数，在 m1 和 m2 严格相同时返回 true：

```
const int SIZE = 3;
bool equals(const int m1[][SIZE], const int m2[][SIZE]);
```

编写一个测试程序，提示用户输入两个 3×3 的整数数组，并显示两者是否严格相同。

Sample Run for Exercise08_28.cpp

Enter input data for the program (Sample data provided below. You may modify it.)

```
51 22 25 6 1 4 24 54 6
51 22 25 6 1 4 24 54 6
```

Show the Sample Output Using the Preceeding Input   Reset

Execution Result:

```
command>Exercise08_28
Enter m1 (a 3 by 3 matrix) row by row:
51 22 25 6 1 4 24 54 6
Enter m2 (a 3 by 3 matrix) row by row:
51 22 25 6 1 4 24 54 6
The two arrays are strictly equal

command>
```

8.29 （相同的数组）如果两个二维数组 m1 和 m2 具有相同的内容，则它们是相同的。用以下函数头编写一个函数，如果 m1 和 m2 相同，则返回 true：

```
const int SIZE = 3;
bool equals(const int m1[][SIZE], const int m2[][SIZE]);
```

编写一个测试程序，提示用户输入两个 3×3 的整数数组，并显示两者是否相同。

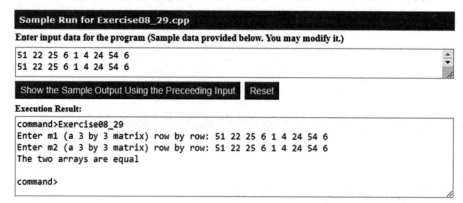

*8.30 （代数：求解线性方程组）编写一个函数，求解以下 2×2 线性方程组：

$$a_{00}x + a_{01}y = b_0 \\ a_{10}x + a_{11}y = b_1, x = \frac{b_0 a_{11} - b_1 a_{01}}{a_{00}a_{11} - a_{01}a_{10}}, y = \frac{b_1 a_{00} - b_0 a_{10}}{a_{00}a_{11} - a_{01}a_{10}}$$

函数头为

```
const intSIZE = 2;
bool linearEquation(const double a[][SIZE], const double b[],
    double result[]);
```

如果 $a_{00}a_{11} - a_{01}a_{10}$ 为 0，则函数返回 false；否则，返回 true。编写一个测试程序，提示用户输入 a_{00}, a_{01}, a_{10}, a_{11}, b_0, b_1，并显示结果。如果 $a_{00}a_{11} - a_{01}a_{10}$ 为 0，则报告"The equation has no solution"。示例运行类似于编程练习 3.3。

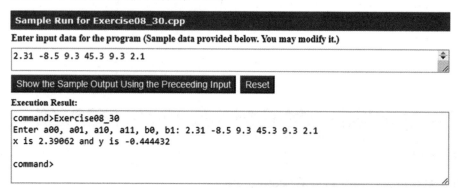

*8.31 （几何：交点）编写一个函数，返回两条线的交点。用编程练习 3.22 中所示的公式可以找到两条线的交点。假设 (x1，y1) 和 (x2，y2) 是线 1 上的两个点，(x3，y3) 和 (x4，y4) 是线 2 上的两个点。如果方程没有解，则这两条线是平行的。函数头为

```
const int SIZE = 2;
bool getIntersectingPoint(const double points[][SIZE],
    double result[]);
```

这些点存储在 4×2 二维数组 points 中，其中 (points[0][0]，points[0][1]) 表示 (x1，y1)。如果两条线不平行，则函数返回交点和 true。编写一个程序，提示用户输入四个点并显示交点。有关示例运行，参见编程练习 3.22。

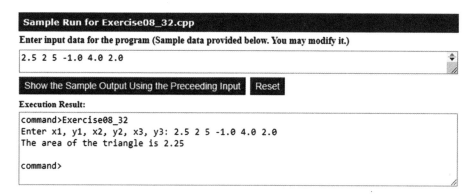

*8.32 (几何：三角形的面积) 编写一个函数，使用以下函数头返回三角形的面积：

```
const int SIZE = 2;
double getTriangleArea(const double points[][SIZE]);
```

这些点存储在 3×2 二维数组 points 中，其中 (points[0][0], points[0][1]) 表示 (x1, y1)。可用编程练习 2.19 中的公式计算三角形面积。如果三个点在同一条线上，则函数返回 0。编写一个程序，提示用户输入三个点，并显示面积。

Sample Run for Exercise08_32.cpp

Enter input data for the program (Sample data provided below. You may modify it.)

2.5 2 5 -1.0 4.0 2.0

Show the Sample Output Using the Preceeding Input   Reset

Execution Result:

command>Exercise08_32
Enter x1, y1, x2, y2, x3, y3: 2.5 2 5 -1.0 4.0 2.0
The area of the triangle is 2.25

command>

*8.33 (几何：多边形子区域) 一个凸的 4 顶点多边形被分成四个三角形，如图 8.9 所示。

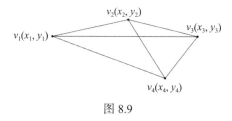

$v_2(x_2, y_2)$
$v_3(x_3, y_3)$
$v_1(x_1, y_1)$
$v_4(x_4, y_4)$

图 8.9

编写一个程序，提示用户输入四个顶点的坐标，并按递增顺序显示四个三角形的面积。

*8.34 (几何：最右的最低点) 在计算几何中，常常需要在一组点中找到最右的最低点。编写以下函数，返回一组点中最右的最低点。

```
const int SIZE = 2;
void getRightmostLowestPoint(const double points[][SIZE],
    int numberOfPoints, double rightMostPoint[]);
```

编写一个测试程序，提示用户输入六个点的坐标，并显示最右的最低点。

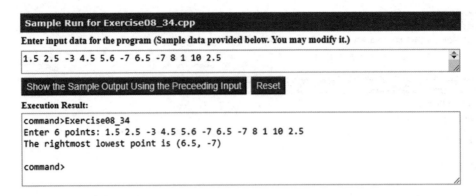

*8.35 （游戏：找到翻转的单元格）假设给你一个 6×6 的矩阵，其中填充了 0 和 1。
所有行和所有列都有偶数个 1。让用户翻转一个单元格（即从 1 翻转到 0 或从 0 翻转到 1），然
后编写一个程序查找哪个单元格被翻转了。程序提示用户输入一个 6×6 数组，其中包含 0 和
1，找到违反奇偶校验（即 1 的个数不是偶数）的第一个行 r 和第一个列 c，翻转的单元格位于
(r, c)。

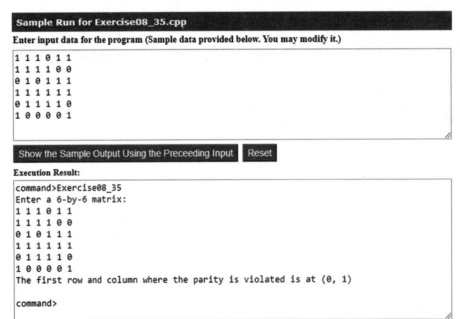

对象和类

学习目标

1. 描述对象和类，并使用类建模对象（9.2 节）。

2. 使用 UML 图形符号描述类和对象（9.2 节）。

3. 演示定义类和创建对象（9.3 节）。

4. 使用构造函数创建对象（9.4 节）。

5. 使用对象成员访问运算符（.）访问数据字段和调用函数（9.5 节）。

6. 将类定义与类实现分开（9.6 节）。

7. 使用 #ifndef 包含保护指令防止头文件被多次包含（9.7 节）。

8. 了解什么是类中的内联函数（9.8 节）。

9. 使用适当的取值（getter）函数和赋值（setter）函数声明私有数据字段，对数据字段进行封装，使类易于维护（9.9 节）。

10. 了解数据字段的作用域（9.10 节）。

11. 应用类抽象开发软件（9.11 节）。

9.1 简介

要点提示：面向对象程序设计使你能够有效地开发大型软件。

学习了前面章节的内容后，我们可以用选择、循环、函数和数组来解决许多程序设计问题。但这些特性不足以开发大型软件系统。本章开始介绍面向对象程序设计，这将使你能够有效地开发大型软件系统。

9.2 为对象定义类

要点提示：类定义对象的属性和行为。

面向对象程序设计（OOP）涉及使用对象进行程序设计。**对象**表示现实世界中可以被清晰识别的实体。例如，一名学生、一张桌子、一个圆圈、一个按钮，甚至一笔贷款都可以被视为对象。对象具有唯一的标识、状态和行为。

- 对象的状态（也称为特性或属性）由具有当前值的**数据字段**表示。例如，一个圆对象有一个数据字段 radius，它表征圆的属性。例如，矩形对象具有数据字段 width 和 height，这是描述矩形特征的属性。

- 对象的行为（也称为其操作）由函数定义。调用对象上的函数就是要求对象执行操作。例如，可以为圆对象定义名为 getArea() 和 getPerimeter() 的函数。圆对象可以调用 getArea() 返回面积，并调用 getPerimeter() 返回周长。还可以定义 setRadius(radius) 函数，圆对象可以调用此函数来更改半径。

相同类型的对象用一个公共类定义。**类**是定义对象的数据字段和函数的模板、蓝图或契约。对象是类的实例。可以创建一个类的许多实例。创建实例称为**实例化**。术语"对象"和"**实例**"通常是可互换的。类和对象之间的关系类似于苹果派食谱和苹果派之间的关系。你可以用一个食谱做任意多个苹果派。图 9.1 显示了一个名为 Circle 的类及其三个对象。

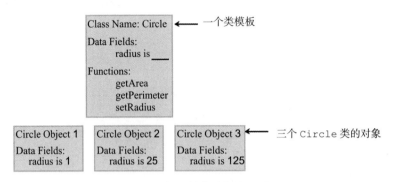

图 9.1　类是创建对象的蓝图

C++ 类使用变量定义数据字段，使用函数定义行为。此外，类提供了一种特殊类型的函数，称为**构造函数**，在创建新对象时调用该函数。构造函数是一种特殊的函数。构造函数可以执行任何操作，但它们是为执行初始化操作而设计的，例如初始化对象的数据字段。图 9.2 显示了 Circle 对象的类的示例。

```
class Circle
{
public:
  /** The radius of this circle */
  double radius;          ←──────────────── 数据字段

  /** Construct a circle object */  ←──────── 构造函数
  Circle()
  {
    radius = 1;
  }

  /** Construct a circle object */
  Circle(double newRadius)
  {
    radius = newRadius;
  }

  /** Return the area of this circle */  ←──── 函数
  double getArea()
  {
    return radius * radius * 3.14;
  }

  /** Return the perimeter of this circle */
  double getPerimeter()
  {
    return 2 * radius * 3.14;
  }

  /** Set a new radius for this circle */
  void setRadius(double newRadius)
  {
    radius = newRadius;
  }
};
```

可以通过使用构造函数声明对象来创建对象。Circle 类有两个构造函数。第一个构造函数没有参数。无参数构造函数创建半径为 1 的 Circle 对象。第二个构造函数创建一个具有指定半径的 Circle 对象。参阅以下示例：

```
// 使用无参数构造函数创建一个名为 c 的对象。
Circle c;

// 创建一个具有指定半径的名为 c 的对象
Circle c(5.5);
```

一旦声明了 Circle 对象（比如 c），就可以调用对象上的函数。例如，c.getArea() 返回对象 c 的面积，c.getPerimeter() 返回 c 的周长，而 c.setRadius(5.4) 为对象 c 设置新的半径 5.4。

下一节中的示例将所有这些特征放在一个完整的程序中

图 9.2　类是定义相同类型对象的蓝图

图 9.1 中的类和对象的图示可以使用 UML（统一建模语言）符号进行标准化，如图 9.3 所示。这被称为 **UML 类图**，或简称类图。数据字段表示为

```
dataFieldName: dataFieldType
```

构造函数表示为

```
ClassName (parameterName:parameterType)
```

函数表示为

```
functionName (parameterName:parameterType):returnType
```

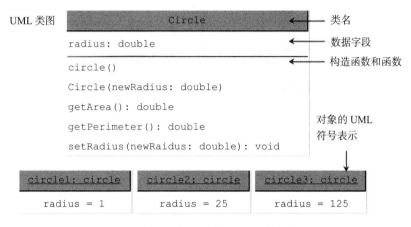

图 9.3   类和对象可以使用 UML 符号表示

9.3   示例：定义类和创建对象

要点提示：类是对象的定义，对象是从类创建的。

LiveExample 9.1 是一个演示类和对象的程序。它构造半径为 1.0、25 和 125 的三个圆对象，并显示每个对象的半径和面积。将第二个对象的半径更改为 100，并显示其新半径和面积。

CodeAnimation 9.1 的互动程序请访问 https://liangcpp.pearsoncmg.com/codeanimation5ecpp/TestCircle.html，LiveExample 9.1 的互动程序请访问 https://liangcpp.pearsoncmg.com/LiveRunCpp5e/faces/LiveExample.xhtml?header=off&programName=TestCircle&programHeight=1030&resultHeight=220。

LiveExample 9.1   TestCircle.cpp

Source Code Editor:

```
1  #include <iostream>
2  using namespace std;
3
4  class Circle
5  {
6  public:
7    // The radius of this circle
8    double radius;
```

```
 9
10      // Construct a default circle object
11      Circle()
12 ▾    {
13        radius = 1;
14      }
15
16      // Construct a circle object
17      Circle(double newRadius)
18 ▾    {
19        radius = newRadius;
20      }
21
22      // Return the area of this circle
23      double getArea()
24 ▾    {
25        return radius * radius * 3.14159;
26      }
27
28      // Return the perimeter of this circle
29      double getPermeter()
30 ▾    {
31        return 2 * radius * 3.14159;
32      }
33
34      // Set new radius for this circle
35      void setRadius(double newRadius)
36 ▾    {
37        radius = newRadius;
38      }
39    }; // Must place a semicolon here
40
41    int main()
42 ▾  {
43      Circle circle1(1.0);
44      Circle circle2(25);                 // Create circle2 with radius 25
45      Circle circle3(125);
46
47      cout << "The area of the circle of radius "
48        << circle1.radius << " is " << circle1.getArea() << endl;
49      cout << "The area of the circle of radius "
50        << circle2.radius << " is " << circle2.getArea() << endl;
51      cout << "The area of the circle of radius "
52        << circle3.radius << " is " << circle3.getArea() << endl;
53
54      // Modify circle radius
55      circle2.radius = 100;
56      cout << "The area of the circle of radius "
57        << circle2.radius << " is " << circle2.getArea() << endl;
58
59      return 0;
60    }
```

| Automatic Check | Compile/Run | Reset | Answer | Choose a Compiler: VC++ ⌄ |

Execution Result:

```
command>cl TestCircle.cpp
Microsoft C++ Compiler 2019
```

```
Compiled successful (cl is the VC++ compile/link command)

command>TestCircle
The area of the circle of radius 1 is 3.14159
The area of the circle of radius 25 is 1963.49
The area of the circle of radius 125 is 49087.3
The area of the circle of radius 100 is 31415.9

command>
```

类在第 4 ～ 39 行中定义。不要忘记第 39 行需要分号（;）。

第 6 行中的 public 关键字表示可以通过类的对象访问所有数据字段、构造函数和函数。如果不使用 public 关键字，则可见性默认为私有。9.9 节将介绍私有可见性。

main 函数创建名为 circle1、circle2 和 circle3 的三个对象，半径分别为 1.0、25 和 125（第 43 ～ 45 行）。这些对象具有不同的半径，但函数相同。因此，可以使用 getArea() 函数计算它们各自的面积。可以分别使用 circle1.radius、circle2.radius 和 circle3.radius 通过对象访问数据字段。可以分别使用 circle1.getArea()、circle2.getArea() 和 circle3.getArea() 调用函数。

这三个对象是独立的。第 55 行中 circle2 的半径更改为 100。对象的新半径和面积在第 56 ～ 57 行中显示。

我们考虑关于电视机的另一个示例。每台电视机都是一个具有状态（当前频道、当前音量水平、电源打开或关闭）和行为（更改频道、调整音量、打开 / 关闭）的对象。可以用一个类建模电视机。该类的 UML 图如图 9.4 所示。

符号 + 表示 public 修饰符

TV
+channel: int
+volumeLevel: int
+on: bool
+TV()
+turnOn(): void
+turnOff(): void
+setChannel(newChannel: int):void
+setVolume(newVolumeLevel: int): void
+channelUp(): void
+channelDown():void
+volumeUp(): void
+volumeDown(): void

图 9.4 TV 类对电视机建模

LiveExample 9.2 给出了一个定义 TV 类并使用 TV 类创建两个对象的程序。

LiveExample 9.2 的互动程序请访问 https://liangcpp.pearsoncmg.com/LiveRunCpp5e/faces/LiveExample.xhtml?header=off&programName=TV&programHeight=1435&resultHeight=180。

LiveExample 9.2   TV.cpp

Source Code Editor:

```
 1  #include <iostream>
 2  using namespace std;
 3
 4  class TV
 5  {
 6  public:
 7    int channel;
 8    int volumeLevel; // Default volume level is 1
 9    bool on; // By default TV is off
10
11    TV()
12    {
13      channel = 1; // Default channel is 1
14      volumeLevel = 1; // Default volume level is 1
15      on = false; // By default TV is off
16    }
17
18    void turnOn()
19    {
20      on = true;
21    }
22
23    void turnOff()
24    {
25      on = false;
26    }
27
28    void setChannel(int newChannel)
29    {
30      if (on && newChannel >= 1 && newChannel <= 120)
31        channel = newChannel;
32    }
33
34    void setVolume(int newVolumeLevel)
35    {
36      if (on && newVolumeLevel >= 1 && newVolumeLevel <= 7)
37        volumeLevel = newVolumeLevel;
38    }
39
40    void channelUp()
41    {
42      if (on && channel < 120 )
43        channel++;
44    }
45
46    void channelDown()
47    {
48      if (on && channel > 1)
49        channel--;
50    }
51
52    void volumeUp()
53    {
54      if (on && volumeLevel < 7)
55        volumeLevel++;
56    }
```

```
57
58    void volumeDown()
59 ▾  {
60      if (on && volumeLevel > 1)
61        volumeLevel--;
62    }
63  };
64
65  int main()
66 ▾ {
67    TV tv1;
68    tv1.turnOn(); // Turn tv1 on
69    tv1.setChannel(30);
70    tv1.setVolume(3);
71
72    TV tv2;
73    tv2.turnOn();
74    tv2.channelUp();
75    tv2.channelUp();
76    tv2.volumeUp(); // Increase tv2 volume up 1 level
77
78    cout << "tv1's channel is " << tv1.channel
79      << " and volume level is " << tv1.volumeLevel << endl;
80    cout << "tv2's channel is " << tv2.channel
81      << " and volume level is " << tv2.volumeLevel << endl;
82
83    return 0;
84  }
```

Automatic Check | Compile/Run | Reset | Answer   Choose a Compiler: VC++ ▾

Execution Result:

```
command>cl TV.cpp
Microsoft C++ Compiler 2019
Compiled successful (cl is the VC++ compile/link command)

command>TV
tv1's channel is 30 and volume level is 3
tv2's channel is 3 and volume level is 2

command>
```

注意，如果电视机未打开，频道和音量水平不会更改。在更改频道或音量水平之前，将检查当前值以确保频道和音量水平在正确范围内。

程序在第 67 行和第 72 行创建两个对象，并调用对象上的函数来执行设置频道和音量水平以及增加频道和音量的操作。程序在第 78 ～ 81 行显示对象的状态。函数用如 tv1.turnOn() 的语法调用（第 68 行）。数据字段用如 tv1.channel 的语法访问（第 78 行）。

这些示例让你大致了解了类和对象。你可能对构造函数和对象、访问数据字段和调用对象的函数有很多问题。以下各节将详细讨论这些问题。

9.4 构造函数

要点提示：调用构造函数来创建对象。

构造函数是一种特殊的函数，有三个特点：

- 构造函数必须与类本身同名。
- 构造函数没有返回类型，甚至没有 `void`。
- 创建对象时调用构造函数。构造函数扮演初始化对象的角色。

构造函数与定义类的名称完全相同。与常规函数一样，构造函数可以被重载（即具有相同名称但不同签名的多个构造函数），从而很容易构造具有不同数据值集的对象。

将 `void` 关键字放在构造函数前面是一个常见的错误。例如

```
void Circle()
{
}
```

大多数 C++ 编译器会报告此类错误，但有些编译器会将其视为常规函数，而不是构造函数。

构造函数用于初始化数据字段。数据字段 `radius` 没有初始值，因此必须在构造函数中进行初始化（LiveExample 9.1 中的第 13 行和第 19 行）。在 C++11 中，还可以在声明成员数据字段时对其进行初始化。在 C++11 中这被称为*成员初始值设定*。例如，在 C++11 中将 LiveExample 9.1 中的第 8 行替换为

```
double radius = 5; // Initialize radius
```

类通常提供不带参数的构造函数（例如，`Circle()`）。这样的构造函数称为**无参数构造函数**。

类可以在没有构造函数的情况下被定义。在这种情况下，在类中隐式定义了一个具有空函数体的无参数构造函数。它被称为**默认构造函数**，仅当在类中未显式定义构造函数时才会自动提供。

9.5   构造和使用对象

要点提示：*可以通过点运算符 (.) 用对象的名称访问对象的数据和函数。*

创建对象时调用构造函数。用无参数构造函数创建对象的语法为

```
ClassName objectName;
```

例如，下面的声明通过调用 `Circle` 类的无参数构造函数创建名为 `circle1` 的对象。

```
Circle circle1;
```

使用带参数的构造函数创建对象的语法为

```
ClassName objectName(arguments);
```

例如，下面的声明通过调用 `Circle` 类的构造函数创建指定半径为 5.5 的名为 `circle2` 的对象。

```
Circle circle2(5.5);
```

在 OOP 术语中，对象的成员是指其数据字段和函数。新创建的对象在内存中分配。创建对象后，可以使用**点运算符 (.)**（也称为**对象成员访问运算符**）访问其数据和调用其函数：

- `objectName.dataField` 引用对象中的数据字段。

- objectName.function(arguments) 调用对象的函数。

例如，circle1.radius 引用 circle1 中的半径，而 circle1.getArea() 调用 circle1 的 getArea 函数。函数调用为对象上的操作。

数据字段 radius 被称为**实例成员变量**或简称为**实例变量**，因为它依赖于特定的实例。出于同样的原因，函数 getArea 被称为**实例成员函数**或**实例函数**，因为只能在特定实例上调用它。调用实例函数的对象称为**调用对象**。

注意： 定义自定义类时，将类名中每个单词的第一个字母大写，例如类名 Circle、GeometricObject 和 Desk。C++ 库中的类名以小写形式命名。这些对象的命名类似于变量。

关于类和对象有以下几点值得注意：

- 可以用基元数据类型定义变量。也可以用类名声明对象名。从这个意义上讲，类也是一种数据类型。
- 在 C++ 中，可以用赋值运算符（=）将内容从一个对象复制到另一个对象。默认情况下，一个对象的每个数据字段都会复制到另一个对象中的对应字段。例如

```
circle2 = circle1;
```

将 circle1 中的 radius 复制到 circle2。复制后，circle1 和 circle2 仍然是两个不同的对象，但 radius 相同。

- 对象名类似于数组名。一旦声明了对象名，它就表示一个对象。不能将其重新指定来表示另一个对象。从这个意义上讲，对象名是一个常量，尽管对象的内容可能会改变。成员级复制可以更改对象的内容，但不能更改其名称。
- 对象包含数据并可以调用函数。这可能会让你认为一个对象相当大，但事实并非如此。数据在物理上存储在对象中，但函数不是。由于函数由同一类的所有对象共享，编译器只创建一个副本用于共享。你可以用 sizeof 函数找出对象的实际大小。例如，下面的代码显示了对象 circle1 和 circle2 的大小。它们的大小是 8，因为数据字段 radius 是 double 型，需要 8 个字节。

```
Circle circle1;
Circle circle2(5.0);
cout << sizeof(circle1) << endl;
cout << sizeof(circle2) << endl;
```

通常创建命名对象，然后通过其名称访问其成员。有时，你会创建一个对象且就使用一次。在这种情况下，不必命名它。这样的对象称为**匿名对象**。

用无参数构造函数创建匿名对象的语法为

```
ClassName()
```

用带参数的构造函数创建匿名对象的语法为

```
ClassName(arguments)
```

例如，用无参数构造函数创建 Circle 对象，并将其内容复制到 circle1：

```
circle1 = Circle();
```

创建 radius 为 5 的 Circle 对象，并将其内容复制到 circle1：

```
circle1 = Circle(5);
```

例如，下面的代码创建 Circle 对象并调用其 getArea() 函数。

```
cout << "Area is" << Circle().getArea() << endl;
cout << "Area is" << Circle(5).getArea() << endl;
```

正如在这些示例中看到的那样，如果之后不引用对象则可以创建匿名对象。

警告：注意，在 C++ 中，用无参数构造函数创建匿名对象时，必须在构造函数名称后面添加括号（例如，Circle()）。用无参数构造函数创建命名对象时，不能在构造函数名称之后使用括号（例如使用 Circle circle1 而不是 Circle circle1()）。这是必需的语法，你只需接受即可。

9.6 将类定义与实现分离

要点提示：将类的定义与类的实现分离使类易于维护。

C++ 支持将类的定义与其实现分开。类定义描述了类的契约，类的实现则实现了契约。类定义只列出了所有数据字段、构造函数原型和函数原型。类的实现则实现构造函数和函数。类定义和实现可以在两个单独的文件中。两个文件应具有相同的名称，但扩展名不同。类定义文件的扩展名为 .h（h 表示头文件），类实现文件的扩展名为 .cpp。

LiveExample 9.3 和 LiveExample 9.4 给出了 Circle 类的定义和实现。

LiveExample 9.3 的互动程序请访问 https://liangcpp.pearsoncmg.com/LiveRunCpp5e/faces/LiveExample.xhtml?header=off&programName=Circle&fileType=.h&programHeight=290&resultVisible=false。

LiveExample 9.3   Circle.h

Source Code Editor:

```
 1  class Circle
 2  {
 3  public:
 4    // The radius of this circle
 5    double radius;
 6
 7    // Construct a default circle object
 8    Circle();
 9
10    // Construct a circle object
11    Circle(double);
12
13    // Return the area of this circle
14    double getArea();
15  };
```

Answer   Reset

警告：在类定义的末尾省略分号（;）是一个常见的错误。

LiveExample 9.4 的互动程序请访问 https://liangcpp.pearsoncmg.com/LiveRunCpp5e/faces/LiveExample.xhtml?header=off&programName=Circle&programHeight=350&resultVisible=false。

LiveExample 9.4　Circle.cpp

Source Code Editor:

```
 1  #include "Circle.h"
 2
 3  // Construct a default circle object
 4  Circle::Circle( )
 5▾ {
 6    radius = 1;
 7  }
 8
 9  // Construct a circle object
10  Circle::Circle(double newRadius)
11▾ {
12    radius = newRadius;
13  }
14
15  // Return the area of this circle
16  double Circle::getArea()
17▾ {
18    return radius * radius * 3.14159;
19  }
```

Answer　Reset

符号 :: 称为**二元作用域解析运算符**，指定类中类成员的作用域。

这里，Circle 类中每个构造函数和函数前面的 Circle:: 告诉编译器这些构造函数和函数是在 Circle 类中定义的。

LiveExample 9.5 是一个使用 Circle 类的程序。这种使用类的程序通常被称为类的**客户**。

LiveExample 9.5 的互动程序请访问 https://liangcpp.pearsoncmg.com/LiveRunCpp5e/faces/LiveExample.xhtml?header=off&programName=TestCircleWithHeader&programHeight=370&resultHeight=190。

LiveExample 9.5　TestCircleWithHeader.cpp

Source Code Editor:

```
 1  #include <iostream>
 2  #include "Circle.h"
 3  using namespace std;
 4
 5  int main()
 6▾ {
 7    Circle circle1;
 8    Circle circle2(5.0);
 9
10    cout << "The area of the circle of radius "
11      << circle1.radius << " is " << circle1.getArea() << endl;
12    cout << "The area of the circle of radius "
13      << circle2.radius << " is " << circle2.getArea() << endl;
14
15    // Modify circle radius
16    circle2.radius = 100;
17    cout << "The area of the circle of radius "
18      << circle2.radius << " is " << circle2.getArea() << endl;
19
```

```
20    return 0;
21  }
```

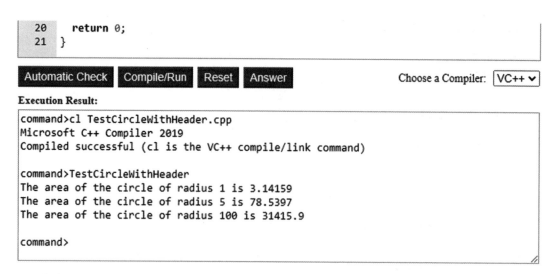

将类的定义与实现分离至少有两个好处。

- 在定义中隐藏了实现。可以随意更改实现。只要定义没有更改，使用该类的客户程序就不需要更改。
- 作为软件供应商，只需向客户提供头文件和类对象代码，而不必透露实现类的源代码。这保护了软件供应商的知识产权。

注意： 要从命令行编译主程序，需要在命令中添加其所有支持文件。例如，用 GNU C++ 编译器编译 TestCircleWithHeader.cpp，命令是

```
g++ Circle.h Circle.cpp TestCircleWithHeader.cpp -o Main
```

注意： 如果主程序使用其他程序，所有这些程序源文件都必须存在于 IDE 的项目面板中。否则，可能会出现链接错误。例如，运行 TestCircleWithHeader.cpp，需要把 TestCircleWithHeader.cpp、Circle.cpp、和 Circle.h 放置在 Visual C++ 的项目面板中，如图 9.5 所示。

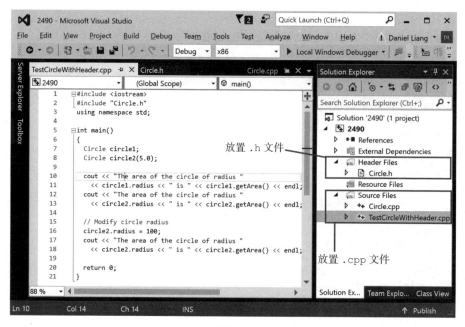

图 9.5

9.7 防止多重包含

要点提示：包含保护指令可以防止头文件被多次包含。

在程序中多次无意地包含相同的头文件是一个常见的错误。假设 Head.h 包含 Circle.h，而 TestHead.cpp 包含 Head.h 和 Circle.h，如 LiveExample 9.6 和 LiveExample 9.7 所示。

LiveExample 9.6 的互动程序请访问 https://liangcpp.pearsoncmg.com/LiveRunCpp5e/faces/LiveExample.xhtml?header=off&programName=Head&fileType=.h&programHeight=60&resultVisible=false，LiveExample 9.7 的互动程序请访问 https://liangcpp.pearsoncmg.com/LiveRunCpp5e/faces/LiveExample.xhtml?header=off&programName=TestHead&fileType=.cpp&programHeight=140&resultVisible=false。

LiveExample 9.6　Head.h

Source Code Editor:

```
1  #include "Circle.h" // Include Circle.h
2  // Other code in Head.h omitted
```

Answer　Reset

LiveExample 9.7　TestHead.cpp

Source Code Editor:

```
1  #include "Circle.h"
2  #include "Head.h" // Include Head.h
3
4  int main()
5  {
6    // Other code in TestHead.cpp omitted
7  }
```

Answer　Reset

如果编译 TestHead.cpp，将会产生一个编译错误，指示 Circle 有多个定义。错在哪儿呢？回想一下，C++ 预处理器在包含头的位置插入头文件的内容。Circle.h 包含在第 1 行中。由于在 TestHead.cpp 中包含 Head.h，预处理器将再次添加 Circle 类的定义，这会导致多个包含错误。

C++ #ifndef 指令和 #define 指令可用于防止头文件被多次包含。这被称为**包含保护**。为了实现这一点，须在 LiveExample 9.8 中添加三行（第 1～2、20 行）。

LiveExample 9.8 的互动程序请访问 https://liangcpp.pearsoncmg.com/LiveRunCpp5e/faces/LiveExample.xhtml?header=off&programName=CircleWithInclusionGuard&fileType=.h&programHeight=360&resultVisible=false。

LiveExample 9.8　CircleWithInclusionGuard.h

Source Code Editor:

```
1  #ifndef CIRCLE_H
2  #define CIRCLE_H
3
```

```
 4   class Circle
 5 ▾ {
 6   public:
 7     // The radius of this circle
 8     double radius;
 9
10     // Construct a default circle object
11     Circle();
12
13     // Construct a circle object
14     Circle(double);
15
16     // Return the area of this circle
17     double getArea();
18   };
19
20   #endif
```

Answer   Reset

回想一下，以井号（#）开头的语句是预处理器指令，由 C++ 预处理器解释。预处理器指令 #ifndef 代表"如果未定义"。第 1 行测试符号 CIRCLE_H 是否已定义。如果没有，则使用 #define 指令定义第 2 行中的符号，并包含头文件的其余部分；否则，将跳过头文件的其余部分。需要用 #endif 指令指示头文件的结尾。

为了避免多次包含错误，用以下模板和命名符号的约定定义一个类：

```
#ifndef ClassName_H
#define ClassName_H

名为 ClassName 的类的头文件在这里声明

#endif
```

如果在 LiveExample 9.6 和 LiveExample 9.7 中用 CircleWithInclusionGuard.h 替换 Circle.h，程序将不会出现多次包含错误。

9.8   类中的内联函数

要点提示：可以将短函数定义为内联函数以提高性能。

6.10 节介绍了如何使用内联函数提高函数效率。当函数在类定义中实现时，它会自动成为内联函数。这也称为**内联定义**。例如，在下面类 A 的定义中，构造函数和函数 f1 是自动内联函数，而函数 f2 不是。

```
class A
{
public:
  A()
  {
    // Do something;
  }
  double f1()
  {
    // Return a number
  }
  double f2();
};
```

还有另一种方法可以定义类的内联函数。可以在类的实现文件中定义内联函数。例如，要将函数 f2 定义为内联函数，需要在函数头的前面加上 inline 关键字，如下所示：

```
// Implement function as inline
inline double A::f2()
{
    // Return a number
}
```

如 6.10 节所述，短函数是内联函数的最佳候选，但长函数不是。

9.9　数据字段封装

要点提示：私有化数据字段可以保护数据并使类易于维护。

LiveExample 9.1 中 Circle 类的数据字段 radius 可以直接修改（例如，circle1.radius=5）。这不是一个好的做法，原因有两个：

- 首先，数据可能被篡改。
- 其次，它使类很难维护，并且容易受 bug 影响。假设在其他程序已经使用该类之后，你想修改 Circle 类以确保 radius 为非负。你不仅要更改 Circle 类，还要更改使用 Circle 类的程序。这是因为客户可能直接修改了 radius（例如，myCircle.radius=-5）。

为了防止直接修改属性，应该用 private 关键字将数据字段声明为私有。这称为**数据字段封装**。Circle 类将 radius 数据字段设置为该类的私有字段，可以如下定义：

```
class Circle
{
public:
    Circle();
    Circle(double);
    double getArea();
private:
    double radius;
};
```

私有数据字段不能被定义该私有字段的类的外部对象通过直接引用来访问。但客户常常需要检索或修改数据字段。要使私有数据字段可访问，需要提供取值（getter）函数返回字段的值。要更新私有数据字段，需要提供赋值（setter）函数来设置新值。取值函数也被称为**访问器**，赋值函数被称为**增变器**。

取值函数具有以下签名：

```
returnType getPropertyName()
```

如果 returnType 为 bool，按照惯例，取值函数应如下定义：

```
bool isPropertyName()
```

赋值函数具有以下签名：

```
void setPropertyName(dataType propertyValue)
```

我们创建一个带有私有数据字段 radius 及其关联的访问器和增变器的新 Circle 类。

类图如图 9.6 所示。新的 Circle 类在 LiveExample 9.9 中定义。

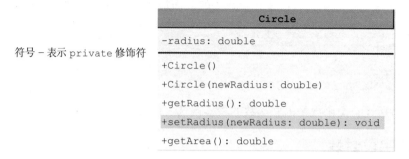

符号 – 表示 private 修饰符

图 9.6　Circle 类封装了 Circle 属性，并提供取值 / 赋值函数及其他函数

LiveExample 9.9 的 互 动 程 序 请 访 问 https://liangcpp.pearsoncmg.com/LiveRunCpp5e/faces/LiveExample.xhtml?header=off&programName=CircleWithPrivateDataFields&fileType=.h&programHeight=310&resultVisible=false。

LiveExample 9.9　CircleWithPrivateDataFields.h

Source Code Editor:

```
1   #ifndef CIRCLE_H
2   #define CIRCLE_H
3
4   class Circle
5   {
6   public:
7     Circle();
8     Circle(double);
9     double getArea();
10    double getRadius();
11    void setRadius(double);
12
13  private:
14    double radius;
15  };
16
17  #endif
```

`Answer`　`Reset`

LiveExample 9.10 实现了在 LiveExample 9.9 的头文件中指定的类契约。

LiveExample 9.10 的 互 动 程 序 请 访 问 https://liangcpp.pearsoncmg.com/LiveRunCpp5e/faces/LiveExample.xhtml?header=off&programName=CircleWithPrivateDataFields&fileType=.cpp&programHeight=550&resultVisible=false。

LiveExample 9.10　CircleWithPrivateDataFields.cpp

Source Code Editor:

```
1   #include "CircleWithPrivateDataFields.h"
2
3   // Construct a default circle object
4   Circle::Circle()
5   {
6     radius = 1;
```

```
 7    }
 8
 9    // Construct a circle object
10    Circle::Circle(double newRadius)
11 ▾  {
12       radius = newRadius;
13    }
14
15    // Return the area of this circle
16    double Circle::getArea()
17 ▾  {
18       return radius * radius * 3.14159;
19    }
20
21    // Return the radius of this circle
22    double Circle::getRadius()
23 ▾  {
24       return radius;
25    }
26
27    // Set a new radius
28    void Circle::setRadius(double newRadius)
29 ▾  {
30       radius = (newRadius >= 0) ? newRadius : 0;
31    }
```

`Answer` `Reset`

getRadius() 函数（第 22 ～ 25 行）返回半径，setRadius(newRadius) 函数（第 28 ～ 31 行）为对象设置新半径。如果新半径为负，则将 0 设置为对象中的半径。由于这些函数是读取和修改半径的唯一方法，因此可以完全控制如何访问 radius 属性。如果必须更改函数的实现，则无须更改客户程序。这使得类易于维护。

LiveExample 9.11 是一个客户程序，它用 Circle 类创建 Circle 对象，并用 setRadius 函数修改半径。

LiveExample 9.11 的互动程序请访问 https://liangcpp.pearsoncmg.com/LiveRunCpp5e/faces/LiveExample.xhtml?header=off&programName=TestCircleWithPrivateDataFields&fileType=.cpp&programHeight=380&resultHeight=200。

LiveExample 9.11　TestCircleWithPrivateDataFields.cpp

Source Code Editor:

```
 1  #include <iostream>
 2  #include "CircleWithPrivateDataFields.h"
 3  using namespace std;
 4
 5  int main()
 6 ▾ {
 7    Circle circle1;
 8    Circle circle2(5.0);
 9
10    cout << "The area of the circle of radius "
```

```
11        << circle1.getRadius() << " is " << circle1.getArea() << endl;
12      cout << "The area of the circle of radius "
13        << circle2.getRadius() << " is " << circle2.getArea() << endl;
14
15      // Modify circle radius
16      circle2.setRadius(100);
17      cout << "The area of the circle of radius "
18        << circle2.getRadius() << " is " << circle2.getArea() << endl;
19
20      return 0;
21  }
```

Automatic Check　　Compile/Run　　Reset　　Answer　　　　　　　　Choose a Compiler: VC++ ∨

Execution Result:

```
command>cl TestCircleWithPrivateDataFields.cpp
Microsoft C++ Compiler 2019
Compiled successful (cl is the VC++ compile/link command)

command>TestCircleWithPrivateDataFields
The area of the circle of radius 1 is 3.14159
The area of the circle of radius 5 is 78.5397
The area of the circle of radius 100 is 31415.9

command>
```

数据字段 radius 被声明为私有。只能在其定义类内访问私有数据。不能在客户程序中使用 circle1.radius。如果试图从客户程序访问私有数据，则会发生编译错误。

提示：*为了防止数据被篡改，并使类易于维护，本书中的数据字段都是私有的。*

9.10　变量作用域

要点提示：*数据字段的作用域是整个类，不论数据字段在哪里声明。*

第 6 章讨论了全局变量、局部变量和静态局部变量的作用域。全局变量在所有函数外部声明，并且可供其作用域内的所有函数访问。全局变量的作用域从声明开始，一直到程序结束。局部变量在函数内部定义。局部变量的作用域从声明开始，一直到包含该变量的块的末尾。静态局部变量永久存储在程序中，以便在下一次调用函数时使用。

数据字段被声明为变量，类中的所有构造函数和函数都可以访问。数据字段和函数在类中可以按任意顺序排列。例如，以下所有声明都是相同的：

```
class Circle
{
public:
  Circle();
  Circle(double);
  double getArea();
  double getRadius();
  void setRadius(double);

private:
  double radius;
};
```

```
class Circle
{
public:
  Circle();
  Circle(double);

private:
  double radius;

public:
  double getArea();
  double getRadius();
  void setRadius(double);
};
```

```
class Circle
{
private:
  double radius;

public:
  double getArea();
  double getRadius();
  void setRadius(double);

public:
  Circle();
  Circle(double);
};
```

　　　　　　(a)　　　　　　　　　　　　(b)　　　　　　　　　　　　(c)

提示：尽管类成员可以按任意顺序排列，但 C++ 常见风格是先放置公共成员，然后放置私有成员。

本节讨论类上下文中所有变量的作用域规则。只能为数据字段声明一次变量，但可以在不同的函数中多次声明相同的变量名。

局部变量在函数内部局部声明和使用。如果局部变量与数据字段具有相同的名称，则局部变量优先，相同名称的数据字段被覆盖。例如，在 LiveExample 9.12 的程序中，定义了一个数据字段 x 和一个函数中的局部变量 x。

LiveExample 9.12 的互动程序请访问 https://liangcpp.pearsoncmg.com/LiveRunCpp5e/faces/LiveExample.xhtml?header=off&programName=ShadowDataField&fileType=.cpp&programHeight=530&resultHeight=180。

LiveExample 9.12　ShadowDataField.cpp

Source Code Editor:

```
1  #include <iostream>
2  using namespace std;
3
4  class Foo
5  {
6  public:
7    int x; // Data field
8    int y; // Data field
9
10   Foo()
11   {
12     x = 10;
13     y = 10;
14   }
15
16   void p()
17   {
18     int x = 20; // Local variable
19     cout << "x is " << x << endl;
20     cout << "y is " << y << endl;
21   }
22 };
23
24 int main()
25 {
26   Foo foo;
27   foo.p();
28
29   return 0;
30 }
```

Automatic Check　Compile/Run　Reset　　　　　Choose a Compiler: VC++ ∨

Execution Result:

```
command>cl ShadowDataField.cpp
Microsoft C++ Compiler 2019
Compiled successful (cl is the VC++ compile/link command)
```

```
command>ShadowDataField
x is 20
y is 10

command>
```

为什么打印输出的 x 为 20，y 为 10？原因如下：

- 在 Foo 类中 x 被声明为数据字段，但在函数 p() 中 x 也被定义为初始值是 20 的局部变量。后一个 x 在第 19 行发送给控制台来显示。
- y 被声明为数据字段，因此可以在函数 p() 中访问。

提示：正如示例所示，这很容易出错。为避免混淆，除函数参数之外，在类中不要把相同的变量名声明两次。

9.11 类抽象和封装

要点提示：类抽象是类实现与类使用的分离。实现的细节被封装并对用户隐藏，这被称为类封装。

在第 6 章中，我们学习了函数抽象，并将其用于逐步程序开发。C++ 提供了许多抽象层次。**类抽象**是类实现与类使用的分离。类的创建者提供类的描述，并让用户知道如何使用它。可从类外部访问的构造函数及其他函数的集合，以及对这些成员预期行为的描述，这些共同构成了类契约。如图 9.7 所示，类的用户不需要知道该类是如何实现的。实现的细节被封装并对用户隐藏，这被称为**类封装**。例如，你可以创建一个 Circle 对象并得到圆的面积，而不知道该面积是如何计算的。

图 9.7 类抽象将类实现与类的使用分离

类抽象和封装是一枚硬币的两面。许多真实的例子可以说明类抽象的概念。例如，考虑构建一个计算机系统。个人计算机由许多组件组成，如 CPU、内存、硬盘、主板、风扇等。每个组件都可以被视为具有属性和函数的对象。要使组件协同工作，只需知道每个组件是如何使用的，以及它如何与其他组件交互。你不需要知道它内部是如何工作的。内部实现被封装并对你隐藏。你可以在不知道组件是如何实现的情况下构建计算机。

计算机系统的类比恰当地反映了面向对象的方法。每个组件都可以被视为该组件的类的对象。例如，可能有一个类，它为计算机中使用的各种风扇建模，具有风扇大小和速度等属性，启动、停止等函数。特定风扇是具有特定属性值的该类的实例。

另一个例子是贷款。可以将特定贷款视为 Loan 类的对象。利率、贷款金额和贷款期限是其数据属性，计算每月还款金额和总还款金额是其函数。当你购买汽车时，通过使用贷款利率、贷款金额和贷款期限实例化类来创建贷款对象。然后，你可以用这些函数来确定贷款的每月还款金额和总还款金额。作为 Loan 类的用户，你不需要知道这些函数是如何实现的。

让我们以 Loan 类为例来演示类的创建和使用。Loan 具有数据字段 annualInterest-

Rate、numberOfYears 和 loanAmount，函数 getAnnualInterestRate、get-NumberOfYears、getLoanAmount、setAnnualInterestRate、setNumberOfYears、setLoanAmount、getMonthlyPayment 和 getTotalPayment，如图 9.8 所示。

Loan
-annualInterestRate: double
-numberOfYears: int
-loanAmount: double
+Loan()
+Loan(rate: double, years: int, amount: double)
+getAnnualInterestRate(): double
+getNumberOfYears(): int
+getLoanAmount(): double
+setAnnualInterestRate(rate: double): void
+setNumberOfYears(years: int): void
+setLoanAmount(amount: double): void
+getMonthlyPayment(): double
+getTotalPayment(): double

图 9.8 Loan 类对贷款的属性和行为进行建模

图 9.8 中的 UML 图充当 Loan 类的契约。在本书中，你将扮演类用户和类开发人员这两种角色。用户可以在不知道该类是如何实现的情况下使用该类。假设 Loan 类是可用的，带有头文件，如 LiveExample 9.13 所示。让我们开始编写一个测试程序，在 LiveExample 9.14 中使用 Loan 类。

LiveExample 9.13 的互动程序请访问 https://liangcpp.pearsoncmg.com/LiveRunCpp5e/faces/LiveExample.xhtml?header=off&programName=Loan&fileType=.h&programHeight=430&resultVisible=false。

LiveExample 9.13 Loan.h

Source Code Editor:

```
 1  #ifndef LOAN_H
 2  #define LOAN_H
 3
 4  class Loan
 5  {
 6  public:
 7    Loan();
 8    Loan(double rate, int years, double amount);
 9    double getAnnualInterestRate();
10    int getNumberOfYears();
11    double getLoanAmount();
12    void setAnnualInterestRate(double rate);
13    void setNumberOfYears(int years);
14    void setLoanAmount(double amount);
15    double getMonthlyPayment();
```

```
16      double getTotalPayment();
17
18  private:
19      double annualInterestRate;
20      int numberOfYears;
21      double loanAmount;
22  };
23
24  #endif
```

`Answer`   `Reset`

LiveExample 9.14 的互动程序请访问 https://liangcpp.pearsoncmg.com/LiveRunCpp5e/ faces/LiveExample.xhtml?header=off&programName=TestLoanClass&fileType=.cpp&program Height=580&resultHeight=230。

LiveExample 9.14   TestLoanClass.cpp

Source Code Editor:

```
1   #include <iostream>
2   #include <iomanip>
3   #include "Loan.h"
4   using namespace std;
5
6   int main()
7   {
8     // Enter annual interest rate
9     cout << "Enter yearly interest rate, for example 8.25: ";
10    double annualInterestRate;
11    cin >> annualInterestRate;
12
13    // Enter number of years
14    cout << "Enter number of years as an integer, for example 5: ";
15    int numberOfYears;
16    cin >> numberOfYears;
17
18    // Enter loan amount
19    cout << "Enter loan amount, for example 120000.95: ";
20    double loanAmount;
21    cin >> loanAmount;
22
23    // Create Loan object
24    Loan loan(annualInterestRate,numberOfYears,loanAmount);
25
26    // Display results
27    cout << fixed << setprecision(2);
28    cout << "The monthly payment is "
29      << loan.getMonthlyPayment() << endl;
30    cout << "The total payment is " << loan.getTotalPayment() << endl;
31
32    return 0;
33  }
```

Enter input data for the program (Sample data provided below. You may modify it.)

```
5.75 15 25000
```

`Automatic Check`　`Compile/Run`　`Reset`　`Answer`　　　　Choose a Compiler: `VC++ ∨`

Execution Result:

```
command>cl TestLoanClass.cpp
Microsoft C++ Compiler 2019
Compiled successful (cl is the VC++ compile/link command)

command>TestLoanClass
Enter yearly interest rate, for example 8.25: 5.75
Enter number of years as an integer, for example 5: 15
Enter loan amount, for example 120000.95: 25000
The monthly payment is 207.60
The total payment is 37368.45                      loan

command>
```

main 函数读取利率、贷款期限（以年为单位）和贷款金额（第 8 ～ 21 行），创建一个 Loan 对象（第 24 行），然后使用 Loan 类中的实例函数获得每月还款金额（第 29 行）和总还款金额（第 30 行）。

Loan 类可以按照 LiveExample 9.15 中的方式实现。

LiveExample 9.15 的互动程序请访问 https://liangcpp.pearsoncmg.com/LiveRunCpp5e/faces/ LiveExample.xhtml?header=off&programName=Loan&fileType=.cpp&programHeight=1030&resultVisible=false。

LiveExample 9.15　Loan.cpp

Source Code Editor:

```cpp
1  #include "Loan.h"
2  #include <cmath>
3  using namespace std;
4
5  Loan::Loan()
6  {
7     annualInterestRate = 9.5;
8     numberOfYears = 30;
9     loanAmount = 100000;
10 }
11
12 Loan::Loan(double rate, int years, double amount)
13 {
14    annualInterestRate = rate;
15    numberOfYears = years;
16    loanAmount = amount;
17 }
18
19 double Loan::getAnnualInterestRate()
20 {
21    return annualInterestRate;
```

```
22    }
23
24    int Loan::getNumberOfYears()
25  ▾ {
26      return numberOfYears;
27    }
28
29    double Loan::getLoanAmount()
30  ▾ {
31      return loanAmount;
32    }
33
34    void Loan::setAnnualInterestRate(double rate)
35  ▾ {
36      annualInterestRate = rate;
37    }
38
39    void Loan::setNumberOfYears(int years)
40  ▾ {
41      numberOfYears = years;
42    }
43
44    void Loan::setLoanAmount(double amount)
45  ▾ {
46      loanAmount = amount;
47    }
48
49    double Loan::getMonthlyPayment()
50  ▾ {
51      double monthlyInterestRate = annualInterestRate / 1200;
52      return loanAmount * monthlyInterestRate / (1 -
53        (pow(1 / (1 + monthlyInterestRate), numberOfYears * 12)));
54    }
55
56    double Loan::getTotalPayment()
57  ▾ {
58      return getMonthlyPayment() * numberOfYears * 12;
59    }
```

`Answer`   `Reset`

从类开发人员的角度来看，类是为许多不同的客户设计的。为了使其能用在广泛的应用程序中，类应该通过构造函数、属性和函数提供多种自定义方式。

Loan 类包含两个构造函数、三个取值函数、三个赋值函数，以及得到每月还款金额和总还款金额的函数。可以使用无参数构造函数或具有年利率、贷款年限和贷款金额三个参数的构造函数来构造 Loan 对象。三个取值函数 getAnnualInterestRate、getNumberOfYears 和 getLoanAmount 返回年利率、贷款年限、贷款金额。

重要的教学提示：Loan 类的 UML 图如图 9.8 所示。尽管学生不知道 Loan 类是如何实现的，但他们应该首先编写一个使用 Loan 类的测试程序。这样做有三个好处：

- 它说明开发类和使用类是两个独立的任务。
- 它使你能够跳过某些类的复杂实现，而不打乱本书的顺序。
- 如果你通过使用它来熟悉该类，那么学习如何实现该类会更容易。

对于从现在开始的所有示例，你可以首先从类创建一个对象，并尝试使用它的函数，然后再关注它的实现。

关键术语

accessor（访问器）

anonymous object（匿名对象）

binary scope resolution operator（二元作用域解析运算符 ::）

calling object（调用对象）

class（类）

class abstraction（类抽象）

class encapsulation（类封装）

client（客户）

constructor（构造函数）

contract（契约）

data field（数据字段）

data field encapsulation（数据字段封装）

default constructor（默认构造函数）

dot operator（点运算符）

inclusion guard（包含保护）

inline definition（内联定义）

instance（实例）

instance function（实例函数）

instance variable（实例变量）

instantiation（实例化）

member function（成员函数）

member access operator（成员访问运算符）

mutator（增变器）

no-arg constructor（无参数构造函数）

object（对象）

object-oriented programming（OOP，面向对象程序设计）

property（属性）

private（私有）

public（公共）

state（状态）

UML class diagram（UML 类图）

章节总结

1. 类是对象的蓝图。
2. 类定义存储对象属性的数据字段，并提供用于创建对象的构造函数和用于操作对象的函数。
3. 构造函数必须与类本身具有相同的名称。
4. 无参数构造函数是没有参数的构造函数。
5. 类也是一种数据类型，可以用它声明和创建对象。
6. 对象是类的实例，可以通过对象的名称用点运算符（.）访问该对象的成员。
7. 对象的状态由具有当前值的数据字段（也称为属性）表示。
8. 对象的行为由一组函数定义。
9. 数据字段没有初始值，它们必须在构造函数中初始化。
10. 通过在头文件中定义类、在单独的文件中实现类，可以将类定义与类实现分离。
11. C++ `#ifndef` 指令（称为包含保护）可用于防止头文件被多次包含。
12. 当函数在类定义内实现时，它会自动成为内联函数。
13. 可见性关键字指定如何访问类、函数和数据。
14. 所有客户都可以访问 `public` 函数或数据。
15. `private` 函数或数据只能在类内部访问。
16. 可以提供取值函数或赋值函数，使客户能够查看或修改数据。

17. 通俗地说，取值函数被称为获取器（或访问器），赋值函数被称为设置器（或增变器）。

18. 取值函数具有签名

```
returnType getPropertyName()
```

19. 如果 `returnType` 为 `bool`，则取值函数应定义为

```
bool isPropertyName().
```

20. 赋值函数具有签名

```
void setPropertyName(dataType propertyValue)
```

编程练习

互动程序请访问 https://liangcpp.pearsoncmg.com/CheckExerciseCpp/faces/CheckExercise5e.xhtml?chapter=9&programName=Exercise09_01。

教学笔记：这些练习实现三个目标：

1. 设计并绘制类的 UML 图；
2. 从 UML 实现类；
3. 使用类开发应用程序。

9.2 ～ 9.11 节

9.1 （Rectangle 类）设计一个名为 Rectangle 的类表示矩形。该类包含：

- 名为 width 和 height 的两个 double 型数据字段，用于指定矩形的宽度和高度。
- 创建 width 为 1、height 为 1 的矩形的无参数构造函数。
- 创建具有指定 width 和 height 的矩形的构造函数。
- 所有数据字段的取值函数和赋值函数。
- 名为 getArea() 的函数返回此矩形的面积。
- 名为 getPerimeter() 的函数返回周长。

绘制该类的 UML 图并实现类。编写一个测试程序，创建两个 Rectangle 对象。将宽度 4 和高度 40 指定给第一个对象，将宽度 3.5 和高度 35.9 指定给第二个对象。按顺序显示每个对象的宽度、高度、面积和周长。

9.2 （Fan 类）设计一个名为 Fan 的类来表示风扇。该类包含：

- 一个名为 speed 的 int 型数据字段，用于指定风扇的速度。风扇有三个速度，用值 1、2 或 3 表示。
- 一个名为 on 的 bool 型数据字段，用于指定风扇是否打开。
- 一个名为 radius 的 double 型数据字段，用于指定风扇的半径。
- 一个无参数构造函数，用于创建 speed 为 1、on 为 false、radius 为 5 的默认风扇。
- 所有数据字段的取值函数和赋值函数。

绘制该类的 UML 图并实现类。编写一个测试程序，创建两个 Fan 对象。第一个对象指定 speed 为 3，radius 为 10，on 为 true。第二个对象指定 speed 为 2，radius 为 5，on 为 false。调用类的访问器函数并显示风扇属性。

9.3 （Account 类）设计一个名为 Account 的类，该类包含：

- 名为 id 的 int 型数据字段（表示账户 ID）。
- 名为 balance 的 double 型数据字段（表示账户余额）。
- 名为 annualInterestRate 的 double 型数据字段，用于存储当前利率。

- 一个无参数构造函数，用于创建 id 为 0、balance 为 0 和 annualInterestRate 为 0 的默认账户。
- id、balance 和 annualInterestRate 的取值函数和赋值函数。
- 名为 getMonthlyInterestRate() 的函数，用于返回月利率。
- 名为 withdraw(amount) 的函数，用于从账户中提取指定的金额。
- 名为 deposit(amount) 的函数，用于将指定金额存入账户。

绘制类的 UML 图并实现它。编写一个测试程序，创建账户 id 为 1122、balance 为 20000、annualInterestRate 为 4.5% 的 Account 对象。使用 withdraw 函数提取 2500 美元，使用 deposit 函数存入 3000 美元，并打印余额和每月利息。

9.4 (MyPoint 类) 设计一个名为 MyPoint 的类来表示具有 x 和 y 坐标的点。该类包含：

- 表示坐标的两个数据字段 x 和 y。
- 创建点 (0, 0) 的无参数构造函数。
- 用指定坐标构造点的构造函数。
- 分别用于数据字段 x 和 y 的两个取值函数。
- 名为 distance 的函数，返回从该点到 MyPoint 类型的另一点的距离。

绘制类的 UML 图并实现它。编写一个测试程序，创建两个点 (0, 0) 和 (10, 30.5)，并显示它们之间的距离。

*9.5 (Time 类) 设计一个名为 Time 的类。该类包含：

- 表示时间的数据字段 hour、minute 和 second。
- 为当前时间创建 Time 对象的无参数构造函数。
- 用指定的从 1970 年 1 月 1 日午夜开始至今所流逝的时间（以秒为单位），构造 Time 对象的构造函数。
- 构造具有指定 hour、minute 和 second 的 Time 对象的构造函数。
- hour、minute 和 second 的三个数据字段的取值函数。
- 名为 setTime(int elapseTime) 的函数，使用所流逝的时间设置对象的新时间。

绘制类的 UML 图并实现它。编写一个测试程序，创建两个 Time 对象，一个使用无参数构造函数，另一个使用 Time(555550)，显示它们的 hour、minute 和 second。

（提示：前两个构造函数将从流逝时间中提取小时、分钟和秒。例如，如果流逝时间为 555550 秒，则 hour 为 10，minute 为 19，second 为 10。对于无参数构造函数，可以使用 time(0) 获得当前时间，如 LiveExample 2.9 所示。）

*9.6 (代数：二次方程) 为二次方程 $ax^2+bx+c=0$ 设计一个名为 QuadraticEquation 的类。该类包含：

- 表示三个系数的数据字段 a、b 和 c。
- 带有 a、b 和 c 三个参数的构造函数。
- 数据字段 a、b 和 c 的三个取值函数。
- 名为 getDiscriminant() 的函数，返回判别式 b^2-4ac。
- 名为 getRoot1() 和 getRoot2() 的函数用于返回方程的两个根：

$$r_1 = \frac{-b+\sqrt{b^2-4ac}}{2a} \text{ 和 } r_2 = \frac{-b-\sqrt{b^2-4ac}}{2a}$$

只有当判别式为非负时，这些函数才有用。如果判别式为负，则这些函数返回 0。

绘制类的 UML 图并实现它。编写一个测试程序，提示用户输入 a、b 和 c 的值，并根据判别式显示结果。如果判别式为正，则显示两个根。如果判别式为 0，则显示一个根。否则，显示 "The equation has no real roots"。

```
Sample Run for Exercise09_06.cpp
Enter input data for the program (Sample data provided below. You may modify it.)

13.5 45.2 12.4

[ Show the Sample Output Using the Preceeding Input ]   [ Reset ]

Execution Result:

command>Exercise09_06
Enter a, b, c: 13.5 45.2 12.4
The roots are -0.291156 and -3.17038

command>
```

*9.7 （秒表）设计一个名为 Stopwatch 的类。该类包含：
- 带有取值函数的私有数据字段 startTime 和 endTime。
- 用当前时间初始化 startTime 的无参数构造函数。
- 名为 start() 的函数，用于将 startTime 重置为当前时间。
- 名为 stop() 的函数，用于将 endTime 设置为当前时间。
- 名为 getElapsedTime() 的函数，以毫秒为单位返回秒表的流逝时间。

绘制类的 UML 图并实现它。编写一个测试程序，测量用选择排序对 100 000 个数字进行排序的执行时间。

*9.8 （Date 类）设计一个名为 Date 的类。该类包含：
- 表示日期的数据字段 year、month 和 day。
- 用当前日期创建 Date 对象的无参数构造函数。
- 用指定的从 1970 年 1 月 1 日午夜 0 点开始至今所流逝的时间（以秒为单位），构造 Date 对象的构造函数。
- 用指定 year、month 和 day 构造 Date 对象的构造函数。
- 数据字段 year、month 和 day 的三个取值函数。
- 名为 setDate(int elapseTime) 的函数，它用流逝时间为对象设置新日期。

绘制类的 UML 图并实现它。编写一个测试程序，创建两个 Date 对象，一个用无参数构造函数，另一个用 Date(555550)，显示它们的 year、month 和 day。

（提示：前两个构造函数将从流逝时间中提取年、月和日。例如，如果流逝时间为 561555550 秒，则 year 为 1987，month 为 10，day 为 17。对于无参数构造函数，可以使用 time(0) 获取当前日期，如 LiveExample 2.9 所示。）

*9.9 （代数：2×2 线性方程组）为 2×2 线性方程组

$$ax + by = e \atop cx + dy = f, \quad x = \frac{ed - bf}{ad - bc}, \quad y = \frac{af - ec}{ad - bc}$$

设计一个名为 LinearEquation 的类，该类包含：
- 私有数据字段 a、b、c、d、e 和 f。
- 以 a、b、c、d、e 和 f 为参数的构造函数。
- a、b、c、d、e 和 f 的六个取值函数。
- 名为 isSolvable() 的函数，如果 $ad - bc$ 不是 0，则返回 true。
- 函数 getX() 和 getY() 返回方程的解。

绘制该类的 UML 图并实现它。编写一个测试程序，提示用户输入 a、b、c、d、e 和 f 并显示结果。如果 $ad - bc$ 为 0，则报告"The equation has no solution"。

```
Sample Run for Exercise09_09.cpp
```
Enter input data for the program (Sample data provided below. You may modify it.)
```
9 4 3 -5 -6 -21
```

Show the Sample Output Using the Preceeding Input   Reset

Execution Result:
```
command>Exercise09_09
Enter a, b, c, d, e, f: 9 4 3 -5 -6 -21
x is -2 and y is 3

command>
```

***9.10 （几何：相交）假设两条线段相交。第一条线段的端点是 (x1, y1) 和 (x2, y2)，第二条线段的端点是 (x3, y3) 和 (x4, y4)。编写一个程序，提示用户输入这四个端点并显示交点。使用编程练习 9.9 中的 LinearEquation 类求交点。

```
Sample Run for Exercise09_10.cpp
```
Enter input data for the program (Sample data provided below. You may modify it.)
```
2.4 5.6 7.3 2.1 -4.5 4.5 -3.4 -9.2
```

Show the Sample Output Using the Preceeding Input   Reset

Execution Result:
```
command>Exercise09_10
Enter the endpoints of the first line segment: 2.4 5.6 7.3 2.1
Enter the endpoints of the second line segment: -4.5 4.5 -3.4 -9.2
The intersecting point is: (-5.0135, 10.8954)

command>
```

**9.11 （EvenNumber 类）定义表示偶数的 EvenNumber 类。该类包含：
- int 类型的数据字段 value，表示存储在对象中的整数值。
- 创建 value 为 0 的 EvenNumber 对象的无参数构造函数。
- 构造有指定 value 的 EvenNumber 对象的构造函数。
- 名为 getValue() 的函数，返回此对象的 int 值。
- 名为 getNext() 的函数，返回一个 EvenNumber 对象，表示此对象中当前偶数之后的下一个偶数。
- 名为 getPrevious() 的函数，返回一个 EvenNumber 对象，表示此对象中当前偶数之前的前一个偶数。
  绘制类的 UML 图并实现它。编写一个测试程序，创建一个 value 为 16 的 EvenNumber 对象，并调用 getNext() 和 getPrevious() 函数获取和显示这些数字。

面向对象思维

学习目标

1. 用 string 类处理字符串（10.2 节）。
2. 开发用对象作为参数的函数（10.3 节）。
3. 在数组中存储和处理对象（10.4 节）。
4. 区分实例变量和静态变量、实例函数和静态函数（10.5 节）。
5. 定义常量函数以防止数据字段被意外修改（10.6 节）。
6. 探讨面向过程范式和面向对象范式之间的差异（10.7 节）。
7. 为体重指数设计类（10.7 节）。
8. 探索类之间的关系（10.8 节）。
9. 为栈设计类（10.9 节）。
10. 用构造函数初始化列表初始化对象（10.10 节）。
11. 按照类设计指南设计类（10.11 节）。

10.1　简介

要点提示：本章的重点是设计类，以及探讨面向过程程序设计和面向对象程序设计之间的区别。

第 9 章介绍了对象和类的重要概念。我们也学习了如何定义类、创建对象和使用对象。本书在讲述面向对象程序设计之前，先教授问题求解和基本程序设计技术。本章将介绍从面向过程程序设计到面向对象程序设计的过渡。你将会看到面向对象程序设计的优势，并学习如何有效地使用它。

本章的重点是设计类。我们将用几个示例说明面向对象方法的优点。第一个示例是 C++ 库中提供的 string 类。其他示例涉及如何设计新类并在应用程序中使用它们。我们还将介绍支持这些示例的一些语言特性。

10.2　string 类

要点提示：string 类在 C++ 中用于定义字符串类型。它包含许多操作字符串的函数。

在 C++ 中有两种处理字符串的方法。一种方法是将它们视为以空终止符（'\0'）结尾的字符数组，如 7.11 节所述。这些字符串称为 C 字符串。空终止符表示字符串的结束，它对于 C 字符串函数的正常工作非常重要。另一种方法是用 string 类处理字符串。虽然 C 字符串函数也可以用来操作和处理字符串，但使用 string 类更容易。处理 C 字符串需要程序员知道字符是如何存储在数组中的，而 string 类对程序员隐藏了低级存储过程，使其无须了解实现细节。

4.8 节简要介绍了字符串类型。我们学习了如何使用 at(index) 函数和下标运算符 []

检索字符串字符，并使用 `size()` 和 `length()` 函数返回字符串中的字符数。本节将对如何使用 `string` 对象进行更详细的讨论。

10.2.1 构造字符串

用如下语法可以创建一个字符串：

```
string s = "Welcome to C++";
```

或者，也可以使用另一种语法：

```
string s("Welcome to C++");
```

这两种语法是等价的。当然，你也可以用 `string` 的无参数构造函数创建空字符串。例如，以下语句创建了一个空字符串：

```
string s;
```

还可以用 `string` 的构造函数从 C 字符串创建一个字符串，如以下代码所示：

```
char s1[] = "Good morning";
string s(s1);
```

这里 `s1` 是 C 字符串，`s` 是 `string` 对象。

10.2.2 追加字符串

可以用如图 10.1 所示的几个重载函数将新内容追加到字符串后。

string
+append(s: string): string
+append(s: string, index: int, n: int):string
+append(s: string, n: int): string
+append(n: int, ch: char):string

图 10.1 string 类提供了追加字符串的函数

例如：

```
string s1("Welcome");
s1.append(" to C++"); // Appends " to C++" to s1
cout << s1 << endl; // s1 now becomes Welcome to C++
string s2("Welcome");
s2.append(" to C and C++", 0, 5); // Appends " to C" to s2
cout << s2 << endl; // s2 now becomes Welcome to C
string s3("Welcome");
s3.append(" to C and C++", 5); // Appends " to C" to s3
cout << s3 << endl; // s3 now becomes Welcome to C
string s4("Welcome");
s4.append(4, 'G'); // Appends "GGGG" to s4
cout << s4 << endl; // s4 now becomes WelcomeGGGG
```

10.2.3 字符串赋值

可以用如图 10.2 所示的几个重载函数为字符串赋值新内容。

string
+assign(s[]: char): string
+assign(s: string): string
+assign(s[]: char, index: int, n: int): string
+assign(s: string, index: int, n: int): string
+assign(s[]: char, n: int): string
+assign(n: int, ch: char): string

图 10.2   string 类提供了用于赋值字符串的函数

例如：

```
string s1("Welcome");
s1.assign("Dallas"); // Assigns "Dallas" to s1
cout << s1 << endl; // s1 now becomes Dallas
string s2("Welcome");
s2.assign("Dallas, Texas", 0, 5); // Assigns "Dalla" to s2
cout << s2 << endl; // s2 now becomes Dalla
string s3("Welcome");
s3.assign("Dallas, Texas", 5); // Assigns "Dalla" to s3
cout << s3 << endl; // s3 now becomes Dalla
string s4("Welcome");
s4.assign(4, 'G'); // Assigns "GGGG" to s4
cout << s4 << endl; // s4 now becomes GGGG
```

注意： assign(char[], n) 和 assign(str, index) 的行为不同。前者将数组中的前 n 个字符赋值给调用字符串，而后者将 str 中从指定 index 开始的子字符串赋值给调用字符串。

10.2.4　函数 at、clear、erase、empty、back 和 front

函数 at(index) 检索指定索引处的字符，clear() 清除字符串，erase(index, n) 删除部分字符串，empty() 检查字符串是否为空，front() 和 back() 返回字符串中的第一个和最后一个字符，如图 10.3 所示。

string
+at(index: int): char
+clear(): void
+erase(index: int, n: int): string
+empty(): bool
+front(): char
+back(): char

图 10.3   string 类提供了检索字符、清除字符串、删除子字符串、检查字符串是否为空，以及返回第一个和最后一个字符的函数

例如：

```
string s1("Welcome");
cout << s1.at(3) << endl; // s1.at(3) returns c
cout << s1.erase(2, 3) << endl; // s1 is now Weme
s1.clear(); // s1 is now empty
cout << s1.empty() << endl; // s1.empty returns 1 (means true)
```

10.2.5　函数 `length`、`size`、`capacity` 和 `c_str()`

函数 `length()`、`size()` 和 `capacity()` 分别用于获取字符串的长度、大小和容量，函数 `c_str()` 返回 C 字符串，如图 10.4 所示。函数 `length()` 和 `size()` 是彼此的别名。函数 `c_str()` 和 `data()` 在新的 C++11 标准中是相同的。`capacity()` 函数返回内部缓冲区大小，其始终大于或等于实际字符串的大小。

string
+length(): int
+size(): int
+capacity(): int
+c_str(): char[]
+data(): char[]

图 10.4　`string` 类提供了获取字符串长度、大小、容量和 C 字符串的函数

示例请参见以下代码：

```
1  string s1("Welcome");
2  cout << s1.length() << endl; // Length is 7
3  cout << s1.size() << endl; // Size is 7
4  cout << s1.capacity() << endl; // Capacity is 15
5
6  s1.erase(1, 2);
7  cout << s1.length() << endl; // Length is now 5
8  cout << s1.size() << endl; // Size is now 5
9  cout << s1.capacity() << endl; // Capacity is still 15
```

注意：在第 1 行中创建字符串 s1 时，容量被设置为 15。在第 6 行中删除两个字符后，容量仍为 15，但长度和大小变为 5。

10.2.6　比较字符串

在程序中常常需要比较两个字符串的内容，你可以使用 compare 函数。字符串大于、等于或小于其他字符串时，函数返回一个大于 0、等于 0 或小于 0 的 int 型值，如图 10.5 所示。

string
+compare(s: string): int
+compare(index: int, n: int, s: string): int

图 10.5　`string` 类提供了比较字符串的函数

例如：

```
string s1("Welcome");
string s2("Welcomg");
cout << s1.compare(s2) << endl; // Returns -1
cout << s2.compare(s1) << endl; // Returns 1
cout << s1.compare("Welcome") << endl; // Returns 0
```

10.2.7　获取子字符串

at 函数用于从字符串中获取单个字符，substr 函数用于从字符串中获取子字符串，

如图 10.6 所示。

string
+substr(index: int, n: int): string
+substr(index: int): string

图 10.6　string 类提供了获取子字符串的函数

例如：

```
string s1("Welcome");
cout << s1.substr(0, 1) << endl; // Returns W
cout << s1.substr(3) << endl; // Returns come
cout << s1.substr(3, 3) << endl; // Returns com
```

10.2.8　在字符串中查找

find 函数用于查找字符串中的子字符串或字符，如图 10.7 所示。如果未找到匹配项，该函数将返回 string::npos（并非某一位置）。npos 是 string 类中定义的常量。

string
+find(ch: char): unsigned
+find(ch: char, index: int): unsigned
+find(s: string): unsigned
+find(s: string, index: int): unsigned

图 10.7　string 类提供了查找子字符串的函数

例如：

```
string s1("Welcome to HTML");
cout << s1.find("co") << endl; // Returns 3
cout << s1.find("co", 6) << endl; // Returns string::npos
cout << s1.find('o') << endl; // Returns 4
cout << s1.find('o', 6) << endl; // Returns 9
```

10.2.9　插入和替换字符串

insert 和 replace 函数用于在字符串中插入子字符串和替换子字符串，如图 10.8 所示。

string
+insert(index: int, s; string): string
+insert(index: int, n: int, ch: char): string
+replace(index: int, n: int, s: string): string

图 10.8　string 类提供了插入和替换子字符串的函数

以下是使用 insert 和 replace 函数的示例：

```
string s1("Welcome to HTML");
s1.insert(11, "C++ and ");
cout << s1 << endl; // s1 becomes Welcome to C++ and HTML
string s2("AA");
```

```
s2.insert(1, 4, 'B');
cout << s2 << endl; // s2 becomes to ABBBBA
string s3("Welcome to HTML");
s3.replace(11, 4, "C++");
cout << s3 << endl; // s3 becomes Welcome to C++
```

注意： string 对象调用 append、assign、erase、replace 和 insert 函数会更改
string 对象中的内容，还会返回一个新字符串。例如，在下面的代码中，s1 调用 insert
函数将 "C++ and" 插入 s1 中，将新字符串返回并赋值给 s2。

```
string s1("Welcome to HTML");
string s2 = s1.insert(11, "C++ and ");
cout << s1 << endl; // s1 becomes Welcome to C++ and HTML
cout << s2 << endl; // s2 becomes Welcome to C++ and HTML
```

注意： 在大多数编译器上，会自动增加容量以容纳 append、assign、insert 以及
replace 函数带来的更多字符。如果容量太小且固定不变，这些函数将复制尽可能多的字符。

10.2.10　字符串运算符

C++ 支持使用运算符来简化字符串操作。表 10.1 列出了字符串运算符。

表 10.1　字符串运算符

运算符	描述
[ ]	用数组的下标运算符访问字符
=	将一个字符串的内容复制到另一个字符串
+	将两个字符串连接成一个新字符串
+=	将一个字符串的内容追加到另一个字符串后
<<	向流插入字符串
>>	将流中的字符提取到字符串中，以空白字符或空终止符分隔
==, !=, <, <=, >, >=	比较字符串的六个关系运算符

以下是使用这些运算符的示例：

```
string s1 = "ABC"; // The = operator
string s2 = s1; // The = operator

for (unsigned i = s2.size() - 1; i >= 0; i--)
  cout << s2[i]; // The [] operator

string s3 = s1 + "DEFG"; // The + operator
cout << s3 << endl; // s3 becomes ABCDEFG

s1 += "ABC";
cout << s1 << endl; // s1 becomes ABCABC

s1 = "ABC";
s2 = "ABE";
cout << (s1 == s2) << endl; // Displays 0 (means false)
cout << (s1 != s2) << endl; // Displays 1 (means true)
cout << (s1 > s2) << endl; // Displays 0 (means false)
cout << (s1 >= s2) << endl; // Displays 0 (means false)
cout << (s1 < s2) << endl; // Displays 1 (means true)
cout << (s1 <= s2) << endl; // Displays 1 (means true)
```

10.2.11　用 stringstream 将数字转换为字符串

7.12 节中介绍了将数字转换成字符串的 to_string 函数。将浮点数转换为字符串时，转

换后的字符串在小数点后包含六位数字。如果小数点后没有足够的数字，则在字符串后面追加零。要避免字符串中的尾随零，可以编写一个函数来执行转换。不过另一种简单的方法是使用在 <sstream> 头中的 stringstream 类。stringstream 类提供了一个像输入/输出流一样处理字符串的接口。stringstream 类的一个应用是将数字转换为字符串。下面是一个示例：

```
stringstream ss;
ss << 3.1415;
string s = ss.str();
```

10.2.12 拆分字符串

我们常常需要从字符串中提取单词。假设单词由空格分隔，可以用上一节中讨论的 stringstream 类来完成此任务。LiveExample 10.1 给出了一个示例：从字符串中提取单词并以单独的行显示单词。

LiveExample 10.1 的互动程序请访问 https://liangcpp.pearsoncmg.com/LiveRunCpp5e/faces/LiveExample.xhtml?header=off&programName=ExtractWords&programHeight=360&resultHeight=210。

LiveExample 10.1   ExtractWords.cpp

Source Code Editor:

```
1   #include <iostream>
2   #include <sstream>
3   #include <string>
4   using namespace std;
5
6   int main()
7   {
8     string text("Programming is fun");
9     stringstream ss(text);
10
11    cout << "The words in the text are " << endl;
12    string word;
13    while (!ss.eof())
14    {
15      ss >> word;
16      cout << word << endl;
17    }
18
19    return 0;
20  }
```

Automatic Check   Compile/Run   Reset   Answer   Choose a Compiler: VC++ ∨

Execution Result:

```
command>cl ExtractWords.cpp
Microsoft C++ Compiler 2019
Compiled successful (cl is the VC++ compile/link command)

command>ExtractWords
The words in the text are
Programming
is
fun

command>
```

程序为文本字符串创建一个 `stringstream` 类的对象（第 9 行），该对象的使用方法类似于从控制台读取数据的输入流。它将数据从字符串流发送到 `string` 对象 `word`（第 15 行）。`stringstream` 类中的 `eof()` 函数在读取完字符串流中的所有项时，返回 `true`（第 13 行）。

10.2.13 案例研究：替换字符串

在本案例中将编写以下函数，用字符串 s 中的新子字符串 `newSubStr` 替换子字符串 `oldSubStr`。

```cpp
bool replaceString(string& s, const string& oldSubStr,
  const string& newSubStr)
```

如果字符串 s 被更改，则函数返回 `true`，否则返回 `false`。

LiveExample 10.2 给出了程序。

LiveExample 10.2 的互动程序请访问 https://liangcpp.pearsoncmg.com/LiveRunCpp5e/faces/LiveExample.xhtml?header=off&programName=ReplaceString&programHeight=783&resultHeight=180。

LiveExample 10.2　ReplaceString.cpp

Source Code Editor:

```cpp
1  #include <iostream>
2  #include <string>
3  using namespace std;
4
5  // Replace oldSubStr in s with newSubStr
6  bool replaceString(string& s, const string& oldSubStr,
7    const string& newSubStr);
8
9  int main()
10  {
11    // Prompt the user to enter s, oldSubStr, and newSubStr
12    cout << "Enter string s, oldSubStr, and newSubStr: ";
13    string s, oldSubStr, newSubStr;
14    cin >> s >> oldSubStr >> newSubStr;
15
16    bool isReplaced = replaceString(s, oldSubStr, newSubStr);
17
18    if (isReplaced)
19      cout << "The replaced string is " << s << endl;
20    else
21      cout << "No matches" << endl;
22
23    return 0;
24  }
25
26  bool replaceString(string& s, const string& oldSubStr,
27    const string& newSubStr)
28  {
29    bool isReplaced = false;
30    int currentPosition = 0;
31    while (currentPosition < s.length())
32    {
33      int position = s.find(oldSubStr,currentPosition);
34      if (position == string::npos) // No more matches s
```

```
35         return isReplaced;
36     else
37 ▾   {
38         s.replace(position, oldSubStr.length(), newSubStr);
39         currentPosition = position + newSubStr.length();
40         isReplaced = true; // At least one match
41     }
42   }
43
44   return isReplaced;
45 }
```

Enter input data for the program (Sample data provided below. You may modify it.)

abcdabab ab AAA

Automatic Check　Compile/Run　Reset　Answer　　　　Choose a Compiler: VC++ ⌄

Execution Result:

```
command>cl ReplaceString.cpp
Microsoft C++ Compiler 2019
Compiled successful (cl is the VC++ compile/link command)

command>ReplaceString
Enter string s, oldSubStr, and newSubStr: abcdabab ab AAA
The replaced string is AAAcdAAAAAA

command>
```

程序提示用户输入字符串、旧子字符串和新子字符串（第 14 行）。程序调用 replaceString 函数，用新子字符串替换出现的所有旧子字符串（第 16 行），并显示一条消息说明字符串是否已被替换（第 18 ～ 21 行）。

replaceString 函数在字符串 s 中从 currentPosition（从 0 开始）开始查找 oldSubStr（第 30 行）。string 类中的 find 函数查找字符串中的子字符串（第 33 行）。如果未找到，则返回 string::npos。在这种情况下，查找结束，函数返回 isReplaced（第 35 行）。isReplaced 是一个 bool 型变量，初始值设置为 false（第 29 行）。每当找到子字符串的匹配项时，就会将其设置为 true（第 40 行）。

该函数重复查找子字符串并使用 replace 函数将其替换为新的子字符串（第 38 行），然后重置当前查找位置以在字符串的其余部分中查找新的匹配项（第 39 行）。进阶读者可以使用附录 H 中的正则表达式查找、替换和拆分字符串。

10.3　将对象传递给函数

要点提示：对象可以通过值或引用传递给函数，但通过引用传递对象更加高效。

到目前为止，我们已经学习了如何将基元类型、数组类型和字符串类型的参数传递给函数。我们可以将任意类型的对象传递给函数，可以通过值传递或引用传递来传递对象。LiveExample10.3 给出了一个按值传递对象的示例。

LiveExample 10.3 的互动程序请访问 https://liangcpp.pearsoncmg.com/LiveRunCpp5e/faces/

LiveExample.xhtml?header=off&programName=PassObjectByValue&programHeight=310&resultHeight=160。

LiveExample 10.3　PassObjectByValue.cpp

Source Code Editor:

```
1   #include <iostream>
2   // CircleWithPrivateDataFields.h is defined in Listing 9.9
3   #include "CircleWithPrivateDataFields.h"
4   using namespace std;
5
6   void printCircle(Circle c) // Pass a Circle object by value
7 ▾ {
8     cout << "The area of the circle of "
9       << c.getRadius() << " is " << c.getArea() << endl;
10  }
11
12  int main()
13 ▾ {
14    Circle myCircle(5.0);
15    printCircle(myCircle);
16
17    return 0;
18  }
```

| Automatic Check | Compile/Run | Reset | Answer | Choose a Compiler: | VC++ ⌄ |

Execution Result:

```
command>cl PassObjectByValue.cpp
Microsoft C++ Compiler 2019
Compiled successful (cl is the VC++ compile/link command)

command>PassObjectByValue
The area of the circle of 5 is 78.5397

command>
```

Circle 类定义了 LiveExample 9.9 的 CircleWithPrivateDataFields.h（第 3 行）。printCircle 函数的参数定义为 Circle（第 6 行）。main 函数创建一个 Circle 类的对象 myCircle（第 14 行），并将其按值传递给 printCircle 函数（第 15 行）。按值传递对象参数就是将对象复制给函数参数。因此 printCircle 函数中的对象 c 独立于 main 函数中的对象 myCircle，如图 10.9a 所示。

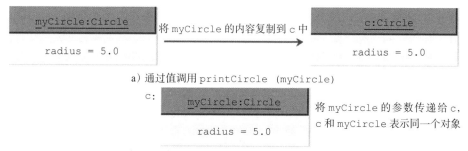

a）通过值调用 printCircle (myCircle)

b）通过引用调用 printCircle (myCircle)

图 10.9　可以通过值（图 a）或通过引用（图 b）将对象传递给函数

LiveExample10.4 给出了一个通过引用传递对象的示例。

LiveExample 10.4 的互动程序请访问 https://liangcpp.pearsoncmg.com/LiveRunCpp5e/faces/
LiveExample.xhtml?header=off&programName=PassObjectByReference&programHeight=320
&resultHeight=160。

LiveExample 10.4   PassObjectByReference.cpp

Source Code Editor:

```
1   #include <iostream>
2   #include "CircleWithPrivateDataFields.h"
3   using namespace std;
4
5   void printCircle(Circle& c) // Pass a Circle object by reference
6 ▾ {
7     cout << "The area of the circle of "
8       << c.getRadius() << " is " << c.getArea() << endl;
9   }
10
11  int main()
12 ▾ {
13    Circle myCircle(5.0);
14    printCircle(myCircle);
15
16    return 0;
17  }
```

| Automatic Check | Compile/Run | Reset | Answer | Choose a Compiler: | VC++ ∨ |

Execution Result:

```
command>cl PassObjectByReference.cpp
Microsoft C++ Compiler 2019
Compiled successful (cl is the VC++ compile/link command)

command>PassObjectByReference
The area of the circle of 5 is 78.5397

command>
```

printCircle 函数声明了 Circle 类型的引用参数（第 5 行）。main 函数创建了一个
Circle 类的对象 myCircle（第 13 行），并将该对象的引用传递给 printCircle 函数
（第 14 行）。因此 printCircle 函数中的对象 c 本质上是 main 函数中对象 myCircle 的
别名，如图 10.9b 所示。

虽然通过值或引用都可以将对象传递给函数，但建议首选使用引用传递，因为通过值传
递需要时间和额外的内存空间。

10.4   对象数组

要点提示：你可以像创建基元值数组或字符串数组一样创建任意对象的数组。

在第 7 章中学习了如何创建基元类型元素的数组以及字符串数组后，你可以尝试创建任
意对象的数组。例如，以下语句声明了一个包含 10 个 Circle 对象的数组：

```
Circle circleArray[10]; // Declare an array of ten Circle objects
```

数组的名称为circleArray, Circle 类的无参数构造函数被调用来初始化数组中的每个元素。因此, circleArray[0].getRadius() 返回 1, 因为无参数构造函数为 radius 赋值 1。

还可以用数组的初始化语句, 使用带参数的构造函数来声明和初始化数组。例如

```cpp
Circle circleArray[3] = {Circle(3), Circle(4), Circle(5)};
```

LiveExample 10.5 给出了一个示例, 演示如何使用对象数组。该程序对数组中的圆的面积求和。它创建了一个由 10 个 Circle 对象组成的数组 circleArray, 然后分别设置圆半径为 1, 2, 3, 4, …, 10, 并显示数组中圆的总面积。

LiveExample 10.5 的互动程序请访问 https://liangcpp.pearsoncmg.com/LiveRunCpp5e/faces/ LiveExample.xhtml?header=off&programName=TotalArea&programHeight=880&resultHeight=360。

LiveExample 10.5　TotalArea.cpp

Source Code Editor:

```cpp
#include <iostream>
#include <iomanip>
#include "CircleWithPrivateDataFields.h"
using namespace std;

// Add circle areas
double sum(Circle circleArray [], int size)
{
  // Initialize sum
  double sum = 0;

  // Add areas to sum
  for (int i = 0; i < size; i++)
    sum += circleArray[i].getArea();

  return sum;
}

// Print an array of circles and their total area
void printCircleArray(Circle circleArray[], int size)
{
  cout << setw(35) << left << "Radius" << setw(8) << "Area" << endl;
  for (int i = 0; i < size; i++)
  {
    cout << setw(35) << left << circleArray[i].getRadius()
      << setw(8) << circleArray[i].getArea() << endl;
  }

  cout << "----------------------------------------" << endl;

  // Compute and display the result
  cout << setw(35) << left << "The total area of circles is"
    << setw(8) << sum(circleArray, size) << endl;
}

int main()
{
  const int SIZE = 10;

  // Create a Circle object with radius 1
  Circle circleArray[SIZE];

  for (int i = 0; i < SIZE; i++)
```

```
44 ▾  {
45       circleArray[i].setRadius(i + 1);
46     }
47
48     printCircleArray(circleArray, SIZE);
49
50     return 0;
51  }
```

[Automatic Check] [Compile/Run] [Reset] [Answer]   Choose a Compiler: VC++ ⌄

Execution Result:

```
command>cl TotalArea.cpp
Microsoft C++ Compiler 2019
Compiled successful (cl is the VC++ compile/link command)

command>TotalArea
Radius                     Area
1                          3.14159
2                          12.5664
3                          28.2743
4                          50.2654
5                          78.5397
6                          113.097
7                          153.938
8                          201.062
9                          254.469
10                         314.159
-------------------------------------------
The total area of circles is     1209.51

command>
```

该程序创建了一个由 10 个 Circle 对象组成的数组（第 41 行）。第 9 章介绍了两个 Circle 类，本示例使用 LiveExample 9.9 中定义的 Circle 类（第 3 行）。

数组中的每个对象元素都是用 Circle 类中的无参数构造函数创建的。第 43～46 行设置了每个圆的新半径。circleArray[i] 指向数组中的一个 Circle 对象。circleArray[i].setRadius(i+1) 设置 Circle 对象的新半径（第 45 行）。该数组被传递给 printCircleArray 函数，函数显示每个圆的半径和面积以及所有圆的总面积（第 48 行）。

圆的面积之和用 sum 函数计算（第 33 行），该函数以 Circle 对象数组为参数，并返回 double 型的总面积。

10.5 实例成员和静态成员

要点提示：静态变量由类的所有对象共享。静态函数无法访问类的实例成员。

到目前为止，我们所使用的类中的数据字段被称为**实例数据字段**或**实例变量**。实例变量绑定到类的特定实例上，它不被同一类的对象共享。例如，假设使用 LiveExample 9.9 中的 Circle 类创建以下对象：

```
Circle circle1;
Circle circle2(5);
```

circle1 中的 radius 与 circle2 中的 radius 无关，它们被存储在不同的内存位置。对 circle1 的 radius 所做的更改不会影响到 circle2 的 radius，反之亦然。

如果希望类的所有实例共享数据，则需使用**静态变量**，也称为类变量。静态变量的值被存储在公共内存位置。因此，如果一个对象更改静态变量的值，则同一类中的所有对象都会受到影响。C++ 支持静态函数和静态变量。**静态函数**可以在不创建类实例的情况下被调用。回想一下，**实例函数**只能由特定实例调用。

我们现在修改 Circle 类，需要添加一个静态变量 numberOfObjects 以统计创建的 Circle 对象的数量。当这个类的第一个对象被创建时，numberOfObjects 的值为 1。第二个对象被创建时，numberOfObjects 的值为 2。新 Circle 类的 UML 如图 10.10 所示。Circle 类定义了实例变量 radius、静态变量 numberOfObjects、实例函数 getRadius、setRadius 和 getArea 以及静态函数 getNumberOfObjects。（注意，静态变量和函数在 UML 图中带下划线。）

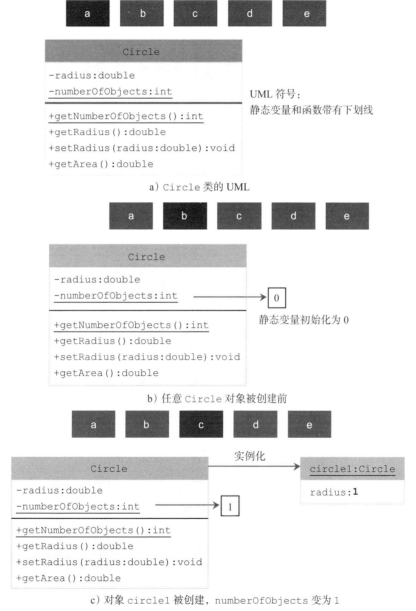

a) Circle 类的 UML

b) 任意 Circle 对象被创建前

c) 对象 circle1 被创建，numberOfObjects 变为 1

图 10.10 属于实例的实例变量用彼此独立的内存来存储。静态变量由同一类的所有实例共享

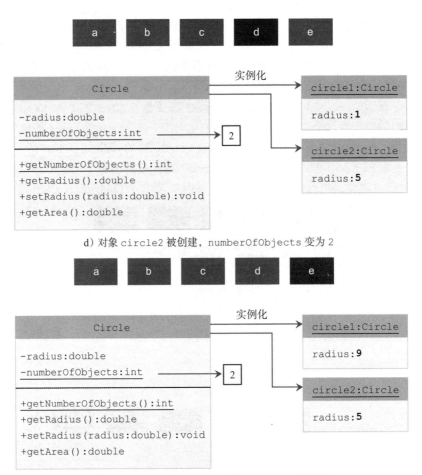

d）对象 `circle2` 被创建，`numberOfObjects` 变为 2

e）每个 `Circle` 对象都有自己的半径，`circle1` 被设置为 9

图 10.10   属于实例的实例变量用彼此独立的内存来存储。静态变量由同一类的所有实例共享（续）

声明静态变量或静态函数，需要将修饰符 `static` 放在变量或函数声明中。因此，可以如下声明静态变量 `numberOfObjects` 和静态函数 `getNumberOfObjects()`：

```
static int numberOfObjects;
static int getNumberOfObjects();
```

LiveExample 10.6 中定义了新 `Circle` 类。

LiveExample 10.6 的互动程序请访问 https://liangcpp.pearsoncmg.com/LiveRunCpp5e/faces/LiveExample.xhtml?header=off&programName=CircleWithStaticDataFields&fileType=.h&programHeight=340&resultVisible=false。

LiveExample 10.6   CircleWithStaticDataFields.h

Source Code Editor:

```
 1  #ifndef CIRCLE_H
 2  #define CIRCLE_H
 3
 4  class Circle
 5  {
 6  public:
```

```
 7      Circle();
 8      Circle(double);
 9      double getArea();
10      double getRadius();
11      void setRadius(double);
12      static int getNumberOfObjects();
13
14    private:
15      double radius;
16      static int numberOfObjects;
17    };
18
19    #endif
```

Answer   Reset

第 12 行声明了静态函数 `getNumberOfObjects`，第 16 行声明了静态变量 `numberOfObjects` 作为类中的私有数据字段。

LiveExample 10.7 给出了 `Circle` 类的实现。

LiveExample 10.7 的互动程序请访问 https://liangcpp.pearsoncmg.com/LiveRunCpp5e/faces/ LiveExample.xhtml?header=off&programName=CircleWithStaticDataFields&fileType=.cpp&pr ogramHeight=720&resultVisible=false。

LiveExample 10.7　CircleWithStaticDataFields.cpp

Source Code Editor:

```cpp
 1  #include "CircleWithStaticDataFields.h"
 2
 3  int Circle::numberOfObjects = 0; // Set numberOfObjects to 0
 4
 5  // Construct a circle object
 6  Circle::Circle()
 7  {
 8    radius = 1;
 9    numberOfObjects++;
10  }
11
12  // Construct a circle object
13  Circle::Circle(double newRadius)
14  {
15    radius = newRadius;
16    numberOfObjects++;
17  }
18
19  // Return the area of this circle
20  double Circle::getArea()
21  {
22    return radius * radius * 3.14159;
23  }
24
25  // Return the radius of this circle
26  double Circle::getRadius()
27  {
28    return radius;
29  }
30
31  // Set a new radius
```

```
32    void Circle::setRadius(double newRadius)
33  ▾ {
34      radius = (newRadius >= 0) ? newRadius : 0;
35    }
36
37    // Return the number of circle objects
38    int Circle::getNumberOfObjects()
39  ▾ {
40      return numberOfObjects;
41    }
```

[Answer] [Reset]

静态数据字段 numberOfObjects 在第 3 行初始化。创建 Circle 对象时，numberOfObjects 递增（第 9、16 行）。

实例函数（例如，getArea()）和实例数据字段（例如，radius）属于实例，只能在创建实例后使用。可以通过特定实例访问它们。静态函数（例如，getNumberOfObjects()）和静态数据字段（例如，numberOfObjects）可以通过类的任意实例以及它们的类名访问。

LiveExample 10.8 中的程序演示了如何使用实例、静态变量和函数，并说明了它们的使用效果。

LiveExample 10.8 的互动程序请访问 https://liangcpp.pearsoncmg.com/LiveRunCpp5e/faces/LiveExample.xhtml?header=off&programName=TestCircleWithStaticDataFields&fileType=.cpp&programHeight=560&resultHeight=280。

LiveExample 10.8   TestCircleWithStaticDataFields.cpp

Source Code Editor:

```
1    #include <iostream>
2    #include "CircleWithStaticDataFields.h"
3    using namespace std;
4
5    int main()
6  ▾ {
7      cout << "Number of circle objects created: "
8        << Circle::getNumberOfObjects() << endl;
9
10     Circle circle1;
11     cout << "The area of the circle of radius "
12       << circle1.getRadius() << " is " << circle1.getArea() << endl;
13     cout << "Number of circle objects created: "
14       << Circle::getNumberOfObjects() << endl;
15
16     Circle circle2(5.0);
17     cout << "The area of the circle of radius "
18       << circle2.getRadius() << " is " << circle2.getArea() << endl;
19     cout << "Number of circle objects created: "
20         << Circle::getNumberOfObjects() << endl;
21
22     circle1.setRadius(3.3);
23     cout << "The area of the circle of radius "
24       << circle1.getRadius() << " is " << circle1.getArea() << endl;
25
26     cout << "circle1.getNumberOfObjects() returns "
```

```
27        << circle1.getNumberOfObjects() << endl;
28    cout << "circle2.getNumberOfObjects() returns "
29        << circle2.getNumberOfObjects() << endl;
30
31    return 0;
32 }
```

Automatic Check　Compile/Run　Reset　Answer　　　　Choose a Compiler: VC++ ∨

Execution Result:

```
command>cl TestCircleWithStaticDataFields.cpp
Microsoft C++ Compiler 2019
Compiled successful (cl is the VC++ compile/link command)

command>TestCircleWithStaticDataFields
Number of circle objects created: 0
The area of the circle of radius 1 is 3.14159
Number of circle objects created: 1
The area of the circle of radius 5 is 78.5397
Number of circle objects created: 2
The area of the circle of radius 3.3 is 34.2119
circle1.getNumberOfObjects() returns 2
circle2.getNumberOfObjects() returns 2

command>
```

静态变量和静态函数可以在不创建对象的情况下访问。第 8 行显示的对象数为 0, 因为此时尚未创建对象。

main 函数中创建两个 Circle 类对象, circle1 和 circle2 (第 10、16 行)。将 circle1 中的实例变量 radius 修改为 3.3 后 (第 22 行), 并不会影响 circle2 中的实例变量 radius, 因为这两个实例变量是独立的。创建 circle1 后, 静态变量 numberOfObjects 变为 1 (第 10 行), 创建 circle2 后变为 2 (第 16 行)。

可以通过类的实例访问静态数据字段和静态函数, 例如, 第 27 行的 circle1.getNumberOfObjects() 和第 29 行的 circle2.getNumberOfObjects()。但是最好通过类名访问它们, 例如 Circle::。注意, 在第 27 行和第 29 行中, 为了提高程序的可读性, 可以将 circle1.getNumberOfObjects() 和 circle2.getNumberOfObjects() 替换为 Circle::getNumberofObjects(), 这样可以便于读者识别静态函数 getNumberOfObjects()。

提示: 使用 ClassName::functionName(arguments) 调用静态函数, 使用 ClassName::staticVariable 访问静态变量, 这提高了程序的可读性, 有助于用户更容易地识别类中的静态函数和数据。

提示: 如何决定变量或函数应该是实例还是静态的? 依赖于类的特定实例的变量或函数应该是实例变量或函数。而不依赖于类的特定实例的变量或函数应该是静态变量或函数。例如, 每个圆都有自己的半径。半径取决于特定的圆。因此, radius 是 Circle 类的一个实例变量。由于 getArea 函数依赖于特定的圆, 因此它是一个实例函数。而 numberOfObjects 不依赖于任何特定实例, 因此应将其声明为静态数据字段。

10.6 常量成员函数

要点提示：*C++ 还支持指定常量成员函数，以告诉编译器该函数不应更改对象中任何数据字段的值。*

使用 const 关键字可以指定常量参数，该参数不能在函数中被更改。也可以用 const 关键字指定常量成员函数（或简称**常量函数**），该函数不能更改对象中的数据字段。为此，需要将 const 关键字放在函数头的末尾。例如，可以如 LiveExample 10.9 所示，重新定义在 LiveExample 10.6 中的 Circle 类，头文件在 LiveExample 10.10 中实现。

LiveExample 10.9 的互动程序请访问 https://liangcpp.pearsoncmg.com/LiveRunCpp5e/faces/LiveExample.xhtml?header=off&programName=CircleWithConstantMemberFunctions&fileType=.h&programHeight=380&resultVisible=false，LiveExample 10.10 的互动程序请访问 https://liangcpp.pearsoncmg.com/LiveRunCpp5e/faces/LiveExample.xhtml?header=off&programName=CircleWithConstantMemberFunctions&fileType=.cpp&programHeight=720&resultVisible=false。

LiveExample 10.9   CircleWithConstantMemberFunctions.h

Source Code Editor:

```
 1  #ifndef CIRCLE_H
 2  #define CIRCLE_H
 3
 4  class Circle
 5  {
 6  public:
 7    Circle();
 8    Circle(double);
 9    double getArea() const;
10    // FILL_CODE_OR_CLICK_ANSWER instance member function
11    double getRadius() const;
12    void setRadius(double);
13    // No const for static member functions
14    static int getNumberOfObjects();
15
16  private:
17    double radius;
18    static int numberOfObjects;
19  };
20
21  #endif
```

Answer   Reset

LiveExample 10.10   CircleWithConstantMemberFunctions.cpp

Source Code Editor:

```
 1  #include "CircleWithConstantMemberFunctions.h"
 2
 3  int Circle::numberOfObjects = 0;
 4
 5  // Construct a circle object
 6  Circle::Circle()
 7  {
```

```
 8      radius = 1;
 9      numberOfObjects++;
10  }
11
12  // Construct a circle object
13  Circle::Circle(double newRadius)
14▾ {
15      radius = newRadius;
16      numberOfObjects++;
17  }
18
19  // Return the area of this circle
20  double Circle::getArea() const
21▾ {
22      return radius * radius * 3.14159;
23  }
24
25  // Return the radius of this circle
26  double Circle::getRadius() const
27▾ {
28      return radius;
29  }
30
31  // Set a new radius
32  void Circle::setRadius(double newRadius)
33▾ {
34      radius = (newRadius >=0)? newRadius : 0;
35  }
36
37  // Return the number of circle objects
38  int Circle::getNumberOfObjects()
39▾ {
40      return numberOfObjects;
41  }
```

Answer　Reset

　　只有实例成员函数才能被定义为常量函数。与常量参数一样，常量函数用于防错性程序设计。如果函数错误地更改了函数中数据字段的值，将会报告编译错误。注意，只能定义实例函数为常量，而静态函数不能被定义为常量。实例取值函数应始终定义为常量成员函数，因为它不更改对象的内容。

　　如果函数不更改传递的对象，则应使用 const 关键字定义常量参数，如下所示：

```
void printCircle(const Circle& c)
{
  cout << "The area of the circle of "
    << c.getRadius() << " is " << c.getArea() << endl;
}
```

　　注意，如果 getRadius() 或 getArea() 函数未定义为常量，则编译器不会编译此代码。如果使用 LiveExample 9.9 中定义的 Circle 类，则前面的函数将不会被编译，因为 getRadius() 和 getArea() 未被定义为常量。但是，如果使用 LiveExample 10.9 中定义的 Circle 类，函数会被编译，因为 getRadius() 和 getArea() 被定义为常量。

提示： 可以用 const 修饰符指定常量引用参数或常量成员函数，应该适时且一致地使用 const 修饰符。

10.7　面向对象的思想

要点提示： 面向过程的范式侧重于设计函数。面向对象的范式将数据和函数耦合到对象中。使用面向对象范式的软件设计重点关注对象和对象上的操作。

在软件开发中，范式描述了一种模式或模型。过程范式使用赋值、选择、循环、函数和数组来解决问题。过程范式的研究为面向对象程序设计奠定了坚实的基础。面向对象的范式为构建可重用软件提供了更多的灵活性和模块性。本节使用面向对象的方法来改进第 3 章中介绍的问题的解决方案。通过观察这些改进，你将深入了解面向过程和面向对象范式之间的差异，并了解使用对象和类开发可重用代码的好处。

LiveExample 3.2 给出了一个计算体重指数的程序。该程序不能在其他程序中重复使用。要使代码具有可重用性，需要如下所示定义一个计算体重指数的函数：

```
double getBMI(double weight, double height)
```

该函数对于计算指定体重和身高的体重指数是有用的，但它也有局限性。假设需要将体重和身高与一个人的姓名和出生日期相关联。虽然我们可以声明单独的变量来存储这些值，但这些值并不是紧密耦合的。耦合它们的理想方法是创建一个包含它们的对象。由于这些值与单个对象相关，因此应将它们存储在实例数据字段中。我们可以定义一个名为 BMI 的类，如图 10.11 所示。

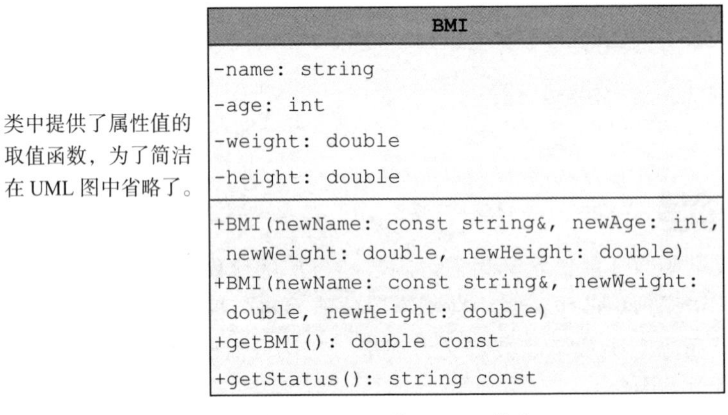

类中提供了属性值的取值函数，为了简洁在 UML 图中省略了。

```
                         BMI
-name: string
-age: int
-weight: double
-height: double

+BMI(newName: const string&, newAge: int,
  newWeight: double, newHeight: double)
+BMI(newName: const string&, newWeight:
  double, newHeight: double)
+getBMI(): double const
+getStatus(): string const
```

图 10.11　BMI 类封装了 BMI 信息

BMI 类可以像 LiveExample 10.11 中这样定义。

LiveExample 10.11 的互动程序请访问 https://liangcpp.pearsoncmg.com/LiveRunCpp5e/faces/LiveExample.xhtml?header=off&programName=BMI&fileType=.h&programHeight=470&resultVisible=false。

LiveExample 10.11　BMI.h

Source Code Editor:

```
1  #ifndef BMI_H
2  #define BMI_H
```

```
3
4   #include <string>
5   using namespace std;
6
7   class BMI
8 ▾ {
9   public:
10    BMI(const string& newName, int newAge,
11      double newWeight, double newHeight);
12    BMI(const string& newName, double newWeight, double newHeight);
13    double getBMI() const;
14    string getStatus() const;
15    string getName() const;
16    int getAge() const;
17    double getWeight() const;
18    double getHeight() const;
19
20  private:
21    string name;
22    int age;
23    double weight;
24    double height;
25  };
26
27  #endif
```

[Answer] [Reset]

提示：字符串参数 newName 使用语法 string& newName 定义为通过引用传递。这样可以提高性能，因为不用编译器复制对象传递给函数。此外，引用被定义为 const，可以防止意外修改 newName。我们应该始终通过引用传递来传递对象参数。如果对象在函数中不需要更改，要将其定义为 const 引用参数。

提示：如果成员函数不更改数据字段，则应将其定义为 const 函数。BMI 类中的所有成员函数都应定义为 const 函数。

假设 BMI 类已经实现。LiveExample 10.12 是一个使用此类的测试程序。

LiveExample 10.12 的互动程序请访问 https://liangcpp.pearsoncmg.com/LiveRunCpp5e/faces/LiveExample.xhtml?header=off&programName=UseBMIClass&fileType=.cpp&programHeight=300&resultHeight=180。

LiveExample 10.12　UseBMIClass.cpp

Source Code Editor:

```
1   #include <iostream>
2   #include "BMI.h"
3   using namespace std;
4
5   int main()
6 ▾ {
7     BMI bmi1("John Doe", 18, 145, 70);
8     cout << "The BMI for " << bmi1.getName() << " is "
9       << bmi1.getBMI() << " " << bmi1.getStatus() << endl;
```

```
10
11      BMI bmi2("Susan King", 215, 70);
12      cout << "The BMI for " << bmi2.getName() << " is "
13        << bmi2.getBMI() << " " + bmi2.getStatus() << endl;
14
15      return 0;
16    }
```

| Automatic Check | Compile/Run | Reset | Answer | Choose a Compiler: | VC++ ∨ |

Execution Result:

```
command>cl UseBMIClass.cpp
Microsoft C++ Compiler 2019
Compiled successful (cl is the VC++ compile/link command)

command>UseBMIClass
The BMI for John Doe is 20.8051 Normal
The BMI for Susan King is 30.849 Obese

command>
```

第 7 行为 `John Doe` 创建对象 `bmi1`，第 11 行为 `Susan King` 创建对象 `bmi2`。可以用实例函数 `getName()`、`getBMI()` 和 `getStatus()` 返回 BMI 对象中的 BMI 信息。

BMI 类可以按照 LiveExample 10.13 中的方式实现。

LiveExample 10.13 的互动程序请访问 https://liangcpp.pearsoncmg.com/LiveRunCpp5e/faces/ LiveExample.xhtml?header=off&programName=BMI&fileType=.cpp&programHeight=1080&resultVisible=false。

LiveExample 10.13　BMI.cpp

Source Code Editor:

```
1    #include <iostream>
2    #include "BMI.h"
3    using namespace std;
4
5    BMI::BMI(const string& newName, int newAge,
6      double newWeight, double newHeight)
7  ▾ {
8      name = newName;
9      age = newAge;
10      weight = newWeight;
11      height = newHeight;
12    }
13
14    BMI::BMI(const string& newName, double newWeight,
15      double newHeight)
16  ▾ {
17      name = newName;
18      age = 20;
19      weight = newWeight;
20      height = newHeight;
21    }
22
23    double BMI::getBMI() const
24  ▾ {
25      const double KILOGRAMS_PER_POUND = 0.45359237;
```

```
26    const double METERS_PER_INCH = 0.0254;
27    double bmi = weight * KILOGRAMS_PER_POUND /
28      ((height * METERS_PER_INCH) * (height * METERS_PER_INCH));
29    return bmi;
30  }
31
32  string BMI::getStatus() const
33  {
34    double bmi = getBMI();
35    if (bmi < 18.5)
36      return "Underweight";
37    else if (bmi < 25)
38      return "Normal";
39    else if (bmi < 30)
40      return "Overweight";
41    else
42      return "Obese";
43  }
44
45  string BMI::getName() const
46  {
47    return name;
48  }
49
50  int BMI::getAge() const
51  {
52    return age;
53  }
54
55  double BMI::getWeight() const
56  {
57    return weight;
58  }
59
60  double BMI::getHeight() const
61  {
62    return height;
63  }
```

Answer　Reset

使用体重和身高计算 BMI 的数学公式在 3.7 节中给出。实例函数 getBMI() 返回 BMI。由于体重和身高是对象中的实例数据字段，getBMI() 函数可以用这些属性来计算对象的 BMI 值。实例函数 getStatus() 返回解释 BMI 的字符串。解释在 3.7 节中也已给出。

这个示例演示了面向对象范式优于面向过程范式。过程范式侧重于设计函数。面向对象的范式将数据和函数耦合到对象中。使用面向对象范式的软件设计关注于对象和对象上的操作。面向对象的方法将面向过程范式的能力与增加的维度相结合，该维度将数据和操作集成到对象中。

在面向过程的程序设计中，数据和对数据的操作是分开的，这种方法需要将数据发送给函数。面向对象程序设计将数据和与其相关的操作放在一个称为对象的实体中。这种方法解决了面向过程程序设计中固有的许多问题。面向对象程序设计方法以反映真实世界的方式组织程序，其中所有对象都与属性和操作相关联。使用对象提高了软件的可重用性，使程序更易于开发和维护。

10.8　类关系

要点提示：设计类需要探索类之间的关系。类之间常见的关系有关联、聚合、组合和继承。本节探讨关联、聚合和组合关系。继承关系将在第 15 章中介绍。

10.8.1　关联

关联是描述两个类之间行为的一般二元关系。例如，学生修读（Take）课程是 Student 类和 Course 类之间的关联，教师教授（Teach）课程是 Faculty 类和 Course 类之间的关联。这些关联可以用 UML 图形表示法表示，如图 10.12 所示。

图 10.12　该 UML 图显示，一名学生可以修读任意数量的课程，一名教师最多可以教授三门课程，一门课程可以有 5 到 60 名学生，而一门课程只能由一名教师教授

关联通过两个类之间的实线以及描述关系的可选标签来说明。在图 10.12 中，标签为 Take 和 Teach。每个关系可以有一个可选的黑色小三角形，用来指示关系的方向。在该图中，方向指示学生修读课程（而不是反过来的课程修读学生）。

关系中涉及的每个类都可能有一个角色名称，以描述它在关系中扮演的角色。在图 10.12 中，Teacher 是 Faculty 的角色名称。

关联中涉及的每个类都可以指定**多重性**，多重性放置在类的边上，以指示 UML 图中的关系涉及多少类的对象。多重性可以是一个数字或一个区间，指定关系中涉及该类的对象数量。字符 * 表示无限数量的对象，区间 m..n 表示对象的数量在 m 和 n 之间，包括 m 和 n 在内。在图 10.12 中，每个学生可以修读任意数量的课程，每门课程至少有 5 名学生，最多有 60 名学生。每门课程仅由一名教师授课，每学期一名教师可教授 0 至 3 门课程。

在 C++ 代码中，可以使用数据字段和函数来实现关联。例如，图 10.12 中的关系可以使用图 10.13 中的类来实现。"学生修读课程"关系可以使用 Student 类中的 addCourse 函数和 Course 类中的 addStudent 函数来实现。"教师教授课程"关系可以使用 Faculty 类中的 addCourse 函数和 Course 类中的 setFaculty 函数来实现。Student 类可以用一个列表存储学生正在学习的课程，Faculty 类可以用一个列表存储教师正在教授的课程，Course 类可以用一个列表存储该课程中注册的学生，并且用一个数据字段存储教授该课程的教师。

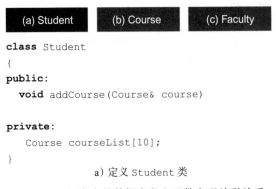

图 10.13　用类中的数据字段和函数实现关联关系

| (a) Student | (b) Course | (c) Faculty |

```
class Course
{
public:
    void addStudent(Student& student);
    void setFaculty(Faculty& faculty);

private:
    Student classList[10];
    Faculty faculty;
}
```
b）定义 Course 类

| (a) Student | (b) Course | (c) Faculty |

```
class Faculty
{
public:
    void addCourse(Course& course);

private:
    Course courseList[10];
}
```
c）定义 Faculty 类

图 10.13 用类中的数据字段和函数实现关联关系（续）

注意：实现关系有许多可能的方法。例如，Course 类中的学生和教师信息可以省略，因为它们已经在 Student 和 Faculty 类中。同样，如果不需要知道学生所学的课程或教师所教的课程，则可以省略 Student 或 Faculty 中的数据字段 courseList 和 addCourse 函数。

10.8.2 聚合和组合

聚合是一种特殊形式的关联，表示两个对象之间的所有权关系。聚合关系对**拥有（ has-a ）关系**建模。所有者对象称为聚合对象，其类称为聚合类。从属对象称为被聚合对象，其类称为被聚合类。

如果被聚合对象的存在依赖于聚合对象，我们将两个对象之间的关系称为**组合**。换句话说，如果关系是组合的，则被聚合对象不能单独存在。例如，"学生拥有名字"是 Student 类和 Name 类之间的组合关系，因为 Name 依赖于 Student，而"学生有地址"是 Student 类和 Address 类之间的聚合关系，因为地址可以单独存在。组合意味着独占所有权。一个对象拥有另一个对象。当所有者对象被销毁时，从属对象也会被销毁。在 UML 中，用实心菱形附在聚合类（在本例中为 Student）旁边表示与被聚合类（Name）的组合关系，而用空心菱形附在聚合类（Student）旁边表示与被聚合类（Address）的聚合关系，如图 10.14 所示。

图 10.14 每个学生都有一个姓名和一个地址

在图 10.14 中，每个学生只有一个地址，而每个地址最多可由 3 名学生共享。每个学生都有一个名字，且每个学生的名字都是唯一的。

聚合关系通常表示为聚合类中的一个数据字段。例如，图 10.14 中的关系可以使用图 10.15 中的类来实现。关系"学生拥有名字"和"学生有地址"在 Student 类中的 Name 和 Address 数据字段中实现。

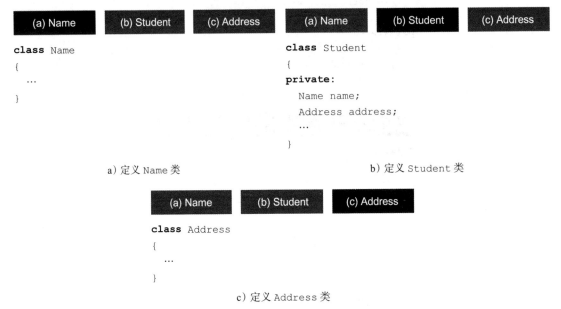

图 10.15   用类中的数据字段实现组合关系

同一类的对象之间可能存在聚合。例如，一个人可能有一个导师。如图 10.16 所示。

图 10.16   一个人可能有一个导师

在关系"一个人可能有一个导师"中，如图 10.16 所示，导师可以表示为 Person 类中的数据字段，如下所示：

```
class Person
{
private:
  Person supervisor;  // The type for the data is the class itself
  ...
}
```

如果一个人可能有几个导师，如图 10.17 所示，可以用数组来存储导师（例如，10 个导师）。

```
class Person
{ ...
private:
  Person supervisors[10];
}
```

图 10.17   一个人可能有几个导师

注意：由于聚合和组合关系是以类似的类方式表示的，为简单起见，我们不区分它们，并把这两种都称为组合。

10.9 案例研究：`StackOfIntegers` 类

要点提示：本节设计一个对栈建模的类。

回想一下，栈是以后进先出的方式保存数据的数据结构。

栈有很多应用。例如，编译器使用栈来处理函数调用。当一个函数被调用时，其参数和局部变量被放置在一个活动记录中压入栈。当一个函数调用另一个函数时，新函数的参数和局部变量被放置在一个新的活动记录中压入栈。当一个函数完成其工作并返回到其调用者时，它的活动记录将从栈中释放。

可以定义一个类来建模栈。简单起见，假设栈存储 int 型值。因此，将栈类命名为 `StackOfIntegers`。该类的 UML 图如图 10.18 所示。

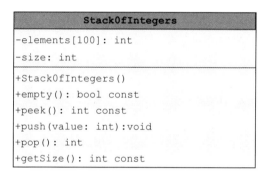

图 10.18 `StackOfIntegers` 类封装栈的存储并提供处理栈的操作

假设该类可用，如 LiveExample 10.14 中所定义。LiveExample 10.15 中编写了一个测试程序，使用该类创建栈（第 7 行），并存储 10 个整数 0，1，2，…，9（第 9 ~ 10 行），然后以相反的顺序显示（第 12 ~ 13 行）。

LiveExample 10.14 的互动程序请访问 https://liangcpp.pearsoncmg.com/LiveRunCpp5e/faces/LiveExample.xhtml?header=off&programName=StackOfIntegers&fileType=.h&programHeight=340&resultVisible=false，LiveExample 10.15 的互动程序请访 https://liangcpp.pearsoncmg.com/LiveRunCpp5e/faces/LiveExample.xhtml?header=off&programName=TestStackOfIntegers&fileType=.cpp&programHeight=300&resultHeight=160。

LiveExample 10.14   StackOfIntegers.h

Source Code Editor:

```
1   #ifndef STACK_H
2   #define STACK_H
3
4   class StackOfIntegers
5   {
6   public:
7       StackOfIntegers();
8       bool empty() const;
9       int peek() const;
10      void push(int value);
```

```
11      int pop();
12      int getSize() const;
13
14  private:
15      int elements[100];
16      int size;
17  };
18
19  #endif
```

Answer   Reset

LiveExample 10.15   TestStackOfIntegers.cpp

Source Code Editor:

```
1   #include <iostream>
2   #include "StackOfIntegers.h"
3   using namespace std;
4
5   int main()
6 ▾ {
7       StackOfIntegers stack;
8
9       for (int i = 0; i < 10; i++)
10          stack.push(i);
11
12      while (!stack.empty())
13          cout << stack.pop() << " ";
14
15      return 0;
16  }
```

Automatic Check   Compile/Run   Reset   Answer   Choose a Compiler: VC++ ˅

Execution Result:

```
command>cl TestStackOfIntegers.cpp
Microsoft C++ Compiler 2019
Compiled successful (cl is the VC++ compile/link command)

command>TestStackOfIntegers
9 8 7 6 5 4 3 2 1 0

command>
```

　　如何实现 StackOfIntegers 类呢？栈中的元素存储在名为 elements 的数组中。创建栈时，也会创建数组。无参数构造函数将 size 初始化为 0。变量 size 记录栈中元素的数量，size-1 是栈顶部元素的索引，如图 10.19 所示。对于空栈而言，size 为 0。

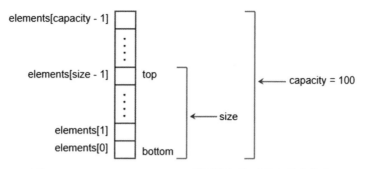

图 10.19　`StackOfIntegers` 类用数组将元素存储在栈中

`StackOfIntegers` 类在 LiveExample 10.16 中实现。

LiveExample 10.16 的互动程序请访问 https://liangcpp.pearsoncmg.com/LiveRunCpp5e/faces/LiveExample.xhtml?header=off&programName=StackOfIntegers&fileType=.cpp&programHeight=550&resultVisible=false。

LiveExample 10.16　StackOfIntegers.cpp

Source Code Editor:

```cpp
1   #include "StackOfIntegers.h"
2
3   StackOfIntegers::StackOfIntegers()
4   {
5     size = 0;
6   }
7
8   bool StackOfIntegers::empty() const
9   {
10    return size == 0;
11  }
12
13  int StackOfIntegers::peek() const
14  {
15    return elements[size - 1];
16  }
17
18  void StackOfIntegers::push(int value)
19  {
20    elements[size++] = value;
21  }
22
23  int StackOfIntegers::pop()
24  {
25    return elements[--size];
26  }
27
28  int StackOfIntegers::getSize() const
29  {
30    return size;
31  }
```

Answer　Reset

10.10　构造函数初始化列表

要点提示：构造函数初始化列表可用于设置对象数据字段的初始值。

可以用以下语法中的构造函数**初始化列表**在构造函数中初始化数据字段：

```
ClassName(parameterList)
  : datafield1(value1), datafield2(value2) // Initializer list
{
  // Additional statements if needed
}
```

初始化列表用 value1 初始化数据字段 datafield1，用 value2 初始化数据字段 datafield2。例如，参见以下构造函数。

```
Circle::Circle():radius(1)        Circle::Circle()
{                                 {
}                                     radius = 1;
                                  }
```

(a) 使用构造函数初始化列表初始化数据字段　　(b) 在构造函数体内初始化数据

（b）中的构造函数没有使用初始化列表，这样做实际上比（a）更直观。但是，对于没有无参数构造函数的情况，使用初始化列表初始化对象数据字段是必要的。

在 C++ 中，可以声明对象数据字段。例如，name 在以下代码中被声明为 string 对象：

```
class Student
{
public:
  Student();
private:
  string name;
};
```

但是，在类中声明对象数据字段与如下所示在函数中声明局部对象不同：

```
int main()
{

  string name;
};
```

作为对象数据字段，对象在声明时不会被创建。而在函数中声明的对象，则在声明时被创建。

在 C++11 中，基元数据字段声明时可以带有初始值。但是，对象类型的数据字段必须用无参数构造函数声明。例如，以下代码是错误的：

```
class Student
{
public:
  Student();
private:
  int age = 5; // OK
  string name("Peter"); // Wrong, must use a no-arg constructor
};
```

正确的声明是：

```
class Student
{
public:
  Student();
private:
  int age = 5;
  string name; // Declare a data field of the string type
};
```

　　如果数据字段是对象类型，会自动调用该对象类型的无参数构造函数来构造数据字段的对象。如果无参数构造函数不存在，将发生编译错误。例如，LiveExample 10.17 中的代码有一个错误，因为 Action 类中的 time 数据字段（第 42 行）是没有无参数构造函数的 Time 类。

　　LiveExample 10.17 的互动程序请访问 https://liangcpp.pearsoncmg.com/LiveRunCpp5e/faces/LiveExample.xhtml?header=off&programName=NoArgConstructorNeeded&fileType=.cpp&programHeight=880&resultHeight=160。

LiveExample 10.17　NoArgConstructorNeeded.cpp

Source Code Editor:

```
1   #include <iostream>
2   #include <string>
3   using namespace std;
4
5   class Time
6   {
7   public:
8     Time(int newHour, int newMinute, int newSecond)
9     {
10        hour = newHour;
11        minute = newMinute;
12        second = newSecond;
13    }
14
15    int getHour()
16    {
17      return hour;
18    }
19
20  private:
21    int hour;
22    int minute;
23    int second;
24  };
25
26  class Action
27  {
28  public:
29    Action(const string& newActionName, int hour, int minute, int second)
30    {
31      actionName = newActionName;
32      time = Time(hour, minute, second);
33    }
34
```

```
35    Time getTime()
36-   {
37        return time;
38    }
39
40  private:
41    string actionName;
42    Time time;
43  };
44
45  int main()
46- {
47    Action action("Go to class", 11, 30, 0);
48    cout << action.getTime().getHour() << endl;
49
50    return 0;
51  }
```

Compile/Run   Reset   Choose a Compiler: VC++ ∨

Execution Result:

```
c:\example>cl NoArgConstructorNeeded.cpp
Microsoft C++ Compiler 2017
NoArgConstructorNeeded.cpp(29): error C2512: 'Time': no no-arg constructor
available
NoArgConstructorNeeded.cpp(6): note: see declaration of 'Time'

c:\example>
```

要纠正此错误，必须用 LiveExample 10.18 中所示的构造函数初始化列表。数据字段 time 需使用初始化列表来初始化（第 30 行）。

LiveExample 10.18 的互动程序请访问 https://liangcpp.pearsoncmg.com/LiveRunCpp5e/faces/ LiveExample.xhtml?header=off&programName=UseConstructorInitializer&fileType=.cpp&programHeight=880&resultHeight=160。

LiveExample 10.18   UseConstructorInitializer.cpp

Source Code Editor:

```
1   #include <iostream>
2   #include <string>
3   using namespace std;
4
5   class Time
6-  {
7   public:
8     Time(int newHour, int newMinute, int newSecond)
9-    {
10       hour = newHour;
11       minute = newMinute;
12       second = newSecond;
13    }
14
15    int getHour()
```

```
16     {
17         return hour;
18     }
19
20   private:
21       int hour;
22       int minute;
23       int second;
24   };
25
26   class Action
27   {
28   public:
29       Action(const string& newActionName, int hour, int minute, int second)
30           :time(hour, minute, second)
31       {
32           actionName = newActionName;
33       }
34
35       Time getTime()
36       {
37           return time;
38       }
39
40   private:
41       string actionName;
42       Time time;
43   };
44
45   int main()
46   {
47       Action action("Go to class", 11, 30, 0);
48       cout << action.getTime().getHour() << endl;
49
50       return 0;
51   }
```

Automatic Check   Compile/Run   Reset   Answer   Choose a Compiler: VC++ ∨

Execution Result:

```
command>cl UseConstructorInitializer.cpp
Microsoft C++ Compiler 2019
Compiled successful (cl is the VC++ compile/link command)

command>UseConstructorInitializer
11

command>
```

10.11 类设计指南

要点提示： 类设计指南有助于设计完美的类。

本章主要涉及面向对象的设计。虽然有许多面向对象的方法论，但 UML 已经成为面向对象建模的行业标准表示法，并且它本身也导致了一种方法论。设计类的过程需要识别类并发现它们之间的关系。

从本章的示例和前面章节的许多其他示例中我们已经学习了如何设计类。以下是一些设计原则。

10.11.1   内聚性

一个类应该描述单个实体，而所有类操作应该在逻辑上配合以支持一个一致的目的。例如，可以将学生建为一个类，但不应将学生和教职工合并在同一个类中，因为学生和教职工是不同的实体。

如果一个实体的职责过多，则可以分解为多个类以分离职责。

10.11.2   一致性

应该遵循标准的程序设计风格和命名约定。为类、数据字段和函数选择有意义的名称。C++ 中流行的一种风格是将数据声明放在函数之后，并将构造函数放在所有函数之前。

选择名称遵循一致性。用函数重载的方法为类似的操作选择相同的名称是一种很好的做法。

通常，应该提供一个公共无参数构造函数来构造默认实例。如果类不支持无参数构造函数，应在文档上给出原因。如果没有明确定义构造函数，则应假定为具有空函数体的公共默认无参数构造函数。

10.11.3   封装性

类应该用 `private` 修饰符来隐藏其数据，以免数据被直接访问。这使该类易于维护。

仅当字段可读时才提供取值函数，仅当字段可更新时才提供赋值函数。类还应隐藏不供用户使用的函数。此类函数应定义为私有。

10.11.4   清晰性

内聚性、一致性和封装性是实现设计清晰性的良好准则。此外，类应该有一个清晰的、易于解释和理解的契约。

用户可能以许多不同的组合、顺序和环境来合并类。因此，一个恰当的类设计，应该不限制用户用该类做什么，也不限制用户何时使用该类。类的属性设计也应该允许用户以任意顺序和任意值组合的方式设置属性，而函数的设计也应该使函数独立于其出现顺序。例如，LiveExample 9.13 中的 `Loan` 类包含函数 `setLoanAmount`、`setNumberOfYears` 和 `setAnnualInterestRate`。这些属性的值可以按任意顺序设置。

不应声明可以从其他数据字段派生的数据字段。例如，以下 `Person` 类有两个数据字段：`birthDate` 和 `age`。由于 `age` 可以从 `birthDate` 派生，因此 `age` 不应声明为数据字段。

```
class Person
{
public:
  ...
private:
  Date birthDate;
  int age;
}
```

10.11.5 完整性

类是为很多不同的用户设计的。为了能用在广泛的应用程序中，类应该通过属性和函数提供多种自定义方式。例如，`string` 类包含 20 多个对各种应用程序有用的函数。

10.11.6 实例与静态

依赖于类特定实例的变量或函数应该是实例变量或实例函数。类所有实例共享的变量应声明为静态变量。例如，LiveExample10.9 的变量 `numberOfObjects` 由 Circle 类的所有对象共享，因此应声明为静态。不依赖于特定实例的函数应定义为静态函数。例如，Circle 类中的 `getNumberOfObjects` 函数未绑定到任何特定实例，因此被定义为静态函数。

应该始终通过类名（而不是对象）引用静态变量和函数，以提高可读性并避免错误。

构造函数始终是实例，因为它用于创建特定的实例。可以通过实例函数调用静态变量或函数，但不能通过静态函数调用实例变量或函数。

关键术语

aggregation（聚合）	instance function（实例函数）
composition（组合）	instance variable（实例变量）
constant function（常量函数）	multiplicity（多重性）
constructor initializer list（构造函数初始化列表）	static function（静态函数）
has-a relationship（拥有关系）	static variable（静态变量）
instance data field（实例数据字段）	

章节总结

1. C++ `string` 类封装了一个字符数组，并提供许多处理字符串的函数，如 `append`、`assign`、`at`、`clear`、`erase`、`empty`、`length`、`c_str`、`compare`、`substr`、`find`、`insert` 和 `replace`。
2. C++ 支持用运算符（`[]`，`=`，`+`，`+=`，`<<`，`>>`，`==`，`!=`，`<`，`<=`，`>`，`>=`）来简化字符串操作。
3. 可以用 `cin` 读取以空白字符结尾的字符串，并用 `getline(cin, s, delimiterCharacter)` 读取以指定分隔符结尾的字符串。
4. 可以通过值传递或引用传递将对象传递给函数。考虑效率，首选引用传递。
5. 如果函数不需要更改传递的对象，那么要将对象参数定义为常量引用参数，以防止意外修改对象的数据。
6. 实例变量或函数属于该类的实例。它的使用与单个实例相关。
7. 静态变量是由同一个类的所有实例共享的变量。
8. 静态函数是可以在不使用实例的情况下被调用的函数。
9. 类的每个实例都可以访问该类的静态变量和函数。但清楚起见，最好用 `ClassName::staticVariable` 和 `ClassName::functionName(arguments)` 调用静态变量和函数。
10. 如果函数不需要更改对象的数据字段，那么要把函数定义为常量函数以防止错误。
11. 常量函数不会更改任何数据字段的值。
12. 通过在函数声明的末尾放置 `const` 修饰符，可以将成员函数指定为常量。
13. 面向对象的方法将面向过程范式的能力与增加的维度相结合，该维度将数据和操作集成到对象中。
14. 面向过程范式侧重于设计函数。面向对象范式将数据和函数耦合到对象中。
15. 面向对象范式的软件设计侧重于对象和对象上的操作。

16. 一个对象可以包含另一个对象。两者之间的关系称为组合。

17. 类设计的设计准则有内聚性、一致性、封装性、清晰性和完整性。

编程练习

互动程序请访问 https://liangcpp.pearsoncmg.com/CheckExerciseCpp/faces/CheckExercise5e.xhtml?chapter=10&programName=Exercise10_01。

10.2～10.6 节

*10.1 （变位字符串）编写一个函数，检查两个单词是否为变位字符串。如果两个单词以任一顺序包含相同的字母，那么它们就是变位字符串。例如，silent 和 listen 是两个变位字符串。函数头如下：

```
bool isAnagram(const string& s1, const string& s2)
```

编写一个测试程序，提示用户输入两个字符串，并判断它们是否为变位字符串。

```
Sample Run for Exercise10_01.cpp

Enter input data for the program (Sample data provided below. You may modify it.)

silent
listen

[ Show the Sample Output Using the Preceeding Input ]  [ Reset ]

Execution Result:

command>Exercise10_01
Enter a string s1: silent
Enter a string s2: listen
silent and listen are anagrams

command>
```

*10.2 （公共字符）编写一个函数，用以下函数头返回两个字符串的公共字符：

```
string commonChars(const string& s1, const string& s2)
```

编写一个测试程序，提示用户输入两个字符串并显示它们的公共字符。

```
Sample Run for Exercise10_02.cpp

Enter input data for the program (Sample data provided below. You may modify it.)

abcd
aecaten

[ Show the Sample Output Using the Preceeding Input ]  [ Reset ]

Execution Result:

command>Exercise10_02
Enter a string s1: abcd
Enter a string s2: aecaten
The common characters are ac

command>
```

**10.3 （生物信息学：寻找基因）生物学家使用字母 A、C、T 和 G 的序列来模拟基因组。基因是基因组的一个子串，在三元组 ATG 之后开始，在三元组 TAG、TAA 或 TGA 之前结束。此外，基因串的长度是 3 的倍数，并且基因不包含三元组 ATG、TAG、TAA 或 TGA。编写一个程序，提示用户输入基因组并显示基因组中的所有基因。如果在输入序列中没有找到基因，则显示没有基因。

```
Sample Run for Exercise10_03.cpp
Enter input data for the program (Sample data provided below. You may modify it.)

TTATGTTTTAAGGATGGGGCGTTAGTT

Show the Sample Output Using the Preceeding Input    Reset

Execution Result:

command>Exercise10_03
Enter a genome string: TTATGTTTTAAGGATGGGGCGTTAGTT
TTT
GGG

command>
```

10.4 （对字符串中的字符进行排序）编写一个函数，用以下函数头返回已排序的字符串：

```
string sort(string& s)
```

编写一个测试程序，提示用户输入字符串并显示新的排序字符串。

```
Sample Run for Exercise10_04.cpp
Enter input data for the program (Sample data provided below. You may modify it.)

silent

Show the Sample Output Using the Preceeding Input    Reset

Execution Result:

command>Exercise10_04
Enter a string s: silent
The sorted string is eilnst

command>
```

*10.5 （检查回文）编写以下函数以判断字符串是否为回文，假设字母不区分大小写：

```
bool isPalindrome(const string& s)
```

编写一个测试程序，读取字符串并显示它是否是回文。

```
Sample Run for Exercise10_05.cpp
Enter input data for the program (Sample data provided below. You may modify it.)

ABa

Show the Sample Output Using the Preceeding Input    Reset

Execution Result:

command>Exercise10_05
Enter a string: ABa
ABa is a palindrome

command>
```

*10.6 （统计字符串中的字母个数）使用 string 类改写编程练习 7.35 中的 countLetters 函数，如下所示：

```
int countLetters(const string& s)
```

编写一个测试程序，读取字符串并显示字符串中的字母个数。

```
Sample Run for Exercise10_06.cpp

Enter input data for the program (Sample data provided below. You may modify it.)

Programming 101

[ Show the Sample Output Using the Preceeding Input ]  [ Reset ]

Execution Result:

command>Exercise10_06
Enter a string: Programming 101
The number of letters in Programming 101 is 11

command>
```

10.7 （统计字符串中每个字母的出现次数）使用 string 类改写编程练习 7.37 中的 count 函数，如下所示：

```
void count(const string& s, int counts[], int size)
```

其中 size 表示数组 count 的大小。在这种情况下，它的值为 26。字母不区分大小写，即字母 A 和 a 看作同一个字母。

编写一个测试程序，读取字符串，调用 count 函数，并显示字母的出现次数。

```
Sample Run for Exercise10_07.cpp

Enter input data for the program (Sample data provided below. You may modify it.)

Programing is fun

[ Show the Sample Output Using the Preceeding Input ]  [ Reset ]

Execution Result:

command>Exercise10_07
Programing is fun
a: 1 time
f: 1 time
g: 2 times
i: 2 times
m: 1 time
n: 2 times
o: 1 time
p: 1 time
r: 2 times
s: 1 time
u: 1 time

command>
```

*10.8 （金融应用：货币单位）改写 LiveExample 2.12，以解决将浮点值转换为整数值时可能造成精度损失的问题。以字符串的形式输入，如 "11.67"。程序提取小数点前的美元金额和小数点后的美分金额。

```
Sample Run for Exercise10_08.cpp

Enter input data for the program (Sample data provided below. You may modify it.)

11.67
```

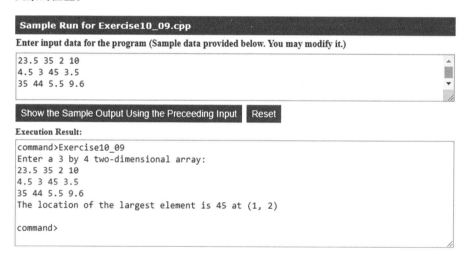

10.7 节

**10.9 （Location 类）设计一个名为 Location 的类，定位二维数组中的最大值及其位置。该类包含公共数据字段 row、column 和 maxValue，来存储二维数组中的最大值及其索引，row 和 column 为 int 类型，maxValue 为 double 类型。

编写以下函数，返回二维数组中最大元素的位置。假设列大小是固定的。

```
const int ROW_SIZE = 3;
const int COLUMN_SIZE = 4;
Location locateLargest(const double a[][COLUMN_SIZE]);
```

返回值是 Location 的实例。编写一个测试程序，提示用户输入二维数组，并显示数组中最大元素的位置。

Sample Run for Exercise10_09.cpp

Enter input data for the program (Sample data provided below. You may modify it.)

```
23.5 35 2 10
4.5 3 45 3.5
35 44 5.5 9.6
```

Show the Sample Output Using the Preceeding Input   Reset

Execution Result:

```
command>Exercise10_09
Enter a 3 by 4 two-dimensional array:
23.5 35 2 10
4.5 3 45 3.5
35 44 5.5 9.6
The location of the largest element is 45 at (1, 2)

command>
```

10.10 （MyInteger 类）设计一个名为 MyInteger 的类。该类包含以下内容：

- 名为 value 的 int 数据字段，存储此对象表示的 int 值。
- 为指定的 int 值创建 MyInteger 对象的构造函数。
- 返回 int 值的常量取值函数。
- 如果值分别为偶数、奇数或质数，则常量函数 isEven()、isOdd() 和 isPrime() 分别返回 true。
- 如果指定值分别为偶数、奇数或质数，则静态函数 isEven(int)、isOdd(int) 和 isPrime(int) 分别返回 true。
- 如果指定值分别为偶数、奇数或质数，则静态函数 isEven(const MyInteger&)、isOdd(const MyInteger&)、isPrime(const MyInteger&) 分别返回 true。
- 如果对象中的值等于指定值，则常量函数 equals(int) 和 equals(const MyInteger&)

分别返回 true。

- 静态函数 parseInt(const string&) 将字符串转换为 int 值。

绘制类的 UML 图并实现它。编写一个客户程序来测试类中的所有函数。用 https://liangcpp.pearsoncmg.com/test/Exercise10_10.txt 中的模板编写代码。

10.11 （修改 Loan 类）改写 LiveExample 9.13 中的 Loan 类，如下所示添加两个静态函数来计算每月还款金额和总还款金额：

```
double getMonthlyPayment(double annualInterestRate,
    int numberOfYears, double loanAmount)
double getTotalPayment(double annualInterestRate,
    int numberOfYears, double loanAmount)
```

编写一个客户程序来测试这两个函数。

10.8 ～ 10.11 节

10.12 （Stock 类）设计一个名为 Stock 的类，该类包含以下内容：
- 名为 symbol 的 string 数据字段，用于表示股票代码。
- 名为 name 的 string 数据字段，用于表示股票名称。
- 名为 previousClosingPrice 的 double 数据字段，用于存储前一天的股价。
- 名为 currentPrice 的 double 数据字段，用于存储当前时间的股价。
- 创建具有指定 symbol 和 name 的股票的构造函数。
- 所有数据字段的常量取值函数。
- previousClosingPrice 和 currentPrice 的赋值函数。
- 名为 getChangePercent() 的常量函数，返回从 previousClosingPrice 变化为 currentPrice 的百分比。

绘制类的 UML 图并实现类。编写一个测试程序，创建一个 Stock 对象，其股票代码为 MSFT，名称为 Microsoft Corporation，前一天的股价设置为 27.5。将当天的股价设置为 27.6，并显示它的价格变化百分比。

10.13 （几何：n 边正多边形）n 边正多边形有 n 条相同长度的边，且其所有角度都相同（即多边形既等边又等角）。设计一个名为 RegularPolygon 的类，该类包含以下内容：
- 名为 n 的私有 int 数据字段，用于定义多边形中的边数。
- 名为 side 的私有 double 数据字段，用于存储边长。
- 名为 x 的私有 double 数据字段，用于定义多边形中心的 x 坐标。
- 名为 y 的私有 double 数据字段，用于定义多边形中心的 y 坐标。
- 无参数构造函数，用于创建 n 为 3、side 为 1、x 为 0 和 y 为 0 的正多边形。
- 构造函数，用于创建具有指定边数和边长的正多边形，并以 (0, 0) 为中心。
- 构造函数，用于创建具有指定边数、边长以及 x 和 y 坐标的正多边形。
- 所有数据字段的常量取值函数和赋值函数。
- 返回多边形周长的常量函数 getPerimeter()。
- 返回多边形面积的常量函数 getArea()。计算正多边形面积的公式为

$$面积 = \frac{n \times s^2}{4 \times \tan\left(\frac{\pi}{n}\right)}$$

绘制类的 UML 图并实现类。编写一个测试程序，使用无参数构造函数、RegularPolygon(6, 4) 和 RegularPolygon(10, 4, 5.6, 7.8) 创建三个 RegularPolygon 对象。对于每个对象，显示其周长和面积。

*10.14 （显示质数）编写一个程序，以降序显示所有小于 120 的质数。使用 StackOfIntegers 类存

储质数（例如，2，3，5，…），并以相反的顺序检索和显示它们。

***10.15 （游戏：hangman）编写一个 hangman 游戏，随机生成一个单词，并提示用户一次猜一个字母，如示例运行所示。单词中的每个字母都显示为星号。当用户猜测正确时，显示实际的字母。当用户完成一个单词时，显示未猜中的次数，并询问用户是否继续输入另一个单词。如下所示，声明一个数组来存储单词：

```
// Use any words you wish
string words[] = {"write", "that", ...};
```

Sample Run for Exercise10_15.cpp

Enter input data for the program (Sample data provided below. You may modify it.)

```
a b c d e f g h i j k l m n o p q r s t u v w x y z
```

Show the Sample Output Using the Preceeding Input   Reset

Execution Result:

```
command>Exercise10_15
(Guess) Enter a letter in word ******* > p
(Guess) Enter a letter in word p****** > r
(Guess) Enter a letter in word pr**r** > p
        p is already in the word
(Guess) Enter a letter in word pr**r** > o
(Guess) Enter a letter in word pro*r** > g
(Guess) Enter a letter in word progr** > n
        n is not in the word
(Guess) Enter a letter in word progr** > m
(Guess) Enter a letter in word progr*m > a
The word is program. You missed 1 time
Do you want to guess for another word? Enter y or n> t

command>
```

*10.16 （显示质数因子）编写一个程序，提示用户输入一个正整数，并按降序显示其所有最小因子。例如，如果整数为 120，则最小因子显示为 5，3，2，2，2。使用 StackOfIntegers 类存储因子（例如，2，2，2，3，5），并按相反顺序检索和显示因子。

第 11 章

Introduction to C++ Programming and Data Structures, Fifth Edition

指针与动态内存管理

学习目标

1. 描述指针是什么（11.1 节）。
2. 学习如何声明指针并把一个内存地址赋值给它（11.2 节）。
3. 通过指针访问值（11.2 节）。
4. 用 typedef 关键字定义同义类型（11.3 节）。
5. 声明常量指针和常量数据（11.4 节）。
6. 探索数组和指针之间的关系（11.5 节）。
7. 用指针访问数组元素（11.6 节）。
8. 向函数传递指针参数（11.7 节）。
9. 学习如何从函数返回指针（11.8 节）。
10. 用 new 运算符创建动态数组（11.9 节）。
11. 动态创建对象并通过指针访问对象（11.10 节）。
12. 用 this 指针引用调用对象（11.11 节）。
13. 实现执行自定义操作的析构函数（11.12 节）。
14. 为注册课程的学生设计一个类（11.13 节）。
15. 使用复制构造函数创建一个对象，该构造函数从另一个相同类型的对象复制数据（11.14 节）。
16. 自定义执行深层复制的复制构造函数（11.15 节）。

11.1 简介

要点提示：指针变量也称为指针。可以用指针引用数组、对象或任何变量的地址。

指针是 C++ 最强大的功能之一。它是 C++ 程序设计语言的核心和灵魂。许多 C++ 语言特性和库都是用指针构建的。为了了解为什么需要指针，让我们考虑编写一个处理未指定数量整数的程序。我们用数组来存储整数。但如果不知道数组的大小，如何创建数组呢？数组大小可能会随着添加或删除整数而改变。为了解决这个问题，程序需要能在运行时为整数动态分配和释放内存。这可以用指针来完成。

11.2 指针基础

要点提示：指针变量保存内存地址。通过指针，可以用解引用运算符 * 访问特定内存位置上的实际值。

指针变量（简称**指针**）被声明为将内存地址作为其值。通常，变量包含一个数据值，例如，一个整数、一个浮点值或一个字符。但指针包含的是变量的内存地址，而变量再包含数据值。如图 11.1 所示，指针 pCount 包含变量 count 的内存地址。

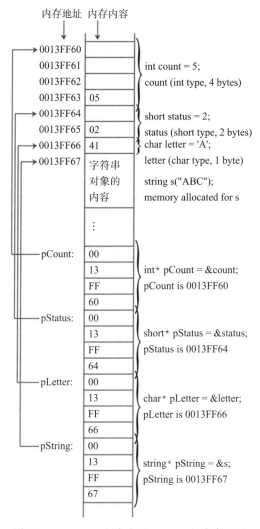

图 11.1　pCount 包含变量 count 的内存地址

内存的每个字节都有一个唯一的地址。变量的地址是分配给该变量的内存第一个字节的地址。假设四个变量 count、status、letter 和 s 声明如下：

```
int count = 5;
short status = 2;
char letter = 'A';
string s("ABC");
```

如图 11.1 所示，变量 count 被声明为包含四个字节的 int 类型，变量 status 被声明为包含两个字节的 short 类型，变量 letter 被声明为包含一个字节的 char 类型。请注意，'A' 的 ASCII 码是十六进制 41。变量 s 被声明为 string 类型，其内存大小可能会根据字符串中的字符数而改变，但一旦声明字符串，字符串的内存地址是固定的。

与任何其他变量一样，指针必须在使用之前声明。声明指针使用以下语法：

```
dataType* pVarName;
```

每个声明为指针的变量前面必须有星号（*）。例如，以下语句声明了名为 pCount、

pStatus，pLetter 和 pString 的指针，它们可以分别指向 int 变量、short 变量、char 变量和字符串：

```cpp
int* pCount;
short* pStatus;
char* pLetter;
string* pString;
```

现在可以将变量的地址赋值给指针。例如，以下代码将变量 count 的地址赋值给 pCount：

```cpp
pCount = &count;
```

与符号（&）在置于变量前面时被称为**地址运算符**。它是返回变量地址的一元运算符。所以，可以把 &count 念成 "count 的地址"。

LiveExample 11.1 给出了一个演示指针用法的完整示例。

LiveExample 11.1 的互动程序请访问 https://liangcpp.pearsoncmg.com/LiveRunCpp5e/faces/LiveExample.xhtml?header=off&programName=TestPointer&programHeight=270&resultHeight=190。

LiveExample 11.1   TestPointer.cpp

Source Code Editor:

```cpp
1  #include <iostream>
2  using namespace std;
3
4  int main()
5  {
6    int count = 5;
7    int* pCount = &count; // pCount is a pointer for count
8
9    cout << "The value of count is " << count << endl;
10   cout << "The address of count is " << &count << endl;
11   cout << "The address of count is " << pCount << endl;
12   cout << "The value of count is " << *pCount << endl;
13
14   return 0;
15 }
```

Compile/Run   Reset   Answer   Choose a Compiler: VC++ ∨

Execution Result:

```
command>cl TestPointer.cpp
Microsoft C++ Compiler 2019
Compiled successful (cl is the VC++ compile/link command)

command>TestPointer
The value of count is 5
The address of count is 002CFAE8
The address of count is 002CFAE8
The value of count is 5

command>
```

第 6 行声明了一个名为 count 的变量，其初始值为 5。第 7 行声明了名为 pCount 的指针变量，并用变量 count 的地址初始化。图 11.1 显示了 count 和 pCount 之间的关系。

指针可以在声明时初始化，也可以使用赋值语句初始化。但是，如果将地址赋值给指针，语法为

```
pCount = &count; // Correct
```

而不是

```
*pCount = &count; // Wrong
```

第 10 行使用 &count 显示 count 地址。第 11 行显示 pCount 中存储的值，与 &count 相同。存储在 count 中的值可以从第 9 行的 count 中直接检索，也可以通过使用第 12 行的 *pCount 的指针变量间接检索。

通过指针引用值通常称为间接引用。从指针引用值的语法为

```
*pointer
```

例如，可以使用以下语句使 count 增加：

```
count++; // Direct reference
```

或

```
(*pCount)++; // Indirect reference
```

前面语句中使用的星号（*）称为**间接引用运算符**或**解引用运算符**（解引用表示间接引用）。当指针被**解引用**时，将检索存储在指针中的地址处的值。可以将 *pCount 念为"pCount 间接指向的值"，也可以简单地说"由 pCount 指向"。

关于指针，以下几点值得注意：
● 星号（*）可以在 C++ 中以三种不同的方式使用：
1. 作为乘法运算符，例如

```
double area = radius * radius * 3.14159 ;
```

2. 声明指针变量，例如

```
int* pCount = &count;
```

3. 作为解引用运算符，例如

```
(*pCount)++;
```

别担心。编译器能知道符号 * 在程序中用作什么。
● 如果指针变量用 int 或 double 等类型声明，则必须赋给指针相同类型变量的地址。如果变量的类型与指针的类型不匹配，则为语法错误。例如，以下代码错误：

```
int area = 1;
double* pArea = &area; // Wrong
```

可以将指针赋给相同类型的另一个指针，但不能将指针赋给非指针变量。例如，以下代

码错误：

```cpp
int area = 1;
int* pArea = &area;
int i = pArea; // Wrong
```

- 指针是变量。因此，变量的命名约定适用于指针。到目前为止，我们已经用前缀 p 命名了指针，例如 pCount 和 pArea。然而，都按照这个约定做是不可能的。很快你就会意识到数组名实际上是指针。

- 与局部变量一样，如果你没有初始化局部指针，它会被赋予一个任意值。指针可以初始化为 0，这是一个特殊的值，用于指示指针指向空。为了防止错误，应该始终初始化指针。解引用未初始化的指针可能会导致致命的运行时错误，或者会意外修改重要数据。包括 <iostream> 在内的许多 C++ 库将 NULL 定义成值为 0 的常量。使用 NULL 比使用 0 更具描述性。C++11 为空指针引入了一个新的关键字 nullptr。使用 nullptr 比使用 NULL 要好，因为 NULL 可能会在程序中被意外重新定义。

假设 pX 和 pY 是变量 x 和 y 的两个指针变量，如图 11.2a 所示。为了理解变量及其指针之间的关系，让我们研究一下将 pY 赋给 pX 和将 *pY 赋给 *pX 的效果。

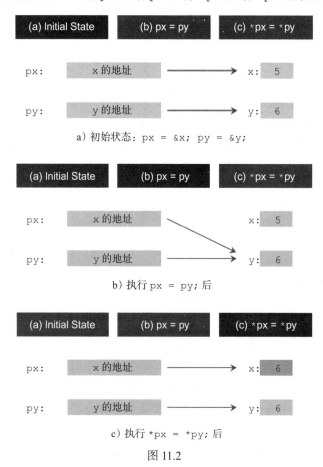

图 11.2

语句 pX=pY 将 pY 的内容赋给 pX。pY 的内容是变量 y 的地址。因此，在该赋值之后，pX 和 pY 包含相同的内容，如图 11.2b 所示。

现在考虑 *pX=*pY。pX 和 pY 前面有星号时，将处理 pX 和 pY 所指向的变量。*pX 是指 x 中的内容而 *pY 是指 y 中的内容。因此，语句 *pX=*pY 将 6 赋值给 *pX，如图 11.2c 所示。

可以用以下语法声明 int 指针：

```
int* p;
```

或

```
int *p;
```

或

```
int * p;
```

所有这些语句都是等价的。哪一个更好与个人喜好有关。本书使用 int* p 样式声明指针，有两个原因：

1. int* p 清楚地将 int* 类型与标识符 p 区分开来。p 是 int* 类型，而不是 int 类型。

2. 在本书的后面，你将看到函数可能会返回指针。将函数头写为

```
typeName* functionName(parameterList);
```

而不是

```
typeName *functionName(parameterList);
```

会更直观。

使用 int* p 样式语法的一个缺点是它可能会导致如下错误：

```
int* p1, p2;
```

这一行似乎声明了两个指针，但实际上是

```
int *p1, p2;
```

我们建议始终在单行中声明指针变量，如下所示：

```
int* p1;
int* p2;
```

11.3 使用 typedef 关键字定义同义类型

要点提示：同义类型可以用 typedef 关键字定义。

回想一下，unsigned 类型与 unsigned int 同义。C++ 支持用 typedef 关键字定义自定义同义类型。同义类型可简化编码并避免潜在错误。

为现有数据类型定义新同义词的语法如下：

```
typedef existingType newType;
```

例如，以下语句将 integer 定义为 int 的同义词：

```
typedef int integer;
```

因此，现在可以使用

```
integer value = 40;
```

声明一个 int 变量。

typedef 声明不会创建新的数据类型，它只创建数据类型的同义词。此特性在定义指针类型名称时非常有用，使程序易于阅读。例如，可以如下所示为 int* 定义一个名为 intPointer 的类型：

```
typedef int* intPointer;
```

整数指针变量现在可以如下声明：

```
intPointer p;
```

这与下面声明相同：

```
int* p;
```

使用指针类型名称的一个优点是避免了缺少星号的错误。如果要声明两个指针变量，以下声明是错误的：

```
int* p1, p2;
```

避免此错误的一个好方法是使用同义类型 intPointer，如下所示：

```
intPointer p1, p2;
```

用此语法，p1 和 p2 都声明为 intPointer 类型的变量。

11.4　将 const 与指针一起使用

要点提示：常量指针指向常量内存位置，但内存位置中的实际值可以更改。

我们已经学习了如何使用 const 关键字声明常量。一旦声明，常量不能改变。我们还可以声明**常量指针**。例如：

```
double radius = 5;
double* const p = &radius;
```

这里 p 是一个常量指针。它必须在同一语句中声明和初始化。以后不能为 p 赋值新地址。虽然 p 是常量，但 p 指向的数据不是常量。你可以改变它。例如，以下语句将半径更改为 10：

```
*p = 10;
```

能声明解引用的数据是常量吗？可以的，如下所示在数据类型前面添加 const 关键字：

在这种情况下，指针是常量，指针指向的数据也是常量。

如果将指针声明为

```
const double* p = &radius;
```

那么指针不是常量，但是指针指向的数据是常量。例如：

```
double radius = 5;
double* const p = &radius;
double length = 5;
*p = 6; // OK
p = &length; // Wrong because p is constant pointer
const double* p1 = &radius;
*p1 = 6; // Wrong because p1 points to a constant data
p1 = &length; // OK
const double* const p2 = &radius;
*p2 = 6; // Wrong because p2 points to a constant data
p2 = &length; // Wrong because p2 is a constant pointer
```

11.5 数组和指针

要点提示：C++ 数组名实际上是指向数组第一个元素的常量指针。

数组名实际上表示数组的起始地址。从这个意义上讲，数组本质上是一个指针。假设如下所示声明一个 int 值数组：

```
int list[6] = {11, 12, 13, 14, 15, 16};
```

以下语句显示数组的起始地址：

```
cout << "The starting address of the array is " << list << endl;
```

图 11.3 显示了内存中的数组。C++ 允许用解引用运算符访问数组中的元素。要访问第一个元素，用 *list。其他元素可以用 *(list+1)，*(list+2)，*(list+3)，*(list+4) 和 *(list+5) 访问。

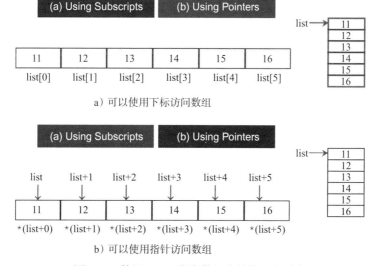

图 11.3 数组 list 指向数组中的第一个元素

整数可以加到指针上或从指针上减去，指针则会按指针所指元素的大小整数倍递增或递减。

数组 list 指向数组的起始地址。假设这个地址是 1000。list+1 是 1001 吗？不。它是 1000+sizeof(int)。为什么？由于 list 声明为 int 元素的数组，C++ 通过添加 sizeof(int) 自动计算下一个元素的地址。回想 sizeof(type) 函数返回数据类型的大小（参见 2.8 节）。每个数据类型的大小取决于机器。在 Windows 上，int 类型的大小通常为 4。因此，无论列表的每个元素有多大，list+1 都会指向列表的第二个元素，list+2 指向第三个元素，以此类推。

注意：现在你看到了为什么数组索引以 0 开头。数组实际上是一个指针。list+0 指向数组的第一个元素，list[0] 表示数组的第一个元素。

LiveExample 11.2 给出了一个完整的程序，它使用指针访问数组元素。

LiveExample 11.2 的互动程序请访问 https://liangcpp.pearsoncmg.com/LiveRunCpp5e/faces/LiveExample.xhtml?header=off&programName=ArrayPointer&programHeight=260&resultHeight=240。

LiveExample 11.2   ArrayPointer.cpp

Source Code Editor:

```
 1  #include <iostream>
 2  using namespace std;
 3
 4  int main()
 5  {
 6    int list[6] = {11, 12, 13, 14, 15, 16};
 7
 8    for (int i = 0; i < 6; i++)
 9      cout << "address: " << (list + i) <<
10          " value: " << *(list + i) << " " <<
11          " value: " << list[i] << endl;
12
13    return 0;
14  }
```

Compile/Run   Reset   Answer   Choose a Compiler: VC++ ∨

Execution Result:

```
command>cl ArrayPointer.cpp
Microsoft C++ Compiler 2019
Compiled successful (cl is the VC++ compile/link command)

command>ArrayPointer
address: 00B2F854 value: 11   value: 11
address: 00B2F858 value: 12   value: 12
address: 00B2F85C value: 13   value: 13
address: 00B2F860 value: 14   value: 14
address: 00B2F864 value: 15   value: 15
address: 00B2F868 value: 16   value: 16

command>
```

如示例输出所示，数组 list 的地址为 00B2F854。所以 (list+1) 实际上是 00B2F854+4，(list+2) 是 00B2F854+2*4（第 9 行）。使用指针解引用 *(list+1) 访问数组元素（第 10 行）。第 11 行使用 list[i] 通过索引访问数组元素，这相当于 *(list+i)。

警告： `*(list+1)` 与 `*list+1` 不同。解引用运算符（`*`）优先于 `+`。因此，`*list+1` 将 1 与数组中第一个元素的值相加，而 `*(list+1)` 解引用在地址 `(list+1)` 处的数组元素。

注意： 可以使用关系运算符（`==`，`!=`，`<`，`<=`，`>`，`>=`）比较指针，以判定它们的顺序。

数组和指针形成密切的关系。一个数组的指针可以像数组一样使用。甚至可以将指针与索引一起使用。LiveExample 11.3 给出了这样一个例子。

LiveExample 11.3 的互动程序请访问 https://liangcpp.pearsoncmg.com/LiveRunCpp5e/faces/LiveExample.xhtml?header=off&programName=PointerWithIndex&fileType=.cpp&programHeight=310&resultHeight=240。

LiveExample 11.3　PointerWithIndex.cpp

Source Code Editor:

```
1  #include <iostream>
2  using namespace std;
3
4  int main()
5  {
6    int list[6] = {11, 12, 13, 14, 15, 16};
7    int* p = list; // Assign array list to pointer p
8
9    for (int i = 0; i < 6; i++)
10     cout << "address: " << (list + i) <<
11       " value: " << *(list + i) << " " <<
12       " value: " << list[i] << " " <<
13       " value: " << *(p + i) << " " <<
14       " value: " << p[i] << endl;
15
16    return 0;
17  }
```

Compile/Run　Reset　Answer　　　　Choose a Compiler: VC++ ∨

Execution Result:

```
command>cl PointerWithIndex.cpp
Microsoft C++ Compiler 2019
Compiled successful (cl is the VC++ compile/link command)

command>PointerWithIndex
address: 00AFFEB8 value: 11  value: 11  value: 11  value: 11
address: 00AFFEBC value: 12  value: 12  value: 12  value: 12
address: 00AFFEC0 value: 13  value: 13  value: 13  value: 13
address: 00AFFEC4 value: 14  value: 14  value: 14  value: 14
address: 00AFFEC8 value: 15  value: 15  value: 15  value: 15
address: 00AFFECC value: 16  value: 16  value: 16  value: 16

command>
```

第 7 行声明了一个被赋值数组地址的 `int` 指针 `p`：

```
int* p = list;
```

注意，我们不用地址运算符（`&`）将数组的地址赋给指针，因为数组的名称已经是数组的起始地址。这行相当于

```
int* p = &list[0];
```

这里，&list[0] 表示 list[0] 的地址。

如本例所示，对于数组 list，可以使用数组语法 list[i] 和指针语法 *(list+i) 访问元素。当指针（如 p）指向数组时，可以用指针语法或数组语法来访问数组中的元素，即 *(p+i) 或 p[i]。可以用数组语法或指针语法来访问数组，以方便的为准。但数组和指针之间有一个区别。一旦声明了数组，就不能更改其地址。例如，以下语句是非法的：

```
int list1[10], list2[10];
list1 = list2; // Wrong
```

在 C++ 中，数组名实际上被视为常量指针。

C 字符串通常被称为**基于指针的字符串**，因为可以用指针方便地访问它们。例如，以下两个声明都可以：

```
char city[7] = "Dallas"; // Option 1
char* pCity = "Dallas";  // Option 2
```

每个声明都创建了一个序列，该序列包含字符 'D'、'a'、'l'、'l'、'a'、's' 和 '\0'。

可以用数组语法或指针语法访问 city 或 pCity。例如，以下各项

```
cout << city[1] << endl;
cout << *(city + 1) << endl;
cout << pCity[1] << endl;
cout << *(pCity + 1) << endl;
```

显示字符 a（字符串中的第二个元素）。

11.6 在函数调用中传递指针参数

要点提示：C++ 函数可以有指针参数。

我们已经学习了在 C++ 中向函数传递参数的两种方法：通过值传递和通过引用传递。也可以在函数调用中传递指针参数。指针参数可以通过值或引用传递。例如，可以如下定义函数：

```
void f(int* p1, int* &p2)
```

相当于

```
typedef int* intPointer;
void f(intPointer p1, intPointer& p2)
```

考虑用两个指针 q1 和 q2 调用函数 f(q1,q2)：

- 指针 q1 按值传递给 p1。所以 *p1 和 *q1 指向相同的内容。如果函数 f 改变 *p1（例如，*p1=20），则 *q1 也改变。然而，如果函数 f 改变 p1（例如，p1=somePointer-Variable），那么 q1 不改变。
- 指针 q2 通过引用传递给 p2。所以 q2 和 p2 现在互为别名，它们本质上是相同的。如果函数 f 改变 *p2（例如，*p2=20），则 *q2 也改变。如果函数 f 改变 p2（例如，p2=somePointerVariable），则 q2 也会改变。

LiveExample 6.14 演示了值传递的效果。LiveExample 6.17 演示了通过引用变量传递引用的效果。两个示例都使用了 swap 函数来演示效果。现在我们在 LiveExample 11.4 中给出一个传递指针的示例。

LiveExample 11.4 的互动程序请访问 https://liangcpp.pearsoncmg.com/LiveRunCpp5e/faces/
LiveExample.xhtml?header=off&programName=TestPointerArgument&programHeight=1440&r
esultHeight=300。

LiveExample 11.4 TestPointerArgument.cpp

Source Code Editor:

```cpp
1  #include <iostream>
2  using namespace std;
3
4  // Swap two variables using pass-by-value
5  void swap1(int n1, int n2)
6  {
7    int temp = n1;
8    n1 = n2;
9    n2 = temp;
10 }
11
12 // Swap two variables using pass-by-reference
13 void swap2(int& n1, int& n2)
14 {
15   int temp = n1;
16   n1 = n2;
17   n2 = temp;
18 }
19
20 // Pass two pointers by value
21 void swap3(int* p1, int* p2)
22 {
23   int temp = *p1;
24   *p1 = *p2;
25   *p2 = temp;
26 }
27
28 // Pass two pointers by reference
29 void swap4(int* &p1, int* &p2)
30 {
31   int* temp = p1;
32   p1 = p2;
33   p2 = temp;
34 }
35
36 int main()
37 {
38   // Declare and initialize variables
39   int num1 = 1;
40   int num2 = 2;
41
42   cout << "Before invoking the swap1 function, num1 is "
43     << num1 << " and num2 is " << num2 << endl;
44
45   // Invoke the swap function to attempt to swap two variables
46   swap1(num1, num2);
47
48   cout << "After invoking the swap1 function, num1 is " << num1 <<
49     " and num2 is " << num2 << endl;
50
51   cout << "Before invoking the swap2 function, num1 is "
52     << num1 << " and num2 is " << num2 << endl;
53
54   // Invoke the swap function to attempt to swap two variables
55   swap2(num1, num2);
56
```

```
57      cout << "After invoking the swap2 function, num1 is " << num1 <<
58        " and num2 is " << num2 << endl;
59
60      cout << "Before invoking the swap3 function, num1 is "
61        << num1 << " and num2 is " << num2 << endl;
62
63      // Invoke the swap function to attempt to swap two variables
64      swap3(&num1, &num2);
65
66      cout << "After invoking the swap3 function, num1 is " << num1 <<
67        " and num2 is " << num2 << endl;
68
69      int* p1 = &num1;
70      int* p2 = &num2;
71      cout << "Before invoking the swap4 function, p1 is "
72        << p1 << " and p2 is " << p2 << endl;
73
74      // Invoke the swap function to attempt to swap two variables
75      swap4(p1, p2);
76
77      cout << "After invoking the swap4 function, p1 is " << p1 <<
78        " and p2 is " << p2 << endl;
79
80      // Note invoking swap4 swap p1 and p2, but num1 and num2
81      cout << "After invoking the swap4 function, num1 is " << num1 <<
82        " and num2 is " << num2 << endl;
83
84      return 0;
85    }
```

Compile/Run   Reset   Answer   Choose a Compiler: VC++ ∨

Execution Result:

```
command>cl TestPointerArgument.cpp
Microsoft C++ Compiler 2019
Compiled successful (cl is the VC++ compile/link command)

command>TestPointerArgument
Before invoking the swap1 function, num1 is 1 and num2 is 2
After invoking the swap1 function, num1 is 1 and num2 is 2
Before invoking the swap2 function, num1 is 1 and num2 is 2
After invoking the swap2 function, num1 is 2 and num2 is 1
Before invoking the swap3 function, num1 is 2 and num2 is 1
After invoking the swap3 function, num1 is 1 and num2 is 2
Before invoking the swap4 function, p1 is 00AEFEB4 and p2 is 00AEFEB0
After invoking the swap4 function, p1 is 00AEFEB0 and p2 is 00AEFEB4
After invoking the swap4 function, num1 is 1 and num2 is 2

command>
```

第 5 ~ 34 行定义了四个函数 swap1、swap2、swap3 和 swap4。通过将 num1 的值传递到 n1，将 num2 的值传递给 n2 来调用函数 swap1（第 46 行）。swap1 函数交换 n1 和 n2 中的值。n1、num1、n2、num2 是独立变量。调用函数后，变量 num1 和 num2 中的值不会更改。

swap2 函数有两个引用参数 int& n1 和 int& n2（第 13 行）。num1 和 num2 的引用传递给 n1 和 n2（第 55 行），因此 n1 和 num1 互为别名，n2 和 num2 互为别名。n1 和 n2 在 swap2 中交换。函数返回后，变量 num1 和 num2 中的值也交换了。

swap3 函数有两个指针参数 p1 和 p2（第 21 行）。num1 和 num2 的地址传递给 p1 和 p2（第 64 行），因此 p1 和 &num1 指的是同一个内存位置，p2 和 &num2 指的是相同的内存位置。*p1 和 *p2 在 swap3 中交换。函数返回后，变量 num1 和 num2 中的值也会交换。

swap4 函数有两个指针参数 p1 和 p2，通过引用传递（第 29 行）。调用此函数将 p1 与 p2 交换（第 75 行）。

函数中的数组参数始终可以用指针参数替换。例如，在下图中，（a）和（b）等效，（c）和（d）等效。

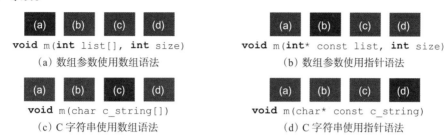

（a）数组参数使用数组语法　　　　　　　（b）数组参数使用指针语法

（c）C 字符串使用数组语法　　　　　　　（d）C 字符串使用指针语法

回想一下，C 字符串是以空终止符结尾的字符数组。因此可以从 C 字符串本身检测到 C 字符串的大小。

如果值不会被更改，则应将其声明为 const，以防止值被意外修改。LiveExample 11.5 给出了一个示例。

LiveExample 11.5 的互动程序请访问 https://liangcpp.pearsoncmg.com/LiveRunCpp5e/faces/LiveExample.xhtml?header=off&programName=ConstParameter&programHeight=330&resultHeight=160。

LiveExample 11.5　ConstParameter.cpp

Source Code Editor:

```
1   #include <iostream>
2   using namespace std;
3
4   void printArray(const int*, const int);
5
6   int main()
7   {
8     int list[6] = {11, 12, 13, 14, 15, 16};
9     printArray(list, 6);
10
11    return 0;
12  }
13
14  void printArray(const int* list, const int size)
15  {
16    for (int i = 0; i < size; i++)
17      cout << list[i] << " ";
18  }
```

Automatic Check　Compile/Run　Reset　Answer　　　　　Choose a Compiler: VC++ ∨

Execution Result:

```
command>cl ConstParameter.cpp
Microsoft C++ Compiler 2019
Compiled successful (cl is the VC++ compile/link command)

command>ConstParameter
11 12 13 14 15 16

command>
```

函数 printArray 声明一个带有常量数据的数组参数（第 4 行）。这可以确保数组的内容不会被更改。注意，size 参数也声明为 const。通常这是不必要的，因为 int 参数是按值传递的。即使在函数中修改了 size，它也不会影响此函数之外的原始 size 值。

11.7　从函数返回指针

要点提示：C++ 函数可以返回指针。

可以在函数中用指针作为参数。那能从函数返回指针吗？可以的。

假设要编写一个函数，给该函数传递一个数组参数，函数将其反转并返回。可以定义一个 reverse 函数并如 LiveExample11.6 所示实现它。

LiveExample 11.6 的互动程序请访问 https://liangcpp.pearsoncmg.com/LiveRunCpp5e/faces/LiveExample.xhtml?header=off&programName=ReverseArrayUsingPointer&fileType=.cpp&programHeight=530&resultHeight=160。

LiveExample 11.6　ReverseArrayUsingPointer.cpp

Source Code Editor:

```
 1  #include <iostream>
 2  using namespace std;
 3
 4  int* reverse(int* list, int size)
 5  {
 6    for (int i = 0, j = size - 1; i < j; i++, j--)
 7    {
 8      // Swap list[i] with list[j]
 9      int temp = list[j];
10      list[j] = list[i];
11      list[i] = temp;
12    }
13
14    return list;
15  }
16
17  void printArray(const int* list, int size)
18  {
19    for (int i = 0; i < size; i++)
20      cout << list[i] << " ";
21  }
22
23  int main()
24  {
25    int list[] = {1, 2, 3, 4, 5, 6};
26    int* p = reverse(list, 6);
27    printArray(p, 6);
28
29    return 0;
30  }
```

Automatic Check　Compile/Run　Reset　Answer　　　Choose a Compiler: VC++ ∨

Execution Result:

```
command>cl ReverseArrayUsingPointer.cpp
Microsoft C++ Compiler 2019
Compiled successful (cl is the VC++ compile/link command)

command>ReverseArrayUsingPointer
```

```
6 5 4 3 2 1
command>
```

`reverse` 函数原型如下所示：

int* reverse(**int*** list, **int** size)

返回值类型是 int 指针。如下图所示，将 list 中的第一个元素与最后一个元素交换、第二个元素与倒数第二个元素交换……

在第 14 行函数将列表作为指针返回。

11.8　有用的数组函数

要点提示：min_element、max_element、sort、random_shuffle 和 find 函数可用于数组。

C++ 提供了几个处理数组的函数。你可以用 min_element 和 max_element 函数返回指向数组中最小和最大元素的指针，用 sort 函数对数组进行排序，用 random_shuffle 函数对数组随机排序，用 find 函数查找数组中的元素。所有这些函数都在参数和返回值中使用指针。LiveExample 11.7 给出了使用这些函数的示例。

LiveExample 11.7 的互动程序请访问 https://liangcpp.pearsoncmg.com/LiveRunCpp5e/faces/LiveExample.xhtml?header=off&programName=UsefulArrayFunctions&fileType=.cpp&programHeight=680&resultHeight=240。

LiveExample 11.7　UsefulArrayFunctions.cpp

Source Code Editor:

```
1   #include <iostream>
2   #include <algorithm> // Include algorithm header
3   using namespace std;
4
5   void printArray(const int* list, int size)
6   {
7     for (int i = 0; i < size; i++)
8       cout << list[i] << " ";
9     cout << endl;
10  }
11
12  int main()
13  {
14    int list[] = {4, 2, 3, 6, 5, 1};
15    printArray(list, 6);
16
17    int* min = min_element(list, list + 6); // Get min in list
18    int* max = max_element(list, list + 6); // Get max in list
19    cout << "The min value is " << *min << " at index "
20      << (min - list) << endl;
21    cout << "The max value is " << *max << " at index "
22      << (max - list) << endl;
23
24    random_shuffle(list, list + 6); // Shuffle list randomly
```

```
25      printArray(list, 6);
26
27      sort(list, list + 6); // Sort list
28      printArray(list, 6);
29
30      int key = 4;
31      int* p = find(list, list + 6, key);
32      if (p != list + 6)
33        cout << "The value " << *p << " is found at position "
34          << (p - list) << endl;
35      else
36        cout << "The value " << key << " is not found" << endl;
37
38      return 0;
39    }
```

| Automatic Check | Compile/Run | Reset | Answer | Choose a Compiler: | VC++ ∨ |

Execution Result:

```
command>cl UsefulArrayFunctions.cpp
Microsoft C++ Compiler 2019
Compiled successful (cl is the VC++ compile/link command)

command>UsefulArrayFunctions
4 2 3 6 5 1
The min value is 1 at index 5
The max value is 6 at index 3
5 2 6 3 4 1
1 2 3 4 5 6
The value 4 is found at position 3

command>
```

调用 min_element(list, list+6)（第 17 行）返回数组 list[0] 到 list[5] 中最小元素的指针。在这种情况下，它返回 list+5，因为值 1 是数组中最小的元素，指向该元素的指针是 list+5。注意，传递给函数的两个参数是指定范围的指针，第二个指针指向指定范围的末尾。

调用 random_shuffle(list, list+6)（第 24 行）将数组中从 list[0] 到 list[5] 的元素随机重新排列。

调用 sort(list, list+6)（第 27 行）将数组中从 list[0] 到 list[5] 的元素排序。

调用 find(list, list+6, key)（第 31 行）在从 list[0] 到 list[5] 的数组中查找 key。如果找到元素，函数返回指向数组中匹配元素的指针；否则，它返回指向数组中最后一个元素之后位置的指针（在本例中为 list+6）。

11.9　动态持久内存分配

要点提示：new 运算符可在运行时为基元类型值、数组和对象创建持久内存。

LiveExample 11.6 编写了一个函数，传递一个数组参数，将其反转，然后返回数组。假设你不想更改原始数组。可以重写函数，传递数组参数并返回与数组参数相反的新数组。

该函数的算法可描述如下：

1. 让原始数组为 list。

2. 声明与原始数组大小相同的名为 result 的新数组。

3. 编写一个循环，如下图所示，将原始数组中的第一个元素、第二个元素……复制到新数组中的最后一个元素、倒数第二个元素……

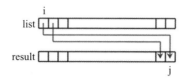

4. 将 result 作为指针返回。

函数原型可以这样指定：

```
int* reverse(const int* list, int size);
```

返回值类型是 int 指针。如何在步骤 2 中声明新数组呢？可以尝试将其声明为

```
int result[size];
```

但 C++ 不允许 size 为变量。为了避免这种限制，我们假设数组大小为 6。因此，可以将其声明为

```
int result[6];
```

现在可以在 LiveExample 11.8 中实现代码了，但很快你就会发现它不能正常工作。

LiveExample 11.8 的互动程序请访问 https://liangcpp.pearsoncmg.com/LiveRunCpp5e/faces/LiveExample.xhtml?header=off&programName=WrongReverse&fileType=.cpp&programHeight=510&resultHeight=160。

LiveExample 11.8　WrongReverse.cpp

Source Code Editor:

```
1  #include <iostream>
2  using namespace std;
3
4  int* reverse(const int* list, int size)
5  {
6    int result[6];
7
8    for (int i = 0, j = size - 1; i < size; i++, j--)
9    {
10     result[j] = list[i];
11    }
12
13    return result;
14  }
15
16  void printArray(const int* list, int size)
17  {
18    for (int i = 0; i < size; i++)
19      cout << list[i] << " ";
20  }
21
22  int main()
23  {
24    int list[] = {1, 2, 3, 4, 5, 6};
25    int* p = reverse(list, 6);
```

```
26      printArray(p, 6);
27
28      return 0;
29  }
```

`Automatic Check` `Compile/Run` `Reset`   Choose a Compiler: `VC++ ▾`

Execution Result:

```
command>cl WrongReverse.cpp
Microsoft C++ Compiler 2019
Compiled successful (cl is the VC++ compile/link command)

command>WrongReverse
6 -1 6813864 11145773 11303792 11260304

command>
```

该例子的输出不正确。为什么？原因是数组 result 存储在调用栈的活动记录中。调用栈中的内存不是持久的；当函数返回时，函数在调用栈中使用的活动记录将从调用栈中删除。试图通过指针访问该数组会导致错误并得到不可预测的值。要解决这个问题，必须为 result 数组分配持久存储，以便在函数返回后可以访问它。我们接下来讨论解决方法。

C++ 支持动态内存分配，这使你能够动态分配持久存储。内存使用 new 运算符创建。例如

```
int* p = new int(4);
```

这里，new int 告诉计算机在运行时为初始值为 4 的 int 变量分配内存空间，变量的地址赋值给指针 p。因此，可以通过指针访问该内存。

你可以动态创建数组。例如

```
cout << "Enter the size of the array: ";
int size;
cin >> size;
int* list = new int[size];
```

这里，new int[size] 告诉计算机为具有指定元素数的 int 数组分配内存空间，并将数组的地址赋给 list。用 new 运算符创建的数组也称为动态数组。注意，在创建常规数组时，必须在编译时知道其大小。数组大小不能是变量，必须是常数。例如

```
int numbers[40]; // 40 is a constant value
```

创建动态数组时，其大小将在运行时确定。它可以是整数变量。例如

```
int* list = new int[size]; // size is a variable
```

使用 new 运算符分配的内存是持久的，并且一直存在，直到它被显式删除或程序退出。现在，你可以通过在 reverse 函数中动态创建一个新数组来解决前面示例中的问题了。函数返回后仍可以访问此数组。LiveExample 11.9 给出了新程序。

LiveExample 11.9 的互动程序请访问 https://liangcpp.pearsoncmg.com/LiveRunCpp5e/faces/ LiveExample.xhtml?header=off&programName=CorrectReverse&fileType=.cpp&programHeight=520&resultHeight=160。

LiveExample 11.9　CorrectReverse.cpp

Source Code Editor:

```cpp
1   #include <iostream>
2   using namespace std;
3
4   int* reverse(const int* list, int size)
5   {
6     int* result = new int[size]; // Create an array
7
8     for (int i = 0, j = size - 1; i < size; i++, j--)
9     {
10       result[j] = list[i];
11     }
12
13     return result;
14   }
15
16   void printArray(const int* list, int size)
17   {
18     for (int i = 0; i < size; i++)
19       cout << list[i] << " ";
20   }
21
22   int main()
23   {
24     int list[] = {1, 2, 3, 4, 5, 6};
25     int* p = reverse(list, 6);
26     printArray(p, 6);
27
28     return 0;
29   }
```

| Automatic Check | Compile/Run | Reset | Answer |

Choose a Compiler:　VC++ ∨

Execution Result:

```
command>cl CorrectReverse.cpp
Microsoft C++ Compiler 2019
Compiled successful (cl is the VC++ compile/link command)

command>CorrectReverse
6 5 4 3 2 1

command>
```

　　LiveExample11.9 与 LiveExample11.6 几乎相同，只是使用 new 运算符动态创建新的 result 数组。使用 new 运算符创建数组时，数组大小可以是一个变量。

　　C++ 在栈中分配局部变量，但 new 运算符分配的内存位于称为**自由存储区**或**堆**的内存区域中。堆内存持续可用直到显式释放它或程序终止。如果在函数中为变量分配堆内存，函数返回后内存仍然可用。result 数组在函数中创建（第 6 行）。函数在第 25 行返回后，result 数组是完好的。因此，可以在第 26 行访问它，以打印 result 数组中的所有元素。

　　显式释放 new 运算符创建的内存，要对指针使用 **delete** 运算符。例如

```
delete p;
```

delete 是 C++ 中的关键字。如果内存分配给了数组，则必须在 delete 关键字和指向数组的指针之间放置 [] 符号才能正确释放内存。例如

```
delete [] list;
```

C++ 知道 delete [] list 是删除数组。C++ 知道数组大小。当动态创建数组时，其大小被存储在堆中。

指针指向的内存被释放后，指针的值变成未定义的。而且，如果其他一些指针指向已释放的同一内存，则其他指针也变为未定义的。这些未定义的指针称为**悬空指针**。不要在悬空指针上应用解引用运算符 *。这样做会导致严重错误。

警告： delete 关键字仅与指向 new 运算符创建的内存的指针一起使用。否则，可能会导致意外问题。例如，以下代码是错误的，因为 p 指向的不是用 new 创建的内存。

```
int x = 10;
int* p = &x;
delete p; // This is wrong
```

在删除指针指向的内存之前，你可能会无意中重新赋值指针。考虑以下代码：

```
1  int* p = new int;
2  *p = 45;
3  p = new int;
```

第 1 行声明了一个赋值 int 类型内存地址的指针，如图 11.4a 所示。第 2 行将 45 赋值给 p 所指的变量，如图 11.4b 所示。第 3 行为 p 赋值一个新的内存地址，如图 11.4c 所示。保存值 45 的原始内存空间不能再被访问到，因为它没有被任何指针指向。此内存无法访问，也无法删除。这叫作**内存泄漏**。

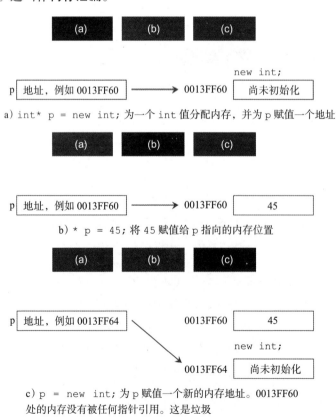

a) int* p = new int; 为一个 int 值分配内存，并为 p 赋值一个地址

b) * p = 45; 将 45 赋值给 p 指向的内存位置

c) p = new int; 为 p 赋值一个新的内存地址。0013FF60 处的内存没有被任何指针引用。这是垃圾

图 11.4   没有被引用的内存空间会导致内存泄漏

动态内存分配是一个强大的功能，但必须谨慎使用它以避免内存泄漏和其他错误。每次调用 new 都与调用 delete 相匹配，这是一种良好的编程习惯。

11.10 创建和访问动态对象

要点提示：动态创建对象用语法 new ClassName(arguments) 调用对象的构造函数。你也可以用以下语法在堆上动态创建对象。

```
ClassName* pObject = new ClassName(); 或
ClassName* pObject = new ClassName;
```

上述代码使用无参数构造函数创建一个对象，并将对象地址赋给指针。

```
ClassName* pObject = new ClassName(arguments);
```

上述代码使用带参数的构造函数创建对象，并将对象地址赋给指针。

例如

```
// Create an object using the no-arg constructor
string* p = new string(); // or string* p = new string;
// Create an object using the constructor with arguments
string* p = new string("abcdefg");
```

要通过指针访问对象成员，必须解引用指针，并使用点运算符（.）访问对象的成员。例如

```
string* p = new string("abcdefg");
cout << "The first three characters in the string are "
    << (*p).substr(0, 3) << endl;
cout << "The length of the string is " << (*p).length() << endl;
```

C++ 还提供了一个简略成员选择运算符，用于通过指针访问对象成员：**箭头运算符 (->)**，它是一个短横线（-），后面紧跟着大于号（>）。例如

```
cout << "The first three characters in the string are "
    << p->substr(0, 3) << endl;
cout << "The length of the string is " << p->length() << endl;
```

程序终止时对象被销毁。要显式销毁对象，调用

```
delete p;
```

11.11 this 指针

要点提示：this 指针指向调用对象本身。

赋值函数的参数名通常与数据字段名相同。在这种情况下，数据字段被隐藏在函数中。你可以用 this 关键字引用函数中的隐藏数据字段。this 是一个引用调用对象的特殊内置指针。为了了解它的工作原理，我们修改了在 LiveExample 9.10 中 CircleWithPrivateDataFields.cpp 内实现的 Circle 类。如 LiveExample 11.10 所示。

LiveExample 11.10 的互动程序请访问 https://liangcpp.pearsoncmg.com/LiveRunCpp5e/faces/LiveExample.xhtml?header=off&programName=CircleWithThisPointer&fileType=.cpp&programHeight=550&resultVisible=false。

LiveExample 11.10   CircleWithThisPointer.cpp

Source Code Editor:

```
 1  #include "CircleWithPrivateDataFields.h"  // Defined in Section 9.9
 2
 3  // Construct a default circle object
 4  Circle::Circle()
 5  {
 6    radius = 1;
 7  }
 8
 9  // Construct a circle object
10  Circle::Circle(double radius)
11  {
12    this->radius = radius; // or (*this).radius = radius;
13  }
14
15  // Return the area of this circle
16  double Circle::getArea()
17  {
18    return radius * radius * 3.14159;
19  }
20
21  // Return the radius of this circle
22  double Circle::getRadius()
23  {
24    return radius;
25  }
26
27  // Set a new radius
28  void Circle::setRadius(double radius)
29  {
30    this->radius = (radius >= 0) ? radius : 0;
31  }
```

[Answer] [Reset]

构造函数中的参数名 radius（第 10 行）是一个局部变量。要引用对象中的数据字段 radius，必须使用 this->radius（第 12 行）。setRadius 函数中的参数名 radius（第 28 行）是一个局部变量。要引用对象中的数据字段 radius，必须使用 this->radius（第 30 行）。

11.12   析构函数

要点提示：每个类都有一个析构函数，当对象被删除时会自动调用它。

析构函数与构造函数相反。创建对象时调用构造函数，销毁对象时自动调用析构函数。如果没有显式定义析构函数，则每个类都有一个默认的析构函数。有时，我们需要实现析构函数来执行自定义操作。析构函数的名称与构造函数相同，但必须在前面放置波浪号字符（~）。LiveExample 11.11 显示了一个定义了析构函数的 Circle 类。

LiveExample 11.11 的互动程序请访问 https://liangcpp.pearsoncmg.com/LiveRunCpp5e/faces/LiveExample.xhtml?header=off&programName=CircleWithDestructor&fileType=.h&programHeight=360&resultVisible=false。

LiveExample 11.11   CircleWithDestructor.h

Source Code Editor:

```
 1   #ifndef CIRCLE_H
 2   #define CIRCLE_H
 3
 4   class Circle
 5 ▾ {
 6   public:
 7     Circle();
 8     Circle(double);
 9     ~Circle(); // Destructor
10     double getArea() const;
11     double getRadius() const;
12     void setRadius(double);
13     static int getNumberOfObjects();
14
15   private:
16     double radius;
17     static int numberOfObjects;
18   };
19
20   #endif
```

`Answer`　`Reset`

　　Circle 类的析构函数在第 9 行定义。析构函数没有返回类型和参数。

　　LiveExample 11.12 给出了 CircleWithDestructor.h 中定义的 Circle 类的实现。

　　LiveExample 11.12 的互动程序请访问 https://liangcpp.pearsoncmg.com/LiveRunCpp5e/faces/LiveExample.xhtml?header=off&programName=CircleWithDestructor&fileType=.cpp&programHeight=810&resultVisible=false。

LiveExample 11.12　CircleWithDestructor.cpp

Source Code Editor:

```
 1   #include "CircleWithDestructor.h"
 2
 3   int Circle::numberOfObjects = 0;
 4
 5   // Construct a default circle object
 6   Circle::Circle()
 7 ▾ {
 8     radius = 1;
 9     numberOfObjects++;
10   }
11
12   // Construct a circle object
13   Circle::Circle(double radius)
14 ▾ {
15     this->radius = radius;
16     numberOfObjects++;
17   }
18
19   // Return the area of this circle
```

```
20    double Circle::getArea() const
21  ▾ {
22      return radius * radius * 3.14159;
23    }
24
25    // Return the radius of this circle
26    double Circle::getRadius() const
27  ▾ {
28      return radius;
29    }
30
31    // Set a new radius
32    void Circle::setRadius(double radius)
33  ▾ {
34      this->radius = (radius >= 0) ? radius : 0;
35    }
36
37    // Return the number of circle objects
38    int Circle::getNumberOfObjects()
39  ▾ {
40      return numberOfObjects;
41    }
42
43    // Destruct a circle object
44    Circle::~Circle()
45  ▾ {
46      numberOfObjects--;
47    }
```

`Answer` `Reset`

该实现与 LiveExample 10.7 中的 CircleWithStaticDataFields.cpp 相同，除了第 44 ~ 47 行中析构函数被实现为递减 numberOfObjects。

LiveExample 11.13 中的程序演示了析构函数的效果。

LiveExample 11.13 的互动程序请访问 https://liangcpp.pearsoncmg.com/LiveRunCpp5e/faces/ LiveExample.xhtml?header=off&programName=TestCircleWithDestructor&fileType=.cpp&programHeight=360&resultHeight=180。

LiveExample 11.13   TestCircleWithDestructor.cpp

Source Code Editor:

```
1    #include <iostream>
2    #include "CircleWithDestructor.h"
3    using namespace std;
4
5    int main()
6  ▾ {
7      Circle* pCircle1 = new Circle();
8      Circle* pCircle2 = new Circle();
9      Circle* pCircle3 = new Circle();
10
11     cout << "Number of circle objects created: "
```

```
12        << Circle::getNumberOfObjects() << endl;
13
14    delete pCircle1; // Delete pCircle1
15
16    cout << "Number of circle objects now is "
17        << Circle::getNumberOfObjects() << endl;
18
19    return 0;
20 }
```

| Automatic Check | Compile/Run | Reset | Answer | Choose a Compiler: | VC++ ∨ |

Execution Result:

```
command>cl TestCircleWithDestructor.cpp
Microsoft C++ Compiler 2019
Compiled successful (cl is the VC++ compile/link command)

command>TestCircleWithDestructor
Number of circle objects created: 3
Number of circle objects now is 2

command>
```

程序在第 7 ～ 9 行用 new 运算符创建三个 Circle 对象。在这之后，numberOfObjects 变为 3。程序在第 14 行删除一个 Circle 对象。在其之后，numberOfObjects 变为 2。

析构函数用于删除对象动态分配的内存和其他资源，如后续的案例研究所示。

11.13　案例研究：Course 类

要点提示： 本节为建模课程设计一个类。

假设需要处理课程信息。每门课程都有一个名字和修读该课程的学生人数。需要能够在课程中添加 / 删除学生。可以如图 11.5 所示用一个类来建模课程。

Course
-courseName: string
-students: string*
-numberOfStudents: int
-capacity: int
+Course(courseName: const string&, capacity: int)
+~Course()
+getCourseName(): string const
+addStudent(name: const string&): void
+dropStudent(name: const string&): void
+getStudents(): string* const
+getNumberOfStudents(): int const

图 11.5　Course 类建模课程

可以用构造函数 Course(string courseName, int capacity) 通过传递课程

名称和允许的最大学生数来创建 Course 对象。可以用 addStudent(string name) 函数将学生添加到课程中，用 dropStudent(string name) 函数从课程中删除学生，并用 getStudents() 函数返回课程的所有学生。

假设该类的定义如 LiveExample 11.14 所示。LiveExample 11.15 提供了一个测试类，它创建了两个课程并将学生添加到其中。

LiveExample 11.14 的互动程序请访问 https://liangcpp.pearsoncmg.com/LiveRunCpp5e/faces/LiveExample.xhtml?header=off&programName=Course&fileType=.h&programHeight=420&resultVisible=false，LiveExample 11.15 的互动程序请访问 https://liangcpp.pearsoncmg.com/LiveRunCpp5e/faces/LiveExample.xhtml?header=off&programName=TestCourse&fileType=.cpp&programHeight=520&resultHeight=210。

LiveExample 11.14 Course.h

Source Code Editor:

```
1  #ifndef COURSE_H
2  #define COURSE_H
3  #include <string>
4  using namespace std;
5
6  class Course
7  {
8  public:
9    Course(const string& courseName, int capacity);
10   ~Course(); // Destructor
11   string getCourseName() const;
12   void addStudent(const string& name);
13   void dropStudent(const string& name);
14   string* getStudents() const;
15   int getNumberOfStudents() const;
16
17 private:
18   string courseName;
19   string* students;
20   int numberOfStudents;
21   int capacity;
22 };
23
24 #endif
```

Answer Reset

LiveExample 11.15 TestCourse.cpp

Source Code Editor:

```
1  #include <iostream>
2  #include "Course.h"
3  using namespace std;
4
5  int main()
6  {
7    Course course1("Data Structures", 10);
```

```
 8        Course course2("Database Systems", 15);
 9
10        course1.addStudent("Peter Jones");
11        course1.addStudent("Brian Smith");
12        course1.addStudent("Anne Kennedy");
13
14        course2.addStudent("Peter Jones");
15        course2.addStudent("Steve Smith");
16
17        cout << "Number of students in course1: " <<
18          course1.getNumberOfStudents() << "\n";
19        string* students = course1.getStudents(); // Get all students in course1
20        for (int i = 0; i < course1.getNumberOfStudents(); i++)
21          cout << students[i] << ", ";
22
23        cout << "\nNumber of students in course2: "
24          << course2.getNumberOfStudents() << "\n";
25        students = course2.getStudents();
26        for (int i = 0; i < course2.getNumberOfStudents(); i++)
27          cout << students[i] << ", ";
28
29        return 0;
30    }
```

| Automatic Check | Compile/Run | Reset | Answer | Choose a Compiler: | VC++ ∨ |

Execution Result:

```
command>cl TestCourse.cpp
Microsoft C++ Compiler 2019
Compiled successful (cl is the VC++ compile/link command)

command>TestCourse
Number of students in course1: 3
Peter Jones, Brian Smith, Anne Kennedy,
Number of students in course2: 2
Peter Jones, Steve Smith,

command>
```

Course 类在 LiveExample 11.16 中实现。

LiveExample 11.16 的互动程序请访问 https://liangcpp.pearsoncmg.com/LiveRunCpp5e/faces/ LiveExample.xhtml?header=off&programName=Course&fileType=.cpp&programHeight=730& resultVisible=false。

LiveExample 11.16 Course.cpp

Source Code Editor:

```
 1    #include <iostream>
 2    #include "Course.h"
 3    using namespace std;
 4
 5    Course::Course(const string& courseName, int capacity)
 6    {
 7        numberOfStudents = 0;
 8        this->courseName = courseName;
 9        this->capacity = capacity;
10        students = new string[capacity];
11    }
12
13    Course::~Course() // Destructor
14    {
```

```
15      delete [] students;
16  }
17
18  string Course::getCourseName() const
19▾ {
20      return courseName;
21  }
22
23  void Course::addStudent(const string& name)
24▾ {
25      students[numberOfStudents] = name;
26      numberOfStudents++;
27  }
28
29  void Course::dropStudent(const string& name)
30▾ {
31      // Left as an exercise
32  }
33
34  string* Course::getStudents() const
35▾ {
36      return students;
37  }
38
39  int Course::getNumberOfStudents() const
40▾ {
41      return numberOfStudents;
42  }
```

`Answer` `Reset`

Course 构造函数将 numberOfStudents 初始化为 0（第 7 行），设置新的课程名称（第 8 行），设定容量（第 9 行），并创建动态数组（第 10 行）。

Course 类使用数组存储修读课程的学生。数组是在构造 Course 对象时创建的。数组大小是课程允许的最大学生数。因此，数组用 new string[capacity] 创建。

销毁 Course 对象时，析构函数被调用，以正确销毁数组（第 15 行）。

函数 addStudent 向数组中添加一个学生（第 23 行）。此函数不会检查课程中的学生人数是否超过最大容量。我们在第 16 章中将学习如何修改此函数，以便在课程中的学生人数超过最大容量时抛出异常，从而使程序更稳健。

函数 getStudents（第 34 ~ 37 行）返回存储学生的数组地址。函数 dropStudent（第 29 ~ 32 行）从数组中删除一个学生。此函数的实现留作练习。

用户可以创建 Course，并通过公共函数 addStudent、dropStudent、getNumberOfStudents 和 getStudents 对其进行操作。但用户不需要知道这些函数是如何实现的。Course 类封装了内部实现。此示例用数组存储学生。你可以用不同的数据结构来存储学生。只要公共函数的契约保持不变，使用 Course 的程序就无须更改。

注意：创建 Course 对象时，将创建一个字符串数组（第 10 行）。每个元素都有一个由 string 类的无参数构造函数创建的默认字符串值。

警告：如果类包含指向动态创建内存的指针数据字段，则应自定义析构函数。否则，程序可能存在内存泄漏。

11.14　复制构造函数

要点提示：每个类都有一个复制构造函数，用于复制对象。

　　每个类可以定义几个重载构造函数和一个析构函数。而且，每个类都有一个**复制构造函数**，它用来创建一个对象，该对象用同类的另一个对象的数据初始化。

　　复制构造函数的签名为

```
ClassName(const ClassName&)
```

　　例如，Circle 类的复制构造函数是

```
Circle(const Circle&)
```

　　如果未显式定义复制构造函数，则 C++ 为每个类隐式提供一个默认的复制构造函数。默认复制构造函数只简单地将一个对象的所有数据字段复制到另一个对象的对应字段。LiveExample 11.17 演示了这种情况。

　　LiveExample 11.17 的互动程序请访问 https://liangcpp.pearsoncmg.com/LiveRunCpp5e/faces/LiveExample.xhtml?header=off&programName=CopyConstructorDemo&fileType=.cpp&programHeight=470&resultHeight=250。

　　LiveExample 11.17　CopyConstructorDemo.cpp

Source Code Editor:

```
1   #include <iostream>
2   #include "CircleWithDestructor.h"
3   using namespace std;
4
5   int main()
6   {
7     Circle circle1(5);
8     Circle circle2(circle1); // Create circle2 from a copy of circle1
9
10    cout << "After creating circle2 from circle1:" << endl;
11    cout << "\tcircle1.getRadius() returns "
12      << circle1.getRadius() << endl;
13    cout << "\tcircle2.getRadius() returns "
14      << circle2.getRadius() << endl;
15
16    circle1.setRadius(10.5);
17    circle2.setRadius(20.5);
18
19    cout << "After modifying circle1 and circle2: " << endl;
20    cout << "\tcircle1.getRadius() returns "
21      << circle1.getRadius() << endl;
22    cout << "\tcircle2.getRadius() returns "
23      << circle2.getRadius() << endl;
24
25    return 0;
26  }
```

Automatic Check　Compile/Run　Reset　Answer　　　　　Choose a Compiler: VC++ ∨

Execution Result:

```
command>cl CopyConstructorDemo.cpp
Microsoft C++ Compiler 2019
Compiled successful (cl is the VC++ compile/link command)

command>CopyConstructorDemo
After creating circle2 from circle1:
        circle1.getRadius() returns 5
        circle2.getRadius() returns 5
```

```
After modifying circle1 and circle2:
      circle1.getRadius() returns 10.5
      circle2.getRadius() returns 20.5

command>
```

程序创建两个 Circle 对象：circle1 和 circle2（第 7 ～ 8 行）。circle2 是用复制构造函数通过复制 circle1 的数据创建的。

然后程序修改了 circle1 和 circle2 的半径（第 16 ～ 17 行），并在第 20 ～ 23 行中显示其新半径。

注意，成员赋值运算符和复制构造函数在将值从一个对象赋给另一个对象的意义上是相似的。不同之处在于，使用复制构造函数创建了一个新对象，而使用赋值运算符不会创建新对象。

用于复制对象的默认复制构造函数或赋值运算符执行**浅层复制**，而不是**深层复制**。这意味着如果字段是指向某个对象的指针，被复制的是指针的地址而不是其内容。LiveExample 11.18 演示了这种情况。

LiveExample 11.18 的互动程序请访问 https://liangcpp.pearsoncmg.com/LiveRunCpp5e/faces/LiveExample.xhtml?header=off&programName=ShallowCopyDemo&fileType=.cpp&programHeight=350&resultHeight=180。

LiveExample 11.18　ShallowCopyDemo.cpp

Source Code Editor:

```
1  #include <iostream>
2  #include "Course.h"
3  using namespace std;
4
5  int main()
6  {
7    Course course1("C++", 10);
8    Course course2(course1);
9
10   course1.addStudent("Peter Pan"); // Add a student to course1
11   course2.addStudent("Lisa Ma"); // Add a student to course2
12
13   cout << "students in course1: " <<
14     course1.getStudents()[0] << endl; // Display first student in course1
15   cout << "students in course2: " <<
16     course2.getStudents()[0] << endl;
17
18   return 0;
19 }
```

Automatic Check　　Compile/Run　　Reset　　Answer　　　　　　Choose a Compiler: VC++ ∨

Execution Result:

```
command>cl ShallowCopyDemo.cpp
Microsoft C++ Compiler 2019
Compiled successful (cl is the VC++ compile/link command)

command>ShallowCopyDemo
students in course1: Lisa Ma
students in course2: Lisa Ma

command>
```

Course 类在 LiveExample 11.14 中定义。程序创建一个 Course 对象 course1（第 7 行），并用复制构造函数创建另一个 Course 对象 course2（第 8 行）。course2 是 course1 的副本。Course 类有四个数据字段：courseName、numberOfStudents、capacity 和 students。students 字段是指针类型。当 course1 被复制到 course2（第 8 行）时，所有数据字段都被复制到 course2。由于 students 是一个指针，因此它在 course1 中的值被复制到了 course2。现在 course1 和 course2 的 students 都指向同一个数组对象，如图 11.6 所示。

第 10 行在 course1 中添加了一个学生"Peter Pan"，即把数组的第一个元素设置为"Peter Pan"。第 11 行在 course2 中添加了一个学生"Lisa Ma"，即把数组的第一个元素设置为"Lisa Ma"。实际上这将数组的第一个元素中的"Peter Pan"替换为"Lisa Ma"，因为 course1 和 course2 都使用同一数组来存储学生姓名。因此，course1 和 course2 的学生都是"Lisa Ma"（第 13 ～ 16 行）。

当程序终止时，course1 和 course2 将被销毁。调用 course1 和 course2 的析构函数从堆中删除数组（LiveExample 11.14 中的第 10 行）。由于 course1 和 course2 的 students 指针都指向同一个数组，因此该数组将被删除两次。这将导致运行时错误。

为了避免所有这些问题，应该执行深层复制，以便 course1 和 course2 具有独立的数组来存储学生姓名。

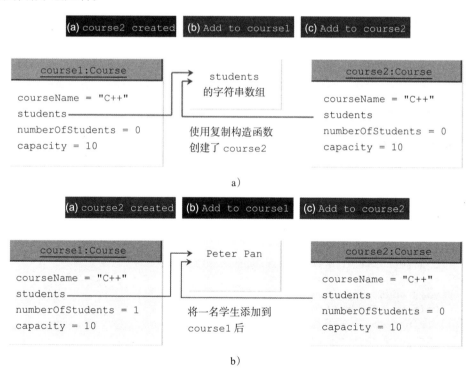

图 11.6 将 course1 复制到 course2 后，course1 和 course2 的 students 数据字段指向同一数组

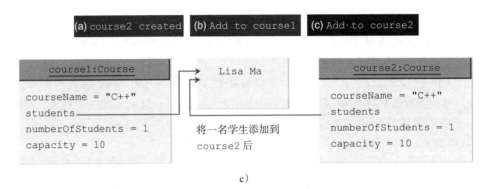

c)

图 11.6　将 course1 复制到 course2 后，course1 和 course2 的 students 数据字段指向同一数组（续）

11.15　自定义复制构造函数

要点提示：你可以自定义复制构造函数以执行深层复制。

如前一节所述，默认复制构造函数或赋值运算符（=）执行浅层复制。要执行深层复制，你可以实现复制构造函数。LiveExample 11.19 修改 Course 类以在第 11 行定义复制构造函数。

LiveExample 11.19 的互动程序请访问 https://liangcpp.pearsoncmg.com/LiveRunCpp5e/faces/LiveExample.xhtml?header=off&programName=CourseWithCustomCopyConstructor&fileType=.h&programHeight=440&resultVisible=false。

LiveExample 11.19　CourseWithCustomCopyConstructor.h

Source Code Editor:

```
1  #ifndef COURSE_H
2  #define COURSE_H
3  #include <string>
4  using namespace std;
5
6  class Course
7  {
8  public:
9    Course(const string& courseName, int capacity);
10   ~Course(); // Destructor
11   Course(const Course&); // Copy constructor
12   string getCourseName() const;
13   void addStudent(const string& name);
14   void dropStudent(const string& name);
15   string* getStudents() const;
16   int getNumberOfStudents() const;
17
18 private:
19   string courseName;
20   string* students;
21   int numberOfStudents;
22   int capacity;
23 };
```

```
24
25  #endif
```

Answer   Reset

LiveExample 11.20 在第 56～64 行实现了新的复制构造函数。它将 `courseName`、
`numberOfStudents` 和 `capacity` 从一个课程对象复制到此课程对象（第 58～60 行）。
在第 61 行创建一个新数组来保存该对象中的学生姓名。

LiveExample 11.20 的互动程序请访问 https://liangcpp.pearsoncmg.com/LiveRunCpp5e/faces/
LiveExample.xhtml?header=off&programName=CourseWithCustomCopyConstructor&fileTy
pe=.cpp&programHeight=1060&resultVisible=false。

LiveExample 11.20　CourseWithCustomCopyConstructor.cpp

Source Code Editor:

```cpp
1  #include <iostream>
2  #include "CourseWithCustomCopyConstructor.h"
3  using namespace std;
4
5  Course::Course(const string& courseName, int capacity)
6  {
7    numberOfStudents = 0;
8    this->courseName = courseName;
9    this->capacity = capacity;
10   students = new string[capacity];
11 }
12
13 Course::~Course() // Destructor
14 {
15   // Good practice to ensure students not deleted again
16   if (students != nullptr)
17   {
18     delete [] students;
19     students = nullptr;
20   }
21 }
22
23 string Course::getCourseName() const
24 {
25   return courseName; {}
26 }
27
28 void Course::addStudent(const string& name)
29 {
30   if (numberOfStudents >= capacity)
31   {
32     cout << "The maximum size of array exceeded" << endl;
33     cout << "Program terminates now" << endl;
34     exit(0);
35   }
36
```

```
37      students[numberOfStudents] = name;
38      numberOfStudents++;
39    }
40
41    void Course::dropStudent(const string& name)
42  ▾ {
43      // Left as an exercise
44    }
45
46    string* Course::getStudents() const
47  ▾ {
48      return students;
49    }
50
51    int Course::getNumberOfStudents() const
52  ▾ {
53      return numberOfStudents;
54    }
55
56    Course::Course(const Course& course) // Copy constructor
57  ▾ {
58      courseName = course.courseName;
59      numberOfStudents = course.numberOfStudents;
60      capacity = course.capacity;
61      students = new string[capacity];
62      for (int i = 0; i < numberOfStudents; i++)
63        students[i] = course.students[i];
64    }
```

Answer   Reset

LiveExample 11.21 给出了一个测试自定义复制构造函数的程序。

LiveExample 11.21 的互动程序请访问 https://liangcpp.pearsoncmg.com/LiveRunCpp5e/faces/LiveExample.xhtml?header=off&programName=CustomCopyConstructorDemo&fileType=.cpp&programHeight=490&resultHeight=170。

LiveExample 11.21   CustomCopyConstructorDemo.cpp

Source Code Editor:

```
1    #include <iostream>
2    #include "CourseWithCustomCopyConstructor.h"
3    using namespace std;
4
5    void printStudent(const string names[], int size)
6  ▾ {
7      for (int i = 0; i < size; i++)
8        cout << names[i] << (i < size - 1 ? ", " : " ");
9    }
10
11   int main()
12 ▾ {
13     Course course1("C++", 10);
14     course1.addStudent("Peter Pan"); // Add a student to course1
15
```

```
16    Course course2(course1); // Create course2 as a copy of course1
17    course2.addStudent("Lisa Ma"); // Add a student Lisa Ma to course2
18
19    cout << "students in course1: ";
20    printStudent(course1.getStudents(), course1.getNumberOfStudents());
21    cout << endl;
22
23    cout << "students in course2: ";
24    printStudent(course2.getStudents(), course2.getNumberOfStudents());
25    cout << endl;
26
27    return 0;
28 }
```

Automatic Check   Compile/Run   Reset   Answer   Choose a Compiler: VC++ ∨

Execution Result:

```
command>cl CustomCopyConstructorDemo.cpp
Microsoft C++ Compiler 2019
Compiled successful (cl is the VC++ compile/link command)

command>CustomCopyConstructorDemo
students in course1: Peter Pan
students in course2: Peter Pan, Lisa Ma

command>
```

该程序创建 course1，并在 course1 中添加了一名学生"Peter Pan"（第 13 ～ 14 行）。复制构造函数在 course2 中构建一个新的数组，用于存储独立于 course1 数组的学生姓名（第 16 行）。course2 中增加了一名学生"Lisa Ma"（第 17 行）。正如你在这个例子的输出中看到的，course1 中的第一个学生现在是"Peter Pan"，而 course2 中的是"Peter Pan, Lisa Ma"。图 11.7 显示了两个 Course 对象和学生的两个字符串数组。

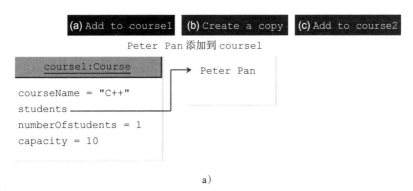

图 11.7 将 course1 复制到 course2 后，course1 和 course2 的 students 数据字段指向两个不同的数组

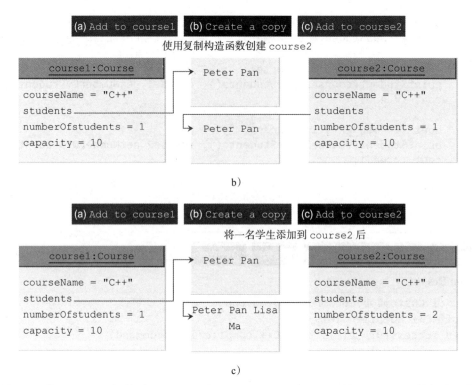

图 11.7 将 course1 复制到 course2 后，course1 和 course2 的 students 数据字段指
向两个不同的数组（续）

注意：默认情况下，自定义复制构造函数不会更改成员复制运算符（=）的行为。第 14 章将介绍如何自定义运算符 =。

关键术语

address operator（地址运算符 &）

arrow operator（箭头运算符 ->）

constant pointer（常量指针）

copy constructor（复制构造函数）

dangling pointer（悬空指针）

deep copy（深层复制）

delete operator（删除运算符）

dereference operator（解引用运算符 *）

destructor（析构函数）

freestore（自由存储区）

heap（堆）

indirection operator（间接运算符）

memory leak（内存泄漏）

new operator（new 运算符）

nullptr（空指针）

pointer（指针）

pointer-based string（基于指针的字符串）

shallow copy（浅层复制）

this keyword（this 关键字）

章节总结

1. 指针是存储其他变量的内存地址的变量。

2.

```cpp
int* pCount;
```

声明 pCount 为可以指向 int 变量的指针。

3. 与符号（&）置于变量前面时，它被称为地址运算符，它是一个返回变量地址的一元运算符。

4. 指针变量如果用 int 或 double 等类型声明，则必须赋给指针相同类型变量的地址。

5. 与局部变量一样，如果不初始化局部指针，则其会被赋予一个任意值。

6. 如果指针未引用某个值，应将其初始化为 nullptr 以防止潜在的内存错误。

7. 指针前面的星号（*）称为间接引用运算符或解引用运算符（解引用意味着间接引用）。

8. 当指针被解引用时，将检索存储在指针中的地址处的值。

9. const 关键字可用来声明常量指针和常量数据。

10. 数组名实际上是指向数组起始地址的常量指针。

11. 可以使用指针或通过索引访问数组元素。

12. 可以从指针中添加或减去整数，指针会按指针所指向元素的大小整数倍递增或递减。

13. 指针参数可以通过值或引用传递。

14. 可以从函数返回指针。但是不应该从函数返回局部变量的地址，因为局部变量在函数返回后会被销毁。

15. new 运算符可用于在堆上分配持久内存。

16. 当不再需要内存时，应使用 delete 运算符释放用 new 运算符创建的内存。

17. 可以使用指针来引用对象、访问对象数据字段和调用函数。

18. 可以使用 new 运算符在堆中动态创建对象。

19. 关键字 this 可以用作指向调用对象的指针。

20. 析构函数与构造函数相反。

21. 构造函数被调用以创建对象，而析构函数在对象被销毁时自动调用。

22. 如果未显式定义析构函数，则每个类都有一个默认析构函数。

23. 默认析构函数不执行任何操作。

24. 如果未显式定义复制构造函数，则每个类都有一个默认的复制构造函数。

25. 默认复制构造函数仅将一个对象的所有数据字段复制到另一个对象的对应字段。

编程练习

互动程序请访问 https://liangcpp.pearsoncmg.com/CheckExerciseCpp/faces/CheckExercise5e.xhtml?chapter=11&programName=Exercise11_01。

11.2 ～ 11.11 节

11.1 （分析输入）编写一个程序，先读取表示数组大小的整数，然后将数字读入数组，计算数组元素的平均值，并显示有多少数字高于平均值。

**11.2 （打印不同的数字）编写一个程序，先读取表示数组大小的整数，然后将数字读入数组，并显示不同的数字（即如果某个数字出现多次，只显示一次）。（提示：读取一个数字，如果它是新的，则将其存储到数组中。如果该数字已经在数组中，则丢弃它。输入后，数组中包含不同的数字。）

*11.3 （增加数组大小）数组创建后，其大小将固定不变。有时，我们需要向数组中添加更多的值，但数组已满。在这种情况下，可以创建一个更大的新数组来替换现有数组。用以下函数头编写函数：

```
int* doubleCapacity(const int* list, int size)
```

该函数返回一个新数组，使参数 list 的大小加倍。

11.4 （对数组求平均值）编写两个具有以下函数头的重载函数，返回数组的平均值：

```
int average(const int* array, int size);
double average(const double* array, int size);
```

编写一个测试程序，提示用户输入十个 double 值，调用此函数并显示平均值。

11.5 （查找最小元素）使用指针编写一个函数，查找整数数组中的最小元素。用 {1, 2, 4, 5, 10, 100, 2, -22} 测试函数。

**11.6 （字符串中每个数字的出现次数）用以下函数头编写一个函数，统计字符串中每个数字的出现次数：

```
int* count(const string& s)
```

该函数统计数字在字符串中出现的次数。返回值是一个由十个元素组成的数组，每个元素保存一个数字的计数。例如，在执行 int* counts=count("12203AB3") 后，counts[0] 为 1，counts[1] 为 1，counts[2] 为 2，counts[3] 为 2。

编写一个 main 函数，显示"SSN is 343 32 4545 and ID is 434 34 4323"的计数。如下所示重新设计函数以在参数中传递 counts 数组：

```
void count(const string& s, int counts[], int size)
```

其中 size 是 counts 数组的大小。在这种情况下，它是 10。

**11.7 （商业：ATM 机）使用编程练习 9.3 中创建的 Account 类模拟 ATM 机。在一个数组中创建 10 个账户，id 为 0、1、…、9，初始余额为 100 美元。系统会提示用户输入 id。如果 id 输入错误，要求用户输入正确的 id。接受 id 后，将显示主菜单，如示例运行所示。可以输入选项 1 以查看当前余额，输入 2 用于取款，输入 3 用于存款，输入 4 用于退出主菜单。退出后，系统将再次提示输入 id。因此，一旦系统启动，它就不会停止。

```
Enter an id: 4
Main menu
1: check balance
2: withdraw
3: deposit
4: exit

Enter a choice: 1
The balance is 100.0
Main menu
1: check balance
2: withdraw
3: deposit
4: exit

Enter a choice: 2
Enter an amount to withdraw: 3
Main menu
1: check balance
2: withdraw
3: deposit
4: exit

Enter a choice: 1
The balance is 97.0
Main menu
1: check balance
2: withdraw
3: deposit
4: exit

Enter a choice: 3
Enter an amount to deposit: 10
```

```
Main menu
1: check balance
2: withdraw
3: deposit
4: exit

Enter a choice: 1
The balance is 107.0
Main menu
1: check balance
2: withdraw
3: deposit
4: exit

Enter a choice: 4
Enter an id:
```

*11.8 （几何：Circle2D 类）定义包含以下内容的 Circle2D 类：

- 名为 x 和 y 的两个 double 数据字段，通过常量 get 函数和 set 函数指定圆心。
- 具有常量 get 函数的 double 数据字段 radius。
- 无参数构造函数用于创建一个默认圆，其 (x, y) 为 (0, 0)，radius 为 1。
- 构造函数用于创建具有指定 x、y 和 radius 的圆。
- 常量函数 getArea()，返回圆面积。
- 常量函数 getPerimeter()，返回圆周长。
- 常量函数 contains(double x, double y)，如果指定的点 (x, y) 位于该圆内，则该函数返回 true。见图 11.8a。
- 常量函数 contains(const Circle2D& circle)，如果指定的圆位于该圆内，则该函数返回 true。见图 11.8b。
- 常量函数 overlaps(const Circle2D& circle)，如果指定的圆与此圆交叠，则该函数返回 true。见图 11.8c。

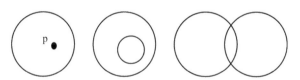

a) 圆内有一个点　　b) 一个圆在另　　c) 一个圆与另一个圆交叠
　　　　　　　　　　一个圆的内部

图 11.8

绘制类的 UML 图并实现类。编写一个测试程序，创建 Circle2D 对象 c1(2, 2, 5.5)、c2(2, 2, 5.5) 和 c3(4, 5, 10.5)，显示 c1 的面积和周长，以及 c1.contains(3, 3)、c1.contains(c2) 和 c1.overlaps(c3) 的结果。

*11.9 （几何：Rectangle2D 类）定义包含以下内容的 Rectangle2D 类：

- 名为 x 和 y 的两个 double 数据字段，用常量 get 函数和 set 函数指定矩形的中心。（假设矩形边平行于 x 轴或 y 轴。）
- 具有 get 和 set 函数的 double 数据字段 width 和 heigh。
- 无参数构造函数用于创建一个默认矩形，其 (x, y) 为 (0, 0)，width 和 heigh 均为 1。
- 构造函数用于创建具有指定 x、y、width 和 heigh 的矩形。
- 函数 getArea()，返回矩形面积。
- 函数 getPerimeter()，返回矩形周长。

- 函数 contains(double x, double y)，如果指定的点 (x，y) 位于此矩形内，则该函数返回 true。见图 11.9a。
- 函数 contains(const Rectangle2D &r)，如果指定的矩形位于此矩形内，则该函数返回 true。见图 11.9b。
- 函数 overlaps(const Rectangle2D &r)，如果指定的矩形与此矩形交叠，则该函数返回 true。见图 11.9c。

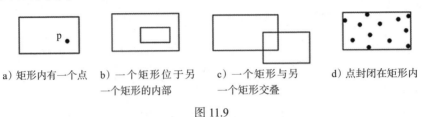

a) 矩形内有一个点 b) 一个矩形位于另 c) 一个矩形与另 d) 点封闭在矩形内
        一个矩形的内部   一个矩形交叠

图 11.9

绘制类的 UML 图并实现类。编写一个测试程序，创建三个 Rectangle2D 对象 r1(2，2，5.5，4.9)、r2(4，5，10.5，3.2) 和 r3(3，5，2.3，5.4)，显示 r1 的面积和周长，显示 r1.contains(3，3)、r1.contains(r2) 和 r1.overlaps(r3) 的结果。

*11.10 （统计字符串中每个字母的出现次数）用以下函数头重写编程练习 10.7 中的 count 函数：

```
int* count(const string& s)
```

此函数将计数作为 26 个元素的数组返回。例如，在以下语句之后，counts[0] 为 2，counts[1] 为 2，而 counts[2] 为 1。

```
int counts[] = count("ABcaB");
```

编写一个测试程序，读取字符串，调用 count 函数，并显示计数。程序的示例运行与编程练习 10.7 中的相同。

*11.11 （几何：找到边界矩形）边界矩形是在二维平面中包围一组点的最小矩形，如图 11.9d 所示。编写一个函数，如下所示返回二维平面中一组点的边界矩形：

```
const int SIZE = 2;
Rectangle2D getRectangle(const double points[][SIZE]);
```

编写另一个函数，如下所示返回指向边界矩形的指针：

```
Rectangle2D* getRectanglePointer(const double points[][SIZE]);
```

Rectangle2D 类在编程练习 11.9 中定义。编写一个测试程序，提示用户输入五个点，并显示边界矩形的中心、宽度和高度。用来自 https://liangcpp.pearsoncmg.com/test/Exercise11_11.txt 的模板编写程序。

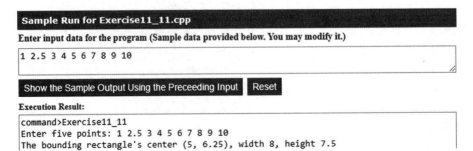

Sample Run for Exercise11_11.cpp

Enter input data for the program (Sample data provided below. You may modify it.)

```
1 2.5 3 4 5 6 7 8 9 10
```

Show the Sample Output Using the Preceeding Input   Reset

Execution Result:

```
command>Exercise11_11
Enter five points: 1 2.5 3 4 5 6 7 8 9 10
The bounding rectangle's center (5, 6.25), width 8, height 7.5
```

```
The bounding rectangle's center (5, 6.25), width 8, height 7.5
command>
```

*11.12 （MyDate 类）设计一个名为 MyDate 的类。该类包含：
- 表示日期的数据字段 year、month 和 day。month 从 0 开始计，即 0 表示一月。
- 用当前日期创建 MyDate 对象的无参数构造函数。
- 构造 MyDate 对象的构造函数，用指定的从 1970 年 1 月 1 日午夜开始的流逝时间（以秒为单位）。
- 用指定的 year、month 和 day 构造 MyDate 对象的构造函数。
- 数据字段 year、month 和 day 的三个常量 get 函数。
- 数据字段 year、month 和 day 的三个 set 函数。
- 名为 setDate(long elapsedTime) 的函数，它用流逝时间为对象设置新日期。

绘制该类的 UML 图，然后实现该类。编写一个测试程序，创建两个 MyDate 对象（用 MyDate() 和 MyDate(3435555513)）并显示其年、月和日。

（提示：前两个构造函数会从流逝时间中提取年、月和日。例如，如果流逝时间为 561555550 秒，则年为 1987，月为 9，日为 18。）

11.12 ~ 11.15 节

**11.13 （Course 类）如下所示修改 LiveExample11.16 中的 Course 类实现：
- 向课程中添加新学生时，如果超出了数组容量，通过创建一个新的更大数组并将当前数组的内容复制到新数组中来增加数组大小。新数组大小是原始大小的两倍。
- 实现 dropStudent 函数。
- 添加一个名为 clear() 的新函数，其将所有学生从课程中删除。
- 实现析构函数和复制构造函数以在类中执行深层复制。

编写一个测试程序，创建一个课程，添加三个学生，删除一个，并显示课程中的学生。

11.14 （实现 string 类）string 类在 C++ 库中提供。为以下函数提供自己的实现（将新类命名为 MyString）：

```
MyString();
MyString(char* cString);
char at(int index) const;
int length() const;
void clear();
bool empty() const;
int compare(const MyString& s) const;
int compare(int index, int n, const MyString& s) const;
void copy(char s[], int index, int n);
char* data() const;
int find(char ch) const;
int find(char ch, int index) const;
int find(const MyString& s, int index) const;
```

11.15 （实现 string 类）string 类在 C++ 库中提供。为以下函数提供自己的实现（将新类命名为 MyString）：

```
MyString(char ch, int size);
MyString(const char chars[], int size);
MyString append(const MyString& s);
MyString append(const MyString& s, int index, int n);
MyString append(int n, char ch);
MyString assign(char* chars);
MyString assign(const MyString& s, int index, int n);
MyString assign(const MyString& s, int n);
```

```
MyString assign(int n, char ch);
MyString substr(int index, int n) const;
MyString substr(int index) const;
MyString erase(int index, int n);
```

11.16 （排序字符串中的字符）用 11.8 节中介绍的 sort 函数重写编程练习 10.4 中的 sort 函数。（提示：从字符串中获取 C 字符串，并用 sort 函数对 C 字符串数组中的字符进行排序，然后从排序后的 C 字符串中获取字符串。）编写一个测试程序，提示用户输入字符串并显示新的排序字符串。示例运行与编程练习 10.4 中的相同。

模板、向量和栈

学习目标

1. 了解引入模板的动机和好处（12.2 节）。

2. 用类型参数定义模板函数（12.2 节）。

3. 用模板开发泛型排序函数（12.3 节）。

4. 用类模板开发泛型类（12.4 ～ 12.5 节）。

5. 把 C++ vector 类用作大小可变的数组（12.6 节）。

6. 在向量中插入和删除元素，并在向量上应用 min_element、max_element、sort、random_shuffle 和 find 函数（12.7 节）。

7. 用向量替换数组（12.8 节）。

8. 用栈解析和计算表达式（12.9 节）。

9. 用智能指针 unique_ptr 自动销毁对象（12.10 节）。

12.1 简介

要点提示：可以使用泛型类型在 C++ 中定义模板函数和类。模板函数和类使程序能够处理许多不同的数据类型，而不必为每种数据类型重写代码。

C++ 提供了用于开发可重用软件的函数和类。模板提供了对函数和类中的类型进行参数化的能力。通过该能力，可以用泛型类型定义函数或类，编译器可以将泛型类型替换为具体类型。例如，可以定义一个查找泛型类型的两个数字中最大值的函数，如果用两个 int 参数调用此函数，则泛型类型被 int 类型替换。如果用两个 double 参数调用此函数，则泛型类型被 double 类型替换。

本章介绍模板的概念，将学习如何定义函数模板和类模板，并将它们与具体类型一起使用。还将学习一个非常有用的泛型模板 vector，可以用它来替换数组。

12.2 模板基础知识

要点提示：模板提供了对函数和类中的类型进行参数化的能力。可以用泛型类型定义函数或类，编译器会将泛型类型替换成具体类型。

让我们从一个简单的例子开始来解释对模板的需求。假设想找到两个整数、两个双精度、两个字符和两个字符串的最大值。可以如下所示编写四个重载函数：

```cpp
int maxValue(int value1, int value2)
{
  if (value1 > value2)
    return value1;
  else
    return value2;
}
```

```
double maxValue(double value1, double value2)
{
  if (value1 > value2)
    return value1;
  else
    return value2;
}
char maxValue(char value1, char value2)
{
  if (value1 > value2)
    return value1;
  else
    return value2;
}
string maxValue(string value1, string value2)
{
  if (value1 > value2)
    return value1;
  else
    return value2;
}
```

这四个函数几乎相同，只是每个函数使用不同的类型。第一个函数使用 int 类型，第二个函数使用 double 类型，第三个函数使用 char 类型，第四个函数使用 string 类型。如果简单地定义一个具有如下泛型类型的函数，则会节省打字时间、节省存储空间，并使程序易于维护：

```
GenericType maxValue(GenericType value1, GenericType value2)
{
  if (value1 > value2)
    return value1;
  else
    return value2;
}
```

此泛型类型 GenericType 适用于所有类型，如 int、double、char 和 string。

C++ 支持用泛型类型定义函数**模板**。LiveExample12.1 定义了一个模板函数，用于在泛型类型的两个值之中查找最大值。

LiveExample 12.1 的互动程序请访问 https://liangcpp.pearsoncmg.com/LiveRunCpp5e/faces/LiveExample.xhtml?header=off&programName=GenericMaxValue&programHeight=450&resultHeight=210。

LiveExample 12.1   GenericMaxValue.cpp

Source Code Editor:

```
1  #include <iostream>
2  #include <string>
3  using namespace std;
4
5  template<typename T>
6  T maxValue(const T value1, const T value2)
7  {
8    if (value1 > value2)
9      return value1;
10   else
11     return value2;
12 }
13
```

```
14   int main()
15 - {
16      cout << "Maximum between 1 and 3 is " << maxValue(1, 3) << endl;
17      cout << "Maximum between 1.5 and 0.3 is "
18         << maxValue(1.5, 0.3) << endl;
19      cout << "Maximum between 'A' and 'N' is "
20         << maxValue('A', 'N') << endl;
21      cout << "Maximum between \"NBC\" and \"ABC\" is "
22         << maxValue(string("NBC"), string("ABC")) << endl;
23
24      return 0;
25   }
```

Automatic Check   Compile/Run   Reset   Answer   Choose a Compiler: VC++ ⌄

Execution Result:

```
command>cl GenericMaxValue.cpp
Microsoft C++ Compiler 2019
Compiled successful (cl is the VC++ compile/link command)

command>GenericMaxValue
Maximum between 1 and 3 is 3
Maximum between 1.5 and 0.3 is 1.5
Maximum between 'A' and 'N' is N
Maximum between "NBC" and "ABC" is NBC

command>
```

函数模板的定义以关键字 `template` 开头，后面跟着参数列表。每个参数前面必须有可互换的关键字 `typename` 或 `class`，以 `<typename typeParameter>` 或 `<class typeParameter>` 的形式。例如，第 5 行

```
template<typename T>
```

开始定义 `maxValue` 的函数模板。该行也称为**模板前缀**。这里 `T` 是一个**类型参数**。按照惯例，单个大写字母例如 `T` 用于表示类型参数。

`maxValue` 函数在第 6 ~ 12 行中定义。类型参数可以像常规类型一样在函数中使用。可以用它来指定函数的返回类型、声明函数参数或声明函数中的变量。

在第 16 ~ 22 行，调用 `maxValue` 函数返回 `int`、`double`、`char` 和 `string` 型的最大值。对于函数调用 `maxValue(1, 3)`，编译器识别参数类型为 `int`，并将类型参数 `T` 替换为 `int`，以用具体的 `int` 类型调用 `maxValue` 函数。对于函数调用 `maxValue(string("NBC"), string("ABC"))`，编译器识别参数类型为 `string`，并将类型参数 `T` 替换为 `string`，以用具体的 `string` 类型调用 `maxValue` 函数。

如果将第 22 行中的 `maxValue(string("NBC"), string("ABC"))` 替换为 `maxValue ("NBC", "ABC")`，会发生什么？你会惊讶地看到它返回 `ABC`。为什么？因为 `"NBC"` 和 `"ABC"` 是 C 字符串。调用 `maxValue("NBC", "ABC")` 将 `"NBC"` 和 `"ABC"` 的地址传递给函数参数。比较 `value1>value2` 时，将比较两个数组的地址，而不是数组的内容！

警告： 泛型函数 `maxValue` 可返回两个任意类型的值的最大值，前提是这两个值具

有相同的类型，且可以用 > 运算符比较这两个值。例如，如果一个值为 int，另一个值是 double（例如，maxValue(1, 3.5)），编译器将报告语法错误，因为它找不到调用的匹配项。如果调用 maxValue(Circle(1), Circle(2))，编译器也会报告语法错误，因为 Circle 类中未定义 > 运算符。

提示：可以用 <typename T> 或 <class T> 来指定类型参数。使用 <typename T> 更好，因为 <typename T> 是描述性的。<class T> 可能与类定义混淆。

注意：有时，模板函数可能有多个参数。在这种情况下，要将参数放在括号内，用逗号分隔，例如 <typename T1, typename T2, typename T3>。

LiveExample 12.1 中的泛型函数的参数定义为值传递参数。如 LiveExample 12.2 所示，可以用引用传递对其进行修改。

LiveExample 12.2 的互动程序请访问 https://liangcpp.pearsoncmg.com/LiveRunCpp5e/faces/LiveExample.xhtml?header=off&programName=GenericMaxValuePassByReference&programHeight=450&resultHeight=210。

LiveExample 12.2　GenericMaxValuePassByReference.cpp

Source Code Editor:

```cpp
#include <iostream>
#include <string>
using namespace std;

template<typename T>
T maxValue(const T& value1, const T& value2)
{
  if (value1 > value2)
    return value1;
  else
    return value2;
}

int main()
{
  cout << "Maximum between 1 and 3 is " << maxValue(1, 3) << endl;
  cout << "Maximum between 1.5 and 0.3 is "
    << maxValue(1.5, 0.3) << endl;
  cout << "Maximum between 'A' and 'N' is "
    << maxValue('A', 'N') << endl;
  cout << "Maximum between \"NBC\" and \"ABC\" is "
    << maxValue(string("NBC"), string("ABC")) << endl;

  return 0;
}
```

Automatic Check　Compile/Run　Reset　Answer　　　Choose a Compiler: VC++ ∨

Execution Result:

```
command>cl GenericMaxValuePassByReference.cpp
Microsoft C++ Compiler 2019
Compiled successful (cl is the VC++ compile/link command)

command>GenericMaxValuePassByReference
Maximum between 1 and 3 is 3
Maximum between 1.5 and 0.3 is 1.5
Maximum between 'A' and 'N' is N
```

```
Maximum between "NBC" and "ABC" is NBC

command>
```

12.3 示例：泛型排序

要点提示：本节定义一个泛型排序函数。

LiveExample 7.10 给出了一个排序 double 值数组的函数。下面是函数的副本：

```
1    void selectionSort(double list[], int listSize)
2    {
3      for (int i = 0; i < listSize; i++)
4      {
5        // Find the minimum in the list[i..listSize-1]
6        double currentMin = list[i];
7        int currentMinIndex = i;
8
9        for (int j = i + 1; j < listSize; j++)
10       {
11         if (currentMin > list[j])
12         {
13           currentMin = list[j];
14           currentMinIndex = j;
15         }
16       }
17
18       // Swap list[i] with list[currentMinIndex] if necessary
19       if (currentMinIndex != i)
20       {
21         list[currentMinIndex] = list[i];
22         list[i] = currentMin;
23       }
24     }
25   }
```

很容易修改此函数来编写新的重载函数，从而对 int 值、char 值、string 值等数组进行排序。只需在两个位置（第 1 行和第 6 行）用 int、char 或 string 替换 double。

你可以只定义一个适用于任何类型的模板函数，而不是编写几个重载的排序函数。LiveExample 12.3 定义了一个对元素数组进行排序的泛型函数。

LiveExample 12.3 的互动程序请访问 https://liangcpp.pearsoncmg.com/LiveRunCpp5e/faces/LiveExample.xhtml?header=off&programName=GenericSort&fileType=.cpp&programHeight=960&resultHeight=190。

LiveExample 12.3　GenericSort.cpp

Source Code Editor:

```
1  #include <iostream>
2  #include <string>
3  using namespace std;
4
5  template<typename T>
6  void sort(T list[], int listSize)
7  {
8    for (int i = 0; i < listSize; i++)
9    {
10     // Find the minimum in the list[i..listSize-1]
```

```
11       T currentMin = list[i];
12       int currentMinIndex = i;
13
14       for (int j = i + 1; j < listSize; j++)
15       {
16         if (currentMin > list[j])
17         {
18           currentMin = list[j];
19           currentMinIndex = j;
20         }
21       }
22
23       // Swap list[i] with list[currentMinIndex] if necessary;
24       if (currentMinIndex != i)
25       {
26         list[currentMinIndex] = list[i];
27         list[i] = currentMin;
28       }
29     }
30   }
31
32   template<typename T>
33   void printArray(const T list[], int listSize)
34   {
35     for (int i = 0; i < listSize; i++)
36     {
37       cout << list[i] << " ";
38     }
39     cout << endl;
40   }
41
42   int main()
43   {
44     int list1[] = {3, 5, 1, 0, 2, 8, 7};
45     sort(list1, 7);
46     printArray(list1, 7);
47
48     double list2[] = {3.5, 0.5, 1.4, 0.4, 2.5, 1.8, 4.7};
49     sort(list2, 7);
50     printArray(list2, 7);
51
52     string list3[] = {"Atlanta", "Denver", "Chicago", "Dallas"};
53     sort(list3, 4);
54     printArray(list3, 4);
55
56     return 0;
57   }
```

| Automatic Check | Compile/Run | Reset | Answer | Choose a Compiler: | VC++ ∨ |

Execution Result:

```
command>cl GenericSort.cpp
Microsoft C++ Compiler 2019
Compiled successful (cl is the VC++ compile/link command)

command>GenericSort
0 1 2 3 5 7 8
```

```
0.4 0.5 1.4 1.8 2.5 3.5 4.7
Atlanta Chicago Dallas Denver

command>
```

该程序中定义了两个模板函数。模板函数 sort（第 5 ~ 30 行）使用类型参数 T 指定数组中的元素类型。此函数与 selectionSort 函数相同，只是参数 double 被泛型类型 T 替换。

模板函数 printArray（第 32 ~ 40 行）使用类型参数 T 指定数组中的元素类型。此函数向控制台显示数组中的所有元素。

main 函数调用 sort 函数对 int、double 和 string 值的数组进行排序（第 45、49、53 行），并调用 printArray 函数显示这些数组（第 46、50、54 行）。

提示：定义泛型函数时，最好从非泛型函数开始，调试并测试它，然后将其转换为泛型函数。

12.4 类模板

要点提示：可以为类定义泛型类型。

在前面小节中，我们用函数的类型参数定义了模板函数。还可以用类型参数为类定义**模板类**。类型参数可以用在类中常规类型出现的任何地方。

回想一下，10.9 节中定义的 StackOfIntegers 类可为 int 值创建栈。下面是类的副本，其 UML 类图如图 12.1a 所示。

```
1    #ifndef STACK_H
2    #define STACK_H
3
4    class StackOfIntegers
5    {
6    public:
7      StackOfIntegers();
8      bool empty() const;
9      int peek() const;
10     void push(int value);
11     int pop();
12     int getSize() const;
13
14   private:
15     int elements[100];
16     int size;
17   };
18
19   StackOfIntegers::StackOfIntegers()
20   {
21     size = 0;
22   }
23
24   bool StackOfIntegers::empty() const
25   {
26     return size == 0;
27   }
28
29   int StackOfIntegers::peek() const
30   {
31     return elements[size - 1];
32   }
33
34   void StackOfIntegers::push(int value)
35   {
36     elements[size++] = value;
```

```
37        }
38
39    int StackOfIntegers::pop()
40    {
41      return elements[--size];
42    }
43
44    int StackOfIntegers::getSize() const
45    {
46      return size;
47    }
48
49    #endif
```

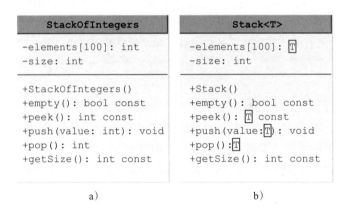

图 12.1   Stack<T> 是 Stack 类的泛型版本

通过将前面代码中突出显示的 int 替换为 double、char 或 string，可以很容易地修改该类，以定义 StackOfDouble、StackOfChar 和 StackOfString 等类来表示 double、char 和 string 值的栈。但是，你也可以只定义一个适用于任何类型元素的模板类，而不用为这些类编写几乎相同的代码。图 12.1b 显示了新的泛型 Stack 类的 UML 类图。LiveExample 12.4 定义了用于存储泛型类型元素的泛型 Stack 类。

LiveExample 12.4 的互动程序请访问 https://liangcpp.pearsoncmg.com/LiveRunCpp5e/faces/LiveExample.xhtml?header=off&programName=GenericStack&fileType=.h&programHeight=950&resultVisible=false。

LiveExample 12.4   GenericStack.h

Source Code Editor:

```
1    #ifndef STACK_H
2    #define STACK_H
3
4    template<typename T>
5    class Stack
6    {
7    public:
8      Stack();
9      bool empty() const;
10     T peek() const;
11     void push(T value);
12     T pop();
13     int getSize() const;
14
15   private:
```

```
16      T elements[100];
17      int size;
18    };
19
20    template<typename T>
21    Stack<T>::Stack()
22  ▾ {
23      size = 0;
24    }
25
26    template<typename T>
27    bool Stack<T>::empty() const
28  ▾ {
29      return size == 0;
30    }
31
32    template<typename T>
33    T Stack<T>::peek() const
34  ▾ {
35      return elements[size - 1];
36    }
37
38    template<typename T> // implement push function
39    void Stack<T>::push(T value)
40  ▾ {
41      elements[size++] = value;
42    }
43
44    template<typename T>
45    T Stack<T>::pop()
46  ▾ {
47      return elements[--size];
48    }
49
50    template<typename T>
51    int Stack<T>::getSize() const
52  ▾ {
53      return size;
54    }
55
56    #endif
```

[Answer] [Reset]

类模板的语法与函数模板的语法基本相同。将模板前缀放在类定义之前（第 4 行），就像将模板前缀放置在函数模板之前一样。

```
template<typename T>
```

类型参数可以像任何常规数据类型一样在类中使用。这里，类型 T 用于定义函数 peek() （第 10 行）、push(T value)（第 11 行）和 pop()（12 行）。第 16 行中还用 T 来声明数组 elements。

构造函数和函数的定义方式与常规类中的相同，只是构造函数和函数本身是模板。因此，必须将模板前缀放在实现中的构造函数和函数头之前。例如

```
template<typename T>
Stack<T>::Stack()
{
  size = 0;
}
```

```
template<typename T>
Stack<T>::Stack()
{
  size = 0;
}
template<typename T>
bool Stack<T>::empty()
{
  return size == 0;
}
template<typename T>
T Stack<T>::peek()
{
  return elements[size - 1];
}
```

还要注意，作用域解析运算符 :: 之前的类名是 Stack<T>，而不是 Stack。

提示：GenericStack.h 将类定义和类实现合并到一个文件中。通常，类定义和类实现放在两个单独的文件中。但对于类模板，将它们放在一起比较安全，因为一些编译器无法单独编译它们。

LiveExample 12.5 给出了一个测试程序，它在第 9 行为 int 值创建栈，在第 18 行为字符串创建栈。

LiveExample 12.5 的互动程序请访问 https://liangcpp.pearsoncmg.com/LiveRunCpp5e/faces/LiveExample.xhtml?header=off&programName=TestGenericStack&programHeight=500&resultHeight=170。

LiveExample 12.5   TestGenericStack.cpp

Source Code Editor:

```
1   #include <iostream>
2   #include <string>
3   #include "GenericStack.h"
4   using namespace std;
5
6   int main()
7   {
8     // Create a stack of int values
9     Stack<int> intStack;
10    for (int i = 0; i < 10; i++)
11      intStack.push(i); // Push i into the stack
12
13    while (!intStack.empty())
14      cout << intStack.pop() << " ";
15    cout << endl;
16
17    // Create a stack of strings
18    Stack<string> stringStack;
19    stringStack.push("Chicago");
20    stringStack.push("Denver");
21    stringStack.push("London"); // Push London to the stack
22
23    while (!stringStack.empty())
24      cout << stringStack.pop() << " ";
25    cout << endl;
26
27    return 0;
28  }
```

要用模板类声明对象，必须为类型参数 T 指定具体类型。例如，

```
Stack<int> intStack;
```

此声明将类型参数 T 替换为 int。因此，intStack 是 int 值的栈。对象 intStack 与任何其他对象一样。程序调用 intStack 上的 push 函数向栈中添加 10 个 int 值（第 11 行），并显示栈中的元素（第 13 ～ 14 行）。

程序在第 18 行声明一个用于存储字符串的栈对象，在栈中添加三个字符串（第 19 ～ 21 行），并显示栈中的字符串（第 24 行）。

注意第 13 ～ 15 行中的代码：

```
while (!intStack.empty())
  cout << intStack.pop() << " ";
cout << endl;
```

以及第 23 ～ 25 行：

```
while (!stringStack.empty())
  cout << stringStack.pop() << " ";
cout << endl;
```

这两个片段几乎相同。区别在于前者在 intStack 上操作，后者在 stringStack 上。可以使用栈参数定义函数以显示栈中的元素。新程序如 LiveExample12.6 所示。

LiveExample 12.6 的互动程序请访问 https://liangcpp.pearsoncmg.com/LiveRunCpp5e/faces/LiveExample.xhtml?header=off&programName=TestGenericStackWithTemplateFunction&fileType=.cpp&programHeight=520&resultHeight=170。

LiveExample 12.6　TestGenericStackWithTemplateFunction.cpp

Source Code Editor:

```
1  #include <iostream>
2  #include <string>
3  #include "GenericStack.h"
4  using namespace std;
5
6  template<typename T>
7  void printStack(Stack<T>& stack)
8  {
9    while (!stack.empty())
10     cout << stack.pop() << " ";
11   cout << endl;
```

```
12    }
13
14    int main()
15 ▾  {
16      // Create a stack of int values
17      Stack<int> intStack;
18      for (int i = 0; i < 10; i++)
19        intStack.push(i);
20      printStack(intStack);
21
22      // Create a stack of strings
23      Stack<string> stringStack;
24      stringStack.push("Chicago");
25      stringStack.push("Denver");
26      stringStack.push("London");
27      printStack(stringStack);
28
29      return 0;
30    }
```

[Automatic Check] [Compile/Run] [Reset] [Answer]   Choose a Compiler: [VC++ ▾]

Execution Result:

```
command>cl TestGenericStackWithTemplateFunction.cpp
Microsoft C++ Compiler 2019
Compiled successful (cl is the VC++ compile/link command)

command>TestGenericStackWithTemplateFunction
9 8 7 6 5 4 3 2 1 0
London Denver Chicago

command>
```

泛型类名 Stack<T> 用作**模板函数**中的参数类型（第 7 行）。

注意：C++ 允许为类模板中的类型参数指派默认类型。例如，可以在泛型 Stack 类中指定 int 作为默认类型，如下所示：

```
template<typename T = int>
class Stack
{
   ...
};
```

现在可以用默认类型声明对象，如下所示：

```
Stack<> stack;  // stack is a stack for int values
```

只能在类模板中使用默认类型，而不能在函数模板中使用。

注意：还可以在模板前缀中使用非类型参数和类型参数。例如，可以如下所示为 Stack 类声明数组容量参数：

```
template<typename T, int capacity>
class Stack
{
   ...
```

```
private:
  T elements[capacity];
  int size;
};
```

因此，在创建栈时，可以指定数组的容量。例如

```
Stack<string, 500> stack;
```

声明最多可容纳 500 个字符串的栈。

注意：可以在模板类中定义静态成员。每个模板特化都有自己的静态数据字段副本。

12.5 改进 `Stack` 类

要点提示：本节实现一个动态栈类。

`Stack` 类中存在一个问题。栈的元素存储在固定大小为 100 的数组中（参见 LiveExample 12.4 中的第 16 行）。因此，一个栈中存储的元素不能超过 100 个。可以将 100 更改为更大的数字，但如果实际栈较小，就会浪费空间。解决这一困境的一种方法是在需要时动态分配更多内存。

`Stack<T>` 类中的 `size` 属性表示栈中的元素数。让我们添加一个名为 `capacity` 的新属性，它表示用于存储元素的数组的当前大小。`Stack<T>` 的无参数构造函数创建一个容量为 16 的数组。当向栈中添加新元素时，如果当前容量已满，则可能需要增加数组大小以存储新元素。

如何增加数组容量？数组一旦声明，就不能增加了。为了避开这种限制，可以创建一个新的更大的数组，将旧数组的内容复制到此新数组，然后删除旧数组。

LiveExample 12.7 给出了改进的 `Stack<T>` 类。

LiveExample 12.7 的互动程序请访问 https://liangcpp.pearsoncmg.com/LiveRunCpp5e/faces/ LiveExample.xhtml?header=off&programName=ImprovedStack&fileType=.h&programHeight= 1600&resultVisible=false。

LiveExample 12.7　ImprovedStack.h

Source Code Editor:

```
1  #ifndef IMPROVEDSTACK_H
2  #define IMPROVEDSTACK_H
3
4  template<typename T>
5  class Stack
6  {
7  public:
8    Stack(); // No-arg constructor
9    Stack(const Stack&); // Copy constructor
10   ~Stack(); // Destructor
11   bool empty() const;
12   T peek() const;
13   void push(T value);
14   T pop();
15   int getSize() const;
16
17 private:
18   T* elements;
19   int size;
20   int capacity;
21   void ensureCapacity();
```

```
22   };
23
24   template<typename T>
25   Stack<T>::Stack(): size(0), capacity(16)
26 ▾ {
27     elements = new T[capacity];
28   }
29
30   template<typename T>
31   Stack<T>::Stack(const Stack& stack)
32 ▾ {
33     elements = new T[stack.capacity];
34     size = stack.size;
35     capacity = stack.capacity;
36     for (int i = 0; i < size; i++)
37 ▾   {
38       elements[i] = stack.elements[i];
39     }
40   }
41
42   template<typename T>
43   Stack<T>::~Stack()
44 ▾ {
45     delete [] elements;
46   }
47
48   template<typename T>
49   bool Stack<T>::empty() const
50 ▾ {
51     return size == 0;
52   }
53
54   template<typename T>
55   T Stack<T>::peek() const
56 ▾ {
57     return elements[size - 1];
58   }
59
60   template<typename T>
61   void Stack<T>::push(T value)
62 ▾ {
63     ensureCapacity();
64     elements[size++] = value;
65   }
66
67   template<typename T>
68   void Stack<T>::ensureCapacity()
69 ▾ {
70     if (size >= capacity)
71 ▾   {
72       T* old = elements;
73       capacity = 2 * size;
74       elements = new T[size * 2];
75
76       for (int i = 0; i < size; i++)
77         elements[i] = old[i];
78
79       delete [] old;
80     }
81   }
82
83   template<typename T>
84   T Stack<T>::pop()
85 ▾ {
86     return elements[--size];
```

```
87      }
88
89      template<typename T>
90      int Stack<T>::getSize() const
91    ▾ {
92        return size;
93      }
94
95      #endif
```

Answer   Reset

由于内部数组 elements 是动态创建的，因此必须提供一个析构函数来正确销毁数组，以避免内存泄漏（第 42 ～ 46 行）。注意，LiveExample12.4 中的数组元素不是动态分配的，因此在那种情况下不需要提供析构函数。

push(T value) 函数（第 60 ～ 65 行）向栈添加一个新元素。该函数首先调用 ensureCapacity()（第 63 行），确保数组中有空间给新元素。

ensureCapacity() 函数（第 67 ～ 81 行）检查数组是否已满。如果已满，则创建一个将当前数组大小加倍的新数组，将新数组设置为当前数组，将旧数组的内容复制到新数组，然后删除旧数组（第 79 行）。

注意，销毁动态创建的数组的语法是

```
delete [] elements; // Line 45
delete [] old; // Line 79
```

如果错误地写成以下内容会发生什么？

```
delete elements; // Line
delete old; // Line 79
```

对于基元类型值的栈，该程序可以很好地编译和运行，但对于对象的栈是不正确的。语句 delete[] elements 首先对 elements 数组中的每个对象调用析构函数，然后销毁数组，而语句 delete elements 仅对数组中的第一个对象调用析构函数。

Stack 类可以通过将元素存储在向量中来进一步改进（参见编程练习 12.9）。vector 类将在下一节中介绍。

12.6   C++ vector 类

要点提示：C++ 包含一个用于存储对象列表的泛型 vector 类。

可以用数组存储像字符串以及 int 值这样的数据集合。但这有一个严重的限制：创建数组时，数组大小是确定的。C++ 提供了 vector 类，它比数组更灵活。可以像数组一样使用 vector 对象，但如果需要的话，vector 的大小可以自动增长。

创建 vector 用以下语法：

```
vector<elementType> vectorName;
```

例如，以下代码创建一个向量来存储 int 值：

```
vector<int> intVector;
```

以下代码创建一个向量来存储 string 对象：

```
vector<string> stringVector;
```

图 12.2 在 UML 类图中列出了 vector 类中几个常用的函数。

```
vector<elementType>

+vector( )
+vector(size: int)
+vector(size: int, defaultValue:elementType)
+push_back(element: elementType): void
+pop_back(): void
+size(): unsigned const
+at(index: int): elementType const
+empty(): bool const
+clear(): void
+swap(v2: vector): void
```

图 12.2　vector 类的函数像一个可调整大小的数组

也可以创建有初始大小的、用默认值填充的向量。例如，以下代码创建了一个初始大小为 10、默认值为 0 的向量。

```
vector<int> intVector(10);
```

可以用下标运算符 [] 访问向量。例如

```
cout << intVector[0];
```

显示向量中的第一个元素。

警告：若要用数组下标运算符 []，元素必须已存在于向量中。与数组一样，向量中的索引是从 0 开始的，即向量中第一个元素的索引是 0，最后一个元素的索引是 v.size()-1。使用超出此范围的索引将导致错误。

LiveExample 12.8 给出了使用向量的示例。

LiveExample 12.8 的互动程序请访问 https://liangcpp.pearsoncmg.com/LiveRunCpp5e/faces/LiveExample.xhtml?header=off&programName=TestVector&fileType=.cpp&programHeight=760&resultHeight=190。

LiveExample12.8　TestVector.cpp

Source Code Editor:

```
1  #include <iostream>
2  #include <vector>
3  #include <string>
4  using namespace std;
5
6  int main()
7  {
8    vector<int> intVector; // Create a vector named intVector
9
10   // Store numbers 1, 2, 3, 4, 5, ..., 10 to the vector
11   for (int i = 0; i < 10; i++)
12     intVector.push_back(i + 1);
13
14   // Display the numbers in the vector
15   cout << "Numbers in the vector: ";
16   for (int i = 0; i < intVector.size(); i++)
```

```
17        cout << intVector[i] << " ";
18
19      vector<string> stringVector;
20
21      // Store strings into the vector
22      stringVector.push_back("Dallas");
23      stringVector.push_back("Houston");
24      stringVector.push_back("Austin");
25      stringVector.push_back("Norman"); // Add Norman to the vector
26
27      // Display the string in the vector
28      cout << "\nStrings in the string vector: ";
29      for (int i = 0; i < stringVector.size(); i++)
30        cout << stringVector[i] << " ";
31
32      stringVector.pop_back(); // Remove the last element
33
34      vector<string> v2;
35      v2.swap(stringVector);
36      v2[0] = "Atlanta"; // Assign Atlanta to replace the first element in v2
37
38      // Redisplay the string in the vector
39      cout << "\nStrings in the vector v2: ";
40      for (int i = 0; i < v2.size(); i++)
41        cout << v2.at(i) << " ";
42
43      return 0;
44    }
```

Automatic Check　Compile/Run　Reset　Answer　　　　Choose a Compiler:　VC++ ∨

Execution Result:

```
command>cl TestVector.cpp
Microsoft C++ Compiler 2019
Compiled successful (cl is the VC++ compile/link command)

command>TestVector
Numbers in the vector: 1 2 3 4 5 6 7 8 9 10
Strings in the string vector: Dallas Houston Austin Norman
Strings in the vector v2: Atlanta Houston Austin

command>
```

由于程序中使用了 vector 类，所以第 2 行包含了它的头文件。由于还使用了 string 类，所以第 3 行包含了 string 类头文件。

第 8 行创建了存储 int 值的向量。第 12 行将 int 值添加到向量中。向量的大小没有限制。随着更多元素添加到向量中，向量大小会自动增长。程序在第 15 ～ 17 行显示向量中的所有 int 值。注意，第 17 行中用数组下标运算符 [] 检索元素。

第 19 行创建了存储字符串的向量。在第 22 ～ 25 行四个字符串被添加到向量中。程序在第 28 ～ 30 行显示向量中的所有字符串。注意，第 30 行中用数组下标运算符 [] 检索元素。

第 32 行从向量中删除最后一个字符串。第 34 行创建另一个向量 v2。第 35 行将 stringVector 和 v2 交换。第 36 行为 v2[0] 赋值一个新字符串。程序在第 39 ～ 41 行显示 v2 中的字符串。注意，这里用 at 函数检索元素，也可以用下标运算符 [] 检索元素。

size() 函数返回向量的大小，类型为 unsigned（即**无符号整数**），而不是 int。因为无符号值与变量 i 的 signed int 值一起使用（第 16、29、40 行），一些编译器可能会发出警告。但这只是个警告，应该不会引起任何问题，因为在这种情况下，无符号值会自动升级为有符号值。要消除警告，需要在第 16 行中声明 i 为 unsigned int，如下所示：

```
for (unsigned i = 0; i < intVector.size(); i++)
```

在 C++11 中，可以用向量初始化语句为向量赋值，这类似于数组初始化语句。例如，以下语句创建初始值为 1 和 9 的向量。

```
vector<int> intVector{1, 9};
```

也可以在向量创建后用以下语法为向量赋值：

```
intVector = {13, 92, 1};
```

执行此语句后，intVector 现在有值 13、92 和 1。intVector 中的旧值被销毁。

注意，使用数组初始化语句创建数组后，不能再给数组赋值。例如，以下代码中的第二条语句将导致语法错误：

```
int temp[] = {1, 9};
temp = {13, 92, 1};
```

与数组一样，也可以用 foreach 循环遍历 C++11 中向量中的所有元素。例如

```
for (int e: intVector)
{
  cout << e << endl;
}
```

显示 intVector 中的所有值。

12.7　向量的插入和删除及其他函数

要点提示：可以用 insert 和 erase 函数在向量中插入和删除元素。

可以用 push_back 函数在向量末尾插入元素。要在向量中的任意位置插入元素，需要用 insert(p, element) 函数，其中 p 是指向向量中元素的指针。

指向向量 v 中第一个元素的指针可以通过调用 v.begin() 获得。因此，指向向量中第 i 个元素的指针是 v.begin()+i。也可以用 v.end() 函数返回指向向量最后一个元素之后的元素的指针。因此，指向向量中最后一个元素的指针是 v.end()-1。更准确地说，这里的指针实际上是迭代器。目前，我们可以将迭代器视为指针。

可以用 pop_back 函数删除向量中的最后一个元素。要删除向量中任意位置的元素，需要用 erase(p) 函数，其中 p 是指向向量中元素的指针。

11.8 节中介绍数组的有用函数 min_element、max_element、sort、random_shuffle 和 find 也可以用于向量。

LiveExample 12.9 给出了一个演示这些函数的示例。

LiveExample 12.9 的互动程序请访问 https://liangcpp.pearsoncmg.com/LiveRunCpp5e/faces/LiveExample.xhtml?header=off&programName=VectorInsertDelete&fileType=.cpp&programHeight=760&resultHeight=240。

LiveExample 12.9 VectorInsertDelete.cpp

Source Code Editor:

```cpp
1    #include <iostream>
2    #include <string>
3    #include <vector>
4    #include <algorithm>
5    using namespace std;
6
7    template<typename T>
8    void print(const string& title, const vector<T>& v)
9    {
10     cout << title << " ";
11     for (int i = 0; i < v.size(); i++)
12       cout << v[i] << " ";
13     cout << endl;
14   }
15
16   int main()
17   {
18     vector<int> v;
19     for (int i = 0; i < 5; i++)
20       v.push_back(i);
21
22     v.insert(v.begin() + 1, 20); // Insert 20 at index 1
23     v.erase(v.end() - 2); // Remove the second last element
24     print("The elements in vector:", v);
25
26     sort(v.begin(), v.end()); // Sort the elements in v
27     print("Sorted elements:", v);
28
29     random_shuffle(v.begin(), v.end()); // Shuffle the elements in v
30     print("After random shuffle:", v);
31
32     cout << "The max element is " <<
33       *max_element(v.begin(), v.end()) << endl;
34
35     cout << "The min element is " <<
36       *min_element(v.begin(), v.end()) << endl;
37
38     int key = 45;
39     if (find(v.begin(), v.end(), key) == v.end())
40       cout << key << " is not in the vector" << endl;
41     else
42       cout << key << " is in the vector" << endl;
43
44     return 0;
45   }
```

[Automatic Check] [Compile/Run] [Reset] [Answer]   Choose a Compiler: [VC++ ∨]

Execution Result:

```
command>cl VectorInsertDelete.cpp
Microsoft C++ Compiler 2019
Compiled successful (cl is the VC++ compile/link command)

command>VectorInsertDelete
The elements in vector: 0 20 1 2 4
Sorted elements: 0 1 2 4 20
After random shuffle: 20 1 4 2 0
The max element is 20
The min element is 0
45 is not in the vector

command>
```

该程序创建一个向量（第 18 行），并将五个整数附加到向量上（第 19 ~ 20 行）。程序在向量的索引 1 处插入 20（第 22 行），并从向量中删除倒数第二个元素（第 23 行）。

程序用 sort 函数对向量排序（第 26 行），用 random_shuffle 函数对元素随机排序（第 29 行）。程序用 max_element 和 min_element 函数获得最大和最小元素（第 32 ~ 36 行）。最后，程序调用 find 函数检测元素是否在向量中（第 39 行）。如果在向量中找到元素，find 函数返回指向该元素的指针。否则，它返回指向搜索范围中最后一个元素之后的元素的指针。

12.8 使用 vector 类替换数组

要点提示：向量可替换数组。向量比数组更灵活，但数组比向量更高效。

vector 对象可以像数组一样使用，但有一些不同。表 12.1 列出了它们的异同。

数组和向量都可以用于存储元素列表。如果列表的大小是固定的，用数组效率更高。向量是可调整大小的数组。vector 类包含许多访问和操作向量的成员函数。所以使用向量比使用数组更灵活。一般情况下，总是可以用向量替代数组。前面章节中所有使用数组的示例都可以用向量进行修改。本节用向量重写 LiveExample 7.2 和 LiveExample 8.1。

表 12.1 数组和向量的异同

操作	数组	向量
创建数组 / 向量	string a[10]	vector<string> v
初始化数组 / 向量	int a[] = {1,2}	vector<int> v{1,2}
赋新值		v = {12,23}
访问元素	a[index]	v[index]
更新元素	a[index] = "London"	v[index] = "London"
返回大小		v.size()
附加一个新元素		v.push_back("London")
将 e 插入第 i 个位置		v.insert(v.begin() + i,e)
删除最后一个元素		v.pop_back()
删除第 i 个元素		v.erase(v.begin() + i)
删除所有元素		v.clear()

回想一下，LiveExample 7.2 是一个从 52 张牌中随机抽取 4 张牌的程序。我们使用向量存储初始值为 0 到 51 的 52 张牌，如下所示：

```
const int NUMBER_OF_CARDS = 52;
vector<int> deck(NUMBER_OF_CARDS);
// Initialize cards
for (int i = 0; i < NUMBER_OF_CARDS; i++)
  deck[i] = i;
```

deck[0] 至 deck[12] 为黑桃，deck[13] 至 deck[25] 为红桃，deck[26] 至 deck[38] 为方片，deck[39] 至 deck[51] 为梅花。LiveExample 12.10 给出了问题的解决方案。

LiveExample 12.10 的互动程序请访问 https://liangcpp.pearsoncmg.com/LiveRunCpp5e/faces/LiveExample.xhtml?header=off&programName=DeckOfCardsUsingVector&fileType=.cpp&programHeight=580&resultHeight=210。

LiveExample 12.10 DeckOfCardsUsingVector.cpp

Source Code Editor:

```
 1  #include <iostream>
 2  #include <vector>
 3  #include <string>
 4  #include <algorithm>
 5  #include <ctime>
 6  using namespace std;
 7
 8  const int NUMBER_OF_CARDS = 52;
 9  string suits[4] = {"Spades", "Hearts", "Diamonds", "Clubs"};
10  string ranks[13] = {"Ace", "2", "3", "4", "5", "6", "7", "8", "9",
11    "10", "Jack", "Queen", "King"};
12
13  int main()
14  {
15    vector<int> deck(NUMBER_OF_CARDS);
16
17    // Initialize cards
18    for (int i = 0; i < NUMBER_OF_CARDS; i++)
19      deck[i] = i;
20
21    // Shuffle the cards
22    srand(time(0));
23    random_shuffle(deck.begin(), deck.end()); // Shuffle the cards
24
25    // Display the first four cards
26    for (int i = 0; i < 4; i++)
27    {
28      cout << ranks[deck[i] % 13] << " of " <<
29        suits[deck[i] / 13] << endl;
30    }
31
32    return 0;
33  }
```

| Compile/Run | Reset | Answer | Choose a Compiler: VC++ ∨ |

Execution Result:

```
command>cl DeckOfCardsUsingVector.cpp
Microsoft C++ Compiler 2019
Compiled successful (cl is the VC++ compile/link command)

command>DeckOfCardsUsingVector
6 of Spades
5 of Clubs
9 of Spades
4 of Hearts

command>
```

该程序与 LiveExample 7.2 相同，只是第 2 行包含 vector 类，第 15 行用向量而不是数组存储所有牌。此外，该程序还用 random_shuffle 函数来洗牌（第 22 ~ 23 行）。有趣的是，使用数组和向量的语法非常相似，因为可以使用括号中的索引访问向量中的元素，这与访问数组元素相同。

也可以将第 8 ~ 10 行中的数组 suits 和 ranks 改为向量。如果这样，则必须编写许多行代码才能将 suits 和 ranks 插入向量。使用数组代码更简单、更好。

回想一下，LiveExample 8.1 创建了一个二维数组，并调用一个函数来返回数组中所有元素的总和。向量的向量可以用来表示二维数组。下面是一个表示四行三列的二维数组的示例：

```
vector<vector<int>> matrix(4); // four rows
for (int i = 0; i < 4; i++)
  matrix[i] = vector<int>(3);
matrix[0][0] = 1; matrix[0][1] = 2; matrix[0][2] = 3;
matrix[1][0] = 4; matrix[1][1] = 5; matrix[1][2] = 6;
matrix[2][0] = 7; matrix[2][1] = 8; matrix[2][2] = 9;
matrix[3][0] = 10; matrix[3][1] = 11; matrix[3][2] = 12;
```

可以用以下代码简化前面的代码：

```
vector<vector<int>> matrix{{1, 2, 3},
  {4, 5, 6}, {7, 8, 9}, {10, 11, 12}};
```

LiveExample 12.11 用向量修改 LiveExample 8.1。

LiveExample 12.11 的互动程序请访问 https://liangcpp.pearsoncmg.com/LiveRunCpp5e/faces/ LiveExample.xhtml?header=off&programName=TwoDArrayUsingVector&fileType=.cpp&programHeight=480&resultHeight=160。

LiveExample 12.11　TwoDArrayUsingVector.cpp

Source Code Editor:

```
 1  #include <iostream>
 2  #include <vector>
 3  using namespace std;
 4
 5  int sum(const vector<vector<int>>& matrix)
 6  {
 7    int total = 0;
 8    for (unsigned int row = 0; row < matrix.size(); row++)
 9    {
10      for (unsigned column = 0; column < matrix[row].size(); column++)
11      {
12        total += matrix[row][column];
13      }
14    }
15
16    return total;
17  }
18
19  int main()
20  {
21    vector<vector<int>> matrix{
22      {1, 2, 3}, {4, 5, 6}, {7, 8, 9}, {10, 11, 12}};
23
24    cout << "Sum of all elements is " << sum(matrix) << endl;
25
26    return 0;
27  }
```

Automatic Check　Compile/Run　Reset　Answer　　　　　Choose a Compiler:　VC++ ∨

Execution Result:

```
command>cl TwoDArrayUsingVector.cpp
Microsoft C++ Compiler 2019
Compiled successful (cl is the VC++ compile/link command)
```

```
command>TwoDArrayUsingVector
Sum of all elements is 78

command>
```

变量 matrix 声明为向量。向量 matrix[i] 的元素是另一个向量。因此,matrix[i]
[j] 表示二维数组中的第 *i* 行且第 *j* 列的元素。

sum 函数返回向量中所有元素的和。向量的大小可以通过 vector 类中的 size() 函
数获得。因此, 在调用 sum 函数时不必指定向量的大小。而二维数组的这一函数需要两个
参数, 如下所示:

```
int sum(const int a[][COLUMN_SIZE], int rowSize)
```

使用向量表示二维数组简化了编码工作。

12.9　案例研究: 计算表达式

要点提示: 栈可用于计算表达式。

栈有很多应用。本节给出使用栈的应用程序。可以如图 12.3 所示, 在 Google 网页上输
入一个算术表达式并求值。

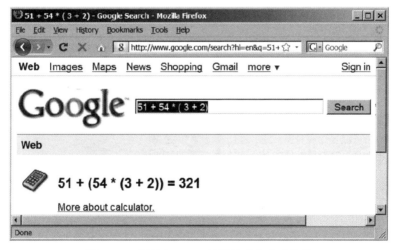

图 12.3　可以用 Google 计算算术表达式的值

Google 如何计算表达式的呢? 本节介绍一个程序, 计算带有多个运算符和括号的复合
表达式的值 (例如, (15+2)*34-2)。简单起见, 假设操作数是整数, 运算符有四种类型:
+、-、* 和 /。

这个问题可以用两个名为 operandStack 和 operatorStack 的栈来解决, 它们分
别用于存储操作数和运算符。操作数和运算符在处理之前被压入栈。处理运算符时, 将运算
符从 operatorStack 中弹出, 并应用于 operandStack 中的前两个操作数 (这两个操作
数是从 operandStack 中弹出的)。然后结果值再被压入 operandStack。

该算法分为两个阶段。

阶段 1: 扫描表达式

程序从左到右扫描表达式, 以提取操作数、运算符和括号。

1.1 如果提取的项是操作数，将其压入 `operandStack`。

1.2 如果提取的项是 + 或 − 运算符，则处理 `operatorStack` 顶部所有具有更高或同等优先级的运算符（即 +、−、*、/），然后将提取的运算符压入 `operatorStack`。

1.3 如果提取的项是 * 或 / 运算符，则处理 `operatorStack` 顶部所有具有更高或同等优先级的运算符（即 *、/），然后将提取的运算符压入 `operatorStack`。

1.4 如果提取的项是符号 (，将其压入 `operatorStack`。

1.5 如果提取的项是符号)，则从 `operatorStack` 的顶部开始重复处理运算符，直到在栈上看到符号 (。

阶段 2：清除栈

从 `operatorStack` 的顶部开始重复处理运算符，直到 `operatorStack` 为空。

LiveExample 12.12 给出了程序。

LiveExample 12.12 的互动程序请访问 https://liangcpp.pearsoncmg.com/LiveRunCpp5e/faces/ LiveExample.xhtml?header=off&programName=EvaluateExpression&fileType=.cpp&program Height=2500&resultHeight=180。

LiveExample 12.12　EvaluateExpression.cpp

Source Code Editor:

```cpp
1   #include <iostream>
2   #include <vector>
3   #include <string>
4   #include <cctype>
5   #include "ImprovedStack.h"
6
7   using namespace std;
8
9   // Split an expression into numbers, operators, and parenthese
10  vector<string> split(const string& expression);
11
12  // Evaluate an expression and return the result
13  int evaluateExpression(const string& expression);
14
15  // Perform an operation
16  void processAnOperator(
17    Stack<int>& operandStack, Stack<char>& operatorStack);
18
19  int main()
20  {
21    string expression;
22    cout << "Enter an expression: ";
23    getline(cin, expression);
24
25    cout << expression << " = "
26      << evaluateExpression(expression) << endl;
27
28    return 0;
29  }
30
31  vector<string> split(const string& expression)
32  {
33    vector<string> v; // A vector to store split items as strings
34    string numberString; // A numeric string
35
36    for (unsigned int i = 0; i < expression.length(); i++)
37    {
38      if (isdigit(expression[i]))
```

```
39          numberString.append(1, expression[i]); // Append a digit
40        else
41        {
42          if (numberString.size() > 0)
43          {
44            v.push_back(numberString); // Store the numeric string
45            numberString.erase(); // Empty the numeric string
46          }
47
48          if (!isspace(expression[i]))
49          {
50            string s;
51            s.append(1, expression[i]);
52            v.push_back(s); // Store an operator and parenthesis
53          }
54        }
55      }
56
57      // Store the last numeric string
58      if (numberString.size() > 0)
59        v.push_back(numberString);
60
61      return v;
62    }
63
64    // Evaluate an expression
65    int evaluateExpression(const string& expression)
66    {
67      // Create operandStack to store operands
68      Stack<int> operandStack;
69
70      // Create operatorStack to store operators
71      Stack<char> operatorStack;
72
73      // Extract operands and operators
74      vector<string> tokens = split(expression);
75
76      // Phase 1: Scan tokens
77      for (unsigned int i = 0; i < tokens.size(); i++)
78      {
79        if (tokens[i][0] == '+' || tokens[i][0] == '-')
80        {
81          // Process all +, -, *, / in the top of the operator stack
82          while (!operatorStack.empty() && (operatorStack.peek() == '+'
83            || operatorStack.peek() == '-' || operatorStack.peek() == '*'
84            || operatorStack.peek() == '/'))
85          {
86            processAnOperator(operandStack, operatorStack);
87          }
88
89          // Push the + or - operator into the operator stack
90          operatorStack.push(tokens[i][0]);
91        }
92        else if (tokens[i][0] == '*' || tokens[i][0] == '/')
93        {
94          // Process all *, / in the top of the operator stack
95          while (!operatorStack.empty() && (operatorStack.peek() == '*'
96            || operatorStack.peek() == '/'))
97          {
98            processAnOperator(operandStack, operatorStack);
99          }
100
101          // Push the * or / operator into the operator stack
102          operatorStack.push(tokens[i][0]);
103        }
```

```
104        else if (tokens[i][0] == '(')
105      {
106          operatorStack.push('('); // Push '(' to stack
107      }
108        else if (tokens[i][0] == ')')
109      {
110          // Process all the operators in the stack until seeing '('
111          while (operatorStack.peek() != '(')
112        {
113            processAnOperator(operandStack, operatorStack);
114        }
115
116          operatorStack.pop(); // Pop the '(' symbol from the stack
117      }
118        else
119      { // An operand scanned. Push an operand to the stack as integer
120          operandStack.push(atoi(tokens[i].c_str()));
121      }
122    }
123
124    // Phase 2: process all the remaining operators in the stack
125    while (!operatorStack.empty())
126    {
127      processAnOperator(operandStack, operatorStack);
128    }
129
130    // Return the result
131    return operandStack.pop();
132  }
133
134  // Process one opeator: Take an operator from operatorStack and
135  // apply it on the operands in the operandStack
136  void processAnOperator(
137      Stack<int>& operandStack, Stack<char>& operatorStack)
138  {
139    char op = operatorStack.pop();
140    int op1 = operandStack.pop();
141    int op2 = operandStack.pop();
142    if (op == '+')
143      operandStack.push(op2 + op1);
144    else if (op == '-')
145      operandStack.push(op2 - op1);
146    else if (op == '*')
147      operandStack.push(op2 * op1);
148    else if (op == '/')
149      operandStack.push(op2 / op1);
150  }
```

Enter input data for the program (Sample data provided below. You may modify it.)

```
(13 + 2) * 4 - 3
```

| Automatic Check | Compile/Run | Reset | Answer |

Choose a Compiler:　VC++ ∨

Execution Result:

```
command>cl EvaluateExpression.cpp
Microsoft C++ Compiler 2019
Compiled successful (cl is the VC++ compile/link command)

command>EvaluateExpression
Enter an expression: (13 + 2) * 4 - 3
(13 + 2) * 4 - 3 = 57

command>
```

程序将表达式作为字符串读取（第 23 行），并调用 evaluateExpression 函数（第 26 行）对表达式求值。

evaluateExpression 函数创建两个栈 operandStack 和 operatorStack（第 68、71 行），并调用 split 函数将表达式中的数字、运算符和括号（第 74 行）提取为元组。元组存储在字符串向量中。例如，如果表达式为 (13+2)*4-3，则元组为 (、13、+、2、)、*、4、- 和 3。

evaluateExpression 函数在 for 循环中扫描每个元组（第 77～122 行）。如果元组是操作数，则将其压入 operandStack（第 120 行）。如果元组是 + 或 - 运算符（第 79 行），则处理 operatorStack 顶部的所有运算符（如果有的话）（第 82～87 行），并将新扫描的运算符压入栈（第 90 行）。如果元组是 * 或 / 运算符（第 92 行），则处理 operatorStack 顶部的所有 * 和 / 运算符（如果有的话）（第 95～99 行），并将新扫描的运算符压入栈（第 102 行）。如果元组是左括号 (（第 104 行），则将其压入 operatorStack。如果元组是右括号)（第 108 行），则从 operatorStack 顶部开始处理所有运算符，直到看到右括号)（第 111～114 行），然后从栈中弹出右括号)（第 116 行）。

所有元组处理完毕后，程序处理 operatorStack 中的剩余运算符（第 125～128 行）。

processAnOperator 函数（第 136～150 行）处理运算符。该函数从 operatorStack（第 139 行）中弹出运算符，并从 operandStack 中弹出两个操作数（第 140～141 行）。根据运算符的不同，函数执行不同操作并将操作结果压回到 operandStack（第 143、145、147、149 行）。

12.10 使用智能指针自动销毁对象

要点提示：C++11 提供了 unique_ptr 类，用于包装指针以执行自动对象销毁。

动态内存分配的一个严重问题是潜在的内存泄漏。内存泄漏可能是由程序员错误引起的，比如程序员在对象不再使用后忘记销毁内存。内存泄漏也可能是由运行时异常引起的，比如程序在销毁对象内存之前抛出了异常。C++11 智能指针可以解决这些问题。

C++11 引入了一个名为 unique_ptr 的新模板类，它的功能和指针一样，但具有自动内存释放的附加特性。因为它可以在对象不再使用时自动销毁对象的内存，所以被称为**智能指针**。以下是创建智能指针的示例：

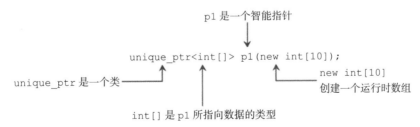

此语句创建一个名为 p1 的智能指针，该指针指向 10 个元素的 int 数组的内存。以下是该语句的一些详细描述：

- unique_ptr 类在 memory 头文件中定义，为了在程序中使用 unique_ptr，必须包含该头文件。
- int[] 表示智能指针指向一个 int 值数组。
- p1 是智能指针的名称。
- new int[10] 是一个表达式，它为 10 个 int 值的数组创建动态内存，并将其传递给 unique_ptr 类的构造函数以创建智能指针。

以下是创建智能指针的几个示例：

```
unique_ptr<double> p2(new double);
```

以上语句为 double 值创建智能指针。

```
unique_ptr<Circle> p3(new Circle);
```

以上语句为 Circle 对象创建智能指针。

智能指针可以像普通指针一样使用。以下语句将 5.5 赋给 p2 指向的内存。

```
*p2 = 5.5;
```

以下语句显示 p3 所指的圆的面积。

```
cout << p3->getArea(); // or cout << (*p3).getArea()
```

LiveExample 12.13 给出了一个创建与原始数组相反的新数组的示例。

LiveExample 12.13 的互动程序请访问 https://liangcpp.pearsoncmg.com/LiveRunCpp5e/faces/
LiveExample.xhtml?header=off&programName=ReverseArrayUsingSmartPointer&fileType=.cp
p&programHeight=560&resultHeight=160。

LiveExample 12.13   ReverseArrayUsingSmartPointer.cpp

Source Code Editor:

```
1   #include <iostream>
2   #include <memory>
3   using namespace std;
4
5   unique_ptr<int[]> reverse(const int* list, int size)
6   {
7     // Smart pointer for int[size]
8     unique_ptr<int[]> result(new int[size]);
9
10    for (int i = 0, j = size - 1; i < size; i++, j--)
11    {
12      result[j] = list[i];
13    }
14
15    return result;
16  }
17
18  void printArray(const unique_ptr<int[]>& list, int size)
19  {
20    for (int i = 0; i < size; i++)
21      cout << list[i] << " ";
22  }
23
24  int main()
25  {
26    int list[] = {1, 2, 3, 4, 5, 6};
27    unique_ptr<int[]> p = reverse(list, 6);
28
29    printArray(p, 6);
30
```

```
31    return 0;
32  }
```

| Automatic Check | Compile/Run | Reset | Answer |

Choose a Compiler: VC++ ∨

Execution Result:

```
command>cl ReverseArrayUsingSmartPointer.cpp
Microsoft C++ Compiler 2019
Compiled successful (cl is the VC++ compile/link command)

command>ReverseArrayUsingSmartPointer
6 5 4 3 2 1

command>
```

程序创建一个数组（第 26 行）并调用 reverse 函数以返回一个新数组，该数组与原始数组相反（第 27 行）。新数组是用 new int[size] 创建的（第 8 行），它由一个名为 result 的智能指针引用。

在 for 循环中原始数组 list 中的元素以相反的顺序复制到 result 数组中（第 10 ～ 13 行）。智能指针 result 在第 15 行返回。在 main 函数中，在第 27 行返回值被赋给智能指针 p。

智能指针 p 通过引用传递到 printArray 函数的 list（第 29 行）。printArray 函数显示通过智能指针 list 访问的数组元素（第 21 行）。注意，通过引用传递 printArray 的参数 list 有两个原因。第一，通过引用传递 unique_ptr 对象更高效。第二，智能指针是唯一的且不能被复制。

关键术语

smart pointer（智能指针）   template function（模板函数）
template（模板）   template prefix（模板前缀）
template class（模板类）   type parameter（类型参数）

章节总结

1. 模板提供了参数化函数和类中类型的能力。

2. 可以用泛型类型定义函数或类，它可以由编译器替换成具体类型。

3. 函数模板的定义以关键字 template 开头，后面跟着参数列表。每个参数前面必须是关键字 class 或 typename（可互换），格式为

```
<typename typeParameter> 或
<class typeParameter>
```

4. 定义泛型函数时，最好从非泛型函数开始，调试并测试它，然后将其转换为泛型函数。

5. 类模板的语法与函数模板的语法基本相同。将模板前缀放在类定义之前，就像将模板前缀放置在函数模板之前一样。

6. 如果需要以后进先出的方式处理元素，则用栈来存储元素。

7. 数组大小在创建后是固定的。C++ 提供了 vector 类，它比数组更灵活。

8. vector 类是一个泛型类。可以用它为具体类型创建对象。

9. 可以像数组一样使用 vector 对象，但 vector 的大小可以随需要自动增长。

10. 可以使用 C++11 智能指针 `unique_ptr` 来自动销毁对象。

编程练习

互动程序请访问 https://liangcpp.pearsoncmg.com/CheckExerciseCpp/faces/CheckExercise5e.xhtml?chapter=12&programName=Exercise12_35。

12.2 ～ 12.3 节

12.1 （数组中的最大值）设计一个返回数组最大元素的泛型函数。该函数有两个参数。一个是泛型类型的数组，另一个是数组的大小。用 `int`、`double` 和 `string` 值的数组测试函数。

12.2 （线性查找）用数组元素的泛型类型重写 LiveExample 7.8 中的线性查找函数。用 `int`、`double` 和 `string` 值数组测试函数。

12.3 （二分查找）用数组元素的泛型类型重写 LiveExample 7.9 中的二分查找函数。使用 `int`、`double` 和 `string` 值数组测试函数。

12.4 （是否已排序？）编写以下函数，检查数组中的元素是否已排序。

```
template<typename T>
bool isSorted(const T list[], int size)
```

用 `int`、`double` 和 `string` 值数组测试函数。

12.5 （交换值）编写一个泛型函数，交换两个变量的值。函数有两个相同类型的参数。用 `int`、`double` 和 `string` 值测试函数。

12.4 ～ 12.5 节

*12.6 （函数 `printStack`）将 `printStack` 函数作为实例函数添加到 `Stack` 类中，显示栈中的所有元素。`Stack` 类在 LiveExample 12.4 中引入。

*12.7 （函数 `contains`）将 `contains(T element)` 函数作为实例函数添加到 `Stack` 类中，以检查元素是否在栈中。`Stack` 类在 LiveExample 12.4 中引入。

12.6 ～ 12.7 节

**12.8 （实现 `vector` 类）`vector` 类在标准 C++ 库中提供。将实现 `vector` 类作为练习。标准 `vector` 类有许多函数。对于这个练习，只实现如图 12.2 所示的 UML 类图中定义的函数。

12.9 （使用向量实现栈类）在 LiveExample 12.4 中，`GenericStack` 用数组实现。现在要求用向量实现它。

12.10 （`Course` 类）重写 LiveExample 11.19 中的 `Course` 类。用向量替换数组来存储学生。用以下新签名替换 `getStudents()` 函数：

```
vector<string> Course::getStudents()
```

**12.11 （模拟：优惠券收集问题）重写编程练习 7.21，使用向量表示数组。

**12.12 （几何：同一条线？）重写编程练习 8.16，使用向量表示数组。

12.8 节

**12.13 （计算表达式）修改 LiveExample 12.12，为指数运算添加运算符 `^`，为取模运算添加运算符 `%`。例如，`3^2` 是 `9`，`3%2` 是 `1`。`^` 运算符具有最高优先级，`%` 运算符与 `*` 和 `/` 运算符优先级相同。用 https://liangcpp.pearsoncmg.com/test/Exercise12_13.txt 中的模板编写程序。

Sample Run for Exercise12_13.cpp

Enter input data for the program (Sample data provided below. You may modify it.)

```
(5 * 2 ^ 3 + 2 * 3 % 2) * 4
```

```
Show the Sample Output Using the Preceeding Input    Reset
Execution Result:
command>Exercise12_13
Enter an expression: (5 * 2 ^ 3 + 2 * 3 % 2) * 4
(5 * 2 ^ 3 + 2 * 3 % 2) * 4 = 160

command>
```

*12.14 （最近点对问题）LiveExample 8.3 寻找两点中最近的一对点。程序提示用户输入 8 个点。数字 8 是固定的。重写程序。先提示用户输入点的数量，然后提示用户输入所有点。

**12.15 （匹配分组符号）C++ 程序包含各种分组符号对，例如：

括号：（和）

花括号：{ 和 }

方括号：[和]

注意，分组符号不能交叠。例如，(a{b)} 是非法的。编写一个程序，检查 C++ 源代码文件的分组符号对是否正确。程序用以下命令用输入重定向读取文件：

```
Exercise12_15 < file.cpp
```

**12.16 （后缀表示法）后缀表示法是一种不用括号书写表达式的方法。例如，表达式 (1+2)*3 写成 1 2+3*。后缀表达式使用栈计算。从左到右扫描后缀表达式。变量或常量被压入栈。遇到运算符时，对栈中前两个操作数应用运算符，并用结果替换这两个操作数。

下图显示了如何计算 1 2 + 3*。

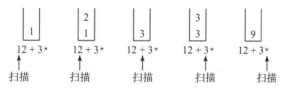

编写一个程序，提示用户输入后缀表达式并对其求值。

***12.17 （测试 24）编写一个程序，提示用户输入 1 到 13 之间的四个数字，并测试这四个数字是否可以形成一个得出 24 的表达式。表达式可以在任意组合中使用运算符（加、减、乘和除）和括号。每个数字只能使用一次。

```
Sample Run for Exercise12_17.cpp
Enter input data for the program (Sample data provided below. You may modify it.)
5 4 12 12

Show the Sample Output Using the Preceeding Input    Reset
Execution Result:
command>Exercise12_17
Enter four numbers (between 1 and 13): 5 4 12 12
The solution is 12+(5-4)*12 = 24

command>
```

**12.18 （将中缀转换为后缀）使用以下函数头编写一个函数，将中缀表达式转换为后缀表达式。

```
string infixToPostfix(const string& expression)
```

例如，函数应该将中缀表达式 (1+2)*3 转换为 1 2 + 3*，将 2*(1+3) 转换为 2 1 3 + *。

***12.19 （游戏：24 点牌游戏）24 点牌游戏是从 52 张牌中选择任意 4 张牌（注意，不包括两个小丑）。每张牌代表一个数字。Ace、King、Queen 和 Jack 分别代表 1、13、12 和 11。编写一个程序，随机抽取四张牌，并提示用户输入所选牌中四个数字组成的表达式。每个数字只能使用一次。可以在表达式中任意组合使用运算符（加、减、乘和除）和括号。表达式的计算值必须为 24。如果不存在这样的表达式，输入 0。

```
Sample Run for Exercise12_19.cpp

Enter input data for the program (Sample data provided below. You may modify it.)

(11 + 1 - 6) * 4

[Show the Sample Output Using the Preceeding Input]  [Reset]

Execution Result:

command>Exercise12_19
3: 3 of Spades
31: 5 of Diamonds
51: Queen of Clubs
32: 6 of Diamonds
Enter an expression: (11 + 1 - 6) * 4
Incorrect: must use each of the four numbers once and only once

command>
```

**12.20 （混洗向量）编写一个函数，用以下函数头混洗向量中的内容：

```
template<typename T>
void shuffle(vector<T>& v)
```

编写一个测试程序，将 10 个 int 值读入一个向量，并显示混洗的结果。

**12.21 （游戏：24 点游戏的无解率）对于编程练习 12.19 中介绍的 24 点游戏，编写一个程序，找出 24 点游戏中的无解率，即所有可能的四张牌组合中的无解数 / 解数。

*12.22 （模式识别：连续四个相等的数字）用如下向量重写编程练习 7.24 中的 isConsecutiveFour 函数：

```
bool isConsecutiveFour(const vector<int>& values)
```

编写一个类似于编程练习 7.24 中的测试程序。示例运行与编程练习 7.24 中的相同。

**12.23 （模式识别：连续四个相等的数字）用如下向量重写编程练习 8.21 中的 isConsecutiveFour 函数：

```
bool isConsecutiveFour(const vector<vector<int>> values)
```

编写一个类似于编程练习 8.21 中的测试程序。

```
Sample Run for Exercise12_23.cpp

Enter input data for the program (Sample data provided below. You may modify it.)

6
7
0 1 0 3 1 6 1
0 1 6 8 6 0 1
5 6 2 1 8 2 9
6 5 6 1 1 9 1
1 3 6 1 4 0 7
3 3 3 3 4 0 7
```

```
Show the Sample Output Using the Preceeding Input    Reset
Execution Result:
command>Exercise12_23
Enter the number of rows: 6
Enter the number of columns: 7
Enter the array values:
0 1 0 3 1 6 1
0 1 6 8 6 0 1
5 6 2 1 8 2 9
6 5 6 1 1 9 1
1 3 6 1 4 0 7
3 3 3 3 4 0 7
The array has consecutive fours

command>
```

*12.24 （代数：求解 3×3 线性方程组）可以用以下计算过程来求解 3×3 线性方程组：

$$a_{11}x + a_{12}y + a_{13}z = b_1$$
$$a_{21}x + a_{22}y + a_{23}z = b_2$$
$$a_{31}x + a_{32}y + a_{33}z = b_3$$

$$x = \frac{(a_{22}a_{33} - a_{23}a_{32})b_1 + (a_{13}a_{32} - a_{12}a_{33})b_2 + (a_{12}a_{23} - a_{13}a_{22})b_3}{|A|}$$

$$y = \frac{(a_{23}a_{31} - a_{21}a_{33})b_1 + (a_{11}a_{33} - a_{13}a_{31})b_2 + (a_{13}a_{21} - a_{11}a_{23})b_3}{|A|}$$

$$z = \frac{(a_{21}a_{32} - a_{22}a_{31})b_1 + (a_{12}a_{31} - a_{11}a_{32})b_2 + (a_{11}a_{22} - a_{12}a_{21})b_3}{|A|}$$

$$|A| = \begin{vmatrix} a_{11} & a_{12} & a_{13} \\ a_{21} & a_{22} & a_{23} \\ a_{31} & a_{32} & a_{33} \end{vmatrix}$$

$$= a_{11}a_{22}a_{33} + a_{31}a_{12}a_{23} + a_{13}a_{21}a_{32} - a_{13}a_{22}a_{31} - a_{11}a_{23}a_{32} - a_{33}a_{21}a_{12}$$

编写一个程序，提示用户输入 a_{11}，a_{12}，a_{13}，a_{21}，a_{22}，a_{23}，a_{31}，a_{32}，a_{33}，b_1，b_2 和 b_3，并显示结果。如果 $|A|$ 是 $\varnothing$，则报告 "The equation has no solution"。

Sample Run for Exercise12_24.cpp

Enter input data for the program (Sample data provided below. You may modify it.)

```
1 2 1 2 3 1 4 5 3
2 5 3
```

```
Show the Sample Output Using the Preceeding Input    Reset
Execution Result:
command>Exercise12_24
Enter a11, a12, a13, a21, a22, a23, a31, a32, a33: 1 2 1 2 3 1 4 5 3
Enter b1, b2, b3: 2 5 3
The solution is 0 3 -4

command>
```

**12.25 （新 Account 类）在编程练习 9.3 中指定了 Account 类。按如下方式修改 Account 类：
- 假设所有账户的利率相同。因此，属性 annualInterestRate 应该是静态的。
- 添加 string 类型的新数据字段 name 以存储客户的名称。
- 添加一个新的构造函数，它用指定姓名、id 和余额构造账户。

- 添加一个名为 transactions 的新数据字段，其类型为 vector<Transaction>，用于存储账户的交易。每个交易都是 Transaction 类的一个实例。Transaction 类的定义如图 12.4 所示。
- 修改 withdraw 和 deposit 函数，将交易添加到 transactions 向量中。
- 所有其他属性和函数与编程练习 9.3 中的相同。

编写一个测试程序，创建一个年利率为 1.5% 的 Account，余额为 1000，id 为 1122，姓名为 George。将 30 美元、40 美元、50 美元存入账户，然后从账户中取出 5 美元、4 美元、2 美元。打印显示账户持有人姓名、利率、余额和所有交易记录的账户汇总。

类中提供属性值的取值函数和赋值函数，但简单起见，在 UML 类图中被省略

Transaction
-date: Date
-type: char
-amount: double
-balance: double
-description: string
+Transaction(type: char, amount: double, balance: double, description: string&)

图 12.4　Transaction 类描述银行账户的交易

*12.26 （新 Location 类）修改编程练习 10.9，将 locateLargest 函数定义为

```
Location locateLargest(const vector<vector<double>>& v);
```

其中 v 是表示二维数组的向量。编写一个测试程序，提示用户输入二维数组的行数和列数，并显示数组最大元素的位置。示例运行与编程练习 10.9 中的相同。

**12.27 （最大子方阵）给定一个元素为 0 或 1 的方阵，编写一个程序，查找元素均为 1 的最大子方阵。程序应提示用户输入矩阵中的行数，然后输入矩阵，并显示最大子方阵中第一个元素的位置和子方阵中的行数。假设最大行数为 100。

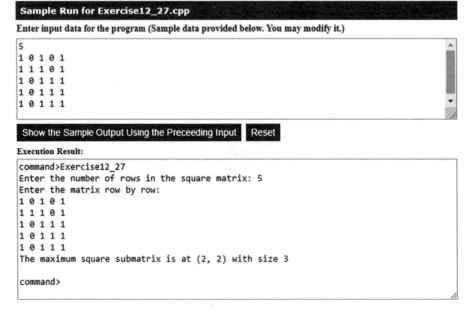

程序要实现并使用以下函数查找最大子方阵：

```
vector<int> findLargestBlock(const vector<vector<int>>& m)
```

返回值是由三个值组成的向量。前两个值是子方阵第一个元素的行和列索引，第三个值是该子方阵的行数。

*12.28 （最大的行和列）使用向量重写编程练习 8.14。程序将 0 和 1 随机填充到一个 4×4 矩阵中，打印该矩阵，并找到 1 最多的行和列。

**12.29 （拉丁方阵）拉丁方阵是一个 n 乘 n 的数组，由 n 个不同的拉丁字母填充，每行和每列各出现一次。编写一个程序，提示用户输入数字 n 和字符数组，如示例输出所示，检查输入数组是否为拉丁方阵。字符是从 A 开始的前 n 个字符。

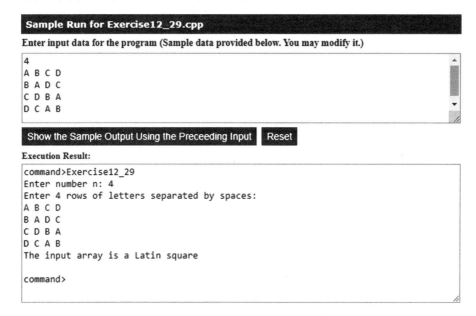

**12.30 （探索矩阵）使用向量重写编程练习 8.7。程序提示用户输入一个方阵的长度，在方阵中随机填写 0 和 1，打印矩阵，并找到全 0 或全 1 的行、列和对角线。

Sample Run for Exercise12_30.cpp

Enter input data for the program (Sample data provided below. You may modify it.)

```
4
1100
1000
0011
1111
```

Show the Sample Output Using the Preceeding Input　Reset

Execution Result:

```
command>Exercise12_30
Enter the length of a square matrix: 4
1 1 0 0
1 0 0 0
0 0 1 1
1 1 1 1
All 1's on row 3
No same numbers on a column
No same numbers on the major diagonal
No same numbers on the sub-diagonal

command>
```

**12.31 （交集）使用以下函数头编写一个函数，返回两个向量的交集：

```
template<typename T>
    vector<T> intersect(const vector<T>& v1, const vector<T>& v2)
```

两个向量的交集包含两个向量中出现的公共元素。例如，两个向量 {2，3，1，5} 和 {3，4，5} 的交集是 {3,5}。编写一个测试程序，提示用户输入两个向量，每个向量有五个字符串，并显示它们的交集。

Sample Run for Exercise12_31.cpp

Enter input data for the program (Sample data provided below. You may modify it.)

```
Atlanta Dallas Chicago Boston Denver
Dallas Tampa Miami Boston Richmond
```

Show the Sample Output Using the Preceeding Input　Reset

Execution Result:

```
command>Exercise12_31
Enter five strings for vector1: Atlanta Dallas Chicago Boston Denver
Enter five strings for vector2: Dallas Tampa Miami Boston Richmond
The common strings are Dallas Boston

command>
```

**12.32 （删除重复项）使用以下函数头编写一个函数，删除向量中的重复项：

```
template<typename T>
    void removeDuplicate(vector<T>& v)
```

编写一个测试程序，提示用户输入 10 个整数到向量中，然后显示不同的整数。

Sample Run for Exercise12_32.cpp

Enter input data for the program (Sample data provided below. You may modify it.)

```
34 5 3 5 6 4 33 2 2 4
```

Show the Sample Output Using the Preceeding Input　Reset

Execution Result:

```
command>Exercise12_32
Enter ten integers: 34 5 3 5 6 4 33 2 2 4
The distinct integers are 34 5 3 6 4 33 2

command>
```

*12.33 (多边形的面积) 修改编程练习 7.29, 提示用户输入凸多边形的点数, 然后顺时针输入点, 显示多边形的面积。有关计算多边形面积的公式, 请参见 http://www.mathwords.com/a/area_convex_polygon.htm。

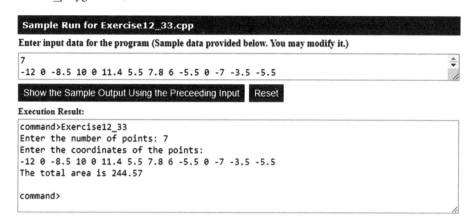

```
Sample Run for Exercise12_33.cpp
Enter input data for the program (Sample data provided below. You may modify it.)
7
-12 0 -8.5 10 0 11.4 5.5 7.8 6 -5.5 0 -7 -3.5 -5.5

Show the Sample Output Using the Preceeding Input    Reset
Execution Result:
command>Exercise12_33
Enter the number of points: 7
Enter the coordinates of the points:
-12 0 -8.5 10 0 11.4 5.5 7.8 6 -5.5 0 -7 -3.5 -5.5
The total area is 244.57

command>
```

12.34 (减法测验) 重写 LiveExample 5.1, 用户输入相同的答案时提醒用户。提示: 使用向量存储答案。

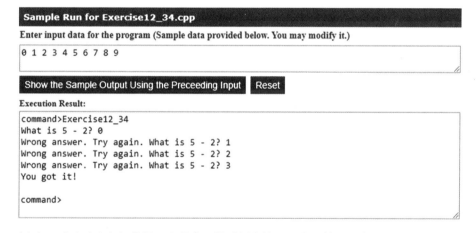

```
Sample Run for Exercise12_34.cpp
Enter input data for the program (Sample data provided below. You may modify it.)
0 1 2 3 4 5 6 7 8 9

Show the Sample Output Using the Preceeding Input    Reset
Execution Result:
command>Exercise12_34
What is 5 - 2? 0
Wrong answer. Try again. What is 5 - 2? 1
Wrong answer. Try again. What is 5 - 2? 2
Wrong answer. Try again. What is 5 - 2? 3
You got it!

command>
```

**12.35 (代数: 完全平方数) 编写一个程序, 提示用户输入一个整数 m, 并找到最小的整数 n, 使 m*n 为完全平方数。(提示: 将 m 的所有最小因子存储到一个向量中。n 是向量中出现奇数次的因子的乘积。例如, 假设 m=90, 将因子 2、3、3、5 存储在向量中。2 和 5 在向量中出现了奇数次。因此, n 为 10。)

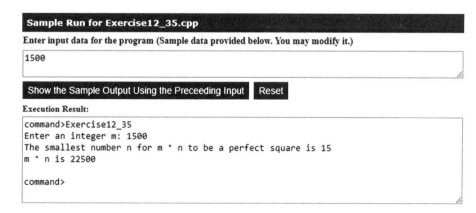

```
Sample Run for Exercise12_35.cpp
Enter input data for the program (Sample data provided below. You may modify it.)
1500

Show the Sample Output Using the Preceeding Input    Reset
Execution Result:
command>Exercise12_35
Enter an integer m: 1500
The smallest number n for m * n to be a perfect square is 15
m * n is 22500

command>
```

***12.36 （游戏：四子棋）使用向量重写编程练习 8.22 中的四子棋游戏。

***12.37 （拆分字符串）编写以下函数，用分隔符将字符串拆分为子字符串。

```
vector<string> split(const string& s, const string& delimiters);
```

例如，split("AB#C D?EF#45", "# ?") 返回包含 AB、C、D、EF 和 45 的向量。编写一个测试程序，提示用户输入字符串和分隔符，并显示用空格分隔的子字符串。

***12.38 （elements 数组的智能指针）使用 elements 数组的智能指针重写 LiveExample 12.7。编写一个测试程序，将整数 1 到 100 添加到栈中，删除并显示所有 100 个整数。

***12.39 （students 数组的智能指针）使用 students 数组的智能指针重写 LiveExample 11.19 和 11.20。使用 LiveExample 11.21 中的相同测试程序测试新代码。

文件输入和输出

学习目标

1. 用 ofstream 输出（13.2.1 节），用 ifstream 输入（13.2.2 节）。
2. 检测文件是否存在（13.2.3 节）。
3. 检测文件的结尾（13.2.4 节）。
4. 让用户输入文件名（13.2.5 节）。
5. 以所需格式写入数据（13.3 节）。
6. 用 getline、get 函数读取数据，用 put 函数写入数据（13.4 节）。
7. 用 fstream 对象读取和写入数据（13.5 节）。
8. 用指定模式打开文件（13.5 节）。
9. 用 eof()、fail()、bad() 和 good() 函数测试流状态（13.6 节）。
10. 了解文本 I/O 和二进制 I/O 之间的区别（13.7 节）。
11. 用 write 函数写入二进制数据（13.7.1 节）。
12. 用 read 函数读取二进制数据（13.7.2 节）。
13. 用 reinterpret_cast 运算符将基元类型值和对象转换为字节数组（13.7 节）。
14. 读取 / 写入数组和对象（13.7.3 ～ 13.7.4 节）。
15. 用 seekp 和 seekg 函数移动文件指针以进行随机文件访问（13.8 节）。
16. 以输入和输出模式打开文件来更新文件（13.9 节）。

13.1 简介

要点提示：可以用 ifstream、ofstream 和 fstream 类中的函数从文件中读取数据或向文件写入数据。

存储在变量、数组和对象中的数据是临时的，当程序终止时，这些数据就丢失了。要永久存储程序中创建的数据，必须将其保存在永久存储介质（如磁盘）上的文件中。文件可以被传输，可以被其他程序读取。4.11 节介绍了涉及数值的简单文本 I/O。本章将详细介绍 I/O。

C++ 提供了 ifstream、ofstream 和 fstream 类来处理和操作文件。这些类在 <fstream> 头文件中定义。ifstream 类从文件中读取数据，ofstream 类将数据写入文件，fstream 类可从文件中读取数据以及向文件写入数据。

C++ 使用流来描述数据流。如果数据流到你的程序，则该流称为**输入流**。如果数据从程序中流出，则称为**输出流**。C++ 使用对象来读取 / 写入数据流。方便起见，输入对象称为输入流，输出对象称为输出流。

我们已经在程序中使用过输入流和输出流。cin（控制台输入）是从键盘读取输入的预定义对象，cout（控制台输出）是向控制台输出字符的预定义对象。这两个对象在 <iostream> 头文件中定义。在本章中，我们将学习如何从文件读取数据或向文件写入数据。

13.2　文本 I/O

要点提示：文本编辑器可以读取文本文件中的数据。

本节将演示如何对文本文件执行简单的输入和输出。

每个文件都放在文件系统的目录中。**绝对文件名**包含文件名和完整路径以及驱动器号。例如，c:\example\scores.txt 是 Windows 操作系统上文件 scores.txt 的绝对文件名。这里的 c:\example 被称为文件的目录路径。绝对文件名取决于机器。在 UNIX 平台上，绝对文件名可以是 /home/liang/example/scores.txt，其中 /home/liang/example 是文件 scores.txt 的目录路径。

相对文件名是相对于其当前工作目录的。相对文件名的完整目录路径被省略。例如，scores.txt 是相对文件名。如果其当前工作目录为 c:\example，则绝对文件名应为 c:\example\scores.txt。

13.2.1　将数据写入文件

ofstream 类可将基元数据类型值、数组、字符串和对象写入文本文件。LiveExample 13.1 演示了如何写入数据。程序创建了一个 ofstream 实例，并将两行数据写入文件 scores.txt。每行数据由名字（字符串）、中间名首字母（字符）、姓氏（字符串）和分数（整数）组成。

CodeAnimation 13.1 的互动程序请访问 https://liangcpp.pearsoncmg.com/codeanimation5ecpp/TextFileOutput.html，LiveExample 13.1 的互动程序请访问 https://liangcpp.pearsoncmg.com/LiveRunCpp5e/faces/LiveExample.xhtml?header=off&programName=TextFileOutput&programHeight=410&resultHeight=160。

LiveExample 13.1　TextFileOutput.cpp

Source Code Editor:

```cpp
1   #include <iostream>
2   #include <fstream>
3   using namespace std;
4
5   int main()
6   {
7     ofstream output;
8
9     // Create and open a file named scores.txt
10    output.open("scores.txt");
11
12    // Write two lines
13    output << "John" << " " << "T" << " " << "Smith"
14      << " " << 90 << endl;
15    output << "Eric" << " " << "K" << " " << "Jones"
16      << " " << 85 << endl;
17
18    output.close();//Important! Close output
19
20    cout << "Done" << endl;
21
22    return 0; // You can view the code animation from
23  } // https://liangcpp.pearsoncmg.com/codeanimation5ecpp/TextFileOutput.html
```

Compile/Run　Reset　Answer　　　　　Choose a Compiler: VC++ ⌄

Execution Result:
```
command>cl TextFileOutput.cpp
Microsoft C++ Compiler 2019
Compiled successful (cl is the VC++ compile/link command)

command>TextFileOutput
Done

command>
```

因为 ofstream 类是在 fstream 头文件中定义的，所以第 2 行包含了这个头文件。

第 7 行用无参数构造函数创建了一个 ofstream 类对象 output。

第 10 行为 output 对象打开了一个名为 scores.txt 的文件。如果文件不存在，将会创建一个新文件。如果文件已经存在，则其内容将在没有警告的情况下被销毁。

可以使用流插入运算符（<<）向 output 对象写入数据，方法类似于向 cout 对象发送数据。第 13 ~ 16 行将字符串和数值写入 output，如图 13.1 所示。

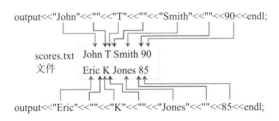

图 13.1　将字符串和数值写入 output

必须用 close() 函数（第 18 行）关闭对象的流。如果未调用此函数，数据可能无法正确保存在文件中。

可以用以下构造函数打开输出流：

```
ofstream output("scores.txt");
```

此语句等效于

```
ofstream output;
output.open("scores.txt");
```

警告：如果文件已经存在，则其内容将被销毁且不会发出警告。

提示：当程序将数据写入文件时，它首先将数据临时存储到内存中的缓冲区。当缓冲区满时，数据将自动保存到磁盘上的文件中。关闭文件后，缓冲区中剩余的所有数据都将被保存到磁盘上的文件中。因此，必须关闭文件以确保所有数据都保存到文件中。

警告：Windows 的目录分隔符是反斜杠（\）。反斜杠是特殊的转义字符，在字符串字面量中应该写成 \\（参见表 4.5），例如，

```
output.open("c:\\example\\scores.txt");
```

注意：绝对文件名依赖于平台。所以，最好使用不带驱动器号的相对文件名。如果使用

IDE 运行 C++，则可以在 IDE 中指定相对文件名的目录。例如，在 Visual C++ 中数据文件的默认目录与源代码目录相同。

13.2.2　从文件读取数据

`ifstream` 类可从文本文件中读取数据。LiveExample 13.2 演示了如何读取数据。该程序创建 `ifstream` 的一个实例，并从前面示例创建的 scores.txt 文件中读取数据。

CodeAnimation 13.2 的互动程序请访问 https://liangcpp.pearsoncmg.com/codeanimation5ecpp/TextFileInput.html，LiveExample 13.2 的互动程序请访问 https://liangcpp.pearsoncmg.com/LiveRunCpp5e/faces/LiveExample.xhtml?header=off&programName=TextFileInput&programHeight=500&resultHeight=180。

LiveExample 13.2　TextFileInput.cpp

Source Code Editor:

```
 1  #include <iostream>
 2  #include <fstream>
 3  #include <string>
 4  using namespace std;
 5
 6  int main()
 7  {
 8    ifstream input("scores.txt"); // Open file named scores.txt
 9
10    // Read data
11    string firstName;
12    char mi;
13    string lastName;
14    int score;
15    input >> firstName >> mi >> lastName >> score;
16    cout << firstName << " " << mi << " " << lastName << " "
17      << score << endl;
18
19    input >> firstName >> mi >> lastName >> score;
20    cout << firstName << " " << mi << " " << lastName << " "
21      << score << endl;
22
23    input.close();
24
25    cout << "Done" << endl;
26
27    return 0; // You can view the code animation from
28  } // https://liangcpp.pearsoncmg.com/codeanimation 5ecpp /TextFileInput.html
```

Compile/Run　Reset　Answer　　　　　　　Choose a Compiler: VC++ ✔

Execution Result:

```
command>cl TextFileInput.cpp
Microsoft C++ Compiler 2019
Compiled successful (cl is the VC++ compile/link command)

command>TextFileInput
John T Smith 90Eric K Jones 85
```

```
Done
command>
```

因为 `ifstream` 类是在 `fstream` 头文件中定义的，所以第 2 行包含了这个头文件。

第 8 行为文件 scores.txt 创建了一个 `ifstream` 类对象 `input`。

可以用流提取运算符（`>>`）从 `input` 对象中读取数据，方法类似于通过 `cin` 对象读取数据。第 15 行和第 19 行从输入文件中读取字符串和数值，如图 13.2 所示。

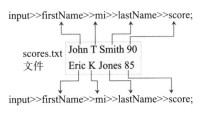

图 13.2　输入流从文件中读取数据

`close()` 函数（第 23 行）用于关闭对象的流。关闭输入文件虽然不是必要的，但这是一种很好的做法，可以释放文件所占用的资源。

可以用以下构造函数打开输入流：

```
ifstream input("scores.txt");
```

这个语句相当于

```
ifstream input;
input.open("scores.txt");
```

警告：要正确读取数据，需要确切地知道数据是如何存储的。例如，如果文件中包含带小数点的 `double` 类型的分数，则 LiveExample 13.2 的程序无法正常运行。

13.2.3　检测文件是否存在

如果读取文件时，文件不存在，则程序运行会产生不正确的结果。你编写的程序能够检测文件是否存在吗？可以在调用 `open` 函数后立即调用 `fail()` 函数进行检测。如果 `fail()` 返回 true，则表示该文件不存在。

```
// Open a file
input.open("scores.txt");
if (input.fail())
{
  cout << "File does not exist" << endl;
  cout << "Exit program" << endl;
  return 0;
}
```

13.2.4　检测文件的结尾

LiveExample 13.2 从数据文件中读取两行。如果你不知道文件中有多少行，并且想全部读取，那么应如何识别文件的末尾呢？可以通过输入对象调用 `eof()` 函数进行检测，如 LiveExample 5.6 中所示。但是，如果在最后一个数字之后有额外的空白字符，该程序将无法正常运行。为了理解这一点，我们可以查看包含图 13.3 中所示数字的文件。注意，最后一个数字后面有一个额外的空白字符。

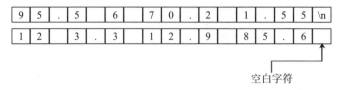

图 13.3   该文件包含用空格分隔的数字

注意：行以行尾字符结束。Windows、Mac 和 UNIX 分别使用 \r\n、\r 和 \n 来指定文本文件中的行尾。但是，程序中没有使用行尾字符来指定文件结尾。

如果用以下代码读取所有数据并进行求和，则最后一个数字将会被加两次。

```cpp
ifstream input("score.txt");
double sum = 0;
double number;
while (!input.eof()) // Continue if not end of file
{
  input >> number; // Read data
  cout << number << " "; // Display data
  sum += number;
```

原因是，当读取最后一个数字 85.6 时，文件系统不知道它是最后一个数字，因为它的后面还有空白字符。因此，eof() 函数将返回 false。当程序再次读取数字时，eof() 函数返回 true，但变量 number 不会更改，因为文件中没有任何内容被读取。变量 number 的值仍为 85.6，该值被再次加到 sum 中。

此处有两种方法可以解决这个问题。一种是在读取数字后立即判断 eof() 函数。如果 eof() 函数返回 true，则退出循环，如以下代码所示：

```cpp
ifstream input("score.txt");
double sum = 0;
double number;
while (!input.eof()) // Continue if not end of file
{
  input >> number; // Read data
  if (input.eof()) break;
  cout << number << " "; // Display data
  sum += number;
```

另外一种解决这个问题的方式是如下写代码：

```cpp
while (input >> number) // Continue to read data until it fails
{
  cout << number << " "; // Display data
  sum += number;
}
```

语句 input >> number 实际上是调用了一个运算符函数。运算符函数将在第 14 章中介绍。如果读取了一个数字，此函数将返回一个对象；否则返回 NULL。NULL 是常数值 0。当它被用作循环语句或选择语句中的条件时，C++ 会自动将其强制转换为布尔值 false。如果没有从输入流中读取数字，则 input>>number 将返回 NULL，且循环终止。

LiveExample 13.3 提供了一个完整的程序，可以从文件中读取数字并显示它们的总和。

LiveExample 13.3 的互动程序请访问 https://liangcpp.pearsoncmg.com/LiveRunCpp5e/ faces/LiveExample.xhtml?header=off&programName=TestEndOfFile&fileType=.cpp&program Height=540&resultHeight=180。

LiveExample 13.3 TestEndOfFile.cpp

Source Code Editor:

```
1  #include <iostream>
2  #include <fstream>
3  using namespace std;
4
5  int main()
6  {
7    // Open a file
8    ifstream input("score.txt");
9
10   if (input.fail())
11   {
12     cout << "File does not exist" << endl;
13     cout << "Exit program" << endl;
14     return 0;
15   }
16
17   double sum = 0;
18   double number;
19   while (input >> number) // Read data to the end of file
20   {
21     cout << number << " "; // Display data
22     sum += number;
23   }
24
25   input.close();
26
27   cout << "\nTotal is " << sum << endl;
28
29   return 0;
30 }
```

Compile/Run   Reset   Answer   Choose a Compiler: VC++ ∨

Execution Result:

```
command>cl TestEndOfFile.cpp
Microsoft C++ Compiler 2019
Compiled successful (cl is the VC++ compile/link command)

command>TestEndOfFile
1 2 3
Total is 6

command>
```

程序在循环中读取数据（第 19 ~ 23 行）。循环的每次迭代将读取一个数字，并将其加到 sum 中。当输入到达文件末尾时，循环终止。

如果将第 19 行中的 (input>>number) 替换为 (cin>>number)，则将从控制台进行输入操作。当按下 CTRL+D 时，输入结束。

13.2.5 用户输入文件名

在前面示例中，文件名是程序中硬编码的字符串字面量。在许多情况下，程序希望用户在运行时输入文件的名称。LiveExample13.4 给出了一个示例，提示用户输入文件名并检测该文件是否存在。

LiveExample 13.4 的互动程序请访问 https://liangcpp.pearsoncmg.com/LiveRunCpp5e/faces/LiveExample.xhtml?header=off&programName=CheckFile&fileType=.cpp&programHeight=370&resultHeight=180。

LiveExample 13.4   CheckFile.cpp

Source Code Editor:

```
1  #include <iostream>
2  #include <fstream>
3  #include <string>
4  using namespace std;
5
6  int main()
7  {
8    string filename;
9    cout << "Enter a file name: ";
10   cin >> filename;
11
12   ifstream input( filename.c_str() );
13
14   if (input.fail())
15     cout << filename << " does not exist" << endl;
16   else
17     cout << filename << " exists" << endl;
18
19   return 0;
20 }
```

Enter input data for the program (Sample data provided below. You may modify it.)

```
c:\example\Welcome.cpp
```

Compile/Run   Reset   Answer   Choose a Compiler: VC++ ▼

Execution Result:

```
command>cl CheckFile.cpp
Microsoft C++ Compiler 2019
Compiled successful (cl is the VC++ compile/link command)

command>CheckFile
Enter a filename: c:\example\Welcome.cpp
c:\example\Welcome.cpp exists

command>
```

程序提示用户以字符串形式输入文件名（第 10 行）。但是，传递给输入和输出流构造函数或 open 函数的文件名必须是 C++11 之前的 C 字符串。因此，可以调用 string 类中的 c_str() 函数从 string 对象返回一个 C 字符串（第 12 行）。

注意：在 C++11 中，也可以在 open 函数中传递一个 string 作为文件名。

13.3 格式化输出

要点提示：流操纵器可格式化控制台输出以及文件输出。

在 4.10 节中，我们已经使用流操纵器格式化到控制台的输出。也可以用相同的流操纵器格式化到文件的输出。LiveExample 13.5 给出了一个示例，格式化输出到名为 formattedscores.txt 的文件的学生记录。

LiveExample 13.5 的互动程序请访问 https://liangcpp.pearsoncmg.com/LiveRunCpp5e/faces/ LiveExample.xhtml?header=off&programName=WriteFormattedData&programHeight=420&resultHeight=160。

LiveExample 13.5 WriteFormattedData.cpp

Source Code Editor:

```
1  #include <iostream>
2  #include <iomanip>
3  #include <fstream>
4  using namespace std;
5
6  int main()
7  {
8      ofstream output;
9
10     // Create a file
11     output.open("formattedscores.txt");
12
13     // Write two lines
14     output << setw(6) << "John" << setw(2) << "T"
15         << setw(6) << "Smith" << " " << setw(4) << 90 << endl;
16     output << setw(6) << "Eric" << setw(2) << "K"
17         << setw(6) << "Jones" << " " << setw(4) << 85;
18
19     output.close();
20
21     cout << "Done" << endl;
22
23     return 0;
24  }
```

Compile/Run   Reset   Answer   Choose a Compiler: VC++ ∨

Execution Result:

```
command>cl WriteFormattedData.cpp
Microsoft C++ Compiler 2019
Compiled successful (cl is the VC++ compile/link command)
```

```
command>WriteFormattedData
Done

command>
```

文件内容如下所示：

	J	o	h	n		T		S	m	i	t	h			9	0	\n

	E	r	i	c		K		J	o	n	e	s			8	5

13.4　函数：`getline`、`get` 和 `put`

要点提示：`getline` 函数可读取包含空格字符的字符串，`get/put` 函数可读取 / 写入单个字符。

使用流提取运算符（>>）读取数据时会出现一个问题。数据是由空格分隔的。如果空格是字符串的一部分，会发生什么情况？在 4.8.4 节中，我们学习了如何使用 `getline` 函数读取带有空格的字符串。在本节中可以用相同的函数从文件中读取字符串。回想一下，`getline` 函数的语法是

```
getline(ifstream& input, int string& s, char delimitChar)
```

当遇到分隔符或文件结尾标记时，函数停止读取字符。如果遇到分隔符，则读取该分隔符，但不会将其存储在数组中。第三个参数 `delimitChar` 有默认值（`'\n'`）。`getline` 函数是在 `iostream` 头文件中定义的。

假设创建了一个名为 state.txt 的文件，文件包含由井号（#）分隔的州名。文件中的内容如下所示：

N	e	w		Y	o	r	k	#	N	e	w		M	e	x	i	c	o

#	T	e	x	a	s	#	I	n	d	i	a	n	a

LiveExample 13.6 给出了一个从文件中读取州名的程序。

LiveExample 13.6 的互动程序请访问 https://liangcpp.pearsoncmg.com/LiveRunCpp5e/faces/LiveExample.xhtml?header=off&programName=ReadCity&fileType=.cpp&programHeight=560&resultHeight=220。

LiveExample 13.6　ReadCity.cpp

Source Code Editor:

```
1  #include <iostream>
2  #include <fstream>
3  #include <string>
4  using namespace std;
5
6  int main()
7  {
8    // Open a file
9    ifstream input("state.txt");
10
```

```
11  if (input.fail())
12  {
13    cout << "File does not exist" << endl;
14    cout << "Exit program" << endl;
15    return 0;
16  }
17
18  // Read data
19  string city;
20
21  while (!input.eof()) // Continue if not end of file
22  {
23    getline(input, city, '#'); // Read a city with delimiter #
24    cout << city << endl;
25  }
26
27  input.close();
28
29  cout << "Done" << endl;
30
31  return 0;
32 }
```

Compile/Run Reset Answer   Choose a Compiler: VC++ ⌄

Execution Result:

```
command>cl ReadCity.cpp
Microsoft C++ Compiler 2019
Compiled successful (cl is the VC++ compile/link command)

command>ReadCity
New York
New Mexico
Texas
Indiana
Done

command>
```

调用 getline(input, city, '#')（第 23 行）将字符读取到数组 city 中，直到遇到 # 字符或文件结尾结束。

另外两个有用的函数是 get 和 put。可以调用输入对象的 get 函数读取字符，并调用输出对象的 put 函数输出字符。

get 函数的语法有两个版本：

```
char get() // Return a char
ifstream* get(char& ch) // Read a character to ch
```

第一个版本从输入中返回一个字符。第二个版本传递一个字符引用参数 ch，从输入中读取一个字符，并将其存储在 ch 中。此函数还返回正在使用的输入对象的引用。

put 函数的函数头为

```
void put(char ch)
```

它将指定的字符写入到输出对象中。

LiveExample13.7 给出了使用这两个函数的示例。程序提示用户输入文件并将其复制到新文件中。

LiveExample 13.7 的互动程序请访问 https://liangcpp.pearsoncmg.com/LiveRunCpp5e/faces/LiveExample.xhtml?header=off&programName=CopyFile&fileType=.cpp&programHeight=730&resultHeight=200。

LiveExample13.7   CopyFile.cpp

Source Code Editor:

```cpp
#include <iostream>
#include <fstream>
#include <string>
using namespace std;

int main()
{
  // Enter a source file
  cout << "Enter a source file name: ";
  string inputFilename;
  cin >> inputFilename;

  // Enter a target file
  cout << "Enter a target file name: ";
  string outputFilename;
  cin >> outputFilename;

  // Create input and output streams
  ifstream input(inputFilename.c_str());
  ofstream output(outputFilename.c_str());

  if (input.fail())
  {
    cout << inputFilename << " does not exist" << endl;
    cout << "Exit program" << endl;
    return 0;
  }

  char ch = input.get(); // Read a character
  while (!input.eof()) // Continue if not end of file
  {
    output.put(ch); // Write a character
    ch = input.get(); // Read next character
  }

  input.close();
  output.close();

  cout << "\nCopy Done" << endl;

  return 0;
}
```

Enter input data for the program (Sample data provided below. You may modify it.)

```
c:\example\CopyFile.cpp
c:\example\temp.txt
```

程序在第 11 行提示用户输入源文件名，在第 16 行输入目标文件名。inputFilename 的输入对象在第 19 行被创建，outputFilename 的输出对象在第 20 行被创建。

第 22 ～ 27 行检测输入文件是否存在。第 30 ～ 34 行用 get 函数一次一个地重复读取字符，并用 put 函数将字符写入到输出文件。

假设第 29 ～ 34 行被以下代码替换：

```
while (!input.eof()) // Continue if not end of file
{
  output.put(input.get());
}
```

这会发生什么？如果用这个新代码运行程序，你将看到新文件比原始文件多出一个字节。在新文件的末尾包含了一个额外的垃圾字符。这是因为当用 input.get() 从输入文件中读取最后一个字符时，input.eof() 的值仍然为 false。之后，程序尝试读取另一个字符，input.eof() 的值变为 true。但是，无关的垃圾字符已经被发送到输出文件中了。

LiveExample 13.7 用正确的代码读取一个字符（第 29 行）并使用 eof() 进行判断（第 30 行）。如果 eof() 为 true，则该字符不会放入 output；否则，进行复制（第 32 行）。这个过程一直持续到 eof() 返回 true。

13.5　fstream 和文件打开模式

要点提示：可以使用 fstream 为输入和输出创建一个文件对象。

在前面小节中，ofstream 用于写入数据，ifstream 用于读取数据。也可以用 fstream 类创建输入或输出流来取代它们。如果程序需要对输入和输出使用相同的流对象，那么用 fstream 很方便。要打开一个 fstream 文件，必须指定一个**文件打开模式**以告诉 C++ 如何使用该文件。文件模式如表 13.1 所示。

表 13.1　文件模式

模式	描述
ios::in	打开一个输入文件
ios::out	打开一个输出文件
ios::app	将所有输出追加到文件的末尾

（续）

模式	描述
`ios::ate`	打开一个输出文件。如果文件已经存在，移动到文件的末尾。数据可以写入到文件的任意位置
`ios::trunc`	如果文件已经存在，则删除该文件的内容（这是 `ios::out` 的默认操作）
`ios::binary`	打开一个二进制输入和输出文件

注意：部分文件模式也可以与 `ifstream` 和 `ofstream` 的对象一起使用来打开文件。例如，可以用 `ios:app` 模式打开一个带有 `ofstream` 对象的文件，这样就可以将数据附加到文件中。但是，为了保持一致性和简单性，最好将文件模式与 `fstream` 对象一起使用。

注意：使用 `|` 运算符可以组合多种模式。这是一个按位兼或运算符。详见附录 E。例如，要打开名为 city.txt 的输出文件以附加数据，可以用以下语句：

```
stream.open("city.txt", ios::out | ios::app);
```

LiveExample 13.8 给出了一个程序，该程序创建了一个名为 city.txt 的新文件（第 11 行），并将数据写入该文件。然后，程序关闭文件并重新打开以附加新数据而不是覆盖旧数据（第 19 行）。最后，程序从文件中读取所有数据。

LiveExample 13.8 的互动程序请访问 https://liangcpp.pearsoncmg.com/LiveRunCpp5e/faces/LiveExample.xhtml?header=off&programName=AppendFile&fileType=.cpp&programHeight=680&resultHeight=160。

LiveExample 13.8　AppendFile.cpp

Source Code Editor:

```cpp
1  #include <iostream>
2  #include <fstream>
3  #include <string>
4  using namespace std;
5
6  int main()
7  {
8    fstream inout;
9
10   // Create a file
11   inout.open("city.txt", ios::out);
12
13   // Write cities
14   inout << "Dallas" << " " << "Houston" << " " << "Atlanta" << " ";
15
16   inout.close();
17
18   // Open a file named city.txt for appending
19   inout.open("city.txt", ios::out | ios::app);
20
21   // Write cities
22   inout << "Savannah" << " " << "Austin" << " " << "Chicago";
23
24   inout.close();
25
26   string city;
27
28   // Open the file
```

```
29      inout.open("city.txt", ios::in);
30      while (!inout.eof()) // Continue if not end of file
31▾     {
32        inout >> city;
33        cout << city << " ";
34      }
35
36      inout.close();
37
38      return 0;
39    }
```

Compile/Run Reset Answer   Choose a Compiler: VC++ ⌄

Execution Result:

```
command>cl AppendFile.cpp
Microsoft C++ Compiler 2019
Compiled successful (cl is the VC++ compile/link command)

command>AppendFile
Dallas Houston Atlanta Savannah Austin Chicago

command>
```

该程序在第 8 行创建了一个 `fstream` 对象，并在第 11 行用文件模式 `ios::out` 打开文件 city.txt 以进行输出。在第 14 行写入数据之后，程序在第 16 行关闭流。

该程序使用相同的流对象，在第 19 行以组合模式 `ios::out|ios::app` 重新打开文本文件。然后，在第 22 行将新数据附加到文件的末尾，并在第 24 行关闭流。

最后，该程序使用相同的流对象，在第 29 行以输入模式 `ios::in` 重新打开文本文件，并读取其中的所有数据（第 30 ～ 34 行）。

13.6 测试流状态

要点提示：函数 `eof()`、`fail()`、`bad()` 和 `good()` 可用于测试流操作的状态。

我们已经使用了 `eof()` 函数和 `fail()` 函数来测试流的状态。C++ 在流中提供了很多测试**流状态**的函数。表 13.2 列出了这些函数。

表 13.2 流状态函数

函数	描述
eof()	如果到达输入流的末尾，则返回 true
fail()	如果操作失败，则返回 true
bad()	如果发生了不可恢复的错误，则返回 true
good()	如果操作成功，则返回 true

LiveExample 13.9 给出了一个检测流状态的示例。

LiveExample 13.9 的互动程序请访问 https://liangcpp.pearsoncmg.com/LiveRunCpp5e/faces/
LiveExample.xhtml?header=off&programName=ShowStreamState&fileType=.cpp&programHeight=780&resultHeight=500。

LiveExample 13.9   ShowStreamState.cpp

Source Code Editor:

```
1   #include <iostream>
2   #include <fstream>
3   #include <string>
4   using namespace std;
5
6   void showState(const fstream&);
7
8   int main()
9   {
10    fstream inout;
11
12    // Create an output file
13    inout.open("temp.txt", ios::out);
14    inout << "Dallas";
15    cout << "Normal operation (no errors)" << endl;
16    showState(inout);
17    inout.close();
18
19    // Create an input file
20    inout.open("temp.txt", ios::in);
21
22    // Read a string
23    string city;
24    inout >> city;
25    cout << "End of file (no errors)" << endl;
26    showState(inout);
27
28    inout.close();
29
30    // Attempt to read after file closed
31    inout >> city;
32    cout << "Bad operation (errors)" << endl;
33    showState(inout);
34
35    return 0;
36  }
37
38  void showState(const fstream& stream)
39  {
40    cout << "Stream status: " << endl;
41    cout << "  eof(): " << stream.eof() << endl;
42    cout << "  fail(): " << stream.fail() << endl;
43    cout << "  bad(): " << stream.bad() << endl;
44    cout << "  good(): " << stream.good() << endl;
45  }
```

Compile/Run   Reset   Answer   Choose a Compiler: VC++ ∨

Execution Result:

```
command>cl ShowStreamState.cpp
Microsoft C++ Compiler 2019
Compiled successful (cl is the VC++ compile/link command)

command>ShowStreamState
```

```
Normal operation (no errors)
Stream status:
  eof(): 0
  fail(): 0
  bad(): 0
  good(): 1
End of file (no errors)

Stream status:
  eof(): 1
  fail(): 0
  bad(): 0
  good(): 0
Bad operation (errors)

Stream status:
  eof(): 1
  fail(): 1
  bad(): 0
  good(): 0

command>
```

该程序在第 10 行使用无参数构造函数创建一个 fstream 对象，在第 13 行打开 temp.txt 进行输出，并在第 14 行写入一个字符串 Dallas。在第 16 行显示流的状态。到目前为止没有错误。

然后，程序在第 17 行关闭流，在第 20 行重新打开 temp.txt 进行输入，并在第 24 行读取字符串 Dallas。在第 26 行显示流的状态。到目前为止没有错误，但已到达了文件末尾。

最后，程序在第 28 行关闭流，并在第 31 行关闭文件后尝试读取数据，但这导致了错误的发生。在第 33 行显示流的状态。

当在第 16、26 和 33 行中调用 showState 函数时，流对象通过引用传递给该函数。

13.7 二进制 I/O

要点提示：ios:binary 模式可用于打开二进制输入和输出的文件。

目前为止，我们已经用过了文本文件。文件可以分为文本文件和二进制文件。可以使用文本编辑器（如 Windows 上的记事本或 UNIX 上的 vi）处理（读取、创建或修改）的文件称为**文本文件**。所有其他文件都被称为**二进制文件**。不能使用文本编辑器读取二进制文件，因为它们是为程序读取而设计的。例如，C++ 源程序存储在文本文件中，可以由文本编辑器读取，但 C++ 可执行文件存储在二进制文件中，由操作系统读取。

尽管在技术上并不精准和正确，但我们可以将文本文件设想为由一系列字符组合而成，将二进制文件设想为由一系列位组合而成。例如，十进制整数 199 在文本文件中存储为 '1'、'9' 和 '9' 这三个字符的序列，而同一整数在二进制文件中存储为整数 C7，因为十进制 199 等于十六进制 C7（$199=12 \times 16^1+7$）。二进制文件的优点在于，它们比文本文件处理起来效率更高。

注意：计算机不区分二进制文件和文本文件。所有文件都以二进制格式存储，因此所有文件本质上都是二进制文件。文本 I/O 建立在二进制 I/O 之上，为字符编码和解码提供抽象层次。

二进制 I/O 不需要转换。如果使用二进制 I/O 将数值写入文件，则内存中的确切值会复制到文件中。要在 C++ 中执行二进制 I/O，必须使用二进制模式 ios:binary 打开一个文件。默认情况下，文件以文本模式打开。

向文本文件写入数据使用 << 运算符和 put 函数，从文本文件读取数据使用 >> 运算符、get 和 getline 函数。要从（向）二进制文件读取（写入）数据，必须在流上使用 read（write）函数。

13.7.1　write 函数

write 函数的语法为

```
streamObject.write(const char* bytes, int size)
```

它写入 char* 类型的字节数组。每个字符都是一个字节。这里的 char* 应该被解释为字节数组，而不是字符数组，如图 13.4 所示。

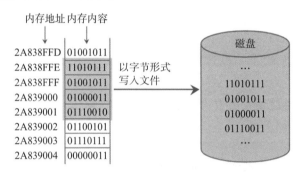

图 13.4　一个字节数组被写入一个文件

注意，C++ 没有字节数据类型。如果 C++ 有表示字节的 byte 类型，那么使用 byte* 比使用 char* 会更有意义。

LiveExample 13.10 显示了使用 write 函数的示例。

LiveExample 13.10 的互动程序请访问 https://liangcpp.pearsoncmg.com/LiveRunCpp5e/faces/LiveExample.xhtml?header=off&programName=BinaryCharOutput&fileType=.cpp&programHeight=300&resultHeight=160。

LiveExample 13.10　BinaryCharOutput.cpp

Source Code Editor:

```
1  #include <iostream>
2  #include <fstream>
3  #include <string>
4  using namespace std;
5
6  int main()
7  {
8    fstream binaryio("city.dat", ios::out | ios::binary);
9    string s = "Atlanta";
10   binaryio.write(s.c_str(), s.size()); // Write s to file
11   binaryio.close();
12
```

```
13    cout << "Done" << endl;
14
15    return 0;
16  }
```

Compile/Run   Reset   Answer

Choose a Compiler: VC++ ∨

Execution Result:

```
command>cl BinaryCharOutput.cpp
Microsoft C++ Compiler 2019
Compiled successful (cl is the VC++ compile/link command)

command>BinaryCharOutput
Done

command>
```

第 8 行打开二进制文件 city.dat 进行输出。调用 binaryio.write(s.c_str(), s.size())（第 10 行）将字符串 s 写入文件。

我们常常需要写入除了字符以外的其他数据。怎样才能做到这一点呢？可以使用 reinterpret_cast 运算符。reinterpret_cast 运算符可以将一种指针类型强制转换成其他任何指针类型。它可以在不更改数据的情况下，将值从一种类型重新解释到另一种类型。使用 reinterpret_cast 运算符的语法如下：

> **reinterpret_cast**<dataType*>(address)

这里，address 是数据（基元、数组或对象）的起始地址，dataType 是要转换为的数据类型。在这种情况下，对于二进制 I/O，它是 char*。

例如，请参阅 LiveExample 13.11 中的代码。

LiveExample 13.11 的互动程序请访问 https://liangcpp.pearsoncmg.com/LiveRunCpp5e/faces/LiveExample.xhtml?header=off&programName=BinaryIntOutput&fileType=.cpp&programHeight=280&resultHeight=160。

LiveExample 13.11   BinaryIntOutput.cpp

Source Code Editor:

```
1   #include <iostream>
2   #include <fstream>
3   using namespace std;
4
5   int main()
6   {
7     fstream binaryio("temp.dat", ios::out | ios::binary);
8     int value = 199;
9     binaryio.write(reinterpret_cast<char*>(&value), sizeof(value));
10    binaryio.close();
11
12    cout << "Done" << endl;
```

```
13
14        return 0;
15    }
```

[Compile/Run] [Reset] [Answer]   Choose a Compiler: [VC++ ∨]

Execution Result:

```
command>cl BinaryIntOutput.cpp
Microsoft C++ Compiler 2019
Compiled successful (cl is the VC++ compile/link command)

command>BinaryIntOutput
Done

command>
```

第 9 行将变量 value 的内容写入文件。reinterpret_cast<char*>(&value) 将 int 值的地址强制转换为 char* 类型。sizeof(value) 返回 value 变量的存储大小，即 4，因为它是 int 类型的变量。

注意：为了保持一致性，本书使用扩展名 .txt 命名文本文件，使用扩展名 .dat 命名二进制文件。

要理解 reinterpret_cast 运算符，请看以下 LiveExample 13.12 中的代码：

LiveExample 13.12 的互动程序请访问 https://liangcpp.pearsoncmg.com/LiveRunCpp5e/faces/LiveExample.xhtml?header=off&programName=ReinterpretCastingDemo&fileType=.cpp&programHeight=260&resultHeight=180。

LiveExample 13.12   ReinterpretCastingDemo.cpp

Source Code Editor:

```
1    #include <iostream>
2    #include <iomanip>
3    using namespace std;
4
5    int main()
6  ▾ {
7        float floatValue = 19.5;
8        int* p = reinterpret_cast<int*>(&floatValue);
9        cout << "int value " << *p << " and float value "
10           << floatValue << "\nhave the same binary representation "
11           << hex << *p << endl;
12
13        return 0;
14   }
```

[Automatic Check] [Compile/Run] [Reset] [Answer]   Choose a Compiler: [VC++ ∨]

Execution Result:

```
command>cl ReinterpretCastingDemo.cpp
Microsoft C++ Compiler 2019
Compiled successful (cl is the VC++ compile/link command)

command>ReinterpretCastingDemo
```

```
int value 1100742656 and float value 19.5
have the same binary representation 419c0000

command>
```

该程序将一个指向 float 数 19.5 的指针强制转换为 int 类型的指针（第 8 行）。内存中同一原生数据被重新解释为 int。原生数据以十六进制表示为 419c0000，当它被解释为 int 型数值时，结果为 1100742656，当被解释为 float 型数值时为 19.5。注意，操纵器 hex 是在 <iomanip> 函数头中定义的，用于以十六进制显示数字。

13.7.2 read 函数

read 函数的语法为

```
streamObject.read(char* address, int size)
```

size 参数表示读取的最大字节数。实际读取的字节数可以从成员函数 gcount 中获得。

假设文件 city.dat 在 LiveExample 13.10 中被创建。LiveExample 13.13 用 read 函数读取字节。

LiveExample 13.13 的互动程序请访问 https://liangcpp.pearsoncmg.com/LiveRunCpp5e/faces/LiveExample.xhtml?header=off&programName=BinaryCharInput&fileType=.cpp&programHeight=290&resultHeight=170。

LiveExample 13.13 BinaryCharInput.cpp

Source Code Editor:

```cpp
1  #include <iostream>
2  #include <fstream>
3  using namespace std;
4
5  int main()
6  {
7    fstream binaryio("city.dat", ios::in | ios::binary);
8    char s[10];
9    binaryio.read(s, 10); //Read into s
10   cout << "Number of chars read: " <<binaryio.gcount()<<end1;
11   s[binaryio.gcount()] = '\0'; // Append a C-string terminator
12   cout << s << endl;
13   binaryio.close();
14
15   return 0;
16 }
```

Compile/Run Reset Answer   Choose a Compiler: VC++ ▾

Execution Result:

```
command>cl BinaryCharInput.cpp
Microsoft C++ Compiler 2019
Compiled successful (cl is the VC++ compile/link command)

command>BinaryCharInput
Number of chars read: 7
Atlanta

command>
```

第 7 行打开二进制文件 city.dat 进行输入。调用 `binaryio.read(s, 10)`（第 9 行）最多可从文件读取 10 个字节到数组。实际读取的字节数可以通过调用 `binaryio.gcount()`（第 11 行）来确定。

假设文件 temp.dat 是在 LiveExample 13.11 中创建的。LiveExample 13.14 使用 read 函数读取整数。

LiveExample 13.14 的互动程序请访问 https://liangcpp.pearsoncmg.com/LiveRunCpp5e/faces/LiveExample.xhtml?header=off&programName=BinaryIntInput&fileType=.cpp&programHeight=260&resultHeight=160。

LiveExample 13.14   BinaryIntInput.cpp

Source Code Editor:

```
1   #include <iostream>
2   #include <fstream>
3   using namespace std;
4
5   int main()
6   {
7       fstream binaryio("temp.dat", ios::in | ios::binary);
8       int value;
9       binaryio.read(reinterpret_cast<char*>(&value),sizeof(value));
10      cout << value << endl;
11      binaryio.close( ); // Close binaryio
12
13      return 0;
14  }
```

Compile/Run   Reset   Answer   Choose a Compiler: VC++ ⌄

Execution Result:

```
command>cl BinaryIntInput.cpp
Microsoft C++ Compiler 2019
Compiled successful (cl is the VC++ compile/link command)

command>BinaryIntInput
199

command>
```

文件 temp.dat 中的数据是在 LiveExample 13.11 中创建的。数据由一个整数组成，并在存储之前转换为字符。该程序首先以字节形式读取数据，然后使用 `reinterpret_cast` 运算符将字节强制转换为 int 值（第 9 行）。

13.7.3   示例：二进制数组 I/O

可以使用 `reinterpret_cast` 运算符将任何类型的数据强制转换为字节，反之亦然。本节在 LiveExample13.15 中给出了一个示例，将一个 double 型数组写入二进制文件并从文件中读取该数组。

LiveExample 13.15 的互动程序请访问 https://liangcpp.pearsoncmg.com/LiveRunCpp5e/faces/LiveExample.xhtml?header=off&programName=BinaryArrayIO&fileType=.cpp&programHeight=490&resultHeight=160。

LiveExample 13.15 BinaryArrayIO.cpp

Source Code Editor:

```cpp
1   #include <iostream>
2   #include <fstream>
3   using namespace std;
4
5   int main()
6 ▾ {
7     const int SIZE = 5;   // Array size
8
9     fstream binaryio; // Create stream object
10
11    // Write array to the file
12    binaryio.open("array.dat", ios::out | ios::binary);
13    double array[SIZE] = {3.4, 1.3, 2.5, 5.66, 6.9};
14    binaryio.write(reinterpret_cast<char*>(&array),sizeof(array));
15    binaryio.close();
16
17    // Read array from the file
18    binaryio.open("array.dat", ios::in | ios::binary);
19    double result[SIZE];
20    binaryio.read(reinterpret_cast<char*>(&result),sizeof(result));
21    binaryio.close();
22
23    // Display array
24    for (int i = 0; i < SIZE; i++)
25      cout << result[i] << " ";
26
27    return 0;
28  }
```

Compile/Run　Reset　Answer　　　　　　　　Choose a Compiler: `VC++ ▾`

Execution Result:

```
command>cl BinaryArrayIO.cpp
Microsoft C++ Compiler 2019
Compiled successful (cl is the VC++ compile/link command)

command>BinaryArrayIO
3.4 1.3 2.5 5.66 6.9

command>
```

程序在第 9 行创建了一个流对象，在第 12 行打开文件 array.dat 进行二进制输出，在第 14 行向文件写入一个 double 型数组，并在第 15 行关闭文件。

然后，程序在第 18 行打开文件 array.dat 进行二进制输入，在第 20 行从文件中读取一个 double 型数组，并在第 21 行关闭文件。

最后，程序显示数组 result 中的内容（第 24 ～ 25 行）。

13.7.4 示例：二进制对象 I/O

本节给出将对象写入二进制文件并从文件中读取该对象的示例。

LiveExample 13.1 将学生记录写入文本文件。学生记录包括名字、中间名首字母、姓氏和分数。这些字段分别写入文件。更好的处理方法是定义一个类来对记录进行建模。每个记录都是 Student 类的一个对象。

把类命名为 Student，其中包含数据字段 firstName、mi、lastName 和 score 以及支持它们的访问器、增变器和两个构造函数。Student 类的 UML 图如图 13.5 所示。

Student
-firstName: char[25] -mi: char -lastName: char[25] -score: int
+Student( ) +Student(firstName: string&, mi: char,   lastName: string&, score: int)

类中提供了属性值的取值和赋值函数，但简单起见，在 UML 图中省略了它们

图 13.5   Student 类描述学生信息

LiveExample13.16 在头文件中定义了 Student 类，LiveExample 13.17 实现该类。注意，名字和姓氏存储在内部固定长度为 25 的两个字符数组中（第 22、24 行），因此每个学生记录的大小都相同。这对于确保学生记录能够正确地从文件中读取是必要的。由于 string 类型比 C 字符串更易使用，因此将 string 类型用于 firstName 和 lastName 的 get 和 set 函数（第 12、14、16、18 行）。

LiveExample 13.16 的互动程序请访问 https://liangcpp.pearsoncmg.com/LiveRunCpp5e/faces/LiveExample.xhtml?header=off&programName=Student&fileType=.h&programHeight=490&resultVisible=false，LiveExample 13.17 的互动程序请访问 https://liangcpp.pearsoncmg.com/LiveRunCpp5e/faces/LiveExample.xhtml?header=off&programName=Student&fileType=.cpp&programHeight=960&resultVisible=false。

LiveExample 13.16   Student.h

Source Code Editor:

```
1  #ifndef STUDENT_H
2  #define STUDENT_H
3  #include <string>
4  using namespace std;
5
6  class Student
7  {
8  public:
9    Student();
10   Student(const string& firstName, char mi,
11     const string& lastName, int score);
12   void setFirstName(const string& s);
13   void setMi(char mi);
14   void setLastName(const string& s);
15   void setScore(int score);
16   string getFirstName()const;
17   char getMi() const;
18   string getLastName() const;
19   int getScore() const;
20
21 private:
22   char firstName[25];
23   char mi;
24   char lastName[25];
25   int score;
26 };
27
```

```
28  #endif
```

Answer   Reset

LiveExample 13.17   Student.cpp

Source Code Editor:

```
1  #include "Student.h"
2  #include <cstring>
3
4  // Construct a default student
5  Student::Student()
6 ▾ {
7  }
8
9  // Construct a Student object with specified data
10  Student::Student(const string& firstName, char mi,
11    const string& lastName, int score)
12 ▾ {
13    setFirstName(firstName);
14    setMi(mi);
15    setLastName(lastName);
16    setScore(score);
17  }
18
19  void Student::setFirstName(const string& s)
20 ▾ {
21    strcpy(firstName, s.c_str());
22  }
23
24  void Student::setMi(char mi)
25 ▾ {
26    this->mi = mi;
27  }
28
29  void Student::setLastName(const string& s)
30 ▾ {
31    strcpy(lastName, s.c_str());
32  }
33
34  void Student::setScore(int score)
35 ▾ {
36    this->score = score;
37  }
38
39  string Student::getFirstName() const
40 ▾ {
41    return string(firstName);
42  }
43
44  char Student::getMi() const
45 ▾ {
46    return mi;
47  }
48
49  string Student::getLastName() const
50 ▾ {
51    return string(lastName);
```

```
52    }
53
54    int Student::getScore() const
55  ▾ {
56      return score;
57    }
```

Answer   Reset

LiveExample 13.18 给出了一个程序，该程序创建 4 个 Student 对象，将其写入名为 student.dat 的文件，并从文件中读回。

LiveExample 13.18 的互动程序请访问 https://liangcpp.pearsoncmg.com/LiveRunCpp5e/ faces/LiveExample.xhtml?header=off&programName=BinaryObjectIO&fileType=.cpp&progra mHeight=910&resultHeight=170。

LiveExample 13.18   BinaryObjectIO.cpp

Source Code Editor:

```
1   #include <iostream>
2   #include <fstream>
3   #include "Student.h"
4   using namespace std;
5
6   void displayStudent(const Student& student)
7 ▾ {
8     cout << student.getFirstName() << " ";
9     cout << student.getMi() << " ";
10    cout << student.getLastName() << " ";
11    cout << student.getScore() << endl;
12  }
13
14  int main()
15 ▾ {
16    fstream binaryio; // Create stream object
17    binaryio.open("student.dat", ios::out | ios::binary);
18
19    Student student1("John", 'T', "Smith", 90);
20    Student student2("Eric", 'K', "Jones", 85);
21    Student student3("Susan", 'T', "King", 67);
22    Student student4("Kim", 'K', "Peterson", 95);
23
24    binaryio.write(reinterpret_cast<char*>
25    (&student1), sizeof(Student));
26    binaryio.write(reinterpret_cast<char*>
27      (&student2), sizeof(Student));
28    binaryio.write(reinterpret_cast<char*>
29      (&student3), sizeof(Student));
30    binaryio.write(reinterpret_cast<char*>
31      (&student4), sizeof(Student));
32
33    binaryio.close();
34
35    // Read student back from the file
36    binaryio.open("student.dat", ios::in | ios::binary);
```

```
37
38    Student studentNew;
39
40    binaryio.read(reinterpret_cast<char*>
41      (&studentNew), sizeof(Student));
42
43    displayStudent(studentNew);
44
45    binaryio.read(reinterpret_cast<char*>
46      (&studentNew), sizeof(Student));
47
48    displayStudent(studentNew);
49
50    binaryio.close();
51
52    return 0;
53  }
```

Compile/Run　Reset　Answer　　　　　Choose a Compiler: `VC++ ▾`

Execution Result:

```
command>cl BinaryObjectIO.cpp
Microsoft C++ Compiler 2019
Compiled successful (cl is the VC++ compile/link command)

command>BinaryObjectIO
John T Smith 90
Eric K Jones 85

command>
```

该程序在第 16 行创建一个流对象，在第 17 行打开文件 student.dat 进行二进制输出，在第 19 ～ 22 行创建了 4 个 Student 对象，在第 24 ～ 31 行将它们写入文件，并在第 33 行关闭文件。

将对象写入文件的语句为

```
binaryio.write(reinterpret_cast<char*>
   (&student1), sizeof(Student));
```

对象 student1 的地址被强制转换为 char* 类型。对象的大小由对象中的数据字段决定。每个学生都有相同的大小，即 sizeof(Student)。

该程序在第 36 行打开文件 student.dat 进行二进制输入，在第 38 行使用无参数构造函数创建一个 Student 对象，在第 40 ～ 41 行从文件中读取一个 Student 对象，并在第 43 行显示对象的数据。在第 45 ～ 46 行，程序继续读取另一个对象，并在第 48 行显示其数据。

最后，程序在第 50 行关闭文件。

13.8　随机访问文件

要点提示：函数 seekg() 和 seekp() 可将文件指针移动到随机访问文件中的任何位置以进行输入和输出。

文件由一系列字节组成。文件指针是一个特殊标记，它可以位于文件的某个字节处。文件的读取或写入操作发生在文件指针的位置。打开文件时，文件指针被设置在文件的开头。当向文件读取或写入数据时，文件指针会向前移动到下一个数据项。例如，如果使用 get() 函数读取一个字符，C++ 将从文件指针处读取一个字节，并且现在文件指针比前一位置向前移动一个字节，如图 13.6 所示。

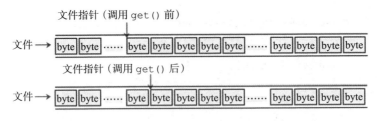

图 13.6　读取字符后，文件指针向前移动一个字节

到目前为止，我们开发的所有程序都是按顺序读取 / 写入数据。这被称为**顺序访问文件**。也就是说，文件指针总是向前移动。如果打开一个文件进行输入，它将从头开始读取数据直到结尾。如果打开文件进行输出，它会从开始或末尾一个接一个地写入数据（使用附加模式 ios::app）。

顺序访问的问题在于，为了读取特定位置的字节，必须读取其前面的所有字节。这无疑是低效的。C++ 支持文件指针使用流对象上的 seekp 和 seekg 成员函数，使文件指针能自由地向后或向前跳跃。这种功能被称为**随机访问文件**。

seekp（"seek-put"）函数用于输出流，seekg（"seek-get"）函数则用于输入流。每个函数都有两个版本，分别具有一个参数或两个参数。在一个参数的情况中，该参数就是绝对位置。例如

```
input.seekg(0);
output.seekp(0);
```

将文件指针移动到文件的开头。

在两个参数的情况中，第一个参数是指偏移量的整数，第二个参数称为定位基址，即指定从何处开始计算偏移量。表 13.3 列出了三个可能的定位基址参数。

表 13.3　定位基址

定位基址	描述
ios::beg	从文件开始计算偏移量
ios::end	从文件结尾计算偏移量
ios::cur	从当前文件指针计算偏移量

表 13.4 给出了使用 seekp 和 seekg 函数的一些示例。

表 13.4　seekp 和 seekg 函数示例

示例	描述
seekg(100,ios::beg);	将文件指针移动到距离文件开头的第 100 字节处
seekg(-100,ios::end);	将文件指针从文件末尾往回移动到第 100 个字节处
seekp(42,ios::cur);	将文件指针从当前位置向前移动到第 42 个字节处
seekp(-42,ios::cur);	将文件指针从当前位置往回移动到第 42 个字节处
seekp(100);	将文件指针移动到文件中第 100 个字节处

还可以使用 tellp 和 tellg 函数来返回文件指针在文件中的位置。

LiveExample 13.19 演示了如何随机访问文件。程序首先将 10 个学生对象存储到文件中，然后从文件中检索第 3 个学生。

LiveExample 13.19 的互动程序请访问 https://liangcpp.pearsoncmg.com/LiveRunCpp5e/faces/LiveExample.xhtml?header=off&programName=RandomAccessFile&fileType=.cpp&programHeight=1220&resultHeight=190。

LiveExample 13.19　RandomAccessFile.cpp

Source Code Editor:

```
1  #include <iostream>
2  #include <fstream>
3  #include "Student.h"
4  using namespace std;
5
6  void displayStudent(const Student& student)
7  {
8    cout << student.getFirstName() << " ";
9    cout << student.getMi() << " ";
10   cout << student.getLastName() << " ";
11   cout << student.getScore() << endl;
12 }
13
14 int main()
15 {
16   fstream binaryio; // Create stream object
17   binaryio.open("student.dat", ios::out | ios::binary);
18
19   Student student1("FirstName1", 'A', "LastName1", 10);
20   Student student2("FirstName2", 'B', "LastName2", 20);
21   Student student3("FirstName3", 'C', "LastName3", 30);
22   Student student4("FirstName4", 'D', "LastName4", 40);
23   Student student5("FirstName5", 'E', "LastName5", 50);
24   Student student6("FirstName6", 'F', "LastName6", 60);
25   Student student7("FirstName7", 'G', "LastName7", 70);
26   Student student8("FirstName8", 'H', "LastName8", 80);
27   Student student9("FirstName9", 'I', "LastName9", 90);
28   Student student10("FirstName10", 'J', "LastName10", 100);
29
30   binaryio.write(reinterpret_cast<char*>
31     (&student1), sizeof(Student));
32   binaryio.write(reinterpret_cast<char*>
33     (&student2), sizeof(Student));
34   binaryio.write(reinterpret_cast<char*>
35     (&student3), sizeof(Student));
36   binaryio.write(reinterpret_cast<char*>
37     (&student4), sizeof(Student));
38   binaryio.write(reinterpret_cast<char*>
39     (&student5), sizeof(Student));
40   binaryio.write(reinterpret_cast<char*>
41     (&student6), sizeof(Student));
42   binaryio.write(reinterpret_cast<char*>
43     (&student7), sizeof(Student));
44   binaryio.write(reinterpret_cast<char*>
45     (&student8), sizeof(Student));
46   binaryio.write(reinterpret_cast<char*>
47     (&student9), sizeof(Student));
48   binaryio.write(reinterpret_cast<char*>
49     (&student10), sizeof(Student));
50
51   binaryio.close();
52
```

```
53     // Read student back from the file
54     binaryio.open("student.dat", ios::in | ios::binary);
55
56     Student studentNew;
57     // Move to the 3rd student
58     binaryio.seekg(2*sizeof(Student));
59     cout << :Current position is :<< binaryio.tellg()
60       << endl;
61
62     binaryio.read(reinterpret_cast<char*>
63       (&studentNew), sizeof(Student));
64
65     displayStudent(studentNew);
66
67     cout << "Current position is " << binaryio.tellg() << endl;
68
69     binaryio.close();
70
71     return 0;
72   }
```

Compile/Run Reset Answer   Choose a Compiler: VC++ ✔

Execution Result:

```
command>cl RandomAccessFile.cpp
Microsoft C++ Compiler 2019
Compiled successful (cl is the VC++ compile/link command)

command>RandomAccessFile
Current position is 112
FirstName3 C LastName3 30
Current position is 168

command>
```

该程序在第 16 行创建了一个流对象，在第 17 行打开文件 student.dat 进行二进制输出，在第 19 ~ 28 行创建了 10 个 Student 对象，并在第 30 ~ 49 行将它们写入文件，在第 51 行关闭文件。

该程序在第 54 行打开文件 student.dat 进行二进制输入，在第 56 行使用无参数构造函数创建 Student 对象，并在第 58 行将文件指针移动到文件中第 3 个学生的地址。目前的位置是 112。（注意，sizeof(Student) 为 56。）读取第 3 个对象后，文件指针将移动到第 4 个对象处。因此，当前位置变为 168。

13.9 更新文件

要点提示： 可以通过使用 ios::in|ios::out|ios::binary 模式打开文件来更新二进制文件。

我们常常需要更新文件的内容。可以为输入和输出打开一个文件。例如

```
binaryio.open("student.dat", ios::in | ios::out | ios::binary);
```

此语句为输入和输出打开二进制文件 student.dat。

LiveExample 13.20 演示了如何更新文件。假设文件 student.dat 已经在 LiveExample 13.19 中创建了 10 个 Student 对象。程序首先从文件中读取第 2 个学生，更改姓氏，将修改后的对象写回文件，然后从文件中重新读取新对象。

LiveExample 13.20 的互动程序请访问 https://liangcpp.pearsoncmg.com/LiveRunCpp5e/faces/
LiveExamplexhtml?header=off&programName=UpdateFile&fileType=.cpp&programHeight=71
0&resultHeight=180。

LiveExample 13.20　UpdateFile.cpp

Source Code Editor:

```
 1  #include <iostream>
 2  #include <fstream>
 3  #include "Student.h"
 4  using namespace std;
 5
 6  void displayStudent(const Student& student)
 7  {
 8    cout << student.getFirstName() << " ";
 9    cout << student.getMi() << " ";
10    cout << student.getLastName() << " ";
11    cout << student.getScore() << endl;
12  }
13
14  int main()
15  {
16    fstream binaryio; // Create stream object
17
18    // Open file for input and output
19    binaryio.open("student.dat", ios::in | ios::out | ios::binary);
20
21    Student student1;
22    binaryio.seekg(sizeof(Student)); // Move to the 2nd student
23    binaryio.read(reinterpret_cast<char*>
24      (&student1), sizeof(Student)); // Read the 2nd student
25    displayStudent(student1);
26
27    student1.setLastName("Yao"); // Modify 2nd student
28    binaryio.seekp(sizeof(Student)); // Move to the 2nd student
29    binaryio.write(reinterpret_cast<char*>
30      (&student1), sizeof(Student)); // Update 2nd student in the file
31
32    Student student2;
33    binaryio.seekg(sizeof(Student)); // Move to the 2nd student
34    binaryio.read(reinterpret_cast<char*>
35      (&student2), sizeof(Student)); // Read the 2nd student
36    displayStudent(student2);
37
38    binaryio.close();
39
40    return 0;
41  }
```

Compile/Run　Reset　Answer　　　　Choose a Compiler: VC++ ⌄

Execution Result:

```
command>cl UpdateFile.cpp
Microsoft C++ Compiler 2019
Compiled successful (cl is the VC++ compile/link command)

command>UpdateFile
FirstName2 B LastName2 20
FirstName2 B Yao 20

command>
```

程序在第 16 行创建了一个流对象，并在第 19 行打开 student.dat 文件进行二进制输入和输出。

程序移动到文件中的第 2 个学生（第 22 行），读取学生（第 23 ～ 24 行），显示学生（第 25 行），更改其姓氏（第 27 行），并将修改后的对象写回文件（第 29 ～ 30 行）。

然后程序再次移动到文件中的第 2 个学生（第 33 行），读取该学生（第 34 ～ 35 行）并将其显示（第 36 行）。在示例输出中将看到此对象的姓氏已更改。

关键术语

absolute file name（绝对文件名）	random access file（随机访问文件）
binary file（二进制文件）	relative file name（相对文件名）
file open mode（文件打开模式）	sequential access file（顺序访问文件）
file pointer（文件指针）	stream state（流状态）
input stream（输入流）	text file（文本文件）
output stream（输出流）	

章节总结

1. C++ 提供了 `ofstream`、`ifstream` 和 `fstream` 类，以便于文件输入和输出。
2. 使用 `ofstream` 类将数据写入文件，使用 `ifstream` 从文件读取数据，使用 `fstream` 类读取和写入数据。
3. `open` 函数用于打开文件，`close` 函数用于关闭文件，`fail` 函数用于检测文件是否存在，`eof` 函数用于测试是否到达文件末尾。
4. 流操纵器（例如，`setw`、`setprecision`、`fixed`、`showpoint`、`left` 和 `right`）可用于格式化输出。
5. `getline` 函数用于从文件读取一行，`get` 函数用于从文件读取一个字符，`put` 函数用于向文件写入一个字符。
6. 文件打开模式（`ios::in`、`ios::out`、`ios::app`、`ios::trunc` 和 `ios::binary`）可用于指定打开文件的模式。
7. 文件 I/O 可以分为文本 I/O 和二进制 I/O。
8. 文本 I/O 按字符序列解释数据。文本在文件中的存储方式取决于文件的编码方案。C++ 自动执行文本 I/O 的编码和解码。
9. 二进制 I/O 将数据解释为原生二进制值。要执行二进制 I/O，需要用 `iso::binary` 模式打开文件。
10. 二进制输出需要用 `write` 函数。二进制输入需要用 `read` 函数。
11. 可以用 `reinterpret_cast` 运算符将任意类型的数据强制转换为二进制输入和输出的字节数组。
12. 可以按顺序或以随机方式处理文件。
13. 在调用 `put/write` 和 `get/read` 函数之前，`seekp` 和 `seekg` 函数可将文件访问指针移动到文件中的任何位置。

编程练习

互动程序请访问 https://liangcpp.pearsoncmg.com/CheckExerciseCpp/faces/CheckExercise5e.xhtml?chapter=13&programName=Exercise13_01。

13.2 ～ 13.6 节

*13.1　（创建一个文本文件）如果名为 Exercise13_1.txt 的文件不存在，则编写一个程序来创建该文件。如果它存在，则将新数据附加到其中。使用文本 I/O 将随机创建的 100 个整数写入文件中。整数用空格隔开。

*13.2 （统计字符）编写一个程序，提示用户输入文件名并显示文件中的字符数。

*13.3 （处理文本文件中的分数）假设文本文件 Exercise13_3.txt 包含未指定数量的分数。编写一个程序，从文件中读取分数，并显示其总数和平均值。分数用空格隔开。

*13.4 （读取/排序/写入数据）假设一个文本文件 Exercise13_4.txt 包含 100 个整数。编写一个程序，从文件中读取整数，对整数进行排序，然后将数字写回文件。整数在文件中用空格分隔。

*13.5 （婴儿名字受欢迎程度排名）从网站下载 2001 年至 2010 年婴儿名字受欢迎程度的原始排行，并存储在名为babynamesranking2001.txt、babynamesranking2002.txt、 …、babynamesranking2010.txt 的文件中。可以用以下URL下载这些文件，比如https://liveexample.pearsoncmg.com/data/babynamesranking2001.txt 等。每个文件包含一千行。每行包含一个排名、一个男孩的名字、男孩名字的数量、一个女孩的名字和女孩名字的数量。例如，文件 babynamesranking2010.txt 中的前两行如下：

| 1 | Jacob | 21875 | Isabella | 22731 |
| 2 | Ethan | 17866 | Sophia | 20477 |

因此，数量排名第一的男孩名字为 Jacob，女孩名字为 Isabella，排名第二的男孩名字为 Ethan，女孩名字为 Sophia。即有 21875 名男孩名叫 Jacob，22731 名女孩名叫 Isabella。编写一个程序，提示用户输入年份、性别，然后输入姓名，并显示姓名在该年中的排名。

*13.6 （男女通用的名字）编写一个程序，提示用户输入编程练习 13.5 中描述的文件名之一，并在文件中显示男女通用的名字。

*13.7 （对没有重复的名字进行排序）编写一个程序，从编程练习 13.5 中描述的 10 个文件中读取名字，对所有名字进行排序（男孩和女孩的名字放在一起，删除重复项），并将排序后的名字存储在一个文件中，每行 10 个名字。

*13.8 （对重复的名字排序）编写一个程序，从编程练习 13.5 中描述的 10 个文件中读取名字，对所有名字进行排序（男孩和女孩的名字放在一起，允许重复），并将排序后的名字存储在一个文件中，每行 10 个名字。

*13.9 （累计排名）利用编程练习 13.5 中描述的 10 个文件中的数据，编写一个程序，获得 10 年内姓名的累计排名。程序应该分别显示男孩名字和女孩名字的累计排名。对于每个名字，显示其排名、名字及其累计计数。

*13.10 （删除排名）编写一个程序，提示用户输入编程练习 13.5 中描述的文件名之一，从文件中读取数据，并将数据存储在没有排名的新文件中。新文件与原始文件相同，只是它没有每行的排名。新文件被命名为扩展名为 .new 的输入文件。

*13.11 （数据排序？）编写一个程序，从 SortedStrings.txt 文件中读取字符串，并报告文件中的字符串是否按升序存储。如果字符串在文件中没有排序，则显示前两个无序的字符串。

*13.12 （排名汇总）编写一个程序，用编程练习 13.5 中描述的文件，显示前五名女孩和男孩的排名汇总表，如下所示：

```
Sample Run for Exercise13_12.cpp

Execution Result:
command>Exercise13_12
Year Rank 1    Rank 2    Rank 3    Rank 4    Rank 5    Rank 1    Rank 2    Rank 3
Rank 4    Rank 5
2010 Isabella  Sophia    Emma      Olivia    Ava       Jacob     Ethan     Michael
Jayden    William
2009 Isabella  Emma      Olivia    Sophia    Ava       Jacob     Ethan     Michael
Alexander William
2008 Emma      Isabella  Emily     Olivia    Ava       Jacob     Michael   Ethan
Joshua    Daniel
2007 Emily     Isabella  Emma      Ava       Madison   Jacob     Michael   Ethan
Joshua    Daniel
2006 Emily     Emma      Madison   Isabella  Ava       Jacob     Michael   Joshua
Ethan     Matthew
2005 Emily     Emma      Madison   Abigail   Olivia    Jacob     Michael   Joshua
Matthew   Ethan
2004 Emily     Emma      Madison   Olivia    Hannah    Jacob     Michael   Joshua
Matthew   Ethan
2003 Emily     Emma      Madison   Hannah    Olivia    Jacob     Michael   Joshua
Matthew   Andrew
2002 Emily     Madison   Hannah    Emma      Alexis    Jacob     Michael   Joshua
Matthew   Ethan
2001 Emily     Madison   Hannah    Ashley    Alexis    Jacob     Michael   Matthew
Joshua    Christopher

command>
```

13.7 节

*13.13 （创建一个二进制数据文件）如果名为 Exercise13_13.dat 的文件不存在，则编写一个程序来创建该文件。如果它存在，将新数据附加到其中。使用二进制 I/O 将随机创建的 100 个整数写入文件中。

*13.14 （存储 Loan 对象）编写一个程序，创建 5 个 Loan 对象，并将它们存储在名为 Exercise13_14.dat 的文件中。Loan 类是在 LiveExample 9.14 中引入的。

*13.15 （从文件中恢复对象）假设从前面的练习中创建了一个名为 Exercise13_15.dat 的文件。编写一个程序，从文件中读取 Loan 对象并计算贷款总额。假设不知道文件中有多少 Loan 对象。使用 eof() 函数来检测文件的末尾。

*13.16 （复制文件）LiveExample13.7 使用文本 I/O 复制文件。修改该程序用二进制 I/O 复制文件。

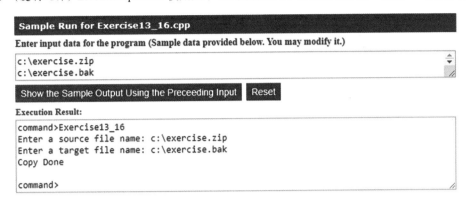

*13.17 （拆分文件）假设要将一个巨大的文件（例如，一个 10GB 的 AVI 文件）备份到 CD-R 中。可以通过将文件拆分为更小的部分并分别备份这些部分来完成此操作。编写一个程序，将大文件拆分为小文件。程序提示用户输入源文件以及每个较小文件的字节数。

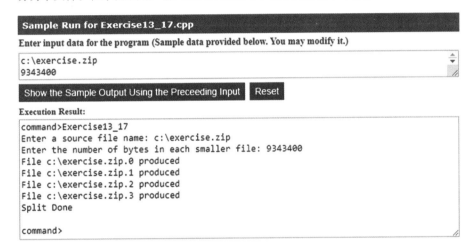

*13.18 （合并文件）编写一个程序，将文件合并为一个新文件。程序提示用户输入源文件的数量、每个源文件的名称和目标文件名。以下是该程序的运行示例：

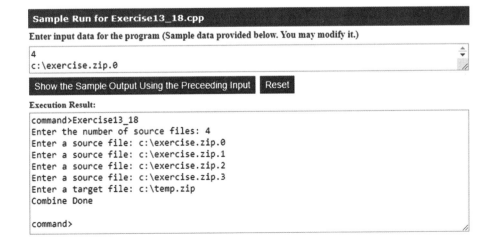

13.19 （加密文件）通过在文件中的每个字节上加 5 来对文件进行编码。编写一个程序，提示用户键入输入文件名和输出文件名，并将输入文件的加密版本保存到输出文件中。

13.20 （解密文件）假设用编程练习 13.19 中的方案对文件进行加密。编写一个程序解码加密的文件。程序提示用户键入输入文件名和输出文件名，并将输入文件的解密版本保存到输出文件中。

***13.21 （游戏：hangman）改写编程练习 10.15。该程序读取存储在名为 Exercise13_21.txt 的文本文件中的单词。单词由空格分隔。提示：从文件中读取单词并将其存储在向量中。

13.8 节

*13.22 （更新计数）假定想跟踪一个程序的执行次数。可以存储一个 int 值计数到文件中。每次执行此程序时，将计数增加 1。将程序命名为 Exercise13_22，并将计数存储在 Exercise 13_22.dat 文件中。

运算符重载

学习目标

1. 了解运算符重载及其好处（14.1 节）。

2. 定义创建有理数的 Rational 类（14.2 节）。

3. 探索如何在 C++ 中使用函数重载运算符（14.3 节）。

4. 重载关系运算符（<、<=、==、!=、>=、>）和算术运算符（+、-、*、/）（14.3 节）。

5. 重载下标运算符 []（14.4 节）。

6. 重载复合赋值运算符 +=、-=、*= 和 /=（14.5 节）。

7. 重载一元运算符 + 和 -（14.6 节）。

8. 重载前置 ++、前置 --、后置 ++ 和后置 -- 运算符（14.7 节）。

9. 使友元函数和友元类能够访问类的私有成员（14.8 节）。

10. 将流插入运算符 << 和流提取运算符 >> 重载为友元非成员函数（14.9 节）。

11. 定义运算符函数将对象转换为基元类型（14.10.1 节）。

12. 定义适当的构造函数，以执行从数值到对象类型的转换（14.10.2 节）。

13. 定义非成员函数，以启用隐式类型转换（14.11 节）。

14. 用重载运算符定义一个新的 Rational 类（14.12 节）。

15. 重载运算符 = 以执行深层复制（14.13 节）。

14.1 简介

要点提示：C++ 支持为运算符定义函数。这称为运算符重载。

在 10.2.10 节中，我们学习了如何使用运算符来简化字符串操作。我们可以用运算符 + 连接两个字符串，用关系运算符（==，!=，<，<=，>，>=）比较两个字符串，用下标运算符 [] 访问一个字符。在 12.6 节中，我们学习了如何使用运算符 [] 访问向量中的元素。例如，以下代码使用运算符 [] 返回字符串中的一个字符（第 3 行），使用运算符 + 组合两个字符串（第 4 行），使用运算符 < 比较两个字符串（第 5 行），使用运算符 [] 返回向量中的元素（第 10 行）。

```
1   string s1("Washington");
2   string s2("California");
3   cout << "The first character in s1 is " << s1[0] << endl;
4   cout << "s1 + s2 is " << (s1 + s2) << endl;
5   cout << "s1 < s2? " << (s1 < s2) << endl;
6
7   vector<int> v;
8   v.push_back(3);
9   v.push_back(5);
10  cout << "The first element in v is " << v[0] << endl;
```

运算符实际上是在类中定义的函数。这些函数是用关键字 operator 和后面接着的实际运算符命名的。例如，可以用以下函数语法重写前面的代码：

```
1   string s1("Washington");
2   string s2("California");
3   cout << "The first character in s1 is " << s1.operator[](0) << endl;
4   cout << "s1 + s2 is " << operator+(s1, s2) << endl;
5   cout << "s1 < s2? " << operator<(s1, s2) << endl;
6
7   vector<int> v;
8   v.push_back(3);
9   v.push_back(5);
10  cout << "The first element in v is " << v.operator[](0) << endl;
```

函数 operator[] 是 string 类和 vector 类的成员函数，operator+ 和 operator< 是 string 类的非成员函数。注意，成员函数必须由对象用语法 objectName.function-Name(...) 调用，例如 s1.operator[](0)。显然，使用运算符语法 s1[0] 比函数语法 s1.operator[](0) 更直观、更方便。

为运算符定义函数称为运算符重载。运算符，如 +，==，!=，<，<=，>，>= 以及 []，在 string 类中被重载。如何在自定义类中重载运算符呢？本章用 Rational 类作为示例来演示如何重载各种运算符。首先，我们将学习如何设计一个支持有理数运算的 Rational 类，然后重载运算符以简化这些运算。

14.2 Rational 类

要点提示：本节定义建模有理数的 Rational 类。

有理数有一个分子和一个分母，形式为 a/b，其中 a 是分子，b 是分母。例如，1/3、3/4 和 10/4 都是有理数。

有理数的分母不能为 0，但分子可以为 0。每个整数 i 都等价于一个有理数 i/1。有理数用于涉及分数的精确计算，例如，1/3=0.33333…，用数据类型 double 或 float，该数不能以浮点格式精确表示。为了得到确切的结果，我们必须使用有理数。

C++ 为整数和浮点数提供了数据类型，但没有为有理数提供数据类型。本节展示如何设计一个类来表示有理数。

Rational 数可以用两个数据字段表示：numerator 和 denominator。可以创建一个具有指定分子和分母的 Rational 数，或者创建一个分子为 0 和分母为 1 的默认 Rational 数。可以加、减、乘、除和比较有理数。也可以将有理数转换为整数、浮点值或字符串。Rational 类的 UML 类图如图 14.1 所示。

有理数由分子和分母组成。有许多等价的有理数；例如 1/3=2/6=3/9=4/12。方便起见，我们用 1/3 来表示所有等价于 1/3 的有理数。1/3 的分子和分母除了 1 之外没有公约数，所以 1/3 被认为是最简项。

要将有理数化简到最简项，需要找到其分子和分母绝对值的最大公约数（GCD），然后将分子和分母除以该值。可以如 LiveExample 5.10 所示用函数计算两个整数 n 和 d 的最大公约数。Rational 对象中的分子和分母被化简为最简项。

和往常一样，我们首先编写一个测试程序来创建 Rational 对象并测试 Rational 类中的函数。LiveExample 14.1 显示了 Rational 类的头文件，LiveExample 14.2 是一个测试程序。

Rational
-numerator: int -denominator: int
+Rational() +Rational(numerator: int, denominator: int) +getNumerator(): int const +getDenominator(): int const +add(secondRational: Rational): Rational const +subtract(secondRational: Rational): Rational const +multiply(secondRational: Rational): Rational const +divide(secondRational: Rational): Rational const +compareTo(secondRational: Rational): int const +equals(secondRational: Rational): bool const +intValue(): int const +doubleValue(): double const +toString(): string const -gcd(n: int, d: int): int

图 14.1　UML 说明 Rational 类的属性、构造函数和函数

LiveExample 14.1 的互动程序请访问 https://liangcpp.pearsoncmg.com/LiveRunCpp5e/faces/LiveExample.xhtml?header=off&programName=Rational&fileType=.h&programHeight=510&resultVisible=false，LiveExample 14.2 的互动程序请访问 https://liangcpp.pearsoncmg.com/LiveRunCpp5e/faces/LiveExample.xhtml?header=off&programName=TestRationalClass&programHeight=609&resultHeight=330。

LiveExample 14.1　Rational.h

Source Code Editor:

```
#ifndef RATIONAL_H
#define RATIONAL_H
#include <string>
using namespace std;

class Rational
{
public:
  Rational();
  Rational(int numerator, int denominator);
  int getNumerator() const;
  int getDenominator() const;
  Rational add(const Rational&secondRational)const;
  Rational subtract(const Rational& secondRational) const;
  Rational multiply(const Rational& secondRational) const;
  Rational divide(const Rational& secondRational) const;
  int compareTo(const Rational& secondRational) const;
  bool equals(const Rational& secondRational) const;
  int intValue() const;
```

```
20    double doubleValue() const;
21    string toString() const;
22
23  private:
24    int numerator;
25    int denominator;
26    static int gcd(int n, int d);
27  };
28
29  #endif
```

Answer   Reset

LiveExample 14.2   TestRationalClass.cpp

Source Code Editor:

```
1   #include <iostream>
2   #include "Rational.h"
3   using namespace std;
4
5   int main()
6 ▾ {
7     // Create and initialize two rational numbers r1 and r2.
8     Rational r1(4, 2);
9     Rational r2(2, 3);
10
11    // Test toString, add, subtract, multiply, and divide
12    cout << r1.toString() << " + " << r2.toString() << " = "
13    << r1.add(r2).toString() << endl;
14    cout << r1.toString() << " - " << r2.toString() << " = "
15      << r1.subtract(r2).toString() << endl;
16    cout << r1.toString() << " * " << r2.toString() << " = "
17    << r1.multiply(r2).toString() << endl;
18    cout << r1.toString() << " / " << r2.toString() << " = "
19      << r1.divide(r2).toString() << endl;
20
21    // Test intValue and double
22    cout << "r2.intValue()" << " is " << r2.intValue() << endl;
23    cout << "r2.doubleValue()" << " is " << r2.doubleValue() << endl;
24
25    // Test compareTo and equal
26    cout << "r1.compareTo(r2) is " << r1.compareTo(r2) << endl;
27    cout << "r2.compareTo(r1) is " << r2.compareTo(r1) << endl;
28    cout << "r1.compareTo(r1) is " << r1.compareTo(r1) << endl;
29    cout << "r1.equals(r1) is "
30        << (r1.equals(r1) ? "true" : "false") << endl;
31    cout << "r1.equals(r2) is "
32        << (r1.equals(r2) ? "true" : "false") << endl;
33
34    return 0;
35  }
```

Automatic Check   Compile/Run   Reset   Answer   Choose a Compiler: VC++ ∨

Execution Result:

command>cl TestRationalClass.cpp

```
Microsoft C++ Compiler 2019
Compiled successful (cl is the VC++ compile/link command)

command>TestRationalClass
2 + 2/3 = 8/3
2 - 2/3 = 4/3
2 * 2/3 = 4/3
2 / 2/3 = 3
r2.intValue() is 0
r2.doubleValue() is 0.666667
r1.compareTo(r2) is 1
r2.compareTo(r1) is -1
r1.compareTo(r1) is 0
r1.equals(r1) is true
r1.equals(r2) is false

command>
```

main 函数创建两个有理数 r1 和 r2（第 8～9 行），并显示 r1+r2、r1-r2、r1* r2 和 r1/r2 的结果（第 12～19 行）。为实现 r1+r2，调用 r1.add(r2) 返回一个新的 Rational 对象。类似地，r1.subtract(r2) 为实现 r1-r2 返回一个新的 Rational 对象，r1.multiply(r2) 实现 r1*r2，r1.divide(r2) 则实现 r1/r2。

intValue() 函数显示 r2 的 int 值（第 22 行）。doubleValue() 函数显示 r2 的 double 值（第 23 行）。

调用 r1.compareTo(r2)（第 26 行）返回 1，因为 r1 大于 r2。调用 r2.compareTo(r1)（第 27 行）返回 -1，因为 r2 小于 r1。调用 r1.compareTo(r1)（第 28 行）返回 0，因为 r1 等于 r1。调用 r1.equals(r1)（第 29 行）返回 true，因为 r1 等于 r1。调用 r1.equals(r2)（第 31 行）返回 false，因为 r1 与 r2 不相等。Rational 类在 LiveExample14.3 中实现。

LiveExample 14.3 的互动程序请访问 https://liangcpp.pearsoncmg.com/LiveRunCpp5e/faces/LiveExample.xhtml?header=off&programName=Rational&fileType=.cpp&programHeight=1810&resultVisible=false。

LiveExample 14.3　Rational.cpp

Source Code Editor:

```cpp
1   #include "Rational.h"
2   #include <cstdlib> // For the abs function
3
4   Rational::Rational()
5   {
6     numerator = 0;
7     denominator = 1;
8   }
9
10  Rational::Rational(int numerator, int denominator)
11  {
12    int factor = gcd(numerator, denominator);
13    this->numerator = ((denominator > 0) ? 1 : -1) * numerator / factor;
14    this->denominator = abs(denominator) / factor;
```

```
15    }
16
17    int Rational::getNumerator() const
18  ▾ {
19      return numerator;
20    }
21
22    int Rational::getDenominator() const
23  ▾ {
24      return denominator;
25    }
26
27    // Find GCD of two numbers
28    int Rational::gcd(int n, int d)
29  ▾ {
30      int n1 = abs(n);
31      int n2 = abs(d);
32      int gcd = 1;
33
34      for (int k = 1; k <= n1 && k <= n2; k++)
35  ▾   {
36        if (n1 % k == 0 && n2 % k == 0)
37          gcd = k;
38      }
39
40      return gcd;
41    }
42
43    Rational Rational::add(const Rational& secondRational) const
44  ▾ {
45      int n = numerator * secondRational.getDenominator() +
46        denominator * secondRational.getNumerator();
47      int d = denominator * secondRational.getDenominator();
48      return Rational(n, d);
49    }
50
51    Rational Rational::subtract(const Rational& secondRational) const
52  ▾ {
53      int n = numerator * secondRational.getDenominator()
54        - denominator * secondRational.getNumerator();
55      int d = denominator * secondRational.getDenominator();
56      return Rational(n, d);
57    }
58
59    Rational Rational::multiply(const Rational& secondRational) const
60  ▾ {
61      int n = numerator * secondRational.getNumerator();
62      int d = denominator * secondRational.getDenominator();
63      return Rational(n, d);
64    }
65
66    Rational Rational::divide(const Rational& secondRational) const
67  ▾ {
68      int n = numerator * secondRational.getDenominator();
```

```
69      int d = denominator * secondRational.numerator;
70      return Rational(n, d);
71    }
72
73    int Rational::compareTo(const Rational& secondRational) const
74  ▾ {
75      Rational temp = subtract(secondRational);
76      if (temp.getNumerator() < 0)
77        return -1;
78      else if (temp.getNumerator() == 0)
79        return 0;
80      else
81        return 1;
82    }
83
84    bool Rational::equals(const Rational& secondRational) const
85  ▾ {
86      if (compareTo(secondRational) == 0)
87        return true;
88      else
89        return false;
90    }
91
92    int Rational::intValue() const
93  ▾ {
94      return getNumerator() / getDenominator();
95    }
96
97    double Rational::doubleValue() const
98  ▾ {
99      return 1.0 * getNumerator() / getDenominator();
100    }
101
102    string Rational::toString() const
103  ▾ {
104      if (denominator == 1)
105        return to_string(numerator);
106      else
107        return  to_string(numerator) + "/" + to_string(denominator);
108    }
```

Answer   Reset

有理数被封装在一个 Rational 对象中。在内部，有理数表示为最简项（第 13 ～ 14
行），分子决定其符号（第 13 行）。分母总是正的（第 14 行）。

gcd() 函数（第 28 ～ 41 行）是私有的；它不供客户使用。gcd() 函数仅供 Rational
类内部使用。gcd() 函数也是静态的，因为它不依赖于任何特定的 Rational 对象。

两个 Rational 对象可以相互作用来执行加法、减法、乘法和除法运算。这些方法返
回一个新的 Rational 对象（第 43 ～ 71 行）。执行这些运算的数学公式如下：

a/b+c/d=(ad + bc)/(bd)（例如，2/3+3/4=(2*4+3*3)/(3*4)=17/12）

a/b–c/d=(ad–bc)/(bd)（例如，2/3–3/4=(2*4–3*3)/(3*4)=–1/12）

(a/b)*(c/d)= (ac)/(bd)（例如，2/3*3/4=(2*3)/(3*4)=6/12=1/2）

(a/b)/(c/d)=(ad)/(bc)（例如，(2/3)/(3/4)=(2*4)/(3*3)=8/9）

`abs(x)` 函数（第 30 ～ 31 行）在标准 C++ 库中定义，该函数返回 x 的绝对值。

`compareTo(&secondRational)` 函数（第 73 ～ 82 行）将该有理数与另一个有理数进行比较。它首先从该有理数中减去第二个有理数，并将结果保存在 temp 中（第 75 行）。如果 temp 的分子小于、等于或大于 0，则返回 -1、0 或 1。

`equals(&secondRational)` 函数（第 84 ～ 90 行）使用 compareTo 函数将该有理数与另一个有理数进行比较。如果此函数返回 0，则 equals 函数返回 true；否则，返回 false。

函数 `intValue` 和 `doubleValue` 分别返回该有理数的 int 值和 double 值（第 92 ～ 100 行）。

`toString()` 函数（第 102 ～ 108 行）返回 Rational 对象的字符串表示，其形式为 numerator/denominator，或者如果 denominator 为 1，则仅为 numerator。to_string 在 C++11 中是新的，它在 7.12 节中介绍。

提示：分子和分母用两个变量表示。我们也可以用两个整数的数组来表示它们。参见编程练习 14.2。Rational 类中公共函数的签名没有改变，尽管有理数的内部表示发生了改变。这很好地说明了这样一种观点，即类的数据字段应该保持私有，以便将类的实现封装起来，使其与类的使用无关。

14.3　运算符函数

要点提示：C++ 中大多数运算符都可以定义为执行所需操作的函数。

使用直观的语法比较两个字符串对象是很方便的，比如

```
string1 < string2
```

可以用类似以下语法来比较两个 Rational 对象吗？

```
r1 < r2
```

可以。我们可以在类中定义一个称为运算符函数的特殊函数。运算符函数和常规函数一样，只是它必须用关键字 operator 和后面接着的实际运算符来命名。例如，以下函数头

```
bool operator<(const Rational& secondRational) const
```

定义了 < 运算符函数，如果该 Rational 对象小于 secondRational，则返回 true。可以如下调用函数

```
r1.operator<(r2)
```

或者简单地用

```
r1 < r2
```

要使用此运算符，必须在 LiveExample 14.1 Rational.h 的公共部分中添加 operator< 的函数头，并如下所示在 LiveExample 14.3 Rational.cpp 中实现该函数：

```
bool Rational::operator<(const Rational& secondRational) const
{
  // compareTo is already defined Rational.h
  if (compareTo(secondRational) < 0)
```

```
      return true;
  else
      return false;
}
```

以下代码

```
Rational r1(4, 2);
Rational r2(2, 3);
cout << "r1 < r2 is " << (r1.operator<(r2) ? "true" : "false");
cout << "\nr1 < r2 is " << ((r1 < r2) ? "true" : "false");
cout << "\nr2 < r1 is " << (r2.operator<(r1) ? "true" : "false");
```

显示

```
r1 < r2 is false
r1 < r2 is false
r2 < r1 is true
```

注意，r1.operator<(r2) 与 r1<r2 相同。后者更简单，因此优选。

C++ 支持重载表 14.1 中列出的运算符。表 14.2 给出了四个不能重载的运算符。C++ 不允许创建新的运算符。

表 14.1　可重载的运算符

+	–	*	/	%	^	&	|	~	!	=
<	>	+=	– =	* =	/ =	% =	^ =	& =	| =	<<
>>	>>=	<<=	==	!=	<=	>=	& &	| |	++	--
- > *	,	- >	[ ]	( )	new	delete				

表 14.2　不可重载的运算符

?:	.	.*	::

注意：C++ 定义了运算符优先级和结合律（参见 3.15 节）。不能通过重载来更改运算符优先级和结合律。

注意：大多数运算符都是二元运算符，有些是一元的。不能通过重载来更改操作数的数目。例如，除运算符 / 是二元的，++ 是一元的。

下面是另一个在 Rational 类中重载二元运算符 + 的例子。在 LiveExample 14.1 Rational.h 中添加以下函数头：

```
Rational operator+(const Rational& secondRational) const
```

如下所示在 LiveExample 14.3 Rational.cpp 中实现函数：

```
Rational Rational::operator+(const Rational& secondRational) const
{
  // add is already defined Rational.h
  return add(secondRational);
}
```

以下代码

```
Rational r1(4, 2);
Rational r2(2, 3);
cout << "r1 + r2 is " << (r1 + r2).toString() << endl;
```

显示

```
r1 + r2 is 8/3
```

14.4   重载下标运算符 []

要点提示：*下标运算符 [] 通常用于访问和修改对象中的数据字段或元素。*

在 C++ 中，一对方括号 [] 被称为下标运算符。我们已用此运算符访问数组元素以及 string 对象和 vector 对象中的元素。如果需要，可以重载此运算符访问对象的内容。例如，我们可能希望使用 r[0] 和 r[1] 访问 Rational 对象 r 的分子和分母。

我们首先给出一个重载运算符 [] 的不正确的解决方案。然后我们将指出问题并给出正确的解决方案。要使 Rational 对象能够用 [] 运算符访问其分子和分母，在 Rational.h 头文件中定义以下函数头：

```
int operator[](int index);
```

按如下方式实现 Rational.cpp 中的函数：

```
1  int Rational::operator[](int index)
2  {
3    if (index == 0)
4      return numerator;
5    else
6      return denominator;
7  }
```

在上面代码中，第 1 行不完全正确。

以下代码

```
Rational r(2, 3);
cout << "r[0] is " << r[0] << endl;
cout << "r[1] is " << r[1] << endl;
```

显示

```
r[0] is 2
r[1] is 3
```

你能像下面数组赋值这样，设置一个新的分子或分母吗？

```
r[0] = 5;
r[1] = 6;
```

如果对其进行编译，则会出现以下错误：

```
lvalue required in r[0] and r[1]
```

在 C++ 中，**左值**是一个命名项，该项在单个表达式之外持久存在。**右值**是一个未命名值，在表达式中使用后会消失。所有变量和命名对象都是左值。字面量值和临时对象是右值。例如，在下面的代码中，x 和 y 是左值，而数字 4 和 5 是右值。

```
int x = 4 * 5; // x is lvalue, 4 and 5 are rvalue
int y = x + 6 * 7; // x and y are lvalue and 6 and 7 are rvalue
```

在下面代码中，s 是左值，string("abc") 是右值。string("abc") 是一个未命名的 string 对象。

```
string s("Welcome"); // s is lvalue
s = string("abc"); // string("abc") is an rvalue
```

如何使 r[0] 和 r[1] 为左值，以便能为 r[0] 和 r[1] 赋值？答案是可以定义 [] 运算符来返回变量的引用。这称为引用返回。

在 Rational.h 中添加以下正确的函数头：

```
int& operator[](int index);
```

实现 Rational.cpp 中的函数：

```
int& Rational::operator[](int index)
{
  if (index == 0)
    return numerator;
  else
    return denominator;
}
```

上面代码中的第 1 行是正确的。

我们知道引用传递。**引用返回**和引用传递是同一概念。在引用传递中，形式参数和实际参数互为别名。在引用返回中，函数会向变量返回一个别名。通过这种方式，函数可以用在赋值语句的左侧。

在此函数中，如果 index 为 0，则函数返回变量 numerator 的别名。如果 index 为 1，则函数返回变量 denominator 的别名。现在函数可以被用作左值了。

注意，此函数不检查索引的边界。在第 16 章中，我们将学习如何修改此函数，以便在索引不是 0 或 1 时抛出异常，从而使程序更加稳健。

以下代码

```
Rational r(2, 3);
r[0] = 5; // Set numerator to 5
```

```
r[1] = 6; // Set denominator to 6
cout << "r[0] is " << r[0] << endl;
cout << "r[1] is " << r[1] << endl;
cout << "r.doubleValue() is " << r.doubleValue() << endl;
```

显示

```
r[0] is 5
r[1] is 6
r.doubleValue() is 0.833333
```

在 r[0] 中，r 是一个对象，0 是成员函数 [] 的参数。当 r[0] 用作表达式时，它会返回分子的值。当 r[0] 用在赋值运算符的左侧时，它是变量 numerator 的别名。因此，r[0]=5 将 5 赋给 numerator。

[] 运算符函数同时充当访问器和增变器。例如，作为访问器用 r[0] 检索表达式中的分子，作为增变器使用 r[0]=value。

方便起见，我们将返回引用的函数运算符称为**左值运算符**。其他一些运算符，如 +=、-=、*=、/= 和 %= 也是左值运算符。

14.5　重载复合赋值运算符

要点提示： *可以把复合赋值运算符定义为函数来返回一个引用值。*

C++ 具有复合赋值运算符 +=、−=、*=、/= 和 %=，用于对变量中的值进行加法、减法、乘法、除法和模运算。可以在 Rational 类中重载这些运算符。

注意，复合赋值运算符可以用作左值。例如，代码

```
int x = 0;
(x += 2) += 3;
```

是合法的。所以复合赋值运算符是左值运算符，应该通过返回引用重载它们。

下面是一个重载加法赋值运算符 += 的示例。在 LiveExample 14.1 中添加函数头：

```
Rational& operator+=(const Rational& secondRational);
```

在 LiveExample 14.3 中实现该函数：

```
1  Rational& Rational::operator+=(const Rational& secondRational)
2  {
3    *this = add(secondRational);
4    return *this;
5  }
```

第 3 行调用 add 函数，以此向调用 Rational 对象添加第二个 Rational 对象。在第 3 行中结果被复制到调用对象 *this 中。调用对象在第 4 行返回。

例如，以下代码

```
Rational r1(2, 4);
Rational r2 = r1 += Rational(2, 3);
cout << "r1 is " << r1.toString() << endl;
cout << "r2 is " << r2.toString() << endl;
```

显示

```
r1 is 7/6
r2 is 7/6
```

14.6　重载一元运算符

要点提示： *可以重载一元运算符 + 和 −。*

+ 和 − 是一元运算符。它们也可以被重载。由于一元运算符是对调用对象本身的一个操作数进行操作，因此一元函数运算符没有参数。

下面是一个重载 − 运算符的示例。在 LiveExample 14.1 中添加函数头：

```
Rational operator-()
```

在 LiveExample 14.3 中实现函数：

```
Rational Rational::operator-()
{
  return Rational(-numerator, denominator);
}
```

对 Rational 对象求负与对其分子求负相同。注意，求负运算符返回一个新的 Rational。调用对象本身不会更改。

以下代码

```
1  Rational r2(2, 3);
2  Rational r3 = -r2;  // Negate r2
3  cout << "r2 is " << r2.toString() << endl;
4  cout << "r3 is " << r3.toString() << endl;
```

显示

```
r2 is 2/3
r3 is -2/3
```

14.7 重载 ++ 和 -- 运算符

要点提示：可以重载前置递增、前置递减、后置递增以及后置递减运算符。

++ 和 - 运算符可以前置或后置。前置 ++var 或 -var 首先对变量加 1 或减 1，然后在表达式中使用 var 中的新值。后置 var++ 或 var-- 也对变量加 1 或减 1，但在表达式中使用 var 中的旧值。

如果 ++ 和 -- 实现正确，则以下代码

```
Rational r2(2, 3);
Rational r3 = ++r2; // Prefix increment
cout << "r3 is " << r3.toString() << endl;
cout << "r2 is " << r2.toString() << endl;
Rational r1(2, 3);
Rational r4 = r1++; // Postfix increment
cout << "r1 is " << r1.toString() << endl;
cout << "r4 is " << r4.toString() << endl;
```

应该显示

```
r3 is 5/3
r2 is 5/3
r1 is 5/3
r4 is 2/3
```

在代码的最后一行，r4 存储 r1 的原始值。

C++ 如何区分前置 ++ 或 -- 函数运算符与后置 ++ 或 -- 函数运算符呢？如下所示，C++ 用 int 类型的特殊伪参数定义后置 ++/-- 函数运算符，同时定义不带参数的前置 ++ 函数运算符：

```
Rational& operator++(); // Preincrement
```

```
Rational operator++(int dummy); // Postincrement
```

注意，前置 ++ 和 -- 运算符是左值运算符，但后置 ++ 和 -- 运算符不是。因此，以下代码在 C++ 中是合法的：

```
int x = 1;
++x = 4;
```

但不允许使用以下代码：

```
int x = 1;
x++ = 4;
```

Rational 数字的前置和后置 ++ 运算符函数可以如下实现：

```
1   // Prefix increment
2   Rational& Rational::operator++()
3   {
4     numerator += denominator;
5     return *this;
6   }
7
8   // Postfix increment
9   Rational Rational::operator++(int dummy)
10  {
11    Rational temp(numerator, denominator);
12    numerator += denominator;
13    return temp;
14  }
```

在前置 ++ 函数中，第 4 行将分母与分子相加。在 Rational 对象加 1 之后，调用对象是新分子。第 5 行返回调用对象。

在后置 ++ 函数中，第 11 行创建了一个临时 Rational 对象来存储原始调用对象。第 12 行将调用对象加 1。第 13 行返回原始调用对象。

14.8   友元函数和友元类

要点提示：可以定义友元函数或友元类，使其能够访问另一个类的私有成员。

C++ 支持重载流插入运算符（<<）和流提取运算符（>>）。这些运算符通常需要实现为友元非成员函数，因为它们可能访问类中的私有数据字段。本节介绍友元函数和友元类，为重载这些运算符做准备。

类的私有成员不能从类外部访问。但偶尔允许一些受信任的函数和类访问类的私有成员是很方便的。C++ 支持用 friend 关键字定义友元函数和友元类，以便这些受信任的函数和类可以访问另一个类的私有成员。

LiveExample14.4 给出了一个定义友元类的示例。

LiveExample 14.4 的互动程序请访问 https://liangcpp.pearsoncmg.com/LiveRunCpp5e/faces/LiveExample.xhtml?header=off&programName=Date&fileType=.h&programHeight=370&inputHeight=188&resultVisible=180。

LiveExample 14.4   Date.h

Source Code Editor:

```
1   #ifndef DATE_H
2   #define DATE_H
3   class Date
4   {
5   public:
6     Date(int year, int month, int day)
7     {
8       this->year = year;
9       this->month = month;
10      this->day = day;
11    }
12
13    friend class AccessDate; // AccessDate is a friend of Date
14
```

```
15  private:
16    int year;
17    int month;
18    int day;
19  };
20
21  #endif
```

Answer   Reset

AccessDate 类（第 13 行）被定义为 Date 类的友元类。因此，可以从 LiveExample 14.5 中的 AccessDate 类直接访问私有数据字段 year、month 和 day。

LiveExample 14.5 的互动程序请访问 https://liangcpp.pearsoncmg.com/LiveRunCpp5e/faces/LiveExample.xhtml?header=off&programName=TestFriendClass&programHeight=380&resultHeight=160。

LiveExample 14.5 TestFriendClass.cpp

Source Code Editor:

```
1  #include <iostream>
2  #include "Date.h"
3  using namespace std;
4
5  class AccessDate
6  {
7  public:
8    static void p()
9    {
10     Date birthDate(2010, 3, 4);
11     birthDate.year = 2000; // Access private data in Date
12     cout << birthDate.year << endl;
13   }
14  };
15
16  int main()
17  {
18    AccessDate::p(); // Invoke p() in AccessDate
19
20    return 0;
21  }
```

Automatic Check   Compile/Run   Reset   Answer   Choose a Compiler: VC++ ▾

Execution Result:

```
command>cl TestFriendClass.cpp
Microsoft C++ Compiler 2019
Compiled successful (cl is the VC++ compile/link command)

command>TestFriendClass
2000

command>
```

AccessDate 类在第 5 ～ 14 行中定义。在类中创建一个 Date 对象。由于 AccessDate 是 Date 类的友元类，因此可以在 AccessDate 类中访问 Date 对象中的私有数据（第 11 ～ 12 行）。main 函数在第 18 行调用静态函数 AccessDate::p()。

LiveExample14.6 给出了一个如何使用友元函数的示例。该程序定义了一个具有友元函数 p 的 Date 类（第 13 行）。函数 p 不是 Date 类的成员，但可以访问 Date 中的私有数据。在函数 p 中，Date 对象在第 23 行创建，私有字段数据 year 在第 24 行被修改，并在第 25 行被检索。

LiveExample 14.6 的互动程序请访问 https://liangcpp.pearsoncmg.com/LiveRunCpp5e/faces/ LiveExample.xhtml?header=off&programName=TestFriendFunction&fileType=.cpp&programH eight=570&resultHeight=160。

LiveExample 14.6   TestFriendFunction.cpp

Source Code Editor:

```
1   #include <iostream>
2   using namespace std;
3
4   class Date
5 ▾ {
6   public:
7     Date(int year, int month, int day)
8 ▾   {
9       this->year = year;
10      this->month = month;
11      this->day = day;
12    }
13    friend void p(); // p() is a friend function of Date
14
15  private:
16    int year;
17    int month;
18    int day;
19  };
20
21  void p()
22 ▾ {
23    Date date(2010, 5, 9);
24    date.year = 2000;
25    cout << date.year << endl;
26  }
27
28  int main()
29 ▾ {
30    p();
31
32    return 0;
33  }
```

| Automatic Check | Compile/Run | Reset | Answer | Choose a Compiler: | VC++ ⌄ |

Execution Result:

```
command>cl TestFriendFunction.cpp
Microsoft C++ Compiler 2019
```

```
Compiled successful (cl is the VC++ compile/link command)

command>TestFriendFunction
2000

command>
```

14.9 重载 << 和 >> 运算符

要点提示：流提取（>>）和插入（<<）运算符可以被重载以执行输入和输出操作。

到目前为止，为了显示 Rational 对象，我们调用 toString() 函数来返回 Rational 对象的字符串表示，然后显示该字符串。例如，要显示 Rational 对象 r，可以写

```
cout << r.toString();
```

如果用如下语法直接显示 Rational 对象不是很好吗？

```
cout << r;
```

流插入运算符（<<）和流提取运算符（>>）与 C++ 中的其他二元运算符一样，cout<<r 实际上与 <<(cout, r) 或 operator<<(cout, r) 相同。

考虑下面语句：

```
r1 + r2;
```

运算符为 +，有两个操作数 r1 和 r2。两者都是 Rational 类的实例。因此，可以将 + 运算符重载为成员函数，并将 r2 作为参数。但对于语句

```
cout << r;
```

运算符为 <<，有两个操作数 cout 和 r。第一个操作数是 ostream 类的实例，而不是 Rational 类。C++ 要求将 << 运算符重载为非成员函数。由于函数可能需要访问 Rational 类中的私有数据，可以在 Rational.h 头文件中将函数定义为 Rational 类的友元函数：

```
// This is placed in the header file
friend ostream& operator<<(ostream& out, const Rational& rational);
```

注意，此函数返回对 ostream 的引用，因为你可能在表达式链中使用 << 运算符。考虑以下语句：

```
cout << r1 << " followed by " << r2;
```

这等价于

```
((cout << r1 <<)" followed by ")<< r2;
```

为了实现这一点，cout<<r1 必须返回 ostream 的引用。因此，函数 << 可以实现如下：

```
// This is placed in the implementation file
ostream& operator<<(ostream& out, const Rational& rational)
{
  out << rational.numerator << "/" << rational.denominator;
  return out;
}
```

注意，可以在 Rational.h 头文件中声明并实现友元函数，如下所示：

```
// This combined declaration and implementation is placed inside the header fil
e
friend ostream& operator<<(ostream& out, const Rational& rational)
{
  out << rational.numerator << "/" << rational.denominator;
  return out;
}
```

类似地，要重载 >> 运算符，在 Rational.h 头文件中定义以下函数头：

```
friend istream& operator>>(istream& in, Rational& rational);
```

可以在 Rational.cpp 中实现此函数，如下所示：

```
// This is placed in the implementation file
istream& operator>>(istream& in, Rational& rational)
{
  cout << "Enter numerator: ";
  in >> rational.numerator;
  cout << "Enter denominator: ";
  in >> rational.denominator;
  return in;
}
```

下面代码提供了一个使用重载的 << 和 >> 函数运算符的测试程序。

```
1  Rational r1, r2;
2  cout << "Enter first rational number" << endl;
3  cin >> r1;
4
5  cout << "Enter second rational number" << endl;
6  cin >> r2;
7
8  cout << r1 << " + " << r2 << " = " << r1 + r2 << endl;
```

```
Enter first rational number
Enter numerator: 1
Enter denominator: 2
Enter second rational number
Enter numerator: 3
Enter denominator: 4
1/2 + 3/4 is 5/4
```

第 3 行从 cin 读取有理对象的值。在第 8 行中，r1+r2 被求值为一个新的有理数，然后将其发送到 cout。

注意，运算符 << 和运算符 >> 被定义为友元，因为它们的实现访问 Rational 类的私有成员。如果修改它们的实现使其不访问私有成员，则不需要将这些函数定义为 Rational 的友元。

14.10　自动类型转换

要点提示：可以定义函数来执行从对象到基元类型值的自动转换，反之亦然。

C++ 可以自动执行某些类型的转换。我们可以定义函数来执行从 Rational 对象到基元类型值的转换，反之亦然。

14.10.1　转换为基元数据类型

可以把一个 double 值加到一个 int 值上，例如

```
4 + 5.5
```

在这种情况下，C++ 执行自动类型转换以将 int 值 4 转换为 double 值 4.0。

可以把一个有理数和一个 int 或 double 值相加吗？可以，但必须定义一个函数运算符来将对象转换为 int 或 double 类型。下面是将 Rational 对象转换为 double 值的函数的实现：

```
Rational::operator double()
{
  return doubleValue(); // doubleValue() already in Rational.h
}
```

不要忘记，必须在 Rational.h 头文件中添加成员函数头：

```
operator double();
```

这是一种特殊语法，在 C++ 中用于定义转换成基元类型的函数。它像构造函数一样没有返回类型。函数名是希望将对象转换成的类型。

因此，以下代码

```
1    Rational r1(1, 4);
2    double d = r1 + 5.1;
3    cout << "r1 + 5.1 is " << d << endl;
```

显示

```
r1 + 5.1 is 5.35
```

第 2 行中的语句将有理数 r1 与 double 值 5.1 相加。由于转换函数被定义为将有理数转换为 double 数，因此 r1 被转换为 double 值 0.25，然后与 5.1 相加。

14.10.2　转换为对象类型

Rational 对象可以自动转换为数值。一个数值可以自动转换为 Rational 对象吗？可以。实现这一点，需要在头文件中定义以下构造函数：

```
Rational(int numerator);
```

并在实现文件中实现它，如下所示：

```
Rational::Rational(int numerator)
{
  this->numerator = numerator;
  this->denominator = 1;
}
```

假定 + 运算符也被重载（见 14.3 节），以下代码

```
Rational r1(2, 3);
Rational r = r1 + 4; // Automatically converting 4 to Rational
cout << r << endl;
```

显示

```
14 / 3
```

当 C++ 看到 r1+4 时，它首先检查 + 运算符是否被重载以将 Rational 加上一个整数。由于没有定义这样的函数，系统接下来会搜索把一个 Rational 加到另一个 Rational 上的 + 运算符。由于 4 是一个整数，C++ 使用构造函数用整数参数构造 Rational 对象。换句话说，C++ 执行一个自动转换，将一个整数转换为 Rational 对象。这种自动转换是可能的，因为有合适的构造函数可用。现在，使用重载的 + 运算符把两个 Rational 对象相加，返回一个新的 Rational 对象（14/3）。

类可以定义转换函数以将对象转换为基元类型值，也可以定义转换构造函数以将基元类型值转换为对象，但不能在类中同时定义两者。如果两者都定义了，编译器将报告歧义性错误。

14.11 为重载运算符定义非成员函数

要点提示：如果一个运算符可以重载为非成员函数，那么将其定义为非成员函数可以实现隐式类型转换。

C++ 可以自动执行某些类型的转换。我们可以定义函数来支持转换。如下所示，可以把一个整数加到 Rational 对象 r1 上：

```
r1 + 4
```

能如下这样把 Rational 对象 r1 加到一个整数上吗？

```
4 + r1
```

你自然会认为 + 运算符是对称的。但这不行的。因为 + 运算符的调用对象是左操作数，而左操作数必须是 Rational 对象。这里，4 是一个整数，而不是 Rational 对象。在这种情况下，C++ 不执行自动转换。要避免此问题，采取以下两个步骤：

1. 如前一节所述，定义并实现以下构造函数：

```
Rational(int numerator);
```

此构造函数使整数能够转换为 Rational 对象。

2. 在 Rational.h 头文件中将 + 运算符定义为非成员函数，如下所示：

```
Rational operator+(const Rational& r1, const Rational& r2)
```

按如下方式实现 Rational.cpp 中的函数：

```
Rational operator+(const Rational& r1, const Rational& r2)
{
  return r1.add(r2);
}
```

对用户定义对象的自动类型转换也适用于比较运算符（<，<=，==，!=，>，>=）。

注意，在 14.3 节的示例中，运算符 < 和运算符 + 被定义为成员函数。从现在起，我们将把它们定义为非成员函数。

14.12 带有重载函数运算符的 Rational 类

要点提示：本节使用重载函数运算符来修改 Rational 类。

前面的小节介绍了如何重载函数运算符。以下几点值得注意：

- 不能在同一类中同时定义从类类型到基元类型或从基元类型到类类型的转换函数。这样做会导致歧义错误，因为编译器无法决定执行哪种转换。通常从基元类型转换为类类型更有用。因此，我们将定义 Rational 类支持从基元类型到 Rational 类型的自动转换。
- 大多数运算符可以作为成员函数或非成员函数被重载。++、--、+=、-=、*=、/=、%=、= 和 [] 运算符必须作为成员函数被重载，<< 和 >> 运算符必须作为非成员函数被重载。
- 二元 +，-，*，%，/，<，<=，==，!=，> 和 >= 运算符应作为非成员函数被重载，以支持具有对称操作数的自动类型转换。
- 如果希望返回的对象用作左值（即，在赋值语句的左侧使用），则需要定义函数返回引用。复合赋值运算符 +=、-=、*=、/= 和 %=、前置 ++ 和 -- 运算符、下标运算符 [] 和赋值运算符 = 是左值运算符。

LiveExample14.7 为带有函数运算符的 Rational 类提供了一个名为 RationalWith-Operators.h 的新头文件。新文件中的第 10 ~ 22 行与 LiveExample 14.1 中的相同。复合赋值运算符（+=，-=，*=，/=）、下标运算符 []、前置 ++ 和前置 -- 的函数被定义为返回引用（第 27 ~ 37 行）。第 48 ~ 49 行中定义了流提取 >> 和流插入 << 运算符。第 58 ~ 69 行定义了比较运算符（<，<=，>，>=，==，!=）和算术运算符（+，-，*，/）的非成员函数。

LiveExample 14.7 的互动程序请访问 https://liangcpp.pearsoncmg.com/LiveRunCpp5e/faces/LiveExample.xhtml?header=off&programName=RationalWithOperators&fileType=.h&programHeight=1180&resultVisible=false。

LiveExample 14.7 RationalWithOperators.h

Source Code Editor:

```
1  #ifndef RATIONALWITHOPERATORS_H
2  #define RATIONALWITHOPERATORS_H
3  #include <string>
4  #include <iostream>
5  using namespace std;
6
7  class Rational
8  {
9  public:
10   Rational();
11   Rational(int numerator, int denominator);
12   int getNumerator() const;
13   int getDenominator() const;
14   Rational add(const Rational& secondRational) const;
15   Rational subtract(const Rational& secondRational) const;
```

```
16      Rational multiply(const Rational& secondRational) const;
17      Rational divide(const Rational& secondRational) const;
18      int compareTo(const Rational& secondRational) const;
19      bool equals(const Rational& secondRational) const;
20      int intValue() const;
21      double doubleValue() const;
22      string toString() const;
23
24      Rational(int numerator); // Suitable for type conversion
25
26      // Define function operators for augmented operators
27      Rational& operator+=(const Rational& secondRational);
28      Rational& operator-=(const Rational& secondRational);
29      Rational& operator*=(const Rational& secondRational);
30      Rational& operator/=(const Rational& secondRational);
31
32      // Define function operator []
33      int& operator[](int index);
34
35      // Define function operators for prefix ++ and --
36      Rational& operator++();
37      Rational& operator--();
38
39      // Define function operators for postfix ++ and --
40      Rational operator++(int dummy);
41      Rational operator--(int dummy);
42
43      // Define function operators for unary + and -
44      Rational operator+();
45      Rational operator-();
46
47      // Define the << and >> operators
48      friend ostream& operator<<(ostream&, const Rational&);
49      friend istream& operator>>(istream&, Rational&);
50
51  private:
52      int numerator;
53      int denominator;
54      static int gcd(int n, int d);
55  };
56
57  // Define nonmember function operators for relational operators
58  bool operator<(const Rational& r1, const Rational& r2);
59  bool operator<=(const Rational& r1, const Rational& r2);
60  bool operator>(const Rational& r1, const Rational& r2);
61  bool operator>=(const Rational& r1, const Rational& r2);
62  bool operator==(const Rational& r1, const Rational& r2);
63  bool operator!=(const Rational& r1, const Rational& r2);
64
65  // Define nonmember function operators for arithmetic operators
66  Rational operator+(const Rational& r1, const Rational& r2);
67  Rational operator-(const Rational& r1, const Rational& r2);
68  Rational operator*(const Rational& r1, const Rational& r2);
69  Rational operator/(const Rational& r1, const Rational& r2);
70
71  #endif
```

Answer   Reset

LiveExample 14.8 实现了头文件。复合赋值运算符 +=、-=、*= 和 /= 的成员函数更改调用对象的内容（第 117 ~ 139 行），必须将操作的结果赋值给 this。比较运算符是通过调用 r1.compareTo(r2) 来实现的（第 210 ~ 238 行）。算术运算符 +、-、* 和 / 通过调用函数 add、subtract、multiply 和 divide 来实现（第 241 ~ 259 行）。

LiveExample 14.8 的互动程序请访问 https://liangcpp.pearsoncmg.com/LiveRunCpp5e/faces/
LiveExample.xhtml?header=off&programName=RationalWithOperators&fileType=.cpp&progra
mHeight=4320&resultVisible=false。

LiveExample 14.8　RationalWithOperators.cpp

Source Code Editor:

```cpp
1   #include "RationalWithOperators.h"
2   #include <cstdlib> // For the abs function
3
4   Rational::Rational()
5   {
6     numerator = 0;
7     denominator = 1;
8   }
9
10  Rational::Rational(int numerator, int denominator)
11  {
12    int factor = gcd(numerator, denominator);
13    this->numerator = (denominator > 0 ? 1 : -1) * numerator / factor;
14    this->denominator = abs(denominator) / factor;
15  }
16
17  int Rational::getNumerator() const
18  {
19    return numerator;
20  }
21
22  int Rational::getDenominator() const
23  {
24    return denominator;
25  }
26
27  // Find GCD of two numbers
28  int Rational::gcd(int n, int d)
29  {
30    int n1 = abs(n);
31    int n2 = abs(d);
32    int gcd = 1;
33
34    for (int k = 1; k <= n1 && k <= n2; k++)
35    {
36      if (n1 % k == 0 && n2 % k == 0)
37        gcd = k;
38    }
39
40    return gcd;
41  }
42
43  Rational Rational::add(const Rational& secondRational) const
44  {
45    int n = numerator * secondRational.getDenominator() +
46      denominator * secondRational.getNumerator();
47    int d = denominator * secondRational.getDenominator();
48    return Rational(n, d);
49  }
50
51  Rational Rational::subtract(const Rational& secondRational) const
52  {
53    int n = numerator * secondRational.getDenominator()
54      - denominator * secondRational.getNumerator();
55    int d = denominator * secondRational.getDenominator();
```

```
56     return Rational(n, d);
57  }
58
59  Rational Rational::multiply(const Rational& secondRational) const
60  {
61    int n = numerator * secondRational.getNumerator();
62    int d = denominator * secondRational.getDenominator();
63    return Rational(n, d);
64  }
65
66  Rational Rational::divide(const Rational& secondRational) const
67  {
68    int n = numerator * secondRational.getDenominator();
69    int d = denominator * secondRational.numerator;
70    return Rational(n, d);
71  }
72
73  int Rational::compareTo(const Rational& secondRational) const
74  {
75    Rational temp = subtract(secondRational);
76    if (temp.getNumerator() < 0)
77      return -1;
78    else if (temp.getNumerator() == 0)
79      return 0;
80    else
81      return 1;
82  }
83
84  bool Rational::equals(const Rational& secondRational) const
85  {
86    if (compareTo(secondRational) == 0)
87      return true;
88    else
89      return false;
90  }
91
92  int Rational::intValue() const
93  {
94    return getNumerator() / getDenominator();
95  }
96
97  double Rational::doubleValue() const
98  {
99    return 1.0 * getNumerator() / getDenominator();
100 }
101
102 string Rational::toString() const
103 {
104   if (denominator == 1)
105     return to_string(numerator);
106   else
107     return  to_string(numerator) + "/" + to_string(denominator);
108 }
109
110 Rational::Rational(int numerator) // Suitable for type conversion
111 {
112   this->numerator = numerator;
113   this->denominator = 1;
114 }
115
116 // Define function operators for augmented operators
117 Rational& Rational::operator+=(const Rational& secondRational)
118 {
119   *this = add(secondRational);
120   return *this;
```

```
121  }
122
123  Rational& Rational::operator-=(const Rational& secondRational)
124▾ {
125    *this = subtract(secondRational);
126    return *this;
127  }
128
129  Rational& Rational::operator*=(const Rational& secondRational)
130▾ {
131    *this = multiply(secondRational);
132    return *this;
133  }
134
135  Rational& Rational::operator/=(const Rational& secondRational)
136▾ {
137    *this = divide(secondRational);
138    return *this;
139  }
140
141  // Define function operator []
142  int& Rational::operator[](int index)
143▾ {
144    if (index == 0)
145      return numerator;
146    else
147      return denominator;
148  }
149
150  // Define function operators for prefix ++ and --
151  Rational& Rational::operator++()
152▾ {
153    numerator += denominator;
154    return *this;
155  }
156
157  Rational& Rational::operator--()
158▾ {
159    numerator -= denominator;
160    return *this;
161  }
162
163  // Define function operators for postfix ++ and --
164  Rational Rational::operator++(int dummy)
165▾ {
166    Rational temp(numerator, denominator);
167    numerator += denominator;
168    return temp;
169  }
170
171  Rational Rational::operator--(int dummy)
172▾ {
173    Rational temp(numerator, denominator);
174    numerator -= denominator;
175    return temp;
176  }
177
178  // Define function operators for unary + and -
179  Rational Rational::operator+()
180▾ {
181    return *this;
182  }
183
184  Rational Rational::operator-()
```

```
185 ▾ {
186     return Rational(-numerator, denominator);
187   }
188
189   // Define the output and input operator
190   ostream& operator<<(ostream& out, const Rational& rational)
191 ▾ {
192     if (rational.denominator == 1)
193       out << rational.numerator;
194     else
195       out << rational.numerator << "/" << rational.denominator;
196     return out;
197   }
198
199   istream& operator>>(istream& in, Rational& rational)
200 ▾ {
201     cout << "Enter numerator: ";
202     in >> rational.numerator;
203
204     cout << "Enter denominator: ";
205     in >> rational.denominator;
206     return in;
207   }
208
209   // Define function operators for relational operators
210   bool operator<(const Rational& r1, const Rational& r2)
211 ▾ {
212     return (r1.compareTo(r2) < 0);
213   }
214
215   bool operator<=(const Rational& r1, const Rational& r2)
216 ▾ {
217     return (r1.compareTo(r2) <= 0);
218   }
219
220   bool operator>(const Rational& r1, const Rational& r2)
221 ▾ {
222     return (r1.compareTo(r2) > 0);
223   }
224
225   bool operator>=(const Rational& r1, const Rational& r2)
226 ▾ {
227     return (r1.compareTo(r2) >= 0);
228   }
229
230   bool operator==(const Rational& r1, const Rational& r2)
231 ▾ {
232     return (r1.compareTo(r2) == 0);
233   }
234
235   bool operator!=(const Rational& r1, const Rational& r2)
236 ▾ {
237     return (r1.compareTo(r2) != 0);
238   }
239
240   // Define non-member function operators for arithmetic operators
241   Rational operator+(const Rational& r1, const Rational& r2)
242 ▾ {
243     return r1.add(r2);
244   }
245
246   Rational operator-(const Rational& r1, const Rational& r2)
247 ▾ {
248     return r1.subtract(r2);
249   }
```

```
250
251  Rational operator*(const Rational& r1, const Rational& r2)
252 ▾ {
253    return r1.multiply(r2);
254  }
255
256  Rational operator/(const Rational& r1, const Rational& r2)
257 ▾ {
258    return r1.divide(r2);
259  }
```

Answer   Reset

LiveExample14.9 给出了一个测试新 Rational 类的程序。

LiveExample 14.9 的互动程序请访问 https://liangcpp.pearsoncmg.com/LiveRunCpp5e/
faces/LiveExample.xhtml?header=off&programName=TestRationalWithOperators&fileType=.
cpp&programHeight=810&resultHeight=360。

LiveExample 14.9　TestRationalWithOperators.cpp

Source Code Editor:

```
1   #include <iostream>
2   #include <string>
3   #include "RationalWithOperators.h"
4   using namespace std;
5
6   int main()
7 ▾ {
8     // Create and initialize two rational numbers r1 and r2.
9     Rational r1(4, 2);
10    Rational r2(2, 3);
11
12    // Test relational operators
13    cout << r1 << " > " << r2 << " is " <<
14      ((r1 > r2) ? "true" : "false") << endl;
15    cout << r1 << " < " << r2 << " is " <<
16      ((r1 < r2) ? "true" : "false") << endl;
17    cout << r1 << " == " << r2 << " is " <<
18      ((r1 == r2) ? "true" : "false") << endl;
19    cout << r1 << " != " << r2 << " is " <<
20      ((r1 != r2) ? "true" : "false") << endl;
21
22    // Test toString, add, subtract, multiply, and divide operators
23    cout << r1 << " + " << r2 << " = " << r1 + r2 << endl;
24    cout << r1 << " - " << r2 << " = " << r1 - r2 << endl;
25    cout << r1 << " * " << r2 << " = " << r1 * r2 << endl;
26    cout << r1 << " / " << r2 << " = " << r1 / r2 << endl;
27
28    // Test augmented operators
29    Rational r3(1, 2);
30    r3 += r1;
31    cout << "r3 is " << r3 << endl;
32
33    // Test function operator []
34    Rational r4(1, 2);
35    r4[0] = 3; r4[1] = 4;
36    cout << "r4 is " << r4 << endl;
37
38    // Test function operators for prefix ++ and --
39    r3 = r4++;
40    cout << "r3 is " << r3 << endl;
41    cout << "r4 is " << r4 << endl;
```

```
42
43      // Test function operator for conversion
44      cout << "1 + " << r4 << " is " << (1 + r4) << endl;
45
46      return 0;
47  }
```

[Automatic Check] [Compile/Run] [Reset] [Answer]   Choose a Compiler: [VC++ ∨]

Execution Result:

```
command>cl TestRationalWithOperators.cpp
Microsoft C++ Compiler 2019
Compiled successful (cl is the VC++ compile/link command)

command>TestRationalWithOperators
2 > 2/3 is true
2 < 2/3 is false
2 == 2/3 is false
2 != 2/3 is true
2 + 2/3 = 8/3
2 - 2/3 = 4/3
2 * 2/3 = 4/3
2 / 2/3 = 3
r3 is 5/2
r4 is 3/4
r3 is 3/4
r4 is 7/4
1 + 7/4 is 11/4

command>
```

14.13 重载 = 运算符

要点提示： 需要重载 = 运算符才能对对象执行自定义的复制操作。

默认情况下，= 运算符执行从一个对象到另一个对象的成员复制。例如，以下代码将 r2 复制到 r1。

```
Rational r1(1, 2);
Rational r2(4, 5);
```

```
r1 = r2;
cout << "r1 is " << r1 << endl;
cout << "r2 is " << r2 << endl;
```

所以，输出是

```
r1 is 4/5
r2 is 4/5
```

= 运算符的行为与默认的复制构造函数的行为相同。它执行**浅层复制**，这意味着如果数据字段是指向某个对象的指针，则会复制指针的地址，而不是其内容。在 11.15 节中，我们学习了如何自定义复制构造函数以执行深层复制。但是，自定义复制构造函数不会更改赋值复制运算符 = 的默认行为。例如，LiveExample 11.19 中定义的 Course 类有一个名为 students 的指针数据字段，该字段指向 string 对象数组。如果使用赋值运算符运行以下代码，将 course1 赋值给 course2，如 LiveExample 14.10 中的第 9 行所示，将看到

course1 和 course2 都有相同的 students 数组，如图 11.6 所示。

LiveExample 14.10 的互动程序请访问 https://liangcpp.pearsoncmg.com/LiveRunCpp5e/faces/
LiveExample.xhtml?header=off&programName=DefaultAssignmentDemo&fileType=.cpp&pro
gramHeight=360&resultHeight=170。

LiveExample 14.10　DefaultAssignmentDemo.cpp

Source Code Editor:

```
1  #include <iostream>
2  #include "CourseWithCustomCopyConstructor.h" // See Listing 11.19
3  using namespace std;
4
5  int main()
6▾ {
7    Course course1("C++", 10);
8    Course course2("Java", 14);
9    course2 = course1; // Assign course1 to course2
10
11   course1.addStudent("Peter Pan"); // Add a student to course1
12   course2.addStudent("Lisa Ma"); // Add a student to course2
13
14   cout << "students in course1: " <<
15     course1.getStudents()[0] << endl;
16   cout << "students in course2: " <<
17     course2.getStudents()[0] << endl;
18
19   return 0;
20 }
```

Automatic Check　Compile/Run　Reset　Answer　　　　　　Choose a Compiler: VC++ ∨

Execution Result:

```
command>cl DefaultAssignmentDemo.cpp
Microsoft C++ Compiler 2019
Compiled successful (cl is the VC++ compile/link command)

command>DefaultAssignmentDemo
students in course1: Lisa Ma

students in course2: Lisa Ma

command>
```

注意： 如图 14.2a 所示，在第 9 行将 course1 赋值给 course2 后，course1 和 course2 中的 students 数组是相同的。当将学生 "Peter Pan" 添加到 course1（第 11 行）时，"Peter Pan" 将赋值给 students[numberOfStudents]，其中 numberOfStudents 为 0。赋值完成后，numberOfStudents 增加 1，如图 14.2b 所示。

当将学生 "Lisa Ma" 添加到 course2（第 13 行）时，"Lisa Ma" 将赋值给 students[numberOfStudents]，其中 numberOfStudents 为 0。赋值完成后，number Of Students 增加 1，如图 14.2c 所示。

现在 course1.getStudents()[0] 和 course2.getStudents()[0] 都将是 "Lisa Ma"。

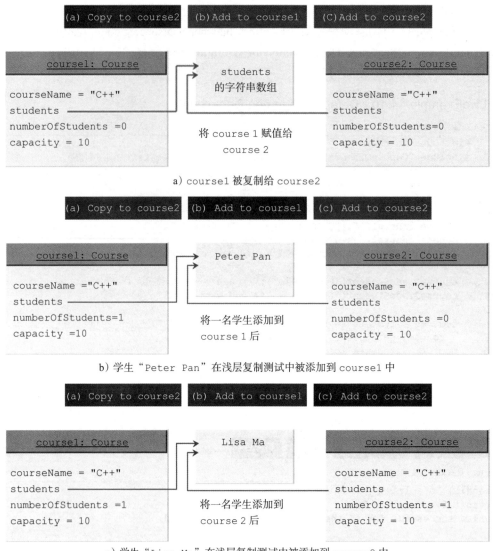

a）course1 被复制给 course2

b）学生"Peter Pan"在浅层复制测试中被添加到 course1 中

c）学生"Lisa Ma"在浅层复制测试中被添加到 course2 中

图 14.2

更改默认赋值运算符 = 的工作方式，需要重载 = 运算符，如 LiveExample14.11 中的第 17 行所示。

LiveExample 14.11 的互动程序请访问 https://liangcpp.pearsoncmg.com/LiveRunCpp5e/faces/ LiveExample.xhtml?header=off&fileType=.h&programName=CourseWithAssignmentOperator Overloaded&fileType=.cpp&programHeight=460&resultVisible=false。

LiveExample 14.11   CourseWithAssignmentOperatorOverloaded.h

Source Code Editor:

```
1  #ifndef COURSE_H
2  #define COURSE_H
3  #include <string>
4  using namespace std;
5
6  class Course
```

```
 7 ▾ {
 8   public:
 9     Course(const string& courseName, int capacity);
10     ~Course(); // Destructor
11     Course(Course&); // Copy constructor
12     string getCourseName() const;
13     void addStudent(const string& name);
14     void dropStudent(const string& name);
15     string* getStudents() const;
16     int getNumberOfStudents() const;
17     Course& operator=(const Course& course); // Assignment operator
18
19   private:
20     string courseName;
21     string* students;
22     int numberOfStudents;
23     int capacity;
24   };
25
26   #endif
```

Answer   Reset

在 LiveExample 14.11 中，我们定义

```
Course& operator=(const Course& course);
```

为什么返回类型是 Course 不是 void？ C++ 支持用链式赋值的表达式，例如：

```
course1 = course2 = course3;
```

在该语句中，course3 被复制到 course2，然后返回 course2，接着 course2 被复制到 course1。因此，= 运算符必须具有有效的返回值类型。

头文件的实现在 LiveExample 14.12 中给出。

LiveExample 14.12 的互动程序请访问 https://liangcpp.pearsoncmg.com/LiveRunCpp5e/faces/ LiveExample.xhtml?header=off&programName=CourseWithAssignmentOperatorOverloaded&fileType=.cpp&programHeight=1330&resultVisible=false。

LiveExample 14.12   CourseWithAssignmentOperatorOverloaded.cpp

Source Code Editor:

```
 1   #include <iostream>
 2   #include "CourseWithAssignmentOperatorOverloaded.h"
 3   using namespace std;
 4
 5   Course::Course(const string& courseName, int capacity)
 6 ▾ {
 7     numberOfStudents = 0;
 8     this->courseName = courseName;
 9     this->capacity = capacity;
10     students = new string[capacity];
11   }
12
13   Course::~Course()
14 ▾ {
15     delete [] students;
```

```
16   }
17
18   string Course::getCourseName() const
19 ▾ {
20     return courseName;
21   }
22
23   void Course::addStudent(const string& name)
24 ▾ {
25     if (numberOfStudents >= capacity)
26 ▾   {
27       cout << "The maximum size of array exceeded" << endl;
28       cout << "Program terminates now" << endl;
29       exit(0);
30     }
31
32     students[numberOfStudents] = name;
33     numberOfStudents++;
34   }
35
36   void Course::dropStudent(const string& name)
37 ▾ {
38     // Left as an exercise
39   }
40
41   string* Course::getStudents() const
42 ▾ {
43     return students;
44   }
45
46   int Course::getNumberOfStudents() const
47 ▾ {
48     return numberOfStudents;
49   }
50
51   Course::Course(Course& course) // Copy constructor
52 ▾ {
53     courseName = course.courseName;
54     numberOfStudents = course.numberOfStudents;
55     capacity = course.capacity;
56     students = new string[capacity];
57     for (int i = 0; i < numberOfStudents; i++)
58       students[i] = course.students[i];
59   }
60
61   Course& Course::operator=(const Course& course) // Assignment operator
62 ▾ {
63     if (this != &course) // Do nothing with self-assignment
64 ▾   {
65       courseName = course.courseName;
66       numberOfStudents = course.numberOfStudents;
67       capacity = course.capacity;
68
69       delete[] this->students; // Delete the old array
70
71       // Create a new array with the same capacity as course copied
72       students = new string[capacity];
```

```
73      for (int i = 0; i < numberOfStudents; i++)
74        students[i] = course.students[i];
75    }
76
77    return *this;
78  }
```

Answer   Reset

第 63 行测试自我赋值的情况，例如 (course=course)。如果是自我赋值，则不需要复制。第 69 行删除旧数组，第 72 行创建一个新数组，该数组的容量与被复制的 course 的容量相同。第 77 行使用 *this 返回调用对象。注意，this 是指向调用对象的指针，所以 *this 指的是调用对象。

LiveExample 14.13 给出了一个新的测试程序，该程序使用重载的 = 运算符复制 Course 对象。如示例输出中所示，这两个课程具有不同的 students 数组（另请参见图 14.3）。

LiveExample 14.13 的互动程序请访问 https://liangcpp.pearsoncmg.com/LiveRunCpp5e/faces/LiveExample.xhtml?header=off&programName=CustomAssignmentDemo&fileType=.cpp&programHeight=510&resultHeight=170。

LiveExample 14.13　CustomAssignmentDemo.cpp

Source Code Editor:

```
 1  #include <iostream>
 2  #include "CourseWithAssignmentOperatorOverloaded.h"
 3  using namespace std;
 4
 5  void printStudent(const string names[], int size)
 6  {
 7    for (int i = 0; i < size; i++)
 8      cout << names[i] << (i < size - 1 ? ", " : " ");
 9  }
10
11  int main()
12  {
13    Course course1("C++", 10);
14    Course course2("Java", 10);
15
16    // Assign course1 to course2
17    course2 = course1;
18    course1.addStudent("Peter Pan"); // Add a student to course1
19    course2.addStudent("Lisa Ma"); // Add a student to course2
20
21    cout << "students in course1: ";
22    printStudent(course1.getStudents(), course1.getNumberOfStudents());
23    cout << endl;
24
25    cout << "students in course2: ";
26    printStudent(course2.getStudents(), course2.getNumberOfStudents());
27    cout << endl;
28
29    return 0;
30  }
```

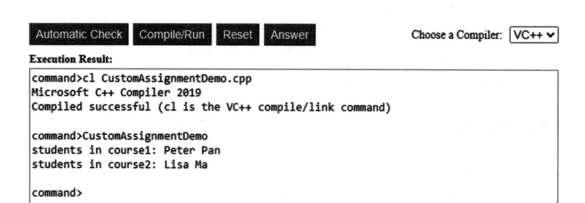

注意：如图 14.3a 所示，在第 17 行将 course1 赋值给 course2 后，course1 和 course2 中的 students 数组不同，这是由于进行了深层复制，如图 14.3b 所示。

当将学生"Lisa Ma"添加到 course2（第 19 行）时，"Lisa Ma"将赋值给 students[numberOfStudents]，其中 numberOfStudents 为 0。赋值完成后，number OfStudents 增加 1，如图 14.3c 所示。

现在 course1 的 students 是"Peter Pan"，course2 的 students 则是"Lisa Ma"。

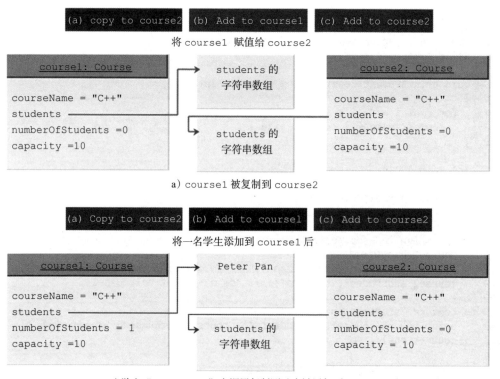

a) course1 被复制到 course2

b) 学生"Peter Pan"在深层复制测试中被添加到 course1 中

图 14.3

将一名学生添加到 course2 后

c)学生"Lisa Ma"在深层复制测试中被添加到 course2 中

图 14.3（续）

注意：以下语句

```
Course c = c1;
```

相当于

```
Course c(c1);
```

这与以下语句不同

```
Course c; // Create object c using the Course no-arg constructor
c = c1; // Assign c1 to c
```

注意：复制构造函数、= 赋值运算符和析构函数被称为**大三律**。如果没有明确定义它们，那么这三个都将由编译器自动创建。如果类包含指针数据字段，则应该自定义它们。如果必须自定义其中一个，也应该自定义另外两个。在 C++11 中，"大三律"规则被扩展到"大五律"，其中包含移动构造函数和移动赋值运算符。参见 https://liangcpp.pearsoncmg.com/supplement/MoveSemantics.pdf。

关键术语

friend class（友元类）

friend function（友元函数）

return-by-reference（返回引用）

rule of three（大三律）

lvalue（左值）

rvalue（右值）

章节总结

1. C++ 支持重载运算符以简化对象的操作。

2. 可以重载除 ?:、.、.*、:: 之外的几乎所有运算符。

3. 不能通过重载更改运算符优先级和结合律。

4. 如果需要，可以重载下标运算符 [] 来访问对象的内容。

5. C++ 函数可以返回一个引用，该引用是返回变量的别名。

6. 复合赋值运算符（+=、-=、*=、/=）、下标运算符 []、前置 ++ 和前置 -- 运算符是左值运算符。重载这些运算符的函数应返回一个引用。

7. friend 关键字可让受信任的函数和类访问类的私有成员。

8. 运算符 +=、-=、*=、/=、%=、[]、++、-- 和 [] 必须作为成员函数被重载。

9. << 和 >> 运算符必须作为非成员函数被重载。

10. 算术运算符（+，-，*，/）和比较运算符（>，>=，==，!=，<，<=）应实现为非成员函数。

11. 如果定义了适当的函数和构造函数，C++ 可以自动执行某些类型转换。

12. 默认情况下，= 运算符执行成员级的浅层复制。要 = 运算符执行深层复制，需要重载 = 运算符。

编程练习

互动程序请访问 https://liangcpp.pearsoncmg.com/CheckExerciseCpp/faces/CheckExercise5e.xhtml?chapter=14&programName=Exercise14_07。

14.1 （使用 Rational 类）编写一个程序，用 Rational 类计算以下求和级数：

$$\frac{1}{2} + \frac{2}{3} + \frac{3}{4} + \cdots + \frac{98}{99} + \frac{99}{100}$$

*14.2 （演示封装的好处）用分子和分母的新内部表示重写 14.2 节中的 Rational 类。如下所示，声明一个由两个整数组成的数组：

```
int r[2];
```

用 r[0] 表示分子，用 r[1] 表示分母。Rational 类中函数的签名不更改，因此使用前 Rational 类的客户应用程序可以继续用这个新 Rational 类，无须任何修改。

*14.3 （Circle 类）在 LiveExample 10.9 中的 Circle 类中实现关系运算符（<，<=，==，!=，>，>=），以便根据 Circle 对象的半径对其进行排序。

*14.4 （StackOfIntegers 类）10.9 节定义了 StackOfIntegers 类。实现此类中的下标运算符 []，以便通过 [] 运算符访问元素。

**14.5 （实现 string 运算符）C++ 标准库中的 string 类支持重载如表 10.1 所示的运算符。在编程练习 11.15 的 MyString 类中实现以下运算符：>>、==、!=、>、>=。

**14.6 （实现 string 运算符）C++ 标准库中的 string 类支持重载如表 10.1 所示的运算符。在编程练习 11.14 中的 MyString 类中实现以下运算符：[]、+ 和 +=。

*14.7 （数学：Complex 类）复数的形式为 a+bi，其中 a 和 b 是实数，i 是 $\sqrt{-1}$。数字 a 和 b 分别被称为复数的实部和虚部。可以用以下公式对复数执行加法、减法、乘法和除法：

$$a+bi+c+di = (a+c)+(b+d)i$$
$$a+bi-(c+di) = (a-c)+(b-d)i$$
$$(a+bi)*(c+di) = (ac-bd)+(bc+ad)i$$
$$(a+bi)/(c+di) = (ac+bd)/(c^2+d^2)+(bc-ad)i/(c^2+d^2)$$

也可以用以下公式获得复数的绝对值：

$$|a+bi| = \sqrt{a^2+b^2}$$

（可以通过将（a，b）值显示为平面上点的坐标将复数解释为一个点。复数的绝对值对应于该点到原点的距离，如图 14.4 所示。）

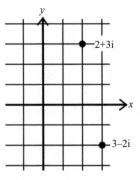

图 14.4   复数可以解释为平面中的一个点

设计一个名为 Complex 的类来表示复数，函数 add、subtract、multiply、divide、abs 用于执行复数运算，toString 函数用于返回复数的字符串表示。toString 函数将 a+ bi 作为字符串返回。如果 b 为 0，则只返回 a。

提供三个构造函数 Complex(a, b)、Complex(a) 和 Complex()。Complex() 为数字 0 创建一个 Complex 对象，Complex(a) 创建一个 b 为 0 的 Complex 对象。提供分别返回复数实部和虚部的函数 getRealPart() 和 getImaginaryPart()。

重载运算符 +、-、*、/、+=、-=、*=、/=、[]、一元 + 和 -、前置 ++ 和 --、后置 ++ 和 --、<<, >>。

重载 []，使 [0] 返回 a，[1] 返回 b。

通过比较两个复数的绝对值来重载关系运算符 <，<=，==，!=，>，>=。

重载运算符 +、-、*、/、<<、>>、<、<=、==、!=、>、>= 作为非成员函数。

编写一个测试程序，提示用户输入两个复数，并显示它们的加、减、乘、除结果及其绝对值。用 https://liangcpp.pearsoncmg.com/test/Exercise14_07_5e.txt 中的模板编写代码。

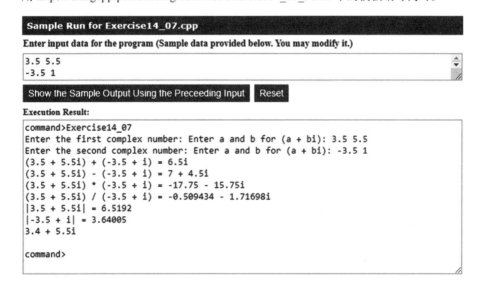

*14.8 （Mandelbrot 集）以 Benoît Mandelbrot 命名的 Mandelbrot 集是复平面中用以下迭代定义的一组点：

$$Z_{n+1} = Z_n^2 + c$$

c 是一个复数，迭代的起点是 $z_0 = 0$。对于给定的 c，迭代将产生一个复数序列：$\{z_0, z_1, \cdots, z_n, \cdots\}$。可以看出，序列要么趋于无穷大，要么保持有界，这取决于 c 的值。例如，如果 c 为 0，则序列为 $\{0, 0, \cdots\}$，这是有界的。如果 c 是 i，则序列是 $\{0, i, -1+i, -i-1+i, i, \cdots\}$，它是有界的。如果 c 是 1+i，则序列是 $\{0, 1+i, 1+3i, \cdots\}$，即它是无界的。如果序列中复数值 z_i 的绝对值大于 2，则该序列是无界的。Mandelbrot 集由使序列有界的 c 值构成。例如，0 和 i 位于 Mandelbrot 集中。

编写一个程序，提示用户输入一个复数 c，并确定它是否在 Mandelbrot 集中。程序计算 $z_1, z_2, \cdots, z_{60}$。如果它们的绝对值都不超过 2，则我们假设 c 在 Mandelbrot 集中。当然，这总是存在误差，但 60 次迭代通常也足够了。可以用编程练习 14.7 中定义的 Complex 类，也可以用 C++ Complex 类。C++ Complex 类是在头文件 <complex> 中定义的模板类。用 complex<double> 在程序中创建复数。

**14.9 （EvenNumber 类） 修改编程练习 9.11 中的 EvenNumber 类，为 getNext() 和 getPrevious() 函数实现前置递增、前置递减、后置递增、后置递减运算符。编写一个测试程序，用值 16 创建一个 EvenNumber 对象，并调用 ++ 和 -- 运算符来获得下一个和上一个偶数。

**14.10 （将小数转换为分数）编写一个程序，提示用户输入小数并用分数显示数字。（提示：将小数作为字符串读取，从字符串中提取整数部分和小数部分，并使用 Rational 类获得小数的有理数。）

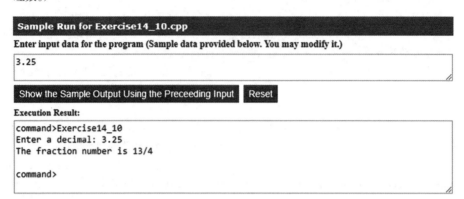

**14.11 （代数：顶点形式方程）抛物线的方程可以用标准形式（$y=ax^2+bx+c=0$）或顶点形式（$y=a(x-h)^2+k$）表示。编写一个程序，提示用户以标准形式输入整数 a、b 和 c，并显示顶点形式的 $h(=\dfrac{-b}{2a})$ 和 $k(=\dfrac{4ac-b^2}{4a})$。用 https://liangcpp.pearsoncmg.com/test/Exercise14_11.txt 中的模板编写代码。

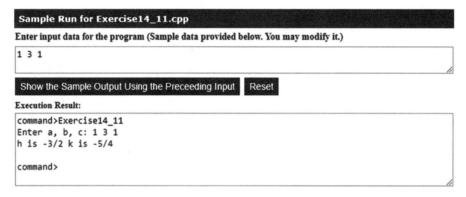

**14.12 （代数：求解二次方程）如果行列式小于 0，则使用编程练习 14.7 中的 Complex 类重写编程练习 3.1，以获得虚根。

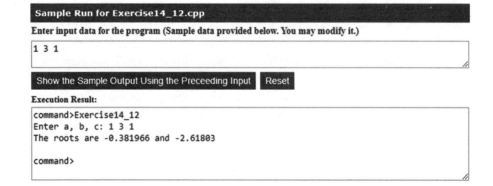

继承与多态性

学习目标

1. 通过继承从基类定义派生类（15.2 节）。

2. 通过将派生类型的对象传递给基类类型的参数来实现泛型编程（15.3 节）。

3. 了解如何使用参数调用基类的构造函数（15.4.1 节）。

4. 理解构造函数链和析构函数链（15.4.2 节）。

5. 重新定义派生类中的函数（15.5 节）。

6. 区分重定义函数和重载函数（15.5 节）。

7. 用多态性定义泛型函数（15.6 节）。

8. 用虚拟函数实现动态绑定（15.7 节）。

9. 区分重定义函数和重写函数（15.7 节）。

10. 区分静态匹配和动态绑定（15.7 节）。

11. 用 override 关键字重写虚拟函数，并用 final 关键字防止进一步重写（15.8 节）。

12. 从派生类访问基类的受保护成员（15.9 节）。

13. 定义具有纯虚拟函数的抽象类（15.10 节）。

14. 用 static_cast 和 dynamic_cast 运算符将基类类型的对象强制转换为派生类类型，并了解这两个运算符之间的差异（15.11 节）。

15.1 简介

要点提示：面向对象程序设计支持从现有类定义新类。这就是所谓的继承。

继承是 C++ 中重用软件的一个重要而强大的特性。假设要定义类来建模圆形、矩形和三角形。这些类有许多共同的特性。设计它们以避免冗余的最佳方式是什么？答案是使用继承——这是本章的主题。

15.2 基类和派生类

要点提示：继承使你能够定义一个泛型类（即基类），然后将其扩展到更专用的类（即派生类）。

可以用类为相同类型的对象建模。不同的类可能有一些共同的属性和行为，这些属性和行为可以在一个能由其他类共享的类中概括。继承使你能够定义一个泛型类，然后将其扩展到更专用的类。专用类从泛型类继承属性和函数。

考虑几何对象。假设你想设计类来对圆形和矩形等几何对象进行建模。几何对象有许多共同的属性和行为。它们可以用某种颜色绘制，可以填充也可以不填充。因此，可以用一个泛型类 GeometricObject 对所有几何对象进行建模。这个类包含属性 color 和 filled 以及它们相应的取值和赋值函数。假设这个类还包含 toString() 函数，该函数返回对象的字符串表示。由于圆是一种特殊类型的几何对象，它与其他几何对象具有共同的属性和行为。因此，定义 Circle 类来扩展 GeometricObject 类是可行的。同样，Rectangle 也可以定义为 GeometricObject 的派生类。图 15.1 显示了这些类之间的关系。指向基类的三角形表示所涉及的两个类之间的继承关系。

在 C++ 术语中，从一个类 C2 扩展而来的类 C1 被称为**派生类**，而 C2 被称为**基类**。我们也将基类称为**父类**或**超类**，将派生类称为**子类**。派生类从其基类继承可访问的数据字段和函数，还可以添加新的数据字段或函数。

Circle 类继承了 GeometricObject 类中所有可访问的数据字段和函数。此外，它还有一个新的数据字段 radius 及其相关的取值和赋值函数。它还包含 getArea()、getPerimeter() 和 getDiameter() 函数，用于返回圆的面积、周长和直径。

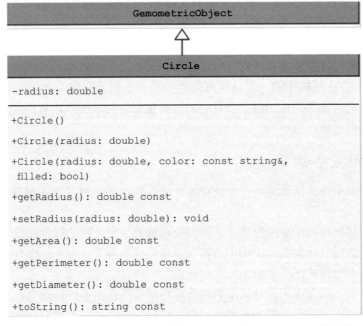

图 15.1 GeometricObject 类是 Circle 和 Rectangle 的基类

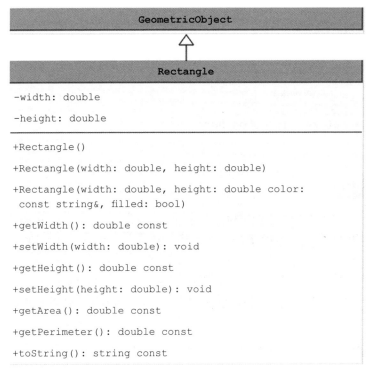

图 15.1　GeometricObject 类是 Circle 和 Rectangle 的基类（续）

Rectangle 类继承了 GeometricObject 类中所有可访问的数据字段和函数。此外，它还有一个数据字段 width 和一个数据字段 height 以及相关的取值和赋值函数。它还包含 getArea() 和 getPerimeter() 函数，用于返回矩形的面积和周长。

GeometricObject 的类声明如 LiveExample 15.1 所示。第 1 行和第 2 行中的预处理器指令防止产生重复声明。在第 3 行中包含 C++ string 类头文件以支持在 Geometric Object 中使用 string 类。isFilled() 函数是 filled 字段的访问器。由于此数据字段是布尔类型，因此访问器函数按惯例命名为 isFilled()。

LiveExample 15.1 的互动程序请访问 https://liangcpp.pearsoncmg.com/LiveRunCpp5e/faces/LiveExample.xhtml?header=off&programName=GeometricObject&fileType=.h&programHeight=390&resultVisible=false。

LiveExample 15.1　GeometricObject.h

Source Code Editor:

```
1  #ifndef GEOMETRICOBJECT_H
2  #define GEOMETRICOBJECT_H
3  #include <string>
4  using namespace std;
5
6  class GeometricObject
7  {
8  public:
9      GeometricObject();
10     GeometricObject(const string& color, bool filled);
11     string getColor() const;
```

```
12    void setColor(const string& color);
13    bool isFilled() const;
14    void setFilled(bool filled);
15    string toString() const;
16
17  private:
18    string color;
19    bool filled;
20  }; //Must place semicolon here
21
22  #endif
```

`Answer` `Reset`

GeometricObject 类在 LiveExample 15.2 中实现。toString 函数（第 35 ～ 38 行）返回一个描述对象的字符串。string 运算符 + 用于连接两个字符串并返回一个新的 string 对象。

LiveExample 15.2 的互动程序请访问 https://liangcpp.pearsoncmg.com/LiveRunCpp5e/faces/LiveExample.xhtml?header=off&programName=GeometricObject&programHeight=660&resultVisible=false。

LiveExample 15.2   GeometricObject.cpp

Source Code Editor:

```
1    #include "GeometricObject.h"
2
3    GeometricObject::GeometricObject()
4    {
5      color = "white";
6      filled = false;
7    }
8
9    GeometricObject::GeometricObject(const string& color, bool filled)
10   {
11     this->color = color;
12     this->filled = filled;
13   }
14
15   string GeometricObject::getColor() const
16   {
17     return color;
18   }
19
20   void GeometricObject::setColor(const string& color)
21   {
22     this->color = color;
23   }
24
25   bool GeometricObject::isFilled() const
26   {
27     return filled;
28   }
29
```

```
30  void GeometricObject::setFilled(bool filled)
31▾ {
32    this->filled = filled;
33  }
34
35  string GeometricObject::toString() const
36▾ {
37    return "Geometric Object";
38  }
```

Answer Reset

Circle 的类定义如 LiveExample 15.3 所示。第 5 行定义了 Circle 类，该类是从基类 GeometricObject 派生的。语法

派生类　　　　基类

```
class Circle: public GeometricObject
```

告诉编译器该类是从基类派生的。因此，GeometricObject 中的所有公共成员都在 Circle 中被继承。

LiveExample 15.3 的互动程序请访问 https://liangcpp.pearsoncmg.com/LiveRunCpp5e/faces/LiveExample.xhtml?header=off&programName=DerivedCircle&fileType=.h&programHeight=390&resultVisible=false。

LiveExample 15.3 DerivedCircle.h

Source Code Editor:

```
1   #ifndef CIRCLE_H
2   #define CIRCLE_H
3   #include "GeometricObject.h"
4
5   class Circle: public GeometricObject
6▾  {
7   public:
8     Circle();
9     Circle(double);
10    Circle(double radius, const string& color, bool filled);
11    double getRadius() const;
12    void setRadius(double);
13    double getArea() const;
14    double getPerimeter() const;
15    double getDiameter() const;
16    string toString() const;
17
18  private:
19    double radius;
20  }; // Must place semicolon here
21
22  #endif
```

Answer Reset

Circle 类在 LiveExample 15.4 中实现。

LiveExample 15.4 的互动程序请访问 https://liangcpp.pearsoncmg.com/LiveRunCpp5e/faces/LiveExample.xhtml?header=off&programName=DerivedCircle&fileType=.cpp&programHeight=970&resultVisible=false。

LiveExample 15.4   DerivedCircle.cpp

Source Code Editor:

```cpp
#include "DerivedCircle.h"

// Construct a default circle object
Circle::Circle()
{
  radius = 1;
}

// Construct a circle object with specified radius
Circle::Circle(double radius)
{
  setRadius(radius);
}

// Construct a circle object with specified radius,
//  color and filled values
Circle::Circle(double radius, const string& color, bool filled)
{
  this->radius = radius;
  setColor(color);
  setFilled(filled);
}

// Return the radius of this circle
double Circle::getRadius() const
{
  return radius;
}

// Set a new radius
void Circle::setRadius(double radius)
{
  this->radius = (radius >= 0) ? radius : 0;
}

// Return the area of this circle
double Circle::getArea() const
{
  return radius * radius * 3.14159;
}

// Return the perimeter of this circle
double Circle::getPerimeter() const
{
  return 2 * radius * 3.14159;
}

// Return the diameter of this circle
```

```
49  double Circle::getDiameter() const
50 ▾ {
51    return 2 * radius;
52  }
53
54  // Redefine the toString function
55  string Circle::toString() const
56 ▾ {
57    return "Circle object";
58  }
```

Answer　Reset

构造函数 Circle(double radius, const string& color, bool filled) 的实现需要通过调用 setColor 和 setFilled 函数来设置 color 和 filled 属性 (第 17 ～ 22 行)。这两个公共函数由基类 GeometricObject 定义，并在 Circle 中继承。因此，它们可以在派生类中使用。

如下所示，可以尝试直接在构造函数中使用数据字段 color 和 filled：

```
Circle::Circle(double radius, const string& c, bool f)
{
  this->radius = radius; // This is fine
  color = c; // Illegal since color is private in the base class
  filled = f; // Illegal since filled is private in the base class
}
```

这是错误的，因为 GeometricObject 类的私有数据字段 color 和 filled 不能在除 GeometricObject 类本身之外的其他任何类中访问。读取和修改 color 和 filled 的唯一方法是通过它们的取值和赋值函数。

在 LiveExample 15.5 中定义了类 Rectangle。第 5 行定义 Rectangle 类是从基类 GeometricObject 派生的。语法

派生类　　　基类

    class Rectangle: public GeometricObject

告诉编译器该类是从基类派生的。因此，GeometricObject 中的所有公共成员都在 Rectangle 中被继承。

LiveExample 15.5 的互动程序请访问 https://liangcpp.pearsoncmg.com/LiveRunCpp5e/faces/LiveExample.xhtml?header=off&programName=DerivedRectangle&fileType=.h&programHeight=440&resultVisible=false。

LiveExample 15.5　DerivedRectangle.h

Source Code Editor:

```
1  #ifndef RECTANGLE_H
2  #define RECTANGLE_H
3  #include "GeometricObject.h"
4
5  class Rectangle: public GeometricObject
6 ▾ {
```

```
 7   public:
 8     Rectangle();
 9     Rectangle(double width, double height);
10     Rectangle(double width, double height,
11       const string& color, bool filled);
12     double getWidth() const;
13     void setWidth(double);
14     double getHeight() const;
15     void setHeight(double);
16     double getArea() const;
17     double getPerimeter() const;
18     string toString() const;
19
20   private:
21     double width;
22     double height;
23   };   // Must place semicolon here
24
25   #endif
```

Answer   Reset

Rectangle 类在 LiveExample 15.6 中实现。

LiveExample 15.6 的互动程序请访问 https://liangcpp.pearsoncmg.com/LiveRunCpp5e/faces/LiveExample.xhtml?header=off&programName=DerivedRectangle&fileType=.cpp&programHeight=1130&resultVisible=false。

LiveExample 15.6   DerivedRectangle.cpp

Source Code Editor:

```
 1   #include "DerivedRectangle.h"
 2
 3   // Construct a default rectangle object
 4   Rectangle::Rectangle()
 5   {
 6     width = 1;
 7     height = 1;
 8   }
 9
10   // Construct a rectangle object with specified width and height
11   Rectangle::Rectangle(double width, double height)
12   {
13     setWidth(width);
14     setHeight(height);
15   }
16
17   Rectangle::Rectangle(
18     double width, double height, const string& color, bool filled)
19   {
20     setWidth(width);
21     setHeight(height);
22     setColor(color);
23     setFilled(filled);
24   }
25
26   // Return the width of this rectangle
27   double Rectangle::getWidth() const
28   {
29     return width;
30   }
```

```
31
32   // Set a new radius
33   void Rectangle::setWidth(double width)
34 ▾ {
35     this->width = (width >= 0) ? width : 0;
36   }
37
38   // Return the height of this rectangle
39   double Rectangle::getHeight() const
40 ▾ {
41     return height;
42   }
43
44   // Set a new height
45   void Rectangle::setHeight(double height)
46 ▾ {
47     this->height = (height >= 0) ? height : 0;
48   }
49
50   // Return the area of this rectangle
51   double Rectangle::getArea() const
52 ▾ {
53     return width * height;
54   }
55
56   // Return the perimeter of this rectangle
57   double Rectangle::getPerimeter() const
58 ▾ {
59     return 2 * (width + height);
60   }
61
62   // Redefine the toString function, to be covered in Section 15.5
63   string Rectangle::toString() const
64 ▾ {
65     return "Rectangle object";
66   }
```

`Answer`　`Reset`

　　LiveExample 15.7 给出了一个使用 `GeometricObject`、`Circle` 和 `Rectangle` 这三个类的测试程序。

　　LiveExample 15.7 的互动程序请访问 https://liangcpp.pearsoncmg.com/LiveRunCpp5e/faces/LiveExample.xhtml?header=off&programName=TestGeometricObject&fileType=.cpp&programHeight=660&resultHeight=240。

　　LiveExample 15.7　TestGeometricObject.cpp

Source Code Editor:

```
1    #include "GeometricObject.h"
2    #include "DerivedCircle.h"
3    #include "DerivedRectangle.h"
4    #include <iostream>
5    using namespace std;
6
7    int main()
8 ▾  {
9      GeometricObject shape;
10     shape.setColor("red");
11     shape.setFilled(true);
```

```
12      cout << shape.toString() << endl
13         << " color: " << shape.getColor()
14         << " filled: " << (shape.isFilled() ? "true" : "false") << endl;
15
16      Circle circle(5);
17      circle.setColor("black");
18      circle.setFilled(false);
19      cout << circle.toString()<< endl
20         << " color: " << circle.getColor()
21         << " filled: " << (circle.isFilled() ? "true" : "false")
22         << " radius: " << circle.getRadius()
23         << " area: " << circle.getArea()
24         << " perimeter: " << circle.getPerimeter() << endl;
25
26      Rectangle rectangle(2, 3);
27      rectangle.setColor("orange");
28      rectangle.setFilled(true);
29      cout << rectangle.toString()<< endl
30      << " color: " << rectangle.getColor()
31         << " filled: " << (rectangle.isFilled() ? "true" : "false")
32         << " width: " << rectangle.getWidth()
33         << " height: " << rectangle.getHeight()
34         << " area: " << rectangle.getArea()
35         << " perimeter: " << rectangle.getPerimeter() << endl;
36
37      return 0;
38  }
```

| Automatic Check | Compile/Run | Reset | Answer | | Choose a Compiler: | VC++ ∨ |

Execution Result:

```
command>cl TestGeometricObject.cpp
Microsoft C++ Compiler 2019
Compiled successful (cl is the VC++ compile/link command)

command>TestGeometricObject
Geometric Object
 color: red filled: true
Circle object
 color: black filled: false radius: 5 area: 78.5397 perimeter: 31.4159
Rectangle object
 color: orange filled: true width: 2 height: 3 area: 6 perimeter: 10

command>
```

该程序在第 9 ～ 14 行创建一个 GeometricObject，并调用其函数 setColor、set
Filled、toString、getColor 和 isFilled。

该程序在第 16 ～ 24 行创建一个 Circle 对象，并调用其函数 setColor、setFilled、
toString、getColor、isFilled、getRadius、getArea 和 getPerimeter。注意，
setColor 和 setFilled 函数在 GeometricObject 类中定义，并在 Circle 类中继承。

该程序在第 26 ～ 35 行创建一个 Rectangle 对象，并调用其函数 setColor、set

Filled、toString、getColor、isFilled、getWidth、getHeight、getArea 和 getPerimeter。注意,setColor 和 setFilled 函数在 GeometricObject 类中定义, 并在 Rectangle 类中继承。

关于继承,要注意以下几点:

- 基类中的私有数据字段在类之外是不可访问的。因此,它们不能直接在派生类中使用。 但是,如果在基类中定义了公共取值函数 / 赋值函数,则可以通过其来访问它们。
- 并不是所有的 **is-a** 关系都应该用继承来建模。例如,正方形是矩形,但不应该定义 Square 类来扩展 Rectangle 类,因为从矩形到正方形没有什么可以扩展(或补 充)的。相反,应该定义一个 Square 类来扩展 GeometricObject 类。对于用类 A 扩展类 B,A 应该包含比 B 更详细的信息。
- 继承用于对 is-a 关系进行建模。不要仅仅为了重用函数而盲目地扩展类。例如, Tree 类扩展 Person 类是没有意义的,即使它们共享诸如高度和重量之类的公共属 性。派生类及其基类必须具有 is-a 关系。
- C++ 支持从几个类派生一个派生类。这种能力被称为多重继承。

15.3 泛型编程

要点提示:派生类的对象可以传递到任何需要基类类型参数对象的地方。这样,函数可 以被泛化用于宽泛的对象参数。这被称为泛型编程。

如果函数的参数类型是基类(例如 GeometricObject),则可以将任意派生类(例如 Circle 或 Rectangle)的对象传递给该函数的参数。这被称为**泛型编程**。

例如,假设如下定义一个函数:

```
void displayGeometricObject(const GeometricObject& shape)
{
  cout << shape.getColor() << endl;
}
```

参数类型为 GeometricObject。可以在以下代码中调用此函数:

```
displayGeometricObject(GeometricObject("black", true));
displayGeometricObject(Circle(5));
displayGeometricObject(Rectangle(2, 3));
```

每条语句创建一个匿名对象,并将其传递给 displayGeometricObject。由于 Circle 和 Rectangle 是由 GeometricObject 派生的,因此可以将 Circle 对象或 Rectangle 对 象传递给 displayGeometricObject 函数中的 GeometricObject 类型参数。

15.4 构造函数和析构函数

要点提示:派生类的构造函数在执行自己的代码之前首先调用其基类的构造函数。派生 类的析构函数先执行自己的代码,然后自动调用其基类的析构函数。

派生类从其基类继承可访问的数据字段和函数。它继承构造函数和析构函数吗? 基类构 造函数和析构函数可以从派生类中调用吗? 我们现在讨论这些问题及其影响。

15.4.1 调用基类构造函数

构造函数用于构造类的实例。与数据字段和函数不同,基类的构造函数不会在派生类中 继承。它们只能从派生类的构造函数中调用,以初始化基类中的数据字段。可以从派生类的构造函数初始化列表中调用基类的构造函数。语法如下：

```
DerivedClass(parameterList): BaseClass()
{
  // Perform initialization
}
```

或者

```
DerivedClass(parameterList): BaseClass(argumentList)
{
  // Perform initialization
}
```

前者调用其基类的无参数构造函数，后者使用指定的参数调用基类构造函数。

派生类中的构造函数总是显式或隐式地调用其基类中的构造函数。如果没有显式调用基类构造函数，则默认情况下会调用基类的无参数构造函数。例如，在下面的代码中，（a）和（b）是等价的，（c）和（d）是等价的。

(a) (b) (c) (d)
```
ClassName()
{
  // Some statements
}
```
（a）构造函数隐式调用
其父类无参数构造函数

(a) (b) (c) (d)
```
ClassName(): BaseClassName()
{
  // Some statements
}
```
（b）构造函数显式调用
其父类无参数构造函数

(a) (b) (c) (d)
```
ClassName(parameters)
{
  // Some statements
}
```
（c）构造函数隐式调用
父类无参数构造函数

(a) (b) (c) (d)
```
ClassName(parameters): BaseClassName()
{
  // Some statements
}
```
（d）构造函数显式调用
父类无参数构造函数

LiveExample15.4 中的构造函数（第 17 ～ 22 行）`Circle(double radius, const string& color, bool filled)` 也可以通过调用基类的构造函数 `GeometricObject(const string& color, bool filled)` 来实现，如下所示：

```
// Construct a circle object with specified radius, color and filled
Circle::Circle(double radius, const string& color, bool filled)
    : GeometricObject(color, filled)
{
  setRadius(radius);
}
```

或者

```
// Construct a circle object with specified radius, color and filled
Circle::Circle(double radius, const string& color, bool filled)
    : GeometricObject(color, filled), radius(radius)
{
}
```

后者还在构造函数初始化列表中初始化数据字段 `radius`。`radius` 是在 `Circle` 类中定义的数据字段。

15.4.2　构造函数链和析构函数链

构造一个类的实例会调用继承链上所有基类的构造函数。当构造派生类的对象时，派生类构造函数在执行自己的任务之前首先调用其基类构造函数。如果基类是从另一个类派生的，则基类构造函数在执行自己的任务之前调用其父类构造函数。这个过程一直持续到调用继承层次结构中的最后一个构造函数。这被称为**构造函数链**。而析构函数会以相反的顺序自动调用。当派生类的对象被销毁时，将调用派生类析构函数。在它完成任务后，它调用基类析构函数。这个过程一直持续到调用继承层次结构中的最后一个析构函数。这被称为**析构函数链**。

考虑以下 LiveExample 15.8 中的代码。

LiveExample 15.8 的互动程序请访问 https://liangcpp.pearsoncmg.com/LiveRunCpp5e/faces/LiveExample.xhtml?header=off&programName=ConstructorDestructorChainDemo&fileType=.cpp&programHeight=870&resultHeight=240。

LiveExample 15.8　ConstructorDestructorChainDemo.cpp

Source Code Editor:

```
1  #include <iostream>
2  using namespace std;
3
4  class Person
5  {
6  public:
7    Person()
8    {
9      cout << "Performs tasks for Person's constructor" << endl;
10   }
11
12   ~Person()
13   {
14     cout << "Performs tasks for Person's destructor" << endl;
15   }
16 };
17
18 class Employee: public Person // extends Person
19 {
20 public:
21   Employee()
22   {
23     cout << "Performs tasks for Employee's constructor" << endl;
24   }
25
26   ~Employee()
27   {
28     cout << "Performs tasks for Employee's destructor" << endl;
29   }
30 };
31
32 class Faculty: public Employee // extends Employee
33 {
34 public:
35   Faculty()
36   {
```

```
37        cout << "Performs tasks for Faculty's constructor" << endl;
38      }
39
40      ~Faculty()
41 ▾    {
42        cout << "Performs tasks for Faculty's destructor" << endl;
43      }
44    };
45
46    int main()
47 ▾  {
48      Faculty faculty;
49
50      return 0;
51    }
```

Automatic Check   Compile/Run   Reset   Answer   Choose a Compiler: VC++ ▾

Execution Result:

```
command>cl ConstructorDestructorChainDemo.cpp
Microsoft C++ Compiler 2019
Compiled successful (cl is the VC++ compile/link command)

command>ConstructorDestructorChainDemo
Performs tasks for Person's constructor
Performs tasks for Employee's constructor
Performs tasks for Faculty's constructor
Performs tasks for Faculty's destructor
Performs tasks for Employee's destructor
Performs tasks for Person's destructor

command>
```

该程序在第 48 行创建一个 Faculty 实例。由于 Faculty 派生自 Employee，Employee 派生自 Person，因此 Faculty 的构造函数在执行自己的任务之前会调用 Employee 的构造函数。Employee 的构造函数在执行自己的任务之前调用 Person 的构造函数，如下图（a）所示：

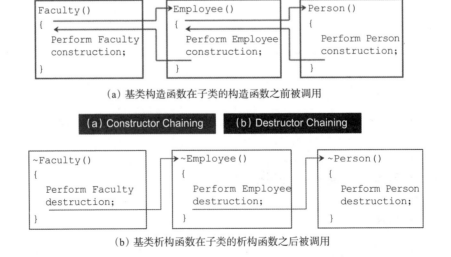

（a）基类构造函数在子类的构造函数之前被调用

（b）基类析构函数在子类的析构函数之后被调用

当程序退出时，Faculty 对象将被销毁。因此，Faculty 的析构函数被调用，然后是
Employee 的被调用，最后是 Person 的被调用，如上图（b）所示。

警告：如果一个类被设计为可扩展的，那么最好提供一个无参数构造函数来避免编程错
误。考虑以下代码：

```
class Fruit
{
public:
  Fruit(int id)
  {
  }
};
class Apple: public Fruit
{
public:
  Apple()
  {
  }
};
```

由于 Apple 中没有显式定义构造函数，因此 Apple 默认的无参数构造函数是隐式定义
的。由于 Apple 是 Fruit 的派生类，因此 Apple 的默认构造函数会自动调用 Fruit 的
无参数构造函数。但是 Fruit 没有无参数构造函数，因为 Fruit 定义了一个显式构造函
数。因此，程序无法编译。

注意：如果基类具有自定义的复制构造函数和赋值运算符，则应在派生类中自定义它
们，以确保基类中的数据字段得到正确复制。假设类 Child 派生自 Parent。Child 中的
复制构造函数的代码通常如下所示：

```
Child::Child(const Child& object): Parent(object)
{
  // Write the code for custom copying data fields in Child
}
```

Child 中赋值运算符的代码通常如下所示：

```
Child& Child::operator=(const Child& object)
{
  // Use Parent::operator=(object) to apply the custom assignment
  // from the base class.
  // Write the code for custom copying data fields in Child.
}
```

基类和子类中自定义复制构造函数和自定义赋值运算符的具体示例可以参阅 https://
liangcpp.pearsoncmg.com/html/Note15_4.html。

注意：当调用派生类的析构函数时，它会自动调用基类的析构函数。派生类的析构函数
只需要销毁派生类中动态创建的数据。

15.5　重定义函数

要点提示：基类中定义的函数可以在派生类中重新定义。

在 GeometricObject 类中定义了 toString() 函数以返回字符串 "GeometricObject"
（LiveExample 15.2 中的第 35 ～ 38 行），如下所示：

```
string GeometricObject::toString() const
{
```

```
        return "Geometric object";
    }
```

要在派生类中重新定义基类的函数，需要在派生类的头文件中添加函数的原型，并在派生类实现文件中为函数提供新的实现。

在 Circle 类中重新定义 toString() 函数（LiveExample 15.4 中的第 55 ～ 58 行），如下所示：

```
string Circle::toString() const
{
    return "Circle object";
}
```

在 Rectangle 类中重新定义 toString() 函数（LiveExample 15.6 中的第 63 ～ 66 行），如下所示：

```
string Rectangle::toString() const
{
    return "Rectangle object";
}
```

因此，下面代码

```
1   GeometricObject shape;
2   cout << "shape.toString() returns " << shape.toString() << endl;
3
4   Circle circle(5);
5   cout << "circle.toString() returns " << circle.toString() << endl;
6
7   Rectangle rectangle(4, 6);
8   cout << "rectangle.toString() returns "
9     << rectangle.toString() << endl;
```

显示

```
shape.toString() returns Geometric object
circle.toString() returns Circle object
rectangle.toString() returns Rectangle object
```

代码在第 1 行创建一个 GeometricObject。GeometricObject 中定义的 toString 函数在第 2 行被调用，因为 shape 的类型是 GeometricObject。

代码在第 4 行创建一个 Circle 对象。Circle 中定义的 toString 函数在第 5 行被调用，因为 circle 的类型是 Circle。

代码在第 7 行创建一个 Rectangle 对象。Rectangle 中定义的 toString 函数在第 9 行被调用，因为 rectangle 的类型是 Rectangle。

如果要在调用对象 circle 上调用 GeometricObject 类中定义的 toString 函数，要用具有基类名称的作用域解析运算符（::）。例如，以下代码

```
Circle circle(5);
cout << "circle.toString() returns " << circle.toString() << endl;
cout << "invoke the base class's toString() to return "
  << circle.GeometricObject::toString();
```

显示

```
circle.toString() returns Circle object
invoke the base class's toString() to return Geometric object
```

注意：在 6.7 节中，我们了解了重载函数。重载函数是一种区分多个具有相同名称但有不同签名的函数的方式。若要重新定义函数，必须在派生类中使用与其基类中相同的签名和返回类型来定义函数。

15.6 多态性

要点提示：多态性意味着超类型的变量可以引用子类型对象。

面向对象程序设计的三大支柱是封装、继承和多态性。我们已经学会了前两个。本节介绍多态性。

首先，我们定义两个有用的术语：子类型和超类型。类定义了一种类型。派生类定义的类型称为**子类型**，其基类定义的类型则称为**超类型**。因此，可以说 Circle 是 GeometricObject 的子类型，GeometricObject 是 Circle 的超类型。

继承关系使派生类能够从其基类继承属性并且能够附加新属性。派生类是其基类的特殊化；派生类的每个实例也是其基类的一个实例，反之则不是。例如，每个圆都是一个几何对象，但并不是每个几何对象都是圆。因此，我们总是可以将派生类的实例传递给其基类类型的参数。考虑 LiveExample15.9 中的代码。

LiveExample 15.9 的互动程序请访问 https://liangcpp.pearsoncmg.com/LiveRunCpp5e/faces/LiveExample.xhtml?header=off&programName=PolymorphismDemo&fileType=.cpp&programHeight=440&resultHeight=190。

LiveExample 15.9　PolymorphismDemo.cpp

Source Code Editor:

```
1  #include <iostream>
2  #include "GeometricObject.h"
3  #include  DerivedCircle.h
4  #include "DerivedRectangle.h"
5
6  using namespace std;
7
8  void displayGeometricObject(const GeometricObject& g)
9  {
10   cout << g.toString() << endl;
11  }
12
13  int main()
14  {
15   GeometricObject geometricObject;
16   displayGeometricObject(geometricObject);
17
18   Circle circle(5);
19   displayGeometricObject(circle);
20
21   Rectangle rectangle(4, 6);
22   displayGeometricObject(rectangle);
23
24   return 0;
25  }
```

| Automatic Check | Compile/Run | Reset | Answer | | Choose a Compiler: VC++ ▾ |

Execution Result:

```
command>cl PolymorphismDemo.cpp
Microsoft C++ Compiler 2019
Compiled successful (cl is the VC++ compile/link command)

command>PolymorphismDemo
Geometric Object
Geometric Object
Geometric Object

command>
```

函数 displayGeometricObject（第 8 行）采用 GeometricObject 类型的参数。我们可以通过传递 GeometricObject、Circle 和 Rectangle 的任意实例（第 16、19、22 行）来调用 displayGeometricObject。派生类的对象可以在任意使用其基类对象的地方使用。这通常被称为**多态性**。简单来说，多态性意味着超类型的变量可以引用子类型对象。

15.7 虚拟函数和动态绑定

要点提示：一个函数可以在继承链上的几个类中实现。虚拟函数使系统能够根据对象的实际类型决定在运行时调用哪个函数。

LiveExample 15.9 中的程序定义了 displayGeometricObject 函数，该函数调用 GeometricObject 上的 toString 函数（第 10 行）。

在第 16、19、22 行，displayGeometricObject 函数分别通过传递 GeometricObject、Circle 和 Rectangle 的对象被调用。如输出中所示，类 GeometricObject 中定义的 toString() 函数被调用。当执行 displayGeometricObject(Circle) 时，能调用 Circle 中定义的 toString() 函数吗？当执行 displayGeometricObject(Rectangle) 时，能调用 Rectangle 中定义的 toString() 函数吗？当执行 displayGeometricObject(GeometricObject) 时，能调用在 GeometricObject 中定义的 toString() 函数吗？只需在基类 GeometricObject 中将 toString 声明为一个虚拟函数就可以实现这一点。

假设将 LiveExample 15.1 中的第 15 行替换为以下函数声明，并创建一个名为 GeometricObjectWithVirtualtoString.h 的新文件。

```
virtual string toString() const;
```

下面 LiveExample 的互动程序请访问 https://liangcpp.pearsoncmg.com/LiveRunCpp5e/faces/LiveExample.xhtml?programName=GeometricObjectWithVirtualtoString&fileType=.h&resultVisible=false&programHeight=410。

LiveExample: GeometricObjectWithVirtualtoString.h

Source Code Editor:

```
1  #ifndef GEOMETRICOBJECT_H
2  #define GEOMETRICOBJECT_H
```

```
3   #include <string>
4   using namespace std;
5
6   class GeometricObject
7 ▼ {
8   public:
9     GeometricObject();
10    GeometricObject(const string& color, bool filled);
11    string getColor() const;
12    void setColor(const string& color);
13    bool isFilled() const;
14    void setFilled(bool filled);
15    virtual string toString() const; // Virtual toString()
16
17  private:
18    string color;
19    bool filled;
20  }; // Must place semicolon here
21
22  #endif
```

<kbd>Answer</kbd>　<kbd>Reset</kbd>

现在，如果在 PolymorphismDemoWithVirtualtoString.cpp 中使用虚拟 `toString()` 重新运行 LiveExample 15.9，将看到以下输出：

```
Geometric object
Circle object
Rectangle object
```

下面 LiveExample 的互动程序请访问 https://liangcpp.pearsoncmg.com/LiveRunCpp5e/faces/LiveExample.xhtml?header=on&programName=PolymorphismDemoWithVirtualtoString&fileType=.cpp&programHeight=440&resultHeight=190。

LiveExample: PolymorphismDemoWithVirtualtoString.cpp

Source Code Editor:

```
1   #include <iostream>
2   #include "GeometricObjectWithVirtualtoString.h"// Virtual toString() header file
3   #include "DerivedCircle.h"
4   #include "DerivedRectangle.h"
5
6   using namespace std;
7
8   void displayGeometricObject(const GeometricObject& g)
9 ▼ {
10    cout << g.toString() << endl;
11  }
12
13  int main()
14 ▼ {
15    GeometricObject geometricObject;
16    displayGeometricObject(geometricObject);
17
18    Circle circle(5);
19    displayGeometricObject(circle);
```

```
20
21      Rectangle rectangle(4, 6);
22      displayGeometricObject(rectangle);
23
24      return 0;
25  }
```

| Automatic Check | Compile/Run | Reset | Answer |

Choose a Compiler: VC++ ∨

Execution Result:
```
command>cl PolymorphismDemoWithVirtualtoString.cpp
Microsoft C++ Compiler 2019
Compiled successful (cl is the VC++ compile/link command)

command>PolymorphismDemoWithVirtualtoString
Geometric Object
Circle object
Rectangle object

command>
```

通过在基类中将 toString() 函数定义为虚拟函数，C++ 可以在运行时动态地确定调用哪个 toString() 函数。调用 displayGeometricObject(circle) 时，Circle 对象通过引用传递给 g。由于 g 指的是 Circle 类型的对象，因此调用 Circle 类中定义的 toString 函数。在运行时确定调用哪个函数的能力称为**动态绑定**。

注意：在 C++ 中，在派生类中重新定义虚拟函数称为重写（override）函数。

要实现函数的动态绑定，需要做两件事：

- 函数必须在基类中定义为虚拟函数。
- 引用对象的变量必须通过引用传递或在虚拟函数中作为指针传递。

LiveExample 15.9 通过引用将对象传递给参数（第 8 行）；或者，可以通过传递指针重写第 8 ~ 11 行，如 LiveExample 15.10 所示。

LiveExample 15.10 的互动程序请访问 https://liangcpp.pearsoncmg.com/LiveRunCpp5e/faces/LiveExample.xhtml?header=off&programName=VirtualFunctionDemoUsingPointer&fileType=.cpp&programHeight=360&resultHeight=190。

LiveExample 15.10   VirtualFunctionDemoUsingPointer.cpp

Source Code Editor:
```
1   #include <iostream>
2   #include "GeometricObjectWithVirtualtoString.h"// Virtual toString()
3   #include "DerivedCircle.h"
4   #include "DerivedRectangle.h"
5
6   using namespace std;
7
8   void displayGeometricObject(const GeometricObject* g) // Pass a pointer
9 ▾ {
10      cout << (*g).toString() << endl;
11  }
12
13  int main()
```

```
14 ▾ {
15     displayGeometricObject(&GeometricObject());
16     displayGeometricObject(&Circle(5));
17     displayGeometricObject(&Rectangle(4, 6));
18
19     return 0;
20 }
```

Automatic Check | Compile/Run | Reset | Answer   Choose a Compiler: VC++ ▾

Execution Result:

```
command>cl VirtualFunctionDemoUsingPointer.cpp
Microsoft C++ Compiler 2019
Compiled successful (cl is the VC++ compile/link command)

command>VirtualFunctionDemoUsingPointer
Geometric Object
Circle Object
Rectangle Object

command>
```

但是，如果对象参数是按值传递的，则虚拟函数不会动态绑定。如 LiveExample 15.11 所示，即使函数被定义为虚拟函数，输出也与未用虚拟函数时相同。

LiveExample 15.11 的互动程序请访问 https://liangcpp.pearsoncmg.com/LiveRunCpp5e/faces/ LiveExample.xhtml?header=off&programName=VirtualFunctionDemoPassByValue&fileType=. cpp&programHeight=360&resultHeight=190。

LiveExample 15.11　VirtualFunctionDemoPassByValue.cpp

Source Code Editor:

```
1   #include <iostream>
2   #include "GeometricObjectWithVirtualtoString.h" // Virtual toString()
3   #include "DerivedCircle.h"
4   #include "DerivedRectangle.h"
5
6   using namespace std;
7
8   void displayGeometricObject(GeometricObject g) // Pass-by-value
9 ▾ {
10     cout << g.toString() << endl;
11  }
12
13  int main()
14 ▾ {
15     displayGeometricObject(GeometricObject());
16     displayGeometricObject(Circle(5));
17     displayGeometricObject(Rectangle(4, 6));
18
19     return 0;
20  }
```

Automatic Check | Compile/Run | Reset | Answer   Choose a Compiler: VC++ ▾

Execution Result:

```
command>cl VirtualFunctionDemoPassByValue.cpp
Microsoft C++ Compiler 2019
Compiled successful (cl is the VC++ compile/link command)

command>VirtualFunctionDemoPassByValue
Geometric Object
Geometric Object
Geometric Object

command>
```

注意以下关于虚拟函数的要点：

- 如果一个函数在基类中被定义为虚拟的，那么它在所有派生类中都自动是虚拟的。关键字 virtual 不需要添加到派生类的函数声明中。
- 匹配函数签名和绑定函数实现是两个独立的问题。变量声明的类型决定在编译时匹配哪个函数。这是静态绑定。编译器在编译时根据参数类型、参数数量和参数顺序找到匹配的函数。虚拟函数可以在几个派生类中实现。C++ 在运行时动态绑定函数的实现，由变量引用的对象的实际类决定。这是动态绑定。
- 动态绑定的工作原理如下：假设对象 o 是类 C1、C2、…、Cn-1、Cn 的一个实例，其中 C1 是 C2 的子类，C2 是 C3 的子类，…，Cn-1 是 Cn 的子类。如图 15.2 所示。也就是说，Cn 是最一般的类，而 C1 是最具体的类。如果 o 调用函数 p，C++ 将按 C1、C2、…、Cn-1 和 Cn 的顺序搜索函数 p 的实现，直到找到为止。一旦找到一个实现，搜索就会停止，并调用第一个找到的实现。

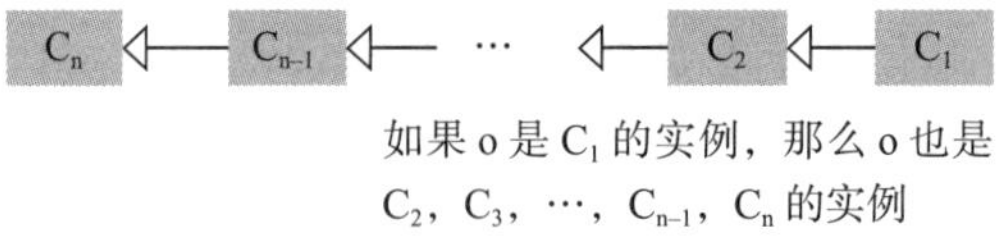

如果 o 是 C1 的实例，那么 o 也是 C2、C3、…、Cn-1、Cn 的实例

图 15.2   要调用的函数是在运行时动态绑定的

- 如果基类中定义的函数需要在其派生类中重新定义，则应将其定义为虚拟函数，以避免混淆和错误。另一方面，如果一个函数不会被重新定义，那么不将其声明为虚拟函数会更有效率，因为在运行时动态绑定虚拟函数需要更多的时间和系统资源。我们将具有虚拟函数的类称为多态类型。

注意： 在 C++ 中，动态绑定在构造对象的过程中不适用。例如，在下面代码中，当在第 37 行调用新的 B() 时，将调用构造函数 B()。由于 A 是 B 的超类型，因此会调用 A 的构造函数，该构造函数会调用第 9 行中的 t()。t() 是一个虚拟函数，它在类 B 中被重写。但在 C++ 中构造对象时，不适用动态绑定，类 A 中定义的函数 t() 从 A 的构造函数调用，该构造函数在第 15 行中为 i 赋值 20。所以第 10 行的输出是"i from A is 20"，第 26 行的输出则是"i from B is 20"。在 Java 和 Python 中，动态绑定在构建对象的过程中是适用的。

下面 LiveExample 的互动程序请访问 https://liangcpp.pearsoncmg.com/LiveRunCpp5e/faces/LiveExample.xhtml?header=off&programName=NoDynamicBindingForObjectCreation&fileType=.cpp&programHeight=720&resultHeight=190。

LiveExample: NoDynamicBindingForObjectCreation.cpp

Source Code Editor:

```cpp
1  #include <iostream>
2  using namespace std;
3
4  class A
5  {
6  public:
7    A()
8    {
9      t();
10     cout << "i from A is " << i << endl;
11   }
12
13   virtual void t()
14   {
15     i = 20;
16   }
17
18   int i = 0;
19 };
20
21 class B : public A
22 {
23 public:
24   B()
25   {
26     cout << "i from B is " << i << endl;
27   }
28
29   void t() override
30   {
31     i = 30;
32   }
33 };
34
35 int main()
36 {
37   A* p = new B();
38   p->t();
39   cout << "i is now " << p->i << endl;
40
41   return 0;
42 }
```

[Automatic Check] [Compile/Run] [Reset]   Choose a Compiler: [VC++ ∨]

Execution Result:

```
command>cl NoDynamicBindingForObjectCreation.cpp
Microsoft C++ Compiler 2019
Compiled successful (cl is the VC++ compile/link command)

command>NoDynamicBindingForObjectCreation
i from A is 20
i from B is 20
```

```
i is now 30

command>
```

在第 37 行创建对象后，p->t()（第 38 行）从 B 类型的对象调用 t()。注意 p 被声明为 A*，但它实际上指向一个 B 类型的对象。因此，通过动态绑定，调用 B 类中定义的 t() 函数，它将 30 赋值给 i（第 31 行）。第 39 行显示"i is now 30"。

15.8　C++11 override 和 final 关键字

要点提示：override 关键字可确保函数被重写，而 final 关键字可防止函数被重写。

C++11 引入了 override 关键字，以避免编程错误，并确保派生类中的函数重写基类中的虚拟函数。考虑以下 LiveExample 15.12 中的示例。

LiveExample 15.12 的互动程序请访问 https://liangcpp.pearsoncmg.com/LiveRunCpp5e/faces/LiveExample.xhtml?header=off&programName=NeedForOverrideKeyword&fileType=.cpp&programHeight=560&resultHeight=170。

LiveExample 15.12　NeedForOverrideKeyword.cpp

Source Code Editor:

```cpp
1  #include <iostream>
2  using namespace std;
3
4  class A
5  {
6  public:
7    virtual void print(int i)
8    {
9      cout << "A" << i << endl;
10   }
11 };
12
13 class B : public A
14 {
15 public:
16   // Suppose to override the print function in A
17   void print(long i)
18   {
19     cout << "B" << i << endl;
20   }
21 };
22
23 int main()
24 {
25   A* p1 = new B();
26   B* p2 = new B();
27
28   p1->print(1);
29   p2->print(2);
30
31   return 0;
32 }
```

Automatic Check | Compile/Run | Reset   Choose a Compiler: VC++ ▾

Execution Result:

```
command>cl NeedForOverrideKeyword.cpp
Microsoft C++ Compiler 2019
Compiled successful (cl is the VC++ compile/link command)

command>NeedForOverrideKeyword
A1
B2

command>
```

基类 A 中定义的虚拟 print 函数应在派生类 B 中重写。但这做得不对，因为两个 print 函数的签名不同。B 中 print 函数中的参数 i 是 long 类型，但在 A 中是 int 类型。为了避免这种错误，需要使用 C++11 关键字 override，如 LiveExample 15.13 所示。

LiveExample 15.13 的互动程序请访问 https://liangcpp.pearsoncmg.com/LiveRunCpp5e/faces/LiveExample.xhtml?header=off&programName=UseOverrideKeyword&fileType=.cpp&programHeight=560&resultHeight=180。

LiveExample 15.13 UseOverrideKeyword.cpp

Source Code Editor:

```
1   #include <iostream>
2   using namespace std;
3
4   class A
5   {
6   public:
7     virtual void print(int i)
8     {
9       cout << "A" << i << endl;
10    }
11  };
12
13  class B : public A
14  {
15  public:
16    // Use override keyword to avoid errors
17    void print(int i) override
18    {
19      cout << "B" << i << endl;
20    }
21  };
22
23  int main()
24  {
25    A* p1 = new B();
26    B* p2 = new B();
27
28    p1->print(1);
29    p2->print(2);
30
31    return 0;
32  }
```

Automatic Check　Compile/Run　Reset　Answer　　　Choose a Compiler: VC++ ˅

Execution Result:

```
command>cl UseOverrideKeyword.cpp
Microsoft C++ Compiler 2019
Compiled successful (cl is the VC++ compile/link command)

command>UseOverrideKeyword
B1
B2

command>
```

override 关键字告诉编译器检查派生类中的函数是否重写了基类中的虚拟函数。如果派生类中的重写函数与基类中定义的虚拟函数不匹配，编译器会报告错误。

C++11 还引入了 final 关键字，该关键字可用于防止虚拟函数被重写。考虑 LiveExample 15.14 中的代码。

LiveExample 15.14 的互动程序请访问 https://liangcpp.pearsoncmg.com/LiveRunCpp5e/faces/LiveExample.xhtml?header=off&programName=UseFinalKeyword&fileType=.cpp&programHeight=690&resultHeight=150。

LiveExample 15.14　UseFinalKeyword.cpp

Source Code Editor:

```cpp
1  #include <iostream>
2  using namespace std;
3
4  class A
5  {
6  public:
7    virtual void print(int i)
8    {
9      cout << "A" << i << endl;
10   }
11 };
12
13 class B : public A
14 {
15 public:
16   void print(int i) override final
17   {
18     cout << "B" << i << endl;
19   }
20 };
21
22 class C : public B
23 {
24 public:
25   void print(int i) // Error, because print is final
26   {
27     cout << "B" << i << endl;
28   }
29 };
30
```

```
31  int main()
32 ▾ {
33    A* p1 = new B();
34    B* p2 = new B();
35
36    p1->print(1);
37    p2->print(2);
38
39    return 0;
40  }
```

Compile/Run　Reset　Answer　　　　　　　Choose a Compiler: VC++ ⌄

Execution Result:

```
c:\example>cl UseFinalKeyword.cpp
Microsoft C++ Compiler 2017
UseFinalKeyword.cpp
UseFinalKeyword.cpp(25): error C3248: 'B::print': function
declared as 'final' cannot be overridden by 'C::print'

c:\example>
```

程序在第 25 行出现语法错误，因为 print 函数在第 16 行被声明为 final 函数。注意，final 关键字仅用于虚拟函数。print 是最初在类 A 中定义的虚拟函数。

15.9　protected 关键字

要点提示：可以通过派生类访问类的受保护成员。

到目前为止，我们已经学会用 private 和 public 关键字来指定是否可以从类外部访问数据字段和函数。私有成员只能从类内部或通过友元函数和友元类访问，公共成员可以通过任何其他类访问。

通常需要允许派生类访问基类中定义的数据字段或函数，但不允许非派生类访问。要实现这个目标，可以使用关键字 protected（受保护的）。基类中受保护数据字段或受保护函数可以在其派生类中访问。

关键字 private、protected 和 public 被称为可见性或可访问性关键字，因为它们指定了如何访问类和类成员。它们的可见性按以下顺序增加：

可见性增加
──────────────────→
private, protected, public

LiveExample 15.15 演示了 protected 关键字的使用。

LiveExample 15.15 的互动程序请访问 https://liangcpp.pearsoncmg.com/LiveRunCpp5e/faces/LiveExample.xhtml?header=off&programName=VisibilityDemo&fileType=.cpp&programHeight=610&resultHeight=320。

LiveExample 15.15　VisibilityDemo.cpp

Source Code Editor:

```
1  #include <iostream>
2  using namespace std;
3
```

```
 4  class B
 5  {
 6  public:
 7    int i;
 8
 9  protected:
10    int j;
11
12  private:
13    int k;
14  };
15
16  class A: public B
17  {
18  public:
19    void display() const
20    {
21      cout << i << endl; // Fine, can access it
22      cout << j << endl; // Fine, can access it
23      cout << k << endl; // Wrong, cannot access it
24    }
25  };
26
27  int main()
28  {
29    A a;
30    cout << a.i << endl; // Fine, can access it
31    cout << a.j << endl; // Wrong, cannot access it
32    cout << a.k << endl; // Wrong, cannot access it
33
34    return 0;
35  }
```

[Compile/Run] [Reset]　　　　　　　　　　　　　　　　Choose a Compiler: [VC++ ▼]

Execution Result:

```
c:\example>cl VisibilityDemo.cpp
Microsoft C++ Compiler 2017
VisibilityDemo.cpp
VisibilityDemo.cpp(23) : error C2248: 'B::k' : cannot
access private member declared in class 'B'
VisibilityDemo.cpp(13) : see declaration of 'B::k'
VisibilityDemo.cpp(5) : see declaration of 'B'
VisibilityDemo.cpp(31) : error C2248: 'B::j' : cannot access
protected member declared in class 'B'
VisibilityDemo.cpp(10) : see declaration of 'B::j'
VisibilityDemo.cpp(5) : see declaration of 'B'
VisibilityDemo.cpp(32) : error C2248: 'B::k' : cannot access
private member declared in class 'B'
VisibilityDemo.cpp(13) : see declaration of 'B::k'
VisibilityDemo.cpp(5) : see declaration of 'B'

c:\example>
```

　　由于 A 是从 B 派生的，并且 j 是受保护的，因此在第 22 行可以通过类 A 访问 j。由于 k 是私有的，因此在第 23 行通过类 A 访问 k 是不行的。

由于 i 是公共的，因此在第 30 行可以通过 a.i 访问 i。由于 j 和 k 不是公共的，因此在第 31 ～ 32 行通过对象 a 访问它们是不行的。

15.10 抽象类和纯虚拟函数

要点提示：不能用抽象类创建对象。抽象类可以包含抽象函数，这些函数在具体的派生类中实现。

在继承层次结构中，类随着每个新的派生类而变得更加具体。如果从派生类回到其父类和祖先类，则类会变得更通用而不那么具体。类设计应确保基类包含其派生类的公共特性。有时基类过于抽象，以至于不能有任何特定的实例。这样的类被称为**抽象类**。

在 15.2 节中，GeometricObject 被定义为 Circle 和 Rectangle 的基类。Geometric Object 对几何对象的常见特征进行建模。Circle 和 Rectangle 都包含 getArea() 和 getPerimeter() 函数，用于计算圆和矩形的面积和周长。由于可以计算所有几何对象的面积和周长，因此最好在 GeometricObject 类中定义 getArea() 和 getPerimeter() 函数。但是，这些函数不能在 GeometricObject 类中实现，因为它们的实现取决于几何对象的特定类型。这样的函数被称为**抽象函数**。在 GeometricObject 中定义抽象函数后，GeometricObject 将成为一个抽象类。新的 GeometricObject 类如图 15.3 所示。在 UML 图形表示法中，抽象类及其抽象函数的名称用斜体表示，如图 15.3 所示。

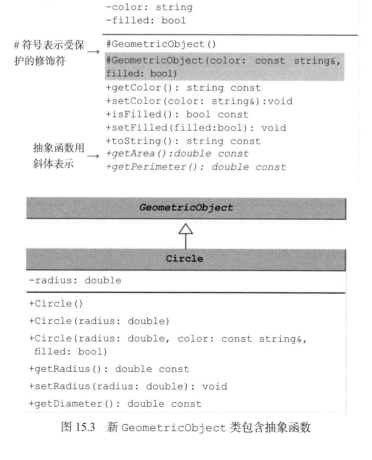

图 15.3　新 GeometricObject 类包含抽象函数

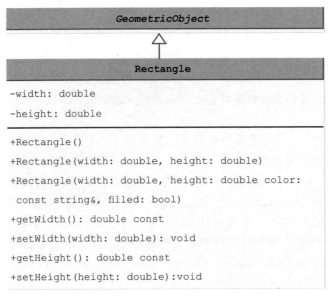

图 15.3　新 GeometricObject 类包含抽象函数（续）

在 C++ 中，抽象函数被称为**纯虚拟函数**。包含纯虚拟函数的类成为抽象类。纯虚拟函数定义如下：

=0 表示 getArea 是一个纯虚拟函数。纯虚拟函数在基类中没有主体或实现。

LiveExample 15.16 在第 18 ～ 19 行中用两个纯虚拟函数定义了新的抽象 Geometric Object 类。

LiveExample 15.16 的互动程序请访问 https://liangcpp.pearsoncmg.com/LiveRunCpp5e/faces/LiveExample.xhtml?header=off&programName=AbstractGeometricObject&fileType=.h&programHeight=470&resultVisible=false。

LiveExample 15.16　AbstractGeometricObject.h

Source Code Editor:

```
1  #ifndef GEOMETRICOBJECT_H
2  #define GEOMETRICOBJECT_H
3  #include <string>
4  using namespace std;
5
6  class GeometricObject
7  {
8  protected:
9    GeometricObject();
10   GeometricObject(const string& color, bool filled);
11
12 public:
13   string getColor() const;
14   void setColor(const string& color);
```

```
15      bool isFilled() const;
16      void setFilled(bool filled);
17      string toString() const;
18      virtual double getArea() const = 0;
19      virtual double getPerimeter() const = 0;
20
21   private:
22      string color;
23      bool filled;
24   }; // Must place semicolon here
25
26   #endif
```

Answer   Reset

GeometricObject 就像一个普通类，只是不能通过它创建对象，因为它是一个抽象类。如果试图用 GeometricObject 创建对象，编译器会报告错误。

LiveExample 15.17 给出了 GeometricObject 类的一个实现。

LiveExample 15.17 的互动程序请访问 https://liangcpp.pearsoncmg.com/LiveRunCpp5e/faces/LiveExample.xhtml?header=off&programName=AbstractGeometricObject&fileType=.cpp&programHeight=680&resultVisible=false。

LiveExample 15.17   AbstractGeometricObject.cpp

Source Code Editor:

```
1   #include "AbstractGeometricObject.h"
2
3   GeometricObject::GeometricObject()
4   {
5     color = "white";
6     filled = false;
7   }
8
9   GeometricObject::GeometricObject(const string& color, bool filled)
10  {
11    setColor(color);
12    setFilled(filled);
13  }
14
15  string GeometricObject::getColor() const
16  {
17    return color;
18  }
19
20  void GeometricObject::setColor(const string& color)
21  {
22    this->color = color;
23  }
24
25  bool GeometricObject::isFilled() const
26  {
27    return filled;
28  }
29
30  void GeometricObject::setFilled(bool filled)
31  {
32    this->filled = filled;
33  }
```

```
34
35  string GeometricObject::toString() const
36  {
37      return "Geometric Object";
38  }
```

Answer   Reset

LiveExample 15.18、15.19、15.20、15.21 显示了从抽象 `GeometricObject` 派生的新 `Circle` 和 `Rectangle` 类的文件。

LiveExample 15.18 的互动程序请访问 https://liangcpp.pearsoncmg.com/LiveRunCpp5e/ faces/LiveExample.xhtml?header=off&programName=DerivedCircleFromAbstractGeometricOb ject&fileType=.h&programHeight=370&resultVisible=false，LiveExample 15.19 的互动程序请访问 https://liangcpp.pearsoncmg.com/LiveRunCpp5e/faces/LiveExample.xhtml?header=off&pr ogramName=DerivedCircleFromAbstractGeometricObject&fileType=.cpp&programHeight=890 &resultVisible=false，LiveExample 15.20 的互动程序请访问 https://liangcpp.pearsoncmg.com/ LiveRunCpp5e/faces/LiveExample.xhtml?header=off&programName=DerivedRectangleFromA bstractGeometricObject&fileType=.h&programHeight=430&resultVisible=false，LiveExample 15.21 的互动程序请访问 https://liangcpp.pearsoncmg.com/LiveRunCpp5e/faces/LiveExample. xhtml?header=off&programName=DerivedRectangleFromAbstractGeometricObject&fileType= .cpp&programHeight=1050&resultVisible=false。

LiveExample 15.18   DerivedCircleFromAbstractGeometricObject.h

Source Code Editor:

```
1   #ifndef CIRCLE_H
2   #define CIRCLE_H
3   #include "AbstractGeometricObject.h"
4
5   class Circle: public GeometricObject
6   {
7   public:
8       Circle();
9       Circle(double);
10      Circle(double radius, const string& color, bool filled);
11      double getRadius() const;
12      void setRadius(double);
13      double getArea() const;
14      double getPerimeter() const;
15      double getDiameter() const;
16
17  private:
18      double radius;
19  };  // Must place semicolon here
20
21  #endif
```

Answer   Reset

LiveExample 15.19　DerivedCircleFromAbstractGeometricObject.cpp

Source Code Editor:

```cpp
#include "DerivedCircleFromAbstractGeometricObject.h"

// Construct a default circle object
Circle::Circle()
{
  radius = 1;
}

// Construct a circle object with specified radius
Circle::Circle(double radius)
{
  setRadius(radius);
}

// Construct a circle object with specified radius, color, filled
Circle::Circle(double radius, const string& color, bool filled)
{
  setRadius(radius);
  setColor(color);
  setFilled(filled);
}

// Return the radius of this circle
double Circle::getRadius() const
{
  return radius;
}

// Set a new radius
void Circle::setRadius(double radius)
{
  this->radius = (radius >= 0) ? radius : 0;
}

// Return the area of this circle
double Circle::getArea() const
{
  return radius * radius * 3.14159;
}

// Return the perimeter of this circle
double Circle::getPerimeter() const
{
  return 2 * radius * 3.14159;
}

// Return the diameter of this circle
double Circle::getDiameter() const
{
  return 2 * radius;
}
```

Answer　Reset

LiveExample 15.20　DerivedRectangleFromAbstractGeometricObject.h

Source Code Editor:

```
1   #ifndef RECTANGLE_H
2   #define RECTANGLE_H
3   #include "AbstractGeometricObject.h"
4
5   class Rectangle: public GeometricObject
6 ▾ {
7   public:
8     Rectangle();
9     Rectangle(double width, double height);
10    Rectangle(double width, double height,
11      const string& color, bool filled);
12    double getWidth() const;
13    void setWidth(double);
14    double getHeight() const;
15    void setHeight(double);
16    double getArea() const;
17    double getPerimeter() const;
18
19  private:
20    double width;
21    double height;
22  }; // Must place semicolon here
23
24  #endif
```

[Answer]　[Reset]

LiveExample 15.21　DerivedRectangleFromAbstractGeometricObject.cpp

Source Code Editor:

```
1   #include "DerivedRectangleFromAbstractGeometricObject.h"
2
3   // Construct a default retangle object
4   Rectangle::Rectangle()
5 ▾ {
6     width = 1;
7     height = 1;
8   }
9
10  // Construct a rectangle object with specified width and height
11  Rectangle::Rectangle(double width, double height)
12 ▾ {
13    setWidth(width);
14    setHeight(height);
15  }
16
17  // Construct a rectangle object with width, height, color, filled
18  Rectangle::Rectangle(double width, double height,
19    const string& color, bool filled)
20 ▾ {
21    setWidth(width);
22    setHeight(height);
23    setColor(color);
24    setFilled(filled);
25  }
```

```
26
27   // Return the width of this rectangle
28   double Rectangle::getWidth() const
29 ▾ {
30     return width;
31   }
32
33   // Set a new radius
34   void Rectangle::setWidth(double width)
35 ▾ {
36     this->width = (width >= 0) ? width : 0;
37   }
38
39   // Return the height of this rectangle
40   double Rectangle::getHeight() const
41 ▾ {
42     return height;
43   }
44
45   // Set a new height
46   void Rectangle::setHeight(double height)
47 ▾ {
48     this->height = (height >= 0) ? height : 0;
49   }
50
51   // Return the area of this rectangle
52   double Rectangle::getArea() const
53 ▾ {
54     return width * height;
55   }
56
57   // Return the perimeter of this rectangle
58   double Rectangle::getPerimeter() const
59 ▾ {
60     return 2 * (width + height);
61   }
```

Answer　Reset

你可能在想是否应该从 GeometricObject 类中删除抽象函数 getArea 和 getPerimeter。下面 LiveExample 15.22 中的示例显示了在 GeometricObject 类中定义它们的好处。

示例给出了一个程序，该程序创建两个几何对象（一个圆形和一个矩形），调用 equalArea 函数检查两个对象是否具有相等的面积，并调用 displayGeometricObject 函数显示对象。

LiveExample 15.22 的互动程序请访问 https://liangcpp.pearsoncmg.com/LiveRunCpp5e/faces/ LiveExample.xhtml?header=off&programName=TestAbstractGeometricObject&fileType=.cpp& programHeight=630&resultHeight=290。

LiveExample 15.22　TestAbstractGeometricObject.cpp

Source Code Editor:

```
1  #include "AbstractGeometricObject.h"
2  #include "DerivedCircleFromAbstractGeometricObject.h"
3  #include "DerivedRectangleFromAbstractGeometricObject.h"
```

```
 4    #include <iostream>
 5    using namespace std;
 6
 7    // A function for comparing the areas of two geometric objects
 8    bool equalArea(const GeometricObject& g1,
 9      const GeometricObject& g2)
10 ▾  {
11      return g1.getArea() == g2.getArea();
12    }
13
14    // A function for displaying a geometric object
15    void displayGeometricObject(const GeometricObject& g)
16 ▾  {
17      cout << "The area is " << g.getArea() << endl;
18      cout << "The perimeter is " << g.getPerimeter() << endl;
19    }
20
21    int main()
22 ▾  {
23      Circle circle(5);
24      Rectangle rectangle(5, 3);
25
26      cout << "Circle info: " << endl;
27      displayGeometricObject(circle);
28
29      cout << "\nRectangle info: " << endl;
30      displayGeometricObject(rectangle);
31
32      cout << "\nThe two objects have the same area? " <<
33        (equalArea(circle, rectangle) ? "Yes" : "No") << endl;
34
35      return 0;
36    }
```

| Automatic Check | Compile/Run | Reset | Answer | Choose a Compiler: | VC++ ⌄ |

Execution Result:

```
command>cl TestAbstractGeometricObject.cpp
Microsoft C++ Compiler 2019
Compiled successful (cl is the VC++ compile/link command)

command>TestAbstractGeometricObject
Circle info:
The area is 78.5397
The perimeter is 31.4159

Rectangle info:
The area is 15
The perimeter is 16

The two objects have the same area? No

command>
```

程序在第 23 ～ 24 行创建了一个 Circle 对象和一个 Rectangle 对象。

GeometricObject 类 中 定 义 的 纯 虚 拟 函 数 getArea() 和 getPerimeter() 在 Circle 类和 Rectangle 类中被重写。

当调用 displayGeometricObject(circle) 时 (第 27 行)，使用 Circle 类中定义的函数 getArea 和 getPerimeter，当调用 displayGeometricObject(rectangle) 时 (第 30 行)，使用 Rectangle 类中定义的函数 getArea 和 getPerimeter。C++ 根据对象的类型在运行时动态地确定调用这些函数中的哪一个。

类似地，当调用 equalArea(circle, rectangle) 时 (第 33 行), g1.getArea() 使用 Circle 类 中 定 义 的 getArea 函 数，因 为 g1 是 一 个 圆。g2.getArea() 使 用 Rectangle 类中定义的 getArea 函数，因为 g2 是一个矩形。

注意，如果没有在 GeometricObject 中定义 getArea 和 getPerimeter 函数，在此程序中就不能定义 equalArea 和 displayGeometricObject 函数。现在，你可以看到在 GeometricObject 中定义抽象函数的好处了。

15.11 转换：静态转换与动态转换

要点提示： dynamic_cast 运算符可将对象强制转换为其运行时的实际类型。

假设希望重写 LiveExample 15.22 中的 displayGeometricObject 函数，以显示圆对象的半径和直径以及矩形对象的宽度和高度。可以尝试执行以下函数：

```
void displayGeometricObject(GeometricObject& g)
{
  cout << "The radius is " << g.getRadius() << endl;
  cout << "The diameter is " << g.getDiameter() << endl;
  cout << "The width is " << g.getWidth() << endl;
  cout << "The height is " << g.getHeight() << endl;
  cout << "The area is " << g.getArea() << endl;
  cout << "The perimeter is " << g.getPerimeter() << endl;
}
```

此代码有两个问题。首先，代码无法编译，因为 g 的类型是 GeometricObject，但 GeometricObject 类 不 包 含 getRadius()、getDiameter()、getWidth() 和 getHeight() 函数。其次，代码应该检测几何对象是圆还是矩形，然后显示圆的半径和直径以及矩形的宽度和高度。

可以通过将 g 转换成 Circle 或者 Rectangle 来解决问题，如以下代码所示：

Start Animation

```
1   void displayGeometricObject(GeometricObject& g)
2   {
3     GeometricObject* p = &g;
4     cout << "The radius is " <<
5       static_cast<Circle*>(p)->getRadius() << endl;
6     cout << "The diameter is " <<
7       static_cast<Circle*>(p)->getDiameter() << endl;
8
9     cout << "The width is " <<
10      static_cast<Rectangle*>(p)->getWidth() << endl;
11    cout << "The height is " <<
12      static_cast<Rectangle*>(p)->getHeight() << endl;
13
14    cout << "The area is " << g.getArea() << endl;
15    cout << "The perimeter is " << g.getPerimeter() << endl;
16  }
```

对指向 GeometricObject g 的 p（第 3 行）执行静态转换。这个新函数可以编译，但仍然不正确。第 10 行有可能将 Circle 对象强制转换为 Rectangle 以调用 getWidth()。同样，第 5 行也可能将 Rectangle 对象强制转换为 Circle 以调用 getRadius()。我们需要在调用 getRadius() 之前，确保该对象确实是 Circle 对象。这可以通过 dynamic_cast 来完成。

dynamic_cast 的工作原理与 static_cast 类似。并且它还执行运行时检查以确保强制转换成功。如果强制转换失败，它会返回 nullptr。因此，如果运行以下代码，p1 将为 nullptr。

```
1   Rectangle rectangle(5, 3);
2   GeometricObject* p = &rectangle;
3   Circle* p1 = dynamic_cast<Circle*>(p);
4   cout << (*p1).getRadius() << endl;
```

运行第 4 行代码时将发生运行时错误。

注意：将派生类类型的指针赋值给其基类类型的指针称为**向上转换**，将基类类型的指针赋值给其派生类类型的指针称为**向下转换**。可以在不使用 static_cast 或 dynamic_cast 运算符的情况下隐式执行向上转换。例如，以下代码是正确的：

```
GeometricObject* p = new Circle(1);
Circle* p1 = new Circle(2);
p = p1;
```

但是，向下转换必须显式执行。例如，要将 p 赋值给 p1，必须使用

```
p1 = static_cast<Circle*>(p);
or p1 = dynamic_cast<Circle*>(p);
```

注意：dynamic_cast 只能在指针或多态类型的引用上执行；即该类型包含虚拟函数。dynamic_cast 用于检查在运行时是否成功执行了强制转换。static_cast 在编译时执行。dynamic_cast 在运行时执行。

现在，可以如 LiveExample 15.23 所示用动态转换重写 displayGeometricObject 函数，以检查在运行时是否成功执行转换。

LiveExample 15.23 的互动程序请访问 https://liangcpp.pearsoncmg.com/LiveRunCpp5e/faces/LiveExample.xhtml?header=off&programName=DynamicCastingDemo&fileType=.cpp&programHeight=720&resultHeight=320。

LiveExample 15.23   DynamicCastingDemo.cpp

Source Code Editor:

```
1   #include "AbstractGeometricObject.h"
2   #include "DerivedCircleFromAbstractGeometricObject.h"
3   #include "DerivedRectangleFromAbstractGeometricObject.h"
4   #include <iostream>
5   using namespace std;
6
7   // A function for displaying a geometric object
8   void displayGeometricObject(GeometricObject& g)
9   {
10    cout << "The area is " << g.getArea() << endl;
11    cout << "The perimeter is " << g.getPerimeter() << endl;
```

```
12
13      GeometricObject* p = &g;
14      Circle* p1 = dynamic_cast<Circle*>(p);
15      Rectangle* p2 = dynamic_cast<Rectangle*>(p);
16
17      if (p1 != nullptr)
18      {
19        cout << "The radius is " << p1->getRadius() << endl;
20        cout << "The diameter is " << p1->getDiameter() << endl;
21      }
22
23      if (p2 != nullptr)
24      {
25        cout << "The width is " << p2->getWidth() << endl;
26        cout << "The height is " << p2->getHeight() << endl;
27      }
28    }
29
30    int main()
31    {
32      Circle circle(5);
33      Rectangle rectangle(5, 3);
34
35      cout << "Circle info: " << endl;
36      displayGeometricObject(circle);
37
38      cout << "\nRectangle info: " << endl;
39      displayGeometricObject(rectangle);
40
41      return 0;
42    }
```

| Automatic Check | Compile/Run | Reset | Answer | Choose a Compiler: | VC++ ⌄ |

Execution Result:

```
command>cl DynamicCastingDemo.cpp
Microsoft C++ Compiler 2019
Compiled successful (cl is the VC++ compile/link command)

command>DynamicCastingDemo
Circle info:
The area is 78.5397
The perimeter is 31.4159
The radius is 5
The diameter is 10

Rectangle info:
The area is 15
The perimeter is 16
The width is 5
The height is 3

command>
```

第 13 行为 GeometricObject g 创建指针。dynamic_cast 运算符 (第 14 行) 检查指针 p 是否指向 Circle 对象。如果是，则对象的地址被赋值给 p1；否则 p1 为

nullptr。如果 p1 不是 nullptr，在第 19 ～ 20 行中调用 Circle 对象（由 p1 指向）的 getRadius() 和 getDiameter() 函数。类似地，如果对象是矩形，则在第 25 ～ 26 行显示其宽度和高度。

程序调用 displayGeometricObject 函数，在第 36 行显示 Circle 对象，在第 39 行显示 Rectangle 对象。函数在第 14 行将参数 g 强制转换为 Circle 指针 p1，在第 15 行强制转换为 Rectangle 指针 p2。如果是 Circle 对象，则在第 19 ～ 20 行调用该对象的 getRadius() 和 getDiameter() 函数。如果是 Rectangle 对象，则在第 25 ～ 26 行调用该对象的 getWidth() 和 getHeight() 函数。

该函数还在第 10 ～ 11 行调用 GeometricObject 的 getArea() 和 getPerimeter() 函数。由于这两个函数是在 GeometricObject 类中定义的，因此不需要将对象参数向下转换为 Circle 或 Rectangle 来调用它们。

提示：有时，获取有关对象类的信息是有用的。可以用 typeid 运算符来返回对 type_info 类对象的引用。例如，可以使用以下语句显示对象 x 的类名：

```
string x;
cout << typeid(x).name() << endl;
```

它显示字符串，因为 x 是 string 类的对象。要使用 typeid 运算符，程序必须包含 <typeinfo> 头文件。

提示：如果一个具有多态性的类使用动态内存分配，那么它的析构函数应该定义为虚拟的。假设类 Child 是从类 Parent 派生的，且其析构函数不是虚拟的。考虑以下代码：

```
Parent* p = new Child();
...
delete p;
```

当用 p 调用 delete 时，调用 Parent 的析构函数，因为 p 被声明为 Parent 的指针。p 实际上指向 Child 的对象，但 Child 的析构函数未被调用。若要解决此问题，需要在类 Parent 中定义虚拟析构函数。现在，用 p 调用 delete 时，会调用 Child 的析构函数，然后调用 Parent 的析构函数，因为析构函数是虚拟的。

关键术语

abstract class（抽象类）
abstract function（抽象函数）
base class（基类）
constructor chaining（构造函数链）
derived class（派生类）
destructor chaining（析构函数链）
downcasting（向下转换）
dynamic binding（动态绑定）
child class（子类）
generic programming（泛型编程）
inheritance（继承）

override function（重写函数）
parent class（父类）
polymorphism（多态）
protected（受保护的）
pure virtual function（纯虚拟函数）
subclass（子类）
subtype（子类型）
supertype（超类型）
upcasting（向上转换）
virtual function（虚拟函数）

章节总结

1. 可以从现有类派生新类。这被称为类继承。新类称为派生类或子类。现有类称为基类或父类。
2. 派生类的对象可以传递到任意需要基类型参数的地方。因此，函数可以被泛化用于宽泛的对象参数。这被称为泛型编程。
3. 构造函数用于构造类的实例。与数据字段和函数不同，基类的构造函数不会在派生类中继承。它们只能从派生类的构造函数中调用，以初始化基类中的数据字段。
4. 派生类构造函数总是调用其基类构造函数。如果没有显式调用基类构造函数，则默认情况下会调用基类无参数构造函数。
5. 构造一个类的实例会调用继承链上所有基类的构造函数。
6. 基类构造函数是从派生类构造函数中调用的。而析构函数会以相反的顺序自动调用，首先调用派生类的析构函数。这被称为构造函数链和析构函数链。
7. 基类中定义的函数可以在派生类中重新定义。重新定义的函数必须与基类中函数的签名和返回类型匹配。
8. 虚拟函数支持动态绑定。虚拟函数通常在派生类中重新定义。编译器在运行时动态决定使用哪个函数实现。
9. 如果基类中定义的函数需要在其派生类中重新定义，则应将其定义为虚拟函数，以避免混淆和错误。另一方面，如果一个函数不会被重新定义，那么不将其声明为虚拟函数会更有效率，因为在运行时动态绑定虚拟函数需要更多的时间和系统资源。
10. 基类中的受保护数据字段或受保护函数可以在其派生类中访问。
11. 纯虚拟函数也称为抽象函数。
12. 如果一个类包含纯虚拟函数，则该类称为抽象类。
13. 不能通过抽象类创建实例，但抽象类可以用作函数中参数的数据类型，以支持泛型编程。
14. 可以使用 static_cast 和 dynamic_cast 运算符将基类类型的对象强制转换为派生类类型。static_cast 在编译时执行，dynamic_cast 在运行时执行并进行运行时类型检查。dynamic_cast 运算符只能在多态类型（即具有虚拟函数的类型）上执行。

编程练习

互动程序请访问 https://liangcpp.pearsoncmg.com/CheckExerciseCpp/faces/CheckExercise5e.xhtml?chapter=15&programName=Exercise15_01。

15.1 （Triangle 类）设计一个名为 Triangle 的类，继承 GeometricObject。该类包含以下内容：
- 名为 side1、side2 和 side3 的三个 double 数据字段，用于表示三角形的三条边。
- 一个无参数构造函数，用于创建一个每边为 1.0 的默认三角形。
- 一个构造函数，用于创建具有指定 side1、side2 和 side3 的三角形。
- 用于全部三个数据字段的常量访问器。
- 一个名为 getArea() 的常量函数，它返回该三角形的面积。
- 一个名为 getPerimeter() 的常量函数，它返回该三角形的周长。

绘制类 Triangle 和 GeometricObject 的 UML 图并实现类。编写一个测试程序，提示用户输入三角形的三条边，输入颜色，然后输入 1 或 0 来指示三角形是否填充。程序创建一个具有这些边的 Triangle 对象，并使用输入数据设置颜色和填充属性。程序显示三角形面积、周长、颜色，以及 true 或 false 来指示该图形是否已填充。

15.2 （Person、Student、Employee、Faculty 和 Staff 类）设计一个名为 Person 的类及其名为 Student 和 Employee 的两个派生类。生成 Employee 的派生类 Faculty 和 Staff。

Person 有姓名、地址、电话号码和电子邮件地址。Student 具有年级状态（大一、大二、大三或大四）。Employee 有办公室、工资和雇佣日期。定义一个名为 MyDate 的类，该类包含字段 year、month 和 day。Faculty 有办公时间和级别。Staff 有头衔。在 Person 类中定义一个常量 toString 函数，在每个类中重写 toString 函数以返回类名和人名。

为这些类绘制 UML 图并实现它们。编写一个测试程序，创建 Person、Student、Employee、Faculty 和 Staff，并调用它们的 toString() 函数。

15.3 （扩展 MyPoint）在编程练习 9.4 中，创建 MyPoint 类是为了对二维空间中的点进行建模。MyPoint 类具有表示 x 和 y 坐标的属性 x 和 y，x 和 y 的两个取值函数，以及返回两点之间距离的函数。创建一个名为 ThreeDPoint 的类来对三维空间中的点进行建模。ThreeDPoint 从 MyPoint 派生，并具有以下额外特性：

- 一个名为 z 的数据字段，用于表示 z 坐标。
- 一个无参数构造函数，用于构造坐标为 (0,0,0) 的点。
- 一个构造函数，用于构造具有三个指定坐标的点。
- 返回 z 值的常量取值函数。
- 一个常量 distance(const MyPoint&) 函数，用于返回三维空间中该点与另一点之间的距离。

为所涉及的类绘制 UML 图并实现类。编写一个测试程序，创建两个点 (0,0,0) 和 (10,30,25.5)，并显示它们之间的距离。使用 https://liangcpp.pearsoncmg.com/test/Exercise15_03.txt 中的模板编写程序。

15.4 （Account 的派生类）在编程练习 9.3 中，创建 Account 类是为了模拟银行账户。Account 具有属性账号、余额、年利率、创建日期以及存款和取款函数。创建支票账户和储蓄账户两个派生类。支票账户有透支限额，但储蓄账户不能透支。在 Account 类中添加常量 toString() 函数，并在派生类中重写它，以字符串形式返回账号和余额。

为类绘制 UML 图并实现类。编写一个测试程序，创建 Account、SavingsAccount 和 CheckingAccount 的对象，并调用它们的 toString() 函数。使用 https://liangcpp.pearsoncmg.com/test/Exercise15_04.txt 中的模板编写程序。

15.5 （使用继承实现栈类）在 LiveExample 12.4 中，GenericStack 是用数组实现的。创建一个扩展 vector 的新栈类。为类绘制 UML 图并实现它。

异 常 处 理

学习目标

1. 概述异常捕获和异常处理（16.2 节）。

2. 了解如何抛出异常以及如何捕获异常，并探究使用异常处理的优势（16.2 节）。

3. 用 C++ 标准异常类创建异常（16.3 节）。

4. 定义自定义异常类（16.4 节）。

5. 捕捉多个异常（16.5 节）。

6. 解释异常是如何传播的（16.6 节）。

7. 在 catch 块中重新抛出异常（16.7 节）。

8. 适当使用异常处理（16.8 节）。

16.1 简介

要点提示：异常处理使程序能够处理异常情况并继续正常执行。

异常表示程序执行过程中发生的异常情况。例如，假设程序使用向量 v 来存储元素。程序使用 v[i] 访问向量中的元素，假设索引 i 处的元素存在。但当索引 i 处的元素不存在时，程序就会出现异常情况。在程序中应该编写代码来处理异常。本章介绍 C++ 中异常处理的概念，并介绍如何抛出、捕获和处理异常。

16.2 异常处理概述

要点提示：使用 throw 语句抛出异常，并在 try-catch 块中捕获异常。异常处理使函数的调用者能够处理从函数中抛出的异常。

为了演示异常处理，包括如何创建和抛出异常，让我们从一个读取两个整数并显示其商的示例开始，如 LiveExample 16.1 所示。

CodeAnimation 16.1 的互动程序请访问 https://liangcpp.pearsoncmg.com/codeanimation-5ecpp/Quotient.html，LiveExample 16.1 的互动程序请访问 https://liangcpp.pearsoncmg.com/LiveRunCpp5e/faces/LiveExample.xhtml?header=off&programName=Quotient&programHeight=270&resultHeight=180。

LiveExample 16.1　Quotient.cpp

Source Code Editor:

```
1  #include <iostream>
2  using namespace std;
3
4  int main()
5  {
6      // Read two intergers
```

```
7      cout << "Enter two integers: ";
8      int number1, number2;
9      cin >> number1 >> number2;
10
11     cout << number1 << " / " << number2 << " is "
12       << (number1 / number2) << endl;
13
14     return 0;
15   }
```

Enter input data for the program (Sample data provided below. You may modify it.)

```
1 0
```

Automatic Check   Compile/Run   Reset   Choose a Compiler: VC++ ⌄

Execution Result:

```
command>cl Quotient.cpp
Microsoft C++ Compiler 2019
Compiled successful (cl is the VC++ compile/link command)

command>Quotient
Enter two integers: 1 0
A runtime error occurred

command>
```

如果你为第二个数字输入 0，就会发生运行时错误，因为无法用整数除以 0。（记住，浮点数除以 0 不会抛出异常。）改正错误的一个简单方法是添加一个 if 语句，用于检查第二个数字，如 LiveExample 16.2 所示。

CodeAnimation 16.2 的互动程序请访问 https://liangcpp.pearsoncmg.com/codeanimation-5ecpp/QuotientWithIf.html，LiveExample 16.2 的互动程序请访问 https://liangcpp.pearsoncmg.com/LiveRunCpp5e/faces/LiveExample.xhtml?header=off&programName=QuotientWithIf&programHeight=390&resultHeight=180。

LiveExample 16.2   QuotientWithIf.cpp

Source Code Editor:

```
1    #include <iostream>
2    using namespace std;
3
4    int main()
5  ▾ {
6      // Read two integers
7      cout << "Enter two integers: ";
8      int number1, number2;
9      cin >> number1 >> number2;
10
11     if (number2 != 0)
12  ▾  {
13       cout << number1 << " / " << number2 << " is "
14         << (number1 / number2) << endl;
15     }
```

```
16      else
17 ▾    {
18        cout << "Divisor cannot be zero" << endl;
19      }
20
21      return 0;
22  }
```

Enter input data for the program (Sample data provided below. You may modify it.)

```
1 0
```

`Automatic Check` `Compile/Run` `Reset`   Choose a Compiler: `VC++ ▾`

Execution Result:

```
command>cl QuotientWithIf.cpp
Microsoft C++ Compiler 2019
Compiled successful (cl is the VC++ compile/link command)

command>QuotientWithIf
Enter two integers: 1 0
Divisor cannot be zero

command>
```

在引入异常处理之前，让我们重写 LiveExample 16.2，使用函数计算商，如 LiveExample 16.3 所示。

CodeAnimation 16.3 的互动程序请访问 https://liangcpp.pearsoncmg.com/codeanimation-5ecpp/QuotientWithFunction.html，LiveExample 16.3 的互动程序请访问 https://liangcpp.pearsoncmg.com/LiveRunCpp5e/faces/LiveExample.xhtml?header=off&programName=QuotientWithFunction&programHeight=490&resultHeight=180。

LiveExample 16.3   QuotientWithFunction.cpp

Source Code Editor:

```
1   #include <iostream>
2   using namespace std;
3
4   int quotient(int number1, int number2)
5 ▾ {
6     if (number2 == 0)
7 ▾   {
8       cout << "Divisor cannot be zero" << endl;
9       exit(0); // Terminate the program
10      }
11
12    return number1 / number2;
13  }
14
15  int main()
16 ▾ {
17    // Read two integers
18    cout << "Enter two integers: ";
19    int number1, number2;
```

```
20    cin >> number1 >> number2;
21
22    int result = quotient(number1, number2);
23    cout << number1 << " / " << number2 << " is "
24      << result << endl;
25
26    return 0;
27  }
```

Enter input data for the program (Sample data provided below. You may modify it.)

```
1 0
```

Automatic Check   Compile/Run   Reset   Choose a Compiler: VC++ ▾

Execution Result:

```
command>cl QuotientWithFunction.cpp
Microsoft C++ Compiler 2019
Compiled successful (cl is the VC++ compile/link command)

command>QuotientWithFunction
Enter two integers: 1 0
Divisor cannot be zero

command>
```

函数 quotient（第 4 ～ 13 行）返回两个整数的商。如果 number2 为 0，则无法返回值，因此程序在第 9 行终止，由 exit(0) 函数终止程序。这显然是个问题。我们不应该让函数终止程序——应该由调用者决定是否终止程序。

函数如何通知调用者发生异常呢？ C++ 让函数能够抛出一个异常，该异常可以由调用者捕获和处理。LiveExample 16.3 可以如 LiveExample 16.4 所示重写。

CodeAnimation 16.4 的互动程序请访问 https://liangcpp.pearsoncmg.com/codeanimation-5ecpp/QuotientWithException.html，LiveExample 16.4 的互动程序请访问 https://liangcpp.pearsoncmg.com/LiveRunCpp5e/faces/LiveExample.xhtml?header=off&programName=QuotientWithException&programHeight=600&resultHeight=200。

LiveExample 16.4   QuotientWithException.cpp

Source Code Editor:

```
1   #include <iostream>
2   using namespace std;
3
4   int quotient(int number1, int number2)
5   {
6     if (number2 == 0)
7       throw number1;
8
9     return number1 / number2;
10  }
11
12  int main()
13  {
```

```
14      // Read two integers
15      cout << "Enter two integers: ";
16      int number1, number2;
17      cin >> number1 >> number2;
18
19      try
20      {
21        int result = quotient(number1, number2);
22        cout << number1 << " / " << number2 << " is "
23          << result << endl;
24      }
25      catch (int ex)
26      {
27        cout << "Exception: an integer " << ex <<
28          " cannot be divided by zero" << endl;
29      }
30
31      cout << "Execution continues ..." << endl;
32
33      return 0;
34    }
```

Enter input data for the program (Sample data provided below. You may modify it.)

```
1 0
```

| Automatic Check | Compile/Run | Reset | Answer |

Choose a Compiler: VC++ ⌄

Execution Result:

```
command>cl QuotientWithException.cpp
Microsoft C++ Compiler 2019
Compiled successful (cl is the VC++ compile/link command)

command>QuotientWithException
Enter two integers: 1 0
Exception: an integer 1 cannot be divided by zero
Execution continues ...

command>
```

如果 `number2` 为 0，则函数 `quotient` 通过执行

```
throw number1;
```

抛出异常（第 7 行）；抛出的值，在本例中为 `number1`，称为**异常**。`throw` 语句的执行称为抛出异常。可以抛出任何类型的值。在本情况下，该值为 `int` 类型。

抛出异常时，正常的执行流会被中断。顾名思义，"抛出异常" 就是将异常从一个地方传递到另一个地方。调用函数的语句包含在 `try` 块中。`try` 块（第 19 ～ 24 行）包含了正常情况下执行的代码。异常被 `catch` 块捕获。`catch` 块中的代码被执行来处理异常。然后，执行 `catch` 块之后的语句（第 31 行）。

`throw` 语句类似于函数调用，但它不是调用函数，而是调用 `catch` 块。从这个意义上说，`catch` 块就像一个函数定义，其参数与抛出的值的类型相匹配。但是，在执行了

catch 块之后，程序控制不会返回到 throw 语句；相反，它执行 catch 块之后的下一条语句。

catch 块头

```
catch (int ex)
```

中的标识符 e，它的行为非常像函数中的参数。因此，它被称为 catch 块参数。ex 前面的类型（例如 int）指定 catch 块可以捕获的异常类型。一旦捕获到异常，就可以访问 catch 块体中该参数的抛出值。

总而言之，try-throw-catch 块的模板大概如下所示：

```
try
{
    try 执行的代码;
    用 throw 语句抛出异常或从函数抛出异常（如果需要）;
    try 执行的更多代码;
}
catch (type ex)
{
    处理异常的代码;
}
```

可以使用 try 块中的 throw 语句直接抛出异常，也可以调用会抛出异常的函数。

函数 quotient（第 4 ~ 10 行）返回两个整数的商。如果 number2 为 0，则不能返回值。因此，在第 7 行中抛出了一个异常。

main 函数调用 quotient 函数（第 21 行）。如果 quotient 函数执行正常，它会向调用者返回一个值。如果 quotient 函数遇到异常，它会将异常抛给调用者，并由调用者的 catch 块处理异常。

现在你看到了使用异常处理的优点。它使函数能够向其调用者抛出异常。如果没有此功能，函数必须处理异常或终止程序。通常，被调用的函数不知道发生错误时该怎么办。库函数通常就是这种情况。库函数可以检测错误，但只有调用者知道发生错误时需要做什么。异常处理的基本思想是将错误检测（在被调用函数中完成）与错误处理（在调用函数中完成）分离。

注意：如果你对异常对象的内容不感兴趣，则可以省略 catch 块参数。例如，下面的 catch 块也是合法的。

```
try
{
    // ...
}
catch (int)
{
    cout << "Error occurred " << endl;
}
```

16.3 异常类

要点提示：可以使用 C++ 标准异常类来创建异常对象并抛出异常。

前面示例中的 catch 块参数是 int 类型。通常类类型更有用，因为对象可以包含更多要抛出到 catch 块的信息。C++ 提供了许多可用于创建异常对象的**标准异常类**。这些类如

图 16.1 所示。

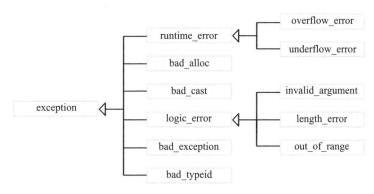

图 16.1 可以使用标准库类来创建异常对象

此层次结构中的根类是 exception（在头文件 <exception> 中定义）。它包含返回异常对象错误消息的虚拟函数 what()。

runtime_error 类（在头文件 <stdexcept> 中定义）是描述运行时错误的几个标准异常类的基类。类 overflow_error 描述算术上溢，即值太大导致无法存储。类 underflow_error 描述算术下溢，即值太小导致无法存储。

logic_error 类（在头文件 <stdexcept> 中定义）是描述逻辑错误的几个标准异常类的基类。类 invalid_argument 表示将无效参数传递给函数。类 length_error 表示对象的长度超过允许的最大长度。类 out_of_range 表示某个值超出其允许的范围。

类 bad_alloc、bad_cast、bad_typeid 和 bad_exception 描述 C++ 运算符抛出的异常。例如，如果无法分配内存，则 new 操作符会抛出 bad_alloc 异常。dynamic_cast 运算符由于转换为引用类型失败而抛出 bad_cast 异常。当 typeid 的操作数为 NULL 指针时，typeid 运算符会抛出 bad_typeid 异常。bad_exception 类用于函数的异常规范。

C++ 标准库中的一些函数使用这些类来**抛出异常**。你也可以使用这些类在程序中抛出异常。LiveExample 16.5 通过抛出 runtime_error 来重写 LiveExample 16.4。

LiveExample 16.5 的互动程序请访问 https://liangcpp.pearsoncmg.com/LiveRunCpp5e/faces/LiveExample.xhtml?header=off&programName=QuotientThrowRuntimeError&programHeight=600&resultHeight=200。

LiveExample 16.5   QuotientThrowRuntimeError.cpp

Source Code Editor:

```
1  #include <iostream>
2  #include <stdexcept>
3  using namespace std;
4
5  int quotient(int number1, int number2)
6  {
7    if (number2 == 0)
8      throw runtime_error ("Divisor cannot be zero");
9
10   return number1 / number2;
11 }
```

```
12
13   int main()
14 ▾ {
15       // Read two integers
16       cout << "Enter two integers: ";
17       int number1, number2;
18       cin >> number1 >> number2;
19
20       try
21 ▾    {
22           int result = quotient(number1, number2);
23           cout << number1 << " / " << number2 << " is "
24               << result << endl;
25       }
26       catch (runtime_error& ex)
27 ▾    {
28           cout << ex.what() << endl;
29       }
30
31       cout << "Execution continues ..." << endl;
32
33       return 0;
34   }
```

Enter input data for the program (Sample data provided below. You may modify it.)

```
3.5 4
```

| Automatic Check | Compile/Run | Reset | Answer | Choose a Compiler: | VC++ ∨ |

Execution Result:

```
command>cl QuotientThrowRuntimeError.cpp
Microsoft C++ Compiler 2019
Compiled successful (cl is the VC++ compile/link command)

command>QuotientThrowRuntimeError
Enter two integers: 3 0
Divisor cannot be zero
Execution continues ...

command>
```

　　LiveExample 16.4 中的 quotient 函数抛出了一个 int 值，但本程序中的函数抛出了 runtime_error 对象（第 8 行）。可以通过传递描述异常的字符串来创建 runtime_error 对象。

　　catch 块捕获 runtime_error 异常，并调用 what 函数返回异常的字符串描述（第 28 行）。

　　LiveExample 16.6 显示了一个处理 bad_alloc 异常的示例。

　　LiveExample 16.6 的互动程序请访问 https://liangcpp.pearsoncmg.com/LiveRunCpp5e/faces/LiveExample.xhtml?header=off&programName=BadAllocExceptionDemo&programHeight=360&resultHeight=260。

LiveExample 16.6   BadAllocExceptionDemo.cpp

Source Code Editor:

```
 1  #include <iostream>
 2  using namespace std;
 3
 4  int main()
 5  {
 6    try
 7    {
 8      for (int i = 1; i <= 100; i++)
 9      {
10        new int[70000000];
11        cout << i << " arrays have been created" << endl;
12      }
13    }
14    catch (bad_alloc& ex)
15    {
16      cout << "Exception: " << ex.what() << endl;
17    }
18
19    return 0;
20  }
```

`Automatic Check` `Compile/Run` `Reset` `Answer`   Choose a Compiler: `VC++ ⌄`

Execution Result:

```
command>cl BadAllocExceptionDemo.cpp
Microsoft C++ Compiler 2019
Compiled successful (cl is the VC++ compile/link command)

command>BadAllocExceptionDemo
1 arrays have been created
2 arrays have been created
3 arrays have been created
4 arrays have been created
5 arrays have been created
6 arrays have been created
Exception: bad allocation

command>
```

输出显示程序在第 7 个 new 操作符失败之前创建了 6 个数组。当它失败时，将抛出一个 bad_alloc 异常并在 catch 块中被捕获，catch 块显示从 ex.what() 返回的消息。

LiveExample 16.7 显示了一个处理 bad_cast 异常的示例。

LiveExample 16.7 的互动程序请访问 https://liangcpp.pearsoncmg.com/LiveRunCpp5e/faces/LiveExample.xhtml?header=off&programName=BadCastExceptionDemo&programHeight=360&resultHeight=160。

LiveExample 16.7   BadCastExceptionDemo.cpp

Source Code Editor:

```
 1  #include "AbstractGeometricObject.h"
 2  #include "DerivedCircleFromAbstractGeometricObject.h"
 3  #include "DerivedRectangleFromAbstractGeometricObject.h"
```

```
 4   #include <iostream>
 5   using namespace std;
 6
 7   int main()
 8 ▾ {
 9     try
10 ▾   {
11       Rectangle r(3, 4);
12       Circle& c = dynamic_cast<Circle&>(r);
13     }
14     catch (bad_cast& ex)
15 ▾   {
16       cout << "Exception: " << ex.what() << endl;
17     }
18
19     return 0;
20   }
```

Automatic Check   Compile/Run   Reset   Answer   Choose a Compiler: `VC++ ⌄`

Execution Result:

```
command>cl BadCastExceptionDemo.cpp
Microsoft C++ Compiler 2019
Compiled successful (cl is the VC++ compile/link command)

command>BadCastExceptionDemo
Exception: Bad dynamic_cast!

command>
```

15.11 节介绍了动态转换。

在第 12 行，Rectangle 对象的引用被强制转换为 Circle 引用类型，这是非法的，因而导致 bad_cast 异常被抛出。异常在第 14 行的 catch 块中被捕获。如果将第 12 行替换为 Circle*c=dynamic_cast<Circle*>(&r)，则不会抛出异常。c 将是一个 nullptr。

LiveExample16.8 显示了抛出和处理 invalid_argument 异常的示例。

LiveExample 16.8 的互动程序请访问 https://liangcpp.pearsoncmg.com/LiveRunCpp5e/faces/LiveExample.xhtml?header=off&programName=InvalidArgumentExceptionDemo&programHeight=580&resultHeight=200。

LiveExample 16.8   InvalidArgumentExceptionDemo.cpp

Source Code Editor:

```
 1   #include <iostream>
 2   #include <stdexcept>
 3   using namespace std;
 4
 5   double getArea(double radius)
 6 ▾ {
 7     if (radius < 0)
 8       throw invalid_argument("Radius cannot be negative");
 9
10     return radius * radius * 3.14159;
```

```
11   }
12
13   int main()
14 ▾ {
15     // Pormpt the user to enter radius
16     cout << "Enter radius: ";
17     double radius;
18     cin >> radius;
19
20     try
21 ▾   {
22       double result = getArea(radius);
23       cout << "The area is " << result << endl;
24     }
25     catch (exception& ex)
26 ▾   {
27       cout << ex.what() << endl;
28     }
29
30     cout << "Execution continues ..." << endl;
31
32     return 0;
33   }
```

Enter input data for the program (Sample data provided below. You may modify it.)

```
-5.5
```

[Automatic Check] [Compile/Run] [Reset] [Answer]   Choose a Compiler: [VC++ ✓]

Execution Result:

```
command>cl InvalidArgumentExceptionDemo.cpp
Microsoft C++ Compiler 2019
Compiled successful (cl is the VC++ compile/link command)

command>InvalidArgumentExceptionDemo
Enter radius: -5.5
Radius cannot be negative
Execution continues ...

command>
```

在示例输出中，程序提示用户输入半径，用户输入 -5.5。调用 getArea(-5.5)（第 22 行）会抛出 invalid_argument 异常（第 8 行）。这个异常在第 25 行的 catch 块中被捕获。注意，catch 块参数类型 exception 是 invalid_argument 的基类。因此，它可以捕获 invalid_argument。

16.4 自定义异常类

要点提示： 可以定义自定义异常类来对无法使用 C++ 标准异常类充分表示的异常进行建模。

C++ 提供了图 16.1 中列出的异常类。应该尽量使用这些类，而不是创建自己的异常类。

但是，如果遇到标准异常类无法充分描述的问题，则可以创建自己的异常类。这个类和其他 C++ 类一样，但通常需要从 exception 或 exception 的派生类派生它，这样就可以利用 exception 类中的公共特性（例如，what() 函数）。

让我们考虑用于三角形建模的 Triangle 类。UML 类图如图 16.2 所示。该类派生自 GeometricObject 类，该类是 15.10 节中介绍的抽象类。

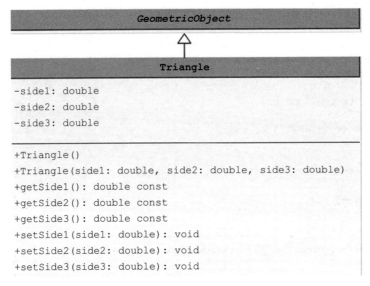

图 16.2   Triangle 类为三角形建模

如果任意两条边的和大于第三条边，则三角形有效。当我们尝试创建三角形或更改三角形边时，需要确保不违反此属性。否则，应该抛出异常。我们可以像 LiveExample 16.9 中这样定义 TriangleException 类来建模此异常。

LiveExample 16.9 的互动程序请访问 https://liangcpp.pearsoncmg.com/LiveRunCpp5e/faces/LiveExample.xhtml?header=off&programName=TriangleException&fileType=.h&programHeight=630&resultVisible=false。

LiveExample 16.9   TriangleException.h

Source Code Editor:

```
 1  #ifndef TRIANGLEEXCEPTION_H
 2  #define TRIANGLEEXCEPTION_H
 3  #include <stdexcept>
 4  using namespace std;
 5
 6  class TriangleException: public logic_error
 7  {
 8  public:
 9    TriangleException(double side1, double side2, double side3)
10      :logic_error("Invalid triangle")
11    {
12      this->side1 = side1;
13      this->side2 = side2;
14      this->side3 = side3;
15    }
16
```

```
17    double getSide1() const
18 ▾  {
19      return side1;
20    }
21
22    double getSide2() const
23 ▾  {
24      return side2;
25    }
26
27    double getSide3() const
28 ▾  {
29      return side3;
30    }
31
32  private:
33    double side1, side2, side3;
34  }; // Semicolon required
35
36  #endif
```

Answer   Reset

TriangleException 类描述一个逻辑错误，因此在第 6 行中定义这个类来扩展标准 logic_error 类是合适的。由于 logic_error 在 <stdexcept> 头文件中，因此在第 3 行包含该头文件。

回想一下，如果没有显式调用基类构造函数，则默认情况下会调用基类的无参数构造函数。但是，由于基类 logic_error 没有无参数构造函数，因此在第 10 行必须调用基类的构造函数以避免出现编译错误。调用 logic_error("Invalid triangle") 会设置一条错误消息，该消息可以通过对 exception 对象调用 what() 返回。

注意：自定义异常类与自定义常规类一样。没必要从基类扩展，但从标准异常或异常的派生类扩展是一种很好的做法，这样自定义异常类就可以使用标准类中的函数。

注意：头文件 TriangleException.h 包含该类的实现。回想一下，这是内联实现。对于短函数，使用内联实现是高效的。

Triangle 类可以在 LiveExample 16.10 中如下实现。

LiveExample 16.10 的互动程序请访问 https://liangcpp.pearsoncmg.com/LiveRunCpp5e/faces/LiveExample.xhtml?header=off&programName=Triangle&programHeight=1440&fileType=.h&resultVisible=false。

LiveExample 16.10   Triangle.h

Source Code Editor:

```
1  #ifndef TRIANGLE_H
2  #define TRIANGLE_H
3  #include "AbstractGeometricObject.h"
4  #include "TriangleException.h"
5  #include <cmath>
6
7  class Triangle: public GeometricObject
8 ▾ {
9  public:
```

```
10      Triangle()
11      {
12          side1 = side2 = side3 = 1;
13      }
14
15      Triangle(double side1, double side2, double side3)
16      {
17          if (!isValid(side1, side2, side3))
18              throw TriangleException(side1, side2, side3);
19
20          this->side1 = side1;
21          this->side2 = side2;
22          this->side3 = side3;
23      }
24
25      double getSide1() const
26      {
27          return side1;
28      }
29
30      double getSide2() const
31      {
32          return side2;
33      }
34
35      double getSide3() const
36      {
37          return side3;
38      }
39
40      void setSide1(double side1)
41      {
42          if (!isValid(side1, side2, side3))
43              throw TriangleException(side1, side2, side3);
44
45          this->side1 = side1;
46      }
47
48      void setSide2(double side2)
49      {
50          if (!isValid(side1, side2, side3))
51              throw TriangleException(side1, side2, side3);
52
53          this->side2 = side2;
54      }
55
56      void setSide3(double side3)
57      {
58          if (!isValid(side1, side2, side3))
59              throw TriangleException(side1, side2, side3);
60
61          this->side3 = side3;
62      }
63
64      double getPerimeter() const
65      {
66          return side1 + side2 + side3;
67      }
```

```
68
69    double getArea() const
70 ▾   {
71        double s = getPerimeter() / 2;
72        return sqrt(s * (s - side1) * (s - side2) * (s - side3));
73    }
74
75  private:
76    double side1, side2, side3;
77
78    bool isValid(double side1, double side2, double side3) const
79 ▾   {
80        return (side1 < side2 + side3) && (side2 < side1 + side3) &&
81          (side3 < side1 + side2);
82    }
83  };
84
85  #endif
```

Answer   Reset

Triangle 类扩展了 GeometricObject（第 7 行），并重写了 GeometricObject 类中定义的纯虚拟函数 getPerimeter 和 getArea（第 64 ～ 73 行）。

isValid 函数（第 78 ～ 82 行）检查三角形是否有效。此函数被定义为私有函数，以便在 Triangle 类内部使用。

当构造具有三个指定边的 Triangle 对象时，构造函数调用 isValid 函数（第 17 行）来检查有效性。如果无效，则在第 18 行创建并抛出一个 TriangleException 对象。当调用函数 setSide1、setSide2 和 setSide3 时，还会检查有效性。当调用 setSide1(side1) 时，将调用 isValid(side1, side2, side3)。这里 side1 是要设置的新 side1，而不是对象的当前 side1。

LiveExample 16.11 给出了一个测试程序，该程序使用无参数构造函数创建一个 Triangle 对象（第 10 行），显示其周长和面积（第 11 ～ 12 行），并将其 side3 更改为 4（第 14 行），从而抛出 TriangleException。异常被捕获在 catch 块中（第 18 ～ 23 行）。

LiveExample 16.11 的互动程序请访问 https://liangcpp.pearsoncmg.com/LiveRunCpp5e/faces/LiveExample.xhtml?header=off&programName=TestTriangle&programHeight=470&resultHeight=190。

LiveExample 16.11   TestTriangle.cpp

Source Code Editor:

```
1   #include <iostream>
2   #include "AbstractGeometricObject.h"
3   #include "Triangle.h"
4   using namespace std;
5
6   int main()
7 ▾ {
8     try
9 ▾   {
10      Triangle triangle;
11      cout << "Perimeter is " << triangle.getPerimeter() << endl;
```

```
12        cout << "Area is " << triangle.getArea() << endl;
13
14        triangle.setSide3(4);
15        cout << "Perimeter is " << triangle.getPerimeter() << endl;
16        cout << "Area is " << triangle.getArea() << endl;
17    }
18    catch (TriangleException& ex)
19·   {
20        cout << ex.what();
21        cout << " three sides are " << ex.getSide1() << " "
22          << ex.getSide2() << " " << ex.getSide3() << endl;
23    }
24
25    return 0;
26 }
```

| Automatic Check | Compile/Run | Reset | Answer |

Choose a Compiler: `VC++ ∨`

Execution Result:

```
command>cl TestTriangle.cpp
Microsoft C++ Compiler 2019
Compiled successful (cl is the VC++ compile/link command)

command>TestTriangle
Perimeter is 3
Area is 0.433013
Invalid triangle three sides are 1 1 4

command>
```

what() 函数是在 exception 类中定义的。由于 TriangleException 是从 logic_error 派生的，logic_error 是从 exception 派生的，因此可以调用 what()（第 20 行）在 TriangleException 对象上显示错误消息。TriangleException 对象包含与三角形相关的信息。此信息对于处理异常非常有用。

16.5　多次捕获

要点提示：try-catch 块可能包含多个 catch 子句，以处理 try 子句中抛出的不同异常。

大部分情况 try 块应该没有异常地运行。不过，偶尔它可能也会抛出某种或另一种类型的异常。例如，LiveExample 16.11 中三角形边的非正值可以被视为不同于 TriangleException 的异常类型。因此，try 块可能会抛出非正值异常或 TriangleException，具体取决于具体情况。一个 catch 块只能捕获一种类型的异常。C++ 支持在 try 块之后添加多个 catch 块，以便捕获多种类型的异常。

我们修改上一节中的示例，创建一个名为 NonPositiveSideException 的新异常类，并将其合并到 Triangle 类中。NonPositiveSideException 类在 LiveExample 16.12 中显示，新的 Triangle 类在 LiveExample 16.13 中显示。

LiveExample 16.12 的互动程序请访问 https://liangcpp.pearsoncmg.com/LiveRunCpp5e/faces/ LiveExample.xhtml?header=off&programName=NonPositiveSideException&fileType=.h&prog

ramHeight=420&resultVisible=false。

LiveExample 16.12   NonPositiveSideException.h

Source Code Editor:

```
1   #ifndef NonPositiveSideException_H
2   #define NonPositiveSideException_H
3   #include <stdexcept>
4   using namespace std;
5
6   class NonPositiveSideException: public logic_error
7   {
8   public:
9     NonPositiveSideException(double side)
10      : logic_error("Non-positive side")
11    {
12      this->side = side;
13    }
14
15    double getSide()
16    {
17      return side;
18    }
19
20  private:
21    double side;
22  };
23
24  #endif
```

Answer   Reset

NonPositiveSideException 类描述一个逻辑错误，因此在第 6 行中定义这个类来扩展标准 logic_error 类是合适的。

LiveExample 16.13 的互动程序请访问 https://liangcpp.pearsoncmg.com/LiveRunCpp5e/faces/LiveExample.xhtml?header=off&programName=NewTriangle&fileType=.h&programHeight=1680&resultVisible=false。

LiveExample 16.13   NewTriangle.h

Source Code Editor:

```
1   #ifndef TRIANGLE_H
2   #define TRIANGLE_H
3   #include "GeometricObject.h"
4   #include "TriangleException.h"
5   #include "NonPositiveSideException.h"
6   #include <cmath>
7
8   class Triangle: public GeometricObject
9   {
10  public:
11    Triangle()
12    {
13      side1 = side2 = side3 = 1;
14    }
15
```

```
16      Triangle(double side1, double side2, double side3)
17      {
18        check(side1);
19        check(side2);
20        check(side3);
21
22        if (!isValid(side1, side2, side3))
23          throw TriangleException(side1, side2, side3);
24
25        this->side1 = side1;
26        this->side2 = side2;
27        this->side3 = side3;
28      }
29
30      double getSide1() const
31      {
32        return side1;
33      }
34
35      double getSide2() const
36      {
37        return side2;
38      }
39
40      double getSide3() const
41      {
42        return side3;
43      }
44
45      void setSide1(double side1)
46      {
47        check(side1);
48        if (!isValid(side1, side2, side3))
49          throw TriangleException(side1, side2, side3);
50
51        this->side1 = side1;
52      }
53
54      void setSide2(double side2)
55      {
56        check(side2);
57        if (!isValid(side1, side2, side3))
58          throw TriangleException(side1, side2, side3);
59
60        this->side2 = side2;
61      }
62
63      void setSide3(double side3)
64      {
65        check(side3);
66        if (!isValid(side1, side2, side3))
67          throw TriangleException(side1, side2, side3);
68
69        this->side3 = side3;
70      }
71
```

```
72    double getPerimeter() const
73 ▾  {
74      return side1 + side2 + side3;
75    }
76
77    double getArea() const
78 ▾  {
79      double s = getPerimeter() / 2;
80      return sqrt(s * (s - side1) * (s - side2) * (s - side3));
81    }
82
83  private:
84    double side1, side2, side3;
85
86    bool isValid(double side1, double side2, double side3) const
87 ▾  {
88      return (side1 < side2 + side3) && (side2 < side1 + side3) &&
89        (side3 < side1 + side2);
90    }
91
92    void check(double side) const
93 ▾  {
94      if (side <= 0)
95        throw NonPositiveSideException(side);
96    }
97  };
98
99  #endif
```

Answer   Reset

新的 Triangle 类与 LiveExample 16.10 中的类相同，只是它还检查非正值。创建 Triangle 对象时，通过调用 check 函数（第 18 ～ 20 行）来检查其所有边。check 函数检查一个边是否是非正的（第 94 行）；它抛出一个 NonPositiveSideException（第 95 行）。

LiveExample 16.14 给出了一个测试程序，提示用户输入三条边（第 12 ～ 14 行）并创建一个 Triangle 对象（第 15 行）。

LiveExample 16.14 的互动程序请访问 https://liangcpp.pearsoncmg.com/LiveRunCpp5e/faces/ LiveExample.xhtml?header=off&programName=MultipleCatchDemo&programHeight=560&resultHeight=180。

LiveExample 16.14　MultipleCatchDemo.cpp

Source Code Editor:

```
1   #include <iostream>
2   #include "AbstractGeometricObject.h"
3   #include "NonPositiveSideException.h"
4   #include "NewTriangle.h"
5
6   using namespace std;
7
8   int main()
9 ▾ {
10    try
11 ▾  {
```

```
12        cout << "Enter three sides: ";
13        double side1, side2, side3;
14        cin >> side1 >> side2 >> side3;
15        Triangle triangle(side1, side2, side3);
16        cout << "Perimeter is " << triangle.getPerimeter() << endl;
17        cout << "Area is " << triangle.getArea() << endl;
18      }
19      catch (NonPositiveSideException& ex)
20      {
21        cout << ex.what();
22        cout << " the side is " << ex.getSide() << endl;
23      }
24      catch (TriangleException& ex)
25      {
26        cout << ex.what();
27        cout << " three sides are " << ex.getSide1() << " "
28          << ex.getSide2() << " " << ex.getSide3() << endl;
29      }
30
31      return 0;
32    }
```

Enter input data for the program (Sample data provided below. You may modify it.)

```
1.5 1.5 7.6
```

| Automatic Check | Compile/Run | Reset | Answer | Choose a Compiler: | VC++ ⌄ |

Execution Result:

```
command>cl MultipleCatchDemo.cpp
Microsoft C++ Compiler 2019
Compiled successful (cl is the VC++ compile/link command)

command>MultipleCatchDemo
Enter three sides: 1.5 1.5 7.6
Invalid triangle three sides are 1.5 1.5 7.6

command>
```

如果输入三条边 2、2.5 和 2.5，则它是一个合法的三角形。程序显示三角形的周长和面积（第 16 ～ 17 行）。如果输入 -1、1 和 1，构造函数（第 15 行）将抛出一个 NonPositiveSideException。此异常由第 19 行中的 catch 块捕获，并在第 21 ～ 22 行中进行处理。如果输入 1、2 和 1，构造函数（第 15 行）将抛出一个 TriangleException。此异常由第 24 行中的 catch 块捕获，并在第 26 ～ 28 行中进行处理。

注意： 可以从一个公共基类派生出各种异常类。如果 catch 块捕获基类的异常对象，那么它可以捕获该基类的派生类的所有异常对象。

注意： 在 catch 块中指定异常的顺序很重要。基类类型的 catch 块应出现在派生类类型的 catch 块之后。否则，派生类的异常总是被基类的 catch 块捕获。例如，下面 (a) 中的排序是错误的，因为 TriangleException 是 logic_error 的派生类。正确的顺序应如 (b) 所示。在 (a) 中，发生在 try 块中的 TriangleException 被 logic_error 的 catch 块捕获。

(a) Wrong Order	(b) Correct Order

```
try
{
  ...
}
catch (logic_error& ex)
{
  ...
}
catch (TriangleException& ex)
{
  ...
}
```

(a) Wrong Order	(b) Correct Order

```
try
{
  ...
}
catch (TriangleException& ex)
{
  ...
}
catch (logic_error& ex)
{
  ...
}
```

（a）顺序错误：TriangleException 是 logic_error 的子类   （b）顺序正确：子类必须在父类之前检查

可以使用省略号（...）作为 catch 的参数，它将捕获任意异常，无论抛出何种类型的异常。如果最后指定了它，则它可以用作默认处理程序，捕获其他处理程序未捕获的所有异常，如以下示例所示：

```
try
{
  Execute some code here
}
catch (Exception1& ex1)
{
  cout << "Handle Exception1" << endl;
}
catch (Exception2& ex2)
{
  cout << "Handle Exception2" << endl;
}
catch (...)
{
  cout << "Handle all other exceptions"  << endl;
}
```

16.6　异常传播

要点提示：异常通过调用函数链抛出，直到它被捕获或到达 main 函数。

我们现在知道了如何声明异常以及如何抛出异常。当抛出异常时，可以在 try-catch 块中捕获并处理它，如下所示：

```
try
{
  statements;  // Statements that may throw exceptions
}
catch (Exception1& ex1)
{
  handler for exception1;
}
catch (Exception2& ex2)
{
  handler for exception2;
}
...
catch (ExceptionN& exN)
```

```
    {
        handler for exceptionN;
    }
```

　　如果在 try 块的执行过程中没有出现异常，则跳过 catch 块。

　　如果 try 块中的一个语句抛出异常，C++ 将跳过 try 块中的其余语句，开始查找处理异常的代码。该代码（称为异常处理程序）通过从当前函数开始的函数调用链向回传播异常来查找。从第一个到最后一个，依次检查每个 catch 块，以查看异常对象的类型是否是 catch 块中异常类的实例。如果是，则将异常对象赋值给声明的变量，并执行 catch 块中的代码。如果找不到处理程序，C++ 将退出此函数，将异常传递给调用该函数的函数，然后继续相同的过程来查找处理程序。如果在被调用函数链中找不到处理程序，程序将在控制台上打印一条错误消息并终止。查找处理程序的过程称为捕获异常。

　　假设 main 函数调用 function1，function1 调用 function2，function2 调用 function3，function3 抛出异常，如图 16.3 所示。考虑以下场景：

- 如果异常类型为 Exception3，则会被 function2 中用于处理异常 ex3 的 catch 块捕获。statement5 被跳过，statement6 被执行。
- 如果异常类型为 Exception2，则 function2 被中止，控制返回到 function1，并且该异常由 function1 中用于处理异常 ex2 的 catch 块捕获。statement3 被跳过，statement4 被执行。
- 如果异常类型为 Exception1，则 function1 被中止，控制返回到 main 函数，并且异常被 main 函数中用于处理异常 ex1 的 catch 块捕获。statement1 被跳过，statement2 被执行。
- 如果异常没有被 function2、function1 和 main 捕获，则程序终止。statement1 和 statement2 不被执行。

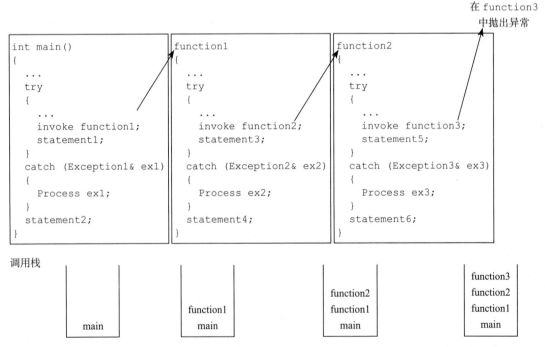

图 16.3　如果异常在当前函数中没有被捕获，则会将其传递给调用者。该过程重复进行，直到异常被捕获或将异常传递给 main 函数

16.7 重抛异常

要点提示：捕获异常后，可以将其重新抛给函数的调用者。

C++ 支持异常处理程序在无法处理异常或只想通知其调用者的情况下重新抛出异常。语法可以如下所示：

```
try
{
  若干语句;
}
catch (TheException& ex)
{
  执行退出前操作;
  throw;
}
```

语句 throw 重新抛出异常，以便其他处理程序有机会处理它。

LiveExample 16.15 给出了一个示例，演示如何**重新抛出异常**。

LiveExample 16.15 的互动程序请访问 https://liangcpp.pearsoncmg.com/LiveRunCpp5e/faces/LiveExample.xhtml?header=off&programName=RethrowExceptionDemo&programHeight=570&resultHeight=210。

LiveExample 16.15　RethrowExceptionDemo.cpp

Source Code Editor:

```
1  #include <iostream>
2  #include <stdexcept>
3  using namespace std;
4
5  int f1()
6  {
7    try
8    {
9      throw runtime_error("Exception in f1");
10   }
11   catch (exception& ex)
12   {
13     cout << "Exception caught in function f1" << endl;
14     cout << ex.what() << endl;
15     throw; // Rethrow the exception
16   }
17 }
18
19 int main()
20 {
21   try
22   {
23     f1();
24   }
25   catch (exception& ex)
26   {
27     cout << "Exception caught in function main" << endl;
28     cout << ex.what() << endl;
29   }
30
```

```
31    return 0;
32 }
```

| Automatic Check | Compile/Run | Reset | Answer | Choose a Compiler: VC++ ∨

Execution Result:

```
command>cl RethrowExceptionDemo.cpp
Microsoft C++ Compiler 2019
Compiled successful (cl is the VC++ compile/link command)

command>RethrowExceptionDemo
Exception caught in function f1
Exception in f1
Exception caught in function main
Exception in f1

command>
```

该程序在第 23 行调用函数 f1，该函数在第 9 行抛出异常。这个异常在第 11 行的 catch 块中被捕获，并在第 15 行被重新抛出到 main 函数中。main 函数中的 catch 块捕获重新抛出的异常，并在第 27 ～ 28 行对其进行处理。

16.8　何时使用异常

要点提示：异常被用在特殊情况下，而不是被用在 if 语句很容易捕获到的简单逻辑错误时。

try 块包含在正常情况下执行的代码。catch 块包含在特殊情况下执行的代码。异常处理将错误处理代码与正常编程任务分离，从而使程序更易于阅读和修改。但是，请注意，异常处理通常需要更多的时间和资源，因为它需要实例化一个新的异常对象，回滚调用栈，并通过函数调用链传播异常来搜索处理程序。

异常出现在某个函数中。如果想让异常由它的调用者处理，应该抛出它。如果能在异常发生的函数中处理它，就没有必要抛出或使用异常。

通常，可能在项目多个类中发生的共同异常是异常类的候选者。个别函数中可能发生的简单错误最好在本地处理，而不必抛出异常。

异常处理用于处理意外错误情况。不要使用 try-catch 块来处理简单的、预期的情况。哪些情况是特殊的，哪些是预期的，有时很难决定。重点是不要滥用异常处理来处理简单的逻辑测试。

关键术语

exception（异常）

exception specification（异常规范）

rethrow exception（重抛异常）

standard exception（标准异常）

throw exception（抛出异常）

throw list（抛出列表）

章节总结

1. 异常处理使程序变得稳健。异常处理将错误处理代码与正常编程任务分离，从而使程序更易于阅读和修改。异常处理的另一个重要优点是，它使函数能够向调用者抛出异常。

2. C++ 支持在发生异常时使用 throw 语句抛出任何类型（基元或类类型）的值。此值作为参数传递给 catch 块，以便 catch 块可以利用此值处理异常。

3. 抛出异常时，正常的执行流会被中断。如果异常值与 catch 块参数类型匹配，则控制将转移到 catch 块。否则，函数将退出，并将异常抛给函数的调用者。如果未在 main 函数中处理异常，则程序将中止。

4. C++ 提供了许多可用于创建异常对象的标准异常类。可以使用 exception 类或其派生类 runtime_error 和 logic_error 来创建异常对象。

5. 如果标准异常类不能充分描述异常，也可以创建自定义异常类。该类与任何 C++ 类一样，但通常需要从 exception 或 exception 的派生类派生它，这样就可以利用 exception 类中的公共特性（例如，what() 函数）。

6. 一个 try 块后面可能跟有多个 catch 块。在 catch 块中指定异常的顺序很重要。基类类型的 catch 块应出现在派生类类型的 catch 块之后。

7. 如果函数抛出异常，应该在函数头中声明异常的类型，以警告程序员处理潜在的异常。

8. 异常处理不应用来代替简单的检测。应该尽量检测简单的异常，将异常处理保留，以处理 if 语句无法处理的情况。

编程练习

16.2 ～ 16.4 节

*16.1 （invalid_argument）LiveExample 6.18 给出了 hex2Dec(const string& hexString) 函数，该函数从十六进制字符串返回十进制数。实现 hex2Dec 函数，在字符串不是十六进制字符串时抛出 invalid_argument 异常。编写一个测试程序，提示用户输入作为字符串的十六进制数字，并以十进制形式显示该数字。如果函数抛出异常，则显示 "Not a hex number"。使用 https://liangcpp.pearsoncmg.com/test/Exercise16_01.txt 的代码完成程序。

*16.2 （invalid_argument）编程练习 6.39 指定 bin2Dec(const string& binaryString) 函数，该函数从二进制字符串返回十进制数。实现 bin2Dec 函数，如果字符串不是二进制字符串，则抛出 invalid_argument 异常。编写一个测试程序，提示用户输入作为字符串的二进制数字，并以十进制形式显示该数字。

*16.3 （修改 Course 类）重写 LiveExample 11.16 Course 类中的 addStudent 函数，如果学生人数超过容量，则抛出 runtime_error。

*16.4 （修改 Rational 类）重写 LiveExample 14.8 Rational 类中的索引运算符函数，如果索引不是 0 或 1，则抛出 runtime_error。

16.5 ～ 16.8 节

*16.5 （HexFormatException）实现编程练习 16.1 中的 hex2Dec 函数，如果字符串不是十六进制字符串，则抛出 HexFormatException。定义一个名为 HexFormatException 的自定义异常类。编写一个测试程序，提示用户输入作为字符串的十六进制数字，并以十进制形式显示该数字。使用 https://liangcpp.pearsoncmg.com/test/Exercise16_05.txt 的代码完成程序。

*16.6 （BinaryFormatException）实现编程练习 16.2 中的 bin2Dec 函数，如果字符串不是二进制字符串，则抛出 BinaryFormatException。定义一个名为 BinaryFormatException 的自定义异常类。编写一个测试程序，提示用户输入作为字符串的二进制数字，并以十进制形式显示该数字。

*16.7 （修改 Rational 类）14.4 节介绍了如何在 Rational 类中重载下标运算符 []。如果下标既不是 0 也不是 1，则函数抛出 runtime_error 异常。定义一个名为 IllegalSubscriptException 的自定义异常，如果下标既不是 0 也不是 1，则让函数运算符抛出一个 IllegalSubscriptException。编写一个带有 try-catch 块的测试程序来处理这种类型的异常。

*16.8 （修改 StackOfIntegers 类）在 10.9 节中，为整数定义了一个栈类。定义一个名为 EmptyStackException 的自定义异常类，如果栈为空，则让 pop 和 peek 函数抛出 EmptyStackException。编写一个带有 try-catch 块的测试程序来处理这种类型的异常。

*16.9 （代数：求解 3×3 线性方程组）编程练习 12.24 求解一个 3×3 的线性方程组。编写以下函数来求解方程。

```
vector<double> solveLinearEquation(
  const vector<vector<double>>& a, const vector<double>& b)
```

参数 a 存储 {{a_{11}, a_{12}, a_{13}}, {a_{21}, a_{22}, a_{23}}, {a_{31}, a_{32}, a_{33}}}，参数 b 存储 {b_1, b_2, b_3}。{x, y, z} 的解以三个元素的向量返回。如果 |A| 为 0，函数将抛出 runtime_error；如果 a、a[0]、a[1]、a[2] 和 b 的大小不为 3，函数将抛出 invalid_argument。

编写一个程序，提示用户输入 a_{11}, a_{12}, a_{13}, a_{21}, a_{22}, a_{23}, a_{31}, a_{32}, a_{33}, b_1,b_2 和 b_3 并显示结果。如果 |A| 为 0，则报告"The equation has no solution"。示例运行与编程练习 12.24 中的相同。

C++ 关键字

以下关键字是为供 C++ 语言使用而保留的。它们不应用于 C++ 中预定义用途之外的任何其他用途。

asm	double	int	return	typeid
auto	dynamic_cast	log	short	typename
bool	else	long	signed	union
break	enum	mutable	sizeof	unsigned
case	explicit	namespace	static	using
catch	extern	new	static_cast	virtual
char	false	nullptr	struct	void
class	final	operator	switch	volatile
const	float	override	template	wchar_t
const_cast	for	private	this	while
continue	friend	protected	throw	
default	goto	public	true	
delete	if	register	try	
do	inline	reinterpret_cast	typedef	

注意，以下 11 个 C++ 关键字不是必需的。并不是所有的 C++ 编译器都支持它们。但它们为一些 C++ 运算符提供了更可读的替代方案。

关键字	等价运算符
and	&&
and_eq	&=
bitand	&
bitor	|
compl	~
not	!
not_eq	!=
or	||
or_eq	||=
xor	^
xor_eq	^=

ASCII 字符集

表 B.1 和表 B.2 显示 ASCII 字符及其各自的十进制和十六进制编码。字符的十进制或十六进制编码是其行索引和列索引的组合。例如，在表 B.1 中，字母 A 位于第 6 行和第 5 列，因此其十进制等效值为 65；在表 B.2 中，字母 A 位于第 4 行和第 1 列，因此其十六进制等效值为 41。

表 B.1　以十进制索引表示的 ASCII 字符集

	0	1	2	3	4	5	6	7	8	9
0	nul	soh	stx	etx	eot	enq	ack	bel	bs	ht
1	nl	vt	ff	cr	so	si	dle	dc1	dc2	dc3
2	dc4	nak	syn	etb	can	em	sub	esc	fs	gs
3	rs	us	sp	!	"	#	$	%	&	'
4	(	)	*	+	,	−	.	/	0	1
5	2	3	4	5	6	7	8	9	:	;
6	<	=	>	?	@	A	B	C	D	E
7	F	G	H	I	J	K	L	M	N	O
8	P	Q	R	S	T	U	V	W	X	Y
9	Z	[	\	]	^	_	'	a	b	c
10	d	e	f	g	h	i	j	k	l	m
11	n	o	p	q	r	s	t	u	v	w
12	x	y	z	{			}	~	del		

表 B.2　以十六进制索引表示的 ASCII 字符集

	0	1	2	3	4	5	6	7	8	9	A	B	C	D	E	F
0	nul	soh	stx	etx	eot	enq	ack	bel	bs	ht	nl	vt	ff	cr	so	si
1	dle	dc1	dc2	dc3	dc4	nak	syn	etb	can	em	sub	esc	fs	gs	rs	us
2	sp	!	"	#	$	%	&	'	(	)	*	+	,	−	.	/
3	0	1	2	3	4	5	6	7	8	9	:	;	<	=	>	?
4	@	A	B	C	D	E	F	G	H	I	J	K	L	M	N	O
5	P	Q	R	S	T	U	V	W	X	Y	Z	[	\	]	^	_
6	'	a	b	c	d	e	f	g	h	i	j	k	l	m	n	o
7	p	q	r	s	t	u	v	w	x	y	z	{			}	~	del

运算符优先级表

运算符按优先级从上到下递减的顺序显示。同一组中的运算符具有相同的优先级，其结合性如下表所示。

运算符	类型	结合性
::	二元作用域解析	从左到右
::	一元作用域解析	
.	通过对象访问对象成员	从左到右
->	通过指针访问对象成员	
()	函数调用	
[]	数组下标	
++	后置递增	
--	后置递减	
typeid	运行时类型信息	
dynamic_cast	动态转换（运行时）	
static_cast	静态转换（编译时）	
reinterprete_cast	非标准转换的强制转换	
++	前置递增	从右到左
--	前置递减	
+	一元加	
-	一元减	
!	一元逻辑否定	
~	按位否定	
sizeof	类型的大小	
&	变量的地址	
*	变量的指针	
new	动态内存分配	
new[]	动态数组分配	
delete	动态内存解除分配	
delete[]	动态数组解除分配	
(type)	C 风格转换	从右到左
*	乘	从左到右
/	除	
%	取余	
+	加	从左到右
-	减	
<	输出或按位左移	从右到左
>>	输入或按位右移	
<	小于	从左到右
<=	小于或等于	
>	大于	
>=	大于或等于	

（续）

运算符	类型	结合性
==	等于	从左到右
!=	不等	
&	按位与	从左到右
^	按位异或	从左到右
|	按位兼或	从左到右
&&	布尔与	从左到右
||	布尔或	从左到右
?:	三元运算符	从右到左
=	赋值	从右到左
+=	加赋值	
− =	减赋值	
*=	乘赋值	
/=	除赋值	
%=	取余赋值	
&=	按位与赋值	
^=	按位异或赋值	
|=	按位兼或赋值	
<<=	按位左移赋值	
>>=	按位右移赋值	

数 字 系 统

D.1 简介

计算机内部使用二进制数，因为计算机天生就可以存储和处理 0 和 1。二进制数字系统有两个数字，0 和 1。数字或字符存储为 0 和 1 的序列。每个 0 或 1 被称为一个位（二进制数字）。

在日常生活中，我们使用十进制数。当我们在程序中写入一个数字（如 20）时，假定它是一个十进制数。计算机软件在内部将十进制数转换为二进制数，反之亦然。

我们用十进制数编写计算机程序。但为了与操作系统打交道，我们需要用二进制数来达到"机器级别"。二进制数往往很冗长。所以通常用十六进制数来缩写它们，每个十六进制数字代表四个二进制数字。十六进制数字系统有 16 个数字：$0 \sim 9$ 和 $A \sim F$。字母 A、B、C、D、E 和 F 分别对应于十进制数字 10、11、12、13、14 和 15。

十进制的数字是 0、1、2、3、4、5、6、7、8 和 9。十进制数由一个或多个这些数字的序列表示。每个数字表示的值取决于其位置，位置代表 10 的整数幂。例如，十进制数 7423 中的数字 7、4、2 和 3 分别表示 7000、400、20 和 3，如下所示：

$$\begin{array}{|c|c|c|c|}\hline 7 & 4 & 2 & 3 \\ \hline \end{array} = 7 \times 10^3 + 4 \times 10^2 + 2 \times 10^1 + 3 \times 10^0 \quad \boxed{\text{Compute}}$$
$$10^3 \quad 10^2 \quad 10^1 \quad 10^0 \qquad\qquad = 7423$$

十进制有 10 个数字，位置值是 10 的整数幂。我们说 10 是十进制的基数。类似地，由于二进制数字系统有两个数字，所以其基数为 2，并且由于十六进制数字系统有 16 个数字，因此其基数为 16。

如果 1101 是二进制数，则数字 1、1、0 和 1 分别表示 1×2^3、1×2^2、0×2^2 和 1×2^0：

$$\begin{array}{|c|c|c|c|}\hline 1 & 1 & 0 & 1 \\ \hline \end{array} = 1 \times 2^3 + 1 \times 2^2 + 0 \times 2^1 + 1 \times 2^0 \quad \boxed{\text{Compute}}$$
$$2^3 \quad 2^2 \quad 2^1 \quad 2^0 \qquad\qquad = 13$$

如果 7423 是十六进制数，则数字 7、4、2 和 3 分别表示 7×16^3、4×16^2、2×16^1 和 3×16^0：

$$\begin{array}{|c|c|c|c|}\hline 7 & 4 & 2 & 3 \\ \hline \end{array} = 7 \times 16^3 + 4 \times 16^2 + 2 \times 16^1 + 3 \times 16^0 \quad \boxed{\text{Compute}}$$
$$16^3 \quad 16^2 \quad 16^1 \quad 16^0 \qquad\qquad = 29731$$

D.2 二进制数和十进制数之间的转换

给定一个二进制数 $b_n b_{n-1} b_{n-2} \cdots b_2 b_1 b_0$，等效的十进制值为

$$b_n \times 2^n + b_{n-1} \times 2^{n-1} + b_{n-2} \times 2^{n-2} + \cdots + b_2 \times 2^2 + b_1 \times 2^1 + b_0 \times 2^0$$

以下是将二进制数转换为十进制数的一些示例：

输入一个二进制数： $\boxed{1110}$ ██ **显示其十进制值**

（二进制）$1110 = 1 \times 2^3 + 1 \times 2^2 + 1 \times 2^1 + 0 \times 2^0 = 14$（十进制）

将十进制数 d 转换为二进制数就是找到位 $b_n, b_{n-1}, b_{n-2}, \cdots, b_2, b_1$ 和 b_0，满足

$$d = b_n \times 2^n + b_{n-1} \times 2^{n-1} + b_{n-2} \times 2^{n-2} + \cdots + b_2 \times 2^2 + b_1 \times 2^1 + b_0 \times 2^0$$

这些位可以通过连续地将 d 除以 2 直到商为 0 来找到。余数就是 $b_0, b_1, b_2, \cdots, b_{n-2}, b_{n-1}$ 和 b_n。

例如，十进制数 123 是二进制数 1111011。转换过程如下：

输入一个十进制数： $\boxed{123}$ ██ **显示其二进制值**

二进制值是 1111011（即 $1 \times 2^6 + 1 \times 2^5 + 1 \times 2^4 + 1 \times 2^3 + 0 \times 2^2 + 1 \times 2^1 + 1 \times 2^0$）

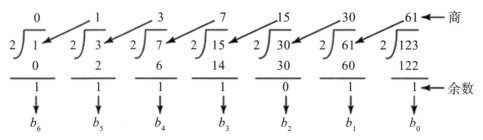

提示： 如图 D.1 所示，Windows 计算器是执行数字转换的有用工具。要运行它，从"开始"按钮搜索"计算器"并启动"计算器"，然后在"视图"下选择"科学"。

图 D.1　可以用 Windows 计算器进行进制转换

D.3 十六进制数和十进制数之间的转换

给定一个十六进制数 $h_n h_{n-1} h_{n-2} \cdots h_2 h_1 h_0$，等效的十进制值为

$$h_n \times 16^n + h_{n-1} \times 16^{n-1} + h_{n-2} \times 16^{n-2} + \cdots + h_2 \times 16^2 + h_1 \times 16^1 + h_0 \times 16^0$$

以下是将十六进制数转换为十进制数的一些示例：

输入一个十六进制数：　F23　　**显示其十进制值**

（十六进制）$F23 = F \times 16^2 + 2 \times 16^1 + 3 \times 16^0 = 3875$（十进制）

将十进制数 d 转换为十六进制数就是找到十六进制数字 h_n, h_{n-1}, h_{n-2}, $\cdots$, h_2, h_1 和 h_0，满足

$$d = h_n \times 16^n + h_{n-1} \times 16^{n-1} + h_{n-2} \times 16^{n-2} + \cdots + h_2 \times 16^2 + h_1 \times 16^1 + h_0 \times 16^0$$

这些数字可以通过连续地将 d 除以 16 直到商为 0 来求出。余数是 h_0, h_1, h_2, $\cdots$, h_{n-2}, h_{n-1} 和 h_n。
例如，十进制数 123 是十六进制数 7B。转换过程如下：

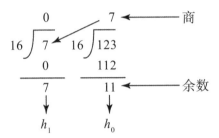

输入一个十进制数：　123　　**显示其十六进制值**

十六进制值是 7B（即 $7 \times 16^1 + B \times 16^0$）

D.4 二进制数和十六进制数之间的转换

要将十六进制数转换为二进制数，只需使用表 D.1 将十六进制数中的每个数字转换为四位数的二进制数。

例如，十六进制数 7B 是 1111011，其中 7 是二进制的 111，而 B 是二进制的 1011。

输入一个十六进制数：　7B　　**显示其二进制值**

（十六进制）7B = 01111011（二进制）

要将二进制数转换为十六进制数，将二进制数中从右到左的每四个数转换为一个十六进制数字。

例如，二进制数 1110001101 是 38D，因为 1101 是 D，1000 是 8，11 是 3，如下所示。

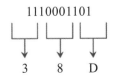

输入一个二进制数：　1110001101　　**显示其十六进制值**

（二进制）1110001101 = 38D（十六进制）

表 D.1 将十六进制数转换为二进制数

十六进制	二进制	十进制
0	0000	0
1	0001	1
2	0010	2
3	0011	3
4	0100	4
5	0101	5
6	0110	6
7	0111	7
8	1000	8
9	1001	9
A	1010	10
B	1011	11
C	1100	12
D	1101	13
E	1110	14
F	1111	15

注意： 八进制数也很有用。八进制有八位数，从 0 到 7。十进制数 8 在八进制中表示为 10。

按位运算

要在机器级别编写程序，通常需要直接处理二进制数，并在位级执行运算。C++ 提供了表 E.1 中定义的按位运算符和移位运算符。

表　E.1

运算符	名字	示例（在示例中使用字节）	描述
&	按位与	10101110 & 10010010 的结果是 10000010	如果两个对应的位都是 1，则对其进行与运算得到 1
|	按位兼或	10101110 | 10010010 的结果是 10111110	如果任意一位为 1，则两个对应位的或运算结果为 1
^	按位异或	10101110 ^ 10010010 的结果是 00111100	两个对应位的异或只在两个位不同时结果为 1
~	某数的补	~10101110 的结果是 01010001	该运算符将每个位从 0 到 1 和从 1 到 0 进行切换
<<	左移	10101110 <<2 的结果是 10111000	该运算符将第一个操作数的位向左移动第二个操作数中指定的位数，并在右侧填充 0
>>	带符号扩展的右移	10101110 >> 2 的结果是 11101011 00101110 >> 2 的结果是 00001011	该运算符将第一个操作数的位向右移动第二个操作数中指定的位数，用左边最高的（符号）位填充

位运算符仅适用于整数类型。位运算中涉及的字符被转换为整数。所有二进制按位运算符都可以组成按位赋值运算符，如 &=、|=、^=、<<= 和 >>=。

使用按位运算符的程序比使用算术运算符更高效。例如，要将 int 值 x 乘以 2，可以写入 x<<1，而不是 x*2。

使用命令行参数

我们可以从命令行向 C++ 程序传递参数。为此，要创建一个具有以下函数头的 main 函数：

```
int main(int argc, char* argv[])
```

其中 argv 指定参数，argc 指定参数的数量。例如，以下命令行使用三个字符串 arg1、arg2 和 arg3 启动程序 TestMain：

```
TestMain arg1 arg2 arg3
```

arg1、arg2 和 arg3 是字符串，并且传递给 argv。argv 是一个 C 字符串数组。在本例中，argc 为 4，因为传递了三个字符串参数，程序名 TestMain 也算作一个参数，该参数被传递给 argv[0]。

参数必须是字符串，但它们不必出现在命令行的双引号中。字符串用空格分隔。包含空格的字符串必须用双引号括起来。考虑以下命令行：

```
TestMain "First num" alpha 53
```

它用三个字符串启动程序："First num"、alpha，以及一个数字字符串 53。注意，53 实际被视为一个字符串。你可以在命令行中使用 "53" 替代 53。

LiveExample F.1 给出了一个对整数执行二元运算的程序。该程序接收三个参数：一个整数、后跟着的运算符和另一个整数。例如，要将两个整数相加，用以下命令：

```
Calculator 1 + 2
```

程序显示以下输出：

```
1 + 2 = 3
```

图 F.1 显示了该程序的示例运行。

以下是程序中的步骤：

1. 检查 argc 以确定命令行中是否提供了三个参数。如果没有，用 exit(0) 终止程序。

2. 用 args[2] 中指定的运算符对操作数 args[1] 和 args[3] 执行算术运算。

LiveExample F.1 的互动程序请访问 https://liangcpp.pearsoncmg.com/LiveRunCpp5e/faces/LiveExample.xhtml?header=off&programName=Calculator&fileType=.cpp&programHeight=620&resultHeight=160。

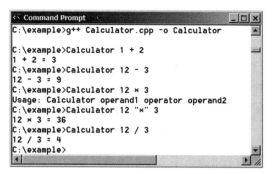

图 F.1 该程序从命令行获取三个参数（operand 1、operator、operand 2），并显示表达式和算术运算的结果

LiveExample F.1 Calculator.cpp

Source Code Editor:

```
1   #include <iostream>
2   using namespace std;
3
4   int main(int argc, char* argv[])
5   {
6     // Check number of strings passed
7     if (argc != 4)
8     {
9       cout << "Usage: Calculator operand1 operator operand2";
10      exit(0);
11    }
12
13    // The result of the operation
14    int result = 0;
15
16    // Determine the operator
17    switch (argv[2][0])
18    {
19      case '+':
20        result = atoi(argv[1]) + atoi(argv[3]);
21      break;
22      case '-':
23        result = atoi(argv[1]) - atoi(argv[3]);
24      break;
25      case '*':
26        result = atoi(argv[1]) * atoi(argv[3]);
27      break;
28      case '/':
29        result = atoi(argv[1]) / atoi(argv[3]);
30    }
31
32    // Display result
33    cout << argv[1] << ' ' << argv[2] << ' ' << argv[3]
34      << " = " << result;
35  }
```

Enter command arguements (Sample arguments provided below. You may modify it.)

```
99 + 728
```

[Automatic Check] [Compile/Run] [Reset] [Answer]   Choose a Compiler: VC++ ∨

648   *C++ 语言程序设计（基础篇）*

Execution Result:

```
command>cl Calculator.cpp
Microsoft C++ Compiler 2019
Compiled successful (cl is the VC++ compile/link command)

command>Calculator 99 + 728
99 + 728 = 827

command>
```

atoi(argv[1])（第 20 行）将数字字符串转换为整数。字符串必须由数字组成。否则，程序将异常终止。

在图 F.1 中的示例运行中，命令

```
Calculator 12 "*" 3
```

必须使用 "*" 而不是 *。在 C++ 中，当在命令行上使用 * 符号时，它指的是当前目录中的所有文件。因此，为了指定乘法运算符，* 必须在命令行中用引号括起来。下面 LiveExample F.2 中的程序在发出命令 DisplayAllFiles * 时显示当前目录中的所有文件。

LiveExample F.2 的互动程序请访问 https://liangcpp.pearsoncmg.com/LiveRunCpp5e/faces/LiveExample.xhtml?header=off&programName=DisplayAllFiles&fileType=.cpp&programHeight=190&resultVisible=false。

LiveExample F.2　DisplayAllFiles.cpp

Source Code Editor:

```
 1  #include <iostream>
 2  using namespace std;
 3
 4  int main(int argc, char* argv[])
 5  {
 6    for (int i = 0; i < argc; i++)
 7      cout << argv[i] << endl;
 8
 9    return 0;
10  }
```

Answer　Reset

枚举类型

G.1 简单枚举类型

C++ 提供了基本数据类型，如 `int`、`long long`、`float`、`double`、`char` 和 `bool`，以及对象类型，如 `string` 和 `vector`。也可以使用类定义自定义类型。此外，还可以定义枚举类型。本附录介绍枚举类型。

一个枚举类型定义一组枚举值。例如

```
enum Day {MONDAY, TUESDAY, WEDNESDAY, THURSDAY, FRIDAY};
```

声明了一个名为 Day 的枚举类型，其值依次为 MONDAY、TUESDAY、WEDNESDAY、THURSDAY 和 FRIDAY。每个值（称为枚举数）都是一个标识符，而不是字符串。枚举数一旦在类型中声明，整个程序就会知道它们。

惯例上，枚举类型以每个单词的大写首字母命名，枚举数命名规则跟常量一样，用所有大写字母命名。

定义了类型，就可以声明该类型的变量：

```
Day day;
```

变量 day 可以包含枚举类型中定义的某个值。例如，以下语句将枚举数 MONDAY 赋值给变量 day：

```
day = MONDAY;
```

与其他类型一样，我们可以在一条语句中声明和初始化变量：

```
Day day = MONDAY;
```

此外，C++ 支持在一条语句中声明枚举类型和变量。例如

```
enum Day {MONDAY, TUESDAY, WEDNESDAY, THURSDAY, FRIDAY} day = MONDAY;
```

警告：枚举数不能被重复声明。例如，以下代码会导致语法错误。

```
enum Day {MONDAY, TUESDAY, WEDNESDAY, THURSDAY, FRIDAY};
const int MONDAY = 0; // Error: MONDAY already declared.
```

G.2 整数和枚举数之间的对应关系

枚举数以整数形式存储在内存中。默认情况下，这些值按照它们在列表中出现的顺序对应于 0，1，2，…。因此，MONDAY、TUESDAY、WEDNESDAY、THURSDAY 和 FRIDAY 对

应于整数值 0，1，2，3 和 4。可以直接用任意整数指定枚举数。例如

```
enum Color {RED = 20, GREEN = 30, BLUE = 40};
```

RED 为整数值 20，GREEN 为 30，BLUE 为 40。

如果在枚举类型声明中为某些值指定整数值，那么其他枚举数将被默认赋值。例如

```
enum City {PARIS, LONDON, DALLAS = 30, HOUSTON};
```

PARIS 被指定为 0，LONDON 为 1，DALLAS 为 30，HOUSTON 为 31。

可以将枚举值赋值给整数变量。例如

```
int i = PARIS;
```

会将 0 赋值给 i。

```
int j = DALLAS;
```

会将 30 赋值给 j。

也可以将枚举数赋值给整数变量。那么可以给如下枚举类型的变量赋值一个整数吗？

```
City city = 1; // Not allowed
```

这是不允许的。但是，以下语法是奏效的：

```
City city = static_cast<City>(1);
```

这相当于

```
City city = LONDON;
```

现在，如果用以下语句显示 city：

```
cout << "city is " << city;
```

输出将是

```
city is 1
```

G.3　使用带有枚举变量的 if 或 switch 语句

可以用六个比较运算符对枚举数赋值的整数值进行比较。例如，(PARIS<LONDON) 的结果为 true。

枚举变量包含一个值。通常，程序需要根据值执行特定的操作。例如，如果值为 MONDAY，则踢足球；如果值是 TUESDAY，则上钢琴课，以此类推。可以用 if 语句或 switch 语句检测变量中的值，如下面（a）和（b）所示。

LiveExample G.1 给出了一个使用枚举类型的示例。

LiveExample G.1 的互动程序请访问 https://liangcpp.pearsoncmg.com/LiveRunCpp5e/faces/LiveExample.xhtml?programName=TestEnumeratedType&programHeight=470&header=off&resultHeight=180。

```
if (day == MONDAY)
{
  // process Monday
}
elae if (day == TUESDAY)
{
  // process Tuesday
}
else
  ...
```

(a) 在 if 语句中使用枚举变量

```
switch (day)
{
  case MONDAY:
    //process Monday
    break ;
  case TUESDAY:
    //process Tuesday
    break;
  ...
}
```

(b) 在 switch 语句中使用枚举变量

LiveExample G.1   TestEnumeratedType.cpp

Source Code Editor:

```
1   #include <iostream>
2   using namespace std;
3
4   int main()
5   {
6     enum Day {MONDAY = 1, TUESDAY, WEDNESDAY, THURSDAY, FRIDAY} day;
7
8     cout << "Enter a day (1 for Monday, 2 for Tuesday, etc): ";
9     int dayNumber;
10    cin >> dayNumber;
11
12    switch (dayNumber) {
13      case MONDAY:
14        cout << "Play soccer" << endl;
15        break;
16      case TUESDAY:
17        cout << "Piano lesson" << endl;
18        break;
19      case WEDNESDAY:
20        cout << "Math team" << endl;
21        break;
22      default:
23        cout << "Go home" << endl;
24    }
25
26    return 0;
27  }
```

Enter input data for the program (Sample data provided below. You may modify it.)

```
2
```

[Automatic Check] [Compile/Run] [Reset] [Answer]   Choose a Compiler: [VC++ ∨]

Execution Result:

```
command>cl TestEnumeratedType.cpp
Microsoft C++ Compiler 2019
Compiled successful (cl is the VC++ compile/link command)

command>TestEnumeratedType
Enter a day (1 for Monday, 2 for Tuesday, etc): 2
Piano lesson

command>
```

第 6 行声明了一个枚举类型 Day，并在该条语句中声明了一个名为 day 的变量。第 10 行从键盘上读取一个 int 值。第 12 ～ 24 行中的 switch 语句检查当天是 MONDAY、TUESDAY、WEDNESDAY 还是其他时间，以显示相应的信息。

G.4　在 C++11 中使用 enum class

假设我们需要如下所示定义两个枚举类型 CommonColor 和 BasicColor：

```
enum CommonColor {RED, BLACK, WHITE, YELLOW};
enum BasicColor {RED, GREEN, BLUE};
```

该代码不能编译，因为 CommonColor 和 BasicColor 中都定义了 RED。枚举数就像一个常量。在同一作用域内只能定义一次。

要解决该问题，可以在 C++11 中使用 enum class。前面两种类型可以定义如下：

```
enum class CommonColor {RED, BLACK, WHITE, YELLOW};
enum class BasicColor {RED, GREEN, BLUE};
```

用 enum class 定义的枚举类型称为强类型枚举。要访问强类型枚举中的枚举数，该枚举数必须以枚举类型为前缀，后跟 :: 运算符，如以下示例所示：

```
CommonColor color1 = CommonColor::BLACK;
BasicColor color2 = BasicColor::RED;
```

强类型枚举数与常规枚举数一样存储为整数。但是，需要显式强制转换才能获得枚举数的整数值。这里有一个例子，

```
int i = static_cast<int>(BasicColor::RED);
```

此语句将枚举数 BasicColor::RED 的整数值赋值给整数变量 i。下面是另一个示例：

```
cout << static_cast<int>(CommonColor::BLACK) <<
  static_cast<int>(BasicColor::RED) << endl;
```

此语句显示枚举数 CommonColor::BLACK 和 BasicColor::RED 的整数值。

正则表达式

H.1 匹配字符串

我们常常需要编写代码来验证用户输入，例如检查输入是数字、全小写字母的字符串还是社会保障号码。你是如何编写此类代码的？完成此任务的一种简单有效的方法是使用正则表达式。

正则表达式（缩写为 regex）是一个字符串，描述用于匹配一组字符串的模式。正则表达式是字符串操作的强大工具。可以在 C++11 中用正则表达式来匹配、查找、替换和拆分字符串。本附录中涵盖的所有函数都在 `<regex>` 头文件中定义。

要了解正则表达式如何工作，让我们从 `<regex>` 头文件中的 `regex_match` 函数开始。下面是一个示例：

```
bool isMatched = regex_match("John", regex("J.*"));
```

`regex_match("John", regex("J.*"))` 函数接受两个参数：字符串 s 和正则表达式 r。`regex(r)` 从正则表达式 r 创建一个 regex 对象。如果 s 与 r 中指定的模式匹配，则函数返回 `true`。这里的字符串是 `"John"`。`"J.*"` 是一个正则表达式。它描述了一种字符串模式，该模式以字母 J 开头，后跟零个或任意多个字符。子字符串 `.*` 与零个或任意多个字符匹配。前面的函数返回 `true`，因为 `"John"` 与模式 `"J.*"` 匹配。

以下是更多示例：

```
regex_match("Johnson", regex("J.*"));
regex_match("johnson", regex("J.*"));
```

第一个函数调用返回 `true`，因为 `"Johnson"` 与模式 `"J.*"` 匹配，但第二个函数调用返回 `false`，因为 `"johnson"` 与模式 `"J.*"` 不匹配。

H.2 正则表达式语法

正则表达式由字面量字符和特殊符号组成。表 H.1 列出了一些常用的正则表达式语法。

表 H.1　常用正则表达式

正则表达式	匹配	示例
x	一个指定的字符 x	Good 匹配 Good
.	任何单个字符	Good 匹配 G..d
(ab|cd)	ab 或 cd	ten 匹配 t(en|im)
[abc]	a,b 或 c	Good 匹配 Go[opqr]d
[^abc]	除 a,b,c 以外的任何字符	Good 匹配 Go[^pqr]d
[a-z]	a ～ z	Good 匹配 [A-M]oo[a-d]

（续）

正则表达式	匹配	示例
[^a-z]	除了 a～z 以外的任何字符	Good 匹配 Goo[^e-t]
\d	一个数字，0～9	number2 匹配 "number[\\d]"
\D	一个非数字	$ Good 匹配 "$ [\\D][\\D]ood"
\w	一个单词字符	Good1 匹配 "[\\w]ood[\\d]"
\W	一个非单词字符	$ Good 匹配 "[\\W][\\w]ood"
\s	一个空白字符	"Good 2" 匹配 "Good\\s2"
\S	一个非空白字符	Good 匹配 "[\\S]ood"
p*	模式 p 的 0 次或多次出现	aaaa 匹配 "a*" abab 匹配 "(ab)*"
p+	模式 p 的 1 次或多次出现	a 匹配 "a+b*" able 匹配 "(ab)+.*"
p?	模式 p 的 0 次或 1 次出现	Give 匹配 "G?Give" ive 匹配 "G?ive"
p{n}	模式 p 的 n 次出现	Good 匹配 "Go{2}d" Good 不匹配 "Go{1}d"
p{n,}	模式 p 的至少 n 次出现	aaaa 匹配 "a{1,}" a 不匹配 "a{2,}"
p{n,m}	出现次数在 n 到 m 之间（包括 n 和 m）	aaaa 匹配 "a{1,9}" abb 不匹配 "a{2,9}bb"

注意：反斜杠是个特殊的字符，用于启动字符串中的转义序列。因此，要用 \\ 来表示字面量 \。

注意：空白字符指的是 ' '、'\t'、'\n'、'\r' 或 '\f'。因此，\s 等同于 [\t\n\r\f]，\S 等同于 [^ \t\n\r\f]。

注意：单词字符是任意字母、数字或下划线字符。所以 \w 与 [a-zA-Z0-9_] 相同，\W 与 [^a-zA-Z0-9_] 相同。

注意：表 H.1 中的最后六项 *、+、?、{n}、{n, } 和 {n,m} 被称为量词，它们指定了量词前的模式可以重复的次数。例如，A* 匹配零个或多个 A，A+ 匹配一个或多个 A，A? 匹配零个或一个 A，A{3} 完全匹配 AAA，A{3, } 至少匹配三个 A，A{3,6} 匹配 3 到 6 个 A。* 与 {0, } 相同，+ 与 {1, } 相同，? 与 {0,1} 相同。

警告：不要在重复量词中使用空格。例如，A{3,6} 不能写成逗号后有空格的 A{3, 6}。

注意：可以用括号对模式进行分组。例如，(ab){3} 匹配 ababab，但 ab{3} 与 abbb 匹配。

我们用几个例子来演示如何构造正则表达式。

示例 1：社会保障号码的模式是 xxx-xx-xxxx，其中 x 是一个数字。社会保障号码的正则表达式可以描述为

```
[\\d]{3}-[\\d]{2}-[\\d]{4}
```

例如，

```
regex_match("111-22-3333", regex("[\\d]{3}-[\\d]{2}-[\\d]{4}"))
returns true.
regex_match("11-22-3333", regex("[\\d]{3}-[\\d]{2}-[\\d]{4}"))
returns false.
```

示例 2：偶数以数字 0、2、4、6 或 8 结尾。偶数的模式可以描述为

```
[\\d]*[02468]
```

例如，

```
regex_match("123", regex("[\\d]*[02468]")) returns false.
regex_match("122", regex("[\\d]*[02468]")) returns true.
```

示例 3：电话号码的模式是 (xxx)xxx-xxxx，其中 x 是一个数字，第一个数字不能为零。电话号码的正则表达式可以描述为

```
\\([1-9][\\d]{2}\\) [\\d]{3}-[\\d]{4}
```

注意，括号符号（和）是正则表达式中对模式进行分组的特殊字符。要在正则表达式中表示字面量（或），必须使用 \\(和 \\)。
例如，

```
regex_match("(912) 921-2728", regex("\\([1-9][\\d]{2}\\)
[\\d]{3}-[\\d]{4}")) returns true.
regex_match("921-2728", regex("\\([1-9][\\d]{2}\\) [\\d]
{4}")) returns false.
```

示例 4：假设姓氏最多由 25 个字母组成，且第一个字母大写。姓氏的模式可以描述为

```
[A-Z][a-zA-Z]{1,24}
```

注意，正则表达式中不能有任何空格。例如，[A-Z][a-zA-Z]{1, 24} 是错误的。
例如

```
regex_match("Smith", regex("[A-Z][a-zA-Z]{1,24}")) returns true.
regex_match("Jones123", regex("[A-Z][a-zA-Z]{1,24}")) returns
false.
```

示例 5：在 2.4 节中定义了 C++ 标识符。标识符必须以字母或美元符号（$）开头。不能以数字开头。
标识符是由字母、数字和下划线（_）组成的一系列字符。标识符的模式可以描述为

```
[a-zA-Z_][\\w]*
```

示例 6：正则表达式 "Welcome to(US | Canada)" 匹配哪些字符串？答案是 Welcome to US 或 Welcome to Canada。

示例 7：正则表达式 ".*" 匹配哪些字符串？答案是任意字符串。

H.3　查找匹配的子字符串

可以用 regex_search 函数查找与正则表达式匹配的子字符串。以下是一个示例：

```
1  string text("Kim Smith 212 Ed Snow 345 Jo James 313");
2  smatch match;
3  regex reg("\\d{3}");
4  regex_search(text, match, reg);
5  cout << match.str() << endl; // Display 212
```

`regex_search` 函数（第 4 行）接受三个参数：字符串 `text`、`smatch` 对象 `match` 和正则表达式 `reg`。调用 `match.str()`（第 5 行）返回 `text` 中第一个匹配的字符串，在本例中为 212。

可以用以下循环获取与正则表达式模式匹配的所有子字符串：

```
1  while (regex_search(text, match, reg))
2  {
3    cout << match.str() << endl;
4    text = match.suffix();
5  }
```

该循环显示

```
212
345
313
```

如果 `text` 中有匹配正则表达式的子字符串，则 `regex_search` 函数（第 1 行）返回 `true`。`match.str()`（第 3 行）返回第一个匹配的子字符串。`match.suffix()` 函数（第 4 行）返回 `text` 中第一个匹配子字符串中最后一个字符之后的剩余子字符串。

H.4　替换子字符串

如果字符串与正则表达式匹配，则 `regex_match` 函数返回 `true`。如果字符串中的子字符串与正则表达式匹配，则 `regex_search` 函数返回 `true`。C++11 还支持 `regex_replace` 函数来替换子字符串。以下是一个示例：

```
1  string text("abcaabaaaerddd");
2  string newText = regex_replace(text, regex("a+"), "T");
3  cout << newText << endl; // newText is TbcTbTerddd
```

`regex_replace(s1, regex(r), s2)` 函数返回一个新字符串，该字符串将 `s1` 中与正则表达式 `r` 匹配的子字符串替换为 `s2`。原始字符串 `s1` 没有更改。

注意： 默认情况下，所有的量词都是贪婪的。这意味着它们将匹配尽可能多的出现字符。例如，下面的语句显示 T，因为整个字符串 `aaa` 与正则表达式 `a+` 匹配。

```
cout << regex_replace("aaa", regex("a+"), "T");
```

可以在量词后面加一个问号（?）来改变它的默认行为。量词就会变得懒惰，这意味着它将尽可能少地匹配。例如，下面的语句显示 TTT，因为每个 a 都匹配一个 a+?。

```
cout << regex_replace("aaa", regex("a+?"), "T");
```

H.5　从字符串中抽取元组（token）

可以指定分隔符并用分隔符从字符串中抽取元组。假设字符串是

```
Programming is fun
```

分隔符是空格。则该字符串有三个元组：`Programming`、`is` 和 `fun`。

可以用正则表达式定义分隔符。通过为带有分隔符的字符串创建 `sregex_token_`

iterator 类的实例来提取元组。

LiveExample H.1 给出了一个示例，演示如何从字符串中提取元组。

LiveExample H.1 的互动程序请访问 https://liangcpp.pearsoncmg.com/LiveRunCpp5e/faces/ LiveExample.xhtml?header=off&programName=ExtractTokenDemo&programHeight=470&file Type=.cpp&resultHeight=270。

LiveExample H.1　ExtractTokenDemo.cpp

Source Code Editor:

```cpp
#include <iostream>
#include <string>
#include <regex>
using namespace std;

int main()
{
  string text("Good morning. How are you? Hi, Hi");

  // Create a regex for separating words
  regex delimiter("[ ,.?]");

  sregex_token_iterator tokenIterator(text.begin(), text.end(),
    delimeter, -1);
  sregex_token_iterator end;

  while (tokenIterator != end)
  {
    string token = *tokenIterator; // Get a token
    if (token.size() > 0)
      cout << token << endl; // Display token
    tokenIterator++; // Iterate to next token
  }

  return 0;
}
```

Automatic Check　Compile/Run　Reset　Answer　　　　Choose a Compiler: VC++ ∨

Execution Result:

```
command>cl ExtractTokenDemo.cpp
Microsoft C++ Compiler 2019
Compiled successful (cl is the VC++ compile/link command)

command>ExtractTokenDemo
Good
morning
How
are
you
Hi
Hi

command>
```

该程序创建一个名为 delimiter 的正则表达式（第 11 行），该表达式被用作分隔符，把字符串拆分为多个部分。在这种情况下，分隔符是空格、逗号、句点和问号。使用 sregex_token_iterator 类创建一个元组迭代器，用 delimiter 从字符串中提取元组

（第 13 ～ 14 行）。`sregex_token_iterator` 构造函数中的前两个参数是源字符串 `text` 的起始迭代器和结束迭代器，用于指定字符串的范围。第三个参数是分隔符。最后一个参数 −1 告诉迭代器在提取元组时跳过分隔符。

该程序创建一个名为 end 的空元组迭代器（第 15 行）。如果一个元组迭代器为空，则在该元组迭代器中没有剩下任何元组。该程序使用循环重复显示元组迭代器中的所有元组（第 17 ～ 23 行）。`*tokenIterator` 获得当前元组（第 19 行），`tokenIterator++` 移动到下一个元组（第 22 行）。

可以重写 LiveExample H.1 来定义一个名为 split 的可重用函数，将元组存储在一个向量中，如 LiveExample H.2 所示。

LiveExample H.2 的互动程序请访问 https://liangcpp.pearsoncmg.com/LiveRunCpp5e/faces/ LiveExample.xhtml?header=off&programName=SplitString&programHeight=630&resultHeight=270。

LiveExample H.2   SplitString.cpp

Source Code Editor:

```cpp
1  #include <iostream>
2  #include <string>
3  #include <regex>
4  using namespace std;
5
6  // Split a string into substrings using the specified delimiter
7  vector<string> split(const string& text, const string& delim)
8  {
9    regex delimeter(delim); // Create a regex for separating words
10
11   sregex_token_iterator tokenIterator(text.begin(), text.end(),
12     delimeter, -1);
13   sregex_token_iterator end;
14
15   vector<string> result;
16   while (tokenIterator != end)
17   {
18     string token = *tokenIterator; // Get a token
19     if (token.size() > 0)
20       result.push_back(token); // Save token in the vector
21     tokenIterator++; // Iterate to next token
22   }
23
24   return result;
25 }
26
27 int main()
28 {
29   string text("Good morning. How are you? Hi, Hi");
30   vector<string> tokens = split(text,"[ ,.?]");
31
32   for (string& s : tokens)
33     cout << s << endl;
34
35   return 0;
36 }
```

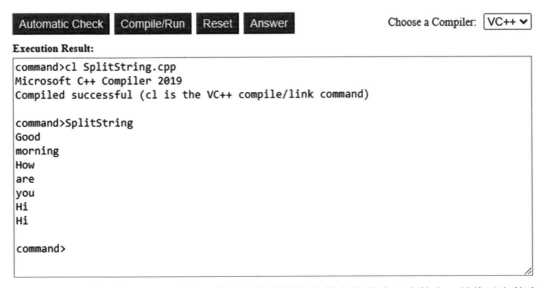

　　split 函数（第 7 ～ 25 行）用指定的分隔符将字符串拆分为子字符串，并将子字符串保存在向量中后返回向量。

大 O、大 Omega 和大 Theta 表示法

第 18 章用外行的术语介绍了大 O 表示法。在本附录中，我们给出大 O 表示法的精确数学定义。我们还将给出大 Omega 和大 Theta 表示法。

I.1 大 O 表示法

大 O 表示法是一种渐近表示法，描述函数的自变量接近特定值或无穷大时的行为。设 $f(n)$ 和 $g(n)$ 为两个函数，如果存在一个常数 c（$c>0$）和值 m，对于 $n \geqslant m$，使得 $f(n) \leqslant c \times g(n)$，我们说 $f(n)$ 是 $O(g(n))$，读作 "$g(n)$ 的大 O"。

例如，$f(n) = 5n^3 + 8n^2$ 是 $O(n^3)$，因为可以找到 $c=13$，$m=1$，对于 $n \geqslant m$，使 $f(n) \leqslant cn^3$。$f(n) = 6n\log n + n^2$ 是 $O(n^2)$，因为可以找到 $c=7$，$m=2$，对于 $n \geqslant m$，使 $f(n) \leqslant cn^2$。$f(n) = 6n\log n + 400n$ 是 $O(n\log n)$，因为可以找到 $c=406$，$m=2$，对于 $n \geqslant m$，使 $f(n) \leqslant cn\log n$。$f(n^2)$ 是 $O(n^3)$，因为可以找到 $c=1$，$m=1$，对于 $n \geqslant m$，使 $f(n) \leqslant cn^3$ 的。注意，c 和 m 有无限多的选择，对于 $n \geqslant m$，使 $f(n) \leqslant c \times g(n)$。

大 O 表示法表示一个函数 $f(n)$ 渐近地小于或等于另一个函数 $g(n)$。这使你可以通过忽略乘法常数和放弃函数中的非支配项来简化函数。

I.2 大 Omega 表示法

大 Omega 表示法与大 O 表示法相反。它也是一种渐近表示法，表示一个函数 $f(n)$ 大于或等于另一个函数 $g(n)$。设 $f(n)$ 和 $g(n)$ 为两个函数，如果存在一个常数 c（$c>0$）和值 m，对于 $n \geqslant m$，有 $f(n) \geqslant c \times g(n)$，我们说 $f(n)$ 是 $\Omega(g(n))$，读作 "$g(n)$ 的大欧米伽"。

例如，$f(n) = 5n^3 + 8n^2$ 是 $\Omega(n^3)$，因为可以找到 $c=5$，$m=1$，对于 $n \geqslant m$，使 $f(n) \geqslant cn^3$。$f(n) = 6n\log n + n^2$ 是 $\Omega(n^2)$，因为可以找到 $c=1$，$m=1$，对于 $n \geqslant m$，使 $f(n) \geqslant cn^2$。$f(n) = 6n\log n + 400n$ 是 $\Omega(n\log n)$，因为可以找到 $c=6$，$m=1$，对于 $n \geqslant m$，使 $f(n) \geqslant cn\log n$。$f(n) = n^2$ 是 $\Omega(n)$，因为可以找到 $c=1$，$m=1$，对于 $n \geqslant m$，使 $f(n) \geqslant cn$。注意，有无限多的 c 和 m，对于 $n \geqslant m$，使得 $f(n) \geqslant c \times g(n)$。

I.3 大 Theta 表示法

大 Theta 表示法表示两个函数渐近相同。设 $f(n)$ 和 $g(n)$ 为两个函数，如果 $f(n)$ 是 $O(g(n))$ 且 $f(n)$ 是 $\Omega(g(n))$，我们说 $f(n)$ 是 $\Theta(g(n))$，读作 "$g(n)$ 的大西塔"。

例如，$f(n) = 5n^3 + 8n^2$ 是 $\Theta(n^3)$，因为 $f(n)$ 是 $O(n^3)$ 且 $f(n)$ 是 $\Omega(n^3)$。$f(n) = 6n\log n + 400n$ 是 $\Theta(n\log n)$，因为 $f(n)$ 是 $O(n\log n)$ 且 $f(n)$ 是 $\Omega(n\log n)$。

注意：大 O 表示法给出了一个函数的上界。大 Omega 表示法给出了一个函数的下界。大 Theta 表示法给出了一个函数的紧密界限。简单起见，通常使用大 O 表示法，尽管大 Theta 表示法可能更符合实际。